U0168180

中国兽类分类与分布

主　编：魏辅文

副主编：杨奇森　吴　毅　蒋学龙　刘少英

科学出版社

北　京

内 容 简 介

本书根据最新的形态学和分子遗传学证据，综合现代兽类分类学家意见，整理并收录了截至 2022 年 6 月在中国有确定分布记录的兽类 12 目 58 科 256 属 694 种。本书对每个物种的拉丁学名、中文名、英文名、曾用名、地方名、模式产地、同物异名及分类引证、亚种分化、国内外分布与重要的引证文献进行了详细的介绍，特别是对物种的原始定名文献及分类变更历史文献进行了详细考证，是对我国兽类物种分类和分布调查研究结果的系统性整理。

本书是一部系统介绍中国兽类分类和分布的专著，可供动物学研究者、野生动物保护管理者及兽类学爱好者等开展兽类物种分类使用，也可为大专院校动物学、生态学和保护生物学等相关专业的师生提供参考。

图书在版编目（CIP）数据

中国兽类分类与分布/魏辅文主编. —北京：科学出版社，2022.10
ISBN 978-7-03-072450-2

Ⅰ. ①中… Ⅱ. ①魏… Ⅲ. ①哺乳动物纲–分布–中国 Ⅳ. ①Q959.8

中国版本图书馆 CIP 数据核字（2022）第 094823 号

责任编辑：王　静　付　聪 / 责任校对：郑金红
责任印制：吴兆东 / 封面设计：北京图阅盛世文化传媒有限公司

科 学 出 版 社 出版
北京东黄城根北街 16 号
邮政编码：100717
http://www.sciencep.com
北京建宏印刷有限公司印刷
科学出版社发行　　各地新华书店经销
*
2022 年 10 月第 一 版　　开本：787×1092 1/16
2025 年 1 月第三次印刷　　印张：40 1/2
字数：960 000
定价：398.00 元
(如有印装质量问题，我社负责调换)

《中国兽类分类与分布》
编委会名单及编写分工

顾　问：胡锦矗　冯祚建

主　编：魏辅文

副主编：杨奇森　吴　毅　蒋学龙　刘少英

编　委（按姓名笔画排序）：

邓怀庆　石红艳　卢学理　刘　铸　江廷磊　李玉春　李　权

李　松　李　明　李保国　李　晟　杨　光　吴诗宝　余文华

宋文宇　张　立　张礼标　张泽钧　陈中正　陈顺德　陈炳耀

周　江　周材权　胡义波　夏　霖　崔雅倩　葛德燕

编写分工：

长鼻目　张　立

海牛目　杨　光

灵长目　李保国　李　明

攀鼩目　蒋学龙

兔形目　葛德燕　杨奇森

啮齿目　杨奇森　刘少英　李　松　葛德燕　周材权　夏　霖
　　　　蒋学龙　崔雅倩

劳亚食虫目　蒋学龙　陈中正　陈顺德　刘　铸　李　权　宋文宇

翼手目　吴　毅　周　江　余文华　张礼标　江廷磊　邓怀庆　石红艳

鲸偶蹄目　杨　光　李　晟　陈炳耀

奇蹄目　卢学理　李玉春

鳞甲目　吴诗宝

食肉目　魏辅文　胡义波　李　晟　张泽钧

序

兽类是动物演化史上的最高级阶元，其分布广泛，高原、丘陵、平原、沙漠乃至江河湖海都有它们的身影。兽类也是食物链中不可或缺的重要部分，尤其是位于食物链顶端的食肉动物，对维持生态平衡意义重大。兽类包括众多濒危旗舰物种，如大熊猫、川金丝猴、虎、雪豹、亚洲象、藏羚、长江江豚等，也包括重要的家养动物，如狗、猫、牛、羊、猪、马等的祖先，是家养动物种质改良和创新的重要基因库。因此，丰富的兽类物种多样性不仅给大自然增添了灵动之气，维持了生态平衡，还为人类生存和可持续发展提供了重要支撑，是国家战略生物资源的重要组成部分。

中国地域辽阔，地形复杂，是全世界兽类物种多样性最高的国家之一。要准确了解我国兽类多样性家底并开展科学保护，就需要对其分类和分布信息进行系统的整理，形成分类地位可靠、物种数量准确的名录。《中国兽类分类与分布》一书是由中国动物学会兽类学分会牵头，组织国内长期致力兽类分类的研究人员，对我国兽类分类学研究成果进行系统梳理和整理后而成，具有重要的科学价值。首先，该书展现了我国及国际兽类分类学最新研究成果，包括了到 2022 年 6 月为止我国记录的兽类 12 目 58 科 256 属 694 种，反映了我国兽类多样性的最新情况。其次，该书打破了之前我国兽类各种名录的编排传统，按兽类最新的目和科水平的系统发生关系进行编排，更具科学性和逻辑性。再次，该书详细提供了这些物种定名的原始文献与同物异名及分类引证文献，免去了兽类分类研究者翻查浩瀚历史资料之苦。最后，该书还提供了动物拉丁学名书写规范、中国兽类分类系统及中国兽类特有种等多个重要附表，还特别提供了不同类群物种的标本馆藏地和馆藏数量，可极大地方便读者使用。

本人看到这本充分展示我国兽类分类学最新成果的专业工具书即将出版，十分欣慰，特此为序！

陈宜瑜

中国科学院院士

前　言

我国地域辽阔，地形复杂，气候多样，是世界上兽类资源最丰富的国家之一。兽类在长期演化过程中，几乎占据了陆地、天空和海洋所有空间。它们在形态、生理、行为等方面表现各异，演化出许多不同的类群和种类。兽类与人类有着密切的关系，既有人类的近亲灵长类，也有众多农林害虫的天敌——食虫类和翼手类，还有危害农、林、牧业生产的啮齿类，更有大家喜爱和熟知的旗舰物种——食肉类、有蹄类和鲸豚类，它们均是维护生态系统稳定和平衡的重要成员，缺一不可。

我国兽类分类学研究起步较晚，始于 20 世纪 20 年代。中华人民共和国成立后，中国科学院动物研究所寿振黄先生等老一辈动物学家率先在我国东北地区开展兽类调查，发表了《东北兽类调查报告》（中国科学院动物研究所兽类研究组，1958），开创了我国兽类多样性调查研究新领域。1980 年 10 月中国兽类学会成立，中国科学院西北高原生物研究所夏武平先生任第一届理事长，创办了兽类学学术期刊——《兽类学报》，推动了我国兽类学研究的发展。

我国全国尺度的兽类调查与编目首见于国外学者 Allen（1938，1940）编撰的《中国和蒙古的兽类》（*The Mammals of China and Mongolia*），记载了中国兽类 8 目 30 科 97 属 314 种。此后，随着中国兽类学的发展，众多新种和新纪录被发现，一些物种的分类地位被重新厘定，兽类物种数量发生了很大变化（表 1），如寿振黄（1962）记录 12 目 52 科 180 属 405 种，郑昌琳（1986）记录 13 目 54 科 210 属 509 种，王玉玺和张淑云（1993a，1993b，1993c，1993d）记录 9 目 57 科 211 属 544 种，张荣祖等（1997）记录 14 目 52 科 220 属 510 种，王应祥（2003）记录 13 目 55 科 235 属 607 种 968 亚种，Wilson 和 Reeder（2005）记录 13 目 54 科 245 属 572 种，潘清华等（2007）记录 13 目 58 科 242 属 645 种，Smith 和解焱（2009）记录 14 目 47 科 240 属 556 种，蒋志刚等（2017）记录 13 目 56 科 248 属 693 种。刘少英等（2020）记录了有生态或标本照片的兽类物种 13 目 54 科 211 属 476 种。

《中国动物志》的编撰工作推动了我国兽类分类学的发展。1956 年，国务院将编著《中国动物志》的任务列入我国科学技术发展远景规划。1962 年中国科学院中国动物志编辑委员会正式成立。20 世纪 70 年代以来，中国科学院中国动物志编辑委员会组织了 104 个单位的 600 多名动物学家，立志编写出一套高水平的《中国动物志》。截至目前，《中国动物志》已出版 167 卷，其中脊椎动物类群 35 卷，而兽类仅 3 卷，分别是《中国动物志 兽纲 第八卷 食肉目》（高耀亭等，1987），《中国动物志 兽纲 第六卷 啮齿目（下册）仓鼠科》（罗泽珣等，2000）和《中国动物志 兽纲 第九卷 鲸目 食肉目 海豹总科 海牛目》

表1 不同时期中国兽类物种数量

数据来源	目数	科数	属数	种数
Allen（1938）	8	30	97	314
Ellerman 和 Morrison-Scott（1951）	12	40	148	327
寿振黄（1962）	12	52	180	405
Honacki 等（1982）	13	43	154	390
郑昌琳（1986）	13	54	210	509
Corbet 和 Hill（1991）	14	44	155	405
Wilson 和 Reeder（1993）	13	43	154	405
王玉玺和张淑云（1993a，1993b，1993c，1993d）	9	57	211	544
张荣祖等（1997）	14	52	220	510
Nowak（1999）	12	52	240	560
王应祥（2003）	13	55	235	607
Wilson 和 Reeder（2005）	13	54	245	572
潘清华等（2007）	13	58	242	645
Smith 和 解焱（2009）	14	47	240	556
蒋志刚等（2017）	13	56	248	693
魏辅文等（2022）（本书）	12	58	256	694

（周开亚，2004）。兽纲还有6卷正在编撰，分别是第一卷总论、食虫目，第二卷翼手目，第三卷攀鼩目、灵长目、兔形目、鳞甲目，第四卷啮齿目（上），第五卷啮齿目（中），以及第七卷奇蹄目、偶蹄目。

区域性或省级兽类调查编目工作也得到快速发展，主要完成的工作有《东北哺乳动物志》（鲁卡希京，1956）、《东北兽类调查报告》（中国科学院动物研究所兽类研究组，1958）、《海南岛的鸟兽》（广东省昆虫研究所动物室和中山大学生物系，1983）、《四川资源动物志 第二卷 兽类》（《四川资源动物志》编辑委员会，1984）、《西藏哺乳类》（冯祚建等，1986）、《黑龙江省兽类志》（马逸清等，1986）、《辽宁动物志 兽类》（肖增祜等，1988）、《浙江动物志 兽类》（浙江动物志编辑委员会，1989）、《安徽兽类志》（王岐山，1990）、《甘肃脊椎动物志》（王香亭，1991）、《贵州兽类志》（贵州兽类志编纂委员会，1993）、《山西兽类》（樊龙锁和刘焕金，1996）、《北京兽类志》（陈卫等，2002）、《秦岭兽类志》（郑生武和宋世英，2010）和《内蒙古动物志》（第5卷和第6卷）（旭日干，2016a，2016b）等。

随着兽类分类学的发展，国内不同学者在历次兽类编目中，目、科、属、种数目均有较大的变化。不同学者对兽类物种的分类持不同标准，有的主张"细分"，将亚种提升到种水平，有的主张"合并"。近年来，将亚种提升为种的情况较为常见，许多亚种提升工作尚缺乏完整的分类学证据，种的有效性仍存在异议。

为进一步厘清中国兽类的分类与分布，中国动物学会兽类学分会组织国内长期致力兽类各类群分类的研究人员，成立了《中国兽类分类与分布》编委会，聘请我国兽类分类学界元老——西华师范大学胡锦矗先生和中国科学院动物研究所冯祚建先生为顾问。编委会分别于 2016 年 11 月在广州大学、2017 年 6 月在西华师范大学、2019 年 3 月在贵州师范大学召开了三次编撰研讨会,确定了中国兽类名录(初稿)、编写原则及分工。兽类学分会于 2019 年 4 月向分会理事发送了兽类名录征求意见稿,先后收到反馈意见和建议二十余份。经过编委会讨论,更新并形成了最新的中国兽类名录,并邀请相关专家编撰。2020 年 10 月 19 日,在兽类学分会成立 40 周年和《兽类学报》创刊 40 周年学术研讨会期间召开第四次编委会,对已撰写内容进行讨论和修改。2021 年 1 月 4 日,召开主编和副主编视频会议,确定统稿原则。2021 年 5 月 15 日,在北京召开主编和副主编现场会议,审定稿件。

在总结前人研究的基础上,综合现代兽类分类学家意见,根据最新的形态学和分子遗传学证据,经编委会充分讨论,本书包括我国现阶段兽类 12 目 58 科 256 属 694 种(截至 2022 年 6 月 30 日)。分类阶元涉及目、亚目、总科、科、亚科、族、属、亚属、种组、种和亚种等层级。

现就本书分类系统、编写原则和要求做如下说明。

(1)分类系统:随着古兽类化石的逐渐积累和分子系统学的快速发展,兽类各类群间的系统演化关系被重新评价,在目、科和种水平上发生了较大变化,如翼手目已分为阴蝙蝠亚目 Yinpterochiroptera 和阳蝙蝠亚目 Yangochiroptera(Koopman, 1985; Springer *et al.*, 2001; Teeling *et al.*, 2005),原食虫目已分为非洲鼩目 Afrosoricida(Stanhope *et al.*, 1998)和劳亚食虫目 Eulipotyphla(Waddell *et al.*, 1999),鲸目与偶蹄目已合并为鲸偶蹄目 Cetartiodactyla(Montgelard *et al.*, 1997)。本书采用了这些分类系统的变更,并按照兽类各类群最新系统演化关系所建系统发生树进行编目(参见本书"中国兽类分类系统")。目、亚目和科按系统发生关系排列,从系统发生树根部开始排序;亚科、族、属、亚属、种组和种按拉丁学名字母顺序进行排列。

(2)物种科学名称:按双名法撰写,即属名加种本名,其后加命名人及命名年代。有的命名人和年代加了圆括号,有的没有加,加圆括号的表示该物种的分类地位曾发生过变化。例如,马铁菊头蝠 *Rhinolophus ferrumequinum* (Schreber, 1774),该种在发表时学名为 *Vespertilio ferrumequinum* Schreber, 1774,后来其属名发生了改变,由 *Vespertilio* 变成 *Rhinolophus*。为尊重首次命名学者,在命名人和年代外加圆括号表示该物种是 Schreber 在 1774 年命名的,但该属名发生过变动。动物拉丁学名书写规范详见本书"动物拉丁学名书写规范"。

(3)物种有效性确定原则:物种的分类厘定应符合国际动物命名法规,有凭证支持,包括了标本、实体、照片及文献等;形态与分子证据相结合确定,如仅有分子证据暂不考虑;亚种提升为种须慎重,确实需要提升的,须集体讨论且证据充分才能提升。历史上确认有分布,但现在已宣布野外灭绝的物种(如双角犀、爪哇犀和高鼻羚羊)暂不纳入名录,放入附表三中;重引入且在野外已形成野生种群的物种纳入名录,如麋鹿和野马；有标本，但确定在中国无分布（类似迷鸟）的物种不纳入名录，如马来大狐蝠；有争议的物种（如邛崃鼠兔、太白山鼠兔等）、外来种（如美洲水貂、麝鼠）和分布地有待确认的物种（如野水牛、印度穿山甲、阿尔泰鼢鼠）等暂不纳入名录，放入附表三中。

（4）物种信息：包括中文名（建议优先使用的中文名称）、拉丁学名（加命名人及命名年代）、英文名（建议优先使用的英文名称排在第一个，其他的在后面列出）、曾用名（指该物种曾使用的中文名）、地方名（俗称，我国民间使用的名称）、模式产地、同物异名及分类引证（有多个的，按命名年代由远及近的顺序排列）、亚种分化（按命名年代由远及近的顺序排列）、国内外分布及引证文献（相关命名和修订文献）等。属内物种按拉丁学名顺序排列。

（5）亚种分化：亚种分化比较复杂，争议也很大，但考虑到大型动物亚种的确定对物种保护的重要性，名录仍保留亚种，但仅列出在中国分布的亚种的中文名、拉丁名、模式产地和国内分布。

（6）同物异名及分类引证：对兽类各类群存在的同物异名进行了梳理，就物种的分类变更进行了引证。本名录中，要求对物种拉丁名发生过属名、种本名变化及亚种提升为种等情况进行分类引证，并列出引证文献。

（7）国内外分布：重点列出该物种在国内的分布，对于有亚种分化的物种，国内分布按亚种分开撰写。国外分布不按亚种撰写，只写到区域，如东亚、南亚、西欧、北美洲等；对在国外分布较狭窄的种，可以列到具体国家和地区。

（8）中国特有种：指仅分布在中国官方颁布的中国国界以内的物种，如大熊猫、白鱀豚、长江江豚、川金丝猴、海南长臂猿、台湾猕猴、普氏原羚、云南兔、伊犁鼠兔、中华姬鼠、锦矗管鼻蝠、钓鱼岛鼴等（详见附表一）。80%～90%分布在国内，少许分布在国外的物种，不作为特有种处理。

（9）引证文献：每个物种需列出命名的原始文献、同物异名文献、物种分类地位变更文献、中国分布的业种原始文献、中国新纪录文献等。常用的兽类分类学书籍列在文后"阅读型参考文献"中（有特殊引用的除外），如 Corbet 和 Hill（1991）、Wilson 和 Reeder（2005）、张荣祖等（1997）、王应祥（2003）等。引证文献按发表年代由远及近的顺序进行排列。由于很多命名文献和引证文献发表年代久远，虽然我们力图让每篇引证文献信息完整，但少数文献仍难以做到。

本书是国内外学者对我国兽类物种分类和分布调查及研究结果的系统整理和修订，是我国历代兽类学工作者集体智慧的结晶，可为动物学工作者及野生动物保护管理者开展兽类物种分类及鉴定提供参考，可为我国兽类多样性保护提供最新的基础资料。

历时六年的编撰工作终于尘埃落定，感谢编委会成员为此付出的辛勤劳动，感谢北京市企业家环保基金会（SEE 基金会）和中华人民共和国濒危物种科学委员会的资助，感谢

Alexei Abramov、Andrey Lissovsky、Vladimir Lebedev、Paula Jenkins、Roberto Portela Miguez 等国外同行在文献收集和翻译等方面提供的帮助，特别感谢胡义波、周江、艳丽和崔可宁在编撰中所做的大量的辅助性工作。本书封一照片由魏辅文、何鑫、杨光、李保国和张立提供；封四照片由李维东、葛德燕、陈炳耀、吴毅、周佳俊和李晟提供，在此一并致谢。

魏辅文

动物拉丁学名书写规范

拉丁学名是全球统一且唯一的动物标准名称表述形式，但在一些专著和文章中常常会见到动物拉丁学名书写不规范的情况。为让动物分类学初学者或非动物分类学人员了解动物拉丁学名的正确书写方法，本书参考国际动物命名法（https://www.iczn.org/the-code/the-code-online/）、《林奈学会动物学杂志》（*Zoological Journal of the Linnean Society*，https://academic.oup.com/zoolinnean）等动物分类学领域较为权威的文献资料，整理了拉丁学名简要的书写规范。

1. 属级以上分类阶元

在以分类学和系统学为主的专著和文章中，纲、目、科、亚科等高级分类阶元出现在分类系统学论证和名录中时，需要给出这些分类单元的名称、命名人和命名年代，如哺乳纲Mammalia Linnaeus, 1758、啮齿目Rodentia Bowdich, 1821、鼠科Muridae Illiger, 1811、鼠亚科Murinae Illiger, 1811等。

新目建立时需在目名后添加正体的ord. nov.，新科和亚科建立时需在科和亚科名后分别添加正体的fam. nov.和subfam. nov.，如孟津等人2006年建立哺乳动物已灭绝类群——翔兽目Volaticotheria ord. nov. Meng *et al.*, 2006翔兽科Volaticotheriidae fam. nov. Meng *et al.*, 2006远古翔兽*Volaticotherium antiquus* gen. *et* sp. nov. Meng *et al.*, 2006（后更名为*Volaticotherium antiquum*）。

2. 属名

在以分类学为主的专著和文章中，首次出现动物物种的属拉丁名时，应将其写全并给出命名人和命名年代，如*Panthera* Oken, 1816，后续再次出现时可以省略命名人和命名年代。在非分类学的专著和文章中，可以不给出命名人和命名年代，但属拉丁名首次出现时仍需写全称。

如果同一文章中出现同属多个物种，本属第一个出现的物种属拉丁名需写全称，后面出现的同属其他物种，其属拉丁名可采用缩写形式，如虎*Panthera tigris* (Linnaeus, 1758)、豹*P. pardus* (Linnaeus, 1758)等；同一物种在同一文章中多次出现时，首次出现需给出拉丁名全称，后面再次出现时属拉丁名也可采用缩写形式，命名人和命名年代可省略，如虎*P. tigris*。

如果同一文章中涉及多个物种且各物种所在属的属拉丁名首字母相同，为避免混淆，所有属拉丁名首次出现时均需给出全称，后面再次出现时属拉丁名可以全部保留全称或在不混淆的情况下使用缩写（缩写时使用前两个字母），同时命名人和命名年代可省略。例如，北美鼠兔*Ochotona princeps* (Richardson, 1828)和欧洲野兔*Oryctolagus cuniculus* (Linnaeus, 1758)，这两个物种在同一文章中首次出现均需给出拉丁名全称，后面再次出现时可以使用全称，也可以使用缩写*Oc. princeps*和*Or. cuniculus*。

属名在一个完整句子的句首时不能缩写。新属建立需要在属名之后添加正体的gen. nov.，如陈正中等人2021年发现并命名高山鼹属*Alpiscaptulus* gen. nov. Chen *et al.*, 2021。

3. 种名和亚种名

分类学专著或文章中首次出现种名和亚种名时，需要给出完整的属拉丁名、种本名、亚种拉丁名、命名人和命名年代，如*Panthera tigris* (Linnaeus, 1758)，其中*tigris*是种本名；*Panthera tigris amoyensis* (Hilzheimer, 1905)中*amoyensis*是亚种拉丁名。后文再次使用时通常属拉丁名使用缩写，种本名仍是全称；或者属名和种名缩写，亚种名仍是全称（句子开头、图题、图文、图注、表题、表文和表注中除外），命名人和命名年代省略。非分类学专著或文章中使用拉丁名时可不给出命名人和命名年代，但首次出现时需给出属拉丁名、种本名和亚种拉丁名的全称。此外，当同一专著或文章中表述同一物种的多个亚种时，可将该物种第一个亚种的属拉丁名、种本名和亚种拉丁名写全，如*Panthera tigris tigris*，后面其他亚种的属拉丁名和种本名可缩写，而亚种拉丁名须使用全称，如*P. t. amoyensis*、*P. t. altaica*等。当物种的种名或亚种名再次出现时，也可以用其常用名代替拉丁名（按具体出版社或刊物的要求执行）。

新种建立需要在完整的属拉丁名和种本名之后加正体的sp. nov.，表示新建立的种，如Li等人2021年建立的云南绒毛鼯鼠新种——*Eupetaurus nivamons* sp. nov. Li *et al.*, 2021。同样，新亚种建立也需要在完整的属拉丁名、种本名和亚种拉丁名之后加正体的subsp. nov.，表示新建立的亚种，如郭倬甫等人1978年发表的梅花鹿四川亚种*Cervus nippon sichuanicus* subsp. nov. Guo *et al.*, 1978。

如果新种发表时没有特别指定命名人，则默认全部作者为命名人。本规范建议新种建立时指定命名人，以免后续引用中有争议。有两个命名人时，姓氏之间通常不使用英语连接词"and"，而是使用拉丁语"*et*"（斜体），如云南壮鼠*Hadromys yunnanensis* (Yang *et* Wang, 1987)，不建议使用Yang and Wang。三个及以上命名人时，通常使用第一命名人加"*et al.*"（斜体），如小黑姬鼠*Apodemus nigrus* Ge et al., 2019。

4. 常用名

不同分类单元的常用名是具体语系科学领域和公众中广为流传的名字，文中首次使用时需给出其拉丁名全称并置于括号中（按具体出版社或刊物的要求执行），以明确所指物种的准确分类学信息。

5. 大小写

（1）属、亚属及属级以上分类阶元拉丁名的第一个字母须大写，种本名用小写。例如，大熊猫属于食肉目Carnivora犬型亚目Caniformia熊科Ursidae大熊猫属*Ailuropoda*，其拉丁学名为*Ailuropoda melanoleuca* (David, 1869)。

（2）属拉丁名及命名人姓氏即使缩写，其首字母也必须用大写。例如，喜马拉雅小熊猫*Ailurus fulgens* Cuvier, 1825，可缩写为*A. fulgens* C., 1825；豹*Panthera pardus* (Linnaeus, 1758)，可缩写为*P. pardus* (Linn., 1758)或*P. pardus* (L., 1758)。

6. 正斜体

（1）属级以上分类阶元的拉丁名用正体，如食肉目Carnivora Bowdich, 1821猫科Felidae Fischer von Waldheim, 1817、犬科Canidae Fischer von Waldheim, 1817和鼬科Mustelidae Fischer von Waldheim, 1817，兔形目Lagomorpha Brandt, 1855鼠兔科Ochotonidae Thomas, 1897，啮齿目Rodentia Bowdich, 1821鼠科Muridae Illiger, 1811鼠亚科Murinae Illiger, 1811等。

（2）属拉丁名及种本名或亚种拉丁名用斜体，即使物种的属拉丁名采取缩写的形式，亦必须用斜体，如大熊猫属*Ailuropoda* Milne-Edwards, 1870大熊猫*Ailuropoda melanoleuca* (David, 1869)、豹*P. pardus* (Linnaeus, 1758)。亚属拉丁名置于正体圆括号内，放在属拉丁名之后，如草原鼠兔*Ochotona* (*Lagotona*) *pusilla* (Pallas, 1769)，其中*Lagotona*是亚属拉丁名。

（3）命名人姓氏和命名年代用正体，即使命名人姓氏采取缩写的形式，亦必须用正体，如豹*P. pardus* (Linnaeus, 1758)或*P. pardus* (Linn., 1758)或*P. pardus* (L., 1758)。

（4）当一个物种只知其属名而不知其种名时（未定名种），或者仅泛指某属生物而不需要具体指出是哪一个种时，则可在属拉丁名后加拉丁语种（species）的缩写"sp."（正体，指一个物种）或"spp."（正体，指多个物种），以表示某属的一个种或几个种。在表述亚种时，以subsp.或ssp.（正体）表示。例如，大鼠属的一个未定名种表示为*Berylmys* sp.，人类现生种和祖先种表示为*Homo* spp.等。

7. 标题、摘要和图表中的使用

标题、摘要、图题、图文、图注、表题、表文和表注中拉丁名的使用规则基本与正文一致，首次出现均需要给出全称。有时受图表大小限制而使用缩写形式，这时需要在图注或者表注中提供完整的缩写说明，后文再次出现可以使用相同缩写格式，但是需要标明缩写信息来源。

8. 括号的使用

（1）在国际生物学界一般要求将亚属的拉丁名放置在正体圆括号内，如草原鼠兔*Ochotona* (*Lagotona*) *pusilla*中*Lagotona*为亚属拉丁名；彼得斯小鼠*Mus* (*Nannomys*) *setulosus*中*Nannomys*为亚属拉丁名。

（2）原命名人把某个种归入某个属，后来人们发现不妥而将该种移到另外的属或建立新的属，从而导致种名与属名的组合发生变化。生物学界习惯将原命名人姓氏（或缩写）和命名年代置于正体圆括号内，并将修订人的姓氏与修订年代置于原命名人姓氏与命名年代括号的后面，除专门分类讨论引证外，通常不加修订人姓氏和修订年代。例如，

马铁菊头蝠 *Rhinolophus ferrumequinum* (Schreber, 1774)，发表时的种名为 *Vespertilio ferrumequinum* Schreber, 1774，后来 *ferrumequinum* 的属名发生了变化，由 *Vespertilio* 变成 *Rhinolophus*，为尊重首命名者，用圆括号表示该物种是 Schreber 在 1774 年命名的，完整的分类引证为 *Rhinolophus ferrumequinum* (Schreber, 1774) Lacépède, 1799。

（3）当某物种的属级地位被降为其他属的亚属时，需将该亚属名用括号括起来置于新的属名之后，同时，因属名被修订而非原始组合的种名，原命名人姓氏（或缩写）和命名年代也需置于正体圆括号内。例如，喜马拉雅豪猪最初命名为 *Acanthion hodgsoni* Gray, 1847，后来 *Acanthion* 被降为 *Hystrix* 的亚属，故该种完整的拉丁名为 *Hystrix (Acanthion) hodgsoni* (Gray, 1847)。

（4）发现同物异名时，为保证物种拉丁学名的稳定性，并遵循早发表者具有优先资格的国际惯例，将异名加圆括号置于原名之后（通常只列在同物异名中），如贺兰山鼠兔 *Ochotona argentata* Howell, 1928 (=*O. helanshanensis* Zheng, 1987)。

（5）有些物种原来的拉丁学名经后人研究被否定（因为技术问题或者违背命名法规），并以一种全新的名字发表（*nomen novum*），原来的拉丁学名被废止，但在分类学专著和文章中通常以原始文献的方式将原名置于新名之后并加圆括号。例如，盘足蝠属 *Eudiscopus* Conisbee, 1953 (=*Discopus* Osgood, 1932)，由于其原始的属名 *Discopus* 在鞘翅目天牛科中已优先使用（*Discopus* Thomson, 1864），因此在哺乳动物中作为属名使用须废止；海胆纲化石 *Noetlingaster* Vredenburg, 1911 (=*Noetlingia* Lambert, 1898)，其中 *Noetlingia* 已经在腕足动物门中用作属名使用（*Noetlingia* Hall *et* Clarke, 1893），因此其在棘皮动物门中作为海胆属属名已被废止。属名废止后，原物种虽然以新属名重新发表，但原始命名人仍是有效的（置于正体圆括号中以示被修订过）。

（6）中文文章或专著是否在物种中文名称后给出拉丁学名（放于括号内），不同学者、刊物和出版社要求不一样，存在争议。

观点1：拉丁名中已有上述对括号使用的特别规定，为了避免出现括号套括号现象发生，并方便阅读，不建议对中文名称后的拉丁学名再加括号，而是直接置于中文名称之后，如川金丝猴 *Rhinopithecus roxellana* (Milne-Edwards, 1870)。

观点2：拉丁名实际是对中文名称加注的国际标准名称说明，既然是注释，按中文习惯应该加括号，原来学名中有圆括号时可以加方括号，如川金丝猴 [*Rhinopithecus roxellana* (Milne-Edwards, 1870)]。

上述两种观点均有一定道理，也没有特别的原则问题，最终建议按具体刊物或出版社的要求执行。

9. 一致性

同一文章或图书中，需要确保拉丁学名前后的一致性和格式的统一性。

魏辅文　杨奇森

中国兽类分类系统

一、中国兽类在高级分类阶元上的数目变化

在总结前人研究的基础上，综合当代兽类分类学家意见，根据最新的形态学和分子遗传学证据，本书编委会经过充分讨论，认为我国现阶段兽类有 12 目 58 科 256 属 694 种。具体到中国兽类的高级分类阶元目和科水平，与之前发表的中国兽类名录及世界兽类名录相比，均有变化。例如，《中国哺乳动物种和亚种分类名录与分布大全》（王应祥，2003）收录了中国兽类 13 目 55 科（鲸目 Cetacea 和偶蹄目 Artiodactyla 单列），而本书使用了鲸目和偶蹄目合并而来的鲸偶蹄目 Cetartiodactyla。*Mammal Species of the World: A Taxonomic and Geographic Reference* (3rd Ed.)（Wilson and Reeder，2005）记录了中国兽类 14 目 54 科（鲸目、偶蹄目、猬形目 Erinaceomorpha 和鼩形目 Soricomorpha 单列），而本书采用最新的分类成果，除使用了鲸目和偶蹄目合并而来的鲸偶蹄目外，还使用了猬形目和鼩形目合并而来的劳亚食虫目 Eulipotyphla。《中国哺乳动物多样性》（第 2 版）（蒋志刚等，2017）收录了中国兽类 13 目 56 科，仍单独使用鲸目和偶蹄目，而本书未列出大熊猫科 Ailuropodidae、犀科 Rhinocerotidae，增列了长翼蝠科 Miniopteridae、林狸科 Prionodontidae、蹶鼠科 Sicistidae 等。*Illustrated Checklist of the Mammals of the World* (Volume 1～2)（Burgin *et al.*，2020a，2020b）采纳了较新的分类学研究成果，记录了中国兽类 12 目 56 科，本书的目水平分类与之相同，但在科水平有一些差异，本书增列了灰鲸科 Eschrichtiidae 等。

二、中国兽类在各主要分类阶元的关键分类学变化

（一）攀鼩目的系统发生地位

攀鼩目 Scandentia 通常被认为与灵长目 Primates 为姐妹群关系，部分分子水平的研究也支持该系统发生关系（31 个基因片段）（Upham *et al.*，2019）。然而，也有相似规模的分子数据的分析结果支持攀鼩目与兔形目 Lagomorpha 和啮齿目 Rodentia 的祖先支系为姐妹群关系（26 个基因片段）（Meredith *et al.*，2011）。近期，基于全基因组水平 12 931 个基因构建的系统发生树支持攀鼩目与兔形目和啮齿目的祖先支系为姐妹群关系（Jebb *et al.*，2020）。因此，本书攀鼩目的系统发生地位采用这一最新研究结论。

（二）啮齿目跳鼠总科的分类

本书中跳鼠总科 Dipodoidea 包括蹶鼠科 Sicistidae、林跳鼠科 Zapodidae、跳鼠科

Dipodidae 3 个科，但在国内外不同兽类名录中，关于蹶鼠科和林跳鼠科的分类地位一直有争议。王应祥（2003）与 Wilson 和 Reeder（2005）只列出跳鼠科，而将蹶鼠类和林跳鼠类列为跳鼠科下的亚科；蒋志刚等（2017）也将蹶鼠类和林跳鼠类列入跳鼠科。Burgin等（2020a，2020b）和美国哺乳动物学会现有的数据库将蹶鼠类作为一个科级分类阶元，且使用 Sminthidae 作为其科级名称。本书依据程继龙等（2021）的研究结果，也认为蹶鼠类应作为一个独立的科，并指出 Sminthidae 不应作为这一分类阶元的有效名，而是应续承模式属 Sicista Gray, 1827 的命名规律，将 Sicistidae 作为其科级分类阶元名称。

（三）啮齿目鼯鼠族的分类

在国内外不同兽类名录中，关于鼯鼠类的分类地位存在较大争议。Corbet 和 Hill（1992）将鼯鼠类列为独立的科；王应祥（2003）将鼯鼠类作为松鼠科 Sciuridae 下的一个亚科；蒋志刚等（2017）将鼯鼠类归入松鼠科；Wilson 和 Reeder（2005）与 Burgin等（2020a，2020b）采用最新分类学研究成果（Casanovas-Vilar et al.，2018），把鼯鼠类列为松鼠科松鼠亚科 Sciurinae 下的鼯鼠族 Pteromyini。本书也采用鼯鼠族这一分类地位。

（四）劳亚食虫目的分类

本书中劳亚食虫目 Eulipotyphla 包括猬科 Erinaceidae、鼩鼱科 Soricidae 和鼹科 Talpidae 3 个科。然而，该目的地位、组成在分类历史中曾发生很大变化。过去的主流观点是将它们与分布于中美洲的沟齿鼩科 Solenodontidae 与岛鼩科 Nesophontidae、非洲的马岛猬科 Tenrecidae 和金毛鼹科 Chrysochloridae 一起归入食虫目 Insectivora（Simpson，1945；Hutterer，1993）。但随着更多古生物学发现与分子生物学数据的积累，一系列研究结果揭示食虫目并非单系，马岛猬科和金毛鼹科因具有非洲起源，而作为非洲兽总目 Afrotheria 的重要组成（Novacek，1992；Springer et al.，1997；Stanhope et al.，1998；Waddell et al.，1999；Murphy et al.，2001a）。在近期的分类系统中，Liu 等（2001）基于分子生物学的研究发现，猬、鼹、鼩鼱在系统发育树上有较远的距离，因此 Hutterer（2005a，2005b）建议将猬科归入猬形目，将沟齿鼩科、岛鼩科、鼩鼱科和鼹科归入鼩形目。然而基于更多分子数据的分析（Murphy et al.，2001a，2001b；Meredith et al.，2011），揭示猬、鼹、鼩鼱、沟齿鼩在分子系统发育上为一单系，支持它们为同一个目，即劳亚食虫目，此观点目前被国内外分类学著作所接受（蒋志刚等，2017；Burgin et al.，2020a，2020b；刘少英等，2020）。

（五）翼手目系统发生地位及其亚目分类

翼手目 Chiroptera 在哺乳纲系统发生树中的位置长期存在争议。Meredith 等（2011）基于 26 个基因片段构建的哺乳纲系统发生树显示，翼手目与奇蹄目 Perissodactyla 和鲸偶蹄目 Cetartiodactyla 的祖先支系为姐妹关系，然后再与鳞甲目 Pholidota 和食肉目 Carnivora 的祖先支系为姐妹关系。然而，Upham 等（2019）基于 31 个基因片段构建的哺乳纲系统发生树显示，翼手目与猛兽真有蹄类 Fereuungulata（即奇蹄目、鲸偶蹄目、鳞甲目和食肉目 4 个目及其共同祖先）为姐妹关系。近期，Jebb 等（2020）基于全基因组水平 12 931 个基因构建的系统发生树支持翼手目与猛兽真有蹄类为姐妹关系。因此，本书翼手目的系统发生地位采用基于全基因组水平构建的系统发生树的结果。

翼手目下亚目分类也发生了重要变化。之前，翼手目分为大蝙蝠亚目 Megachiroptera 和小蝙蝠亚目 Microchiroptera 两个亚目，其中大蝙蝠亚目仅包括狐蝠科 Pteropodidae 1 个科，小蝙蝠亚目包括翼手目其余科（Simmons and Geisler，1998）。小蝙蝠亚目又分为 4 个超科，分别为菊头蝠超科 Rhinolophoidea、鞘尾蝠超科 Emballonuroidea、蝙蝠超科 Vespertilionoidea 和叶口蝠超科 Noctilionoidea。然而，Teeling 等（2005）利用 17 个核基因序列进行分子系统发生分析，支持蝙蝠类群应重新划分为阴蝙蝠亚目 Yinpterochiroptera 和阳蝙蝠亚目 Yangochiroptera（Koopman，1985；Springer et al.，2001），其中狐蝠科与菊头蝠超科互为姐妹群，被划到阴蝙蝠亚目中，而其余 3 个超科下的所有科均被划到阳蝙蝠亚目。该亚目分类得到其他分子水平的系统发生研究结果支持（Meredith et al.，2011；Upham et al.，2019）。目前，阴蝙蝠亚目、阳蝙蝠亚目这两个亚目的分类地位已被学术界认同并使用。

（六）鲸偶蹄目的分类及其亚目分类

鲸类因其具有独特的次生性水生适应，与其他哺乳动物的系统发生关系及演化历史一直是生物进化研究的热点（Thewissen et al.，2009）。长期以来，鲸目作为一个单独的目阶元在分类学上被使用。分子系统学证据则出乎意料地支持其嵌套至偶蹄目类群中，与河马类具有姐妹群关系（Milinkovitch et al.，1993；Montgelard et al.，1997；Gatesy et al.，1999；Zoonomia Consortium，2020）。分子系统学的证据极大地冲击了传统偶蹄目和鲸目高阶元的分类设置。目前主流的意见是将鲸目与偶蹄目合并为鲸偶蹄目（Montgelard et al.，1997）。由于该体系能较好地体现分类体系演变历史，故近期研究和部分数据库，以及世界自然保护联盟（International Union for Conservation of Nature，IUCN）已使用该名称。此外，还有部分学者坚持保留偶蹄目和鲸目，并将它们合并为鲸偶蹄超目，但这并非主流。目级阶元的变更导致了下级高阶元的变更。鲸偶蹄目的亚目分类修改为鲸河马型亚目 Whippomorpha（Waddell et al.，1999）、反刍亚目 Ruminantia、胼足亚目 Tylopoda、猪型亚目 Suina。原鲸目下的齿鲸亚目和须鲸亚目则分别改为齿鲸下目（Odontoceti）和须鲸下目（Mysticeti），下目下的科属阶元则保持不变。

（七）新种和新纪录种的收录及最新研究成果的吸纳

本书在前人研究的基础上，对近几年的最新分类学文献及研究成果进行了整理和吸纳，收录了近年来发现的一些新种，如高黎贡比氏鼯鼠 Biswamoyopterus gaoligongensis（Li et al.，2019）、西藏绒毛鼯鼠 Eupetaurus tibetensis（Jackson et al.，2022）、云南绒毛鼯鼠 Eupetaurus nivamons（Jackson et al.，2022）、黄山猪尾鼠 Typhlomys huangshanensis（Hu et al.，2021a）、白帝猪尾鼠 Typhlomys fenjieensis（Pu et al.，2022）、木里鼢鼠 Eospalax muliensis（Zhang et al.，2022）、岷山花鼠 Tamiops minshanica（Liu et al.，2022）、大别山鼩鼹 Uropsilus dabieshanensis（Hu et al.，2021b）、大别山缺齿鼩 Chodsigoa *dabieshanensis*（Chen *et al.*，2022）、锦矗管鼻蝠 *Murina jinchui*（Yu *et al.*，2020），以及最新研究证实达到种级分化水平的物种，如缺齿伶鼬 *Mustela aistoodonnivalis*（Liu *et al.*，2021）、李氏小飞鼠 *Priapomys leonardi*（Li *et al.*，2021）。

本书同时吸纳了基于充分研究和分析将亚种提升为种的研究成果。例如，Hu 等（2020）基于全基因组、母系遗传的线粒体基因组及父系遗传的 Y 染色体遗传变异分析，并结合形态学证据，研究支持将小熊猫划分为喜马拉雅小熊猫 *Ailurus fulgens* 和中华小熊猫 *Ailurus styani* 两个种；Yang 等（2022）支持将扭角羚划分为喜马拉雅扭角羚 *Budorcas taxicolor* 和中华扭角羚 *Budorcas tibetana* 两个种。相似地，Zhou 等（2018）基于全基因组水平遗传变异分析发现，生活在淡水里的长江江豚与生活在海洋里的东亚江豚 *Neophocaena sunameri* 之间已经没有基因交流，认为长江江豚是一个独立物种——*Neophocaena asiaeorientalis*。

本书也收录了基于标本凭证的中国新纪录种，如道氏东京鼠 *Tonkinomys daovantieni*（成市等，2018）、盘足蝠 *Eudiscopus denticulus*（Yu *et al.*，2021）、卡氏伏翼 *Hypsugo cadornae*（Xie *et al.*，2021）、克钦彩蝠 *Kerivoula kachinensis*（Yu *et al.*，2022）等，以及重新厘定和确认的中国新纪录种，如拟家鼠 *Rattus pyctoris*（谢菲等，2022）。

三、中国兽类物种名录编目规则

不同于国内已出版的兽类分类学著作，本书在对物种进行排序时，按照兽类高级分类阶元的最新系统发生关系研究成果所构建的系统发生树（图 1，图 2）进行编目（Meredith *et al.*，2011；Upham *et al.*，2019；Jebb *et al.*，2020），体现了分类系统的科学性和逻辑性。其中，目（Order）、亚目（Suborder）和科（Family）按照系统发生关系

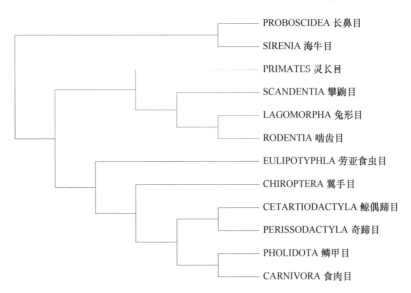

PROBOSCIDEA 长鼻目
SIRENIA 海牛目
PRIMATES 灵长目
SCANDENTIA 攀鼩目
LAGOMORPHA 兔形目
RODENTIA 啮齿目
EULIPOTYPHLA 劳亚食虫目
CHIROPTERA 翼手目
CETARTIODACTYLA 鲸偶蹄目
PERISSODACTYLA 奇蹄目
PHOLIDOTA 鳞甲目
CARNIVORA 食肉目

图 1　中国兽类目分类阶元的系统发生树
图中自上而下，长鼻目和海牛目为非洲兽总目；灵长目至啮齿目为灵长总目；劳亚食虫目至食肉目为劳亚兽总目

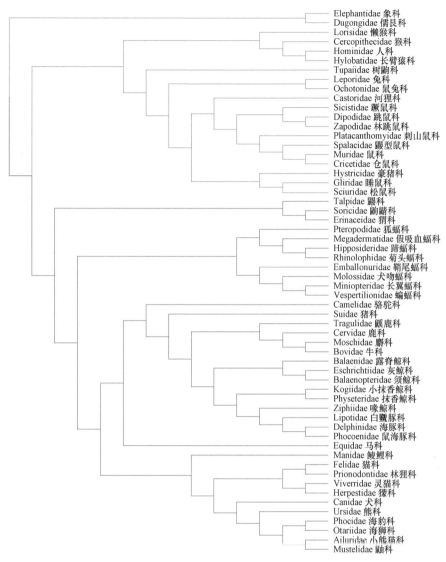

图 2 中国兽类科分类阶元的系统发生树

图中自上而下，象科和儒艮科为非洲兽总目；懒猴科至松鼠科为灵长总目；鼹科至鼬科为劳亚兽总目

排列，从系统发生树的根部开始排序，原始的类群排在前面；姐妹群（如兔形目和啮齿目、鲸偶蹄目和奇蹄目）随机排列。亚科（Subfamily）、族（Tribe）、属（Genus）、亚属（Subgenus）、种组（Species group）和种（Species）则在上一级分类阶元内按拉丁学名的字母顺序排列。

胡义波　魏辅文　葛德燕　蒋学龙　李　松　吴　毅　杨奇森　刘少英

目　　录

长鼻目 PROBOSCIDEA Illiger, 1811

象科 Elephantidae Gray, 1821

象属 *Elephas* Linnaeus, 1758

1. 亚洲象 *Elephas maximus* Linnaeus, 1758

英文名：Asian Elephant, Asiatic Elephant

地方名：老象、野象

模式产地：斯里兰卡

同物异名及分类引证：

Elephas asiaticus Blumenbach, 1797

Elephas indicus Cuvier, 1798

Elephas gigas Perry, 1811

Elephas indicus bengalensis de Blainville, 1845

Elephas indicus ceylanicus de Blainville, 1845

Elephas sumatranus Temminck, 1847

Elephas maximus vilaliya Deraniyagala, 1939

亚种分化：全世界有 4 个亚种，中国有 1 个亚种。

印度亚种 *E. m. indicus* Cuvier, 1798，模式产地：印度。

国内分布：印度亚种分布于云南（沧源、江城、景谷、景洪、澜沧、勐海、勐腊、宁洱和思茅）。

国外分布：不丹、柬埔寨、老挝、马来西亚、孟加拉国、缅甸、尼泊尔、斯里兰卡、泰国、印度、印度尼西亚和越南。

引证文献[①]：

Linnaeus C. 1758. Systema naturae per regna tria naturae: secundum classes, ordines, genera, species, cum characteribus, differentiis, synonymis, locis. 10th Ed. Tomus I. Holmiae: Impensis Direct. Laurentii Salvii: 33.

Blumenbach JF. 1797. Handbuch der naturgeschichte. Goettingen, Johann Christian Dieterich: 124.

Cuvier G. 1798. Tableau élémentaire de l'histoire naturelle des animaux. Paris: Baudouin: 148.

Perry G, Busby TL, Mathews GM. 1811. Arcana, or, the museum of natural history: containing the most recent discovered objects: embellished with coloured plates, and corresponding descriptions: with extracts relating to animals, and remarks of celebrated travellers; combining a general survey of nature. Plate LXI. London: George Smeeton.

de Blainville HMD. 1845. Ostéographie, ou, description iconographique comparée du squelette et du système dentaire des mammifères récents et fossiles: pour servir de base à la zoologie et à la géologie. Tome III.

---

① 为方便读者查阅文献，对文献均保持原貌，其中存在的错误未加以改正。

Paris: J. B. Baillière et Fils: 3.

Temminck CJ. 1847. Coup-d'oeil général sur les possessions néerlandaises dans l'inde archipélagique. Leide: Arnz and Comp.: 90-91.

Deraniyagala PEP. 1939. Some fossil animals from Ceylon, Part III. Journal of the Ceylon Branch of the Royal Asiatic Society, 34(92): 374-375.

海牛目 SIRENIA Illiger, 1811

儒艮科 Dugongidae Gray, 1821

儒艮属 *Dugong* Lacépède, 1799

2. 儒艮 *Dugong dugon* (Müller, 1776)

英文名：Dugong

曾用名：无

地方名：海牛、美人鱼、海马（广西、海南）

模式产地：好望角到菲律宾海域

同物异名及分类引证：

Trichecus dugon Müller, 1776

Halicore tabernaculi Rüppel, 1834

Halicore australis Owen, 1847

亚种分化：无

国内分布：南海［台湾南部沿岸，广东电白、阳江，广西北海，海南三亚（澄迈）、儋州、东方、文昌海域］。

国外分布：西太平洋、印度洋的热带水域，不连续分布于南北纬约 27° 之间。

引证文献：

Müller PLS. 1776. Des ritters carl von linné. Vollständigen natursystems supplements und register-band über alle sechs theile oder classen des thierreichs. Nürnberg: Gabriel Nicolaus Raspe: 21.

Rüppell E. 1834. Beschreibung des im rothen meere vorkommenden dugong (*Halicore*). In: Museum senckenbergianum: abhandlungen aus dem gebiete der beschreibenden naturgeschichte. Bd. 1. Frankfurt am Main: J. D. Sauerländer: 95-114.

Owen R. 1847. VI. Notes on the characters of the skeleton of a Dugong (*Halicore australis*), etc. In: Jukes JB. Appendix narrative of the surveying voyage of H.M.S. Fly, commanded by Captain F.P. Blackwood, R.N. in Torres Strait, New Guinea, and other islands of the Eastern Archipelago, during the years 1842-1846. Vol. 2. London: T&W Boone: 325-331.

灵长目 PRIMATES Linnaeus, 1758

懒猴科 Lorisidae Gray, 1821

懒猴亚科 Lorinae Gray, 1821

蜂猴属 *Nycticebus* Geoffroy, 1796

3. 蜂猴 *Nycticebus bengalensis* (Lacépède, 1800)

英文名：Bengal Slow Loris, Ashy Slow Loris, Northern Slow Loris

曾用名：懒猴

地方名：风生兽、风狸、风猴、平猴、风猩

模式产地：印度西孟加拉邦

同物异名及分类引证：

Lori bengalensis Lacépède, 1800

Loris bengalensis Fischer von Waldheim, 1804

Nycticebus cinereus Milne-Edwards, 1867

Nycticebus tardigradus typicus Lydekker, 1904

Nycticebus tenasserimensis Elliot, 1913

Nycticebus incanus Thomas, 1921

Nycticebus coucang cinereus (Milne-Edwards, 1867) Allen, 1938

Nycticebus coucang bengalensis (Lacépède, 1800) Ellerman & Morrsion-Scott, 1951

Nycticebus bengalensis (Lacépède, 1800) Groves, 2001

亚种分化：无

国内分布：云南西部、南部和中部，广西西南部。

国外分布：老挝、孟加拉国、缅甸、泰国、印度、越南。

引证文献：

Lacépède BGE, de la Ville Comte de. 1800. Classification des oiseaux et des mammifères. Séances des écoles normales, recueillies par des sténographes, et revues par les professeurs. Paris: Imprimerie du Cercle-social, 9(appendix): 1-86.

Fischer von Waldheim G. 1804. Anatomie der Maki und der ihnen verwandten Thiere. Andrea ische Buchhandlung, I: 30.

Milne-Edwards A. 1867. Observations sur quelques mammifères du nord de la Chine. Annales des science naturelles. Cinquiéme Série, Zoologie et Paléontologie, 7: 375-377.

Lydekker R. 1904. On two lorises. Proceedings of the Zoological Society of London, 2: 345-346.

Elliot DG. 1913. A review of the Primates. New York: American Museum of Natural History.

Thomas O. 1921. Two new species of slow-loris. The Annals and Magazine of Natural History, 8(9): 627-628.

全国强, 汪松, 张荣祖. 1981. 我国灵长类动物的分类与分布. 野生动物, (3): 7-14.

李致祥, 林正玉. 1983. 云南灵长类的分类和分布. 动物学研究, 4(2): 111-120.

Groves CP. 2001. Primate Taxonomy. Washington and London: Smithsonian Institution Press.

4. 倭蜂猴 *Nycticebus pygmaeus* Bonhote, 1907

英文名： Pygmy Slow Loris, Lesser Slow Loris, Pygmy Loris

曾用名： 小懒猴

地方名： 小蜂猴、风猴、懒猴、小风猴

模式产地： 越南芽庄

同物异名及分类引证：

Nycticebus intermedius Dao, 1960

亚种分化： 无

国内分布： 云南（河口、金平、绿春、麻栗坡、马关、蒙自、屏边、文山）。

国外分布： 柬埔寨、老挝、越南。

引证文献：

Bonhote JL. 1907. On a collection of mammals made by Dr. Vassal in Annam. Proceedings of the Zoological Society of London, 77(1): 3-11.

Dao VT. 1960. Recherches zoologiques dans la region de Vinh-Linh (Province de Quang-tri, Centre Vietnam). Zoologischer Anzieger, 164: 221-239.

全国强, 靳景玉, 黄金声, 周玉富. 1987. 我国灵长目一种的新记录. 兽类学报, 7(2): 158.

猴科 Cercopithecidae Gray, 1821

猴亚科 Cercopithecinae Gray, 1821

猕猴属 *Macaca* Lacépède, 1799

种组 *arctoides*

5. 红面猴 *Macaca arctoides* (Geoffroy, 1831)

英文名： Stump-tail Macaque, Bear Macaque, Stumptail Macaque

曾用名： 短尾猴、大青猴、黑猴、泥猴、桩尾猴

地方名： 人熊

模式产地： 越南南部

同物异名及分类引证：

Macacus arctoides Geoffroy, 1831

Papio melanotus Ogilby, 1839

Macacus ursinus (Geoffroy, 1831) Gervais, 1855

Macacus brunneus Anderson, 1871

Macacus rufescens Anderson, 1872

Macacus harmandi Trouessart, 1897

Macacus (*Magus*) *arctoides esau* Matschie, 1912

Macacus (*Magus*) *arctoides melli* Matschie, 1912

Lyssodes speciosus melli (Matschie, 1912) Allen, 1938

Macaca speciosa arctoides (Geoffroy, 1831) Ellerman & Morrison-Scott, 1951

Macaca arctoides (Geoffroy, 1831) Fooden, 1967

亚种分化：无

国内分布：贵州、云南、湖南、福建、江西、广东、广西。

国外分布：柬埔寨、老挝、马来西亚、缅甸、泰国、印度、越南。

引证文献：

Geoffroy I. 1831. Mammifères. In: Belanger. Voyage aux Indes-Orientales. Vol. 3, Zoologie: 61.

Ogilby W. 1839. On a new species of monkey (*Papio melanotus*). Proceedings of the Zoological Society of London, Part VII: 31.

Gervais MP. 1855. Histoire naturelle des mammifères avec l'indication de leurs moeurs et de leurs rapports avec les arts, le commerce et l'agriculture. Paris: L. Curmer: 93.

Anderson J. 1871. Letter, describe a new species of Macaque. Proceedings of the Scientific Meetings of the Zoological Society of London: 628-629.

Anderson J. 1872. Remarks on the external characters and anatomy of *Macacus brunneus*. Proceedings of the Scientific Meetings of the Zoological Society of London: 203-212.

Trouessart EL. 1897. Catalogus mammalium tam viventium quam fossilium a doctore E.-L. Trouessart. Berolini: R. Friedländer & Sohn: 29.

Matschie P. 1912. Über einige rassen des steppenluchses. Sitzungsberichte der Gesellschaft Naturforschender Freunde zu Berlin, 25: 55-67.

Fooden J. 1967. Complementary specialization of male and female reproductive structures in the bear macaque, *Macaca arctoides*. Nature, 214: 939-941.

Fooden J. 1976. Provisional classifications and key to living species of macaques (primates: Macaca). Folia Primatologica (Basel), 25(2-3): 225-236.

李致祥, 林正玉. 1983. 云南灵长类的分类和分布. 动物学研究, 4(2): 111-120.

Fooden J, Quan GQ, Wang ZR, Wang YX. 1985. The stumptail macaques of China. American Journal of Primatology, 8: 11-30.

张荣祖, 全国强, 赵体恭, Southwick CH. 1991. 猕猴属在中国的分布. 兽类学报, 11(3): 171-185.

Roos C, Boonratana R, Supriatna J, Fellowes JR, Groves CP, Nash SD, Rylands AB, Mittermeier RA. 2014. An updated taxonomy and conservation status review of Asian primates. Asian Primates Journal, 4(1): 2-38.

种组 fascicularis

6. 台湾猕猴 *Macaca cyclopis* (Swinhoe, 1862)

英文名：Taiwanese Macaque, Formosan Rock Macaque, Taiwan Macaque

曾用名：无

地方名：黑肢猿、台湾猴、岩猴、泰耶鲁（高山族语）

模式产地：台湾高雄

同物异名及分类引证：

Macacus cyclopis Swinhoe, 1862

Macacus affinis Blyth, 1863

Macaca cyclopis (Swinhoe, 1862) Ellerman & Morrison-Scott, 1951

亚种分化：无

国内分布：中国特有，仅分布于台湾。

国外分布：无

引证文献：

Swinhoe R. 1862. On the mammals of the island of Formosa (China). Proceedings of the Zoological Society of London, 30(1): 347-368.

Blyth E. 1863. Catalogue of the Mammalia in the Museum Asiatic Society. Calcutta [India]: Savielle & Cranenburgh.

7. 猕猴 *Macaca mulatta* (Zimmermann, 1780)

英文名：Rhesus Macaque, Rhesus Monkey

曾用名：恒河猴、普通猕猴、广西猴

地方名：猴子、黄猴、马骝、沐猴、猢猴、猴孙、老青猴、德睃、猴子枣、猴丹、申枣、猢狲、折（藏语）

模式产地：印度

同物异名及分类引证：

Cercopithecus mulatta Zimmermann, 1780

Macaca (*Pithex*) *nipalensis* Hodgson, 1840

Macaca (*Pithex*) *oinops* Hodgson, 1840

Inuus sancti-johannis Swinhoe, 1866

Macacus lasiotus Gray, 1868

Macacus tcheliensis Milne-Edwards, 1872

Macacus vestitus Milne-Edwards, 1892

Pithecus brachyurus Elliot, 1909

Pithecus littoralis Elliot, 1909

Pithecus brevicaudus Elliot, 1913

Macaca siamica Kloss, 1917

Macaca mulatta (Zimmermann, 1780) Hinton & Wroughton, 1921

亚种分化：全世界有 10 个亚种，中国有 6 个亚种。

川西亚种 *M. m. lasiotus* (Gray, 1868)，模式产地：四川；

华北亚种 *M. m. tcheliensis* (Milne-Edwards, 1870)，模式产地：河北遵化；

西藏亚种 *M. m. vestitus* (Milne-Edwards, 1892)，模式产地：西藏纳木错（"Tengri Nor"）；

福建亚种 *M. m. littoralis* (Elliot, 1909)，模式产地：福建挂墩山；

海南亚种 *M. m. brevicaudus* (Elliot, 1913)，模式产地：海南岛；

印支亚种 *M. m. siamica* Kloss, 1917，模式产地：泰国清迈。

国内分布：川西亚种分布于青海、四川西部和云南西北部；华北亚种分布于山西和河南；

西藏亚种分布于西藏东南部和云南西北部；福建亚种分布于陕西、贵州、四川、云南、湖北、湖南、安徽、福建、江西、浙江、广东和广西；海南亚种分布于广东和海南，以及香港附近的小岛；印支亚种分布于云南。

国外分布：阿富汗、巴基斯坦、不丹、老挝、孟加拉国、缅甸、尼泊尔、泰国、印度、越南。

引证文献：

Zimmermann EAW. 1780. Geographische geschichte des menschen, und der allgemein verbreiteten vierfüssigen Thiere: nebst einer hieher gehörigen zoologischen Weltcharte. Vol. 1. Leipzig, in der Weygandschen Buchhandlung, 2: 195.

Hodgson BH. 1840. Three new species of monkey; with remarks on the genera *Semnopithecus* et *Macacus*. Journal of the Asiatic Society of Bengal, 9(Part II): 1211-1213.

Swinhoe R. 1866. Letter to the secretary respecting a monkey from the island of North Lena, near Hongkong. Proceedings of the Scientific Meetings of the Zoological Society of London: 556.

Gray JE. 1868. Notice of *Macacus lasiotus*, a new species of ape from China, in the collection of the society. (Plate VI.). Proceedings of the Scientific Meetings of the Zoological Society of London: 60.

Milne-Edwards A. 1870. Note sur quelques Mammifères du Tibet oriental. Comptes Rendus des Séances de l'Académie des Sciences, 70: 341-342.

Milne-Edwards H. 1872. Recherches pour servir à l'histoire naturelle des mammifères: comprenant des considérations sur la classification de ces animaux. Paris: G. Masson: 227.

Milne-Edwards A. 1892. Observations sur les Mammifères du Thibet. Revue Générale des sciences pures et appliquées. Paris: Georges Carré, éditeur: 670-672.

Elliot DG. 1909. Descriptions of apparently new species and subspecies of monkeys of the genera *Callicebus*, *Lagothrix*, *Papio*, *Pithecus*, *Cercopithecus*, *Erythrocebus* and *Presbytis*. The Annals and Magazine of Natural History, Ser. 8, 4(21): 244-274.

Elliot DG. 1913. A review of the Primates. Vol. 3. New York: American Museum of Natural History.

Kloss CB. 1917. Description of a new macaque from Siam. The Journal of the Natural History Society of Siam, 2: 247-249.

Hinton MAC, Wroughton RC. 1921. The synonymies, characters and distribution of the macaques included under the names *rhesus* and *assamensis* in Blanford's Mammals. The Journal of the Bombay Natural History Society, 27: 665-672.

李致祥, 林正玉. 1983. 云南灵长类的分类和分布. 动物学研究, 4(2): 111-120.

蒋学龙, 王应祥, 马世来. 1991. 中国猕猴的分类及分布. 动物学研究, 12(3): 241-247.

张荣祖, 全国强, 赵体恭, Southwick CH. 1991. 猕猴属在中国的分布. 兽类学报, 11(3): 171-185.

Fooden J. 2000. Systematic review of the rhesus macaque, *Macaca mulatta* (Zimmermann, 1780). Fieldiana Zoology, 96: 1-180.

Roos C, Boonratana R, Supriatna J, Fellowes JR, Groves CP, Nash SD, Rylands AB, Mittermeier RA. 2014. An updated taxonomy and conservation status review of Asian primates. Asian Primates Journal, 4(1): 2-38.

Liu ZJ, Tan XX, Orozco-terWengel P, Zhou XM, Zhang LY, Tian SL, Yan ZZ, Xu HL, Ren BP, Zhang P, Xiang ZF, Sun BH, Roos C, Bruford MW, Li M. 2018. Population genomics of wild Chinese rhesus macaques reveals a dynamic demographic history and local adaptation, with implications for biomedical research. GigaScience, 7: 1-14.

种组 silenus-sylvanus

8. 北豚尾猴 *Macaca leonina* (Blyth, 1863)

英文名：Northern Pig-tailed Macaque, Long-haired Pig-tailed Macaque, Burmese Pig-tailed Macaque

曾用名：平顶猴、豚尾猴

地方名：无

模式产地：缅甸若开邦北部

同物异名及分类引证：

Innus leoninus Blyth, 1863

Macacus andamanensis Bartlett, 1869

Macacus coininus Kloss, 1903

Macaca adusta Miller, 1906

Macaca insulana Miller, 1906

Macaca nemenstrina indochinensis Kloss, 1919

Macaca nemestrina blythii Pocock, 1931

Macaca nemestrina leonina (Blyth, 1863) Ellerman & Morrison-Scott, 1951

Macaca nemestrina (Blyth, 1863) Corbet & Hill, 1992

Macaca leonina (Blyth, 1863) Groves, 2001

亚种分化：无

国内分布：云南西南部元江以西、怒江以东的局部地带。

国外分布：老挝、孟加拉国、缅甸、泰国、印度。

引证文献：

Blyth E. 1863. Catalogue of the Mammalia in the Museum Asiatic Society. Calcutta [India]: Savielle & Cranenburgh.

Bartlett AD. 1869. Notices of recent additions to the menagerie. Proceedings of the Zoological Society of London: 467-468.

Kloss CB. 1903. *Macacus coninus*. Lapsus for *Mcacacus leoninus* (in the Andamans and Nicobars). London: John Murray: 322-325.

Miller GS. 1906. The monkeys of the *Macaca nemestrina* group. Proceedings of the United States National Museum, 29: 559-560.

Kloss CB. 1919. On mammals collected in Siam. The Journal of the Natural History Society of Siam, 3(4): 333-407.

Pocock PI. 1931. The pig-tailed macaques (*Macaca nemestrina*). The Journal of the Bombay Natural History Society, 35(Pt. 1-2): 297-310.

Corbet GB, Hill JE. 1992. The mammals of the Indomalayan region: a systematic review. Oxford: Oxford University Press.

Gippoliti S. 2001. Notes on the taxonomy of *Macaca nemestrina leonina* Blyth, 1863 (Primates: Cercopithecidae). Hystrix: the Italian Journal of Mammalogy, 12(1): 51-54.

Groves CP. 2001. Primate taxonomy. Washington, D.C.: Smithsonian Institution Press.

种组 sinica

9. 熊猴 *Macaca assamensis* (McClelland, 1839)

英文名：Assamese Macaque, Assam Macaque

曾用名：蓉猴、阿萨姆猴、大青猴、喜马拉雅猴

地方名：无

模式产地：印度阿萨姆邦

同物异名及分类引证：

Macacus assamensis McClelland, 1839

Macacus (*Pithex*) *pelops* Hodgson, 1840

Macacus macclellandii Gray, 1846

Macacus sikimensis Hodgson, 1867

Macacus problematicus Gray, 1870

Macacus rhesosimilis Sclater, 1872

Macaca assamensis coolidgei Osgood, 1932

Macaca assamensis (McClelland, 1839) Ellerman & Morrison-Scott, 1951

亚种分化：全世界有 2 个亚种，中国均有分布。

指名亚种 *M. a. assamensis* (McClelland, 1839)，模式产地：印度阿萨姆邦；

喜马拉雅亚种 *M. a. pelops* (Hodgson, 1840)，模式产地：尼泊尔北部山区（"Kachar"）。

国内分布：指名亚种分布于西藏东南部、贵州和广西；喜马拉雅亚种分布于西藏南部。

国外分布：不丹、老挝、缅甸、尼泊尔、泰国、印度、越南。

引证文献：

McClelland J. 1839. A list of Mammalia and birds collected in Assam. Proceedings of the Zoological Society of London, 7: 146-147.

Hodgson BH. 1840. Three new species of monkey; with remarks on the genera *Semnopithecus* et *Macacus*. Journal of the Asiatic Society of Bengal, 9(Pt. 2): 1211-1213.

Gray JE. 1846. Catalogue of the specimens and drawings of mammalia and birds of Nepal and China (Tibet) presented by BH Hodgson to the British Museum. London: E. Neuman: 156.

Hodgson BH. 1867. 8. Inuus pelops. In: Jerdon TC. The mammals of India: a natural history of all the animals known to inhabit continental India. London: J. Wheldon: 11-12.

Gray JE. 1870. Catalogue of monkeys, lemurs, and fruit-eating bats in the collection of the British Museum. London: Printed by Order of the Trustees: 28.

Sclater PL. 1872. Report on the additions to the Society's menagerie in February 1872. Proceedings of the Zoological Society of London: 493-496.

Osgood WH. 1932. Mammals of the Kelley-Roosevelts and Delacour Asiatic Expedition. Publication 312, Zoological Series. Chicago: Field Museum of Natural History, 18(10): 193-339.

Fooden J. 1976. Provisional classifications and key to living species of macaques (primates: *Macaca*). Folia Primatologica (Basel), 25(2-3): 225-236.

Fooden J. 1982. Taxonomy and evolution of the Sinica group of macaques. 3, species and subspecies accounts of *Macaca assamensis*. Fieldiana: Zoology, New Series, 10: 1-52.

李致祥, 林正玉. 1983. 云南灵长类的分类和分布. 动物学研究, 4(2): 111-120.

张荣祖, 全国强, 赵体恭, Southwick CH. 1991. 猕猴属在中国的分布. 兽类学报, 11(3): 171-185.

蒋学龙, 王应祥, 马世来. 1993. 中国熊猴的分类整理. 动物学研究, 14(2): 110-117.

Zhang YZ, Chen LW, Qu WY, Coggins C. 2002. The primates of China: biogeography and conservation status. Asian Primates, 8(1-2): 20-22.

Brandon-Jones D, Eudey AA, Geissmann T, Groves CP, Melnick DJ, Morales JC, Shekelle M, Stewart C-B.

2004. Asian primate classification. International Journal of Primatology, 25(1): 97-164.

10. 白颊猕猴 *Macaca leucogenys* Li *et al.*, 2015

英文名：White-cheeked Macaque

曾用名：无

地方名：无

模式产地：西藏墨脱格当岗日嘎布山

同物异名及分类引证：无

亚种分化：无

国内分布：中国特有，分布于西藏（墨脱、波密、察隅）、云南（高黎贡山）。

国外分布：无

引证文献：

Li C, Zhao C, Fan PF. 2015. White-cheeked macaque (*Macaca leucogenys*): a new macaque species from Medog, southeastern Tibet. American Journal of Primatology, 77(7): 753-766.

Fan PF, Liu Y, Zhang ZC, Zhao C, Li C, Liu WL, Liu ZJ, Li M. 2017. Phylogenetic position of the white-cheeked macaque (*Macaca leucogenys*), a newly described primate from southeastern Tibet. Molecular Phylogenetics and Evolution, 107: 80-89.

11. 藏南猕猴 *Macaca munzala* Sinha *et al.*, 2005

英文名：Southern Tibet Macaque

曾用名：达旺猴

地方名：无

模式产地：西藏错那

同物异名及分类引证：无

亚种分化：无

国内分布：西藏南部。

国外分布：不丹、印度。

引证文献：

Sinha A, Datta A, Madhusudan MD, Mishra C. 2005. *Macaca munzala*: a new species from western Arunachal Pradesh, northeastern India. International Journal of Primatology, 26(4): 977-989.

Roos C, Boonratana R, Supriatna J, Fellowes JR, Groves CP, Nash SD, Rylands AB, Mittermeier RA. 2014. An updated taxonomy and conservation status review of Asian primates. Asian Primates Journal, 4: 2-38.

常勇斌, 贾陈喜, 宋刚, 雷富民. 2018. 西藏错那县发现藏南猕猴. 动物学杂志, 53(2): 243-248.

12. 藏酋猴 *Macaca thibetana* (Milne-Edwards, 1870)

英文名：Tibetan Macaque, Chinese Stump-tailed Macaque, Milne-Edwards's Macaque, Short-tailed Tibetan Macaque, Tibetan Stump-tailed Macaque

曾用名：毛面短尾猴、大青猴、四川短尾猴、藏猴、灰猴、藏猕猴

地方名：红面猴、毛面猴、马猴、女诺（彝族）、治乌阿格（藏族）

模式产地：四川宝兴

同物异名及分类引证：

Macacus thibetanus Milne-Edwards, 1870

Macacus arctoides thibetanus (Milne-Edwards, 1870) Trouessart, 1897

Macacus (*Magus*) *arctoides esau* Matschie, 1912

Pithecus thibetanum (Milne-Edwards, 1870) Elliot, 1913

Pithecus pullus Howell, 1928

Lyssodes speciosus thibetanus (Milne-Edwards, 1870) Allen, 1938

Macaca speciosa thibetana (Milne-Edwards, 1870) Ellerman & Morrison-Scott, 1951

Macaca thibetana (Milne-Edwards, 1870) Fooden, 1976

Macaca thibetana guizhouensis Wang *et* Jiang, 1996

Macaca thibetana huangshanensis Jiang *et* Wang, 1996

亚种分化：全世界有 4 个亚种，中国均有分布。

指名亚种 *M. t. thibetana* (Milne-Edwards, 1870)，模式产地：四川宝兴；

福建亚种 *M. t. esau* (Matschie, 1912)，模式产地：广东（"west of Lochangho"）；

贵州亚种 *M. t. guizhouensis* Wang *et* Jiang, 1996，模式产地：贵州梵净山；

黄山亚种 *M. t. huangshanensis* Jiang *et* Wang, 1996，模式产地：安徽黄山。

国内分布：中国特有，指名亚种分布于陕西和四川；福建亚种分布于湖南、福建、江西、浙江、广东；贵州亚种分布于贵州、云南、湖南；黄山亚种分布于安徽。

国外分布：无

引证文献：

Milne-Edwards A. 1870. Note sur quelques mammifères du Tibet oriental. Comptes Rendus des Séances de l'Académie des Sciences, 70: 341-342.

Trouessart EL. 1897. Catalogus mammalium tam viventium quam fossilium. Berolini: R. Friedländer & Sohn, 1(6): 1-27.

Matschie P. 1912. Über einige rassen des steppenluchses. Sitzungsberichte der Gesellschaft Naturforschender Freunde zu Berlin, 25: 55-67.

Elliot DG. 1913. A review of the Primates. Vol. 2. New York: American Museum of Natural History: 196.

Howell AB. 1928. New Chinese mammals. Proceedings of the Biological Society of Washington, 41: 41-44.

Fooden J. 1976. Provisional classifications and key to living species of macaques (primates: Macaca). Folia Primatologica (Basel), 25(2-3): 225-236.

Fooden J. 1983. Taxonomy and evolution of the sinica group of macaques. 4. Species account of *Macaca thibetana*. Fieldiana Zoology, 11: 1-20.

张荣祖, 全国强, 赵体恭, Southwick CH. 1991. 猕猴属在中国的分布. 兽类学报, 11(3): 171-185.

蒋学龙, 王应祥, 王岐山. 1996. 藏酋猴的分类与分布. 动物学研究, 17(4): 361-369.

Fooden J. 2000. Systematic review of the rhesus macaque, *Macaca mulatta* (Zimmermann, 1780). Fieldiana Zoology, 96: 1-180.

疣猴亚科 Colobinae Jerdon, 1867

仰鼻猴属 *Rhinopithecus* Milne-Edwards, 1872

13. 滇金丝猴 *Rhinopithecus bieti* Milne-Edwards, 1897

英文名：Yunnan Snub-nosed Monkey, Black Snub-nosed Monkey, Black and White Snub-nosed Monkey

曾用名：黑白金丝猴、黑白仰鼻猴、雪猴、花猴、大青猴、白猴、飞猴

地方名：知解（藏族）、杰米（傈僳族）、摆药（白族）

模式产地：云南德钦

同物异名及分类引证：

Rhinopithecus roxellanae bieti (Milne-Edwards, 1872) Ellerman & Morrison-Scott, 1951

Pygathrix bieti (Milne-Edwards, 1872) Corbet & Hill, 1992

亚种分化：无

国内分布：中国特有，分布于澜沧江和金沙江之间的狭小区域，包括西藏（芒康）、云南（德钦、维西、云龙、兰坪、剑川、丽江）。

国外分布：无

引证文献：

Milne-Edwards A. 1897. Note sur une nouvelle espèce du genre Rhinopithèque provenant de la haute vallée du Mékong. Bulletin du Muséum Nationale d'Histoire Naturelle. Paris: Imprimerie Nationale, 3: 156-159.

彭鸿绶, 高耀亭, 陆长坤, 冯柞建, 陈庆雄. 1962. 四川西南和云南西北部兽类的分类研究. 动物学报, 14(增刊): 105-132.

李致祥, 马世来, 华承惠, 王应祥. 1981. 滇金丝猴(*Rhinopithecus bieti*)的分布和习性. 动物学研究, 2(1): 9-16.

Long YC, Kirkpatric CR, Zhong T, Xiao L. 1994. Report on the distribution, population, and ecology of the Yunnan snub-nosed monkey (*Rhinopithecus bieti*). Primates, 35(2): 241-250.

14. 黔金丝猴 *Rhinopithecus brelichi* Thomas, 1903

英文名：Guizhou Snub-nosed Monkey, Brelich's/Gray Snub-nosed Monkey

曾用名：灰仰鼻猴、白肩仰鼻猴、牛尾猴、灰金丝猴

地方名：绒绒

模式产地：贵州梵净山

同物异名及分类引证：

Rhinopithecus roxellanae brelichi (Thomas, 1903) Ellerman & Morrison-Scott, 1951

Pygathrix brelichi (Thomas, 1903) Corbet & Hill, 1992

亚种分化：无

国内分布：中国特有，仅分布于贵州梵净山地区。

国外分布：无

引证文献：

Thomas O. 1903. Mr. Oldfield Thomas on a new monkey. Proceedings of the General Meetings for Scientific Business of the Zoological Society of London, 1: 224-225.

Zhang RZ, Quan GQ, Zhao TG, Southwick CH. 1992. Distribution of primates (except *Macaca*) in China. Acta Theriologica Sinica, 12(2): 81-95.

Bleisch W, Cheng AS, Ren XD, Xie JH. 1993. Preliminary results from a field study of wild Guizhou snub-nosed monkeys (*Rhinopithecus brelichi*). Folia Primatologica, 60(1-2): 72-82.

15. 川金丝猴 *Rhinopithecus roxellana* (Milne-Edwards, 1870)

英文名：Sichuan Snub-nosed Monkey, Golden Snub-nosed Monkey, Sichuan Golden Snub-nosed Monkey

曾用名：金丝猴、金仰鼻猴、狮鼻猴、金绒猴、蓝面猴

地方名：喜或嘉（藏）

模式产地：四川宝兴

同物异名及分类引证：

Semnopiethecus roxellana Milne-Edwards, 1870

Rhinopithecus roxellanae Milne-Edwards, 1872

Rhinopithecus roxellanae roxellanae (Milne-Edwards, 1872) Ellerman & Morrison-Scott, 1951

Pygathrix roxellana (Milne-Edwards, 1870) Corbet & Hill, 1992

Rhinopithecus roxellana (Milne-Edwards, 1870) Wang *et al.*, 1998

Rhinopithecus roxellana hubeiensis Wang *et al.*, 1998

Rhinopithecus roxellana qinlingensis Wang *et al.*, 1998

亚种分化：全世界有 3 个亚种，中国均有分布。

指名亚种 *R. r. roxellana* (Milne-Edwards, 1870)，模式产地：四川宝兴；

湖北亚种 *R. r. hubeiensis* Wang *et al.*, 1998，模式产地：湖北神农架；

秦岭亚种 *R. r. qinlingensis* Wang *et al.*, 1998，模式产地：陕西秦岭。

国内分布：中国特有，指名亚种分布于甘肃、四川、陕西（宁强）；湖北亚种分布于湖北（神农架）；秦岭亚种分布于陕西（秦岭）。

国外分布：无

引证文献：

Milne-Edwards A. 1870. Note sur quelques Mammifères du Tibet oriental. Comptes Rendus des Séances de l'Académie des Sciences, 70: 341.

Milne-Edwards H. 1872. Recherches pour servir à l'histoire naturelle des mammifères comprenant des considérations sur la classification de ces animaux par M. H. Milne Edwards, des observations sur l'hippopotame de Liberia et des études sur la faune de la Chine. Tome Premer - Texte; Tome Second - Atlas (105 planches). Paris: G. Masson: 233-243.

Wang YX, Jiang XL, Li DW. 1998. Classification and distribution of the extant subspecies of golden snub-nosed monkey [*Rhinopithecus* (*Rhinopithecus*) *roxellana*]. In: Jablonski NG. The natural history of the doucs and snub-nosed monkeys. Singapore: World Scientific: 53-64.

16. 缅甸金丝猴 *Rhinopithecus strykeri* Geissmann *et al.*, 2011

英文名：Myanmar Snub-nosed Monkey, Stryker's Snub-nosed Monkey, Burmese Snub-nosed Monkey

曾用名：怒江金丝猴、黑仰鼻猴、黑金丝猴

地方名：无

模式产地：缅甸克钦邦北部

同物异名及分类引证：无

亚种分化：无

国内分布：云南高黎贡山（泸水称杆、大兴地、片马和鲁掌地区）。

国外分布：缅甸东部。

引证文献：

Geissmann T, Lwin N, Aung SS, Aung TN, Aung ZM, Hla TH, Grindley M, Momberg F. 2011. A new species of snub-nosed monkey, genus *Rhinopithecus* Milne-Edwards, 1872 (Primates, Colobinae), from northern Kachin State, northeastern Myanmar. American Journal of Primatology, 73(1): 96-107.

Long YC, Momberg F, Ma J, Wang Y, Luo YM, Li HS, Yang GL, Li M. 2012. *Rhinopithecus strykeri* found in China. American Journal of Primatology, 74(10): 871-873.

Ma C, Huang ZP, Zhao XF, Zhang LX, Sun WM, Scott MB, Wang XW, Cui LW, Xiao W. 2014. Distribution and conservation status of *Rhinopithecus strykeri* in China. Primates, 55(3): 377-382.

长尾叶猴属 *Semnopithecus* Desmarest, 1822

17. 喜山长尾叶猴 *Semnopithecus schistaceus* Hodgson, 1840

英文名：Nepal Gray Langur, Nepal Sacred Langur, Central Himalayan Langur, Central Himalayan Sacred Langur

曾用名：喜马拉雅叶猴、白猴、白脸猴

地方名：无

模式产地：尼泊尔特莱地区

同物异名及分类引证：

Semnopithecus nipalensis Hodgson, 1840

Semnopithecus schistaceus Hodgson, 1840

Presbytis lania Elliot, 1909

Pithecus entellus achilles Pocock, 1928

Presbytis entellus schistaceus (Hodgson, 1840) Ellerman & Morrison-Scott, 1951

Semnopithecus entellus (Dufresne, 1797) Corbet & Hill, 1992

Semnopithecus entellus schistaceus (Hodgson, 1840) Wang *et al.*, 1999

亚种分化：无

国内分布：西藏南部。

国外分布：巴基斯坦、不丹、尼泊尔、印度。

引证文献：

Hodgson BH. 1840. Three new species of monkey; with remarks on the genera *Semnopithecus* et *Macacus*. Journal of the Asiatic Society of Bengal, 9(Pt. 2): 1211-1213.

Elliot DG. 1909. Descriptions of apparently new species and subspecies of monkeys of the genera *Callicebus*, *Lagothrix*, *Papio*, *Pithecus*, *Cercopithecus*, *Erythrocebus* and *Presbytis*. The Annals and Magazine of Natural History, Ser. 8, 4(21): 244-274.

Pocock RI. 1928. The langurs, or leaf monkeys, of British India. The Journal of the Bombay Natural History Society, 32(Pt. 3-4): 472-474.

Ellerman JR, Morrison-Scott TCS. 1951. Checklist of Palaearctic and Indian mammals 1758 to 1946. London: British Museum (Natural History): 205.

王应祥, 蒋学龙, 冯庆. 1999. 中国叶猴类的分类、现状与保护. 动物学研究, 20(4): 306-315.

乌叶猴属 *Trachypithecus* Reichenbach, 1862

种组 *francoisi*

18. 黑叶猴 *Trachypithecus francoisi* (Pousargues, 1898)

英文名： François' Langur, Black Leaf Monkey, Francois's Leaf Monkey

曾用名： 乌猿、岩蛛猴

地方名： 岩猫、黑猴子

模式产地： 广西龙州

同物异名及分类引证：

Semnopithecus francoisi Pousargues, 1898

Pygathrix francoisi (Pousargues, 1898) Elliot, 1913

Pithecus laotum Thomas, 1921

Pithecus delacouri Osgood, 1932

Pithecus francoisi (Pousargues, 1898) Allen, 1938

Presbytis francoisi (Pousargues, 1898) Ellerman & Morrison-Scott, 1951

Trachypithecus francoisi (Pousargues, 1898) Groves, 1993

亚种分化： 无

国内分布： 重庆、贵州、广西。

国外分布： 老挝、越南。

引证文献：

Pousargues E. 1898. Note preliminaire sur un nouveau semnopitheque des frontieres du Tonkin et de la Chine. Bulletin de le Muséum National d'Histoire Naturelle (Paris), 4: 319.

Elliot DG. 1913. A review of the Primates. Vol. 3. New York: American Museum of Natural History: 68.

Thomas O. 1921. A new monkey and a new squirrel from the middle Mekong, on the eastern frontier of Siam. The Annals and Magazine of Natural History, 7(9): 181-183.

Osgood WH. 1932. Mammals of the Kelley-Roosevelts and Delacour Asiatic Expedition. Publication 312, Zoological Series. Chicago: Field Museum of Natural History, 18(10): 205-206.

Groves CP. 1993. Primates: Colobinae. In: Wilson DE, Reeder DM. Mammal species of the world: a taxonomic and geographic reference. 2nd Ed. Washington: Smithsonian Institution Press: 269-274.

王应祥, 蒋学龙, 冯庆. 1999. 中国叶猴类的分类、现状与保护. 动物学研究, 20(4): 306-315.

19. 白头叶猴 *Trachypithecus leucocephalus* Tan, 1957

英文名：White-headed Langur, White-headed Black Langur

曾用名：乌猿、花叶猴、白叶猴、白头乌猴

地方名：无

模式产地：广西扶绥

同物异名及分类引证：

Trachypithecus (*Presbytis*) *leucocephalus* Tan, 1957

Trachypithecus francoisi leucocephalus (Tan, 1957) Li & Ma, 1980

Trachypithecus poliocephalus leucocephalus (Tan, 1957) Groves, 2001

亚种分化：无

国内分布：中国特有，仅分布于广西（扶绥、江州、龙州和宁明）。

国外分布：无

引证文献：

谭邦杰. 1955. 我国的猿猴. 生物学通报, 55(3): 34.

Tan PC. 1957. Rare catches by Chinese animal collectors. Zoo Life, 12(2): 61-63.

李致祥, 马世来. 1980. 白头叶猴的分类订正. 动物分类学报, 5: 440-442.

王应祥, 蒋学龙, 冯庆. 1999. 中国叶猴类的分类、现状与保护. 动物学研究, 20(4): 306-315.

种组 obscurus

20. 印支灰叶猴 *Trachypithecus crepusculus* (Elliot, 1909)

英文名：Indochinese Gray Langur

曾用名：无

地方名：无

模式产地：缅甸丹那沙林（"Mt. Muleiyit"）

同物异名及分类引证：

Presbytis crepuscula Elliot, 1909

Presbytis crepuscula wroughtoni Elliot, 1909

Presbytis argenteus Kloss, 1919

Pithecus obscurus barbei (Elliot, 1909) Allen, 1938

Preseytis phayrei crepusculus (Elliot, 1909) Ellerman & Morrison-Scott, 1951

Trachypithecus phayrei crepusculus (Elliot, 1909) Groves, 2001

Trachypithecus (*Trachypithecus*) *phayrei crepuscula* (Elliot, 1909) Groves, 2005

Trachypithecus crepusculus (Elliot, 1909) Liedigk *et al.*, 2009

亚种分化：无

国内分布：云南中部、西南部。

国外分布：老挝、缅甸、泰国、越南。

引证文献：

Elliot DG. 1909. Descriptions of apparently new species and subspecies of monkeys of the genera *Callicebus*, *Lagothrix*, *Papio*, *Pithecus*, *Cercopithecus*, *Erythrocebus*, and *Presbytis*. The Annals and Magazine of Natural History, 4(21): 244-274.

Kloss CB. 1919. On mammals collected in Siam. The Journal of the Natural History Society of Siam, 3(4): 333-407.

Liedigk R, Thinh VN, Nadler T, Walter L, Roos C. 2009. Evolutionary history and phylogenetic position of the Indochinese grey langur (*Trachypithecus crepusculus*). Vietnamese Journal of Primatology, 3: 1-8.

He K, Hu NQ, Orkin JD, Nyein DT, Ma C, Xiao W, Fan PF, Jiang XL. 2012. Molecular phylogeny and divergence time of *Trachypithecus*: with implications for the taxonomy of *T. phayrei*. Zoological Research, 33(E5-6): 104-110.

21. 中缅灰叶猴 *Trachypithecus melamera* (Elliot, 1909)

英文名：Burmachinese Gray Langur, Shan State Langur, Phayre's Langur, Phayre's Leaf Monkey

曾用名：菲氏乌叶猴、大青猴、灰叶猴

地方名：伊刚（傣）

模式产地：缅甸掸邦北部（"Hsipaw"）

同物异名及分类引证：

Presbytis melamera Elliot, 1909

Pithecus shanicus Wroughton, 1917

Presbytis phayrei shanicus (Wroughton, 1917) Ellerman & Morrison-Scott, 1951

Semnopithecus phayrei (Blyth, 1847) Corbet & Hill, 1992

Trachypithecus phayrei (Blyth, 1847) Groves, 1993

Trachypithecus phayrei shanicus (Wroughton, 1917) Groves, 2001

Trachypithecus (Trachypithecus) phayrei shanicus (Wroughton, 1917) Groves, 2005

Trachypithecus melamera (Elliot, 1909) Roos *et al.*, 2020

亚种分化：无

国内分布：云南［保山、德宏州（怒江以西）］。

国外分布：缅甸掸邦。

引证文献：

Elliot DG. 1909. Descriptions of apparently new species and subspecies of monkeys of the genera *Callicebus*, *Lagothrix*, *Papio*, *Pithecus*, *Cercopithecus*, *Erythrocebus*, and *Presbytis*. The Annals and Magazine of Natural History, 4(21): 244-274.

Wroughton RC. 1917. A new "leaf monkey" from the Shan States. The Journal of the Bombay Natural History Society, 25(1): 46-48.

Groves CP. 1993. Primates: Colobinae. In: Wilson DE, Reeder DM. Mammal species of the world: a taxonomic and geographic reference. 2nd Ed. Washington: Smithsonian Institution Press: 269-274.

He K, Hu NQ, Orkin JD, Nyein DT, Ma C, Xiao W, Fan PF, Jiang XL. 2012. Molecular phylogeny and divergence time of *Trachypithecus*: with implications for the taxonomy of *T. phayrei*. Zoological Research, 33(E5-6): 104-110.

Roos C, Helgen KM, Miguez RP, Thant NML, Lwin N, Lin AK, Lin A, Yi KM, Soe P, Hein ZM, Myint MNN,

Ahmed T, Chetry D, Urh M, Veatch EG, Duncan N, Kamminga P, Chua MAH, Yao L, Matauschek C, Meyer D, Liu ZJ, Li M, Nadler T, Fan PF, Quyet LK, Hofreiter M, Zinner D, Momberg F. 2020. Mitogenomic phylogeny of the Asian colobine genus *Trachypithecus* with special focus on *Trachypithecus phayrei* (Blyth, 1847) and description of a new species. Zoological Research, 41(6): 656-669.

种组 *pileatus*

22. 戴帽叶猴 *Trachypithecus pileatus* (Blyth, 1843)

英文名：Capped Langur, Capped Leaf Monkey, Capped Monkey

曾用名：无

地方名：无

模式产地：印度阿萨姆邦

同物异名及分类引证：

Semnopithecus pileatus Blyth, 1843

Pithecus pileatus (Blyth, 1843) Hinton, 1923

Presbytis pileatus tenebricus (Blyth, 1843) Ellerman & Morrison-Scott, 1951

Trachypithecus pileatus (Blyth, 1843) Groves, 1993

亚种分化：全世界有 4 个亚种，中国有 1 个亚种。

不丹亚种 *T. p. tenebricus* (Hinton, 1923)，模式产地：印度阿萨姆邦。

国内分布：不丹亚种分布于西藏（错那）。

国外分布：不丹、孟加拉国、缅甸、印度。

引证文献：

Blyth E. 1843. Revision of previous report to the Society. Journal of the Asiatic Society of Bengal, 12(Pt. 1): 166-176.

Hinton MAC. 1923. Scientific results from the mammal survey. No. 36. On the capped langurs (*Pithecus pileatus* Blyth) and its allies. The Journal of the Bombay Natural History Society, 29(Pt. 1-2): 77-83.

Groves CP. 1993. Primates: Colobinae. In: Wilson DE, Reeder DM. Mammal species of the world: a taxonomic and geographic reference. 2nd Ed. Washington: Smithsonian Institution Press: 269-274.

Hu YM, Zhou ZX, Huang ZW, Li M, Jiang ZG, Wu JP, Liu WL, Jin K, Hu HJ. 2017. A new record of the capped langur (*Trachypithecus pileatus*) in China. Zoological Research, 38(4): 203-205.

23. 肖氏乌叶猴 *Trachypithecus shortridgei* (Wroughton, 1915)

英文名：Shortridge's Langur, Shortridge's Capped Langur

曾用名：银灰戴帽叶猴、戴帽叶猴、大灰猴、冠叶猴、长尾巴猴、黑脸猴

地方名：无

模式产地：缅甸钦敦江上游霍马林

同物异名及分类引证：

Presbytis shortridgei Wroughton, 1915

Presbytis shortridgei belliger Wroughton, 1915

Presbytis pileatus shortridgei (Wroughton, 1915) Ellerman & Morrison-Scott, 1951

Trachypithecus shortridgei (Wroughton, 1915) Groves, 1993

Trachypithecus (*Trachypithecus*) *shortridgei* (Wroughton, 1915) Groves, 2005

亚种分化：无

国内分布：云南（高黎贡山独龙江地区）。

国外分布：缅甸东北部。

引证文献：

Wroughton RC. 1915. Scientific results from the mammal survey. No. XI. The Journal of the Bombay Natural History Society, 24(1): 56-57.

Groves CP. 1993. Primates: Colobinae. In: Wilson DE, Reeder DM. Mammal species of the world: a taxonomic and geographic reference. 2nd Ed. Washington: Smithsonian Institution Press: 269-274.

长臂猿科 Hylobatidae Gray, 1871

白眉长臂猿属 *Hoolock* Groves, 2005

24. 西白眉长臂猿 *Hoolock hoolock* (Harlan, 1834)

英文名：Western Hoolock Gibbon, Western White-browed Gibbon, Hoolock Gibbon

曾用名：白眉长臂猿

地方名：无

模式产地：印度阿萨姆邦（"Garrow-Hills"）

同物异名及分类引证：

Hylobates fuscus Winslow, 1834

Simia hoolock Harlan, 1834

Hylobates choromandus Ogilby, 1837

Hylobates hoolock (Harlan, 1834) Waterhouse, 1838

Hylobates scyrilus Ogilby, 1839

Hylobates (*Bunopithecus*) *hoolock* (Harlan, 1834) Prouty *et al.*, 1983

Bunopithecus hoolock (Harlan, 1834) Brandon-Jones *et al.*, 2004

Hoolock hoolock (Harlan, 1834) Mootnick & Groves, 2005

亚种分化：全世界有 2 个亚种，中国有 1 个亚种。

米什米亚种 *H. h. mishmiensis* Choudhury, 2013，模式产地：印度东北部。

国内分布：米什米亚种分布于西藏东南部。

国外分布：孟加拉国、缅甸、印度。

引证文献：

Harlan R. 1834. Description of a species of orang, from the north-eastern province of British East India, lately the Kingdom of Assam. Transactions of the American Philosophical Society, 4: 52-59.

Winslow L. 1834. Description of a gibbon. Boston Journal of Natural History. 1: 40.

Ogilby W. 1837. On a new gibbon (*Hylobates choromandus*), and a new species of *Colobus* (*C. leucomeros*). Proceedings of the Zoological Society of London, Pt. V: 69.

Waterhouse GR. 1838. Catalogue of the Mammalia preserved in the museum of the Zoological Society of

London. 2nd Ed. London: Printed by Richard and Taylor JE: 3.

Ogilby WM. 1839. Memoir on the mammalogy of the Himalayas. Illustrations of the Botany and other Branches of the Natural History of the Himalayan Mountains, 1: 60.

Prouty LA, Buchanan PD, Pollitzer WS, Mootnick AR. 1983. Taxonomic note: *Bunopithecus*: a genus-level taxon for the hoolock gibbon (*Hylobates hoolock*). American Journal of Primatology, 5: 83-87.

Brandon-Jones D, Eudey AA, Geissmann T, Groves CP, Melnick DJ, Morales JC, Shekelle M, Stewart C-B. 2004. Asian primate classification. International Journal of Primatology, 25: 97-164.

Mootnick A, Groves C. 2005. A new generic name for the hoolock gibbon (Hylobatidae). International Journal of Primatology, 26: 971-976.

Choudhury A. 2013. Description of a new subspecies of hoolock gibbon *Hoolock hoolock* from northeast India. Newsletter & Journal of the Rhino Foundation for Nature in North East India, 9: 49-59.

25. 高黎贡白眉长臂猿 *Hoolock tianxing* Fan *et al.*, 2017

英文名：Gaoligong Hoolock Gibbon, Skywalker Hoolock Gibbon

曾用名：天行长臂猿、东白眉长臂猿、白眉长臂猿

地方名：无

模式产地：云南保山隆阳（高黎贡山红木树）

同物异名及分类引证：

Hylobates hoolock leuconedys Groves, 1967

Hylobates (*Bunopithecus*) *hoolock* (Harlan, 1834) Prouty *et al.*, 1983

Bunopithecus hoolock leuconedys (Groves, 1967) Brandon-Jones *et al.*, 2004

Hoolock leuconedys (Groves, 1967) Mootnick & Groves, 2005

Hoolock tianxing Fan *et al.*, 2017

亚种分化：无

国内分布：云南［隆阳、腾冲和盈江（怒江以西）］。

国外分布：缅甸东北部的伊洛瓦底江-恩梅开江（"Irrawady River-Nmai Hka River"）以东地区。

引证文献：

Groves CP. 1967. Geographic variation in the hoolock or white-browed gibbon (*Hylobates hoolock* Harlan, 1834). Folia Primatologica, 7(3): 276-283.

李致祥, 林正玉. 1983. 云南灵长类的分类和分布. 动物学研究, 4(2): 111-120.

Prouty LA, Buchanan PD, Pollitzer WS, Mootnick AR. 1983. Taxonomic note: *Bunopithecus*: a genus-level taxon for the hoolock gibbon (*Hylobates hoolock*). American Journal of Primatology, 5: 83-87.

马世来, 王应祥. 1986. 中国南部长臂猿的分类和分布——附三个新亚种的描记. 动物学研究, 7(4): 393-410.

Brandon-Jones D, Eudey AA, Geissmann T, Groves CP, Melnick DJ, Morales JC, Shekelle M, Stewart C-B. 2004. Asian primate classification. International Journal of Primatology, 25(1): 97-164.

Mootnick A, Groves C. 2005. A new generic name for the hoolock gibbon (Hylobatidae). International Journal of Primatology, 26: 971-976.

范朋飞. 2012. 中国长臂猿科动物的分类和保护现状. 兽类学报, 32(3): 248-258.

Fan PF, He K, Chen X, Ortiz A, Zhang B, Zhao C, Li YQ, Zhang HB, Kimock C, Wang WZ, Groves C, Turvey ST, Roos C, Helgen KM, Jiang XL. 2017. Description of a new species of Hoolock gibbon

(Primates: Hylobatidae) based on integrative taxonomy. American Journal of Primatology, 79(5): e22631.

长臂猿属 *Hylobates* Illiger, 1811

26. 白掌长臂猿 *Hylobates lar* (Linnaeus, 1771)

英文名：White-handed Gibbon, Lar Gibbon

曾用名：无

地方名：白手长臂猿、南尼、僚棒猴

模式产地：马来西亚马六甲

同物异名及分类引证：

Homo lar Linnaeus, 1771

Hylobates lar (Linnaeus, 1771) Illiger, 1811

Hylobates entelloides Geoffroy, 1842

Hylobates lar yunnanensis Ma *et* Wang, 1986

亚种分化：全世界有 5 个亚种，中国有 1 个亚种。

云南亚种 *H. l. yunnanensis* Ma *et* Wang, 1986，模式产地：云南孟连腊福。

国内分布：云南亚种分布于云南（沧源、孟连和西盟）。

国外分布：马来西亚、缅甸、泰国、印度尼西亚。

引证文献：

Linnaeus C. 1771. Mantissa plantarum altera generum editionis VI et specierum editionis II. Impensis direct. Laurentii Salvii: 521.

Illiger CD. 1811. Prodromus systematis mammalium et avium additis terminis zoographicis utriusque classis, eorumque versione germanica. Berolini: sumptibus C. Salfeld.

Geoffroy SH. 1842. Sur les singes de l'ancien monde spéeialement sur les genres *Gibbon et Semnopitheque*. Compte Rendu Hebdomadaire des Séances de l'Académie des Sciences, 15: 716-720.

马世来, 王应祥. 1986. 中国南部长臂猿的分类和分布——附三个新亚种的描记. 动物学研究, 7(4): 393-410.

范朋飞. 2012. 中国长臂猿科动物的分类和保护现状. 兽类学报, 32(3): 248-258.

冠长臂猿属 *Nomascus* Miller, 1933

27. 西黑冠长臂猿 *Nomascus concolor* (Harlan, 1826)

英文名：Western Black Crested Gibbon, Black Crested Gibbon, Black Gibbon, Concolor Gibbon

曾用名：黑冠长臂猿、黑长臂猿

地方名：獠猴、吼猴、乌猿、长手猴、料猴、长臂猿、黑猴、风猴

模式产地：越南河内

同物异名及分类引证：

Simia concolor Harlan, 1826

Hylobates harlani Lesson, 1827

Hylobates concolor (Harlan, 1826) Schlegel, 1837

Hylobates niger Ogilby, 1840

Hylobates henrici Pousargues, 1897

Hylobates concolor furvogaster Ma *et* Wang, 1986

Hylobates concolor jingdongensis Ma *et* Wang, 1986

Hylobates (*Nomascus*) *concolor* (Harlan, 1826) Groves, 2001

Nomascus concolor (Harlan, 1826) Groves, 2005

亚种分化：全世界有 4 个亚种，中国有 3 个亚种。

指名亚种 *N. c. concolor* (Harlan, 1826)，模式产地：越南河内；

滇西亚种 *N. c. furvogaster* Ma *et* Wang, 1986，模式产地：云南沧源勐来（窝坎大山）；

景东亚种 *N. c. jingdongensis* Ma *et* Wang, 1986，模式产地：云南景东温卜（无量山）。

国内分布：指名亚种分布于云南黄连山（绿春）、大围山（河口、屏边）、西隆山（金平）、阿姆山（红河、元阳）和哀牢山（楚雄、景东、南华、双柏、新平、镇沅）；滇西亚种分布于云南（沧源、耿马、隆阳、双江、永德、云龙、镇康）；景东亚种分布于云南无量山区（景东、景谷、南涧、宁洱、镇沅）。

国外分布：老挝、越南。

引证文献：

Harlan R. 1826. Description of an Hermaphrodite Orang Outang, lately living in Philadelphia. Journal of the Academy of Natural Sciences of Philadelphia, 5: 231.

Lesson RP. 1827. Manuel de mammalogie, ou histoire naturelle des mammiferes. Paris: J. B. Bailliere, 13: 211.

Schlegel H. 1837. Essai sur la physionomie serpens. Leiden: Arnz & Company: 237.

Ogilby W. 1840. On a new species of gibbon (*Hylobates leucogenys*). Proceedings of the Zoological Society of London, 8: 20-21.

Pousargues E. 1897. Sur un gibbon d'espèce nouvelle, provenant du Haut-Tonkin. Paris: Impr. Nationale, 2: 367.

马世来, 王应祥. 1986. 中国南部长臂猿的分类和分布——附三个新亚种的描记. 动物学研究, 7(4): 393-410.

Mootnick AR, Fan PF. 2011. A comparative study of crested gibbons (*Nomascus*). American Journal of Primatology, 73(2): 135-154.

范朋飞. 2012. 中国长臂猿科动物的分类和保护现状. 兽类学报, 32(3): 248-258.

Fang YH, Li YP, Ren GP, Huang ZP, Cui LW, Zhang LX, Garber PA, Pan RL, Xiao W. 2020. The effective use of camera traps to document the northernmost distribution of the western black crested gibbon in China. Primates, 61(2): 151-158.

28. 海南长臂猿 *Nomascus hainanus* (Thomas, 1892)

英文名：Hainan Gibbon, Hainan Crested Gibbon, Hainan Black Crested Gibbon, Hainan Black Gibbon

曾用名：无

地方名：长臂猿

模式产地：海南

同物异名及分类引证：

Hylobates hainanus Thomas, 1892

Hylobates concolor concolor (Thomas, 1892) Pocock, 1927

Hylobates concolor hainanus (Thomas, 1892) Ma & Wang, 1986

Hylobates (*Nomascus*) *hainanus* (Thomas, 1892) Groves, 2001

Nomascus nasutus hainanus (Thomas, 1892) Brandon-Jones *et al.*, 2004

Nomascus hainanus (Thomas, 1892) Groves, 2005

亚种分化： 无

国内分布： 中国特有，仅分布于海南岛。

国外分布： 无

引证文献：

Thomas O. 1892. Note on the gibbon of the Island of Hainan (*Hylobates hainanus*, sp. n.). The Annals and Magazine of Natural History, Ser. 6, 9(50): 145-146.

Pocock RI. 1927. The gibbons of the genus *Hylobates*. Proceedings of the Zoological Society of London, 97: 719-741.

马世来, 王应祥. 1986. 中国南部长臂猿的分类和分布——附三个新亚种的描记. 动物学研究, 7(4): 393-410.

Groves CP, Wang YX. 1990. The gibbons of the subgenus *Nomascus* (Primates, Mammalia). Zoological Research, 11(2): 147-154.

Brandon-Jones D, Eudey AA, Geissmann T, Groves CP, Melnick DJ, Morales JC, Shekelle M, Stewart CB. 2004. Asian primate classification. International Journal of Primatology, 25: 97-164.

Zhou J, Wei FW, Li M, Zhang JF, Wang DL, Pan RL. 2005. Hainan black-crested gibbon is headed for extinction. International Journal of Primatology, 26(2): 453-465.

范朋飞. 2012. 中国长臂猿科动物的分类和保护现状. 兽类学报, 32(3): 248-258.

29. 北白颊长臂猿 *Nomascus leucogenys* (Ogilby, 1840)

英文名： Northern White-cheeked Gibbon, Northern White-cheeked Crested Gibbon, White-cheeked Crested Gibbon

曾用名： 白颊长臂猿

地方名： 长臂猿

模式产地： 老挝（"Muang Khi"）

同物异名及分类引证：

Hylobates leucogenys Ogilby, 1840

Hylobates concolor leucogenys (Ogilby, 1840) Pocock, 1927

Hylobates (*Nomascus*) *leucogenys* (Ogilby, 1840) Miller, 1933

Hylobates (*Nomascus*) *concolor leucogenys* (Ogilby, 1840) Groves, 1972

Hylobates (*Nomascus*) *leucogenys leucogenys* (Ogilby, 1840) Ma & Wang, 1986

Nomascus leucogenys (Ogilby, 1840) Groves, 2005

亚种分化： 无

国内分布： 云南（江城、绿春、勐腊）。

国外分布：老挝、越南。

引证文献：

Ogilby W. 1840. On a new species of gibbon (*Hylobates leucogenys*). Proceedings of the Zoological Society of London, 8: 20-21.

Pocock RI. 1927. The gibbons of the genus *Hylobates*. Proceedings of the Zoological Society of London, 97: 719-741.

Miller GS. 1933. The classification of the gibbons. Journal of Mammalogy, 14(2): 158-159.

Groves CP. 1972. Systematics and phylogeny of gibbons. In: Rumbaugh DM. Gibbon and Siamang (Vol. 1). Basel: Karger: 1-89.

Dao VT. 1983. On the north Indochinese gibbons (*Hylobates concolor*) (Primates: Hylobatidae) in North Vietnam. Journal of Human Evolution, 12(4): 367-372.

马世来, 王应祥. 1986. 中国南部长臂猿的分类和分布——附三个新亚种的描记. 动物学研究, 7(4): 393-410.

Groves CP, Wang YX. 1990. The gibbons of the subgenus *Nomascus* (Primates, Mammalia). Zoological Research, 11(2): 147-154.

范朋飞. 2012. 中国长臂猿科动物的分类和保护现状. 兽类学报, 32(3): 248-258.

30. 东黑冠长臂猿 *Nomascus nasutus* (Kunkel d'Herculais, 1884)

英文名：Eastern Black Crested Gibbon, Cao Vit Black Crested Gibbon, Cao Vit Crested Gibbon

曾用名：黑冠长臂猿、黑长臂猿

地方名：獠猴、吼猴、乌猿、长手猴、料猴、长臂猿、黑猴、风猴

模式产地：越南下龙湾

同物异名及分类引证：

Hylobates nasutus Kunkel d'Herculais, 1884

Hylobates (*Nomascus*) *concolor nasutus* (Kunkel d'Herculais, 1884) Groves & Wang, 1990

Nomascus nasutus nasutus (Kunkel d'Herculais, 1884) Brandon-Jones *et al.*, 2004

Nomascus concolor nasutus (Kunkel d'Herculais, 1884) Groves, 2005

Nomascus nasustus (Kunkel d'Herculais, 1884) Monda *et al.*, 2007

亚种分化：无

国内分布：广西西南部（靖西）。

国外分布：越南东北部。

引证文献：

Kunkel d'Herculais J. 1884. Le Gibbon du Tonkin. Science et Nature (Paris), 2(33): 86-90.

马世来, 王应祥. 1986. 中国南部长臂猿的分类和分布——附三个新亚种的描记. 动物学研究, 7(4): 393-410.

Groves CP, Wang YX. 1990. The gibbons of the subgenus *Nomascus* (Primates, Mammalia). Zoological Research, 11(2): 147-154.

Geissmann T. 1995. Gibbon systematics and species identification. International Zoo News, 42(8): 467-501.

Monda K, Simmons RE, Kressirer P, Su B, Woodruff DS. 2007. Mitochondrial DNA hypervariable region-1 sequence variation and phylogeny of the concolor gibbons, *Nomascus*. American Journal of Primatology, 69: 1285-1306.

Chan BPL, Tan XF, Tan WJ. 2008. Rediscovery of the critically endangered eastern black-crested gibbon *Nomascus nasutus* (Hylobatidae) in China, with preliminary notes on population size, ecology and conservation status. Asian Primates Journal, 1(1): 17-25.

范朋飞. 2012. 中国长臂猿科动物的分类和保护现状. 兽类学报, 32(3): 248-258.

人科 Hominidae Gray, 1825

人属 *Homo* Linnaeus, 1758

31. 人 *Homo sapiens* Linnaeus, 1758

英文名：Human

曾用名：智人、人类、智人种、现代人

地方名：无

模式产地：瑞典乌普萨拉省

同物异名及分类引证：无

亚种分化：无

引证文献：

Linnaeus C. 1758. Systema naturae per regna tria naturae: secundum classes, ordines, genera, species, cum characteribus, differentiis, synonymis, locis. 10th Ed. Tomus I. Holmiae: Impensis Direct. Laurentii Salvii.

攀鼩目 SCANDENTIA Wagner, 1855

树鼩科 Tupaiidae Gray, 1825

树鼩属 Tupaia Raffles, 1821

32. 北树鼩 Tupaia belangeri (Wagner, 1841)

英文名：Northern Tree Shrew

地方名：扁尾巴老鼠

模式产地：缅甸勃固（仰光附近）

同物异名及分类引证：

Cladobates belangeri Wagner, 1841

Tupaia chinensis Anderson, 1878

Tupaia modesta Allen, 1906

Tupaia belangeri yunalis Thomas, 1914

Tupaia belangeri pingi Ho, 1936

Tupaia glis belangeri (Wagner, 1841) Ellerman & Morrison-Scott, 1951

Tupaia belangeri (Wagner, 1841) Dene *et al.*, 1978

Tupaia belangeri gaoligongensis Wang, 1987

Tupaia belangeri yaoshanensis Wang, 1987

亚种分化：全世界有 8 个亚种，中国有 6 个亚种。

滇西亚种 *T. b. chinensis* Anderson, 1878，模式产地：云南西部盈江峁西和孟拉桑达河谷；

海南亚种 *T. b. modesta* Allen, 1906，模式产地：海南黎母山；

滇南亚种 *T. b. yunalis* Thomas, 1914，模式产地：云南蒙自；

越北亚种 *T. b. tonquinia* Thomas, 1925，模式产地：越南北部保河；

高黎贡山亚种 *T. b. gaoligongensis* Wang, 1987，模式产地：云南高黎贡山（贡山）；

瑶山亚种 *T. b. yaoshanensis* Wang, 1987，模式产地：广西金秀大瑶山。

国内分布：滇西亚种分布于四川（西昌、攀枝花），云南西部、西南部、北部和东部；海南亚种分布于海南岛；滇南亚种分布于贵州（兴义）、云南［红河南部和东南部、普洱（江城）、文山、西双版纳（勐腊）］、广西西北部；越北亚种分布于广西西南部；高黎贡山亚种分布于云南高黎贡山（泸水以北地区）；瑶山亚种分布于广西（大瑶山、河池、柳州等地）。

国外分布：柬埔寨、老挝、孟加拉国、缅甸、尼泊尔、泰国、印度东北部和越南。

引证文献：

Wagner JA. 1841. Die säugthiere in abbildungen nach der natur, mit beschreibungen. Erlangen: Expedition des Schreber'schen säugthier, (Suppl. 2): 42.

Anderson J. 1878. Anatomical and zoological researches: comprising an account of the zoological results of the two expeditions to western Yunnan in 1868 and 1875; and a monograph of the two cetacean genera, *Platanista* and *Orcella*. London: Bernard Quaritch, 15, Piccadilly, Vol. 1.

Allen JA. 1906. Mammals from the Island of Hainan, China. Bulletin of the American Museum of Natural History, 22: 463-490.

Thomas O. 1914. XXI.—The tree-shrews of the *Tupaia belangeri-chinensis* group. The Annals and Magazine of Natural History, Ser. 8, 13(74): 243-245.

Thomas O. 1925. The mammals obtained by Mr. Herbert Stevens on the Sladen-Godman expedition to Tonkin. Proceedings of the Zoological Society of London, 95(2): 495-506.

Ho HJ. 1936. On some small mammals from South China. Contributions from the Biological Laboratory of the Science Society of China, 12(4): 78.

Dene H, Goodman M, Prychodko W. 1978. An immunological examination of the systematics of Tupaioidea. Journal of Mammalogy, 59: 697-706.

王应祥. 1987. 中国树鼩的分类研究. 动物学研究, 8(3): 213-230.

兔形目 LAGOMORPHA Brandt, 1855

兔科 Leporidae Fischer, 1817

兔属 *Lepus* Linnaeus, 1758

33. 云南兔 *Lepus comus* Allen, 1927

英文名：Yunnan Hare

曾用名：西南兔

地方名：无

模式产地：云南腾冲

同物异名及分类引证：

Lepus oiostolus comus (Allen, 1927) Allen, 1938

Lepus comus peni Wang *et* Luo, 1985

Lepus comus pygmaeus Wang *et* Feng, 1985

亚种分化：无

国内分布：中国特有，分布于贵州西部、云南。

国外分布：无

引证文献：

Allen GM. 1927. Lagomorphs collected by the Asiatic Expeditions. American Museum Novitates, No. 284. New York: The American Museum of Natural History: 1-11.

王应祥，罗泽珣，冯祚建. 1985. 云南兔 *Lepus comus* G. Allen 的分类订正——包括两个新亚种的描记. 动物学研究, 6(1): 101-109.

34. 高丽兔 *Lepus coreanus* Thomas, 1892

英文名：Korean Hare

曾用名：无

地方名：无

模式产地：韩国首尔

同物异名及分类引证：

Lepus sinensis coreanus Thomas, 1892

Lepus coreanus (Thomas, 1892) Thomas, 1894

亚种分化：无

国内分布：吉林。

国外分布：朝鲜、韩国。

引证文献：

Thomas O. 1892. Diagnosis of a new subspecies of hare from the Corea. The Annals and Magazine of Natural History, Ser. 6, 9(50): 146-147.

Thomas O. 1894. On two new Chinese rodents. The Annals and Magazine of Natural History, Ser. 6, 13(76): 363-365.

Smith AT. 2018. *Lepus coreanus* Thomas, 1892. Korean hare. In: Smith AT, Johnston CH, Alves PC, Hackländer K. Lagomorphs: pikas, rabbits, and hares of the world. Baltimore: Johns Hopkins University Press: 182-183.

35. 海南兔 *Lepus hainanus* Swinhoe, 1870

英文名：Hainan Hare

曾用名：无

地方名：无

模式产地：海南儋州市那大镇

同物异名及分类引证：无

亚种分化：无

国内分布：中国特有，分布于海南。

国外分布：无

引证文献：

Swinhoe R. 1870. On the mammals of Hainan. Proceedings of the Scientific Meetings of the Zoological Society of London, 38(1): 233-236.

36. 东北兔 *Lepus mandshuricus* Radde, 1861

英文名：Manchurian Hare

曾用名：无

地方名：无

模式产地：俄罗斯

同物异名及分类引证：

Lepus melanonotus Ognev, 1922

Lepus melainus Li *et* Luo, 1979

亚种分化：无

国内分布：黑龙江。

国外分布：朝鲜半岛东北部、乌苏里江流域（俄罗斯境内部分）。

引证文献：

Radde G. 1861. Nene säugethier arten aus Ost-Sibirien von Gustav radde. Mélanges Biologiques Tirés du Bulletin de l'Académie Impériale des Sciences de St. Pétersbourg, 3: 684.

Ognev SI. 1922. On the system of the Russian hares. Annales du Musee Zoologique Petrograd, 23(3): 489.

李振营, 罗泽珣. 1979. 我国野兔一新种——东北黑兔. 东北林学院学报, (2): 71-81.

37. 灰尾兔 *Lepus oiostolus* Hodgson, 1840

英文名：Woolly Hare

曾用名：高原兔、绒毛兔

地方名：无

模式产地：西藏南部

同物异名及分类引证：

Lepus sechuenensis de Winton *et* Styan, 1899

Lepus grahami Howell, 1928

Lepus oiostolus qinghaiensis Cai *et* Feng, 1982

Lepus oiostolus qusongensis Cai *et* Feng, 1982

亚种分化：全世界有 4 个亚种，中国均有分布。

指名亚种 *L. o. oiostolus* Hodgson, 1840，模式产地：西藏南部；

帕氏亚种 *L. o. pallipes* Hodgson, 1842，模式产地：西藏中南部；

南疆亚种 *L. o. hypsibiu*s Blanford, 1875，模式产地：西藏西部；

柴达木亚种 *L. o. przewalskii* Satunin, 1907，模式产地：柴达木盆地南部。

国内分布：指名亚种分布于青藏高原西部；帕氏亚种分布于青藏高原中部和东部；南疆
亚种分布于新疆西南部；柴达木亚种分布于甘肃、青海、四川、云南。

国外分布：尼泊尔、印度（锡金）。

引证文献：

Hodgson BH. 1840. On the common hare of the Gangetic provinces, and of the sub-hemalaya; with a slight notice of a strictly Hemalayan species. Journal of the Asiatic Society of Bengal, 9(2): 1183-1186.

Hodgson BH. 1842. Notice of the mammals of the Tibet, with description and plates of some new species. Journal of the Asiatic Society of Bengal, 11(1): 275-289.

Blanford WT. 1875. Note on a large hare inhabiting high elevations in western Tibet. Journal of the Asiatic Society of Bengal, 44(2): 214-215.

Blanford WT. 1879. Scientific results of the Second Yarkand Mission: based upon the collections and notes of the late Ferdinand Stoliczka, Ph. D. Mammalia. Calcutta: Office of the Superintendent of Government Printing, Pt. 4: 60-61.

Blanford WT. 1898. Notes on *Lepus oiostolus* and *L. pallipes* from Tibet, and on a Kashmir macaque. Proceedings of the General Meetings for Scientific Business of the Zoological Society of London, 66(3): 357-362.

de Winton W, Styan F. 1899. On Chinese mammals, principally from Western Sechuen. Proceeding of the Zoological Society of London, 67(3): 572-578.

Satunin KA. 1907. Über die hasen Centralasiens. Annales du Musee Zoologique Academie des Sciences St. Petersbourg, 11: 155-166.

Howell AB. 1928. A new hare from the mountains of China. Proceedings of the Biological Society of Washington, 41: 143-144.

蔡桂全, 冯祚建. 1982. 高原兔(*Lepus oiostolus*)亚种补充研究——包括两个新亚种. 兽类学报, 2(2): 167-182.

Smith AT. 2018. *Lepus oiostolus* Hodgson, 1840. Woolly hare. In: Smith AT, Johnston CH, Alves PC, Hackländer K. Lagomorphs: pikas, rabbits, and hares of the world. Baltimore: Johns Hopkins University Press: 202-203.

38. 华南兔 *Lepus sinensis* Gray, 1835

英文名：Chinese Hare

曾用名：无

地方名：无

模式产地：广东广州

同物异名及分类引证：无

亚种分化：全世界有 3 个亚种，中国均有分布。

指名亚种 *L. s. sinensis* Gray, 1835，模式产地：广东广州；

台湾亚种 *L. s. formosus* Thomas, 1908，模式产地：台湾；

沅山亚种 *L. s. yuenshanensis* Shih, 1930，模式产地：湖南沅山。

国内分布：中国特有，指名亚种分布于湖北、湖南、安徽、福建、江西、上海、广东；
   台湾亚种分布于台湾；沅山亚种分布于湖南、贵州、广西等地。

国外分布：无

引证文献：

Gray JE. 1833-1834 [i. e. 1835]. Illustrations of Indian zoology; chiefly selected from the collection of Major-General Hardwicke. London: Treuttel, Wurtz, Treuttel, Jun. and Richter, plate 20.

Thomas O. 1908. New Asiatic *Apodemus*, *Evotomys*, and *Lepus*. The Annals and Magazine of Natural History, Ser. 8, 1(5): 447-450.

Shih CM. 1930. Preliminary report on the Mammals from Yaoshan, Kwang, collected by the Yaoshan expedition, Sun Yatsen University, Canton, China. Bulletin of the Department of Biology, College of Science, Sun Yatsen University, 4: 1-10.

39. 中亚兔 *Lepus tibetanus* Waterhouse, 1841

英文名：Desert Hare

曾用名：藏兔

地方名：无

模式产地：克什米尔地区（"Cashmere, Little Thibet"）

同物异名及分类引证：

Lepus craspedotis Blanford, 1875

亚种分化：全世界有 5 个亚种，中国有 4 个亚种。

指名亚种 *L. t. tibetanus* Waterhouse, 1841，模式产地：克什米尔地区；

帕米尔亚种 *L. t. pamirensis* Günther, 1875，模式产地：帕米尔高原；

南疆亚种 *L. t. stoliezkanus* Blanford, 1875，模式产地：喀什地区东北部；

中亚亚种 *L. t. centrasiaticus* Satunin, 1907，模式产地：甘肃西部；

国内分布：指名亚种分布于西藏（阿里西部）及新疆（阿克赛钦地区）；帕米尔亚种分
   布于新疆西部；南疆亚种分布于新疆南部；中亚亚种分布于内蒙古西部、甘肃、新
   疆东部。

国外分布：阿富汗、巴基斯坦、俄罗斯（西伯利亚南部）。

引证文献:

Waterhouse GR. 1841. Description of a new species of hare from Thibet. Proceedings of Zoological Society of London, Pt. 9: 7-8.

Blanford WT. 1875. Descriptions of new Mammalia from Persia and Balúchistan. The Annals and Magazine of Natural History, Ser. 4, 16(95): 309-313.

Blanford WT. 1875. List of Mammalia collected by late Dr. Stoliczka, when attached to the embassy under Sir D. Forsyth in Kashmir, Ladák, Eastern Turkestan, and Wakhán, with descriptions of new species. Journal of the Asiatic Society of Bengal, 44(Pt. 2): 105-112.

Günther A. 1875. Descriptions of some leporine mammals from Central Asia. The Annals and Magazine of Natural History, Ser. 4, 16(93): 228-231.

Satunin KA. 1907. Über die hasen Centralasiens. Annales du Musee Zoologique Academie des Sciences St. Petersbourg, 11: 155-166.

40. 雪兔 *Lepus timidus* Linnaeus, 1758

英文名:Mountain Hare

曾用名:无

地方名:无

模式产地:瑞典乌普萨拉省

同物异名及分类引证:

Lepus variabilis Pallas, 1778

Lepus septentrionalis Link, 1795

Lepus tschukschorum Nordqvist, 1883

Lepus timidus altaicus Barret-Hamilton, 1890

Lepus gichiganus Allen, 1903

Lepus kamtschaticus Dybowski, 1922

Lepus kolymensis Ognev, 1922

Lepus sibiricorum Johansen, 1923

Lepus orii Kuroda, 1928

Lepus timidus kozhevnikovi Ognev, 1929

Lepus timidus transbaicalicus Ognev, 1929

Lepus saghalienis Abe, 1931

Lepus moderni Goodwin, 1933

Lepus gichiganus robustus Urita, 1935

Lepus timidus begitschevi Kolyushev, 1936

Lepus timidus abei Kuroda, 1938

Lepus timidus anabarensis Vinokurov *et* Yakovlev, 2003

亚种分化:全世界有 16 个亚种,中国有 4 个亚种。

指名亚种 *L. t. timidus* Linnaeus, 1758,模式产地:瑞典乌普萨拉省;

西伯利亚亚种 *L. t. sibiricorum* Johansen, 1923,模式产地:俄罗斯西伯利亚托木斯克州;

贝加尔湖亚种 *L. t. transbaicalicu*s Ognev, 1929,模式产地:俄罗斯西伯利亚布里亚特共和国；

东北亚种 *L. t. mordeni* Goodwin, 1933，模式产地：俄罗斯西伯利亚东部。

国内分布：指名亚种分布于新疆北部；西伯利亚亚种分布于新疆（塔城地区）；贝加尔湖亚种分布于内蒙古东部；东北亚种分布于东北地区。

国外分布：亚洲北部、欧洲。

引证文献：

Linnaeus C. 1758. Systema naturae per regna tria naturae: secundum classes, ordines, genera, species, cum characteribus, differentiis, synonymis, locis. 10th Ed. Tomus I. Holmiae: Impensis Direct. Laurentii Salvii: 57.

Pallas PS. 1778. Novae species qvadrvpedvn e Glirivm ordine, cvm illvstrationibvs variis complvrivm ex hoc ordine animalivm. Erlangae: Svmtv Wolfgangi Waltheri: 2.

Link HF. 1795. Über die classification der saugetiere. 42-112, in Beitrige zur Naturgeschichte. Bd. 1: 2, Karl Christoph Stiller, Rostock und Leipzig: 126.

Nordqvist O. 1883. Anteckningar och studier till Sibiriska ishafskustens däggdjursfsuna. In: Nordenskjöld AE. Vega-Expeditionens Vetenskapliga Iakttagelser Bearbetade af Deltagare I Resan och Andra Forskare. Stockholm, F. & G. Beijers Förlag: 61-117.

Katschenko NF. 1898. Results of the Altai zoological expedition of 1898. Tomsk Polytechnic University.

de Winton WE. 1900. On the mammals obtained in southern Abyssinia by Lord Lovat during an expedition from Berbera to the Blue Nile. Proceedings of the General Meetings for Scientific Business of the Zoological Society of London, 69(1): 79-92.

Allen JA. 1903. Report on mammals collected in northeastern Siberia by the Jesup North Pacific expedition, with itinerary and field notes by N. G. Buxton. Bulletin of the American Museum of Natural History, 19: 101-184.

Dybowski B. 1922. Spis systematyczny gatunków i ras zwierząt kręgowych fauny Wschodniej Syberyi. Archiwum Towarzystwa Naukowego we Lwowie, 3(1): 354.

Ognev SI. 1922. Data on the systematics of Russian hares [Nekotorye dannye po sistematike russkikh zaitsev]. Biologicheskie Izvestiya, 1: 106.

Johansen GE. 1923. At the Chulym. The report of the Zoological Excursions, Undertaken in Jan. 1914, in the summer and autumn, 1915, in the eastern part of the Tomsk. Izvestiya Tomskogo Gosudarstvennogo Universiteta, 72: 58-59.

Kuroda N. 1928. The mammal fauna of Sakhalin. Journal of Mammalogy, 9(3): 222-229.

Ognev SI. 1929. Zur Systematik der russischen Hassen. Zoologischer Anzeiger, 84: 79.

Abe Y. 1931. A synopsis of the leporine mammals of Japan. Journal of Science of the Hiroshima University, Ser. B, Zoology 1: 45-63.

Goodwin GG. 1933. Mammals collected in the Maritime Province of Siberia by the Morden-Graves North Asiatic expedition: with the description of a new hare from the Amur River. American Museum Novitates, No. 681: 15.

Urita T. 1935. Karafuto Dobutsu ni Kansuru Bunken: 16.

Kolyushev II. 1936. Die saugetiere des aussersten nordens von westund mittelsiberien. Travaux de l'Institut Scientifique de Biologie Tomsk, 2: 304.

Kuroda N. 1938. A list of the Japanese mammals. Tokyo: published by the author: 42.

Vinokurov AV, Yakovlev FL. 2003. The Materialy of the meeting "Theriofauna of Russia and neighbouring territories". Moscow: VTO RAS: 78.

41. 蒙古兔 *Lepus tolai* Pallas, 1778

英文名：Tolai Hare

曾用名：托氏兔

地方名：无

模式产地：俄罗斯西伯利亚布里亚特共和国

同物异名及分类引证：

Lepus aralensis Severtzov, 1861

Lepus lehmanni Severtzov, 1873

Lepus pamirensis Günther, 1875

Lepus butlerovi Bogdanov, 1882

Lepus kersleri Bogdanov, 1882

Lepus swinhoei Thomas, 1894

Lepus tolai filchneri Matschie, 1907

Lepus zaisanicus Satunin, 1907

Lepus aurigineus Hollister, 1912

Lepus quercerus Hollister, 1912

Lepus tolai buchariensis Ognev, 1922

Lepus tolai desertorum Ognev *et* Heptern, 1928

Lepus europaeus turcomanus Heptner, 1934

Lepus europaeus cinnamomeus Shamel, 1940

Lepus cheybani Baloutch, 1978

亚种分化：全世界有 5 个亚种，中国有 5 个亚种。

指名亚种 *L. t. tolai* Pallas, 1778，模式产地：俄罗斯西伯利亚布里亚特共和国；

中亚亚种 *L. t. lehmanni* Severtzov, 1873，模式产地：哈萨克斯坦；

东北亚种 *L. t. swinhoei* Thomas, 1894，模式产地：山东烟台；

陕西亚种 *L. t. filchneri* Matschie, 1908，模式产地：陕西秦岭；

西南亚种 *L. t. cinnamomeus* Shamel, 1940，模式产地：云南水富。

国内分布：指名亚种分布于内蒙古、甘肃；中亚亚种分布于新疆；东北亚种分布于黑龙江、吉林、辽宁、北京、河北、内蒙古、山西、陕西、河南、山东；陕西亚种分布于陕西；西南亚种分布于四川西南部、云南北部。

国外分布：蒙古。

引证文献：

Pallas PS. 1778. Novae species qvadrvpedvn e Glirivm ordine, cvm illvstrationibvs variis complvrivm ex hoc ordine animalivm. Erlangae: Svmtv Wolfgangi Waltheri: 17.

Severtzov NA. 1861. Animals of the Ural territory, acclimatization [Zveri priural'skogo kraya. Akklimatizatsiya], 2(2): 49.

Severtzov NA. 1873. Vertical and horizontal distribution od Turkestan animals [Vertikal'noe I gorizontal'noe raspredelenie Turkestanskikh zhivotnykh]. Izvestiya Obshchestva Lyubitelei Estestvoznaniya, 8(2): 83-84.

Günther A. 1875. Descriptions of some leporine mammals from Central Asia. The Annals and Magazine of Natural History, Ser. 4, 16(93): 228-231.

Bogdanov MN. 1882. A survey of the nature of the Khiva oasis [Ocherki prirody Khivinskogo oazisa i pustyni Kizil-Kum]: 68.

Thomas O. 1894. On two new Chinese rodents. The Annals and Magazine of Natural History, Ser. 6, 13(76): 363-365.

Satunin KA. 1907. Über die hasen Centralasiens. Annales du Musee Zoologique Academie des Sciences St. Petersbourg, 11(1906): 155-166.

Matschie P. 1908. *L. t. filchneri*. In: Filchner W. Wissenschaftliche Ergebnisse der Expedition Filchner nach China, 1903-1905. 1: 217.

Hollister N. 1912. Five new mammals from Asia. Proceedings of the Biological Society of Washington, 25: 181-184.

Ognev SI. 1922. On the system of the Russian hares. Annales du Musee Zoologique Petrograd, 23(3): 475-476.

Ognev SI, Heptern WG. 1928. Einige Mitteilungen über die Saugetiere des mittleren Kopet-Dag und der anliegenden Ebene. Zoologischer Anzeigeris, 75: 262.

Heptner WG. 1934. Systematische und tiergecgraphische notizen über einige russische Sauger. Folia Zoologica et Hydrobiologica Riga, 6: 21.

Shamel HH. 1940. Three new mammals from Asia. Journal of Mammalogy, 21(1): 76-78.

Baloutch M. 1978. Etude d'une collection de lièvres d'Iran et description de quatre formes nouvelles. Mammalia, 42(4): 441-452.

42. 塔里木兔 *Lepus yarkandensis* Günther, 1875

英文名：Yarkand Hare

曾用名：无

地方名：南疆兔、莎车兔

模式产地：新疆叶尔羌河（"Nobra valley"）

同物异名及分类引证：无

亚种分化：无

国内分布：中国特有，分布于新疆（塔克拉玛干沙漠周边绿洲）。

国外分布：无

引证文献：

Günther A. 1875. Descriptions of some leporine mammals from Central Asia. The Annals and Magazine of Natural History, Ser. 4, 16(93): 228-231.

鼠兔科 Ochotonidae Thomas, 1897

鼠兔属 *Ochotona* Link, 1795

异耳鼠兔亚属 *Alienauroa* Liu *et al*., 2017

43. 扁颅鼠兔 *Ochotona flatcalvariam* Liu *et al*., 2017

英文名：Flat-skulled Pika

曾用名：无

地方名：无

模式产地：四川青川唐家河

同物异名及分类引证：无

亚种分化：无

国内分布：中国特有，分布于重庆（开州）、四川（青川）。

国外分布：无

引证文献：

刘少英, 靳伟, 廖锐, 孙治宇, 曾涛, 符建荣, 刘洋, 王新, 李盼峰, 唐明坤, 谌利民, 董立, 韩明德, 苟丹. 2017. 基于 *Cyt b* 基因和形态学的鼠兔属系统发育研究及鼠兔属 1 新亚属 5 新种描述. 兽类学报, 37(1): 1-43.

44. 黄龙鼠兔 *Ochotona huanglongensis* Liu *et al.*, 2017

英文名：Huanglong Pika

曾用名：无

地方名：无

模式产地：四川黄龙

同物异名及分类引证：无

亚种分化：无

国内分布：中国特有，分布于四川（岷山、邛崃山）。

国外分布：无

引证文献：

刘少英, 靳伟, 廖锐, 孙治宇, 曾涛, 符建荣, 刘洋, 王新, 李盼峰, 唐明坤, 谌利民, 董立, 韩明德, 苟丹. 2017. 基于 *Cyt b* 基因和形态学的鼠兔属系统发育研究及鼠兔属 1 新亚属 5 新种描述. 兽类学报, 37(1): 1-43.

45. 峨眉鼠兔 *Ochotona sacraria* Thomas, 1923

英文名：Emei Pika

曾用名：无

地方名：无

模式产地：四川峨眉山

同物异名及分类引证：

Ochotona thibetana sacraria Thomas, 1923

Ochotona sacraria (Thomas, 1923) Liu *et al.*, 2017

亚种分化：无

国内分布：中国特有，分布于四川西部。

国外分布：无

引证文献：

Thomas O. 1923. On mammals from the Li-Kiang Range, Yunnan, being a further collection obtained by Mr. George Forrest. The Annals and Magazine of Natural History, Ser. 9, 11(66): 655-663.

刘少英, 靳伟, 廖锐, 孙治宇, 曾海, 符建荣, 刘洋, 王新, 李盼峰, 唐明坤, 谌利民, 董立, 韩明德, 苟丹. 2017. 基于 *Cyt b* 基因和形态学的鼠兔属系统发育研究及鼠兔属 1 新亚属 5 新种描述. 兽类学报, 37(1): 1-43.

46. 秦岭鼠兔 *Ochotona syrinx* Thomas, 1911

英文名：Tsing-Ling Pika, Qinling Pika

曾用名：黄河鼠兔、循化鼠兔

地方名：无

模式产地：陕西太白山

同物异名及分类引证：

Ochotona dabashanensis Liu *et al.*, 2017

亚种分化：全世界有 2 个亚种，中国均有分布。

指名亚种 *O. s. syrinx* Thomas, 1911，模式产地：陕西太白山；

循化亚种 *O. s. xunhuaensis* Shou *et* Feng, 1984，模式产地：青海循化。

国内分布：中国特有，指名亚种分布于陕西、四川、湖北；循化亚种分布于甘肃、青海。

国外分布：无

引证文献：

Thomas O. 1911. The Duke of Bedford's zoological exploration of Eastern Asia.—XIV. On mammals from Southern Shen-si, Central China. Proceedings of the General Meetings for Scientific Business of the Zoological Society of London, 81(3): 687-696.

寿中灿, 冯祚建. 1984. 我国藏鼠兔一新亚种. 兽类学报, 4(2): 151-154.

Lissovsky AA. 2014. Taxonomic revision of pikas *Ochotona* (Lagomorpha, Mammalia) at the species level. Mammalia, 78(2): 199-216.

刘少英, 靳伟, 廖锐, 孙治宇, 曾海, 符建荣, 刘洋, 王新, 李盼峰, 唐明坤, 谌利民, 董立, 韩明德, 苟丹. 2017. 基于 *Cyt b* 基因和形态学的鼠兔属系统发育研究及鼠兔属 1 新亚属 5 新种描述. 兽类学报, 37(1): 1-43.

耗兔亚属 *Conothoa* Lyon, 1904

47. 红耳鼠兔 *Ochotona erythrotis* (Büchner, 1890)

英文名：Chinese Red Pika, Red-eared Pika

曾用名：无

地方名：无

模式产地：青海都兰

同物异名及分类引证：

Lagomys erythrotis Büchner, 1890

Ochotona rutila erythrotis (Büchner, 1890)

Ochotona (*Conothoa*) *erythrotis* (Büchner, 1890) Thomas, 1896

Ochotona (*Ochotona*) *erythrotis vulpina* Howell, 1928

亚种分化：无

国内分布：中国特有，分布于甘肃、青海、四川、西藏。

国外分布：无

引证文献：

Büchner E. 1890. Vol. I. Saugethiere. Pt. I. Rodentia, Canivora. In: Wissenschaftliche resultate der von N. M. przewalski nach Central-Asien unternommenen reisen, auf kosten einer von seiner kaiserlichen hoheit dem grossfursten thronfolger nikolai alexandrowitsch gespendeten summe herausgegeben von der kaiserlichen akademie der wissenschaften. St. Petersburg: Zoologischer Theil: 49-136.

Thomas O. 1896. On the genera of rodents: an attempt to bring up to date the current arrangement of the order. Proceedings of the General Meetings for Scientific Business of the Zoological Society of London, 64(4): 1012-1028.

Howell AB. 1928. New Asiatic mammals collected by F. R. Wulsin. Proceedings of the Biological Society of Washington, 41: 115-119.

48. 灰颈鼠兔 *Ochotona forresti* Thomas, 1923

英文名：Forrest's Pika

曾用名：无

地方名：无

模式产地：云南丽江西南部

同物异名及分类引证：

Ochotona (?) *pusilla forresti* Thomas, 1923

Ochotona osgoodi Anthony, 1941

Ochotona gaoligongensis Wang *et* Gong, 1988

Ochotona nigritia Gong *et* Wang, 2000

Ochotona forresti duoxionglaensis Chen *et* Li, 2009

亚种分化：全世界有 2 个亚种，中国均有分布。

指名亚种 *O. f. forresti* Thomas, 1923，模式产地：云南丽江西南部；

多雄亚种 *O. f. duoxiongensis* Chen *et* Li, 2009，模式产地：西藏多雄拉山口。

国内分布：指名亚种分布于云南西部；多雄亚种分布于西藏东南部。

国外分布：不丹、缅甸北部、印度（锡金）。

引证文献：

Thomas O. 1923. On mammals from the Li-kiang Range, Yunnan, being a further collection obtained by Mr. George Forrest. The Annals and Magazine of Natural History, Ser. 9, 11(66): 655-663.

Anthony HE. 1941. Mammals collected by the Verary-Cutting Burma expedition. Chicago: Field Museum of Natual History, 27: 37-123.

王应祥, 龚正达, 段兴德. 1988. 高黎贡山鼠兔一新种. 动物学研究, 9(2): 201-207.

龚正达, 王应祥, 李章鸿, 李四全. 2000. 中国鼠兔一新种——片马黑鼠兔. 动物学研究, 21(3): 204-209.

陈晓澄, 李文靖. 2009. 西藏东南部灰颈鼠兔(*Ochotona forresti*)一新亚种. 兽类学报, 29(1): 101-105.

Ge DY, Lissovsky AA, Xia L, Cheng C, Smith AT, Yang QS. 2012. Reevaluation of several taxa of Chinese lagomorphs (Mammalia: Lagomorpha) described on the basis of pelage phenotype variation. Mammalian Biology, 77(2): 113-123.

49. 川西鼠兔 *Ochotona gloveri* Thomas, 1922

英文名：Glover's Pika

曾用名：格氏鼠兔

地方名：无

模式产地：四川雅江

同物异名及分类引证：

Ochotona erythrotis brookei Allen, 1937

Ochotona kamensis Argyropulo, 1948

Ochotona gloveri muliensis Pen *et* Feng, 1962

亚种分化：全世界有 2 个亚种，中国均有分布。

指名亚种 *O. g. gloveri* Thomas, 1922，模式产地：四川雅江；

西南亚种 *O. g. calloceps* Pen *et* Feng, 1962，模式产地：云南德钦。

国内分布：中国特有，指名亚种分布于青海西南部、四川西北部、西藏东北部；西南亚种分布于四川中部、云南西北部。

国外分布：无

引证文献：

Thomas O. 1922. On some new forms of *Ochotona*. The Annals and Magazine of Natural History, Ser. 9, 9(50): 187-193.

Allen GM. 1937. Second preliminary report on the results of the second Dolan expedition to West China: a new race of *Ochotona*. Proceedings of the Academy of Natural Sciences of Philadelphia, 89: 341-342.

Argyropulo AI. 1948. A review of recent species of the family Lagomyidae Lilljeb., 1886 (Lagomorpha, Mammalia). Trudy Zoologicheskogo Instituta Akademii Nauk SSSR, Leningrad, 7: 124-128.

彭鸿绶, 高耀亭, 陆长坤, 冯祚建, 陈庆雄. 1962. 四川西南和云南西北部兽类的分类研究. 动物学报, 14(增刊): 105-132.

Lissovsky AA. 2014. Taxonomic revision of pikas *Ochotona* (Lagomorpha, Mammalia) at the species level. Mammalia, 78(2): 199-216.

50. 伊犁鼠兔 *Ochotona iliensis* Li *et* Ma, 1986

英文名：Ili Pika

曾用名：无

地方名：无

模式产地：新疆尼勒克县吉里马拉勒山西段

同物异名及分类引证：无

亚种分化：无

国内分布：中国特有，分布于新疆（尼勒克县天山）。

国外分布：无

引证文献：

李维东, 马勇. 1986. 鼠兔属一新种. 动物学报, 32(4): 375-379.

51. 突颅鼠兔 *Ochotona koslowi* (Büchner, 1894)

英文名：Kozlov's Pika

曾用名：柯氏鼠兔

地方名：无

模式产地：西藏北部

同物异名及分类引证：

Lagomys koslowi Büchner, 1894

Ochotona koslowi (Büchner, 1894) Thomas, 1896

亚种分化：无

国内分布：中国特有，分布于西藏北部。

国外分布：无

引证文献：

Büchner EA. 1894. Scientific results of H.M. Przhevalsky in Central Asia. Dep. Zool., Vol. 1. Mammals, No. 1-5. St. Petersburg, 1888-1894: 187.

Thomas O. 1896. On the genera of rodents: an attempt to bring up to date the current arrangement of the order. Proceedings of the General Meetings for Scientific Business of the Zoological Society of London, 64(4): 1012-1028.

郑昌琳. 1986. 科氏鼠兔在昆仑山重新发现. 兽类学报, 6(4): 285.

52. 拉达克鼠兔 *Ochotona ladacensis* (Günther, 1875)

英文名：Ladak Pika

曾用名：无

地方名：无

模式产地：克什米尔地区

同物异名及分类引证：

Lagomys ladacensis Günther, 1875

Ochotona ladacensis (Günther, 1875) Thomas, 1896

亚种分化：无

国内分布：青海、新疆西南部、西藏东部。

国外分布：巴基斯坦、印度、克什米尔地区。

引证文献：

Günther A. 1875. Descriptions of some leporine mammals from Central Asia. The Annals and Magazine of Natural History, Ser. 4, 16(93): 228-231.

Thomas O. 1896. On the genera of rodents: an attempt to bring up to date the current arrangement of the order.

Proceedings of the General Meetings for Scientific Business of the Zoological Society of London, 64(4): 1012-1028.

53. 大耳鼠兔 *Ochotona macrotis* (Günther, 1875)

英文名：Large-eared Pika

曾用名：无

地方名：无

模式产地：新疆昆仑山中部

同物异名及分类引证：

Lagomys auritus Blanford, 1875

Lagomys griseus Blanford, 1875

Lagomys macrotis Günther, 1875

Ochotona macrotis (Günther, 1875) Thomas, 1896

Ochotona angdawai Biswas *et* Khajuria, 1955

Ochotona mitchelli Agrawal *et* Chakraborty, 1971

亚种分化：全世界有 5 个亚种，中国有 4 个亚种。

指名亚种 *O. m. macrotis* Günther, 1875，模式产地：新疆昆仑山中部；

中国亚种 *O. m. chinensis* Thomas, 1911，模式产地：四川康定；

帕米尔亚种 *O. m. sacana* Thomas, 1914，模式产地：哈萨克斯坦；

珠峰亚种 *O. m. wollastoni* Thomas *et* Hinton, 1922，模式产地：珠穆朗玛峰。

国内分布：指名亚种分布于青海北部、昆仑山脉（新疆与西藏交界）；中国亚种分布于四川西部；帕米尔亚种分布于天山和帕米尔地区；珠峰亚种分布于喀喇昆仑山脉、拉达克地区和泛喜马拉雅山脉地区。

国外分布：阿富汗、巴基斯坦、尼泊尔、印度、吉尔吉斯斯坦、塔吉克斯坦、哈萨克斯坦东南部。

引证文献：

Blanford WT. 1875. List of Mammalia collected by late Dr. Stoliczka, when attached to the embassy under Sir D. Forsyth in Kashmir, Ladák, Eastern Turkestan, and Wakhán, with descriptions of new species. Journal of the Asiatic Society of Bengal, 44(Pt. 2): 105-112.

Günther A. 1875. Descriptions of some leporine mammals from Central Asia. The Annals and Magazine of Natural History, Ser. 4, 16(93): 228-231.

Thomas O. 1896. On the genera of rodents: an attempt to bring up to date the current arrangement of the order. Proceedings of the General Meetings for Scientific Business of the Zoological Society of London, 64(4): 1012-1028.

Thomas O. 1911. New rodents from Sze-Chwan collected by Capt. F. M. Bailey. The Annals and Magazine of Natural History, Ser. 8, 8(48): 727-729.

Thomas O. 1914. On small mammals from Djarkent, Central Asia. The Annals and Magazine of Natural History, Ser. 8, 13(78): 563-573.

Thomas O, Hinton MAC. 1922. The mammals of the 1921 Mount Everest expedition. The Annals and Magazine of Natural History, Ser. 9, 9(50): 178-186.

Biswas B, Khajuria H. 1955. Zoological results of the "Daily Mail" Himalayan expedition 1954. Four new mammals from Khumbu, eastern Nepal. Proceedings of the Zoological Society of Bengal, 8: 25-30.

Popov AV. 1962. The large-eared pika in the Badakhshan Mountains of Afghanistan. Izvestiya Akademii Nauk Tadzhikskol SSR, Otdelenie Biologicheskikh Nauk, 2(9):107-109.

Agrawal VC, Chakraborty S. 1971. Notes on a collection of small mammals from Nepal, with the description of a new mousehare (Lagomorpha: Ochotonidae). Proceedings of the Zoological Society, Calcutta, 24(1): 41-46.

Lissovsky AA, McDonough M, Dahal N, Jin W, Liu S, Ruedas LA. 2017. A new subspecies of large-eared pika, *Ochotona macrotis* (Lagomorpha: Ochotonidae), from the Eastern Himalaya. Russian Journal of Theriology, 16(1): 30-42.

54. 灰鼠兔 *Ochotona roylii* (Ogilby, 1839)

英文名：Royle's Pika

曾用名：无

地方名：无

模式产地：印度北部西姆拉

同物异名及分类引证：

Lagomys roylei Ogilby, 1839

Lagomys hodgsoni Blyth, 1841

Ochotona roylei (Ogilby, 1839) Thomas, 1896

Ochotona wardi Bonhote, 1904

Ochotona roylei baltina Thomas, 1922

Ochotona himalayana Feng, 1973

亚种分化：全世界有 2 个亚种，中国均有分布。

指名亚种 *O. r. roylii* (Ogilby, 1839)，模式产地：印度北部西姆拉；

尼泊尔亚种 *O. r. nepalensis* Hodgson, 1841，模式产地：尼泊尔。

国内分布：指名亚种分布于西藏东南部；尼泊尔亚种分布于西藏南部。

国外分布：尼泊尔北部、印度北部。

引证文献：

Ogilby W. 1839. J. Forbes Royle's illustrations of the botany and other branches of the natural history of the Himalayan Mountains, and of the Flora of Cashmere. London: Wm. H. Allen. 2: 69.

Blyth E. 1841. Description of another new species of pika (*Lagomys nipalensis*) from the Himalaya. Journal of the Asiatic Society of Bengal, 10: 816-818.

Hodgson BH. 1841. Of a new species of *Lagomys* inhabiting Nepal. Journal of the Asiatic Society of Bengal, 10: 816-818.

Thomas O. 1896. On the genera of rodents: an attempt to bring up to date the current arrangement of the order. Proceedings of the General Meetings for Scientific Business of the Zoological Society of London, 64(4): 1012-1028.

Bonhote JL. 1904. On the mouse-hares of the genus *Ochotona*. Proceedings of the General Meetings for Scientific Business of the Zoological Society of London, 74(4): 205-220.

Thomas O. 1922. On some new forms of *Ochotona*. The Annals and Magazine of Natural History, Ser. 9, 9(50): 187-193.

冯祚建. 1973. 珠穆朗玛峰地区哺乳类鼠兔属一新种的记述. 动物学报, 19(1): 69-75.

55. 红鼠兔 *Ochotona rutila* (Severtzov, 1873)

英文名：Turkestan Red Pika

曾用名：无

地方名：无

模式产地：哈萨克斯坦外伊犁

同物异名及分类引证：

Lagomys rutilus Severtzov, 1873

Ochotona rutila (Severtzov, 1873) Thomas, 1896

亚种分化：无

国内分布：新疆北部（天山）。

国外分布：哈萨克斯坦、塔吉克斯坦、乌兹别克斯坦。

引证文献：

Severtzov NA. 1873. Vertikal'noe i gorizontal'noe raspredelenie Turkestanskikh zhivotnykh (Vertical and horizontal distribution of Turkestan animals). Izvestiya imperatorskago obshch. lyubiteley estestvoznaniya, antropologii i etnografii sostoyashchego pri Moskovskom universitete, Moskva, 8(2): 1-157.

Thomas O. 1896. On the genera of rodents: an attempt to bring up to date the current arrangement of the order. Proceedings of the General Meetings for Scientific Business of the Zoological Society of London, 64(4): 1012-1028.

草原鼠兔亚属 Lagotona Kretzoi, 1941

56. 草原鼠兔 *Ochotona pusilla* (Pallas, 1769)

英文名：Steppe Pika, Little Pika

曾用名：无

地方名：无

模式产地：俄罗斯萨马拉州附近

同物异名及分类引证：

Lepus pusillus Pallas, 1769

Lagomys pusillus (Pallas, 1769) Desmarest, 1820

Ochotona pusillus (Pallas, 1769) Thomas, 1896

Ochotona pusilla angustifrons Argyropulo, 1932

亚种分化：无

国内分布：新疆北部。

国外分布：哈萨克斯坦、俄罗斯。

引证文献：

Pallas PS. 1769. Descriptio *Leporis pusilli*. Novi commentarii Academiae Scientiarum Imperialis Petropolitanae, 13(1768): 531-538.

Desmarest AG. 1820. Mammalogie, ou, Description des espèces des mammifères. Paris: Chez Mme. Veuve Agasse, imprimeur-libraire: 353.

Thomas O. 1896. On the genera of rodents: an attempt to bring up to date the current arrangement of the order. Proceedings of the General Meetings for Scientific Business of the Zoological Society of London, 64(4): 1012-1028.

Argyropulo AI. 1932. Proceedings of the Zoological Institute of the Academy of Sciences of the Union of Soviet Socialist Republics. Travaux de l'Institut zoologique de l'Académie des sciences de l'URSS: 55.

Chaworth-Musters JL. 1933. On the type-locality and synonymy of *Ochotona pusilla* (Pallas). The Annals and Magazine of Natural History, Ser. 10, 12(67):137-138.

沙依拉吾, 穆晨, 倪亦非, 木合塔尔, 波拉提. 2009. 新疆加依尔山发现草原鼠兔. 动物学杂志, 44(4): 152-154.

Lissovsky AA. 2014. Taxonomic revision of pikas *Ochotona* (Lagomorpha, Mammalia) at the species level. Mammalia, 78(2): 199-216.

鼠兔亚属 Ochotona Link, 1795

57. 间颅鼠兔 *Ochotona cansus* Lyon, 1907

英文名：Gansu Pika

曾用名：甘肃鼠兔

地方名：无

模式产地：甘肃临潭

同物异名及分类引证：

Ochotona sorella Thomas, 1908

Ochotona annectens Miller, 1911

Ochotona cansa morosa Thomas, 1912

Ochotona morosa (Thomas, 1912) Lissovsky *et al.*, 2019

亚种分化：全世界有 2 个亚种，中国均有分布。

指名亚种 *O. c. cansus* Lyon, 1907，模式产地：甘肃临潭；

四川亚种 *O. c. stevensi* Osgood, 1932，模式产地：四川九龙。

国内分布：中国特有，指名亚种分布于甘肃、青海；四川亚种分布于四川西部。

国外分布：无

引证文献：

Lyon MW. 1907. Notes on a small collection of mammals from the province of Kan-su, China. Smithsonian Miscellaneous Collections, 50(2): 133-138.

Thomas O. 1908. The Duke of Bedford's zoological exploration in Eastern Asia.—XI. On mammals from the Provinces of Shan-si and Shen-si, Northern China. Proceedings of the General Meetings for Scientific Business of the Zoological Society of London, 78(4): 963-983.

Miller GS. 1911. Four new Chinese mammals. Proceedings of the Biological Society of Washington, 24: 53-55.

Thomas O. 1912. On a collection of small mammals from the Tsin-ling Mountains, Central China, presented by Mr. G. Fenwick Owen to the National Museum. The Annals and Magazine of Natural History, Ser. 8, 10(58): 395-403.

Osgood WH. 1932. Mammals of the Kelley-Roosevelts and Delacour Asiatic Expeditions. Publication 312, Zoological Series. Chicago: Field Museum of Natural History, 18(10): 193-339.

于宁, 郑昌琳. 1992. 黄河鼠兔 *Ochotona huangensis* (Matschie, 1907)的分类研究. 兽类学报, 12(3): 175-182.

Lissovsky AA, Yatsentyuk SP, Koju NP. 2019. Multilocus phylogeny and taxonomy of pikas of the subgenus *Ochotona* (Lagomorpha, Ochotonidae). Zoologica Scripta, 48(1): 1-16.

58. 高原鼠兔 *Ochotona curzoniae* (Hodgson, 1857)

英文名：Plateau Pika

曾用名：黑唇鼠兔

地方名：鸣声鼠

模式产地：西藏亚东

同物异名及分类引证：

Lagomys curzoniae Hodgson, 1857

Ochotona daurica curzoniae (Hodgson, 1857)

Ochotona curzoniae (Hodgson, 1857) Thomas, 1896

Ochotona curzoniae seiana Thomas, 1922

亚种分化：全世界有 2 个亚种，中国均有分布。

指名亚种 *O. c. curzoniae* Hodgson, 1857，模式产地：西藏亚东；

藏北亚种 *O. c. melanostoma* Büchner, 1890，模式产地：不详。

国内分布：指名亚种分布于青藏高原南部和东部；藏北亚种分布于青藏高原西北部、青海湖东部和甘肃。

国外分布：尼泊尔、印度（锡金）。

引证文献：

Hodgson BH. 1857. On a new *Lagomys* and a new *Mustela* inhabiting the North region of Sikim and the proximate parts of the Tibet. Journal of the Asiatic Society of Bengal, 26: 207-208.

Büchner E. 1890. Vol. I. Saugethiere. Pt. I. Rodentia, Canivora. In: Wissenschaftliche resultate der von N. M. przewalski nach Central-Asien unternommenen reisen, auf kosten einer von seiner kaiserlichen hoheit dem grossfursten thronfolger nikolai alexandrowitsch gespendeten summe herausgegeben von der kaiserlichen akademie der wissenschaften. St. Petersburg: Zoologischer Theil: 49-136.

Thomas O. 1896. On the genera of rodents: an attempt to bring up to date the current arrangement of the order. Proceedings of the General Meetings for Scientific Business of the Zoological Society of London, 64(4): 1012-1028.

Thomas O. 1922. On some new forms of *Ochotona*. The Annals and Magazine of Natural History, Ser. 9, 9(50): 187-193.

Mitchell RM, Derksen DV. 1976. Additional new mammal records from Nepal. Mammalia, 40(1): 55-62.

59. 达乌尔鼠兔 *Ochotona dauurica* (Pallas, 1776)

英文名：Daurian Pika

曾用名：无

地方名：兔鼠子、耗兔子、啼兔、蒙古鼠兔、达呼尔鼠兔

模式产地：俄罗斯西伯利亚库卢苏泰奥农河附近

同物异名及分类引证：

Lepus dauuricus Pallas, 1776

Ochotona minor Link, 1795

Ochotona dauurica (Pallas, 1776) Thomas, 1901

Ochotona huangensis Matschie, 1907

Ochotona bedfordi Thomas, 1908

Ochotona dauurica altaina Thomas, 1911

Ochotona mursaevi Bannikov, 1951

Ochotona latibullata Sokolov *et* Ivanitskaya, 1994

亚种分化： 全世界有 3 个亚种，中国有 2 个亚种。

指名亚种 *O. d. dauurica* Pallas, 1776，模式产地：俄罗斯西伯利亚库卢苏泰奥农河附近；

黄河亚种 *O. d. huangensis* Matshie, 1908，模式产地：陕西乾县。

国内分布： 指名亚种分布于我国北部；黄河亚种分布于陕西、河南。

国外分布： 俄罗斯南部、蒙古。

引证文献：

Pallas PS. 1776. St. Petersburg, Gedruckt bey der Kayserlichen academie der wissenschaften, 1773-1801. Descriptiones animalium. Reise aus Sibirien zurück an die Wolga im 1773sten Jahr, 2(3): 692.

Link HF. 1795. Über die Lebenskräfte in natuhistorischer Rücksicht und die Classfication der Säugethiere. Beiträge zur Naturgeschichte, 1(2): 52-74.

Thomas O. 1901. General notes. Proceedings of the Biological Society of Washington, 14: 23-25.

Matschie P. 1908. *Chinessische Saugetiere*. In: Expedition Filchner nach China. Berlin: Zoologisch-Botanische Ergebnisse, 4: 214-217.

Thomas O. 1908. The Duke of Bedford's zoological exploration in Eastern Asia.—XI. On mammals from the Provinces of Shan-si and Shen-si, Northern China. Proceedings of the General Meetings for Scientific Business of the Zoological Society of London, 78(4): 963-983.

Thomas O. 1911. New mammals from Central and Western Asia, mostly collected by Mr. Douglas Carruthers. The Annals and Magazine of Natural History, Ser. 8, 8(48): 758-762.

Allen GM. 1938. The mammals of China and Mongolia, the Lagomorpha. Bulletin of the American Museum of Natural History: 544.

Bannikov AG. 1951. Hares and pikas of Mongolia. Uchenye Zapiski Lenlngradskogo Gosudarstvennogo Institute, 18: 56.

Sokolov VE, Ivanitskaya EY. 1994. Mammals of Russia and adjacent regions. Lagomorphs. Moscow: Nauka: 272.

60. 奴布拉鼠兔 *Ochotona nubrica* Thomas, 1922

英文名： Nubra Pika

曾用名： 无

地方名： 无

模式产地： 克什米尔地区

同物异名及分类引证：

Ochotona thibetana ihasaensis Feng *et* Gao, 1974

Ochotona lama Mitchell *et* Punzo, 1975

Ochotona yarlungensis Liu *et al.*, 2017

亚种分化： 全世界有 2 个亚种，中国均有分布。

指名亚种 *O. n. nubrica* Thomas, 1922，模式产地：克什米尔地区；

拉萨亚种 *O. n. lhasaensis* Feng *et* Gao, 1974，模式产地：西藏拉萨。

国内分布： 指名亚种分布于西藏西北部；拉萨亚种分布于西藏中南部。

国外分布： 尼泊尔北部、印度北部、克什米尔地区。

引证文献：

Thomas O. 1922. On some new forms of *Ochotona*. The Annals and Magazine of Natural History, Ser. 9, 9(50): 187-193.

冯祚建, 高耀亭. 1974. 藏鼠兔及其近似种的分类研究——包括一新亚种. 动物学报, 20(1): 76-88.

Mitchell RM, Punzo F. 1975. *Ochotona lama* sp. n. (Lagomorpha: Ochotonidae): A new pika from the Tibetan highlands. Mammalia, 39(3): 419-422.

于宁, 郑昌琳. 1992. 努布拉鼠兔(*Ochotona nubrica* Thomas, 1922)的分类订正. 兽类学报, 12(2): 132-138.

刘少英, 靳伟, 廖锐, 孙治宇, 曾涛, 符建荣, 刘洋, 王新, 李盼峰, 唐明坤, 谌利民, 董立, 韩明德, 苟丹. 2017. 基于 *Cyt b* 基因和形态学的鼠兔属系统发育研究及鼠兔属 1 新亚属 5 新种描述. 兽类学报, 37(1): 1-43.

61. 锡金鼠兔 *Ochotona sikimaria* Thomas, 1922

英文名： Sikkim Pika

曾用名： 无

地方名： 无

模式产地： 印度锡金

同物异名及分类引证：

Ochotona thibetana sikimaria Thomas, 1922

Ochotona sikimaria (Thomas, 1922) Dahal *et al.*, 2017

亚种分化： 无

国内分布： 西藏（亚东）。

国外分布： 印度（锡金）。

引证文献：

Thomas O. 1922. On some new forms of *Ochotona*. The Annals and Magazine of Natural History, Ser. 9, 9(50): 187-193.

Dahal N, Lissovsky AA, Lin ZZ, Solari K, Hadly EA, Zhan XJ, Ramakrishnan U. 2017. Genetics, morphology and ecology reveal a cryptic pika lineage in the Himalaya. Molecular Phylogenetics and Evolution, 106: 55-60.

62. 藏鼠兔 *Ochotona thibetana* (Milne-Edwards, 1871)

英文名： Moupin Pika

曾用名： 无

地方名：无

模式产地：四川宝兴

同物异名及分类引证：

Lagomys thibetana Milne-Edwards, 1871

Lagomys tibetanus Milne-Edwards, 1874

Ochotona thibetana (Milne-Edwards, 1871) Thomas, 1896

Lagomys tibetana de Winton *et* Styan, 1899

Ochotona hodgsoni Bonhote, 1904

Ochotona thibetana zappeyi Thomas, 1922

Ochotona qionglaiensis Liu *et al.*, 2017

亚种分化：全世界有 2 个亚种，中国均有分布。

指名亚种 *O. t. thibetana* (Milne-Edwards, 1871)，模式产地：四川宝兴；

玉树亚种 *O. t. nanggenica* Zheng *et al.*, 1980，模式产地：青海玉树。

国内分布：指名亚种分布于青藏高原东南缘横断山地区；玉树亚种分布于青海（玉树）。

国外分布：不丹、缅甸北部、印度（锡金）。

引证文献：

Milne-Edwards A. 1871. Rapport adressé a mm. les professeurs-administrateurs du muséum d'histoire naturelle. Nouvelles Archives du Muséum d'Histoire Naturelle de Paris, 7: 93.

Milne-Edwards A. 1874. Recherches pour servir à l'histoire naturelle des mammifères: comprenant des considérations sur la classification de ces animaux. Paris: G. Masson.

Thomas O. 1896. On the genera of rodents: an attempt to bring up to date the current arrangement of the order. Proceedings of the General Meetings for Scientific Business of the Zoological Society of London, 64(4): 1012-1028.

de Winton W, Styan F. 1899. On Chinese mammals, principally from Western Sechuen. Proceeding of the Zoological Society of London, 67(3): 572-578.

Bonhote JL. 1904. On the mouse-hares of the genus *Ochotona*. Proceedings of the General Meetings for Scientific Business of the Zoological Society of London, 74(4): 205-220.

Filchner W. 1907. Wissenschaftliche Ergebnisse der Expedition Filchner nach China. Zoologische Sammlungen, 10(1): 214.

Thomas O. 1922. On some new forms of *Ochotona*. The Annals and Magazine of Natural History, Ser. 9, 9(50): 187-193.

郑昌琳, 刘季科, 皮南霖. 1980. 青海玉树地区西藏鼠兔的一新亚种. 动物学报, 26(1): 98-100.

刘少英, 靳伟, 廖锐, 孙治宇, 曾涛, 符建荣, 刘洋, 王新, 李盼峰, 唐明坤, 谌利民, 董立, 韩明德, 苟丹. 2017. 基于 *Cyt b* 基因和形态学的鼠兔属系统发育研究及鼠兔属 1 新亚属 5 新种描述. 兽类学报, 37(1): 1-43.

63. 狭颅鼠兔 *Ochotona thomasi* Argyropulo, 1948

英文名：Thomas's Pika

曾用名：托氏鼠兔

地方名：无

模式产地：青海阿兰泉

同物异名及分类引证：

Ochotona cilanica Bannikov, 1960

亚种分化：无

国内分布：中国特有，分布于青海。

国外分布：无

引证文献：

Argyropulo AI. 1948. A review of recent species of the family Lagomyidae Lilljeb., 1886 (Lagomorpha, Mammalia). Trudy Zoologicheskogo Instituta Akademii Nauk SSSR, Leningrad, 7: 127.

Bannikov AG. 1960. Notes on the mammals of Nienshan and south Gobi area. Byulleten Moskovskogo Obshchestva Ispytatelei Prirody Otdel Biologicheskii, 65(3): 5-12.

高山鼠兔亚属 *Pika* Lacépède, 1799

64. 高山鼠兔 *Ochotona alpina* (Pallas, 1773)

英文名：Alpine Pika

曾用名：无

地方名：无

模式产地：阿尔泰山（俄罗斯一侧）

同物异名及分类引证：

Lepus alpinus Pallas, 1773

Lagomys atra Eversmann, 1842

Ochotona alpina (Pallas, 1773) Thomas, 1896

Ochotona nitida Hollister, 1912

Ochotona alpina sushkini Thomas, 1924

Ochotona alpina nanula Yakhontov *et* Formozov, 1992

亚种分化：全世界有 3 个亚种，中国有 1 个亚种。

指名亚种 *O. a. alpina* (Pallas, 1773)，模式产地：阿尔泰山（俄罗斯一侧）。

国内分布：指名亚种分布于新疆北部。

国外分布：哈萨克斯坦、俄罗斯。

引证文献：

Pallas PS. 1773. Reise durch verschiedene Provinzen des Russischen Reichs. St. Petersbourg: Kaiserliche Academie der Wissenschaften, 2: 701-732.

Eversmann EF. 1842. Addenda ad Celeberrimi Pallasii Zoographiam Rosso-Asiaticam, Fasc, 3: 3.

Thomas O. 1896. On the genera of rodents: an attempt to bring up to date the current arrangement of the order. Proceedings of the General Meetings for Scientific Business of the Zoological Society of London, 64(4): 1012-1028.

Hollister N. 1912. New mammals from the highlands of Siberia. Smithsonian Miscellaneous Collections, 60(14): 1-6.

Thomas O. 1924. A new pika from the Altai. The Annals and Magazine of Natural History, Ser. 9, 13(73): 163-164.

Skalon VN. 1935. Some zoological finds in southeastern Trans-Baikal area. In: Collections of works of Antiplague Organization of East Siberian Territory, 1: 85-87.

Ognev SI. 1940. Mammals of the USSR and adjacent countries. Vol. 4. Rodents. Izdatelstvo Akademii Nauk SSSR, Moscow-Leningrad: 1-616.

Argyropulo AI. 1948. A review of recent species of the family Lagomyidae Lilljeb., 1886 (Lagomorpha, Mammalia). Trudy Zoologicheskogo Instituta Akademii Nauk SSSR, Leningrad, 7: 124-128.

Yakhontov EL, Formozov NA. 1992. Systematic revision of the pika's species complex *Ochotona alpina-Ochotona hyperborea*. 1. Geographic variation in *Ochotona alpina*. Vestnik Moskovskogo Universiteta, Biology, 16(1): 27-33.

Lissovsky AA, Ivanova NV, Borisenko AV. 2007. Molecular phylogenetics and taxonomy of the subgenus *Pika* (*Ochotona*, Lagomorpha). Journal of Mammalogy, 88(5): 1195-1204.

Lissovsky AA, Yang QS, Pil'nikov AE. 2008. Taxonomy and distribution of the pikas (*Ochotona*, Lagomorpha) of alpina-hyperborea group in North-East China and adjacent territories. Russian Journal of Theriology, 7(1): 5-16.

65. 贺兰山鼠兔 *Ochotona argentata* Howell, 1928

英文名：Silver Pika

曾用名：无

地方名：无

模式产地：宁夏贺兰山

同物异名及分类引证：

Ochotona (*Pika*) *alpina argentata* Howell, 1928

Ochotona helanshanensis Zheng, 1987

亚种分化：无

国内分布：中国特有，分布于宁夏贺兰山。

国外分布：无

引证文献：

Howell AB. 1928. New Asiatic mammals collected by F. R. Wulsin. Proceedings of the Biological Society of Washington, 41: 115-119.

郑涛. 1987. 贺兰山鼠兔. 见: 王香亭. 宁夏脊椎动物志. 银川: 宁夏人民出版社: 605-692.

牛屹东，魏辅文，李明，冯祚建. 2001. 中国鼠兔亚属分类现状及分布. 动物分类学报, 26(3): 394-400.

Formozov NA, Baklushinskaya IY, Young M. 2004. Taxonomic status of the Helan-Shan pika, *Ochotona argentata*, from the Helan-Shan Ridge (Ningxia, China). Zoologicheskiĭ Zhurnal, 83(8): 995-1007.

Erbajeva MA, Ma Y. 2006. A new look at the taxonomic status of *Ochotona argentata* Howell, 1928. Acta Zoologica Cracoviensia, 49A(1-2): 135-149.

Lissovsky AA, Ivanova NV, Borisenko AV. 2007. Molecular phylogenetics and taxonomy of the subgenus *Pika* (*Ochotona*, Lagomorpha). Journal of Mammalogy, 88(5): 1195-1204.

66. 长白山鼠兔 *Ochotona coreana* Allen *et* Andrews, 1913

英文名：Korean Pika, Korean Piping Hare

曾用名：朝鲜鼠兔

地方名：无

模式产地：朝鲜两江道

同物异名及分类引证：

Ochotona (*Pika*) *coreana* Allen *et* Andrews, 1913

Ochotona hyperborea coreanus Allen *et* Andrews, 1913

亚种分化：无

国内分布：吉林长白山。

国外分布：朝鲜北部。

引证文献：

Allen JA, Andrews RC. 1913. Mammals collected in Korea. Bulletin of the American Museum of Natural History, 32: 427-436.

Jones JK, Johnson DH. 1965. Synopsis of the lagomorphs and rodents of Korea. Museum of Natural History, University of Kansas Publications, 16(2): 359-407.

Lissovsky AA, Yang QS, Pil'nikov AE. 2008. Taxonomy and distribution of the pikas (*Ochotona*, Lagomorpha) of alpina-hyperborea group in North-East China and adjacent territories. Russian Journal of Theriology, 7(1): 5-16.

刘少英, 靳伟, 廖锐, 孙治宇, 曾涛, 符建荣, 刘洋, 王新, 李盼峰, 唐明坤, 谌利民, 董立, 韩明德, 苟丹. 2017. 基于 *Cyt b* 基因和形态学的鼠兔属系统发育研究及鼠兔属 1 新亚属 5 新种描述. 兽类学报, 37(1): 1-43.

67. 满洲里鼠兔 *Ochotona mantchurica* Thomas, 1909

英文名：Manchurian Pika

曾用名：无

地方名：无

模式产地：大兴安岭

同物异名及分类引证：

Ochotona (*Pika*) *hyperborea mantchurica* Thomas, 1909

Ochotona scorodumovi Skalon, 1935

Ochotona mantchurica (Thomas, 1909) Lissovsky *et al.*, 2008

亚种分化：全世界有 3 个亚种，中国有 2 个亚种。

指名亚种 *O. m. mantchurica* Thomas, 1909，模式产地：大兴安岭；

小兴安岭亚种 *O. m. loukashkini* Lissovsky, 2015，模式产地：小兴安岭。

国内分布：指名亚种分布于内蒙古东北部大兴安岭及黑龙江小兴安岭北部；小兴安岭亚种分布于小兴安岭南部。

国外分布：蒙古。

引证文献：

Thomas O. 1909. A collection of mammals from northern and central Mantchuria. The Annals and Magazine of Natural History, Ser. 8, 4(24): 500-505.

Skalon VN. 1935. Изв. Иркут. противочумн. ин-та Сибири и Дальневост. края, 1: 85.

Lissovsky AA, Yang QS, Pil'nikov AE. 2008. Taxonomy and distribution of the pikas (*Ochotona*, Lagomorpha) of alpina-hyperborea group in North-East China and adjacent territories. Russian Journal of Theriology, 7(1): 5-16.

Lissovsky AA. 2015. A new subspecies of Manchurian pika *Ochotona mantchurica* (Lagomorpha, Ochotonidae) from the Lesser Khinggan Range, China. Russian Journal of Theriology, 14(2): 145-152.

68. 蒙古鼠兔 *Ochotona pallasii* (Gray, 1867)

英文名：Pallas's Pika, Mongolian Pika

曾用名：帕氏鼠兔

地方名：无

模式产地：不详（"Asiatic Russia-Kirgisen or Karkaralinsk Mountains"）。

同物异名及分类引证：

Ogotoma pallasii Gray, 1867

Ochotona pallasii (Gray, 1867) Thomas, 1896

Ochotona pallasi (Gray, 1867) Thomas, 1908

Ochotona (*Ogotoma*) *pricei* Thomas, 1911

Ochotona (*Ogotoma*) *hamica* Thomas, 1912

Ochotona pallasi sunidica Ma *et al.*, 1980

亚种分化：无

国内分布：内蒙古、新疆。

国外分布：哈萨克斯坦、蒙古、俄罗斯。

引证文献：

Gray JE. 1867. Notes on the skulls of hares (Leporidae) and Picas (Lagomyidae) in the British Museum. The Annals and Magazine of Natural History, Ser. 3, 20(117): 219-225.

Thomas O. 1896. On the genera of rodents: an attempt to bring up to date the current arrangement of the order. Proceedings of the General Meetings for Scientific Business of the Zoological Society of London, 64(4): 1012-1028.

Thomas O. 1908. The Duke of Bedford's zoological exploration in Eastern Asia.—XI. On mammals from the Provinces of Shan-si and Shen-si, Northern China. Proceedings of the General Meetings for Scientific Business of the Zoological Society of London, 78(4): 963-983.

Thomas O. 1911. New mammals from central and western Asia, mostly collected by Mr. Douglas Carruthers. The Annals and Magazine of Natural History, Ser. 8, 8(48): 758-762.

Thomas O. 1912. On mammals from Central Asia, collected by Mr. Douglas Carruthers. The Annals and Magazine of Natural History, Ser. 8, 9(52): 391-408.

马勇, 林永烈, 李思华. 1980. 我国内蒙古褐斑鼠兔一新亚种. 动物分类学报, 5(2): 212-214.

啮齿目 RODENTIA Bowdich, 1821

河狸型亚目 Castorimorpha Wood, 1955

河狸科 Castoridae Hemprich, 1820

河狸属 *Castor* Linnaeus, 1758

69. 河狸 *Castor fiber* Linnaeus, 1758

英文名：Eurasian Beaver, Mongolian Beaver

曾用名：欧亚河狸、蒙新河狸

地方名：海狸、洪都斯（哈萨克语）

模式产地：瑞典

同物异名及分类引证：

Castor fiber albus Kerr, 1792

Castor fiber solitarius Kerr, 1792

Castor fiber fulvus Bechstein, 1801

Castor fiber variegatus Bechstein, 1801

Castor galliae Geoffrov, 1803

Castor flavus Desmarest, 1822

Castor niger Desmarest, 1822

Castor varius Desmarest, 1822

Castor fiber gallicus Fischer, 1829

Castor proprius Billberg, 1833

Castor albicus Matschie, 1907

Castor balticus Matschie, 1907

Castor vistulanus Matschie, 1907

Castor birulai Serebrennikov, 1929

Castor fiber pohlei Serebrennikov, 1929

Castor fiber tuvinicus Lavrov, 1969

Castor belarusicus Lavrov, 1974

Castor osteuropaeus Lavrov, 1974

Castor belorussicus Lavrov, 1981

Castor orientoeuropaeus Lavrov, 1981

Castor bielorussieus Lavrov, 1983

Castor introductus Saveljev, 1997

亚种分化：全世界有7～9个亚种，中国有1个亚种。

蒙新亚种 *C. f. birulai* Serebrennikov, 1929，模式产地：布尔根河。

国内分布：蒙新亚种分布于新疆（额尔齐斯河、乌伦古河流域）。

国外分布：哈萨克斯坦、蒙古、白俄罗斯、波兰、德国、俄罗斯、法国、卢森堡、挪威、摩尔多瓦、葡萄牙、土耳其。英国曾有分布，现已区域灭绝。

引证文献：

Linnaeus C. 1758. Systema naturae per regna tria naturae: secundum classes, ordines, genera, species, cum characteribus, differentiis, synonymis, locis. 10th Ed. Tomus I. Holmiae: Impensis Direct. Laurentii Salvii: 58-59.

Kerr R. 1792. The animal kingdom, or zoological system, of the celebrated Sir Charles Linnaeus. Class I. Mammalia. Edinburgh: Printed for A. Strahan, and T. Cadell, London, and W. Creech, Edinburgh: 222-224.

Bechstein JM. 1801. Gemeinnützige naturgeschichte deutschlands nach allen drey reichen: ein handbuch zur deutlichern und vollständigern Selbstbelehrung besonders für forstmänner, Jugendlehrer und Oekonomen. 2nd Ed., Bd. 1. Pt. 2. Leipzig: Bey Siegfried Lebrecht Crusius: 913.

Geoffrov E. 1803. Catalogue mammal du muséum national d'histoire naturelle. Paris: 168.

Desmarest AG. 1822. Mammalogie, ou, Description des espèce de mammifères. Encyclopédie Méthodique, Pt. 2. Paris: Chez Mme. Veuve Agasse, imprimeur-libraire: 278.

Fischer JB. 1829. Synopsis Mammalium. Stuttgart: JG Cottae: 287.

Billberg GJ. 1832. Öfversigt af de Natur-Alster, soin egentligast böra fästa handlandes, hushallares, slöjdidkares, vextodlares och natur älskares uppm ärksamhet. Linnéska Samfundets Handlingar: 34.

Matschie P. 1907. Zwei anscheinend noch nicht beschriebene arten des bibers. Sitzungsbericht der Gesellschaft Naturforschender Freunde zu Berlin, 8: 216-219.

Serebrennikov M. 1929. Review of the beavers of the Palaeartic region (*Castor*, Rodentia). Comptes Rendus Academic Science URSS [Doklady Akademii Nauk SSSR], 30: 271-276.

Lavrov LS. 1969. A new subspecies of the European beaver (*Castor fiber* L.) from the Enissei river upper flow. Zoologicheskii Zhurnal, 48: 456-457.

Lavrov LS, Orlov VN. 1973. Karyotypes and taxonomy of modern beavers (*Castor*, Castoridae, Mammalia). Zoologicheskii Zhurnal, 52: 734-742.

Lavrov LS. 1979. Species of beavers (*Castor*) of the Palaearctics. Zoologicheskii Zhurnal, 58: 86-96.

Lavrov LS. 1981. Bobry Palearktiki [The Beavers of the Palaeartic]. Voronezh, USSR: Izdatel'stvo Voronezhskogo Universiteta: 1-271.

Lavrov LS. 1983. Evolutionary development of the genus *Castor* and taxonomy of the contemporary beavers of Eurasia. Acta Zoologica Fennica, 174: 87-90.

Heidecke D. 1986. Taxonomische aspekte des artenschutzes am beispiel der biber Eurasiens. Hercynia N. F., 22(2): 146-161.

马勇, 王逢桂, 金善科, 李思华. 1987. 新疆北部地区啮齿动物的分类和分布. 北京: 科学出版社: 119.

Veron G. 1992. Etude morphometrique et taxonomique du genre *Castor*. Bulletin du Muséum National d'Histoire Naturelle, Ser. 4 (Zoologie), 14: 829-853.

Saveljev AP. 1997. Unsolved questions of systematics of the old world recent beavers. Proceedings 1st European Beaver Symposium. Slovakia: Bratislava: 164.

Gabryś G, Ważna A. 2003. Subspecies of the European beaver *Castor fiber* Linnaeus, 1758. Acta Theriologica, 48(4): 433-439.

鼠型亚目 Myomorpha Brandt, 1855

跳鼠总科 Dipodoidea Fischer, 1817

蹶鼠科 Sicistidae Allen, 1901

蹶鼠属 *Sicista* Gray, 1827

70. 长尾蹶鼠 *Sicista caudata* Thomas, 1907

英文名： Long-tailed Birch Mouse

曾用名： 无

地方名： 无

模式产地： 俄罗斯萨哈林岛（库页岛）

同物异名及分类引证： 无

亚种分化： 无

国内分布： 黑龙江、吉林。

国外分布： 俄罗斯。

引证文献：

Thomas O. 1907. The Duke of Bedford's zoological exploration in Eastern Asia.—IV. List of small mammals from the Islands of Saghalien and Hokkaido. Proceedings of the General Meetings for Scientific Business of the Zoological Society of London: 413-414.

Shenbrot GI, Sokolov VE, Heptner VG, Koval'skaya YM. 2008. Jerboas: Mammals of Russia and adjacent regions. [Russia version published by Nauka Publishers, Moscow, 1995], New Hampshire: Science Publishers: 168.

71. 中国蹶鼠 *Sicista concolor* (Büchner, 1892)

英文名： Chinese Birch Mouse

曾用名： 蹶鼠、中华蹶鼠、单色蹶鼠

地方名： 无

模式产地： 青海西宁

同物异名及分类引证：

Sminthus concolor Büchner, 1892

Sminthus leathemi Thomas, 1893

Sminthus flavus True, 1894

Sicista concolor (Büchner, 1892) Thomas, 1907

Sicista weigoldi Jacobi, 1923

亚种分化： 全世界有 3 个亚种，中国均有分布。

指名亚种 *S. c. concolor* Büchner, 1892，模式产地：青海西宁；

克什米尔亚种 *S. c. leathemi* Thomas, 1893，模式产地：克什米尔地区；

川西亚种 *S. c. weigoldi* Jacobi, 1923，模式产地：四川松潘附近。

国内分布：指名亚种分布于甘肃、青海东部、陕西西南部；克什米尔亚种分布于新疆（阿克塞钦、塔什库尔干）；川西亚种分布于四川西部、云南西北部。

国外分布：巴基斯坦、印度、克什米尔地区。

引证文献：

Büchner E. 1892. Über eine neue *Sminthus*-Art aus China. Bulletin de l'Académie impériale des sciences de St.-Pétersbourg, 35(3): 107-109.

Thomas O. 1893. Description of a new species of Sminthus from Kashmir. The Annals and Magazine of Natural History, Ser. 6, 11(62): 184.

True FW. 1894. On the rodents of the genus *Sminthus* in Kashmir. Proceedings of the United States National Museum, 17: 341-343.

Thomas O. 1907. The Duke of Bedford's zoological exploration in Eastern Asia.—IV. List of small mammals from the Islands of Saghalien and Hokkaido. Proceedings of the General Meetings for Scientific Business of the Zoological Society of London: 413-414.

Thomas O. 1912. On a collection of small mammals from the Tsin-ling Mountains, Central China, presented by Mr. G. Fenwick Owen to the National Museum. The Annals and Magazine of Natural History, Ser. 8, 10(58): 401.

Jacobi A. 1923. Zoologische ergebnisse der Walter Stötznerschen expeditionen nach Szetschwan, Osttibet und Tschili auf Grund der Sammlungen und Beobachtungen Dr. Hugo Weigolds. 2. Teil, Aves: 4. Fringillidae und Ploceidae. Abhandlungen und Berichte der Museen für Tierkunde und Völkerkunde zu Dresden, 16(1): 15.

Sokolov VE, Kovalskaya YM, Baskevich MI. 1982. Taxonomy and comparative cytogenetics of some species of the genus *Sicista* (Rodentia, Dipodidae). Zoologicheskiĭ Zhurnal, 61(1): 102-108.

Sokolov VE, Kovalskaya YM, Baskevich MI. 1987. Review of karyological research and the problems of systematics in the genus *Sicista* (Zapodidae, Rodentia, Mammalia). Folia Zoologica, 36(1): 35-44.

Lebedev VS, Rusin MY, Zemlemerova ED, Matrosova VA, Bannikova AA, Kovalskaya YM, Tesakov AS. 2019. Phylogeny and evolutionary history of birch mice *Sicista* Griffith, 1827 (Sminthidae, Rodentia): Implications from a multigene study. Journal of Zoological Systematics and Evolutionary Research, 57(3): 695-709.

72. 灰䶄鼠 *Sicista pseudonapaea* Strautman, 1949

英文名：Gray Birch Mouse

曾用名：无

地方名：无

模式产地：哈萨克斯坦

同物异名及分类引证：无

亚种分化：无

国内分布：新疆（阿勒泰地区西部）。

国外分布：哈萨克斯坦、吉尔吉斯斯坦。

引证文献：

Strautman EI. 1949. A new species or birch mouse from Kazakhstan. Vestnik Akademii Nauk Kazakhskoĭ SSR, 5(10): 109-110.

Sokolov VE, Kovalskaya YM, Baskevich MI. 1982. Taxonomy and comparative cytogenetics of some species of the genus *Sicista* (Rodentia, Dipodidae). Zoologicheskii Zhurnal, 61(1): 102-108.

Sokolov VE, Kovalskaya YM, Baskevich MI. 1987. Review of karyological research and the problems of systematics in the genus *Sicista* (Zapodidae, Rodentia, Mammalia). Folia Zoologica, 36(1): 35-44.

Gromov IM, Erbajeva MA. 1995. The mammals of Russia and adjacent territories, Lagomorphs and Rodents. St. Petersburg: Russian Academy of Sciences, Zoological Institute.

Pavlinov IY, Rossolimo OL. 1998. Systematics of mammals of the USSR. Addenda. M. Archives of the Zoological Museum, Moscow State University, 38: 190.

Shenbrot GI, Sokolov VE, Heptner VG, Koval'skaya YM. 2008. Jerboas: Mammals of Russia and adjacent regions. [Russia version published by Nauka Publishers, Moscow, 1995], New Hampshire: Science Publishers: 168.

73. 草原蹶鼠 *Sicista subtilis* (Pallas, 1773)

英文名：Southern Birch Mouse, Pale Birch Mouse

曾用名：无

地方名：无

模式产地：俄罗斯库尔干州

同物异名及分类引证：

Mus subtilis Pallas, 1773

Mus vagus Pallas, 1778

Mus lineatus Lichtenstein, 1823

Sminthus loriger Nathusius, 1840

Sminthus nordmanni Keyserling *et* Blasius, 1840

Mus interstriatus Petenyi, 1882

Mus interzonus Petenyi, 1882

Mus tripartitus Petenyi, 1882

Mus tristriatus Petenyi, 1882

Mus trizona Petenyi, 1882

Mus virgulosus Petenyi, 1882

Sicista (*Sminthus*) *subtilis* (Pallas, 1773) Kormos, 1911-1912

Sicista nordmanni pallida Kashkarov, 1926

Sicista subtilis siberica Ognev, 1935

亚种分化：全世界有 5～6 个亚种，中国有 1 个亚种。

暗灰亚种 *S. s. vagus* (Pallas, 1778)，模式产地：哈萨克斯坦西南部比什查克乌尔达（"Urda, Bishchak"）。

国内分布：暗灰亚种分布于新疆（阿尔泰山西部）。

国外分布：保加利亚、俄罗斯、哈萨克斯坦、罗马尼亚、塞尔维亚、斯洛伐克、乌克兰、匈牙利。

引证文献：

Pallas PS. 1773. Reise durch verschiedene Provinzen des Russischen Reichs. St. Petersbourg: Kaiserliche Academie der Wissenschaften, 1(2): 705-706.

Pallas PS. 1778. Novae species qvadrvpedvn e Glirivm ordine, cvm illvstrationibvs variis complvrivm ex hoc ordine animalivm. Fasc. II. Erlangae: Svmtv Wolfgangi Waltheri: 327-332.

Lichtenstein H. 1823. Eversmann's Reise von Orenburg nach Buchara. Berlin: E.H.G. Christiani: 123.

Keyserling AG, Blasius JH. 1840. Die Wirbelthiere Europa's. Braunschweig: Friedrich Vieweg und Sohn: 38.

Nathusius WE. 1840. In: Demidoff A. Voyage Dans la Russie Méridionale et la Crimée par la Hongrie, la Valachie et la Moldavie Exécuté en 1837. Paris: Ernest Bourdin, 3: 49.

Petenyi S. 1882. Természetrajzi füzetek, kiadja a Magyar nemzeti Muzeum. Budapest: Franklin-társulat nyomdája, 5-7: 103.

Kormos T. 1911-1912. Die pleistozäne säugetierfauna der felsnische puskaporos bei hámor. Mittheilungen aus dem Jahrbuche der Kgl. Ungarischen Geologischen Reichsanstalt, 19: 125-136.

Kashkarov DN. 1926. Keys to Rodents of Turkestan [Opredelitel' Gryzunov Turkestana]. Tashkent.

Ognev SI. 1935. A systematic review of Russia species of the genus *Sicista*. Bulletin of the Research Institute of Zoology of the Moscow State University, 7(2): 51-58.

李思华, 王逢桂. 1981. 草原蹶鼠*Sicista subtilis* Pallas在我国首次发现. 动物分类学报, 6(4): 20.

74. 天山蹶鼠 *Sicista tianshanica* (Salensky, 1903)

英文名：Tien Shan Birch Mouse

曾用名：蹶鼠天山亚种

地方名：无

模式产地：新疆天山南坡

同物异名及分类引证：

Sminthus tianschanicus Salenskey, 1903

Sicista tianshanica (Salensky, 1903) Thomas, 1907

Sicista concolor tianschanicus (Salenskey, 1903) Ellerman & Morrison-Scott, 1951

亚种分化：无

国内分布：新疆（天山）。

国外分布：哈萨克斯坦、吉尔吉斯斯坦。

引证文献：

Salenskey W. 1903. Über eine neue Sminthus-Art aus dem Tianschan. (*Sminthus tianschanicus* n. sp.; Rodentia Dipodiade). St. Petersbourg: Yearbook of Zoological Museum of Academy of Sciences, 8: 17-21.

Thomas O. 1907. The Duke of Bedford's zoological exploration in Eastern Asia.—IV. List of small mammals from the islands of Saghalien and Hokkaido. Proceedings of the General Meetings for Scientific Business of the Zoological Society of London: 413-414.

Ellerman JR, Morrison-Scott TCS. 1951. Checklist of Palaearctic and Indian mammals 1758 to 1946. London: British Museum (Natural History).

叶生荣, 雷刚. 2010. 新疆呼图壁县发现天山蹶鼠. 地方病通报, 25(1): 24.

林跳鼠科 Zapodidae Coues, 1875

林跳鼠属 *Eozapus* (Preble, 1899)

75. 四川林跳鼠 *Eozapus setchuanus* (Pousargues, 1896)

英文名：Chinese Jumping Mouse

曾用名：林跳鼠、森林跳鼠、中国林跳鼠

地方名：无

模式产地：四川康定（"Ta-tsien-lou"）

同物异名及分类引证：

Zapus setchuanus Pousargues, 1896

Zapus (Eozapus) setchuanus Pousargues, 1896; Preble, 1899

Zapus (Eozapus) setchuanus vicinus Thomas, 1912

Eozapus setchuanus (Pousargues, 1896) Ellerman *et al.*, 1940

亚种分化：全世界有 2 个亚种，中国均有分布。

指名亚种 *E. s. setchuanus* (Pousargues, 1896)，模式产地：四川康定；

甘肃亚种 *E. s. vicinus* (Thomas, 1912)，模式产地：甘肃临潭。

国内分布：中国特有，指名亚种分布于四川西北部、云南西北部；甘肃亚种分布于甘肃
　　　南部、宁夏、青海东南部、陕西南部。

国外分布：无

引证文献：

Pousargues E. 1896. Note sur une espéce asiatique du genre *Zapus* (Coues). Annales des Sciences Naturelles, Ser. 8, 1: 220.

Pousargues E. 1896. Sur la faune mammalogique du Setchuan et sur une espéce asiatique du genre *Zapus*. Bulletin du Muséum d'Histoire Naturelle, Paris, 2: 11-13.

Preble EA. 1899. Revision of the jumping mice of the genus *Zapus*. North America Fauna, (15): 37.

Thomas O. 1912. On a collection of small mammals from the Tsin-ling Mountains, Central China, presented by Mr. G. Fenwick Owen to the National Museum. The Annals and Magazine of Natural History, Ser. 8, 10(58): 402.

Ellerman JR, Hayman RW, Holt GWC. 1940. The families and genera of living rodents, with a list of named forms (1758-1936). Vol. I. Rodents other than Muridae. London: British Museum (Natural History): 568-569.

范振鑫, 刘少英, 郭聪, 岳碧松. 2009. 林跳鼠亚科的系统学研究述评. 四川动物, 28(1): 157-159.

跳鼠科 Dipodidae Fischer von Waldheim, 1817

五趾跳鼠亚科 Allactaginae Vinogradov, 1925

五趾跳鼠属 *Allactaga* Cuvier, 1836

76. 大五趾跳鼠 *Allactaga major* (Kerr, 1792)

英文名：Great Five-toed Jerboa, Earth Hare

曾用名：无

地方名：无

模式产地：哈萨克斯坦库斯塔纳

同物异名及分类引证：

Mus jaculus Pallas, 1778

Dipus sibiricus major Kerr, 1792

Dipus decumanus Lichtenstein, 1825

Dipus spiculum Lichtenstein, 1825

Dipus vexillarius Eversmann, 1840

Allactaga (*Scirteta*) *jaculus brachyotis* var. *macrotis* Brandt, 1844

Allactaga (*Scirteta*) *jaculus macrotis* Brandt, 1844

Allactaga saliens chachlovi Martino, 1922

Allactaga jaculus fuscus Ognev, 1924

Allactaga major (Kerr, 1792) Chaworth-Musters, 1934

Allactaga jaculus intermedius Ognev, 1948

Allactaga major djetysuensis Shenbrot, 1991

亚种分化： 全世界有6个亚种，中国仅新疆西北边缘有记录，亚种不详。

国内分布： 新疆西北边缘。

国外分布： 哈萨克斯坦、乌兹别克斯坦、俄罗斯、乌克兰。

引证文献：

Pallas PS. 1778. Novae species qvadrvpedvn e Glirivm ordine, cvm illvstrationibvs variis complvrivm ex hoc ordine animalivm. Erlangae: Svmtv Wolfgangi Waltheri: 87.

Kerr R. 1792. The animal kingdom, or zoological system, of the celebrated Sir Charles Linnaeus. Class I. Mammalia. Edinburgh: Printed for A. Strahan, and T. Cadell, London, and W. Creech, Edinburgh: 274.

Lichtenstein H. 1825. Abhandlungen der Königlichen akademie der wissenschaften zu Berlin. Berlin: Realschul-Buchhandlung: 154-155.

Eversmann E. 1840. Mitteilungen über einige neue und weniger gekannte Säugethiere Russlands. Bulletin Naturralistes de Moscou: 42.

Brandt JF. 1844. Sectio I. *Halticus*, Bulletin de la Classe Physico-Mathématique de l'Académie Impériale des Sciences de Saint-Pétersbourg, 2: 220-221.

Martino E. 1922. *Allactaga saliens chachlovi,* Izvestiya Petrogradsk Stantsii Zashchity Rastenii, 3: 86.

Ognev SI. 1924. Rodents of Northern Caucasus [Gryzuny severnogo kavkaza]. Rostov-on-Don: Gosizdat Publishing House: 1-64.

Chaworth-Musters JL. 1934. LVII.—On the nomenclature of certain species of the genera *Allactaga* and *Alactagulus*. The Annals and Magazine of Natural History, Ser. 10, 14(83): 556-560.

Ognev SI. 1948. Mammals of the USSR and adjacent countries: rodents (continued), mammals of Eastern Europe and Northern Asia. Akademiya Nauk SSSR, 6: 151.

Shenbrot GI. 1991. Revision of the infraspecific systematics of five toed jerboa of the genus *Allactaga* of fauna of the USSR. Proceedings of the Zoological Institute, USSR, 243: 45.

东方五趾跳鼠属 *Orientallactaga* Shenbrot, 1984

77. 巴里坤跳鼠 *Orientallactaga balikunica* (Hsia *et* Fang, 1964)

英文名： Balikun Jerboa

曾用名： 游跳鼠、巨泡五趾跳鼠

地方名： 无

模式产地：新疆巴里坤

同物异名及分类引证：

Allactaga bullata balikunica Hsia *et* Fang, 1964

Allactaga balikunica (Hsia *et* Fang, 1964) Sokolov & Shenbrot, 1981

Allactaga nataliae Sokolov, 1981

Allactaga (*Orientallactaga*) *balikunica* (Hsia *et* Fang, 1964) Shenbrot, 1984

Orientallactaga balikunica (Hsia *et* Fang, 1964) Lebedev *et al.*, 2012

亚种分化：无

国内分布：内蒙古西部、甘肃西北部、新疆（东天山以北）。

国外分布：蒙古。

引证文献：

夏武平, 方喜业. 1964. 巨泡五趾跳鼠(跳鼠科)之一新亚种. 动物分类学报, 1(1): 16-18.

马勇, 王逢桂, 金善科, 李思华, 林永烈, 叶宗耀. 1981. 新疆北部地区啮齿动物(GLIRES)的分类研究. 兽类学报, 1(2): 177-188.

Sokolov VE, Rossolimo OL, Pavlinov IY, Podtyazhkin OI. 1981. Comparative characteristics of two species of jerboas from Mongolia—*Allactaga bullata* Allen, 1925 and *A. nataliae* Sokolov, 1981. Zoologicheskii Zhurnal, 60(6): 895-906.

Shenbrot GI. 1984. Dental morphology and phylogeny of five-toed jerboas of the subfamily Allactaginae (Rodentia, Dipodidae). Archives of Zoological Museum Moscow State University, 22: 61-92.

王思博, 杨赣源. 1984. 新疆啮齿动物志. 乌鲁木齐: 新疆人民出版社.

马勇, 王逢桂, 金善科, 李思华. 1987. 新疆北部地区啮齿动物的分类和分布. 北京: 科学出版社.

Sokolov VE, Shenbrot GI. 1987. Review of Wang Sibo, Yang Ganyun. Rodent fauna of Xinjiang. Zoologicheskii Zhurnal, 66(1): 157-159.

Lebedev VS, Bannikova AA, Pagès M, Pisano J, Michaux JR, Shenbrot GI. 2012. Molecular phylogeny and systematics of Dipodoidea: a test of morphology-based hypotheses. Zoologica Scripta, 42(3): 231-249.

78. 巨泡五趾跳鼠 *Orientallactaga bullata* (Allen, 1925)

英文名：Gobi Jerboa

曾用名：巨泡跳鼠、戈壁五趾跳鼠、蒙古五趾跳鼠

地方名：无

模式产地：蒙古查干诺尔

同物异名及分类引证：

Allactaga bullata Allen, 1925

Allactaga (*Orientallactaga*) *bullata* (Allen, 1925) Shenbrot, 1984

Orientallactaga bullata (Allen, 1925) Lebedev *et al.*, 2012

亚种分化：无

国内分布：内蒙古、甘肃、宁夏、新疆。

国外分布：蒙古。

引证文献：

Allen GM. 1925. Jerboas from Mongolia. American Museum Novitates, No. 161. New York: American

Museum of Natural History: 2.

Sokolov VE, Rossolimo OL, Pavlinov IY, Podtyazhkin OL. 1981. Comparative characteristics of two species of jerboas from Mongolia—*Allactaga bullata* Allen, 1925 and *A. nataliae* Sokolov, 1981. Zoologicheskii Zhurnal, 60(6): 895-906.

Shenbrot GI. 1984. Dental morphology and phylogeny of five-toed jerboas of the subfamily Allactaginae (Rodentia, Dipodidae). Archives of Zoological Museum Moscow State University, 22: 61-92.

王思博, 杨赣源. 1984. 新疆啮齿动物志. 乌鲁木齐: 新疆人民出版社.

马勇, 王逢桂, 金善科, 李思华. 1987. 新疆北部地区啮齿动物的分类和分布. 北京: 科学出版社: 235.

Lebedev VS, Bannikova AA, Pagès M, Pisano J, Michaux JR, Shenbrot GI. 2012. Molecular phylogeny and systematics of Dipodoidea: a test of morphology-based hypotheses. Zoologica Scripta, 42(3): 231-249.

79. 五趾跳鼠 *Orientallactaga sibirica* (Forster, 1778)

英文名: Siberian Jerboa, Mongolian Five-toed Jerboa

曾用名: 蒙古五趾跳鼠

地方名: 无

模式产地: 内蒙古呼伦湖附近

同物异名及分类引证:

Cuniculus pumilio saliens Gmelin, 1754

Mus jaculus media Pallas, 1778

Yerbua sibirica Forster, 1778

Mus saliens Shaw, 1790

Dipus alactaga Olivier, 1800

Dipus brachyurus Blainville, 1817

Dipus halticus Illiger, 1825

Dipus saltator Eversmann, 1848

Dipus jaculus mongolica Radde, 1861

Dipus annulata Milne-Edwards, 1867

Allactaga suschkini Satunin, 1900

Allactaga mongolica longior Miller, 1911

Allactaga grisescens Hollister, 1912

Allactaga ruckbeili Thomas, 1914

Allactaga sibirica salicus Ognev, 1924

Allactaga saliens (Shaw, 1790) Chaworth-Musters, 1934

Mus alpinus Shnitnikov, 1936

Allactaga *sibirica* (Forster, 1778) Chaworth-Musters, 1937

Allactaga sibirica altorum Ognev, 1946

Allactaga sibirica semideserta Bannikov, 1947

Allactaga saltator dementiewi Toktosunov, 1958

Allactaga (*Orientallactaga*) *sibirica* (Forster, 1778) Shenbrot, 1984

Allactaga sibirica bulganensis Shenbrot, 1991

Allactaga sibirica ognevi Shenbrot, 1991

Orientallactaga sibirica (Forster, 1778) Lebedev *et al*., 2012

亚种分化：全世界有 8 个亚种，中国有 5 个亚种。

指名亚种 *A. s. sibirica* (Forster, 1778)，模式产地：内蒙古呼伦湖附近；

华北亚种 *A. s. annulata* (Milne-Edwards, 1867)，模式产地：内蒙古东南部戈壁；

北疆亚种 *A. s. suschkini* Satunin, 1900，模式产地：哈萨克斯坦阿克纠宾斯克；

天山亚种 *A. s. altorum* Ognev, 1946，模式产地：吉尔吉斯斯坦；

蒙古亚种 *A. s. saliens* Bannikov, 1954，模式产地：内蒙古呼伦湖附近。

国内分布：指名亚种分布于黑龙江、吉林、河北北部、内蒙古东北部；华北亚种分布于内蒙古中部（鄂尔多斯高原）、宁夏、甘肃、青海、陕西北部；北疆亚种分布于新疆（天山以北、准噶尔盆地）；天山亚种分布于新疆西部（天山、帕米尔高原）；蒙古亚种分布于内蒙古西部、甘肃西北部、新疆东北部。

国外分布：哈萨克斯坦、吉尔吉斯斯坦、蒙古、土库曼斯坦、乌兹别克斯坦、俄罗斯。

引证文献：

Gmelin JG. 1754. Animalium quorundam quadrupedum descriptio. Novi commentarii Academiae Scientiarum Imperialis Petropolitanae, 5: 37.

Forster JR. 1778. Beskrifning pa djuret *Yerbua capensis* med anmarkingar om genus *Yerbua*. Kungliga Vetenskaps Academiens Handlingar, 39: 110-114.

Pallas PS. 1778. Novae species qvadrvpedvn e Glirivm ordine, cvm illvstrationibvs variis complvrivm ex hoc ordine animalivm. Erlangae: Svmtv Wolfgangi Waltheri: 297-306.

Shaw G. 1790. The Naturalist's Miscellany, Vol. 2. London: Printed for Nodder & Co: Q and plate: 38.

Kerr R. 1792. The animal kingdom, or zoological system, of the celebrated Sir Charles Linnaeus. Class I. Mammalia. Edinburgh: Printed for A. Strahan, and T. Cadell, London, and W. Creech, Edinburgh: 274.

Olivier M. 1800. Histoire naturelle. Bulletin Des Sciences, Par La Société Philomathique De Paris. Paris: Chez Fuchs, 2(40): 121.

Blainville M. 1817. Quadrupèdes mammifères. Nouveau Dictionnaire d'Histoire Naturelle, 13: 126.

Illiger C. 1825. In: Lichtenstein H. Abhandlungen der Königlichen Akademie der Wissenschaften zu Berlin. Berlin: Realschul-Buchhandlung: 154.

Brandt JF. 1844. Sectio I. *Halticus*. Bulletin de la Classe Physico-Mathématique de l'Académie Impériale des Sciences de Saint-Pétersbourg, 2: 213.

Eversmann E. 1848. Einige beiträge zur Mammalogie und Ornithologie des Russischen reichs. Bulletin de la Socie?te? impe?riale des Naturalistes de Moscou, 21(1): 188.

von Radde G. 1861. Sur quelques nouvelles espèces de mammifères de la Sibérie oriientale. [Neue Saugethier-Arten aus Ost-Sibirien]. *Dipus jaculus mongolica*. Bulletin de l'Académie Impériale des Sciences de Saint-Pétersbourg, Ser. 3, 4: 50.

Milne-Edwards A. 1867. Observations sur quelques mammifères du nord de la Chine. Annales des sciences naturelles (Zoologie), Ser. 5, 7: 375-377.

Satunin KA. 1900. Eine neue Springmaus aus der Kirgisen-Steppe (*Alactaga suschkini* nov. spec.). Zoologischer Anzeiger, 23: 137-140.

Miller GS. 1911. Four new Chinese mammals. Proceedings of the Biological Society of Washington, 24: 53-56.

Hollister N. 1912. New mammals from the highlands of Siberia. Smithsonian Miscellaneous Collections,

60(14): 2.

Thomas O. 1914. On small mammals from Djarkent, Central Asia. The Annals and Magazine of Natural History, Ser. 8, 13(78): 563-573.

Ognev SI. 1924. Rodents of Northern Caucasus [Gryzuny severnogo kavkaza]. Rostov-on-Don: Gosizdat Publishing House: 1-64.

Chaworth-Musters JL. 1934. LVII.—On the nomenclature of certain species of the genera *Allactaga* and *Alactagulus*. The Annals and Magazine of Natural History, Ser. 10, 14(83): 556-560.

Shnitnikov VN. 1936. The mammals of Semirechye (Zhetysu) [Mlekopitayushchie Semirech'ya]. Leningrad: The USSR Academy of Sciences Publishing House.

Chaworth-Musters JL. 1937. IX.—On the nomenclature of the five-toed jerboa of Eastern Siberia: a correction. The Annals and Magazine of Natural History, Ser. 10, 20(115): 96.

Ognev SI. 1946. *Allactaga sibirica altorum*. Proceedings of the Academy of Sciences. Comptes Rendus de l'Académie des Sciences de l'URSS, 52(5): 465.

Bannikov AG. 1947. Materials on understanding the mammals of Mongolia. 1. Jerboas [Materialy k poznaniya mlekopitayushchikh Mongolii. 1. Tushkanchiki]. Bulletin of the Moscow Society of Naturalists, Biology section, 52(4): 20.

Toktosunov A. 1958. Rodents of Kirgizia [Gryzyny Kirgizii], Frunze. 60.

Vorontsov NN, Radjabli SI, Malygina NA. 1969. The comparative karyology of the five toed jerboas of the genus *Allactaga* (Allactaginae, Dipodidae, Rodentia). In: The mammals: evolution, karyology, faunistics, systematics. 2nd All-Union Mammalogy Conference, Moscow. Novosibirsk: Academy of Sciences of the USSR (Siberian Branch): 85-87.

Shenbrot GI. 1984. Dental morphology and phylogeny of five-toed jerboas of the subfamily Allactaginae (Rodentia, Dipodidae). Archives of Zoological Museum Moscow State University, 22: 61-92.

Shenbrot GI. 1991. Revision of the infraspecific systematics of five toed jerboa of the genus *Allactaga* of fauna of the USSR. Proceedings of the Zoological Institute, USSR, 243: 52-53.

黄英, 武晓东. 2004. 内蒙古五趾跳鼠种下数量分类初步研究. 内蒙古农业大学学报(自然科学版), 25(1): 51-57.

Lebedev VS, Bannikova AA, Pagès M, Pisano J, Michaux JR, Shenbrot GI. 2012. Molecular phylogeny and systematics of Dipodoidea: a test of morphology-based hypotheses. Zoologica Scripta, 42(3): 231-249.

Pisano J, Condamine FL, Lebedev V, Bannikova A, Quéré JP, Shenbrot GI, Pagès M, Michaux J. 2015. Out of Himalaya: the impact of past Asian environmental changes on the evolutionary and biogeographical history of Dipodoidea (Rodentia). Journal of Biogeography, 42(5): 856-870.

肥尾跳鼠属 *Pygeretmus* Gloger, 1841

80. 小地兔 *Pygeretmus pumilio* (Kerr, 1792)

英文名：Dwarf Fat-tailed Jerboa

曾用名：无

地方名：小跳鼠、矮跳鼠、地兔

模式产地：哈萨克斯坦中部

同物异名及分类引证：

Dipus sibiricus pumilio Kerr, 1792

Mus jaculus var. *minor* Pallas, 1778

Mus jaculus var. *pygmaea* Pallas, 1778

Dipus acontion Pallas, 1811

Dipus minutus Blainville, 1817

Alactagulus acontion dinniki Satunin, 1920

Alactagulus acontion potanini Vinogrado, 1926

Allactaga alactagulus pallidus Vinogradov, 1933

Alactagulus pumilio (Pallas, 1811) Chaworth-Mustcrs, 1934

Alactagulus acontion turcomanus Heptner *et* Samorodov, 1939

Alactagulus pygmaeus aralensis Ognev, 1948

Alactagulus pygmaeus tanaiticus Ognev, 1948

Pygeretmus pumilio (Kerr, 1792) Shenbrot *et al.*, 1995

亚种分化：全世界有 5~6 个亚种，中国有 2 个亚种。

蒙古亚种 *P. p. potanini* (Vinogradov, 1926)，模式产地：内蒙古达拉特旗；

北疆亚种 *P. p. aralensis* (Ognev, 1948)，模式产地：哈萨克斯坦克孜勒奥尔达。

国内分布：蒙古亚种分布于内蒙古（阿拉善高原）、宁夏、甘肃（河西走廊以北）；北疆亚种分布于新疆（东部与天山以北区域）。

国外分布：哈萨克斯坦、蒙古、伊朗、俄罗斯。

引证文献：

Pallas PS. 1778. Novae species qvadrvpedvn e Glirivm ordine, cvm illvstrationibvs variis complvrivm ex hoc ordine animalivm. Fasc. II. Erlangae: Svmtv Wolfgangi Waltheri: 284, 388.

Kerr R. 1792. The animal kingdom, or zoological system, of the celebrated Sir Charles Linnaeus. Class I. Mammalia. Edinburgh: Printed for A. Strahan, and T. Cadell, London, and W. Creech, Edinburgh: 275.

Pallas PS. 1811. Zoographia Rosso-Asiatica, Vol. I. Petropoli: In Officina Caes. Academiae Scientiarum Impress: 182.

Blainville M. 1817. Quadrupèdes mammifères. Nouveau Dictionnaire d'Histoire Naturelle, 13: 127.

Satunin KA. 1920. Mammals of Kazakh Territory [Mlekopitayushchie Kavkazskago kraya], Vol. 2: 196.

Vinogradov BS. 1926. Notes on some gerboas from Mongolia. Comptes Rendus de l'Académie des Sciences de l'URSS: 232-234.

Vinogradov BS. 1933. Mammals of the USSR. Leningrad: Zoological Institute, Academy of Sciences of the USSR, 10: 32.

Chaworth-Musters JL. 1934. LVII.—On the nomenclature of certain species of the genera *Allactaga* and *Alactagulus*. The Annals and Magazine of Natural History, Ser. 10, 14(83): 556-560.

Heptner WG, Samorodow AW. 1939. Une nouvelle sous-espce de gerboise. *Alactagulus* acontion licht de Turkestan. Mammalia, 3(3): 109.

Vinogradov BS, Argiropulo AI. 1941. Fauna of the USSR: Masmmals, Keys for identification of rodents: 142.

Ognev SI. 1948. Mammals of the USSR and adjacent countries: rodents (continued), mammals of Eastern Europe and Northern Asia. Akademiya Nauk SSSR, 6: 266-268.

马勇, 王逢桂, 金善科, 李思华. 1987. 新疆北部地区啮齿动物的分类和分布. 北京: 科学出版社: 238.

Pavlinov IY, Rossolimo OL. 1987. Systematics of mammals of the USSR. Moscow: Moscow University Press.

侯兰新, 薛世来. 1995. 甘肃啮齿类新记录——小地兔. 西北民族学院学报(自然科学版), 16(1): 39.

Shenbrot GI, Sokolov VE, Heptner VG, Koval'skaya YM. 2008. Jerboas: Mammals of Russia and adjacent regions. [Russia version published by Nauka Publishers, Moscow, 1995], New Hampshire: Science Publishers: 652.

小五趾跳鼠属 *Scarturus* Gloger, 1841

81. 小五趾跳鼠 *Scarturus elater* (Lichtenstein, 1825)

英文名：Small Five-toed Jerboa

曾用名：无

地方名：无

模式产地：哈萨克斯坦西部

同物异名及分类引证：

Dipus elater Lichtenstein, 1825

Allactaga indica Gray, 1842

Allactaga bactriana Blyth, 1863

Alladaga elater caucasicus Nehring, 1900

Allactaga aralychensis Satunin, 1901

Alladaga elater kizljaricus Satunin, 1907

Allactaga elater dzungariae Thomas, 1912

Alladaga elater strandi Hepner, 1934

Alladaga elater turkmeni Goodwin, 1940

Alladaga elater heptneri Pavlenko *et* Denisov, 1976

Alladaga elater zaisanicus Shenbrot, 1991

(?) *Microallactaga elater* Lebedev *et al.*, 2012

Scarturus elater (Lichtenstein, 1825) Michaux & Shenbrot, 2017

亚种分化：全世界有 6 个亚种，中国有 3 个亚种。

指名亚种 *S. e. elater* (Lichtenstein, 1825)，模式产地：哈萨克斯坦西部；

北疆亚种 *S. e. dzungariae* (Thomas, 1912)，模式产地：新疆准噶尔盆地；

西域亚种 *S. e. zaisanicus* Shenbrot, 1991，模式产地：哈萨克斯坦斋桑盆地。

国内分布：指名亚种分布于新疆（伊犁河谷）；北疆亚种分布于新疆（准噶尔盆地南部）；西域亚种分布于新疆（准噶尔盆地北部）。

国外分布：阿富汗、阿塞拜疆、巴基斯坦、格鲁吉亚、哈萨克斯坦、蒙古、土库曼斯坦。

引证文献：

Lichtenstein H. 1825. Abhandlungen der Königlichen akademie der wissenschaften zu Berlin. Berlin: Realschul-Buchhandlung: 155.

Gray JE. 1842. Descriptions of some new genera and fifty unrecorded species of Mammalia. The Annals and Magazine of Natural History, Ser. 1, 10(65): 255-267.

Blyth E. 1863. Catalogue of the mammalia in the Museum Asiatic Society. Calcutta: Savielle & Cranenburgh.

Nehring HA. 1900. Sprach über die geographische verbreitung von *Alactagulus acontion* (Pall.) und *Alactaga elater* (Licht.), Sitzungsberichte der Gesellschaft Naturforschender Freunde zu Berlin: 67.

Satunin KA. 1901. *Allactaga aralychensis*. Zwei neue säugethiere aus transkaukasien. Zoologischer Anzeiger, 24: 463.

Satunin KA. 1907. Northeastern Ciscaucasian mammals from the collection of the Caucasian Museum Expedition. Summer, 1906. Izvestiya Kavkazk Muzeya, 3(2-3): 138.

Trouessart EL. 1910. Faune des Mammifères d'Europe. Berlin: R. Friedländer & Sohn: 211.

Thomas O. 1912. On mammals from Central Asia, collected by Mr. Douglas Carruthers. The Annals and Magazine of Natural History, Ser. 8, 9(52): 406.

Heptner VG. 1934. Notizen über die Gerbillidae (Mammalia, Glires). VIII, Gerbillidae der Kaukasusländer und der Kalmükensteppe. Folia Zoologica et Hydrobiologica, 6: 19.

Goodwin GG. 1940. Mammals collected by the Legendre 1938 Iran Expedition. American Museum Novitates, No. 1082. New York: The American Museum of Natural History: 13.

Shenbrot GI. 1974. Systematic position of Babrinski's jerboa—*Alactodipus bobrinskii* (Rodontia, Dipodidae). Zoologicheskii Zhurnal, 53(11): 1697-1702.

Pavlenko TA, Denisenko NI. 1976. A new subspecies of the small five-toed jerboa (*Alladaga heptneri* Pavlenko *et* Denisenco subsp. n.) from Fergana vally (Uzbekistan). Zoologicheskii Zhurnal, 55(7): 1073-1077.

马勇, 王逢桂, 金善科, 李思华. 1987. 新疆北部地区啮齿动物的分类和分布. 北京: 科学出版社.

Shenbrot GI. 1991. Revision of the infraspecific systematics of fivetoed jerboa of the genus *Allactaga* of fauna of the USSR. Proceedings of the Zoological Institute, USSR, 243: 42-58.

Lebedev VS, Bannikova AA, Pagès M, Pisano J, Michaux JR, Shenbrot GI. 2012. Molecular phylogeny and systematics of Dipodoidea: a test of morphology-based hypotheses. Zoologica Scripta, 42(3): 231-249.

Michaux J, Shenbrot G. 2017. Family Dipodidae (Jerboas). In: Wilson DE, Lacher TE, Russell J, Mittermeier A. Handbook of the mammals of the world (Book 7: Rodentia II). Barcelona: Lynx Edicions in association with Conservation International and IUCN, 7: 92.

心颅跳鼠亚科 Cardiocraniinae Vinogradov, 1925

五趾心颅跳鼠属 *Cardiocranius* Satunin, 1902

82. 五趾心颅跳鼠 *Cardiocranius paradoxus* Satunin, 1902

英文名：Five-toed Pygmy Jerboa

曾用名：心颅跳鼠

地方名：无

模式产地：甘肃西北部南山

同物异名及分类引证：无

亚种分化：无

国内分布：内蒙古、甘肃、宁夏、新疆。

国外分布：哈萨克斯坦、蒙古、俄罗斯。

引证文献：

Satunin KA. 1902. Neue nagetiere aus Centralasien. Annuaire du Musée zoologique de l'Académie des sciences de St. Pétersbourg, 7: 549-587.

Pavlinov IY. 1980. Superspecies groupings in the subfamily Cardiocraniinae Satunin (Mammalia, Dipodidae).

Vestnik Zoologii, 2: 47-51.

Shenbrot GI, Sokolov VE, Heptner VG, Koval'skaya YM. 2008. Jerboas: Mammals of Russia and adjacent regions. [Russia version published by Nauka Publishers, Moscow, 1995], New Hampshire: Science Publishers: 168.

三趾心颅跳鼠属 *Salpingotus* Vinogradov, 1922

83. 肥尾心颅跳鼠 *Salpingotus crassicauda* Vinogradov, 1924

英文名：Thick-tailed Pygmy Jerboa

曾用名：无

地方名：无

模式产地：新疆阿尔泰山南麓

同物异名及分类引证：无

亚种分化：全世界有 2 个亚种，中国均有分布。

指名亚种 *S. c. crassicauda* Vinogradov, 1924，模式产地：新疆阿尔泰山南麓；

戈壁亚种 *S. c. gobicus* Sokolov *et* Shenbrot, 1988，模式产地：蒙古戈壁阿尔泰省东部。

国内分布：指名亚种分布于新疆北部；戈壁亚种分布于内蒙古西部、甘肃北部。

国外分布：哈萨克斯坦、蒙古。

引证文献：

Vinogradov BS. 1924. A second interesting species of Mongolian gerboa of the genus *Salpingotus* Vinogr. (*Salpingitus crassicauda* sp. n.). Zoologischer Anzeiger, 61: 150.

Sokolov VE, Shenbrot GI. 1988. Materials on the variability and systematics of pygmy jerboas (Rodentia, Cardiocranünae) of Mongolian Peoples' Republic. Zoologicheskii Zhurnal, 67(10): 1567.

Shenbrot GI, Sokolov VE, Heptner VG, Koval'skaya YM. 2008. Jerboas: Mammals of Russia and adjacent regions. [Russia version published by Nauka Publishers, Moscow, 1995], New Hampshire: Science Publishers: 168.

84. 三趾心颅跳鼠 *Salpingotus kozlovi* Vinogradov, 1922

英文名：Kozlov's Pygmy Jerboa

曾用名：长尾心颅跳鼠、倭三趾跳鼠、柯氏三趾矮跳鼠

地方名：无

模式产地：内蒙古额济纳旗黑城

同物异名及分类引证：无

亚种分化：全世界有 2 个亚种，中国均有分布。

指名亚种 *S. k. kozlovi* Vinogradov, 1922，模式产地：内蒙古额济纳旗黑城；

南疆亚种 *S. k. xiangi* Hou *et* Jiang, 1994，模式产地：新疆于田。

国内分布：指名亚种分布于内蒙古西部、甘肃西北部、宁夏北部、新疆北部；南疆亚种分布于新疆（塔克拉玛干沙漠）。

国外分布：蒙古。

引证文献：

Vinogradov BS. 1922. On a new peculiar genus and species of jumping-mice from Khara-khoto, Mongolia (*Salpingotus kozlovi* gen. *et* spec. nov.). In: Kozlov PK. Mongolia and Amdo. St. Petersburg: 539-545.

侯兰新, 蒋卫. 1994. 三趾心颅跳鼠(*Salpingotus kozlovi*)一新亚种. 新疆大学学报(自然科学版), 11(4): 73-76.

跳鼠亚科 Dipodinae Fischer, 1817

奇美跳鼠属 *Chimaerodipus* Shenbrot *et al.*, 2017

85. 奇美跳鼠 *Chimaerodipus auritus* Shenbrot *et al.*, 2017

英文名：Xiji Three-toed Jerboa

曾用名：无

地方名：无

模式产地：宁夏西吉

同物异名及分类引证：无

亚种分化：无

国内分布：中国特有，分布于甘肃（静宁）、宁夏（固原、海原、西吉等）。

国外分布：无

引证文献：

Shenbrot G, Bannikova A, Giraudoux P, Quéré JP, Raoul F, Lebedev V. 2017. A new recent genus and species of three-toed jerboas (Rodentia: Dipodinae) from China: a living fossil? Journal of Zoological Systematics and Evolutionary Research, 55(4): 356-368.

Cheng JL, Ge DY, Xia L, Wen ZX, Zhang Q, Lu L, Yang QS. 2018. Phylogeny and taxonomic reassessment of jerboa, *Dipus* (Rodentia, Dipodinae) in inland Asia. Zoologica Scripta, 47(6): 630-644.

三趾跳鼠属 *Dipus* Zimmermann, 1780

86. 塔里木跳鼠 *Dipus deasyi* Barrett-Hamilton, 1900

英文名：Yarkand Three-toed Jerboa

曾用名：三趾跳鼠努日亚种

地方名：三趾跳鼠、毛脚跳鼠、沙跳儿

模式产地：新疆和田

同物异名及分类引证：

Dipus sagitta aksuensis Wang, 1964

亚种分化：全世界有 2 个亚种，中国均有分布。

指名亚种 *D. d. deasyi* Barrett-Hamilton, 1900，模式产地：新疆和田；

南疆亚种 *D. d. aksuensis* (Wang, 1964)，模式产地：新疆阿克苏。

国内分布：中国特有，指名亚种分布于青海（柴达木盆地）、新疆（塔里木盆地南部）；

南疆亚种分布于新疆（塔里木盆地北部）。

国外分布：无

引证文献：

Barrett-Hamilton GEH. 1900. On a small collection of mammals obtained by Captain Deasy in South China. Proceedings of the General Meetings for Scientific Business of the Zoological Society of London for the Year 1900. London: Messrs. Longmans, Green and Co.: 196-197.

汪松. 1964. 新疆兽类新种与新亚种记述. 动物分类学报, 1(1): 6-15.

Cheng JL, Ge DY, Xia L, Lu L, Yang QS. 2018. Phylogeny and taxonomic reassessment of jerboa, *Dipus* (Rodentia, Dipodinae) in inland Asia. Zoologica Scripta, 47: 630-644.

87. 三趾跳鼠 *Dipus sagitta* (Pallas, 1773)

英文名：Northern Three-toed Jerboa

曾用名：毛脚跳鼠

地方名：三趾跳兔、沙跳儿

模式产地：哈萨克斯坦北部额尔齐斯河

同物异名及分类引证：

Mus sagitta Pallas, 1773

Dipus sagitta (Pallas, 1773) Zimmermann, 1780

Dipus lagopus Lichtenstein, 1823

Allactaga nogai Satunin, 1907

Dipus sowerbyi Thomas, 1908

Dipus halli Sowerby, 1920

Dipodipus sagitta innae Ognev, 1930

Dipus sagitta zaissanensis Selevin, 1934

Dipus sagitta ubsanensis Bannikov, 1947

Dipus sagitta fuscocanus Wang, 1964

Dipus sagitta austrouralensis Shenbrot, 1991

Dipus sagitta bulganensis Shenbrot, 1991

Dipus sagitta megacranius Shenbrot, 1991

Dipus sagitta turanicus Shenbrot, 1991

Dipus sagitta usuni Shenbrot, 1991

亚种分化：全世界有 14 个亚种，中国有 5 个亚种。

兔足亚种 *D. s. lagopus* Lichtenstein, 1823，模式产地：哈萨克斯坦卡扎林斯克；

华北亚种 *D. s. sowerbyi* (Thomas, 1908)，模式产地：陕西榆林；

蒙古亚种 *D. s. halli* Sowerby, 1920，模式产地：内蒙古赤峰；

暗灰亚种 *D. s. fuscocanus* Wang, 1964，模式产地：新疆库尔勒；

北疆亚种 *D. s. bulganensis* Shenbrot, 1991，模式产地：蒙古戈壁阿尔泰省。

国内分布：兔足亚种分布于新疆（伊犁）；华北亚种分布于内蒙古西部、甘肃、宁夏、青海东部；蒙古亚种分布于辽宁（科尔沁沙地）、河北东北部、内蒙古东部；暗灰亚种分布于新疆（焉耆盆地）；北疆亚种分布于新疆（准噶尔盆地及其周边）。

国外分布：哈萨克斯坦、吉尔吉斯斯坦、蒙古、土库曼斯坦、乌兹别克斯坦、伊朗、俄罗斯。

引证文献：

Pallas PS. 1773. Reise durch verschiedene Provinzen des Russischen Reichs. St. Petersbourg: Kaiserliche Academie der Wissenschaften, 1(2): 706.

Zimmermann EAW. 1780. Geographische geschichte des menschen und der vierfussigen thiere, Vol. 2. Leipzig: Weygandschen Buchhandlung: 354.

Lichtenstein H. 1823. Eversmann's Reise von Orenburg nach Buchara. Berlin: E.H.G. Christiani: 121.

Satunin KA. 1907. Northeastern Ciscaucasian mammals from the collection of the Caucasian Museum Expedition. Summer 1906. Izvestiya Kavkazk Muzeya, 3(2-3): 34.

Thomas O. 1908. A new jerboa from China. The Annals and Magazine of Natural History, Ser. 8, 2(9): 307.

Sowerby AC. 1920. A new three toed jerboa from China. The Annals and Magazine of Natural History, Ser. 9, 5(27): 279.

Ognev SI. 1930. Übersicht der russischen fauna einheimischen Spring-Mäuse der Cattung *Dipodipus*. Zoologischer Anzeiger, 91: 207-208.

Selevin VA. 1934. Preliminary description of new forms of rodents from Kazakhstan. Bulletin of the Middle Asian State University, 19(13): 75-78.

Bannikov AG. 1947. Materials on understanding the mammals of Mongolia. 1. Jerboas [Materialy k poznaniya mlekopitayushchikh Mongolii. 1. Tushkanchiki]. Bulletin of the Moscow Society of Naturalists, Biology section, 52(4): 34.

汪松. 1964. 新疆兽类新种与新亚种记述. 动物分类学报, 1(1): 6-15.

Shenbrot GI. 1991. Geographic variation of northern three toed jerboa *Dipus sagitta* (Rodentia, Dipodidae). 1. General nature of intraspecific variation and infraspecific differentiation in the western part of the species range. Zoologicheskii Zhurnal, 70(5): 101-110.

Shenbrot GI. 1991. Geographical variation of the three toed brush footed jerboa *Dipus sagitta* (Rodentia, Dipodidae). 2. Subspecific differentiation in the Eastern Kazakhstan, Tuva and Mongolia. Zoologicheskii Zhurnal, 70(7): 91-97.

Lebedev VS, Bannikova AA, Lu L, Snytnikov EA, Adiya Y, Solovyeva EN, Abramov AV, Surov AV, Shenbrot GI. 2018. Phylogeographical study reveals high genetic diversity in a widespread desert rodent, *Dipus sagitta* (Dipodidae: Rodentia). Biological Journal of the Linnean Society, 123(2): 445-462.

羽尾跳鼠属 *Stylodipus* Allen, 1925

88. 蒙古羽尾跳鼠 *Stylodipus andrewsi* Allen, 1925

英文名：Andrew's Three-toed Jerboa, Mongonia Three-toed Jerboa

曾用名：无

地方名：无

模式产地：蒙古南部

同物异名及分类引证：

Stylodipus telum andrewsi (Allen, 1925) Allen, 1940

亚种分化：无

国内分布：内蒙古、甘肃、宁夏。

国外分布：蒙古。

引证文献：

Allen GM. 1925. Jerboas from Mongolia. American Museum Novitates, No. 161. New York: American Museum of Natural History: 4.

Andrews RC. 1932. Fauna at camp Ondai Sair. The new conquest of Central Asia: a narrative of the explorations of the Central Asiatic Expeditions in Mongolia and China, Vol. 1. New York: The American Museum of Natural History: 101-102.

Allen GM. 1940. The mammals of China and Mongolia, II. Bulletin of the American Museum of Natural History. New York: American Museum of Natural History: 1091-1094.

Corbet GB. 1978. The mammals of the Palaearctic region: a taxonomic review. London: British Museum (Natural History).

Sokolov VE, Orlov VN. 1980. Guide for identification of mammals of the Mongolia People's Republic. Moscow: Nauka Publishers.

89. 准噶尔羽尾跳鼠 *Stylodipus sungorus* Sokolov *et* Shenbrot, 1987

英文名：Dzungaria Three-toed Jerboa

曾用名：无

地方名：无

模式产地：蒙古戈壁阿尔泰省

同物异名及分类引证：无

亚种分化：无

国内分布：新疆（准噶尔盆地）。

国外分布：蒙古西南部。

引证文献：

Sokolov VE, Shenbrot GI. 1987. A new species of thick-tailed three-toed jerboa—*Stylodipus sungorus* sp. n. (Rodentia, Dipodidae) from Western Mongolia. Zoologicheskii Zhurnal, 66(4): 579-587.

Shenbrot GI. 1991. Subspecific taxonomy revision of common thick-tailed three-toed jerboa, *Stylodipus telum* (Rodentia, Dipodidae). Zoologicheskii Zhurnal, 70(6): 126.

90. 羽尾跳鼠 *Stylodipus telum* (Lichtenstein, 1823)

英文名：Thick-tailed Three-toed Jerboa

曾用名：无

地方名：无

模式产地：哈萨克斯坦咸海东北岸

同物异名及分类引证：

Dipus telum Lichenstein, 1823

Dipus proximus Fairmaire, 1853

Dipus telum falzfeini Brauner, 1913

Scirtopoda telum birulae Martino, 1922 (in Vinogradov BS, 1937)

Scirtopoda telum (Lichenstein, 1823) Vinogradov, 1930

Scirtopoda telum amankaragai Selewin, 1934

Scirtopoda telum karelini Selewin, 1934

Scirtopoda telum turovi Heptner, 1934

Stylodipus telum (Lichtenstein, 1823) Allen, 1938

Stylodipus telum nastjukovi Shenbrot, 1991

亚种分化：全世界有 6 个亚种，中国有 1 个亚种。

北疆亚种 *S. t. karelini* (Selewin, 1934)，模式产地：哈萨克斯坦塞米伊。

国内分布：北疆亚种分布于新疆（准噶尔盆地西北部）。

国外分布：哈萨克斯坦、土库曼斯坦、乌克兰、乌兹别克斯坦、俄罗斯。

引证文献：

Lichtenstein H. 1823. Eversmann's Reise von Orenburg nach Buchara. Berlin: E.H.G. Christiani: 120.

Fairmaire ME. 1853. Description d'une nouvelle espèce de Mammifère du genre *Dipus*. Revue et Magasin de Zoologie pure et Appliquée. Sér.2, 5: 145.

Brauner A. 1913. Systematische und zoogeographische bemerkungen. Scirtopoda falzfeini. zieselmaus murmeltier und maulwurf. Bulletin of the Society of Naturalists and Friends of the Nature in Crimea, 3: 61-92.

Vinogradov BS. 1930. On the classification of Dipodidae (Rodentia). Nauk, SSSR: Izvestiya Akademii: 331-350.

Heptner VG. 1934. Notizen über die Gerbillidae (Mammalia, Glires). VIII, Gerbillidae der Kaukasusländer und der Kalmükensteppe. Folia Zoologica et Hydrobiologica, 6: 19.

Selevin VA. 1934. Preliminary description of new forms of rodents from Kazakhstan. Bulletin of the Middle Asian State University, 19(13): 75-78.

Vinogradov BS. 1937. Fauna of the USSR; Mammals, Vol. 3, Pt. 4. Jerboas. Moscou and Leningrad: Édition de l'Académie des Siences: 169.

Shenbrot GI. 1991. Subspecific taxonomy revision of common thick-tailed three-toed jerboa, *Stylodipus telum* (Rodentia, Dipodidae). Zoologicheskii Zhurnal, 70(6): 126.

长耳跳鼠亚科 Euchoreutinae Lyon, 1901

长耳跳鼠属 *Euchoreutes* Sclater, 1891

91. 长耳跳鼠 *Euchoreutes naso* Sclater, 1891

英文名：Long-eared Jerboa

曾用名：无

地方名：无

模式产地：新疆塔里木盆地莎车附近

同物异名及分类引证：无

亚种分化：全世界有 3 个亚种，中国均有分布。

指名亚种 *E. n. naso* Sclater, 1890，模式产地：新疆莎车；

阿拉善亚种 *E. n. alashanicus* Howell, 1928，模式产地：内蒙古阿拉善沙漠；

伊吾亚种 *E. n. yiwuensis* Ma *et* Li, 1979，模式产地：新疆伊吾。

国内分布：指名亚种分布于新疆（塔里木盆地）；阿拉善亚种分布于内蒙古（阿拉善）、甘肃（河西走廊）、宁夏北部、青海（柴达木盆地）；伊吾亚种分布于新疆东部。

国外分布：蒙古。

引证文献：

Sclater WL. 1891. On a new genus and species of rodents of the family Dipodidae from Central Asia. Proceedings of the General Meetings for Scientific Business of the Zoological Society of London for the Year 1890. London: Messrs. Longmans, Green and Co., 610.

Howell AB. 1928. New Chinese mammals. Proceedings of the Biological Society of Washington, 41: 41-43.

马勇, 李思华. 1979. 长耳跳鼠一新亚种. 动物分类学报, 4(3): 301-303.

鼠总科 Muroidea Illiger, 1811

刺山鼠科 Platacanthomyidae Alston, 1876

猪尾鼠属 *Typhlomys* Milne-Edwards, 1877

92. 沙巴猪尾鼠 *Typhlomys chapensis* Osgood, 1932

英文名：Vietnam Soft-furred Tree Mouse

曾用名：猪尾鼠景东亚种

地方名：无

模式产地：越南沙巴

同物异名及分类引证：

Typhlomys cinereus chapensis Osgood, 1932

Typhlomys cinereus jingdongensis Wu *et* Wang, 1984

Typhlomys cinereus guangxiensis Wang *et* Li, 1996

Typhlomys chapensis (Osgood, 1932) Abramov *et al.*, 2014

亚种分化：全世界有 3 个亚种，中国有 2 个亚种。

景东亚种 *T. c. jingdongensis* Wu *et* Wang, 1984，模式产地：云南景东哀牢山杜鹃湖徐家坝；

广西亚种 *T. c. guangxiensis* Wang *et* Li, 1996，模式产地：广西宾阳县宾林。

国内分布：景东亚种分布于云南西南部；广西亚种分布于广西（珠江以南及十万大山区域）、云南（哀牢山）等地。

国外分布：越南。

引证文献：

Osgood WH. 1932. Mammals of the Kelley-Roosevelts and Delacour Asiatic expedition. Publication 312, Zoological Series. Chicago: Field Museum of Natural History, 18(10): 298.

吴德林, 王光焕. 1984. 中国猪尾鼠(*Typhlomys cinereus* Milne-Edwards)一新亚种. 兽类学报, 4(3): 213-215.

王应祥, 李崇云, 陈志平. 1996. 猪尾鼠的分类、分布与分化. 兽类学报, 16(1): 54-60.

Abramov AV, Balakirev AE, Rozhnov VV. 2014. An enigmatic pygmy dormouse: molecular and morphological evidence for the species taxonomic status of *Typhlomys chapensis* (Rodentia: Platacanthomyidae). Zoological Studies, 53: 34.

Cheng F, He K, Chen ZZ, Zhang B, Wan T, Li JT, Zhang BW, Jiang XL. 2017. Phylogeny and systematic revision of the genus *Typhlomys* (Rodentia, Platacanthomyidae), with description of a new species. Journal of Mammalogy, 98(3): 731-743.

93. 猪尾鼠 *Typhlomys cinereus* Milne-Edwards, 1877

英文名：Soft-furred Tree Mouse

曾用名：盲鼠

地方名：灰盲鼠

模式产地：福建挂墩

同物异名及分类引证：无

亚种分化：无

国内分布：中国特有，分布于福建、江西、广东。

国外分布：无

引证文献：

Milne-Edwards MA. 1877. Sur quelques mammiféres et crustacés nouveaux. Bulletin de la Société Philomathique de Paris, Ser. 6, 13(3): 8-10.

诸葛阳, 鲍毅新, 邵晨. 1985. 浙江发现的猪尾鼠. 动物学杂志, (5): 44-45.

Abramov AV, Aniskin VM, Rozhnov VV. 2012. Karyotypes of two rare rodents, *Hapalomys delacouri* and *Typhlomys cinereus* (Mammalia, Rodentia), from Vietnam. ZooKeys, 164: 41-49.

94. 大猪尾鼠 *Typhlomys daloushanensis* Wang *et al.*, 1996

英文名：Daloushan Soft-furred Tree Mouse

曾用名：猪尾鼠大娄山亚种

地方名：无

模式产地：重庆金佛山

同物异名及分类引证：

Typhlomys cinereus daloushanensis Wang *et al.*, 1996

Typhlomys daloushanensis (Wang *et al.*, 1996) Chen *et al.*, 2017

亚种分化：无

国内分布：中国特有，分布于甘肃、重庆、贵州、四川、湖北西部、湖南西部。

国外分布：无

引证文献：

梁智明. 1982. 贵州省的猪尾鼠. 动物学杂志, (3): 33-36.

王应祥, 李崇云, 陈志平. 1996. 猪尾鼠的分类、分布与分化. 兽类学报, 16(1): 54-66.

Liu Y, Liu SY, Sun ZY, Wang X. Zhao J. 2007. New record of *Typhlomys cinereus* in Sichuan Province. Sichuan Journal of Zoology, 26: 662-663.

Jansa SA, Giarla TC, Lim BK. 2009. The phylogenetic position of the rodent genus *Typhlomys* and the geographic origin of Muroidea. Journal of Mammalogy, 90(5): 1083-1094.

丛海燕, 刘泽昕, 王于玫, 王学广, 本川雅治, 原田正史, 周全, 吴毅, 李玉春. 2013. 猪尾鼠(*Typhlomys cinereus*)广东省新纪录. 兽类学报, 33(4): 389-392.

Cheng F, He K, Chen ZZ, Zhang B, Wan T, Li JT, Zhang BW, Jiang XL. 2017. Phylogeny and systematic revision of the genus *Typhlomys* (Rodentia, Platacanthomyidae), with description of a new species. Journal of Mammalogy, 98(3): 731-743.

95. 白帝猪尾鼠 *Typhlomys fenjieensis* Pu, Chen *et* Liu, 2022

英文名：Baidi Blind Mouse

曾用名：无

地方名：无

模式产地：重庆奉节

同物异名及分类引证：无

亚种分化：无

国内分布：中国特有，分布于重庆（奉节兴隆）。

国外分布：无

引证文献：

Pu YT, Wan T, Fan RH, Fu CK, Tang KY, Jiang XL, Zhang BW, Hu TL, Chen SD, Liu SY. 2022. A new species of the genus *Typhlomys* Milne-Edwards, 1877 (Rodentia: Platacanthomyidae) from Chongqing, China. Zoological Research, 43(3): 413-417.

96. 黄山猪尾鼠 *Typhlomys huangshanensis* Hu *et al.*, 2021

英文名：Huangshan Blind Mouse

曾用名：无

地方名：无

模式产地：安徽黄山

同物异名及分类引证：无

亚种分化：无

国内分布：中国特有，分布于安徽（黄山、清凉峰）、浙江。

国外分布：无

引证文献：

Hu TL, Cheng F, Xu Z, Chen ZZ, Yu L, Ban Q, Li CL, Pan T, Zhang BW. 2021. Molecular and morphological evidence for a new species of the genus *Typhlomys* (Rodentia, Platacanthomyidae). Zoological Research, 42(1): 100-107.

97. 小猪尾鼠 *Typhlomys nanus* Cheng *et al.*, 2017

英文名：Lesser Soft-furred Tree Mouse

曾用名：无

地方名：无

模式产地：云南轿子山

同物异名及分类引证：无

亚种分化：无

国内分布：中国特有，分布于云南（轿子山、大围山）。

国外分布：无

引证文献：

Cheng F, He K, Chen ZZ, Zhang B, Wan T, Li JT, Zhang BW, Jiang XL. 2017. Phylogeny and systematic revision of the genus *Typhlomys* (Rodentia, Platacanthomyidae), with description of a new species. Journal of Mammalogy, 98(3): 731-743.

鼹型鼠科 Spalacidae Gray, 1821

鼢鼠亚科 Myospalacinae Lilljeborg, 1866

凸颅鼢鼠属 *Eospalax* Allen, 1938

98. 高原鼢鼠 *Eospalax baileyi* (Thomas, 1911)

英文名：Plateau Zokor

曾用名：无

地方名：无

模式产地：四川康定附近

同物异名及分类引证：

Myospalax baileyi Thomas, 1911

Myospalax (*Eospalax*) *fontanierii baileyi* (Thomas, 1911) Allen, 1940

Myospalax baileyi (Thomas, 1911) Fan & Shi, 1982

Eospalax baileyi (Thomas, 1911) Zheng, 1994

亚种分化：无

国内分布：中国特有，分布于甘肃、青海、四川。

国外分布：无

引证文献：

Thomas O. 1911. New rodents from Sze-chwan collected by Capt. F. M. Bailey. The Annals and Magazine of Natural History, Ser. 8, 8(48): 727-729.

Lönnberg E. 1926. Some remarks on mole-rats of the genus *Myospalax* from China. Arkiv för Zoologi, 18a, 21: 9.

Fan NC, Shi YZ. 1982. A revision of the zokors of subgenus *Eospalax*. Acta Theriologica Sinica, 2(2): 183-197.

Zheng SH. 1994. Classification and evolution of the Siphneidae. In: Tomida Y, Li CK, Setoguchi T. Rodent and lagomorph families of Asian origins and diversification. Tokyo: National Science Museum Monographs, 8: 57-76.

99. 甘肃鼢鼠 *Eospalax cansus* (Lyon, 1907)

英文名：Gansu Zokor

曾用名：瞎老鼠、瞎狯、瞎佬

地方名：无

模式产地：甘肃临潭

同物异名及分类引证：

Myotalpa cansus Lyon, 1907

Myospalax cansus (Lyon, 1907) Thomas, 1908

Myospalax cansus shenseius Thomas, 1911

Myospalax (*Eospalax*) *fontanierii cansus* (Lyon, 1907) Allen, 1940

Eospalax cansus (Lyon, 1907) Zheng, 1994

亚种分化：无

国内分布：中国特有，分布于甘肃、宁夏、青海东部、陕西北部（榆林）。

国外分布：无

引证文献：

Lyon MW. 1907. Notes on a small collection of mammals from the province of Kan-su, China. Smithsonian Miscellaneous Collections, 50: 133-137.

Thomas O. 1908. The Duke of Bedford's zoological exploration in Eastern Asia.—XI. On mammals from the provinces of Shan-si and Shen-si, Northern China. Proceedings of the General Meetings for Scientific Business of the Zoological Society of London. London: Messrs. Longmans, Green and Co.: 978.

Thomas O. 1911. The Duke of Badford's zoological exploration of Eastern Asia.—XIII. On mammals from the provinces of Kan-su and Sze-chwan, Western China. Proceedings of the General Meetings for Scientific Business of the Zoological Society of London. London: Messrs. Longmans, Green and Co.: 178.

Allen GM. 1940. The mammals of China and Mongolia. Natural history of Central Asia, Vol. XI. New York: American Museum of Natural History.

Fan NC, Shi YZ. 1982. A revision of the zokors of subgenus *Eospalax*. Acta Theriologica Sinica, 2(2): 183-197.

Zheng SH. 1994. Classification and evolution of the Siphneidae. In: Tomida Y, Li CK, Setoguchi T. Rodent and lagomorph families of Asian origins and diversification. Tokyo: National Science Museum Monographs, 8: 57-76.

Zhou CQ, Zhou K. 2008. The validity of different zokor species and the genus *Eospalax* inferred from mitochondrial gene sequences. Integrative Zoology, 3(4): 290-298.

100. 中华鼢鼠 *Eospalax fontanierii* (Milne-Edwards, 1867)

英文名：Common Chinese Zokor

曾用名：无

地方名：瞎老鼠、瞎狯、瞎瞎

模式产地：北京延庆

同物异名及分类引证：

Siphneus fontanierii Milne-Edwards, 1867

Myospalax fontanus Thomas, 1912

Myospalax (*Eospalax*) *fontanierii* (Milne-Edwards, 1867) Lönnberg, 1926

Myospalax fontanierii fontanierii (Milne-Edwards, 1867) Allen, 1940

Eospalax fontanierii (Milne-Edwards, 1867) Zheng, 1994

亚种分化：无

国内分布：中国特有，分布于河北西部、内蒙古（鄂尔多斯高原南部）、山西及陕西北部。

国外分布：无

引证文献：

Milne-Edwards A. 1867. Observations sur quelques mammaifères Du Nord De La China. Annales des Sciences Naturelles, Zoologie et Biologie Animale, 5(7): 375-377.

Thomas O. 1912. Revised determinations of two Far-Eastern species of *Myospalax*. The Annals and Magazine of Natural History, Ser. 8, 9(49): 93-95.

Zheng SH. 1994. Classification and evolution of the Siphneidae. In: Tomida Y, Li CK, Setoguchi T. Rodent and lagomorph families of Asian origins and diversification. Tokyo: National Science Museum Monographs, 8: 57-76.

101. 木里鼢鼠 *Eospalax muliensis* Zhang, Chen *et* Shi, 2022

英文名：Muli Zokor

曾用名：无

地方名：瞎老鼠

模式产地：四川木里

同物异名及分类引证：无

亚种分化：无

国内分布：中国特有，分布于四川。

国外分布：无

引证文献：

Zhang T, Lei ML, Zhou H, Chen ZZ, Shi P. 2022. Phylogenetic relationships of the zokor genus *Eospalax* (Mammalia, Rodentia, Spalacidae) inferred from whole genome analyses, with description of a new species endemic to Hengduan Mountains. Zoological Research, 43(3): 331-342.

102. 罗氏鼢鼠 *Eospalax rothschildi* (Thomas, 1911)

英文名：Rothschild's Zokor

曾用名：无

地方名：瞎老鼠

模式产地：甘肃临潭东南部

同物异名及分类引证：

Myospalax rothschildi Thomas, 1911

Myospalax minor Lönnberg, 1926

Myospalax (*Eospalax*) *rothschildi* (Thomas, 1911) Allen, 1940

Myospalax (*Eospalax*) *rothschildi hubeinensis* Li *et* Chen, 1989

Eospalax rothschildi (Thomas, 1911) Zheng, 1994

亚种分化：全世界有 2 个亚种，我国均有分布。

指名亚种 *E. r. rothschildi* (Thomas, 1911)，模式产地：甘肃临潭东南部；

湖北亚种 *E. r. hubeiensis* (Li *et* Chen, 1989)，模式产地：陕西镇坪。

国内分布：中国特有，指名亚种分布于甘肃、河南；湖北亚种分布于陕西、重庆、四川、湖北。

国外分布：无

引证文献：

Thomas O. 1911. Three new rodents of Kan-su. The Annals and Magazine of Natural History, Ser. 8, 8(48): 720-723.

Lönnberg E. 1926. Some remarks on mole-rats of the genus *Myospalax* from China. Arkiv för Zoologi, 18a, 21: 6.

李保国, 陈服官. 1989. 鼢鼠属凸颅亚属(*Eospalax*)的分类研究及一新亚种. 动物学报, 35(1): 89-95.

Lawrence MA. 1991. A fossil *Myospalax cranium* (Rodentis: Muridae) from Shanxi, China, with observations on zokor relationships. Bulletin of the American Museum of Natural History: 206, 261-286.

Zheng SH. 1994. Classification and evolution of the Siphneidae. In: Tomida Y, Li CK, Setoguchi T. Rodent and lagomorph families of Asian origins and diversification. Tokyo: National Science Museum Monographs, 8: 57-76.

103. 秦岭鼢鼠 *Eospalax rufescens* (Allen, 1909)

英文名：Qinling Mountain Zokor

曾用名：无

地方名：无

模式产地：陕西太白

同物异名及分类引证：

Myotalpa rufescens Allen, 1909

Myospalax (*Eospalax*) *fontanus rufescens* (Allen, 1909) Li *et* Chen, 1989

Eospalax rufescens (Allen, 1909) Zheng, 1994

亚种分化：无

国内分布：中国特有，分布于甘肃东部、宁夏和陕西（秦岭南部）。

国外分布：无

引证文献：

Allen JA. 1909. Mammals from Shen-si Province, China. Bulletin of the American Museum of Natural History, 26: 425-430.

李保国, 陈服官. 1989. 鼢鼠属凸颅亚属(*Eosapalax*)的分类研究及一新亚种. 动物学报, 35(1): 89-95.

Zheng SH. 1994. Classification and evolution of the Siphneidae. In: Tomida Y, Li CK, Setoguchi T. Rodent and lagomorph families of Asian origins and diversification. Tokyo: National Science Museum Monographs, 8: 57-76.

Zhou CQ, Zhou K. 2008. The validity of different zokor species and the genus *Eospalax* inferred from mitochondrial gene sequences. Integrative Zoology, 3(4): 290-298.

104. 斯氏鼢鼠 *Eospalax smithii* (Thomas, 1911)

英文名：Smith's Zokor

曾用名：无

地方名：瞎老鼠

模式产地：甘肃临潭

同物异名及分类引证：

Myospalax smithii Thomas, 1911

Myospalax (*Eospalax*) *smithii* (Thomas, 1911) Fan & Shi, 1982

Eospalax smithii (Thomas, 1911) Zheng, 1994

亚种分化：无

国内分布：中国特有，分布于甘肃、宁夏、陕西。

国外分布：无

引证文献：

Thomas O. 1911. Three new rodents of Kan-su. The Annals and Magazine of Natural History, Ser. 8, 8(48): 720-723.

Fan NC, Shi YZ. 1982. A revision of the zokors of subgen*us Eospalax*. Acta Theriologica Sinica, 2(2): 183-197.

Zheng SH. 1994. Classification and evolution of the Siphneidae. In: Tomida Y, Li CK, Setoguchi T. Rodent and lagomorph families of Asian origins and diversification. Tokyo: National Science Museum Monographs, 8: 57-76.

何娅, 周材权, 刘国库, 陈林, 张阳, 潘立. 2012. 斯氏鼢鼠物种地位有效性的探讨. 动物分类学报, 37(1): 36-43.

平颅鼢鼠属 *Myospalax* Laxmann, 1769

105. 草原鼢鼠 *Myospalax aspalax* (Pallas, 1776)

英文名：Steppe Zokor, False Zokor, Mole-rat

曾用名：达乌尔鼢鼠

地方名：外贝加尔鼢鼠、地羊、瞎老鼠

模式产地：俄罗斯外贝加尔边疆区

同物异名及分类引证：

Mus aspalax Pallas, 1776

Spalax talpinus Pallas, 1811

Lemmus zokor Desmarest, 1822

Siphneus armandii Milne-Edwards, 1867

Myospalax aspalax (Pallas, 1776) Buffon, 1872

Myospalax dybowskii Sherskey, 1873

Myospalax aspalax hangaicus Orlov *et* Baskevich, 1992

亚种分化：无

国内分布：黑龙江、吉林、辽宁、河北、内蒙古、山西。

国外分布：俄罗斯、蒙古。

引证文献：

Pallas PS. 1776. Reise durch verschiedene Provinzen des Russischen Reichs. St. Petersbourg: Kaiserliche

Academie der Wissenschaften, 3: 692.

Pallas PS. 1811. Zoographia Rosso-Asiatica, Vol. I. Petropoli: In Officina Caes. Academiae Scientiarum Impress: 159.

Desmarest AG. 1822. Mammalogie, ou, Description des espèce de mammifères. Encyclopédie Méthodique, Pt. 2. Paris: Chez Mme. Veuve Agasse, imprimeur-libraire: 288.

Milne-Edwards A. 1867. Observations sur quelques mammifères du nord de la Chine. Annales des sciences naturelles (Zoologie), Ser. 5, 7: 375-377.

Buffon GLL. 1872. In: Claus C. Grundzüge der Zoologie. Zum gebrauche an universitäten und höheren lehranstalten sowie zum selbststudium. Marburg und Leipzig, N.G. Elwert: 1096-1097.

Sherskey PJ. 1873. Daurian *Myospalax laxm* (Siphueus Brants) as independent: *Myospalax dybowskii*. Bulletin de la Société Impériale des Naturalistes de Moscou, 46(1-2): 430-447.

Orlov VN, Baskevich MI. 1992. New subspecies of Transbajkalian zokor in Mongolia. 2nd International Symposium "Erforschung Biologischer Ressourcen der Mongolei" in Deutschland vom 25.3-30.3. 1992. Martin- Luther-Universität Hall-Wittenberg, Mongolische Staatliche Universität Ulan-Bator: 103.

106. 东北鼢鼠 *Myospalax psilurus* (Milne-Edwards, 1874)

英文名：North China Zokor

曾用名：无

地方名：无

模式产地：河北

同物异名及分类引证：

Siphneus psilurus Milne-Edwards, 1874

Siphneus spilurus Trouessart, 1897

Myospalax epsilanus Thomas, 1912

Myospalax psilurus (Milne-Edwards, 1874) Lönnberg, 1926

亚种分化：无

国内分布：中国特有，分布于黑龙江、吉林、辽宁、北京、河北、内蒙古、河南、安徽、山东。

国外分布：无

引证文献：

Milne-Edwards A. 1874. Studes pour servir à l'histoire de la faune mammalogique de la Chine. Recherches pour servir à l'histoire naturelle des mammifères: comprenant des considérations sur la classification de ces animaux. Paris: G. Masson, 1: 126.

Trouessart EL. 1897. Catalogus mammalium tam viventium quam fossilium. Berolini: R. Friedländer & Sohn, 1: 568.

Thomas O. 1912. Revised determinations of two Far-Eastern species of *Myospalax*. The Annals and Magazine of Natural History, Ser. 8, 9(49): 93-95.

Lönnberg E. 1926. Some remarks on mole-rats of the genus *Myospalax* from China. Arkiv för Zoologi, 18a, 21: 5.

竹鼠亚科 Rhizomyinae Winge, 1887

小竹鼠属 Cannomys Thomas, 1915

107. 小竹鼠 Cannomys badius (Hodgson, 1842)

英文名：Lesser Bamboo Rat

曾用名：无

地方名：无

模式产地：尼泊尔

同物异名及分类引证：

Rhizomys badius Hodgson, 1842

Rhizomys minor Gray, 1842

Rhizomys castaneus Blyth, 1843

Cannomys badius (Hodgson, 1842) Thomas, 1915

Cannomys pater Thomas, 1915

Cannomys plumbescens Thomas, 1915

Cannomys minor lönnbergi Gyldenstolpe, 1917

亚种分化：无

国内分布：云南西部。

国外分布：柬埔寨、老挝、缅甸、尼泊尔、泰国、印度、越南。

引证文献：

Hodgson BH. 1842. Memorandum as to manners of *Rhizomys badius*, described in No. 5. by B. H. Hodgson, Esq. Calcutta Journal of Natural History, and Miscellany of the Arts and Sciences in India, 2: 410-411.

Gray JE. 1842. Descriptions of some new genera and fifty unrecorded species of Mammalia. The Annals and Magazine of Natural History, Ser. 1, 10(65): 255-267.

Blyth E. 1843. Mr. Bylth's monthly report for December meeting, 1842. Journal of the Asiatic Society of Bengal, 12(143): 925-1010.

Thomas O. 1915. VII.—Notes on the Asiatic bamboo-rats (*Rhizomys*, etc.). The Annals and Magazine of Natural History, Ser. 8, 16(91): 58.

Thomas O. 1915. Further notes on Asiatic bamboo-rats. The Annals and Magazine of Natural History, Ser. 8, 16(94): 315.

Gyldenstolpe N. 1917. Zoological results of the Swedish zoological expeditions to Siam 1911-1912 & 1914-1915. V. Mammals ii. Kungliga Svenska Vetenskapsakademiens Handlingar, 57(2): 47-48.

竹鼠属 Rhizomys Gray, 1831

108. 银星竹鼠 Rhizomys pruinosus Blyth, 1851

英文名：Hoary Bamboo Rat

曾用名：花白竹鼠

地方名：粗毛竹鼠、土伦、竹溜

模式产地：印度乞拉朋齐卡西山

同物异名及分类引证：

Rhizomys latouchei Thomas, 1915

Rhizomys pannosus Thomas, 1915

Rhizomys senex Thomas, 1915

Rhizomys umbriceps Thomas, 1916

Rhizomys prusianus Shih, 1930

亚种分化： 全世界有 4 个亚种，中国有 2 个亚种。

华南亚种 *R. p. latouchei* Thomas, 1915，模式产地：广东汕头；

云南亚种 *R. p. senex* Thomas, 1915，模式产地：云南勐海勐遮。

国内分布： 华南亚种分布于贵州、福建、湖南、广东和广西；云南亚种分布于云南南部和西南部。

国外分布： 柬埔寨、老挝、马来西亚、缅甸、泰国、印度、越南。

引证文献：

Blyth E. 1851. Notice of a collection of Mammalia, Birds, and Reptiles, procured at or near the station of Chérra Punji in the Khásia Hills, North of Sylhet. Journal of the Asiatic Society of Bengal, 20(1-7): 519.

Thomas O. 1915. Further notes on Asiatic bamboo-rats. The Annals and Magazine of Natural History, Ser. 8, 16(94): 313-314.

Thomas O. 1915. VII.—Notes on the Asiatic bamboo-rats (*Rhizomys*, etc.). The Annals and Magazine of Natural History, Ser. 8, 16(91): 59-60.

Thomas O. 1916. A new bamboo-rat from Perak. The Annals and Magazine of Natural History, Ser. 8, 18(107): 445-446.

Shih CM. 1930. Preliminary report on the mammals from Yaoshan, Kwangsi, collected by the Yaoshan Expedition, Sun Yat-Sen University, Canton, China. Bulletin of the Department of Biology, College of Science, Sun Yat-Sen University, 4: 1-10.

109. 中华竹鼠 *Rhizomys sinensis* Gray, 1831

英文名： Chinese Bamboo Rat

曾用名： 无

地方名： 灰竹鼠、芒鼠、竹溜

模式产地： 广东

同物异名及分类引证：

Rhizomys chinensis Swinhoe, 1870

Rhizomys vestitus Milne-Edwards, 1871

Rhizomys davidi Thomas, 1911

Rhizomys wardi Thomas, 1921

Rhizomys sinensis reductus Dao *et* Cao, 1990

Rhizomys wardi neowardi Wang, 2003

Rhizomys wardi pediculus Wang, 2003

亚种分化： 全世界有 8 个亚种，中国有 4 个亚种。

指名亚种 *R. s. sinensis* Gray, 1831，模式产地：广东；

川西亚种 *R. s. vestitus* Milne-Edwards, 1871，模式产地：四川宝兴；

福建亚种 *R. s. davidi* Thomas, 1911，模式产地：福建挂墩；

暗褐亚种 *R. s. wardi* Thomas, 1921，模式产地：缅甸克钦邦。

国内分布：指名亚种分布于云南［屏边大围山（珠江以南）］、广东（广州）、广西；川西亚种分布于甘肃南部、陕西南部、四川西部和湖北北部（长江以北）；福建亚种分布于贵州南部、湖北西南部、湖南、安徽、福建、江西、浙江，以及长江与珠江之间的广东北部和东部；暗褐亚种分布于云南。

国外分布：缅甸、越南。

引证文献：

Gray JE. 1831. Characters of three new genera, including two new species of Mammalia from China. Proceedings of the Committee of Science and Correspondence of the Zoological Society of London, part I. 1830-1831: 95.

Gray JE. 1833-1834 [i. e. 1835]. Illustrations of Indian zoology, chiefly selected from the collection of Major-General Hardwicke. Vol. 2. London: Treuttel, Wurtz, Treuttel, Jun. and Richter, plate 16.

Swinhoe R. 1870. Catalogue of the mammals of China (south of the River Yangtsze). Proceedings of the Scientific Meetings of the Zoological Society of London for the Year 1870. London: Messrs. Longmans, Green, Reader and Dyer: 637.

Milne-Edwards A. 1871. In: David LA. Rapport adressé à MM les professeurs-administrateurs du Muséum d'Histoire Naturelle. Nouvelles Archives du Muséum d'Histoire Naturelle, 7: 92.

Thomas O. 1911. Abstract of the Proceedings of the General Meetings for Scientific Business of the Zoological Society of London (No. 90). London: Messrs. Longmans, Green and Co.: 5.

Thomas O. 1911. The Duke of Bedford's zoological exploration of Eastern Asia.—XIII. On mammals from the provinces of Kan-su and Sze-chwan, Western China. Proceedings of the General Meetings for Scientific Business of the Zoological Society of London. London: Messrs. Longmans, Green and Co.: 179.

Thomas O. 1921. On small mammals from the Kachin Province, Northern Burma. The Journal of the Bombay Natural History Society, 27: 499-505.

Dao VT, Cao VS. 1990. Six new Vietnamese rodents. Mammalia, 54(2): 233-238.

110. 大竹鼠 *Rhizomys sumatrensis* (Raffles, 1821)

英文名：Indomalayan Bamboo Rat

曾用名：红颊竹鼠

地方名：竹溜

模式产地：马来西亚马六甲

同物异名及分类引证：

Mus sumatrensis Raffles, 1821

Spalax javanus Cuvier, 1829

Nyctocleptes dekan Temminck, 1832

Rhizomys cinereus M'Clelland, 1842

Rhizomys erythrogenys Anderson, 1878

Nyctocleptes insularis Thomas, 1915

Rhizomys sumatrensis (Raffles, 1821) Gray, 1931

Rhizomys sumatrensis padangensis Brongersma, 1936

亚种分化：无

国内分布：云南。

国外分布：柬埔寨、老挝、马来西亚、缅甸、泰国、印度尼西亚、越南。

引证文献：

Raffles TS. 1821. Descriptive catalogue of a zoological collection, made on account of the honourable East India Company, in the Island of Sumatra and its vicinity, under the direction of Sir Thomas Stamford Raffles, Lieutenant-Governor of Fort Marlborough; with additional notices illustrative of the natural history of those countries. Transactions of the Linnean Society of London, 13: 258.

Cuvier G. 1829. Règne Animal. Le règne animal distribué d'après son organisation, pour servir de base à l'histoire naturelle des animaux et d'introduction à l'anatomie comparée. Vol. 1. Les mammiféres. Nouvelle édition, revue et augmentée. Paris: Chez Déterville, 36: 24-38.

Gray JE. 1831. Characters of three new genera, including two new species of Mammalia from China. Proceedings of the Committee of Science and Correspondence of the Zoological Society of London, part I. 1830-1831: 95.

Temminck CJ. 1832. Monographic over eennieuwgeslacht van Knaagdier, onder den naam van Nyctocleptes. Bijdragen tot de Natuurkundige Wetenschappen, 7(1): 7-8.

M'Clelland J. 1842. Official papers on Isinglass, received from the government. Calcutta Journal of Natural History, 2: 456-459.

Anderson J. 1878. Anatomical and zoological researches: comprising an account of the zoological results of the two expeditions to western Yunnan in 1868 and 1875; and a monograph of the two cetacean genera, *Platanista* and *Orcella*. London: Bernard Quaritch, 15, Piccadilly, 2: 324.

Jentink FA. 1896-1897. On *Rhizomys sumatrensis*. Leiden: Notes from the Leyden Museum, 18(4): 213-216.

Thomas O. 1915. VII.—Notes on the Asiatic bamboo-rats (*Rhizomys*, etc.). The Annals and Magazine of Natural History, Ser. 8, 16(91): 58-59.

Brongersma LD. 1936. On the subspecies of *Rhizomys sumatrensis* (Raffles) with some notes on related species. Zoologische Mededelingen, 19(12): 137-164.

鼠科 Muridae Illiger, 1811

沙鼠亚科 Gerbillinae Gray, 1825

短耳沙鼠属 *Brachiones* Thomas, 1925

111. 短耳沙鼠 *Brachiones przewalskii* (Büchner, 1888)

英文名：Przewalski's Jird, Short-eared Gerbil, Przewalski's Gerbil

曾用名：无

地方名：短耳鼠

模式产地：新疆罗布泊

同物异名及分类引证：

Eremiomys przewalskii Büchner, 1888

Gerbillus arenicolor Miller, 1900

Brachiones przewalskii (Büchner, 1888) Thomas, 1925

Brachiones przewalskii callichrous Heptner, 1934

亚种分化：全世界有 3 个亚种，中国均有分布。

指名亚种 *B. p. przewalskii* (Büchner, 1888)，模式产地：新疆罗布泊；

叶尔羌亚种 *B. p. arenicolor* (Miller, 1900)，模式产地：新疆叶尔羌河；

内蒙古亚种 *B. p. callichrous* Heptner, 1934，模式产地：内蒙古额济纳旗。

国内分布：指名亚种分布于甘肃西部和新疆东南部；叶尔羌亚种分布于新疆西南部；内
蒙古亚种分布于内蒙古（阿拉善盟北部）。

国外分布：蒙古。

引证文献：

Büchner E. 1888. Scientific results of N.M. Przhevalsky's travels through Central Asia, Zoological section, Vol. I. Mammalia. St. Petersburg: Kaiserlichen Akademie der Wissenschaften: 49-136.

Miller GS. 1900. A new Gerbille from Eastern Turkestan. Proceedings of the Biological Society of Washington, 13(1899-1900): 163-164.

Thomas O. 1925. The generic position of *Gerbillus przewalskii* Büchner. The Annals and Magazine of Natural History, Ser. 9, 16(95): 548.

Heptner W. 1934. Über die formen und die geographische verbreitung der gattung *Calomyacus* Thos. (Mammalia, Muridae). Archives of Zoological Museum Moscow State University, I: 8.

沙鼠属 *Meriones* Illiger, 1811

112. 郑氏沙鼠 *Meriones chengi* Wang, 1964

英文名：Cheng's Gerbil, South Xinjiang Gerbil

曾用名：无

地方名：吐鲁番沙鼠

模式产地：新疆吐鲁番大河沿

同物异名及分类引证：无

亚种分化：无

国内分布：中国特有，分布于新疆（博格达山南坡）。

国外分布：无

引证文献：

汪松. 1964. 新疆兽类新种与新亚种记述. 动物分类学报, 1(1): 6-15.

113. 红尾沙鼠 *Meriones libycus* Lichtenstein, 1823

英文名：Libyan Jird

曾用名：无

地方名：无

模式产地：埃及亚历山大港

同物异名及分类引证：

Meriones erythrearus Lichtenstein, 1823

Gerbillus erythrearus Gray, 1842

Gerbillus turfanensis Satunin, 1902

亚种分化：全世界有 15 个亚种，中国有 2 个亚种。

吐鲁番亚种 *M. l. turfanensis* (Satunin, 1902)，模式产地：新疆吐鲁番；

北疆亚种 *M. l. aquilo* Thomas, 1912，模式产地：新疆奇台。

国内分布：吐鲁番亚种分布于新疆东部（吐鲁番盆地）；北疆亚种分布于新疆北部。

国外分布：阿富汗、巴基斯坦、外高加索、伊朗；中亚、西亚、北非。

引证文献：

Lichtenstein H. 1823. Verzeichniss der doubletten des zoologischen museums der Königl. Universität zu Berlin: nebst beschreibung vieler bisher unbekannter arten von Säugethieren, Vögeln, Amphibien und Fischen. Berlin: In Commission bei T. Trautwein: 5.

Gray JE. 1842. Descriptions of some new genera and fifty unrecorded species of Mammalia. The Annals and Magazine of Natural History, Ser. 1, 10(65): 255-267.

Satunin KA. 1902. Neue nagetiere aus Centralasien. Annuaire du Musée zoologique de l'Académie des sciences de St. Pétersbourg, 7: 549-587.

Thomas O. 1912. On mammals from Central Asia, collected by Mr. Douglas Carruthers. The Annals and Magazine of Natural History, Ser. 8, 9(52): 391-408.

王思博. 1958. 新疆啮齿动物名录. 鼠疫丛刊, (5): 29.

114. 子午沙鼠 *Meriones meridianus* (Pallas, 1773)

英文名：Mid-day Gerbil, Little Chinese Jird

曾用名：无

地方名：黄尾巴老鼠、黄耗子、黄老鼠

模式产地：俄罗斯阿斯特拉罕州

同物异名及分类引证：

Mus meridianus Pallas, 1773

Meriones meridianus (Pallas, 1773) Lichtenstein, 1823

Gerbillus merldianus psammophllus Milne-Edwards, 1871

Gerbillus cryptorhinus Blanford, 1875

Gerbillus lepturus Büchner, 1888

Gerbillus roborowskii Büchner, 1888

Meriones cryptorhinus Barrett-Hamilton, 1900

Meriones buechneri Thomas, 1909

亚种分化：全世界有 10 多个亚种，中国有 7 个亚种。

内蒙古亚种 *M. m. psammophilus* (Milne-Edwards, 1871)，模式产地：内蒙古；

叶城亚种 *M. m. cryptorhinus* (Blanford, 1875)，模式产地：新疆南部莎车和喀什附近；

塔里木亚种 *M. m. lepturus* Büchner, 1889，模式产地：新疆和田；

阿勒泰亚种 *M. m. buechneri* Thomas, 1909，模式产地：新疆北部；

伊犁亚种 *M. m. penicilliger* (Heptner, 1933)，模式产地：土库曼斯坦卡拉库姆沙漠；

叶氏亚种 *M. m. jei* Wang, 1964，模式产地：新疆吐鲁番；

木垒亚种 *M. m. muleiensis* Wang, 1981，模式产地：新疆木垒。

国内分布：内蒙古亚种分布于内蒙古中部和西部、山西、陕西北部、宁夏、甘肃、青海东北部和新疆东部；叶城亚种分布于新疆西部；塔里木亚种分布于新疆南部；阿勒泰亚种分布于新疆北部；伊犁亚种分布于新疆（伊犁地区）；叶氏亚种分布于新疆东部（吐鲁番盆地）；木垒亚种分布于新疆。

国外分布：阿富汗、蒙古、伊朗；中亚。

引证文献：

Pallas PS. 1773. Reise durch verschiedene Provinzen des Russischen Reichs. St. Petersbourg: Kaiserliche Academie der Wissenschaften, 2: 702.

Lichtenstein H. 1823. Eversmann's Reise von Orenburg nach Buchara. Berlin: E. H. G. Christiani: 126.

Milne-Edwards A. 1871. Recherches pour servir à l'histoire naturelle des mammifères. 2 vols. Paris: G. Masson, 6: 144-146.

Blanford WT. 1875. List of Mammalia collected by late Dr. Stoliczka, when attached to the embassy under Sir D. Forsyth in Kashmir, Ladák, Eastern Turkestan, and Wakhán, with descriptions of new species. Journal of the Asiatic Society of Bengal, 44(Pt. 2): 105-112.

Büchner E. 1888. Scientific results of N.M. Przhevalsky's travels through Central Asia, zoological section, Vol. I. Mammalia. St. Petersburg: Kaiserlichen Akademie der Wissenschaften: 49-136.

Barrett-Hamilton GEH. 1900. On a small collection of mammals obtained by Captain Deasy in South China. Proceedings of the General Meetings for Scientific Business of the Zoological Society of London for the Year 1900. London: Messrs. Longmans, Green and Co.: 196-197.

Thomas O. 1908. The Duke of Bedford's zoological exploration in Eastern Asia.—X. List of mammals from the provinces of Chih-li and Shan-si, N. China. Proceedings of the General Meetings for Scientific Business of the Zoological Society of London. London: Messrs. Longmans, Green and Co.: 635-646.

Thomas O. 1909. On mammals collected in Turkestan by Mr. Douglas Carruthers. The Annals and Magazine of Natural History, Ser. 8, 3(12): 257-266.

王思博. 1958. 新疆啮齿动物名录. 鼠疫丛刊, (5): 29.

汪松. 1964. 新疆兽类新种与新亚种记述. 动物分类学报, 1(1): 6-15.

王逢桂. 1981. 新疆子午沙鼠一新亚种. 动物分类学报, 6(1): 104-105.

115. 柽柳沙鼠 *Meriones tamariscinus* (Pallas, 1773)

英文名：Tamarisk Gerbil, Tamarisk Jird

曾用名：无

地方名：沙耗子

模式产地：哈萨克斯坦乌拉尔河口

同物异名及分类引证：

Mus tamariscinus Pallas, 1773

Meriones tamariscinus (Pallas, 1773) Illiger, 1811

Gerbillus tamariscinus satchouensis Satunin, 1902

Meriones tamariscinus satchouensis (Satunin, 1902) Trouessart, 1904

Gerbillus tamariscinus jaxartensis Ogneff *et* Heptner, 1928

亚种分化：全世界有 5 个亚种，中国有 2 个亚种。

敦煌亚种 *M. t. satschouensis* (Satunin, 1902)，模式产地：甘肃安西；

哈萨克亚种 *M. t. jaxartensis* (Ogneff *et* Heptner, 1928)，模式产地：哈萨克斯坦。

国内分布：敦煌亚种分布于甘肃西部、内蒙古西北部和新疆东部；哈萨克亚种分布于新疆北部。

国外分布：中亚。

引证文献：

Pallas PS. 1773. Reise durch verschiedene Provinzen des Russischen Reichs. St. Petersbourg: Kaiserliche Academie der Wissenschaften, 2: 702.

Illiger JKW. 1811. Prodromus systematis mammalium et avium. Berolini [Berlin]: sumptibus C. Salfeld: 82.

Satunin KA. 1902. Neue nagetiere aus Centralasien. Annuaire du Musée zoologique de l'Académie des sciences de St. Pétersbourg, 7: 549-587.

Trouessart EL. 1904. Catalogus mammalium tam viventium quam fossilium. Quinquennale supplcmcntum anno 1904. Berolini: R. Friedländer & Sohn: 359.

Ogneff SI, Heptner WG. 1928. Einige mitteilungen über die säugetiere des mittleren Kopet-Dag und der anliegenden Ebene. Zoologischer Anzeiger, 75: 258-266.

116. 长爪沙鼠 *Meriones unguiculatus* (Milne-Edwards, 1867)

英文名：Mongolian Gerbil, Mongolian Jird, Clawed Jird

曾用名：无

地方名：黄耗子、长爪沙土鼠、沙鼠

模式产地：山西北部

同物异名及分类引证：

Gerbillus unguiculatus Milne-Edwards, 1867

Gerbillus kozlovi Satunin, 1902

Meriones unguiculatus (Milne-Edwards, 1867) Thomas, 1908

Meriones kurauchii Mori, 1930

Meriones kurauchii chihfengenis Mori, 1939

亚种分化：全世界有 4 个亚种，中国有 1 个亚种。

指名亚种 *M. u. unguiculatus* (Milne-Edwards, 1867)，模式产地：山西北部。

国内分布：指名亚种分布于辽宁、内蒙古、河北、山西北部、陕西北部、甘肃东部和宁夏。

国外分布：蒙古、俄罗斯（外贝加尔湖地区）。

引证文献：

Milne-Edwards A. 1867. Observations sur quelques mammifères du nord de la Chine. Annales des sciences naturelles (Zoologie), Ser. 5, 7: 375-377.

Satunin KA. 1902. Neue nagetiere aus Centralasien. Annuaire du Musée zoologique de l'Académie des sciences de St. Pétersbourg, 7: 549-587.

Thomas O. 1908. The Duke of Bedford's zoological exploration in Eastern Asia.—IX. List of mammals from the Mongolian Plateau. Proceedings of the General Meetings for Scientific Business of the Zoological

Society of London. London: Messrs. Longmans, Green and Co.: 104-110.

Mori T. 1930. On four new small mammals from Manchuria. Annotationes Zoologicae Japonenses, 12(2): 417-420.

Mori T. 1939. Mammalia of Jehol and District north of it. Report of the first scientific expedition to Manchoukuo under the leadership of Shigeyasu Tokunaga, Ser. 5, Div. 2, Pt. 4: 71.

大沙鼠属 *Rhombomys* Wagner, 1841

117. 大沙鼠 *Rhombomys opimus* (Lichtenstein, 1823)

英文名：Great Gerbil

曾用名：无

地方名：大沙土鼠

模式产地：卡拉库姆沙漠（"Kzyl-Ordinskaya, Kara-Kumy Desert"）

同物异名及分类引证：

Meriones opimus Lichenstein, 1823

Rhombomys opimus (Lichtenstein, 1823) Wagner, 1841

Rhombomys pallidus Wagner, 1841

Gerbillus opimus (Lichtenstein, 1823) Büchner, 1888

Gerbillus giganteus Büchner, 1889

Gerbillus opimus nigrescens Satunin, 1902

Rhombomys opimus alaschanicus Matshie, 1911

Rhombomys opimus fumicolor Heptner, 1933

Rhombomys opimus pevzovi Heptner, 1939

Rhombomys opimus sargadensis Heptner, 1939

Rhombomys opimus sodalist Goodwin, 1939

Rhombomys opimus major Burdelov, 1989

Rhombomys opimus minor Burdelov, 1989

亚种分化：全世界有 10 多个亚种，中国有 4 个亚种。

指名亚种 *R. o. opimus* (Lichtenstein, 1823)，模式产地：哈萨克斯坦咸海附近；

北疆亚种 *R. o. giganteus* (Büchner, 1889)，模式产地：新疆艾比湖；

蒙古亚种 *R. o. nigrescens* (Satunin, 1902)，模式产地：蒙古戈壁阿尔泰省；

敦煌亚种 *R. o. pevzovi* Heptner, 1939，模式产地：甘肃敦煌。

国内分布：指名亚种分布于新疆西部；北疆亚种分布于新疆；蒙古亚种分布于内蒙古中部和东部、甘肃东部；敦煌亚种分布于内蒙古西部、甘肃西部和新疆东部。

国外分布：阿富汗、巴基斯坦、蒙古、伊朗，咸海至俄罗斯中部地区。

引证文献：

Lichtenstein H. 1823. Eversmann's Reise von Orenburg nach Buchara. Berlin: E.H.G. Christiani: 122.

Wagner JA. 1841. Gruppirung der gattungen der nager in natürlichen familien, nebst beschreibung einiger neuen gattungen und arten. Archiv für Naturgeschichte, 7(Bd. 1): 131.

Büchner E. 1888. Scientific results of N.M. Przhevalsky's travels through Central Asia, zoological section, Vol. I. Mammalia. St. Petersburg: Kaiserlichen Akademie der Wissenschaften: 49-136.

Satunin KA. 1902. Neue nagetiere aus Centralasien. Annuaire du Musée zoologique de l'Académie des sciences de St. Pétersbourg, 7: 549-587.

Matshie P. 1911. In: Futterer K. Durch Asien. Vol. 3, Chapter 5. Zool Nachtrag: 12.

Heptner WG. 1933. Notizen über die Gerbiilinae (Mammalia, Muridae). V. Diagnosen von einer neuen Gattung und neun neuen Unterarten aus Turkestan. Zeitschrift für Säugetierkunde, 8: 150-155.

Goodwin GG. 1939. Five new rodents from the eastern Elburz Mountains and a new race of hare from Teheran, American Museum Novitates, No. 1050. New York: American Museum of Natural History: 1-6.

Heptner WG. 1939. Notes sur les gerbilles (Mammalia, Glires). X. Contributions nouvelles a la distribution geographique et a la systematique de. Bulletin de la Société des naturalistes de Moscou, Section biologique, 48, 4: 101.

Burdelov AS. 1989. About subspecies of the great gerbil in the Central Asian part of the range. Gerbils— the most important rodents of the arid zone of the USSR. Tashkent: edition "Fan" of the Uzbek SSR.

鼠亚科 Murinae Illiger, 1811

姬鼠属 *Apodemus* Kaup, 1829

118. 黑线姬鼠 *Apodemus agrarius* (Pallas, 1771)

英文名：Striped Field Mouse

曾用名：田姬鼠

地方名：金耗儿

模式产地：俄罗斯乌里扬诺夫斯克州伏尔加河河岸

同物异名及分类引证：

Mus agrarius Pallas, 1771

Apodemus agrarius (Pallas, 1771) Kaup, 1829

Mus ningpoensis Swinhoe, 1870

Mus agrarius mantchuricus Thomas, 1898

Mus harti Thomas, 1898

Apodemus agrarius pallidior Thomas, 1908

Apodemus agrarius var. *insulaemus* Tokuda, 1941

亚种分化：全世界有 10 个亚种，中国有 4 个亚种。

宁波亚种 *A. a. ningpoensis* (Swinhoe, 1870)，模式产地：浙江宁波；

东北亚种 *A. a. mantchuricus* (Thomas, 1898)，模式产地：辽宁沈阳；

山东亚种 *A. a. pallidior* Thomas, 1908，模式产地：山东；

台湾亚种 *A. a. insulaemus* Tokuda, 1941，模式产地：台湾台北。

国内分布：宁波亚种分布于长江以南的广大地区，包括重庆（长江以南区域）、四川（长江以南区域）、湖北（长江以南区域）、湖南、安徽（长江以南区域）、福建、浙江、江西、上海、广东和广西；东北亚种分布于黑龙江、辽宁、吉林、河北、内蒙古东部、山西、甘肃、宁夏、陕西、新疆西北部、四川北部和云南东北部；山东亚种分布于河北东南部、河南东部、安徽（长江以北区域）、江苏北部和山东；台湾亚种分布于台湾。

国外分布：欧洲、西亚。

引证文献：

Pallas PS. 1771. Reise durch verschiedene Provinzen des Russischen Reichs. St. Petersbourg: Kaiserliche Academie der Wissenschaften, 1: 454.

Kaup JJ. 1829. Skizzirte Entwickelungs-Geschichte und natürliches system der europäischen Thierwelt: Erster Theil welcher die Vogelsäugethiere und Vögel nebst Andeutung der Entstehung der letzteren aus Amphibien enthält. Darmstadt: In commission bei Carl Wilhelm Leske, 1: 150, 154.

Swinhoe R. 1870. Catalogue of the mammals of China (south of the River Yangtsze). Proceedings of the Scientific Meetings of the Zoological Society of London for the Year 1870, London: Messrs. Green, Reader and Dyer: 615-653.

Thomas O. 1898. On mammals collected by Mr. J. D. La. Touche at Kuatun, N. W. Fokien, China. Proceedings of the General Meetings for Scientific Business of the Zoological Society of London fot the Year 1898. London: Messrs. Green and Co.: 769-775.

Thomas O. 1908. The Duke of Bedford's zoological exploration in Eastern Asia.—VI. List of mammals from the Shantung Peninsula, N. China. Proceedings of the General Meetings for Scientific Business of the Zoological Society of London. London: Messrs. Longmans, Green and Co.: 5-10.

Tokuda M. 1941. A classification of rat and mice from Japan, Korea and Micronesis-Investigations of intraspecific variation observed from rat and mice. Zoological Magazine Tokyo, 53(6): 287-298.

119. 高山姬鼠 *Apodemus chevrieri* (Milne-Edwards, 1868)

英文名：Chevrier's Field Mouse

曾用名：齐氏姬鼠

地方名：无

模式产地：四川宝兴

同物异名及分类引证：

Mus chevrieri Milne-Edwards, 1868

Apodemus fergussoni Thomas, 1911

Apodemus speciosus chevrieri (Milne- Edwards, 1868) Thomas, 1911

Apodemus chevrieri (Milne- Edwards, 1868) Thomas, 1912

Apodemus agrarius chevrieri (Milne-Edwards, 1868) Ellerman, 1949

亚种分化：无

国内分布：中国特有，分布于甘肃南部、陕西、重庆、贵州、四川、西藏、云南、湖北。

国外分布：无

引证文献：

Milne-Edwards A. 1868-1874. Recherches pour servir à l'histoire naturelle des mammiféres: comprenant des considération sur la classification de ces animaux. Tom 1. Paris: G. Masson: 288.

Thomas O. 1911. *Apodemus fergussoni* sp. n. In: Minchin EA. Abstract of the Proceedings of the Zoological Society of London, (No. 90): 1-5.

Thomas O. 1911. The Duke of Bedford's zoological exploration of Eastern Asia.—XIII. On mammals from the provinces of Kan-su and Sze-chwan, Western China. Proceedings of the General Meetings for ScientificBussiness of the Zoological Society of London. London: Messrs. Longmans, Green and Co.: 158-180.

Thomas O. 1912. The Duke of Bedford's zoological exploration of Eastern Asia.—XV. On mammals from the provinces of Sze-chwan and Yunnan, Western China. Proceedings of the Gerenal Meetings for Scitific Bussiness of the Zoological Society of London. London: Messrs. Longmans, Green and Co.: 127-141.

Ellerman JR. 1949. The families and genera of living rodents, Vol. III, Part 1. London: Printed by Order of the Trustees of the British Museum.

Liu SY, He K, Chen SD, Jin W, Murphy RW, Tang MK, Liao R, Li FJ. 2018. How many species of *Apodemus* and *Rattus* occur in China? A survey based on mitochondrial cyt *b* and morphological analyses. Zoological Research, 39(5): 309-320.

120. 中华姬鼠 *Apodemus draco* (Barrett-Hamilton, 1900)

英文名：South China Field Mouse

曾用名：龙姬鼠、森林姬鼠

地方名：无

模式产地：福建挂墩

同物异名及分类引证：

Mus sylvaticus draco Barrett-Hamilton, 1900

Apodemus speciosus orestes Thomas, 1911

Apodemus sylvaticus draco (Barrett-Hamilton, 1900) Allen, 1940

Apodemus sylvaticus orestes (Thomas, 1911) Allen, 1940

Apodemus draco (Barrett-Hamilton, 1900) Ellerman, 1941

亚种分化：无

国内分布：中国特有，分布于河北、山西、甘肃、宁夏、青海、陕西、重庆、贵州北部、四川、西藏东南部、云南东部、河南、湖北、湖南、安徽、福建、江西、浙江和广西。

国外分布：无

引证文献：

Barrett-Hamilton GEH. 1900. On geographical and individuals variation in *Mus slyvaticus* and its allies. Proceedings of the Gerenal Meetings for Scientific Bussiness of the Zoological Society of London for the Year 1900. London: Messrs. Longmans, Green and Co.: 387-428.

Thomas O. 1911. *Apodemus speciosus orestes* subsp. n. In: Harmer SF. Abstract of the Proceedings of the Zoological Society of London, (No. 95): 47-50.

Allen GM. 1940. The mammals of China and Mongolia. Natural history of Central Asia, Vol. XI. New York: American Museum of Natural History: 941.

Ellerman JR. 1941. The families and genera of living rodents. British Museum (Natural History), London: Printed by Order of the Trustees of the British Museum.

Liu SY, He K, Chen SD, Jin W, Murphy RW, Tang MK, Liao R, Li FJ. 2018. How many species of *Apodemus* and *Rattus* occur in China? A survey based on mitochondrial cyt *b* and morphological analyses. Zoological Research, 39(5): 309-320.

121. 澜沧江姬鼠 *Apodemus ilex* Thomas, 1922

英文名： Lantsang Field Mouse

曾用名： 无

地方名： 无

模式产地： 云南贡山（怒江与澜沧江之间）

同物异名及分类引证：

Apodemus slyvaticus ilex (Thomas, 1922) Allen, 1940

亚种分化： 无

国内分布： 中国特有，分布于西藏东南部、云南西北部和中部。

国外分布： 无

引证文献：

Thomas O. 1922. On mammals from the Yunnan Highlands collected by Mr. George Forrest and presented to the British Museum by Col. Stephenson R. Clarke, D.S.O. The Annals and Magazine of Natural History, Ser. 9, 10(58): 404.

Allen GM. 1940. The mammals of China and Mongolia. Natural history of Central Asia, Vol. XI. New York: American Museum of Natural History: 941-945.

Ellerman JR. 1941. The families and genera of living rodents. British Museum (Natural History), London: Printed by Order of the Trustees of the British Museum.

Liu XM, Wei FW, Li M, Jiang XL, Feng ZJ, Hu JC. 2004. Molecular phylogeny and taxonomy of wood mice (genus *Apodemus* Kaup, 1829) based on complete mtDNA cytochrome *b* sequences, with emphasis on Chinese species. Molecular Phylogenetics and Evolution, 33(1): 1-15.

122. 大耳姬鼠 *Apodemus latronum* Thomas, 1911

英文名： Large-eared Field Mouse

曾用名： 无

地方名： 无

模式产地： 四川康定

同物异名及分类引证：

Apodemus speciosus latronum Thomas, 1911

Apodemus latronum (Thomas, 1911) Osgood, 1932

Apodemus flavicollis latronum (Thomas, 1911) Ellerman, 1949

亚种分化： 无

国内分布： 青海、四川、西藏东南部、云南西北部。

国外分布： 缅甸北部。

引证文献：

Thomas O. 1911. Abstract of the Proceedings of the Zoological Society of London No. 10. Proceedings of the General Meetings for Scientific Bussiness of the Zoological Society of London. London: Messrs.

Longmans, Green and Co.: 49.

Osgood WH. 1932. Mammals of the Kelley-Roosevelts and Delacour Asiatic expedition. Publication 312, Zoological Series. Chicago: Field Museum of Natural History, 18(10):193-339.

Ellerman JR. 1949. The families and genera of living rodents, Vol. III, Part 1. London: Printed by Order of the Trustees of the British Museum.

Corbet GB. 1978. The mammals of the Palaearctic region: a taxonomic review. London: British Museum (Natural History).

123. 小黑姬鼠 *Apodemus nigrus* Ge *et al.*, 2019

英文名：Black Field Mouse

曾用名：无

地方名：无

模式产地：贵州梵净山

同物异名及分类引证：无

亚种分化：无

国内分布：中国特有，分布于重庆（金佛山）、贵州（梵净山）。

国外分布：无

引证文献：

Ge DY, Anderson F, Cheng JL, Lu L, Liu RR, Alexei VA, Xia L, Wen ZX, Zhang WY, Shi L, Yang QS. 2019. Evolutionary history of field mice (Murinae: *Apodemus*), with emphasis on morphological variation among species in China and description of a new species. Zoological Journal of the Linnean Society, 187(2): 518-534.

124. 喜马拉雅姬鼠 *Apodemus pallipes* (Barrett-Hamilton, 1900)

英文名：Himalayan Field Mouse

曾用名：帕氏姬鼠

地方名：无

模式产地：帕米尔山地（"Surhad Wahkan"）

同物异名及分类引证：

Mus sylvaticus pallipes Barrett-Hamilton, 1900

Micromys slyvaticus wardi Wroughton, 1908

Apodemus sylvaticus pallipes (Barrett-Hamilton, 1900) Ellerman, 1941

Apodemus flavicollis wardi (Wroughton, 1908) Ellerman, 1949

Apodemus sylvaticus pallipes (Barrett-Hamilton, 1900) Ellerman, 1949

Apodemus slyvaticus bushengensis Zheng, 1979

Apodemus pallipes (Barrett-Hamilton, 1900) Mezhzherin, 1997

亚种分化：无

国内分布：西藏西部。

国外分布：阿富汗、巴基斯坦、吉尔吉斯斯坦、尼泊尔、塔吉克斯坦和印度。

引证文献：

Barrett-Hamilton GEH. 1900. On geographical and individuals variation in *Mus slyvaticus* and its allies. Proceedings of the General Meetings for Scientific Bussiness of the Zoological Society of London for the Year 1900. London: Messrs. Longmans, Green and Co.: 387-428.

Wroughton RC. 1908. On some Indian forms of the genus *Microtus*. The Journal of the Bombay Natural History Society, 18(2): 280-283.

Ellerman JR. 1941. The families and genera of living rodents. British Museum (Natural History), London: Printed by Order of the Trustees of the British Museum.

Ellerman JR. 1949. The families and genera of living rodents, Vol. III, Part 1. London: Printed by Order of the Trustees of the British Museum.

郑昌琳. 1979. 西藏阿里兽类区系的研究及其关于青藏高原兽类区系演变的初步探讨. 见: 青海省生物研究所. 西藏阿里地区动植物考察报告. 北京: 科学出版社.

Mezhzherin SV. 1997. Revision of mouse genus *Apodemus* (Rodentia, Murinae) of northern Eurasia. Vestnik Zoologii, 31(4): 29-41.

Liu SY, He K, Chen SD, Jin W, Murphy RW, Tang MK, Liao R, Li FJ. 2018. How many species of *Apodemus* and *Rattus* occur in China? A survey based on mitochondrial cyt *b* and morphological analyses. Zoological Research, 39(5): 309-320.

125. 大林姬鼠 *Apodemus peninsulae* (Thomas, 1906)

英文名： Korean Field Mouse

曾用名： 朝鲜姬鼠

地方名： 无

模式产地： 韩国首尔东南部

同物异名及分类引证：

Micromys speciosus peninsulae Thomas, 1906

Apodemus nigritalus Hollister, 1913

Apodemus praetor Miller, 1914

Apodemus peninsulae (Thomas, 1906) Allen, 1940

Apodemus sylvaticus peninsulae (Thomas, 1906) Ellerman, 1941

Apodemus flavicollis peninsulae (Thomas, 1906) Ellerman, 1949

Apodemus peninsulae sowerbyi Jones, 1956

Apodemus specious Shou, 1962

Apodemus peninsulae qignhaiensis Feng *et al*., 1983

亚种分化： 全世界有 7 个亚种，中国有 3 个亚种。

指名亚种 *A. p. peninsulae* (Thomas, 1906)，模式产地：韩国首尔；

阿勒泰亚种 *A. p. nigritalus* Hollister, 1913，模式产地：阿尔泰山（俄罗斯一侧，"Tapucha"）；

青海亚种 *A. p. qinghaiensis* Feng, Zheng *et* Wu, 1983，模式产地：青海乐都。

国内分布： 指名亚种分布于黑龙江、吉林、辽宁、北京、河北北部、内蒙古（大兴安岭及中部地区）、山西、天津、陕西、河南、山东；阿勒泰亚种分布于新疆；青海亚种分布于甘肃、宁夏、青海、四川西北部、西藏东南部、云南北部。

国外分布： 朝鲜、俄罗斯、韩国、蒙古、日本。

引证文献：

Thomas O. 1906. The Duke of Bedford's zoological exploration in Eastern Asia.—II. List of small mammals from Korea and Quelpart. Proceedings of the General Meetings for Scientific Business of the Zoological Society of London. London: Messrs. Longmans, Green and Co.: 858-865.

Hollister N. 1913. Two new mammals from the Siberian Altai. Smithsonian Miscellaneous Collections, 60(24): 1-3.

Miller GS. 1914. Two new Murine rodents from Eastern Asia. Proceedings of the Biological Society of Washington, 27: 89-92.

Allen GM. 1940. The mammals of China and Mongolia. Natural history of Central Asia, Vol. XI. New York: American Museum of Natural History.

Ellerman JR. 1941. The families and genera of living rodents. British Museum (Natural History), London: Printed by Order of the Trustees of the British Museum.

Ellerman JR. 1949. The families and genera of living rodents, Vol. III, Part 1. London: Printed by Order of the Trustees of the British Museum.

Jones JK, 1956. Comments on the taxonomic status of *Apodemus peninsulae*, with description of a new sub-species from North China. University of Kansas publications, Museum of Natural History, 9: 337-346.

寿振黄. 1962. 中国经济动物志 兽类. 北京: 科学出版社.

Corbet GB. 1978. The mammals of the Palaearctic region: a taxonomic review. London: British Museum (Natural History).

冯祚建, 郑昌琳, 吴家炎. 1983. 青藏高原大林姬鼠一新亚种. 动物分类学报, 8(1): 108-112.

126. 台湾姬鼠 *Apodemus semotus* Thomas, 1908

英文名：Taiwan Field Mouse

曾用名：无

地方名：无

模式产地：台湾阿里山

同物异名及分类引证：

Apodemus sylvaticus semotus (Thomas, 1908) Ellerman, 1949

Apodemus draco semotus (Thomas, 1908) Xia, 1984

亚种分化：无

国内分布：中国特有，分布于台湾。

国外分布：无

引证文献：

Thomas O. 1908. New Asiatic *Apodemus*, *Evotomys*, and *Lepus*. The Annals and Magazine of Natural History, Ser. 8, 1: 447-450.

Ellerman JR. 1949. The families and genera of living rodents, Vol. III, Part 1. London: Printed by Order of the Trustees of the British Museum.

夏武平. 1984. 中国姬鼠属的研究及与日本种类关系的讨论. 兽类学报, 4(2): 93-98.

Musser GG, Brothers EM, Carleton MD, Hutterer R. 1996. Taxonomy and distributional records of Oriental and European *Apodemus*, with a review of *Apodemus-Sylvaemus* problem. Bonner zoologische Beiträge, 46: 143-190.

Liu SY, He K, Chen SD, Jin W, Murphy RW, Tang MK, Liao R, Li FJ. 2018. How many species of *Apodemus* and *Rattus* occur in China? A survey based on mitochondrial cyt *b* and morphological analyses. Zoological Research, 39(5): 309-320.

127. 乌拉尔姬鼠 *Apodemus uralensis* (Pallas, 1811)

英文名：Herb Field Mouse

曾用名：林姬鼠、小眼姬鼠

地方名：无

模式产地：俄罗斯乌拉尔山南部

同物异名及分类引证：

Mus sylvaticus var. *uralensis* Pallas, 1811

Mus tscherga Kastschenko, 1899

Apodemus sylvaticus tscherga Ellerman, 1941

Apodemus slyvaticus uralensis (Pallas, 1811) Ellerman & Morrison-Scott, 1951

Apodemus sylvaticus nankiangensis Wang, 1964

Apodemus uralensis (Pallas, 1811) Mezhzherin & Zykov, 1991

亚种分化：全世界有 4 个亚种，中国有 1 个亚种。

阿勒泰亚种 *A. u. tscherga* (Kastschenko, 1899)，模式产地：阿尔泰山（俄罗斯一侧，"Cherga Village"）。

国内分布：新疆。

国外分布：波罗的海地区、俄罗斯、哈萨克斯坦、蒙古、塔吉克斯坦、土耳其、乌克兰，中欧。

引证文献：

Pallas PS. 1811. Zoographia Rosso-Asiatica, Vol. I. Petropoli: In Officina Caes. Academiae Scientiarum Impress: 167-168.

Kastschenko NF. 1899. Results of the Zoological expedition to the Altai, 1898. Tomsk University.

Ellerman JR. 1941. The families and genera of living rodents. British Museum (Natural History), London: Printed by Order of the Trustees of the British Museum.

Ellerman JR, Morrison-Scott TCS. 1951. Checklist of Palaearctic and Indian mammals 1758 to 1946. London: British Museum (Natural History).

汪松. 1964. 新疆兽类新种与新亚种记述. 动物分类学报, 1(1): 6-15.

Mezhzherin SV, Zykov AE. 1991. Genetic divergence and allozymic variability in mice of the genus *Apodemus* s. lato (Muridae, Rodentia). Tsitologiia I Genetika, 25(4): 51-59.

Liu SY, He K, Chen SD, Jin W, Murphy RW, Tang MK, Liao R, Li FJ. 2018. How many species of *Apodemus* and *Rattus* occur in China? A survey based on mitochondrial cyt *b* and morphological analyses. Zoological Research, 39(5): 309-320.

板齿鼠属 *Bandicota* Gray, 1873

128. 小板齿鼠 *Bandicota bengalensis* (Gray, 1835)

英文名：Lesser Bandicoot Rat, Indian Mole-rat, Sind Rice Rat

曾用名：无

地方名：无

模式产地：印度西孟加拉邦

同物异名及分类引证：

Arvicola bengalensis Gray, 1835

Mus kok Gray, 1837

Mus (*Neoloma*) *providens* Elliot, 1839

Mus dubius Kelaart, 1850

Mus daccaensis daccaensis Tytler, 1854

Mus morungensis Hodgson, 1855

Mus plurimammis Hodgson, 1855

Mus tarayensis Hodgson, 1855

Mus (*Nesokia*) *barclayanus* Anderson, 1878

Mus (*Nesokia*) *blythianus* Anderson, 1878

Mus (*Nesokia*) *bengalensis* (Gray, 1835) Thomas, 1881

Nesokia bengalensis (Gray, 1835) Sclater, 1891

Nesokia gracilis Nehring, 1902

Gunomys varillus Thomas, 1907

Gunomys varius Thomas, 1907

Gunomys lordi Wroughton, 1908

Gunomys sindicus Wroughton, 1908

Gunomys wardi Wroughton, 1908

Gunomys bengalensis sundavensis Kloss, 1921

Gunomys kok insularis Phillips, 1936

亚种分化：全世界有 3～5 个亚种，中国有 2 个亚种。

指名亚种 *B. b. bengalensis* (Gray, 1834)，模式产地：印度西孟加拉邦；

克什米尔亚种 *B. b. wardi* (Wroughton, 1908)，模式产地：克什米尔地区。

国内分布：指名亚种分布于西藏（藏南地区）；克什米尔亚种分布于新疆（阿克赛钦地区）、西藏西部。

国外分布：巴基斯坦、孟加拉国、缅甸、尼泊尔、斯里兰卡、印度等。

引证文献：

Gray JE. 1833-1834 [i. e. 1835]. Illustrations of Indian zoology, chiefly selected from the collection of Major-General Hardwicke. Vol. 2. London: Treuttel, Wurtz, Treuttel, Jun. and Richter, plate 21.

Gray JE. 1837. Description of some new or little known Mammalia, principally in the British Museum Collection. Magazine of Natural History, New Series, 1: 577-587.

Elliot W. 1839. A catalogue of the species of Mammalia found in the southern Mahratta country; with their synonyms in the native languages in use there. Madras Journal of Literature and Science, 10: 209.

Kelaart EF. 1850. List of Mammalia observed or collected in Ceylon. Journal of the Ceylon Branch of the Royal Asiatic Society, 2(5): 319.

Tytler RC. 1854. Miscellaneous notes on the fauna of Dacca, including remarks made on the line of march from Barrackpore to that Station. The Annals and Magazine of Natural History, Ser. 2, 14(81): 168-176.

Horsfield T. 1855. Brief notices of several new or little-known species of Mammalia, lately discovered and collected in Nepal, by Brain Houghton Hodgson Esq. The Annals and Magazine of Natural History, Ser. 2, 16(92): 112.

Anderson J. 1878. On *Arvicola indica* Gray and its relations to the subgenus *Nesokia*, with a description of the species of *Nesokia*. Journal of the Asiatic Society of Bengal, 47(Pt. 2): 227-229.

Thomas O. 1881. On the Indian species of the genus *Mus*. Proceedings of the Scientific Meetings of the Zoological Society of London for the Year 1881. London: Messrs. Longmans, Green, Reader and Dyer: 526.

Scalater WL. 1891. Part II. Order Rodentia. Catalogue of Mammalia in the Indian Museum, Calcutta: 55.

Nehring A. 1902. Über *Nesokia gracilis* von der Insel Ceylon. Sitzungsberichte der Gesellschaft Naturforschender Freunde zu Berlin: 116-120.

Thomas O. 1907. A subdivision of the old genus *Nesokia*, with descriptions of three new members of the group, and of a *Mus* from the Andamans. The Annals and Magazine of Natural History, Ser. 7, 20(7): 202-207.

Wroughton RC. 1908. Notes on the classification of the bandicoots. The Journal of the Bombay Natural History Society, 18: 736-752.

Kloss CB. 1921. Some rats and mice of the Malay Archipelago. Treubia, 2(1): 116.

Phillips WWA. 1936. The mole-rats (Gunomys) of Ceylon, with the description of a new race from the Jaffna Peninsula. Ceylon Journal of Science - Spolia Zeylanica, 20(1): 95-97.

Ellerman JR, Morrison-Scott TCS. 1955. Supplement to Chasen (1940), A handlist of Malaysian mammals, containing a generic synonymy and a complete index. London: British Museum (Natural History).

Harrison JL. 1956. Records of Bandicoot rats (Bandicota, Rodentia: Muridae) new to the fauna of Malaya and Thailand. Singapore: Bulletin of the Raffles Museum, 27: 27-31.

Hsu TC, Benirschke K. 1974. *Bandicota bengalensis*. An atlas of mammalian chromosomes. New York: Springer.

Agrawal VC, Chakraborty S. 1976. Revision of the subspecies of the lesser bandicoot rat *Bandicota bengalensis* (Gray) (Rodentia: Muridae). Records of the Zoological Survey of India, 69: 267-274.

Pradhan MS, Mondol AK, Bhagwat AM. 2005. On taxonomic status of *Bandicota bengalensis lordi* (Wroughton) and *Bandicota maxima* (Pradhan *et al.*) (Subfamily: Murinae; Family Muridae; Order Rodentia). Records of the Zoological Survey of India, 104(1-2): 85-90.

129. 板齿鼠 *Bandicota indica* (Bechstein, 1800)

英文名：Greater Bandicoot Rat, Large Bandicoot Rat

曾用名：印度板齿鼠

地方名：大柜鼠、小拟袋鼠、乌毛柜鼠、鬼鼠

模式产地：印度本地治里

同物异名及分类引证：

Mus bandicota Bechstein, 1800

Mus indicus Bechstein, 1800

Mus malabarica Shaw, 1801

Mus perchal Shaw, 1801

Mus gigantea Hardwicke, 1804

Mus setifera Horsfield, 1824

Nesokia nemorivaga Hodgson, 1836

Mus macropus Hodgson, 1845

Mus (*Nesokia*) *elliotantus* Anderson, 1878

Bandicota indica (Bechstein, 1800) Wroughton, 1908

Bandicota mordax Thomas, 1916

Bandicota siamensis Kloss, 1919

Rattus eloquens Kishida, 1926

Bandicota jabouillei Thomas, 1927

Nesokia nemorivaga taiwanus Tokuda, 1941

Bandicota indica sonlaensis Dao, 1975

Bandicota maxima Pradhan *et al.*, 1993

亚种分化：全世界有 10 余个亚种，中国有 4 个亚种。

华南亚种 *B. i. nemorivaga* Hodgson, 1836，模式产地：尼泊尔；

泰国亚种 *B. i. mordax* Thomas, 1916，模式产地：泰国清迈；

台湾亚种 *B. i. eloquens* Kishida, 1926，模式产地：台湾；

越北亚种 *B. i. sonlaensis* Dao, 1975，模式产地：越南山萝。

国内分布：华南亚种分布于贵州、四川、西藏南部、福建、广东、广西和香港；泰国亚种分布于云南南部和西南部；台湾亚种分布于台湾；越北亚种分布于云南东南部。

国外分布：孟加拉国、柬埔寨、老挝、马来西亚、缅甸、尼泊尔、斯里兰卡、泰国、印度、越南。

引证文献：

Bechstein JM. 1800. Thomas Pennant's allgemeine übersicht der vierfüssigen Thiere, Bd. 2. Weimar: Im Verlage des Industrie-Comptoir's: 497, 714.

Shaw G. 1801. General zoology or systematic natural history. Vol. 2, Part.1. Mammalia. London: Printed by Thomas Davison: 54-55.

Hardwicke CT. 1804. Description of a large species of rat, a native of the east Indies. Transactions of the Linnean Society of London, 7: 306.

Horsfield T. 1824. Zoological researches in Java, and the neighbouring islands. London: Printed for Kingsbury, Parbury & Allen.

Hodgson BH. 1836. Synoptical description of sundry new animals, enumerated in the catalogue of Nipálese mammals. Journal of the Asiatic Society of Bengal, 5(52): 231-238.

Hodgson BH. 1845. On the rats, mice, and shrews of the central region of Nepal. The Annals and Magazine of Natural History, Ser. 1, 15(98): 266-270.

Anderson J. 1878. On *Arvicola indica*, Gray and its relations to the subgenus *Nesokia*, with a description of the species of *Nesokia*. Journal of the Asiatic Society of Bengal, 47(Pt. 2): 231-232.

Thomas O. 1881. On the Indian species of the genus *Mus*. Proceedings of the Scientific Meetings of the Zoological Society of London for the Year 1881. London: Messrs. Longmans, Green, Reader and Dyer: 521-526.

Wroughton RC. 1908. Notes on the classification of the bandicoots. The Journal of the Bombay Natural History Society, 18: 736-752.

Koningsberger JC. 1915. Java, Zoölogisch en Biologisch. Drukkerij Dep., Buitenzorg: 416.

Thomas O. 1916. The bandicoot of mount Popa, and its allies. The Journal of the Bombay Natural History Society, 24(4): 641-642.

Kloss CB. 1919. On mammals collected in Siam. The Journal of the Natural History Society of Siam, 3(4): 382-383.

Kishida N. 1926. Basic studies on zoological materials. Japan: Dobutsu Ktozai no Konponteki Kenkyu: 144.

Thomas O. 1927. The Delacour exploration of French Indo-China mammals. Proceedings of the General Meetings for Scientific Business of the Zoological Society of London: 54.

Tokuda M. 1941. A revised monograph of Muridae. Transactions of the Biogeographical Society of Japan, 4: 1-156.

Dao VT. 1975. About the Edwardsi-Sabanus (Rodentia: Muridae) rats in Vietnam. Journal of Biology-Geography: 21-27.

Pradhan MS, Mondal AK, Bhagwat AM, Agrawal VC. 1993. Taxonomic studies of Indian bandicoot rats (Rodentia: Muridae: Murinae) with description of a new species. Records of the Zoological Society of India, 93(1-2): 175-200.

Kaneko Y, Maeda K. 2002. A list of scientific names and the types of mammals published by Japanese researchers. Mammalian Science, 42(1): 1-21.

Pradhan MS, Mondol AK, Bhagwat AM. 2005. On taxonomic status of *Bandicota bengalensis lordi* (Wroughton) and *Bandicota maxima* (Pradhan *et al.*) (Subfamily: Murinae; Family Muridae; Order Rodentia). Records of the Zoological Society of India, 104(1-2): 85-90.

大鼠属 *Berylmys* Ellerman, 1947

130. 大泡灰鼠 *Berylmys berdmorei* (Blyth, 1851)

英文名：Berdmore's Berylmy, Grey Rat

曾用名：巨泡灰鼠、大泡硕鼠、贝氏鼠

地方名：无

模式产地：缅甸墨吉

同物异名及分类引证：

Mus berdmorei Blyth, 1851

Epimys berdmorei magnus Kloss, 1916

Epimys berdmorei mullulus Thomas, 1916

Rattus berdmorei (Blyth, 1851) Ellerman, 1951

亚种分化：无

国内分布：云南南部。

国外分布：柬埔寨、老挝、缅甸、泰国、越南。

引证文献：

Blyth E. 1851. Report on the Mammalia and more remarkable species of Birds inhabiting Ceylon. Journal of the Asiatic Society of Bengal, 20: 173.

Kloss CB. 1916. On a collection of mammals from the coast and islands of south-east Siam. Proceedings of the General Meetings for Scientific Business of the Zoological Society of London. London: Messrs. Longmans, Green and Co.: 57.

Thomas O. 1916. Scientific results from the mammal survey, No. XIII. A.—On the Muridae from Darjiling and the Chin Hills. The Journal of the Bombay Natural History Society, 24(3): 414.

Ellerman JR. 1947. Notes on some asiatic rodents in the British Museum. Proceedings of the Zoological Society of London, 117: 259-271.

Ellerman JR. 1949. The families and genera of living rodents, Vol. III, Part 1. London: Printed by Order of the Trustees of the British Museum.

131. 青毛巨鼠 *Berylmys bowersi* (Anderson, 1878)

英文名：Bower's White-toothed Rat

曾用名：青毛硕鼠、青毛鼠、鲍氏硕鼠

地方名：无

模式产地：云南盈江

同物异名及分类引证：

Mus bowersii Anderson, 1879

Mus latouchei Thomas, 1897

Mus ferreocanus Miller, 1900

Rattus bowersii lactiiventer Kloss, 1919

Rattus kennethi Kloss, 1919

Rattus wellsi Thomas, 1921

Rattus bowersii totipes Dao, 1966

Berylmys bowersi (Anderson, 1878) Musser & Newcomb, 1983

亚种分化：无

国内分布：贵州、四川、西藏、云南、湖北、湖南、安徽、福建、江西、浙江、广东、广西。

国外分布：老挝、马来西亚、缅甸、泰国、印度、印度尼西亚、越南。

引证文献：

Anderson J. 1878. Anatomical and zoological researches: comprising an account of the zoological results of the two expeditions to western Yunnan in 1868 and 1875; and a monograph of the two cetacean genera, *Platanista* and *Orcella*. London: Bernard Quaritch, 15, Piccadilly, 1: 304-305.

Thomas O. 1897. Description of a new rat from China. The Annals and Magazine of Natural History, Ser. 6, 20(115): 113-114.

Miller GS. 1900. Seven new rats collected by Dr. W. L. Abbott in Siam. Proceedings of the Biological Society of Washington, 13(1899-1900): 140-141.

Kloss CB. 1919. New and other white-toothed rats from Siam. The Journal of the Natural History Society of Siam, 3(2): 80-81.

Thomas O. 1921. Scientific results from the mammal survey, No. 31. Two new rats from Assam. The Journal of the Bombay Natural History Society, 28(1): 26-27.

Dào VT. 1966. Sur deux rongeurs nouveaux (Muridae, Rodentia) au nord Vietnam. Zoologischer Anzieger, 176: 438-439.

Musser GG, Newcomb C. 1983. Malaysian murids and the giant rat of Sumatra. Bulletin of the American Museum of Natural History, 174: 327-598.

132. 小泡灰鼠 *Berylmys manipulus* (Thomas, 1916)

英文名：Manipur White-toothed Rat, Manipur Rat

曾用名：小泡硕鼠、澳白足鼠

地方名：无

模式产地：缅甸西北部

同物异名及分类引证：

Epimys manipulus Thomas, 1916

Berylmys manipulus (Thomas, 1916) Ellerman, 1947

Rattus manipulus kekrimus Roonwal, 1948

亚种分化：无

国内分布：云南西部。

国外分布：缅甸、印度。

引证文献：

Thomas O. 1916. Scientific results from the mammal survey, No. XIII. A.—On the Muridae from Darjiling and the Chin Hills. The Journal of the Bombay Natural History Society, 24(3): 414.

Ellerman JR. 1947. Notes on some asiatic rodents in the British Museum. Proceedings of the Zoological Society of London, 117: 259-271.

Roonwal ML. 1948. Three new Muridae (Mammalia: Rodentia) from Assam and the Kabaw valley, Upper Burma. Proceedings of the Indiana Academy of Science, 14(9): 385-387.

杨光荣, 吴德林. 1979. 我国啮齿类两种新纪录. 动物分类学报, 4(2): 192-193.

中南树鼠属 *Chiromyscus* (Thomas, 1891)

133. 费氏树鼠 *Chiromyscus chiropus* (Thomas, 1891)

英文名：Indochinese Chiromyscus, Fea's Tree Rat

曾用名：无

地方名：无

模式产地：缅甸东部

同物异名及分类引证：

Mus chiropus Thomas, 1891

Chiromyscus chiropus (Thomas, 1891) Thomas, 1925

亚种分化：无

国内分布：云南（西双版纳）。

国外分布：老挝、缅甸、泰国、越南。

引证文献：

Thomas O. 1891. Diagnoses of three new mammals collected by Signor L. Fea in the Carin Hills, Burma. Annali del Museo civico di storia naturale di Genova, Ser. 2, 10: 884.

Thomas O. 1925. The mammals obtained by Mr. Herbert Stevens on the Sladen-Godman expedition to Tonkin. Proceedings of the Zoological Society of London, 95(2): 495-506.

134. 南洋鼠 *Chiromyscus langbianis* (Robinson *et* Kloss, 1922)

英文名：Lang Bian Tree Rat, Indochinese Arboreal Rat

曾用名：褐尾鼠

地方名：无

模式产地：越南浪平山（"Lang bian"）

同物异名及分类引证：

Rattus cremoriventer langbianis Robinson *et* Kloss, 1922

Rattus indosinicus Osgood, 1932

Rattus indosinicus vientianensis Bourret, 1942

Niviventer langbianis (Robinson *et* Kloss, 1922) Musser, 1981

Rattus cremoriventer quangninhensis Dao *et* Cao, 1990

Chiromyscus langbianis (Robinson *et* Kloss, 1922) Balakirev *et al.*, 2014

亚种分化：无

国内分布：云南、海南。

国外分布：老挝、缅甸、泰国、越南。

引证文献：

Robinson HC, Kloss CB. 1922. New mammals from French Indo-China and Siam. The Annals and Magazine of Natural History, Ser. 9, 9(49): 96-97.

Osgood WH. 1932. Mammals of the Kelley-Roosevelts and Delacour Asiatic expedition. Publication 312, Zoological Series. Chicago: Field Museum of Natural History, 18(10): 193-339.

Bourret R. 1942. *Rattus indosinicus vientianensis*. Comptes rendus des séances du conseil de recherches scientifiques de l'Indochine, 2: 29.

Musser GG. 1981. Results of the Archbold Expeditions. No. 105. Notes on systematics of Indo-Malayan murid rodents, and descriptions of new genera and species from Ceylon, Sulawesi, and the Philippines. Bulletin of the American Museum of Natural History, 168: 229-334.

Dao VT, Cao VS. 1990. Six new Vietnamese rodents. Mammalia, 54(2): 233-238.

Corbet GB, Hill JE. 1992. The mammals of the Indomalayan region: a systematic review. Oxford: Oxford University Press.

Balakirev AE, Abramov AV, Rozhnov VV. 2014. Phylogenetic relationships in the *Niviventer-Chiromyscus* complex (Rodentia, Muridae) inferred from molecular data, with description of a new species. ZooKeys, 451: 109.

Lu L, Ge DY, Chesters D, Ho SYW, Ma Y, Li GY, Wen ZX, Wu YG, Wang J, Xia L, Liu JG, Guo TY, Zhang XL, Zhu CD, Yang QS, Liu QY. 2015. Molecular phylogeny and the underestimated species diversity of the endemic white-bellied rat (Rodentia: Muridae: *Niviventer*) in Southeast Asia and China. Zoologica Scripta, 44(5): 475-494.

程峰, 陈中正, 张斌, 何锴, 蒋学龙. 2018. 云南兽类鼠科一新纪录——南洋鼠. 兽类学报, 38(2): 103-106.

笔尾鼠属 *Chiropodomys* Peters, 1868

135. 笔尾树鼠 *Chiropodomys gliroides* (Blyth, 1855)

英文名：Indomalayan Pencil-tailed Tree Mouse, Pencil-tailed Tree Mouse

曾用名：无

地方名：无

模式产地：印度阿萨姆邦

同物异名及分类引证：

Mus gliroides Blyth, 1855

Mus peguensis Blyth, 1859

Chiropodomys penicillatus Peters, 1868

Chiropodomys gliroides (Blyth, 1855) Thomas, 1886

Chiropodomys niadis Miller, 1903

Chiropodomys anna Thomas *et* Wroughton, 1909

Chiropodomys jingdongensis Wu *et* Deng, 1984

亚种分化：全世界有多个亚种，中国有 2 个亚种。

指名亚种 *C. g. gliroides* (Blyth, 1855)，模式产地：印度阿萨姆邦；

景东亚种 *C. g. jingdongensis* Wu *et* Deng, 1984，模式产地：云南景东哀牢山。

国内分布：指名亚种分布于西藏（藏南地区）、云南南部和西南部；景东亚种分布于云南景东（无量山和哀牢山）。海南岛也有分布，但亚种归属未知。

国外分布：柬埔寨、老挝、马来西亚、缅甸、泰国、印度、印度尼西亚、越南。

引证文献：

Blyth E. 1855. Proceedings of the Asiatic Society of Bengal for October 1855. Journal of the Asiatic Society of Bengal, 24: 721.

Blyth E. 1859. Report of Curator, Zoological Department, for February to May Meetings, 1859. Journal of the Asiatic Society of Bengal, 28(3): 295.

Peters W. 1868. Machte eine mittheilung über eine neue Nagergattung *Chiropodomys* penicillatus, so wie über einige neue oder weniger bekannte Amphibien und Fische. Monatsberichte der Königlich Preussischen Akademie der Wissenschaften zu Berlin: 448.

Thomas O. 1886. On the mammals presented by Allan O. Hume, Esq., C. B., to the Natural History Museum. Proceedings of the Scientific Meetings of the Zoological Society of London for the Year 1886. London: Messrs. Longmans, Green and Co.: 78-79.

Miller GS. 1903. Seventy new Malayan mammals. Smithsonian Miscellaneous Collections, 45(1-2): 40-41.

Thomas O, Wroughton RC. 1909. On a collection of mammals from Western Java presented to the National Museum by Mr. W. E. Balston. Proceedings of the General Meetings for Scientific Business of the Zoological Society of London. London: Messrs. Longmans, Green and Co.: 390.

吴德林, 邓向福. 1984. 中国树鼠属一新种. 兽类学报, 4(3): 207-212.

大齿鼠属 *Dacnomys* Thomas, 1916

136. 大齿鼠 *Dacnomys millardi* Thomas, 1916

英文名：Millard's Rat, Millard's Dacnomys

曾用名：无

地方名：无

模式产地：印度西孟加拉邦大吉岭附近

同物异名及分类引证：

Dacnomys wroughtoni Thomas, 1922

亚种分化：全世界有 3 个亚种，中国有 2 个亚种。

藏南亚种 *D. m. wroughtoni* Thomas, 1922，模式产地：西藏藏南地区米什米山；

老挝亚种 *D. m. ingens* Osgood, 1932，模式产地：老挝丰沙里。

国内分布：藏南亚种分布于云南西北部、西藏东南部；老挝亚种分布于云南南部。

国外分布：老挝、尼泊尔、印度、越南。

引证文献：

Thomas O. 1916. Scientific results from the mammal survey, No. XIII. A.—On the Muridae from Darjiling and the Chin Hills. The Journal of the Bombay Natural History Society, 24(3): 404-405.

Thomas O. 1922. Scientific results of the mammal survey, XXXII. The Journal of the Bombay Natural History Society, 28(1-2): 428-432.

Osgood WH. 1932. Mammals of the Kelley-Roosevelts and Delacour Asiatic expedition. Publication 312, Zoological Series. Chicago: Field Museum of Natural History, 18(10): 315-316.

壮鼠属 *Hadromys* Thomas, 1911

137. 云南壮鼠 *Hadromys yunnanensis* Yang *et* Wang, 1987

英文名：Yunnan Hadromys

曾用名：休氏壮鼠云南亚种

地方名：无

模式产地：云南陇川

同物异名及分类引证：

Hadromys humei yunnanensis Yang *et* Wang, 1987

Hadromys yunnanensis (Yang *et* Wang, 1987) Wang, 2003

亚种分化：无

国内分布：中国特有，分布于云南（瑞丽）。

国外分布：无

引证文献：

杨光荣, 王应祥. 1987. 休氏壮鼠(*Hadromys humei*)一新亚种. 兽类学报, 7(1): 46-50.

Corbet GB, Hill JE. 1992. The mammals of the Indomalayan region: a systematic review. Oxford: Oxford University Press.

狨鼠属 *Hapalomys* Blyth, 1859

138. 小狨鼠 *Hapalomys delacouri* Thomas, 1927

英文名：Lesser Marmoset Rat

曾用名：无

地方名：无

模式产地：越南南部

同物异名及分类引证：

Hapalomys marmosa Allen, 1927

Hapalomys pasquieri Thomas, 1927

亚种分化：全世界亚种分类尚未定论，中国有 2 个亚种。

指名亚种 *H. d. delacouri* Thomas, 1927，模式产地：越南南部；

海南亚种 *H. d. pasquieri* Thomas, 1927，模式产地：海南岛。

国内分布：指名亚种分布于广西南部及云南东南部；海南亚种分布于海南岛。

国外分布：马来西亚、缅甸、泰国、越南。

引证文献:

Allen GM. 1927. Murid rodents from the Asiatic Expeditions. American Museum Novitates, No. 270. New York: American Museum of Natural History: 12.

Thomas O. 1927. The Delacour exploration of French Indo-China mammals. Proceedings of the General Meetings for Scientific Business of the Zoological Society of London: 55-57.

Abramov AV, Aniskin VM, Rozhnov VV. 2012. Karyotypes of two rare rodents, *Hapalomys delacouri* and *Typhlomys cinereus* (Mammalia, Rodentia), from Vietnam. ZooKeys, 164: 41-49.

139. 长尾狓鼠 *Hapalomys longicaudatus* Blyth, 1859

英文名: Long-tailed Marmoset Rat

曾用名: 无

地方名: 无

模式产地: 缅甸丹那沙林

同物异名及分类引证: 无

亚种分化: 无

国内分布: 云南南部。

国外分布: 马来西亚、缅甸、泰国。

引证文献:

Blyth E. 1859. Report of curator, zoological department, for February to May meetings, 1859. Journal of the Asiatic Society of Bengal, 28: 296.

Musser GG. 1972. The species of *Hapalomys* (Rodentia, Muridae). American Museum Novitates, No. 2503. New York: American Museum of Natural History: 1-27.

小泡巨鼠属 Leopoldamys Ellerman, 1947

140. 小泡巨鼠 *Leopoldamys edwardsi* (Thomas, 1882)

英文名: Edward's Leopoldamys, Edward's Rat

曾用名: 白腹巨鼠

地方名: 穿山龙、大山鼠、长尾巨鼠

模式产地: 福建西部

同物异名及分类引证:

Mus edwardsi Thomas, 1882

Mus gigas Satunin, 1902

Epimys listeri Thomas, 1916

Epimys listeri garonum Thomas, 1921

Mus melli Matschie, 1922 (in Mell, 1922)

Rattus edwardsi milleti Robinson *et* Kloss, 1922

Leopoldamys edwardsi (Thomas, 1882) Musser, 1981

Rattus edwardsi hainanensis Xu *et* Yu, 1985

亚种分化: 全世界有多个亚种,中国有 4 个亚种。

指名亚种 *L. e. edwardsi* (Thomas, 1882)，模式产地：福建西部；

四川亚种 *L. e. gigas* (Satunin, 1902)，模式产地：四川平武；

泰国亚种 *L. e. melli* (Matschie, 1922)，模式产地：广东；

海南亚种 *L. e. hainanensis* Xu *et* Yu, 1985，模式产地：海南岛霸王岭。

国内分布：指名亚种分布于贵州、湖南、安徽、福建、江西、浙江、广东、广西；四川亚种分布于甘肃、陕西、重庆、四川、湖北；泰国亚种分布于福建、广东；海南亚种分布于海南岛。

国外分布：老挝、马来西亚、缅甸、泰国、印度、越南。

引证文献：

Thomas O. 1882. Descriptiom of a new species of rat from China. Proceedings of the Scientific Meetings of the Zoological Society of London. London: Messrs. Longmans, Green, Reader and Dyer: 587-588.

Bonhote JL. 1900. On the mammals collected during "Skeat Expedition" to the Malay Peninsula, 1899-1900. Proceedings of the General Meetings for Scientific Business of the Zoological Society of London. London: Messrs. Longmans, Green, Reader and Dyer: 879.

Satunin KA. 1902. Neue nagetiere aus Centralasien. Annuaire du Musée zoologique de l'Académie des sciences de St. Pétersbourg, 7: 549-587.

Thomas O. 1916. Scientific results from the mammal survey, No. XIII. A.—On the Muridae from Darjiling and the Chin Hills. The Journal of the Bombay Natural History Society, 24(3): 407-409.

Thomas O. 1921. Scientific results from the mammal survey, No. 31. Two new rats from Assam. The Journal of the Bombay Natural History Society, 28(1): 27.

Mell R. 1922. Beiträge zur Fauna Sinica. I. Die Vertebraten Südchinas; Feldlisten und Feldnoten der Säuger, Vögel, Reptilien, Batrachier. Archiv für Naturgeschichte, 88, 10: 1-159.

Robinson HC, Kloss CB. 1922. New mammals from French Indo-China and Siam. The Annals and Magazine of Natural History, Ser. 9, 9(49): 94.

Howell AB. 1929. Mammals from China in the collections of the United States National Museum. Proceedings of the United States National Museum, 75(2772):1-82.

徐龙辉, 余斯绵. 1985. 小泡巨鼠(edwards' rat)一新亚种——海南小泡巨鼠. 兽类学报, 5(2): 131-135.

141. 耐氏大鼠 *Leopoldamys neilli* Marshall, 1976

英文名：Neill's Long-tailed Giant Rat

曾用名：无

地方名：无

模式产地：泰国萨拉布里省

同物异名及分类引证：无

亚种分化：无

国内分布：云南西南部。

国外分布：泰国中北部。

引证文献：

Marshall JT, Lēkhakun B. 1976. Family Muridae: rats and mice. Association for the Conservation of Wildlife [Privately printed by Government Printing Office, Bangkok]: 485.

Musser GG. 1981. Results of the Archbold Expeditions. No. 105. Notes on systematics of Indo-Malayan murid rodents, and descriptions of new genera and species from Ceylon, Sulawesi, and the Philippines. Bulletin of the American Museum of Natural History, 168: 229-334.

Latinne A, Waengsothom S, Rojanadilok P, Eiamampai K, Sribuarod K, Michaux JR. 2012. Combined mitochondrial and nuclear markers revealed a deep vicariant history for Leopoldamys neilli, a cave-dwelling rodent of Thailand. PLoS ONE, 7(10): e47670.

Latinne A, Chaval Y, Waengsothorn S, Rojanadilok P, Eiamampai K, Sribuarod K, Herbretreau V, Morand S, Michaux JR. 2013. Is *Leopoldamys neilli* (Rodentia, Muridae) a synonym of Leopoldamys herberti? A reply to Balakirev *et al.* (2013). Zootaxa, 3731(4): 589-598.

Pimsai U, Pearch MJ, Satasook C, Bumrungsri S, Bates PJJ. 2014. Murine rodents (Rodentia: Murinae) of the Myanmar-Thai-alaysian peninsula and Singapore: taxonomy, distribution, ecology, conservation status, and illustrated identification keys. Bonn Zoological Bulletin, 63(1): 15-114.

陈鹏, 王应祥, 林苏, 蒋学龙. 2014. 中国兽类新纪录——耐氏大鼠*Leopoldamys neilli*. 四川动物, 33(6): 858-864.

王鼠属 *Maxomys* Sody, 1936

142. 红毛王鼠 *Maxomys surifer* (Miller, 1900)

英文名：Indomalayan Maxomys

曾用名：红硬毛鼠

地方名：无

模式产地：泰国董里府

同物异名及分类引证：

Mus surifer Miller, 1900

Mus surifer butangensis Miller, 1900

Mus surifer flavidulus Miller, 1900

Mus bentincanus Miller, 1903

Mus casensis Miller, 1903

Mus catellifer Miller, 1903

Mus domelicus Miller, 1903

Mus luteolus Miller, 1903

Mus umbridorsum Miller, 1903

Mus carimatie Miller, 1906

Mus serutus Miller, 1906

Mus microdon Kloss, 1908

Epimys perflavus Lyon, 1911

Epimys saturatus Lyon, 1911

Epimys ubecus Lyon, 1911

Mus surifer flavigrandis Kloss, 1911

Mus surifier leonis Robinson *et* Kloss, 1911

Epimys surifer aoris Robinson, 1912

Epimys surifer pemangilis Robinson, 1912

Epimys surifer manicalis Robinson *et* Kloss, 1914

Epimys surifer spurcus Robinson *et* Kloss, 1914

Epimys ravus Robinson *et* Kloss, 1916

Epimys surifer changensis Kloss, 1916

Epimys surifer connectens Kloss, 1916

Epimys surifer eclipsis Kloss, 1916

Epimys surifer finis Kloss, 1916

Epimys surifer kutensis Kloss, 1916

Epimys surifer pelagius Kloss, 1916

Epimys surifer tenebrosus Kloss, 1916

Rattus lingensis mabalus Lyon, 1916

Rattus lingensis pinacus Lyon, 1916

Rattus surifer (Miller, 1900) Gyldenstolpe, 1916

Rattus lingensis antucus Lyon, 1917

Rattus lingensis banacus Lyon, 1917

Rattus rajah koratis Kloss, 1919

Rattus rajah kramis Kloss, 1919

Rattus rajah siarma Kloss, 1919

Rattus bandahara Robinson, 1921

Rattus rajah verbeeki Sody, 1930

Rattus surifer solaris Sody, 1934

Rattus surifer muntia Chasen, 1940

Rattus surifer natunae Chasen, 1940

Rattus surifer pidonis Chasen, 1940

Rattus surifer puket Chasen, 1940

Rattus surifer telibon Chasen, 1940

Maxomys surifer (Miller, 1900) Musser *et al.*, 1979

亚种分化：全世界至少可划分为 5～7 个亚种，中国境内亚种分类尚未定论。

国内分布：云南（西双版纳）。

国外分布：柬埔寨、老挝、马来西亚、缅甸、泰国、文莱、印度尼西亚、越南。

引证文献：

Miller GS. 1900. Mammals collected by Dr. W. L. Abbott on islands in South China Sea. Proceedings of the Biological Society of Washington, 13(1899-1900): 189-190.

Miller GS. 1900. Seven new rats collected by Dr. W. L. Abbott in Siam. Proceedings of the Biological Society of Washington, 13(1899-1900): 148.

Miller GS. 1903. Mammals collected by Dr. W. L. Abbott on the coast and islands of Northwest Sumatra. Proceedings of the United States National Museum, 26: 464-466.

Miller GS. 1903. Seventy new Malayan mammals. Smithsonian Miscellaneous Collections, 45(1-2): 36-39.

Miller GS. 1907. Mammals collected by Dr. W. L. Abbott in the Karimata Islands, Dutch East Indies. Proceedings of the United States National Museum, 31: 59.

Kloss CB. 1908. New mammals from the Malay Peninsula region. Journal of the Federated Malay States Museums, 2: 145-146.

Kloss CB. 1911. XII.—Diagnoses of new mammals from the Trengganu Archipelago, east coast of the Malay Peninsula. The Annals and Magazine of Natural History, Ser. 8, 7(37): 119.

Lyon MW. 1911. Mammals collected by Dr. W. L. Abbott on Borneo and some of the small adjacent islands. Proceedings of the United States National Museum, 40(1809): 53-146.

Robinson HC, Kloss CB. 1911. On six new mammals from the Malay Peninsula and adjacent islands. Journal of the Federated Malay States Museums, 4(3-4): 170-171.

Robinson HC. 1912. On new mammals from the islands of the Johore Archipelago, South China Sea. The Annals and Magazine of Natural History, Ser. 8, 10(60): 593-594.

Robinson HC, Kloss CB. 1914. On new mammals, mainly from Bandon and the adjacent islands, east coast of the Malay Peninsula. The Annals and Magazine of Natural History, Ser. 8, 13(74): 230.

Gyldenstolpe N. 1916. Zoological results of the Swedish zoological expeditions to Siam 1911-1912 & 1914-1915. Stockholm: L.L. Grefing: 42.

Kloss CB. 1916. On a collection of mammals from the coast and islands of south-east Siam. Proceedings of the General Meetings for Scientific Business of the Zoological Society of London. London: Messrs. Longmans, Green and Co.: 51-54.

Robinson HC, Kloss CB. 1916. Preliminary diagnoses of some new species and subspecies of mammals and birds obtained in Korinchi, West Sumatra, Feb-June 1914. Journal of the Straits Branch of the Royal Asiatic Society, 73: 272.

Lyon MW. 1917. Mammals collected by Dr. W. L. Abbott on the chain of islands lying off the western coast of Sumatra, with description of twenty-eight new species and subspecies. Proceedings of the United States National Museum, 52(2188): 449-450.

Kloss CB. 1919. On mammals collected in Siam. The Journal of the Natural History Society of Siam, 3(4): 333-407.

Kloss CB. 1919. Three new mammals from Siam. The Journal of the Natural History Society of Siam, 3(2): 75-77.

Robinson HC. 1921. Two new Indo-Malayan rats. The Annals and Magazine of Natural History, Ser. 9, 7(39): 235.

Sody HJV. 1930. Overzicht van de ratten van Java met beschrijving van een nieuwe subspecies. Zoologische Mededelingen, 13(7): 100-140.

Sody HJV. 1934. New rats from Java and New Guinea. Natuurkundig Tijdschrift voor Nederlandsch Indië, 94: 170.

Chasen FN. 1940. A handlist of Malaysian mammals: a systematic list of the mammals of the Malay Peninsula, Sumatra, Borneo, and Java, including the adjacent small islands. Bulletin of the Raffles Museum, 15: 169-171.

Musser GG, Marshall JT, Boeadi B. 1979. Definition and contents of the Sundaic genus *Maxomys* (Rodentia, Muridae). Journal of Mammalogy, 60(3): 592-606.

巢鼠属 *Micromys* Dehne, 1841

143. 红耳巢鼠 *Micromys erythrotis* Blyth, 1856

英文名：Red-eared Harvest Mouse

曾用名：巢鼠南亚亚种

地方名：禾鼠、麦鼠、圃鼠、矮鼠

模式产地：印度阿萨姆邦乞拉朋齐

同物异名及分类引证：

Mus pygmaeus Milne-Edwards, 1874

Micromys minutus shenshiensis Li, Wu *et* Shao, 1965

Micromys minutus pianmaensis Peng, 1981

Micromys minutus zhenjiangensis Huang, 1989

亚种分化： 全世界有多个亚种，中国有 2 个亚种。

川西亚种 *M. e. pygmaeus* (Milne-Edwards, 1874)，模式产地：四川宝兴；

片马亚种 *M. e. pianmaensis* (Peng, 1981)，模式产地：云南泸水片马。

国内分布： 川西亚种分布于重庆、贵州、四川、广东、广西和福建；片马亚种分布于云南（姚家坪和片马等地）。陕西南部、湖北、安徽、江苏（镇江）和浙江等地的亚种分类地位待定。

国外分布： 缅甸、印度、越南。

引证文献：

Blyth E. 1856. Report for October meeting, 1855. Journal of the Asiatic Society of Bengal, 24: 721.

Milne-Edwards A. 1874. Mémorie de la faune mammalogique du Tibet oriental et principalement de la principaute de Moupin. Recherches Pour Servir à l'Histoire Naturelle des Mammifères: Comprenant des Considérations sur la Classification de ces Animaux, 1: 291.

彭鸿绶, 王应祥. 1981. 高黎贡山的兽类新种和新亚种(一). 兽类学报, 1(2): 172.

Abramov AV, Meschersky IG, Rozhnov V. 2009. On the taxonomic status of the harvest mouse *Micromys minutus* (Rodentia: Muridae) from Vietnam. Zootaxa, 2199: 66.

144. 巢鼠 *Micromys minutus* (Pallas, 1771)

英文名： Eurasian Harvest Mouse

曾用名： 无

地方名： 禾鼠、麦鼠、矮鼠

模式产地： 俄罗斯乌里扬诺夫斯克州伏尔加河河岸

同物异名及分类引证：

Mus minutus Pallas, 1771

Mus soricinus Hermann, 1780

Mus minimus White, 1789

Mus minutus flavus Kerr, 1792

Mus minutus messorius Kerr, 1792

Mus parvulus Hermann, 1804

Mus arvensis Leach, 1816

Mus camperstris Desmarest, 1822

Mus minatus Schinz, 1840

Micromys agilis Dehne, 1841

Mus oryzivorus de Selys-Longchamps, 1841

Mus umilus Cuvier, 1842

Mus meridionalis Costa, 1844

Mus arundinaceus Petenyi, 1882

Micromys minutus ussuricus Barrett-Hamilton, 1899

Mus sylvaticus typicus Barrett-Hamilton, 1899

Micromys minutus (Pallas, 1771) Thomas, 1906

Mus minutus batarovi Kastschenko, 1910

Mus minutus kytmanovi Kastschenko, 1910

Mus minutes fenniae Hilzheimer, 1911

Micromys minutus kastschenkoi Charlamagne, 1915

Micromys minutus aokii Kuroda, 1922

Mus minutes mehelyi Bolkay, 1925

Micromys minutus berezowskii Argyropulo, 1929

Micromys minutus hondonis Kuroda, 1933

Micromys minutus subobscurus Fritsche, 1934

Mus minutus hertigi Johnson *et* Jones, 1955

Micromys minutus danubialis Simionescu, 1971

亚种分化：全世界至少存在 4～5 个亚种，中国有 2 个亚种。

乌苏里亚种 *M. m. ussuricus* Barrett-Hamilton, 1899，模式产地：乌苏里地区（俄罗斯西伯利亚境内部分）；

台湾亚种 *M. m. takasagoensis* (Tokuda, 1941)，模式产地：台湾。

国内分布：乌苏里亚种分布于黑龙江、吉林、辽宁、河北、内蒙古；台湾亚种分布于台湾。

国外分布：俄罗斯（远东地区）。

引证文献：

Pallas PS. 1771. Reise durch verschiedene Provinzen des Russischen Reichs. St. Petersbourg: Kaiserliche Academie der Wissenschaften, 1: 454.

Hermann J. 1780. In: von Schreber JCD. Säugthiere in Abbildungen nach der Natur, mit Beschreibungen, t. 4, 661.

White G. 1785. The natural history of Selborne, letter XV to Thomas Pennant, Esq. Hampshire, England: Natural History and Antiquities of Selborne: 49.

Kerr R. 1792. The animal kingdom, or zoological system, of the celebrated Sir Charles Linnaeus. Class I. Mammalia. Edinburgh: Printed for A. Strahan, and T. Cadell, London, and W. Creech, Edinburgh: 230-232.

Hermann J. 1804. Observationes zoologicae: quibus novae complures, aliaeque animalium species describuntur et illustrantur. Argentorati: Amandum Koenig: 57, 62.

Leach WE. 1816. Systematic catalogue of the specimens of the Indigenous Mammalia and birds in the British Museum. London: 8.

Desmarest AG. 1822. Mammalogie, ou, Description des espèce de mammifères. Encyclopédie Méthodique, Pt. 2. Paris: Chez Mme. Veuve Agasse, imprimeur-libraire: 282.

Schinz HR. 1840. Europäische Fauna, oder, Verzeichniss der wirbelthiere Europa's, Stuttgart: E. Schweizerbarts Verlagshandlung, Bd. 1: 70.

de Sélys-Longchamps E. 1841. Sezione di zoologia e di anatomia comparata. Atti della Soconda Riunione Degli Scienziati Italiani, Session 2: 247.

Dehne IFA. 1841. *Micromys agilis*, Kleinmaus, ein neues Säugthier der Fauna von Dresden, Hoflössnitz bei Dresdenm, 8vo: 12.

Cuvier F. 1842. Le chati femelle in histoire naturelle des mammifères: avec des figures originales, coloriées, dessinées d'aprèsdes animaux vivans, Paris: Muséum d'Histoire Naturelle, t. 7: plate 37.

Costa OG. 1844. Descrizione di una novella specie del genere *Mus* propria del regno di napoli. Annali dell'Accademia degli Aspiranti Naturalisti, 2: 33.

Petenyi S. 1882. Természetrajzi füzetek, kiadja a Magyar nemzeti Muzeum. Budapest: Franklin-társulat nyomdája, 5-7: 102.

Barrett-Hamilton GEH. 1899. On the species of the genus *Mus* inhabiting St. Kilda. Proceedings of the General Meetings for Scientific Business of the Zoological Society of London for the Year 1899. London: Messre, Longmans, Green and Co.: 77-81.

Thomas O. 1906. The Duke of Bedford's zoological exploration in Eastern Asia.—I. List of mammals obtained by Mr. M. P. Anderson in Japan. Proceedings of the General Meetings for Scientific Business of the Zoological Society of London, 1905. Vol. II. London: Messre, Longmans, Green and Co.: 351.

Kastschenko NT. 1910. Description d'une collection de mammiféres, provenant de la transbaikalie. Ezhegodnik Zoologicheskogo muzeia, 15: 284.

Hilzheimer M. 1911. Über *Mus sylvaticus* L., *Mus wagneri* Eversm. und *Mus minutus* Pall. In Den Museen Zu Helsingfors und Stuttgart. Acta Societatis pro Fauna et Flora Fennica, 34(10): 1-19.

Kuroda N. 1922. Notes on the mammal fauna of Tsushima and Iki Islands, Japan. Journal of Mammalogy, 3(1): 43.

Bolkay IJ. 1925. Preliminary notes on a new mole (*Talpa hercegovinensis* n. sp.) from central Hercegovina and diagnoses of some new mammals from Bosnia and Hercegovina. Novitates Musei Sarajevoensis, 1: 12.

Argyropulo AI. 1929. A new subspecies of *Micromys minutus* Pallas from Central China. Comptes Rendus Academic Science URSS: 253.

Kuroda N. 1933. A new form of *Micromys* from Hondo, Japan. Journal of Mammalogy, 14(3): 243.

Fritsche K. 1934. *Micromys minutus subobscurus* ssp. nov. Zeitschrift für Säugetierkunde: im Auftrage der Deutschen Gesellschaft für Säugetierkunde e. V., 9: 431.

Tokuda M. 1941. A revised monograph of Muridae. Transactions of the Biogeographical Society of Japan, 4: 1-156.

Johnson DH, Jones Jr JK. 1955. Three new rodents of the genera *Micromys* and *Apodemus* from Korea. Proceedings of the Biological Society of Washington, 68: 167-172.

Simionescu V. 1971. Revision de la systématique de genre *Micromys* Dehne, 1841 (Rodentia) du Paléarctique, fondée sur les critères morphologiques. Proceedings of the International Symposium of Mammalogy: 139-154.

Zagorodniuk IV. 1992. A review of the recent taxa of Muroidea (Mammalia), described from the territory of Ukraine: 1777-1990. Vestnik Zoologii, (2): 44.

Kaneko Y, Maeda K. 2002. A list of scientific names and the types of mammals published by Japanese researchers. Mammalian Science, 42(1): 1-21.

小家鼠属 *Mus* Clerck, 1757

145. 锡金小鼠 *Mus pahari* Thomas, 1916

英文名：Gairdner's Shrewmouse, Indochinese Shrewlike Mouse

曾用名：无

地方名：无

模式产地：印度锡金

同物异名及分类引证：

Leggada pahari gairdneri Kloss, 1920

Leggada jacksoniae Thomas, 1921

Leggada cookii meator Allen, 1927

Mus pahari mocchauensis Dao, 1978

亚种分化：全世界至少存在 3 个亚种，中国有 3 个亚种。

指名亚种 *M. p. pahari* Thomas, 1916，模式产地：印度锡金；

滇西亚种 *M. p. gairdneri* Kloss, 1920，模式产地：泰国拉衡；

印支亚种 *M. p. jacksoniae* Thomas, 1921，模式产地：印度梅加拉亚邦。

国内分布：指名亚种分布于西藏（墨脱）；滇西亚种分布于云南（耿马、沧源、高黎贡山和碧罗雪山）；印支亚种分布于贵州、四川西南部和广西。

国外分布：不丹、柬埔寨、印度、老挝、缅甸、泰国、越南。

引证文献：

Thomas O. 1916. Scientific results from the mammal survey, No. XII. A.—On the Muridae from Darjiling and the Chin Hills. The Journal of the Bombay Natural History Society, 24 (3): 414.

Kloss CB. 1920. Two new Leggada mice from Siam. The Journal of the Natural History Society of Siam, 4: 60.

Thomas O. 1921. On Jungle-mice from Assam. The Journal of the Bombay Natural History Society, 27(3): 596.

Allen GM. 1927. Murid rodents from the Asiatic Expeditions. American Museum Novitates, No. 270. New York: American Museum of Natural History: 6.

Dao VT. 1978. Sur une collection de mammiferes du Plateau de Moc Chau (Province de So'n-la, Nord-Vietnam). Mitteilungen aus dem Zoologische Museum in Berlin, 54: 388.

146. 卡氏小鼠 *Mus caroli* **Bonhote, 1902**

英文名：Ryukyu Mouse

曾用名：琉球小鼠、小家鼠、田小鼠、棒杆鼷鼠

地方名：无

模式产地：日本冲绳

同物异名及分类引证：

Mus ouwensi Kloss, 1921

Mus kurilensis Kuroda, 1924

Mus formosanus Kuroda, 1925

Mus boninensis Kishida, 1926

Mus caroli boninensis Kuroda, 1930

亚种分化：全世界可能有 3～7 个亚种，中国有 1 个亚种。

指名亚种 *M. c. caroli* Bonhote, 1902，模式产地：日本冲绳。

国内分布：贵州、云南、福建、台湾、广东、广西、海南、香港。

国外分布：广泛分布于东南亚和东亚。

引证文献：

Bonhote JL. 1902. On some mammals obtained by the Hon. N. Charles Rothschild, from Okinawa, Liu-kiu islands. Novitates Zoologicae: a Journal of Zoology in Connection with the Tring Museum, 9: 627.

Kloss CB. 1922. Some rats and mice of the Malay Archipelago. Treubia, 2 (1): 120.

Kuroda N. 1924. Two new murine rodents from Kurile islands, Japan. Journal of Mammalogy, 5(2): 119.

Kuroda N. 1925. Description of a new species of the genus *Mus* from Formosa. Japan: Dobutsugaku zasshi, 37: 14.

Kishida N. 1926. Basic studies on zoological materials. Japan: Dobutsu Kyozai no Konponteki Kenkyu: 147.

Kuroda N. 1930. The geographical distribution of mammals in the Bonin Islands. Bulletin of the Biogeographical Society of Japan, 1: 83.

147. 仔鹿小鼠 *Mus cervicolor* Hodgson, 1845

英文名：Fawn-colored Mouse

曾用名：无

地方名：无

模式产地：尼泊尔

同物异名及分类引证：

Mus strophiatus Hodgson, 1845

Mus cunicularis Blyth, 1855

Mus nitidulus Blyth, 1859

Leggada nitidula popaeus Thomas, 1919

Tautatus thai annamensis Robinson *et* Kloss, 1922

Mus imphalensis Roonwal, 1948

亚种分化：无

国内分布：云南（泸水、瑞丽、梁河、盈江、大理、孟连、勐海、勐腊）。

国外分布：巴基斯坦、柬埔寨、老挝、缅甸、尼泊尔、斯里兰卡、泰国、印度、越南。

引证文献：

Hodgson BH. 1845. On the rats, mice and shrews of the central region of Nepal. The Annals and Magazine of Natural History, Ser. 1, 15(98): 266-270.

Blyth E. 1855. Proceedings of the Asiatic Society of Bengal for October 1855. Journal of the Asiatic Society of Bengal, 24: 721.

Blyth E. 1859. Report of Curator, Zoological Department, for February to May Meetings, 1859. Journal of the Asiatic Society of Bengal, 28(3): 294.

Thomas R. 1919. A synopsis of the groups of true mice found within the Indian Empire. The Journal of the Bombay Natural History Society, 26(2): 420.

Robinson HC, Kloss CB. 1922. New mammals from French Indo-China and Siam. The Annals and Magazine of Natural History, Ser. 9, 9(49): 99.

Roonwal ML. 1948. Three new Muridae (Mammalia: Rodentia) from Assam and the Kabaw valley, Upper Burma. Proceedings of the Indiana Academy of Science, 14(9): 385-387.

杨广荣, 王应祥. 1989. 云南省啮齿动物名录及与疾病的关系. 中国鼠类防治杂志, 5(4): 227.

148. 丛林小鼠 *Mus cookii* Ryley, 1913

英文名：Cook's Mouse

曾用名：库氏小家鼠

地方名：无

模式产地：缅甸掸邦

同物异名及分类引证：

Mus darjilingensis Hodgson, 1849

Taulalus thai Kloss, 1917

Leggada rahengis Kloss, 1920

Leggada nagarum Thomas, 1921

Leggada palnica Thomas, 1923

亚种分化：全世界有 2～3 个亚种，中国有 1 个亚种。

指名亚种 *M. c. cookie* Ryley, 1913，模式产地：缅甸掸邦。

国内分布：云南西南部。

国外分布：不丹、老挝、孟加拉国、缅甸、尼泊尔、泰国、印度、越南。

引证文献：

Hodgson BH. 1849. List of Mammalia from Sikim and Darjeling, near Nepal, in Upper India. The Annals and Magazine of Natural History, Ser. 2, 3(15): 202-203.

Ryley KV. 1913. A new field-mouse from Burma. The Journal of the Bombay Natural History Society, 22: 663.

Kloss CB. 1917. On a new Murine genus and species from Siam. The Journal of the Natural History Society of Siam, 2: 280.

Kloss CB. 1920. Two new Leggada mice from Siam. The Journal of the Natural History Society of Siam, 4: 60.

Thomas O. 1921. On Jungle-mice from Assam. The Journal of the Bombay Natural History Society, 27(3): 597.

Thomas O. 1923. A new mouse from Madura, S. India. The Journal of the Bombay Natural History Society, 29(1): 87.

149. 小家鼠 *Mus musculus* Linnaeus, 1758

英文名：House Mouse

曾用名：无

地方名：鼷鼠、小鼠、小耗子、米鼠子

模式产地：瑞典乌普萨拉省

同物异名及分类引证：

Mus agrarius maculatus Bechstein, 1801

Mus musculus albus Bechstein, 1801

Mus musculus flavus Bechstein, 1801

Mus musculus niger Bechstein, 1801

Mus orientalis Cretzschmar, 1826

Mus gentilis Brants, 1827

Mus musculus albicans Billberg, 1827

Mus musculus niveus Billberg, 1827

Mus musculus striatus Billberg, 1827

Mus abbotti Waterhouse, 1837

Mus brevirostris Waterhouse, 1837

Mus hortulanus Nordmann, 1840

Mus adelaidensis Gray, 1841

Mus musculus nipalensis Hodgson, 1841

Mus musculus modestus Wagner, 1842

Mus musculus manei Gray, 1843

Mus molossinus Temminck, 1844

Mus azoricus Schinz, 1845

Mus dubius Hodgson, 1845

Mus homourus Hodgson, 1845

Mus urbanus Hodgson, 1845

Mus peruvianus Peale, 1848

Mus wagneri Eversmann, 1848

Mus vignaudii Des Murs *et* Prévost, 1850

Mus gerbillinus Blyth, 1853

Mus theobaldi Blyth, 1853

Mus musculus var. *nudo-plicatus* Gaskoin, 1856

Mus tytleri Blyth, 1859

Mus rama Blyth, 1865

Mus musculus cinereomaculatus Fitzinger, 1867

Mus musculus helvolus Fitzinger, 1867

Mus musculus lundii Fitzinger, 1867

Mus musculus nattereri Fitzinger, 1867

Mus musculus varius Fitzinger, 1867

Mus musculus var. *melanogaster* Minà Palumbo, 1868

Mus poschiavinus Fatio, 1869

Mus viculorum Anderson, 1879

Mus albertisii Peters *et* Doria, 1881

Mus gilvus Petényi, 1882

Mus musculus bicolor Tichomirow *et* Kortchagin, 1889

Mus musculus microdontoides Noack, 1889

Mus musculus jalapae Allen *et* Chapman, 1897

Mus musculus muralis Barrett-Hamilton, 1899

Mus musculus tomensis Kastschenko, 1899

Mus gansuensis Satunin, 1902

Mus commissarius Mearns, 1905

Mus musculus ater Fraipont, 1907 (in Schwarz *et* Schwarz, 1943)

Mus musculus tataricus Satunin, 1908

Mus wagneri mongolium Thomas, 1908

Mus musculus manchu Thomas, 1909

Mus wagneri sareptanicus Hilzheimer, 1911

Mus wagneri var. *rotans* Fortuyn, 1912

Mus musculus canacorum Revilloid, 1914

Mus spicilegus gemanicus Noack, 1918

Mus jamesoni Krausse, 1921

Mus musculus airolensis Burg, 1921

Mus musculus far Cabrera, 1921

Mus musculus sinicus Cabrera, 1922

Mus spicilegus heroldii Krausse, 1922

Mus musculus mystacinus Mohr, 1923

Mus molossinus orii Kuroda, 1924

Mus musculus albidiventris Burg, 1924

Mus musculus borealis Ognev, 1924

Mus musculus funereus Ognev, 1924

Mus musculus helviticus Burg, 1924

Mus bactrianus tantillus Allen, 1927

Mus molossinus yesonis Kuroda, 1928

Mus musculus taiwanus Horikawa, 1929

Mus musculus formosovi Heptner, 1930

Mus musculus kambei Kishida *et* Mori, 1931

Mus musculus takagii Kishida *et* Mori, 1931

Mus musculus decolor Argyropulo, 1932

Mus musculus rufiventris Argyropulo, 1932

Mus musculus amurensis Argyropulo, 1933

Mus musculus fredericae Sody, 1933

Mus bactrianus yamashinai Kuroda, 1934

Mus hortulanus caudatus Martino, 1934

Mus musculus var. *bieni* Young, 1934

Mus musculus candidus subsp. nov. Laurent, 1937

Mus musculus utsuryonis Mori, 1938

Mus musculus mykinessiensis Degerbol, 1940

Mus musculus skaleh-peninsularis Goodwin, 1940

Mus olossinus kuro Kuroda, 1940

Mus musculus mohri Ellerman, 1941

Mus musculus percnonotus Moulthrop, 1942

Mus musculus hanuma Ognev, 1948

Mus musculus helgolandicus Zimmerman, 1953

Mus musculus synanthropus Kretzoi, 1965

Mus solymarensis Kretzoi (in Jánossy, 1986)

亚种分化：全世界有 4～7 个亚种，中国有 2 个亚种。

指名亚种 *M. m. musculus* (Linnaeus, 1758)，模式产地：瑞典乌普萨拉省；

菲律宾亚种 *M. m. castaneus* (Waterhouse, 1843)，模式产地：菲律宾群岛。

国内分布：指名亚种分布于黑龙江、吉林、辽宁、北京、河北、内蒙古、山西、天津、甘肃、宁夏、青海、陕西、新疆、河南、山东等地；菲律宾亚种分布于重庆、贵州、四川、西藏、云南、湖北、湖南、安徽、福建、江苏、江西、上海、台湾、浙江、澳门、广东、广西、海南、香港等地。

国外分布：除南极圈、某些海洋岛屿、亚洲寒带针叶林和苔原带中最寒冷的地区，以及某些高山地带外，全世界均有分布。

引证文献：

Linnaeus C. 1758. Systema naturae per regna tria naturae: secundum classes, ordines, genera, species, cum characteribus, differentiis, synonymis, locis. 10th Ed. Tomus I. Holmiae: Impensis Direct. Laurentii Salvii: 62.

Bechstein JM. 1801. Gemeinnützige naturgeschichte deutschlands nach allen drey reichen: ein handbuch zur deutlichern und vollständigern Selbstbelehrung besonders für forstmänner, Jugendlehrer und Oekonomen. 2nd Ed., Bd. 1. Pt. 2. Leipzig: Bey Siegfried Lebrecht Crusius: 955.

Cretzschmar PJ. 1826. Atlas zu der reise im nördlichen Afrika. Frankfurt am Main: Gedruckt und in Commission bei Heinr. Ludw. Brönner, 1: 76.

Billberg GJ. 1827. Synopsis faunae Scandinaviae. Tom. 1. Pars 1. Mammals. Holmiae: Ex officina typogr: 6.

Brants A. 1827. Het geslacht der muizen door Linnaeus opgesteld, volgens de tegenswoordige toestand der wetenschap in familien, geslachten en soorten verdeeld. Berlin: Gedrukt Ter Akademische Boekdrukkery: 126.

Waterhouse GR. 1837. Characters of new species of the genus *Mus*, from the collection of Mr. Darwin. Proceedings of the Zoological Society of London, Part V: 19.

Waterhouse GR. 1837. Characters of some new species of the genera *Mus* and *Phascogale*. Proceedings of the Zoological Society of London, Part V: 75-77.

Nordmann A. 1840. In: Demidov A. Voyage Dans la Russie Méridionale et la Crimée par la Hongrie, la Valachie et la Moldavie Exécuté en 1837. Paris, 3: 45.

Gray G. 1841. Journals of two expeditions of discovery in north-west and western Australia, during the Years 1837, 38, and 39. Vol. 2. London: T. and W. Boone, Appdix C.: 404, 410.

Hodgson BH. 1841. Classified catalogue of mammals of Nepal, (corrected to end of 1841, first printed in 1832). Journal of the Asiatic Society of Bengal, 10(2): 907-916.

Wanger JA. 1842. Beschreibung einiger neuer oder minder bekannter Nager. Archiv für Naturgeschichte, 1: 14.

Gray JE. 1843. List of the specimens of Mammalia in the collection of the British Museum. London: British Museum (Natural History): 281.

Waterhouse GR. 1843. Proceedings of the Zoological Society. The Annals and Magazine of Natural History, 12(75): 134.

Hodgson BH. 1845. On the rats, mice, and shrews of the central region of Nepal. The Annals and Magazine of Natural History, Ser. 1, 15(98): 266-270.

Schinz HR. 1845. Systematisches Verzeichniss aller bis jetzt bekannten Säugethiere, oder, Synopsis Mammalium, nach dem Cuvier's chen system, Solothurn, Jent und Gassmann, 2: 161.

Blyth E. 1846. Rough notes on the zoology of Candahar. Journal of the Asiatic Society of Bengal, 15: 140.

Eversmann E. 1848. Einige beiträge zur Mammalogie und Ornithologie des Russischen reichs. Bulletin de la Socie?te? impe?riale des Naturalistes de Moscou, 21(1): 191.

Paele TR. 1848. United States Exploring Expedition, VIII. Mammalia and Ornithology, Philadelphia: 51.

Des Murs, Prevost F. 1850. In: Lefebves T. Voyage en Abyssinie: exécuté pendant les années 1839, 1840, 1841, 1842, 1843, Histoire Naturelle Zoologie, Atlas. Paris: Arthus Bertrand, Éditeur: plate 5.

Bylth E. 1853. Proceedings of the Asiatic Society. Journal of the Asiatic Society of Bengal, 22: 410, 583.

Gaskoin JS. 1856. On a peculiar variety of *Mus musculus*. Proceedings of the Zoological Society of London, 1856: 38-40.

Blyth E. 1859. Report of Curator, Zoological Department, for February to May Meetings, 1859. Journal of the Asiatic Society of Bengal, 28(3): 296.

Blyth E. 1865. Notes and Queries, Zoology. Journal of the Asiatic Society of Bengal, 34(3): 194.

Fitzinger LJ. 1867. Versuch einer natürlichen anordnung der nagetiere (Rodentia). Sitzungsberichte der kaiserlichen akademie der wissenschaften. Mathematisch-Naturwissenschaftliche Classe. Abt. 1, Mineralogie, Botanik, Zoologie, Anatomie, Geologie und Paläontologie, 56(1): 65, 70.

Fatio V. 1869. Faune des vertébrés de la Suisse. Volume I: Historie Naturelle des Mammifères. Genève et Bale: H. Georg, Libraire-Éditeur, 207.

Anderson J. 1878. Anatomical and zoological researches: comprising an account of the zoological results of the two expeditions to western Yunnan in 1868 and 1875; and a monograph of the two cetacean genera, *Platanista* and *Orcella*. London: Bernard Quaritch, 15, Piccadilly, 1: 308.

Peters W, Doria G. 1881. Enumerazione dei Mammiféri raccolti da O. Beccari, L. M. d'Albertis ed A. A. Bruijn, nella Nuova Guinea propriamente detta. Annali del Museo civico di storia naturale di Genova, 16: 702.

Petenyi S. 1882. Természetrajzi füzetek, kiadja a Magyar nemzeti Muzeum, Budapest: Franklin-társulat nyomdája, 5-7: 94-95.

Noack TJ. 1889. Beiträge zur kenntniss der säugethierfauna von Süd- und Südwest-Afrika. Zoologische Jahrbücher. Abtheilung für Systematik, Geographie und Biologie der Tiere, 4: 141.

Allen JA, Chapman F. 1897. On a collection of mammals from Jalapa and Las Vigas, State of Vera Cruz, Mexico. Bulletin of the American Museum of Natural History, 9: 198.

Barrett-Hamilton GEH. 1899. On the species of the genus *Mus* inhabiting St. Kilda. Proceedings of the General Meetings for Scientific Business of the Zoological Society of London for the Year 1899. London: Messre, Longmans, Green and Co.: 77-81.

Kastschenko NF. 1899. Results of Altai zoological expedition of the year 1898. Vertebrates. Tomsk: Tomskii University: 42-61.

Satunin KA. 1902. Neue nagetiere aus Centralasien. Annuaire du Musée zoologique de l'Académie des sciences de St. Pétersbourg, 7: 549-587.

Clarke W. 1904. On some forms of *Mus musculus*, Linn., with description of a new subspecies from the Faeroe Islands. Proceedings of the Royal Physical Society of Edinburgh, 15(2): 160-167.

Mearns EA. 1905. Descriptions of new genera and species of mammals from the Philippine Islands. Proceedings of the United States National Museum, 28: 442, 449.

Satunin KA. 1908. Über die maulwürfe südrußlands und kaukasiens. Mitteilungen des Kaukasischen Museums, 4: 113.

Thomas O. 1908. The Duke of Bedford's zoological exploration in Eastern Asia.—IX. List of mammals from the Mongolian Plateau. Proceedings of the General Meetings for Scientific Business of the Zoological

Society of London. London: Messrs. Longmans, Green and Co.: 106.

Thomas O. 1909. A collection of mammals from northern and central Mantchuria. The Annals and Magazine of Natural History, Ser. 8, 4(24): 500-505.

Hilzheimer M. 1911. Über *Mus sylvaticus* L., *Mus wagneri* Eversm. und *Mus minutus* Pall. In Den Museen Zu Helsingfors und Stuttgart. Acta Societatis pro Fauna et Flora Fennica, 34(10): 1-19.

Fortuyn DAB. 1912. Über den systematischen Wert der japanischen Tanzmaus (*Mus wagneri* varietas *rotans* nov. var.). Zoologischer Anzeiger, 39(5-6): 177.

Noack T. 1918. Über einige in und bei Eberswalde gefundene Muriden. Zeitschrift für Forst-und Jagdwesen, 50: 308.

Thomas O. 1919. Scientific results from the mammal Survey, XIX. A synopsis of the groups of true mice found within the Indian Empire. The Journal of the Bombay Natural History Society, 26(2): 420-422.

Burg G. 1921. Hausmä use aus den oberen Tessintä lern. Der Weidmann Bulach, 6: 5.

Cabrera A. 1921. Titulo completo, memorias de la real sociedad española de historia natural. Tomo Extraordinario. Publicado Con Morivo Del 50 Aniversario de Su Fundacion: p46.

Cabrera A. 1922. Sobre algunos mamíferos de la China oriental. Boletín de la Real Sociedad Española de Historia Natural, 22: 166.

Krausse AH. 1922. Über eine neue form von *Mus spicilegus* (*Mus spicilegus* Heroldii) von der Ostseeküste. Archiv für Naturgeschichte, 88(4-6): 137.

Burg G. 1924. Die Hausmaus in der Schweiz. Zoologica Palaearctica (= Pallasia), 1(4): 166-168.

Ognev SI. 1924. Rodents of Northern Caucasus [Gryzuny severnogo kavkaza]. Rostov-on-Don: Gosizdat Publishing House: 1-64.

Allen GM. 1927. Murid rodents from the Asiatic Expeditions. American Museum Novitates, No. 270. New York: American Museum of Natural History: 9.

Kuroda N. 1928. A new form of *Mus* from Hokkaido. Journal of Mammalogy, 9(2): 147.

Horikawa Y. 1929. Material for the study of Formosan mammals, Pt. 1. Transactions of the Natural History Society of Formosa, 19: 80.

Heptner VG. 1930. Über die Rassen von *Mus musculus* in ostlichen Kaukasus (Zis- und Transkaukasien). Zoologischer Anzeiger Leipzig, 89: 5-22.

Kishida N, Mori T. 1931. On the distribution of terrestrial mammals of Korea. Dobutsugaku Zasshi, 43: 378.

Argyropulo AI. 1932. Travaux de l'Institut Zoologique de l'Academie des sciences de l'URSS. Proceedings of the Zoological Institute of the Russian Academy of Sciences, Leningrad: Nauka: 223-226.

Sody HJV. 1933. Ten new mammals from the Dutch east Indies. The Annals and Magazine of Natural History, Ser. 10, 12: 438.

Heptner VG. 1934. Systematische und tiergeographische Notizen über einige russiche Säuger. Folia Zoologica et Hydrobiologica, Bd. VI, 1: 21-23.

Kuroda N. 1934. Korean mammals preserved in the collection of Marquis Yamashina. Journal of Mammalogy, 15(3): 234.

Martino V. 1934. Zoogeografičeskoje položenije gornago kraža Bistri. Zapiski Russkago Naučnago Instituta v Bĕlgradĕ, Russia, 10: 81-91.

Young CC. 1934. On the Insectivora, Chiroptera, Rodentia and Primates other than Sinanthropus from locality 1 at Choukoutien. Palaeontologia Sinica, Series C, 8(3): 79.

Pei WC. 1936. On the mammalian remains from locality 3 at Choukoutien. Palaeontologia Sinica, Series C, 7(5): 66-67.

Laurent D. 1937. Une Forme Nouvelle De La Souris Vraie *Mus musculus* L. Au Maroc Orietal: *Mus musculus candidus* subsp. nov. Bulletin de la Société des sciences naturelles du Maroc, 17: 1.

Mori T. 1938. Chōsen Hakubutsu Gakkai zasshi. Journal of Chosen Natural History Society, 16: 16.

Degerbøl M. 1940. Mammalia, being part 65 of the zoology of the Faeroes, published at the expense of the Carlsberg Fund: 1-132.

Goodwin GG. 1940. Mammals collected by the Legendre 1938 Iran expedition. American Museum Novitates, No. 1082. New York: The American Museum of Natural History: 1-17.

Kuroda N. 1940. A monograph of Japanese mammals. Tokoyo and Osaka, Japan: 277.

Ellerman JR, Hayman RW, Holt GWC. 1941. The families and genera of living rodents. with a list of named forms (1758-1936). Vol. II. Family Muridae. London: British Museum (Natural History): 246.

Moulthrop PN. 1942. Description of a new house mouse from Cuba. Scientific Publications of the Cleveland Museum of Natural History, 5(5): 79.

Schwarz E, Schwarz HK. 1943. The wild and commensal stocks of the house mouse, *Mus musculus* Linnaeus. Journal of Mammalogy, 24(1): 59-72.

Ognev SI. 1948. Mammals of the USSR and adjacent countries: rodents (continued), mammals of Eastern Europe and Northern Asia. Akademiya Nauk SSSR, 6: 559.

Zimmermann K. 1953. Die Hausmaus von Helgoland *Mus musculus helgolandicus* sspec. nov. Zeitschrift für Säugetierkunde, 17: 163-166.

Kretzoi M, Vértes L. 1965. Upper Biharian (Intermindel) pebble-industry occupation site in Western Hungary. Current Anthropology, 6: 74-87.

Jánossy D. 1986. Pleistocene vertebrate faunas of Hungary. Budapest: Akadémia Kiado: 208.

Kratochvíl I. 1986. *Mus abbotti*. Eine kleinasiatisch-Balkanische art (Muridae-Mammalia). Folia Zoologica, 35(1): 3-20.

Kaneko Y, Maeda K. 2002. A list of scientific names and the types of mammals published by Japanese researchers. Mammalian Science, 42(1): 1-21.

地鼠属 *Nesokia* Gray, 1842

150. 印度地鼠 *Nesokia indica* (Gray, 1832)

英文名：Short-tailed Bandicoot Rat

曾用名：无

地方名：无

模式产地：印度

同物异名及分类引证：

Arvicola indica Gray, 1832

Meriones myosurus Wagner, 1845

Mus huttoni Blyth, 1846

Nesokia griffithi Horsfield, 1851

Spalacomys indicus Peters, 1860

Nesokia scullyi Wood-Mason, 1876

Nesokia boettgeri Radde *et* Walter, 1889

Nesokia brachyura Büchner, 1889

Nesokia bacheri Nehring, 1897

Nesokia huttoni var. *satunini* Nehring, 1899

Nesokia bailwardi Thomas, 1907

Nesokia suilla Thomas, 1907

Nesokia beaba Wroughton, 1908

Nesokia buxtoni Thomas, 1919

Nesokia dukelskiana Heptner, 1928

Nesokia legendrei Goodwin, 1939

Nesokia insularis Goodwin, 1940

Nesokia chitralensis Schlitter *et* Setzer, 1973

亚种分化：全世界亚种分化不详，中国有 2 个亚种。

南疆亚种 *N. i. scullyi* Wood-Mason, 1876，模式产地：新疆和田；

罗布泊亚种 *N. i. brachyura* Büchner, 1889，模式产地：新疆罗布泊地区。

国内分布：南疆亚种分布于新疆（和田一带）；罗布泊亚种分布于新疆（罗布泊地区、库尔勒和尉犁）。

国外分布：阿富汗、埃及、巴基斯坦、巴勒斯坦、孟加拉国、沙特阿拉伯、塔吉克斯坦、土库曼斯坦、乌兹别克斯坦、叙利亚、伊拉克、伊朗、以色列、印度、约旦。

引证文献：

Gray JE. 1830-1832. Illustrations of Indian zoology, chiefly selected from the collection of Major-General Hardwicke. Vol. 1. London: Treuttel, Wurtz, Treuttel, Jun. and Richter: plate 11.

Wagner A. 1845. Diagnosen einiger neuen Arten von nagern und handflüglern. Archiv für Naturgeschichte, 11(1): 149.

Blyth E. 1846. Rough notes on the zoology of Candahar. Journal of the Asiatic Society of Bengal, 15: 139.

Horsfield T. 1851. *Nesokia griffithi*, Horsfield. A catalogue of the Mammalia in the museum of the Hon. East-India Company. London: Printed by J. & H. Cox: 145.

Peters W. 1860. Über einige merkwürdige nagetjiere. Des Königl. Zoologischen Museums. Abhandlungen der Königlichen Akademie der Wissenschaften zu Berlin: 1-143.

Alston ER. 1876. On the classification of the order Glires. Proceedings of the General Meetings for Scientific Business of the Zoological Society of London. London: Messrs, Green and Co.: 61-68.

Wood-Mason J. 1876. Description of a new rodent from Central Asia. Proceedings of the Asiatic Society of Bengal: 80.

Büchner E. 1889. Wissenschaftliche resultate der von N. M. Przewalski nach Central-Asien unternommenen reisen, Zoologischer theil. Band I. Säugethiere. St. Petersburg: Kaiserlichen Akademie der Wissenschaften: 82.

Radde G, Walter A. 1889. Die säugethiere transkaspiens. Zoologische Jahrbücher, 4: 993-1094.

Nehring A. 1897. Über *Nesokia bacheri* n. sp. Zoologischer Anzeiger, Bd. 20: 503.

Nehring A. 1899. Über eine nesokia-art aus der oase merw und solche aus dem lande moab. Sitzungsberichte der Gesellschaft Naturforschender Freunde zu Berlin, No. 7: 107.

Thomas O. 1907. A subdivision of the old genus *Nesokia*, with descriptions of three new members of the group, and of a *Mus* from the Andamans. The Annals and Magazine of Natural History, Ser. 7, 20(7): 202-207.

Wroughton RC. 1908. Notes on the classification of the bandicoots. The Journal of the Bombay Natural History Society, 18: 736-752.

Thomas O. 1919. Scientific results from the mammal survey, XIX. A synopsis of the groups of true mice found within the Indian Empire. The Journal of the Bombay Natural History Society, 26(2): 420-422.

Heptner VG. 1928. Eine neue Wiihlratte (G. nesokia Gray, 1842; Mammalia, Muridae). Zoologischer

Anzeiger, 76: 257-260.

Goodwin GG. 1939. A new bandicoot from Iran. American Museum Novitates, No. 1048. New York: The American Museum of Natural History: 2.

Goodwin GG. 1940. Mammals collected by the Legendre 1938 Iran expedition. American Museum Novitates, No. 1082. New York: The American Museum of Natural History: 12.

Schlitter DA, Setzer HW. 1973. New rodents (Mammalia: Cricetidae, Muridae) from Iran and Pakistan. Proceedings of the Biological Society of Washington, 86: 163-174.

白腹鼠属 *Niviventer* Marshall, 1976

151. 安氏白腹鼠 *Niviventer andersoni* (Thomas, 1911)

英文名：Anderson's Niviventer

曾用名：无

地方名：无

模式产地：四川峨眉山

同物异名及分类引证：

Epimys andersoni Thomas, 1911

Rattus andersoni (Thomas, 1911) Allen, 1926

Rattus coxingi andersoni (Thomas, 1911) Ellerman & Morrison-Scott, 1951

Niviventer andersoni (Thomas, 1911) Musser, 1981

Niviventer andersoni lushuiensis Wu *et* Wang, 2002

亚种分化：全世界有 2 个亚种，中国均有分布。

指名亚种 *N. a. andersoni* Thomas, 1911，模式产地：四川峨眉山；

哀牢山亚种 *N. a. ailaoshanensis* Li *et* Yang, 2009，模式产地：云南哀牢山。

国内分布：中国特有，指名亚种分布于西藏东南部、陕西、重庆、贵州、四川、湖北、湖南和云南西南部；哀牢山亚种分布于云南西北部。

国外分布：无

引证文献：

Thomas O. 1911. The Duke of Bedford's zoological exploration of Eastern Asia.—XIII. On mammals from the provinces of Kan-su and Sze-chwan, Western China. Proceedings of the General Meetings for Scientific Business of the Zoological Society of London. London: Messrs. Longmans, Green and Co.: 158-180.

Allen GM. 1926. Rats (genus *Rattus*) from the Asiatic Expeditions. American Museum Novitates, No. 217. New York: American Museum of Natural History: 1-16.

Musser GG, Chiu S. 1979. Notes on taxonomy of *Rattus andersoni* and *R. excelsior*, murids endemic to Western China. Journal of Mammalogy, 60(3): 581-592.

Musser GG. 1981. Results of the Archbold Expeditions. No. 105. Notes on systematics of Indo-Malayan murid rodents, and descriptions of new genera and species from Ceylon, Sulawesi, and the Philippines. Bulletin of the American Museum of Natural History, 168: 229-334.

Li S, Yang JX. 2009. Geographic variation of the Anderson's niviventer (*Niviventer andersoni*) (Thomas, 1911) (Rodentia: Muridae) of two new subspecies in China verified with cranial morphometric variables and pelage characteristics. Zootaxa, 2196: 48-58.

李飞虹, 杨奇森, 温知新, 夏霖, 张锋, Abramov A, 葛德燕. 2020. 安氏白腹鼠的形态分化与分布范围修订. 兽类学报, 40(3): 209-230.

152. 梵鼠 *Niviventer brahma* (Thomas, 1914)

英文名：Brahma White-bellied Niviventer

曾用名：无

地方名：无

模式产地：西藏藏南地区

同物异名及分类引证：

Rattus brahma Thomas, 1914

Niviventer brahma (Thomas, 1914) Musser, 1981

亚种分化：无

国内分布：西藏东南部和南部、云南（高黎贡山）。

国外分布：印度、缅甸。

引证文献：

Thomas O. 1914. On small mammals collected in Tibet by Capt. F. M. Bailey. The Journal of the Bombay Natural History Society, 23(2): 230-233.

Musser GG. 1981. Results of the Archbold Expeditions. No. 105. Notes on systematics of Indo-Malayan murid rodents, and descriptions of new genera and species from Ceylon, Sulawesi, and the Philippines. Bulletin of the American Museum of Natural History, 168: 229-334.

153. 短尾社鼠 *Niviventer bukit* (Bonhote, 1903)

英文名：Bukit Niviventer

曾用名：无

地方名：无

模式产地：泰国北部

同物异名及分类引证：

Mus bukit Bonhote, 1903

Epimys jerdoni pan Robinson *et* Kloss, 1914

Epimys jerdoni marinus Kloss, 1916

Rattus bukit (Bonhote, 1903) Robinson & Kloss, 1919

Rattus lepturus besuki Sody, 1931

Niviventer bukit (Bonhote, 1903) Musser, 1981

亚种分化：无

国内分布：云南南部。

国外分布：越南、老挝。

引证文献：

Bonhote JL. 1903. On new species of *Mus* from Borneo and the Malay Peninsula. The Annals and Magazine of Natural History, Ser. 7, 11(61): 123-125.

Robinson HC, Kloss CB. 1914. On new mammals, mainly from Bandon and the adjacent Islands, east coast of the Malay Peninsula. The Annals and Magazine of Natural History, Ser. 8, 13(74): 223-234.

Kloss CB. 1916. On a collection of mammals from the coast and islands of south-east Siam. Proceedings of the General Meetings for Scientific Business of the Zoological Society of London. London: Messre. Longmans, Green and Co.: 27-75.

Robinson HC, Kloss CB. 1919. On five new mammals from Java. The Annals and Magazine of Natural History, Ser. 9, 4(24): 374-378.

Allen GM. 1926. Rats (genus *Rattus*) from the Asiatic Expeditions. American Museum Novitates, No. 217. New York: American Museum of Natural History: 1-16.

Sody HJV. 1931. Two new races of *Rattus lepturus* from Java. Natuurkundig Tijdschrift voor Nederlandsch-Indie, 91: 212-215.

Musser GG. 1981. Results of the Archbold Expeditions. No. 105. Notes on systematics of Indo-Malayan murid rodents, and descriptions of new genera and species from Ceylon, Sulawesi, and the Philippines. Bulletin of the American Museum of Natural History, 168: 229-334.

Ge DY, Lu L, Xia L, Du YB, Wen ZX, Cheng JL, Yang QS. 2018. Molecular phylogeny, morphological diversity, and systematic revision of a species complex of common wild rat species in China (Rodentia, Murinae). Journal of Mammalogy, 99(6): 1350-1374.

154. 北社鼠 *Niviventer confucianus* (Milne-Edwards, 1871)

英文名：Confucian Niviventer

曾用名：社鼠

地方名：社鼠

模式产地：四川宝兴

同物异名及分类引证：

Mus confucianus Milne-edwards, 1871

Mus confucianus luticolor Thomas, 1908

Epimys confucianus canorus Thomas, 1911

Epimys zappeyi Allen, 1912

Rattus confucianus (Milne-Edwards, 1871) Thomas, 1916

Rattus confucianus chihliensis Thomas, 1917

Rattus confucianus confucianus (Milne-Edwards, 1871) Allen, 1926

Niviventer confucianus (Milne-Edwards, 1871) Musser, 1981

Rattus niviventer naoniuensis Zheng *et* Zhao, 1984

Niviventer confucianus deqinensis Deng *et al.*, 2000

Niviventer confucianus yajianensis Deng *et* Wang, 2000

亚种分化：全世界有 3 个亚种，中国均有分布。

指名亚种 *N. c. confucianus* (Milne-Edwards, 1871)，模式产地：四川宝兴；

华北亚种 *N. c. luticolor* (Thomas, 1908)，模式产地：陕西延安；

德钦亚种 *N. c. deqinensis* Deng *et* Wang, 2000，模式产地：云南德钦。

国内分布：指名亚种分布于重庆、贵州、四川、云南等地；华北亚种分布于辽宁、北京、河北、山西、甘肃、青海、陕西等地；德钦亚种分布于西藏东南部和云南西北部。

国外分布：越南北部。

引证文献：

Milne-Edwards A. 1871. In: David LA. Rapport adressé à MM les professeurs-administrateurs du Muséum d'Histoire Naturelle. Nouvelles Archives du Muséum d'Histoire Naturelle, 7: 75-100.

Thomas O. 1908. The Duke of Bedford's zoological expedition in Eastern Asia.—X. List of mammals from provinces of Chih-li and Shan-si, N. China. Proceedings of the General Meetings for Scientific Business of the Zoological Society of London. London: Messrs. Longmans, Green and Co.: 972.

Thomas O. 1911. The Duke of Bedford's zoological exploration of Eastern Asia.—XIV. On mammals from Southern Shen-si, Central China. Proceedings of the General Meetings for Scientific Business of the Zoological Society of London: 687-695.

Allen GM. 1912. Some Chinese vertebrates: Mammalia. Memoirs of the Museum of Comparative Zoology at Harvard College, 40(4): 201-247.

Hollister N. 1916. The generic names *Epimys* and *Rattus*. Proceedings of the Biological Society of Washington, 29: 126.

Thomas O. 1916. On the rat known as *Epimys jerdoni* from Upper Burma. The Journal of the Bombay Natural History Society, 24(4): 643-644.

Thomas O. 1917. Two new rats of the *Rattus confucianus* group. The Annals and Magazine of Natural History, Ser. 8, 20(116): 198-200.

Allen GM. 1926. Rats (genus *Rattus*) from the Asiatic Expeditions. American Museum Novitates, No. 217. New York: American Museum of Natural History: 1-16.

Musser GG. 1981. Results of the Archbold Expeditions. No. 105. Notes on systematics of Indo-Malayan murid rodents, and descriptions of new genera and species from Ceylon, Sulawesi, and the Philippines. Bulletin of the American Museum of Natural History, 168: 229-334.

张子郁, 赵铭山. 1984. 社鼠一新亚种——闹牛社鼠. 动物学报, 30(1): 99-102.

邓先余, 冯庆, 王应祥. 2000. 西南地区社鼠的亚种分化兼二新亚种描记. 动物学研究, 21(5): 375-382.

Ge DY, Lu L, Xia L, Du YB, Wen ZX, Cheng JL, Yang QS. 2018. Molecular phylogeny, morphological diversity, and systematic revision of a species complex of common wild rat species in China (Rodentia, Murinae). Journal of Mammalogy, 99(6): 1350-1374.

155. 台湾白腹鼠 *Niviventer coninga* (Swinhoe, 1864)

英文名：Spiny Taiwan Niviventer

曾用名：台湾刺毛社鼠

地方名：无

模式产地：台湾

同物异名及分类引证：

Mus coninga Swinhoe, 1864

Niviventer coxingi (Swinhoe, 1864) Musser, 1981

亚种分化：无

国内分布：中国特有，分布于台湾。

国外分布：无

引证文献：

Swinhoe R. 1864. On a new rat from Formosa. Proceedings of the General Meetings for Scientific Business of the Zoological Society of London, 32(1): 185-187.

Musser GG. 1981. Results of the Archbold Expeditions. No. 105. Notes on systematics of Indo-Malayan murid rodents, and descriptions of new genera and species from Ceylon, Sulawesi, and the Philippines. Bulletin of the American Museum of Natural History, 168: 229-334.

Balakirev AE, Abramov AV, Rozhnov VV. 2011. Taxonomic revision of *Niviventer* (Rodentia, Muridae) from Vietnam: a morphological and molecular approach. Russian Journal of Theriology, 10(1): 1-26.

Ge DY, Lu L, Xia L, Du YB, Wen ZX, Cheng JL, Yang QS. 2018. Molecular phylogeny, morphological diversity, and systematic revision of a species complex of common wild rat species in China (Rodentia, Murinae). Journal of Mammalogy, 99(6): 1350-1374.

156. 褐尾鼠 *Niviventer cremoriventer* (Miller, 1900)

英文名：Sundaic Arboreal Niviventer

曾用名：无

地方名：无

模式产地：泰国南部

同物异名及分类引证：

Mus cremoriventer Miller, 1900

Mus flaviventer Miller, 1900

Mus gilbiventer Miller, 1903

Mus kina Bonhote, 1903

Epimys barussanus Miller, 1911

Epimys mengurus Miller, 1911

Epimys spatulatus Lyon, 1911

Epimys solus Miller, 1913

Rattus cremoriventer (Miller, 1900) Kloss, 1918

Rattus cremoriventer cretaceiventer Robinson *et* Kloss, 1919

Rattus cremoriventer malawali Chasen *et* Kloss, 1932

Rattus cremoriventer sumatrae Bartels, 1937

Niviventer cremoriventer (Miller, 1900) Musser, 1981

亚种分化：无

国内分布：云南南部。

国外分布：老挝、马来西亚、越南。

引证文献：

Miller GS. 1900. Seven new rats collected by Dr W.L. Abbott in Siam. Proceedings of the Biological Society of Washington, 13(1899-1900): 137-150.

Bonhote JL. 1903. On new species of *Mus* from Borneo and the Malay Peninsula. The Annals and Magazine of Natural History, Ser. 7, 11(61): 123-125.

Miller GS. 1903. Seventy new Malayan mammals. Smithsonian Miscellaneous Collections, 45(1-2): 1-73.

Lyon MW Jr. 1911. Mammals collected by Dr. W.L. Abbott on Borneo and some of the small adjacent islands. Proceedings of the United States National Museum, 40(1809): 53-146.

Miller GS. 1911. Descriptions of six new mammals from the Malay Archipelago. Proceedings of the Biological Society of Washington, 24: 25-28.

Miller GS. 1913. Fifty-one new Malayan mammals. Smithsonian Miscellaneous Collections, 61(21): 1-30.

Kloss CB. 1918. On a fourth collection of Siamese mammals. The Journal of the Natural History Museum of

Siam, 3(2): 49-69.

Robinson HC, Kloss CB. 1919. On five new mammals from Java. The Annals and Magazine of Natural History, Ser. 9, 4(24): 374-378.

Chasen FN, Kloss CB. 1932. On a collection of mammals from the lowlands and islands of north Borneo. Bulletin of the Raffles Museum Singapore, 6: 1-82.

Bartels JM. 1937. On two new Muridae from Sumatra and another rat new to the Sumatran fauna. Natuurkundig Tijdschrift voor Nederlandsch Indie, 97: 121-124.

Musser GG. 1973. Species-limits of *Rattus cremoriventer* and *Rattus langbianis*, murid rodents of southeast Asia and the Greater Sunda Islands. American Museum Novitates, No. 2525. New York: The American Museum of Natural History: 1-65.

Musser GG. 1981. Results of the Archbold Expeditions. No. 105. Notes on systematics of Indo-Malayan murid rodents, and descriptions of new genera and species from Ceylon, Sulawesi, and the Philippines. Bulletin of the American Museum of Natural History, 168: 229-334.

Ge DY, Feijó A, Abramov A, Wen ZX, Liu ZJ, Cheng JL, Xia L, Lu L, Yang QS. 2021. Molecular phylogeny, morphological diversity, and taxonomic revision of the *Niviventer fulvescens* species complex in China. Zoological Journal of Linnean Society, 191(2): 528-547.

157. 台湾社鼠 *Niviventer culturatus* (Thomas, 1917)

英文名：Soft-furred Taiwan Niviventer

曾用名：无

地方名：无

模式产地：台湾阿里山

同物异名及分类引证：

Rattus culturatus Thomas, 1917

Rattus niviventer culturatus (Thomas, 1917) Ellerman & Morrison-Scott, 1951

Niviventer culturatus (Thomas, 1917) Musser, 1981

亚种分化：无

国内分布：中国特有，分布于台湾。

国外分布：无

引证文献：

Thomas O. 1917. Two new rats of the *Rattus confucianus* group. The Annals and Magazine of Natural History, Ser. 8, 20(116): 198-200.

Musser GG. 1981. Results of the Archbold Expeditions. No. 105. Notes on systematics of Indo-Malayan murid rodents, and descriptions of new genera and species from Ceylon, Sulawesi, and the Philippines. Bulletin of the American Museum of Natural History, 168: 229-334.

Ge DY, Lu L, Xia L, Du YB, Wen ZX, Cheng JL, Yang QS. 2018. Molecular phylogeny, morphological diversity, and systematic revision of a species complex of common wild rat species in China (Rodentia, Murinae). Journal of Mammalogy, 99(6): 1350-1374.

158. 灰腹鼠 *Niviventer eha* (Wroughton, 1916)

英文名：Smoke-bellied Niviventer

曾用名：无

地方名：无

模式产地：印度锡金

同物异名及分类引证：

Epimys eha Wroughton, 1916

Rattus eha eha (Wroughton, 1916) Thomas, 1922

Rattus eha ninus Thomas, 1922

Niviventer eha (Wroughton, 1916) Musser, 1981

亚种分化： 全世界有 2 个亚种，中国均有分布。

指名亚种 *N. e. eha* (Wroughton, 1916)，模式产地：印度锡金；

云南亚种 *N. e. ninus* (Thomas, 1922)，模式产地：云南西部。

国内分布： 指名亚种分布于青藏高原东南缘；云南亚种分布于云南西部和中部。

国外分布： 不丹、缅甸、尼泊尔和印度。

引证文献：

Wroughton RC. 1916. Scientific results from the mammal survey, No. XIII. G. New rodents from Sikkim. The Journal of the Bombay Natural History Society, 24(3): 424-430.

Thomas O. 1922. On mammals from the Yunnan Highlands collected by Mr. George Forrest and presented to the British Museum by Col. Stephenson R. Clarke, D.S.O. The Annals and Magazine of Natural History, Ser. 9, 10(58): 391-406.

Musser GG. 1981. Results of the Archbold Expeditions. No. 105. Notes on systematics of Indo-Malayan murid rodents, and descriptions of new genera and species from Ceylon, Sulawesi, and the Philippines. Bulletin of the American Museum of Natural History, 168: 229-334.

159. 川西白腹鼠 *Niviventer excelsior* (Thomas, 1911)

英文名： Sichuan Niviventer

曾用名： 无

地方名： 无

模式产地： 四川康定

同物异名及分类引证：

Epimys excelsior Thomas, 1911

Rattus excelsior (Thomas, 1911) Thomas, 1917

Niviventer excelsior (Thomas, 1911) Musser, 1981

Niviventer excelsior tengchongensis Deng *et* Wang, 2002

亚种分化： 无

国内分布： 中国特有，分布于四川西南部、西藏东南部和云南北部。

国外分布： 无

引证文献：

Thomas O. 1911. The Duke of Bedford's zoological exploration of Eastern Asia.—XIII. On mammals from the provinces of Kan-su and Sze-chwan, Western China. Proceedings of the General Meetings for Scientific Business of the Zoological Society of London. London: Messrs. Longmans, Green and Co.: 158-180.

Thomas O. 1917. Two new rats of the *Rattus confucianus* group. The Annals and Magazine of Natural History, Ser. 8, 20(116): 198-200.

Musser GG, Chiu S. 1979. Notes on taxonomy of *Rattus andersoni* and *R. excelsior*, murids endemic to Western China. Journal of Mammalogy, 60(3): 581-592.

Musser GG. 1981. Results of the Archbold Expeditions. No. 105. Notes on systematics of Indo-Malayan murid rodents, and descriptions of new genera and species from Ceylon, Sulawesi, and the Philippines. Bulletin of the American Museum of Natural History, 168: 229-334.

邓先余, 冯庆, 王应祥. 2002. 川西白腹鼠的亚种分化研究. 动物分类学报, 31(4): 692-696.

李飞虹, 杨奇森, 温知新, 夏霖, 张锋, Abramov A, 葛德燕. 2020. 安氏白腹鼠的形态分化与分布范围修订. 兽类学报, 40(3): 209- 230.

160. 冯氏白腹鼠 *Niviventer fengi* Ge et al., 2021

英文名：Jilong Soft-furred Niviventer

曾用名：无

地方名：无

模式产地：西藏吉隆县吉隆沟

同物异名及分类引证：无

亚种分化：无

国内分布：中国特有，分布于西藏（吉隆）。

国外分布：目前仅知中国分布。

引证文献：

Ge DY, Feijó A, Abramov A, Wen ZX, Liu ZJ, Cheng JL, Xia L, Lu L, Yang QS. 2021. Molecular phylogeny, morphological diversity, and taxonomic revision of the *Niviventer fulvescens* species complex in China. Zoological Journal of Linnean Society, 191(2): 528-547.

161. 针毛鼠 *Niviventer fulvescens* (Gray, 1847)

英文名：Chestnut White-bellied Rat, Indomalayan Niviventer

曾用名：无

地方名：无

模式产地：尼泊尔

同物异名及分类引证：

Mus fulvescens Gray, 1847

Mus caudatior Hodgson, 1849

Mus cinnamomeus Blyth, 1859

Mus gracilis Miller, 1913

Epimys jerdoni pan Robinson *et* Kloss, 1914

Rattus blythi Kloss, 1917

Rattus fulvescens (Gray, 1847) Wroughton, 1917

Niviventer fulvescens (Gray, 1847) Musser, 1981

亚种分化：无

国内分布：西藏、云南。

国外分布：巴基斯坦、不丹、尼泊尔、泰国北部、印度北部和越南。

引证文献：

Gray JE. 1847. Catalogue of the specimens and drawings of Mammalia and birds of Nepal and China (Tibet) presented by B. H. Hodgson, Esq., to the British Museum. London: E. Newman, Printer, Devonshire Street, Bishopsgate: 18.

Hodgson BH. 1849. List of Mammalia from Sikim and Darjeling, near Nepal, in Upper India. The Annals and Magazine of Natural History, Ser. 2, 3(15): 202-203.

Blyth E. 1859. Report of Curator, Zoological Department, for February to May Meetings, 1859. Journal of the Asiatic Society of Bengal, 28(3): 271-298.

Miller GS. 1913. Fifty-one new Malayan mammals. Smithsonian Miscellaneous Collections, 61(21): 1-30.

Robinson HC, Kloss CB. 1914. On new mammals, mainly from Bandon and the adjacent islands, east coast of the Malay Peninsula. The Annals and Magazine of Natural History, Ser. 8, 13(74): 223-234.

Kloss CB. 1916. On a collection of mammals from the coast and islands of south-east Siam. Proceedings of the General Meetings for Scientific Business of the Zoological Society of London. London: Messre. Longmans, Green and Co.: 27-75.

Kloss CB. 1917. Notes on the type specimens of some Burmese and Himalayan rats. Records of the Indian Museum, 13: 5-10.

Wroughton RC. 1917. Bombay Natural History Society's mammal survey of India, Burma and Ceylon, Report 28, Kalimpong (Darjiling). The Journal of the Bombay Natural History Museum, 25(2): 278-291.

Musser GG. 1981. Results of the Archbold Expeditions. No. 105. Notes on systematics of Indo-Malayan murid rodents, and descriptions of new genera and species from Ceylon, Sulawesi, and the Philippines. Bulletin of the American Museum of Natural History, 168: 229-334.

Ge DY, Feijó A, Abramov A, Wen ZX, Liu ZJ, Cheng JL, Xia L, Lu L, Yang QS. 2021. Molecular phylogeny, morphological diversity, and taxonomic revision of the *Niviventer fulvescens* species complex in China. Zoological Journal of Linnean Society, 191(2): 528-547.

162. 剑纹小社鼠 *Niviventer gladiusmaculus* Ge et al., 2018

英文名： Least Niviventer

曾用名： 无

地方名： 无

模式产地： 西藏米林南伊

同物异名及分类引证： 无

亚种分化： 无

国内分布： 中国特有，分布于西藏（米林、墨脱）。

国外分布： 目前仅知中国分布。

引证文献：

Ge DY, Lu L, Xia L, Du YB, Wen ZX, Cheng JL, Yang QS. 2018. Molecular phylogeny, morphological diversity, and systematic revision of a species complex of common wild rat species in China (Rodentia, Murinae). Journal of Mammalogy, 99(6): 1350-1374.

163. 华南针毛鼠 *Niviventer huang* (Bonhote, 1905)

英文名： Eastern Spiny-haired Rat, Lowland Niviventer

曾用名： 拟刺针毛鼠

地方名： 无

模式产地：福建挂墩

同物异名及分类引证：

Mus huang Bonhote, 1905

Mus ling Bonhote, 1905

Rattus huang (Bonhote, 1905) Allen, 1926

Rattus huang vulpicolor Allen, 1926

Rattus flavipilis Shih, 1930

Rattus flavipilis minor Shih, 1930

Rattus wongi Shih, 1931

Rattus fulvescens huang (Bonhote, 1905) Osgood, 1932

Niviventer huang (Bonhote, 1905) Musser, 1981

亚种分化：无

国内分布：重庆、四川、湖北、湖南、福建、广东、广西和海南。

国外分布：越南北部。

引证文献：

Bonhote JL. 1905. The mammalian fauna of China. Part I. Murinae. Proceedings of the General Meetings for Scientific Business of the Zoological Society of London, Vol. 2. London: Messrs. Longmans, Green and Co.: 387.

Allen GM. 1926. Rats (genus *Rattus*) from the Asiatic Expeditions. American Museum Novitates, No. 217. New York: American Museum of Natural History: 1-16.

Shih CM. 1930. Preliminary report on the mammals from Yaoshan, Kwangsi, collected by the Yaoshan expedition, Sun Yat-Sen University, Canton, China. Bulletin of the Department of Biology, College of Science, Sun Yat-sen University, 4: 1-10.

Shih CM. 1931. Further note on mammals of Yaoshan, North-River, Kwangtung. Bulletin of the Department of Biology, College of Science, Sun Yat-sen University, 12: 1-8.

Osgood WH. 1932. Mammals of the Kelley-Roosevelts and Delacour Asiatic expedition. Publication 312, Zoological Series. Chicago: Field Museum of Natural History, 18(10): 191-340.

Musser GG. 1981. Results of the Archbold Expeditions. No. 105. Notes on systematics of Indo-Malayan murid rodents, and descriptions of new genera and species from Ceylon, Sulawesi, and the Philippines. Bulletin of the American Museum of Natural History, 168: 229-334.

Ge DY, Feijó A, Abramov A, Wen ZX, Liu ZJ, Cheng JL, Xia L, Lu L, Yang QS. 2021. Molecular phylogeny, morphological diversity, and taxonomic revision of the *Niviventer fulvescens* species complex in China. Zoological Journal of Linnean Society, 191(2): 528-547.

164. 海南社鼠 *Niviventer lotipes* (Allen, 1926)

英文名：Hainan Niviventer

曾用名：无

地方名：无

模式产地：海南那大

同物异名及分类引证：

Rattus confucianus lotipes Allen, 1926

Rattus confucianus yaoshanensis Shih, 1930

Rattus confucianus sinianus Shih, 1931

Rattus elegans Sihh, 1931

Rattus niviventer lotipes (Allen, 1926) Ellerman & Morrison-Scott, 1951

Niviventer confucianus lotipes Musser, 1981

Niviventer lotipes (Allen, 1926) Li *et al.*, 2008

亚种分化：无

国内分布：中国特有，分布于重庆、贵州、湖北、湖南、安徽、福建、江苏、江西、浙江、广东和海南。

国外分布：无

引证文献：

Allen GM. 1926. Rats (genus *Rattus*) from the Asiatic Expeditions. American Museum Novitates, No. 217. New York: American Museum of Natural History: 1-16.

Shih CM. 1930. Preliminary report on the mammals from Yaoshan, Kwangsi, collected by the Yaoshan expedition, Sun Yat-sen University, Canton, China. Bulletin of the Department of Biology, College of Science, Sun Yat-sen University, 4: 1-10.

Shih CM. 1931. Further note on mammals of Yaoshan, North-River, Kwangtung. Bulletin of the Biological Department, Science College, Sun Yat-sen University, 12: 1-8.

Dào VT. 1961. Notes sur une collection de micro-mammiferss de la region de Hon-Gay. Zoologischer Anzeiger, 166: 290-298.

Musser GG. 1981. Results of the Archbold Expeditions. No. 105. Notes on systematics of Indo-Malayan murid rodents, and descriptions of new genera and species from Ceylon, Sulawesi, and the Philippines. Bulletin of the American Museum of Natural History, 168: 229-334.

Li YC, Wu Y, Harada M, Lin LK, Motokawa M. 2008. Karyotypes of three rat species (Mammalia: Rodentia: Muridae) from Hainan Island, China, and the valid specific status of *Niviventer lotipes*. Zoological Science, 25(6): 686-692.

Ge DY, Lu L, Xia L, Du YB, Wen ZX, Cheng JL, Yang QS. 2018. Molecular phylogeny, morphological diversity, and systematic revision of a species complex of common wild rat species in China (Rodentia, Murinae). Journal of Mammalogy, 99(6): 1350-1374.

165. 湄公针毛鼠 *Niviventer mekongis* (Robinson *et* Kloss, 1922)

英文名：Mekongis Niviventer

曾用名：无

地方名：无

模式产地：老挝南部

同物异名及分类引证：

Rattus blythi mekongis Robinson *et* Kloss, 1922

Rattus bukit condorensis Kloss, 1926

Niviventer mekongis (Robinson *et* Kloss, 1922) Ge *et al.*, 2021

亚种分化：无

国内分布：云南南部、广西南部。

国外分布：老挝、越南。

引证文献：

Robinson HC, Kloss CB. 1922. New mammals from French Indo-China and Siam. The Annals and Magazine of Natural History, Ser. 9, 9: 87-99.

Kloss CB. 1926. Mammals from Pulo Condore, with descriptions of two new subspecies [*Macaca*, *Rattus*]. The Journal of the Siam Society (Natural history supplement), 6: 357-359.

Ge DY, Feijó A, Abramov A, Wen ZX, Liu ZJ, Cheng JL, Xia L, Lu L, Yang QS. 2021. Molecular phylogeny, morphological diversity, and taxonomic revision of the *Niviventer fulvescens* species complex in China. Zoological Journal of Linnean Society, 191(2): 528-547.

166. 喜马拉雅社鼠 *Niviventer niviventer* (Hodgson, 1836)

英文名：Himalayan Niviventer

曾用名：无

地方名：无

模式产地：尼泊尔加德满都

同物异名及分类引证：

Mus (Rattus) niviventer Hodgson, 1836

Mus niviventer (Hodgson, 1836) Blanford, 1891

Rattus niviventer (Hodgson, 1836) Ellerman & Morrison-Scott, 1951

Niviventer niviventer (Hodgson, 1836) Musser, 1981

亚种分化：无

国内分布：西藏东南部、云南。

国外分布：尼泊尔、印度北部、越南北部。

引证文献：

Hodgson BH. 1836. Synoptical description of sundry new animals, enumerated in the catalogue of the Nipálese mammals. Journal of the Asiatic Society of Bengal, 5(52): 234.

Musser GG. 1981. Results of the Archbold Expeditions. No. 105. Notes on systematics of Indo-Malayan murid rodents, and descriptions of new genera and species from Ceylon, Sulawesi, and the Philippines. Bulletin of the American Museum of Natural History, 168: 229-334.

Ge DY, Lu L, Xia L, Du YB, Wen ZX, Cheng JL, Yang QS. 2018. Molecular phylogeny, morphological diversity, and systematic revision of a species complex of common wild rat species in China (Rodentia, Murinae). Journal of Mammalogy, 99(6): 1350-1374.

167. 片马社鼠 *Niviventer pianmaensis* Li *et* Yang, 2009

英文名：Pianma Niviventer

曾用名：安氏白腹鼠片马亚种

地方名：无

模式产地：云南片马

同物异名及分类引证：

Niviventer andersoni pianmaensis Li *et* Yang, 2009

Niviventer pianmaensis (Li *et* Yang, 2009) Ge *et al.*, 2018

亚种分化：无

国内分布：中国特有，分布于云南（片马）、西藏东南部（色季拉山）。

国外分布：无

引证文献：

Li S, Yang JX. 2009. Geographic variation of the Anderson's niviventer (*Niviventer andersoni*) (Thomas, 1911) (Rodentia: Muridae) of two new subspecies in China verified with cranial morphometric variables and pelage characteristics. Zootaxa, 2196: 48-58.

Ge DY, Lu L, Xia L, Du YB, Wen ZX, Cheng JL, Yang QS. 2018. Molecular phylogeny, morphological diversity, and systematic revision of a species complex of common wild rat species in China (Rodentia, Murinae). Journal of Mammalogy, 99(6): 1350-1374.

168. 山东社鼠 *Niviventer sacer* (Thomas, 1908)

英文名：Sacer Niviventer

曾用名：无

地方名：无

模式产地：山东烟台

同物异名及分类引证：

Mus confucianus sacer Thomas, 1908

Rattus confucianus sacer (Thomas, 1908) Allen, 1926

Rattus niviventer sacer (Thomas, 1908) Ellerman & Morrison-Scott, 1951

Niviventer confucianus sacer (Thomas, 1908) Musser, 1981

Niviventer sacer (Thomas, 1908) Li *et al.*, 2020

亚种分化：无

国内分布：中国特有，分布于山东半岛。

国外分布：无

引证文献：

Thomas O. 1908. The Duke of Bedford's zoological exploration in Eastern Asia.—VI. list of mammals from the Shantung Peninsula, N. China. Proceedings of the General Meetings for Scientific Business of the Zoological Society of London. London: Messrs. Longmans, Green and Co.: 5-10.

Allen GM. 1926. Rats (genus *Rattus*) from the Asiatic Expeditions. American Museum Novitates, No. 217. New York: American Museum of Natural History: 1-16.

Musser GG. 1981. Results of the Archbold Expeditions. No. 105. Notes on systematics of Indo-Malayan murid rodents, and descriptions of new genera and species from Ceylon, Sulawesi, and the Philippines. Bulletin of the American Museum of Natural History, 168: 229-334.

Ge DY, Lu L, Xia L, Du YB, Wen ZX, Cheng JL, Yang QS. 2018. Molecular phylogeny, morphological diversity, and systematic revision of a species complex of common wild rat species in China (Rodentia, Murinae). Journal of Mammalogy, 99(6): 1350-1374.

Li YY, Li YQ, Li HT, Wang J, Rong XX, Li YC. 2020. *Niviventer confucianus sacer* (Rodentia, Muridae) is a distinct species based on molecular, karyotyping, and morphological evidence. ZooKeys, 959: 137-159.

家鼠属 *Rattus* Fischer von Waldheim, 1803

169. 黑缘齿鼠 *Rattus andamanensis* (Blyth, 1860)

英文名：Indochinese Forest Rat

曾用名：无

地方名：无

模式产地：印度安达曼群岛

同物异名及分类引证：

Mus andamanensis Blyth, 1860

Mus sladeni Anderson, 1878

Rattus rattus sikimensis Hinton, 1919

Rattus rattus hainanicus Allen, 1926

Rattus confucianus yaoshanensis Shih, 1930

Rattus rattus andamanensis (Blyth, 1860) Ellerman, 1949

Rattus rattus sladeni (Anderson, 1878) Ellerman, 1949

Rattus andmanensis (Blyth, 1860) Musser & Carleton, 2005

亚种分化：全世界有 5 个亚种，中国有 2 个亚种。

指名亚种 *R. a. andamanensis* (Blyth, 1860)，模式产地：印度安达曼群岛；

云南亚种 *R. a. sladeni* (Anderson, 1879)，模式产地：缅甸（"Ponsee"）。

国内分布：指名亚种分布于四川、福建、广东、广西、海南、香港；云南亚种分布于西藏东南部、云南。

国外分布：越南、老挝、柬埔寨、泰国、缅甸中部和北部、不丹、尼泊尔东部、印度（东北部及安达曼群岛和尼科巴群岛）。

引证文献：

Blyth E. 1860. Report of curator, zoological department, 3. Form Capt. Hodge, commanding the guard-ship "Sesostris", at Port Blair. Proceedings of the Asiatic Society of Bengal: 102-111.

Anderson J. 1878. Anatomical and zoological researches: comprising an account of the zoological results of the two expeditions to western Yunnan in 1868 and 1875; and a monograph of the two cetacean genera, *Platanista* and *Orcella*. London: Bernard Quaritch, 15, Piccadilly. 1: 305.

Hinton MAC. 1919. Scientific results from the mammal survey. No. 18 (continued): Report on the house rat of India, Burma and Ceylon. The Journal of the Bombay Natural History Society, 26(2): 384-416.

Allen GM. 1926. Rats (genus *Rattus*) from the Asiatic Expeditions. American Museum Novitates, No. 217. New York: American Museum of Natural History: 1-16.

Shih CM. 1930. Preliminary report on the mammals from Yaoshan, Kwangsi, collected by the Yaoshan expedition, Sun Yat-sen University, Canton, China. Bulletin of the Department of Biology, College of Science, Sun Yat-sen University, 4: 1-10.

Ellerman JR. 1949. The families and genera of living rodents, Vol. III, Part 1. London: Printed by Order of the Trustees of the British Museum.

Liu SY, He K, Chen SD, Jin W, Murphy RW, Tang MK, Liao R, Li FJ. 2018. How many species of *Apodemus* and *Rattus* occur in China? A survey based on mitochondrial cyt *b* and morphological analyses. Zoological Research, 39(5): 309-320.

170. 缅鼠 *Rattus exulans* (Peale, 1848)

英文名：Pacific Rat, Polynesian Rat

曾用名：无

地方名：无

模式产地：社会群岛（"Society Isls"）

同物异名及分类引证：

Mus exulans Peale, 1848

Mus concolor Blyth, 1859

Rattus exulans (Peale, 1848) Tate, 1926

亚种分化：全世界有 20 个亚种，我国有 1 个亚种。

中南亚种 *R. e. concolor* (Blyth, 1859)，模式产地：缅甸（"Shwagyin"）。

国内分布：中南亚种分布于台湾（花莲）、海南（永兴岛）。

国外分布：柬埔寨、老挝、孟加拉国、缅甸、泰国、印度尼西亚（小巽他群岛）、越南、日本（宫古岛）、澳大利亚（东北部和西北部的太平洋岛屿）、巴布亚新几内亚、菲律宾、密克罗尼西亚、新西兰、法属波利尼西亚、琉球群岛、夏威夷群岛、复活节岛。

引证文献：

Peale TR. 1848. United States exploring expedition during the year 1838, 1839, 1940, 1841, 1842. Vol. 8 (Mammalogy and Ornithology), 1st Ed. Philadelphia: Lea and Blanchard: 47.

Blyth E. 1859. Report of Curator, Zoological Department, for February to May Meetings, 1859. Journal of the Asiatic Society of Bengal, 28(3): 293-298.

Tate GHH. 1926. Rodents of the genera *Rattus* and *Mus* from the Pacific islands. Bulletin of the American Museum of Natural History, 38: 145-178.

彭鸿绶, 杨岚, 杨余光. 1963. 云南南部兽类科属新纪录. 见: 中国动物学会. 动物生态及分类区系专业学术讨论会论文摘要汇编. 北京: 科学出版社: 206.

秦耀亮. 1979. 广东省啮齿动物的地理分布与区划及其防治. 动物学杂志, (4): 30-34.

刘振华, 赵善贤, 陈友光, 干忠亭. 1983. 西沙群岛的鼠类. 动物学杂志, (6): 40-42.

Motokawa M, Lu KH, Harada M, Lin LK. 2001. New records of the Polynesian rat *Rattus exulans* (Mammalia: Rodentia) from Taiwan and the Ryukyus. Zoological Studies, 40: 299-304.

Liu SY, He K, Chen SD, Jin W, Murphy RW, Tang MK, Liao R, Li FJ. 2018. How many species of *Apodemus* and *Rattu*s occur in China? A survey based on mitochondrial cyt *b* and morphological analyses. Zoological Research, 39(5): 309-320.

171. 黄毛鼠 *Rattus losea* (Swinhoe, 1870)

英文名：Losea Vole

曾用名：罗赛鼠

地方名：园鼠

模式产地：台湾

同物异名及分类引证：

Mus canna Swinhoe, 1870

Mus losea Swinhoe, 1870

Rattus humiliatus celsus Allen, 1926

Rattus rattus exiguus Howell, 1927

Rattus losea (Swinhoe, 1870) Allen, 1940

Rattus losea celsus (Allen, 1926) Allen, 1940

Rattus rattoides celsus (Allen, 1940) Ellerman, 1949

Rattus rattoides exiguous (Howell, 1927) Ellerman, 1949

Rattus rattus losea (Swinhoe, 1870) Ellerman, 1949

Rattus rattoides losea (Swinhoe, 1870) Ellerman & Morrison-Scott, 1951

亚种分化：无

国内分布：陕西、重庆、贵州、四川、福建、江西、台湾、广东、广西、海南、香港。

国外分布：柬埔寨、老挝、越南。

引证文献：

Swinhoe R. 1870. Catalogue of the mammals of China (south of the River Yangtsze). Proceedings of the Scientific Meetings of the Zoological Society of London for the Year 1870, London: Messrs, Green, Reader and Dyer: 615-653.

Allen GM. 1926. Rats (genus *Rattus*) from the Asiatic Expeditions. American Museum Novitates, No. 217. New York: American Museum of Natural History: 1-16.

Howell AB. 1927. Two new Chinese rats. Proceedings of the Biological Society of Washington, 40: 43-45.

Allen GM. 1940. The mammals of China and Mongolia. Natural history of Central Asia, Vol. XI. New York: American Museum of Natural History.

Ellerman JR. 1949. The families and genera of living rodents, Vol. III, Part 1. London: Printed by Order of the Trustees of the British Museum.

Ellerman JR, Morrison-Scott TCS. 1951. Checklist of Palaearctic and Indian mammals 1758 to 1946. London: British Museum (Natural History).

Liu SY, He K, Chen SD, Jin W, Murphy RW, Tang MK, Liao R, Li FJ. 2018. How many species of *Apodemus* and *Rattus* occur in China? A survey based on mitochondrial cyt *b* and morphological analyses. Zoological Research, 39(5): 309-320.

172. 大足鼠 *Rattus nitidus* (Hodgson, 1845)

英文名：White-footed Indochinese Rat

曾用名：喜马拉雅家鼠

地方名：灰胸鼠

模式产地：尼泊尔中部

同物异名及分类引证：

Mus nitidus Hodgson, 1845

Mus rubricosa Anderson, 1878

Rattus nitidus (Hodgson, 1845) Hinton, 1918

Rattus humiliatus insolatus Howell, 1927

Rattus rattoides insolatus (Howell, 1927) Ellerman, 1949

Rattus nitidus thibetanus Liu *et al.*, 2017

亚种分化：全世界有 10 个亚种，中国有 2 个亚种。

指名亚种 *R. n. nitidus* (Hodgson, 1845)，模式产地：尼泊尔中部；

西藏亚种 *R. n. thibetanus* Liu *et al.*, 2018，模式产地：西藏亚东。

国内分布：指名亚种分布于甘肃、陕西、贵州、四川、云南、湖南、安徽、福建、江西、江苏、上海、浙江、广东、广西、海南；西藏亚种分布于西藏（亚东、墨脱）。

国外分布：不丹、老挝、缅甸、尼泊尔、泰国、印度、越南。被引入到一些太平洋国家，如菲律宾、帕劳、新加坡、印度尼西亚。

引证文献：

Hodgson BH. 1845. On the rats, mice, and shrews of the central region of Nepal. The Annals and Magazine of Natural History, Ser. 1, 15(98): 266-270.

Anderson J. 1878. Anatomical and zoological researches: comprising an account of the zoological results of the two expeditions to western Yunnan in 1868 and 1875; and a monograph of the two cetacean genera, *Platanista* and *Orcella*. London: Bernard Quaritch, 15, Piccadilly, 1: 306.

Hinton MAC. 1918. Scientific results from the mammal survey, No. 18. Report on the house rat of India, Burma and Ceylon. The Journal of the Bombay Natural History Society, 26: 59-88.

Howell AB. 1927. Two new Chinese rats. Proceedings of the Biological Society of Washington, 40: 43-45.

Ellerman JR. 1949. The families and genera of living rodents, Vol. III, Part 1. London: Printed by Order of the Trustees of the British Museum.

Ellerman JR, Morrison-Scott TCS. 1951. Checklist of Palaearctic and Indian mammals 1758 to 1946. London: British Museum (Natural History).

Liu SY, He K, Chen SD, Jin W, Murphy RW, Tang MK, Liao R, Li JF. 2018. How many species of *Apodemus* and *Rattus* occur in China? A survey based on mitochondrial cyt *b* and morphological analyses. Zoological Research, 39(5): 309-320.

173. 褐家鼠 *Rattus norvegicus* (Berkenhout, 1769)

英文名：Brown Rat

曾用名：大家鼠、挪威鼠

地方名：沟鼠、大家耗子

模式产地：英国

同物异名及分类引证：

Mus norvegicus Berkenhout, 1769

Mus caraco Pallas, 1778

Mus humiliatus Milne-Edwards, 1868

Mus plumbeus Milne-Edwards, 1868

Mus griseipectus Milne-Edwards, 1871

Mus ouang-thomae Milne-Edwards, 1871

Epimys norvegicus soccer Miller, 1914

Rattus novergicus (Berkenhout, 1769) Hinton, 1918

Rattus humiliatus sowerbyi Howell, 1928

Rattus norvegicus suffureoventris Kuroda, 1952

亚种分化：全世界有 20 个亚种，中国有 4 个亚种。

东北亚种 *R. n. caraco* (Pallas, 1778)，模式产地：俄罗斯西伯利亚东部；

江西亚种 *R. n. ouangthomae* (Milne-Edwards, 1871)，模式产地：江西；

甘肃亚种 *R. n. soccer* (Miller, 1914)，模式产地：甘肃临潭；

香港亚种 *R. n. suffureoventris* Kuroda, 1952，模式产地：香港。

国内分布：东北亚种分布于黑龙江、吉林、辽宁、北京、河北、内蒙古东部、山西、天津、新疆、河南及山东；江西亚种分布于重庆、贵州、四川南部、云南、湖北、湖南、安徽、福建、江苏、江西、上海、浙江、澳门、广东、广西及海南；甘肃亚种分布于甘肃、宁夏、青海、陕西、四川北部；香港亚种分布于香港和台湾。

国外分布：世界各地。

引证文献：

Berkenhout J. 1769. Class I. Mammalia. Outline of the Natural History of Great British and Ireland, Vol. I. Comprehending the Animal Kingdom.London: 5.

Pallas PS. 1778. Novae species qvadrvpedvn e Glirivm ordine, cvm illvstrationibvs variis complvrivm ex hoc ordine animalivm. Fasc. II. Erlangae: Svmtv Wolfgangi Waltheri: 71-95.

Milne-Edwards A. 1868-1874. Recherches pour servir à l'histoire naturelle des mammifères: comprenant des considération sur la classification de ces animaux. Paris: G. Masson.

Milne-Edwards A. 1871. *Mus griseipectus* A. M. Milne-Edwards *Mus ouangthomae* A. M. Milne-Edwards. In: David LMA. Rapport Adresse A. MM. Les Professeurs-Administrteurs Du Museum D'Historire Naturelle. Nouvelles Archives Du Museum D'Historire Naturelle, 7: 75-100.

Miller GS. 1914. Two new Murine rodents from Eastern Asia. Proceedings of the Biological Society of Washington, 27: 89-92.

Hinton MAC. 1918. Scientific results from the mammal survey, No. 18. Report on the house rat of India, Burma and Ceylon. The Journal of the Bombay Natural History Society, 26: 59-88.

Howell AB. 1928. New Chinese mammals. Proceedings of the Biological Society of Washington, 41: 41-43.

Ellerman JR. 1949. The families and genera of living rodents, Vol. III, Part 1. London: Printed by Order of the Trustees of the British Museum.

Ellerman JR, Morrison-Scott TCS. 1951. Checklist of Palaearctic and Indian Mammals 1758 to 1946. London: British Museum (Natural History).

Kuroda N. 1952. Description of three new forms of *Rattus* from Hokkaido and southern China. Journal of the Mammalogical Society of Japan, 1: 1-4.

174. 拟家鼠 *Rattus pyctoris* (Hodgson, 1845)

英文名：Himalayan Rat

曾用名：无

地方名：无

模式产地：尼泊尔

同物异名及分类引证：

Mus pyctoris Hodgson, 1845

Mus rattoides Hodgson, 1845

Mus turkestanicus Satunin, 1902

Rattus rattoides (Hodgson, 1845) Ellerman, 1941

Rattus turkestanicus (Satunin, 1903) Ellerman, 1941

亚种分化：全世界有 2 个亚种，中国均有分布。

指名亚种 *R. p. pyctoris* (Hodgson, 1845)，模式产地：尼泊尔。

巴基斯坦亚种 *R. p. gligitianus* Akhtar, 1959，模式产地：巴基斯坦。

国内分布：指名亚种分布于西藏（吉隆）；巴基斯坦亚种分布于西藏（扎达）。

国外分布：哈萨克斯坦、吉尔吉斯斯坦、乌兹别克斯坦、塔吉克斯坦、伊朗、阿富汗、巴基斯坦、印度、尼泊尔。

引证文献：

Hodgson BH. 1845. On the rats, mice, and shrews of the central region of Nepal. The Annals and Magazine of Natural History, Ser. 1, 15(98): 266-270.

Satunin KA. 1902. Neue Nagetiere aus Centralasien. II. Über eine neue Ratte aus Turkestan. *Mus turkestanicus* sp. nov. Annuaire du Musée zoologique de l'Académie des sciences de St. Pétersbourg, Tom. 7, Leningrad. 588.

Ellerman JR. 1941. The families and genera of living rodents. British Museum (Natural History), London: Printed by Order of the Trustees of the British Museum.

Akhtar SA. 1959. A new rat from Gilgit (Kashmir). Pakistan Journal of Scientific Research, 11: 41-53

Liu SY, He K, Chen SD, Jin W, Murphy RW, Tang MK, Liao R, Li JF. 2018. How many species of *Apodemus* and *Rattus* occur in China? A survey based on mitochondrial cyt *b* and morphological analyses. Zoological Research, 39(5): 309-320.

谢菲, 万韬, 唐刻意, 王旭明, 陈顺德, 刘少英. 2022. 中国拟家鼠分类与分布厘订. 兽类学报, 42(3): 270-285.

175. 黑家鼠 *Rattus rattus* (Linnaeus, 1758)

英文名：Black Rat

曾用名：屋顶鼠

地方名：家鼠、黑鼠

模式产地：瑞典

同物异名及分类引证：

Mus rattus Linnaeus, 1758

Mus (*Rattus*) *rattus* (Linnaeus, 1758) Hodgson, 1836

Rattus rattus (Linnaeus, 1758) Stone, 1917

亚种分化：全世界有 50 个亚种，中国有 1 个亚种。

指名亚种 *R. r. rattus* (Linnaeus, 1758)，模式产地：瑞典。

国内分布：指名亚种分布于福建、上海、浙江、广东。

国外分布：从印度（原产地）扩散到全球热带和温带之间的所有地区。

引证文献：

Linnaeus C. 1758. Systema naturae per regna tria naturae: secundum classes, ordines, genera, species, cum characteribus, differentiis, synonymis, locis. 10th Ed. Tomus I. Holmiae: Impensis Direct. Laurentii Salvii: 61.

Hodgson BH. 1836. Synoptical description of sundry new animals, enumerated in the catalogue of Nipálese mammals. Journal of the Asiatic Society of Bengal, 5(52): 231-238.

Stone WAM. 1917. The Hawaiian rat. Occasional papers of the Bernice Pauah Bishop museum of Polynesia Ethnology and natural history, 8(4): 253-260.

Howell AB. 1929. Mammals from China in the collections of the United States National Museum. Proceedings of the United States National Museum, 75(1): 1-82.

Liu SY, He K, Chen SD, Jin W, Murphy RW, Tang MK, Liao R, Li FJ. 2018. How many species of *Apodemus* and *Rattus* occur in China? A survey based on mitochondrial cyt *b* and morphological analyses. Zoological Research, 39(5): 309-320.

176. 黄胸鼠 *Rattus tanezumi* (Temminck, 1845)

英文名：Oriental House Rat

曾用名：无

地方名：家耗儿、黄腹鼠、长尾鼠

模式产地：日本九州

同物异名及分类引证：

Mus tanezumi Temminck, 1845

Mus flavipectus Milne-Edwards, 1871

Mus yunnanensis Anderson, 1878

Rattus rattus flaviectus (Milne-Edwards, 1871) Ellerman, 1949

Rattus rattus tanezumi (Temminck, 1845) Ellerman, 1949

Rattus rattus yunnanensis (Anderson, 1878) Ellerman, 1949

Rattus tanezumi (Temminck, 1845) Musser & Carleton, 1993

亚种分化：全世界约 20 个亚种，中国有 1 个亚种。

指名亚种 *R. t. tanezumi* (Temminck, 1845)，模式产地：日本九州。

国内分布：指名亚种分布于陕西、新疆、贵州、四川、西藏、云南、河南、湖北、湖南、安徽、福建、江苏、上海、浙江、广东、广西、海南。

国外分布：阿富汗、朝鲜、柬埔寨、老挝、缅甸、尼泊尔、泰国、印度、越南。日本和中国台湾可能属于引进。大巽他群岛（"Islands on the Sunda Shelf"）、明打威群岛、科科斯群岛、苏拉威西岛、马鲁古群岛、努沙登加拉群岛、巴布亚新几内亚、密克罗尼西亚和斐济等为引进种。

引证文献：

Temminck CJ. 1845. Fauna Japonica, Vol. 5. Mammiféres. Lugduni Batavorum: Apud Auctorem: 51.

Milne-Edwards A. 1871. *Mus flavipectus* Milne-Edwards. In: David LA. Rapport adressé à MM les professeurs-administrateurs du Muséum d'Histoire Naturelle. Nouvelles Archives du Muséum d'Histoire Naturelle, 7: 75-100.

Anderson J. 1878. Anatomical and zoological researches: comprising an account of the zoological results of the two expeditions to western Yunnan in 1868 and 1875; and a monograph of the two cetacean genera, *Platanista* and *Orcella*. London: Bernard Quaritch, 15, Piccadilly, 1: 306.

Ellerman JR. 1949. The families and genera of living rodents, Vol. III, Part 1. London: Printed by Order of the Trustees of the British Museum.

Baverstock PR, Adams M, Maxson LR, Yosida TH. 1983. Genetic differentiation among karyotypic forms of the black rat, *Rattus rattus*. Genetics, 105: 969-983.

Liu SY, He K, Chen SD, Jin W, Murphy RW, Tang MK, Liao R, Li FJ. 2018. How many species of *Apodemus* and *Rattus* occur in China? A survey based on mitochondrial cyt *b* and morphological analyses. Zoological Research, 39(5): 309-320.

东京鼠属 *Tonkinomys* Musser *et al.*, 2006

177. 道氏东京鼠 *Tonkinomys daovantieni* Musser *et al.*, 2006

英文名：Daovantien's Lime-stone Rat

曾用名：无

地方名：无

模式产地：越南谅山（"Hun Lien Reserve"）

同物异名及分类引证：无

亚种分化：无

国内分布：云南东南部。

国外分布：越南。

引证文献：

Musser GG, Lunde DP, Nguyen TS. 2006. Description of a new genus and species of rodent (Murinae, Muridae, Rodentia) from the tower karst region of northeastern Vietnam. American Museum Novitates, No. 3517. New York: The American Museum of Natural History: 1-41.

Balakirev AE, Aniskin VV, Tien TQ, Rozhnov VV. 2013. The taxonomic position of *Tonkinomys daovantieni* (Rodentia: Muridae) based on karyological and molecular data. Zootaxa, 3734(5): 536-544.

成市, 陈中正, 程峰, 李佳琦, 万韬, 李权, 李学友, 吴海龙, 蒋学龙. 2018. 中国啮齿类一属、种新纪录——道氏东京鼠. 兽类学报, 38(3): 309-314.

长尾攀鼠属 *Vandeleuria* Gray, 1842

178. 长尾攀鼠 *Vandeleuria oleracea* (Bennett, 1832)

英文名：Indomalayan Vandeleuria, Asiatic Long-tailed Climbing Mouse

曾用名：无

地方名：无

模式产地：印度金奈

同物异名及分类引证：

Mus oleracea Bennett, 1832

Mus (*Vandeleuria*) *dumeticola* Hodgson, 1841

Vandeleuria oleracea (Bennett, 1832) Gray, 1842

Mus dumeticola Hodgson, 1845

Mus povensis Hodgson, 1845

Mus badius Blyth, 1859

Vandeleuria oleracea modesta Thomas, 1914

Vandeleuria oleracea spadicea Ryley, 1914

Vandeleuria rubida Thomas, 1914

Vandeleuria sibylla Thomas, 1914

Vandeleuria wroughtoni Ryley, 1914

Vandeleuria marica Thomas, 1915

Vandeleuria dumeticola scandens Osgood, 1932

亚种分化：全球有多个亚种，中国有 2 个亚种。

尼泊尔亚种 *V. o. dumeticola* (Hodgson, 1845)，模式产地：尼泊尔中部；

越北亚种 *V. o. scandens* Osgood, 1932，模式产地：越南。

国内分布：尼泊尔亚种分布于西藏（藏南地区）和云南西北部；越北亚种分布于云南南部。

国外分布：不丹、柬埔寨、孟加拉国、缅甸、尼泊尔、斯里兰卡、泰国、印度、越南。

引证文献：

Bennett ET. 1832. Characters of two new species of the genus *Mus* L. collected by Col. Sykes in Sukhun. Proceedings of the General Meetings for Scientific Business of the Zoological Society of London: 121.

Hodgson BH. 1841. Classified catalogue of mammals of Nepal, (corrected to end of 1841, first printed in 1832). Journal of the Asiatic Society of Bengal, 10(2): 907-916.

Gray JE. 1842. Descriptions of some new genera and fifty unrecorded species of Mammalia. The Annals and Magazine of Natural History, Ser. 1, 10(65): 255-267.

Hodgson BH. 1845. On the rats, mice, and shrews of the central region of Nepal. The Annals and Magazine of Natural History, Ser. 1, 15(98): 266-270.

Blyth E. 1859. Report of Curator, Zoological Department, for February to May Meetings, 1859. Journal of the Asiatic Society of Bengal, 28(3): 295.

Jerdon TC. 1867. The mammals of India: a natural history of all the animals known to inhabit continental India. Roorkee: Printed for the author by the Thomason college press: 203.

Ryley KV. 1914. *Vandeleuria wroughtoni*, scientific results from the mammal survey. VI. The Journal of the Bombay Natural History Society, 22(4): 658.

Thomas O. 1914. Notes on *Vandeleuria*. The Journal of the Bombay Natural History Society, 23: 201-202.

Thomas O. 1915. On some specimens of *Vandeleuria* from Bengal, Bihar and Orissa. The Journal of the Bombay Natural History Society, 24: 54.

Osgood WH. 1932. Mammals of the Kelley-Roosevelts and Delacour Asiatic expedition. Publication 312, Zoological Series. Chicago: Field Museum of Natural History, 18(10): 320.

滇攀鼠属 *Vernaya* Anthony, 1941

179. 滇攀鼠 *Vernaya fulva* (Allen, 1927)

英文名：Vernay's Climbing Mouse

曾用名：云南攀鼠

地方名：无

模式产地：云南营盘

同物异名及分类引证：

Chiropodomys fulvus Allen, 1927

Vernaya fulva (Allen, 1927) Anthony, 1941

Vernaya foramena Wang, Hu *et* Chen, 1980

亚种分化：全球有多个亚种，中国有 2 个亚种。

指名亚种 *V. f. fulva* (Allen, 1927)，模式产地：云南营盘；

显孔亚种 *V. f. foramena* Wang *et al.*, 1980，模式产地：四川平武。

国内分布：指名亚种分布于云南；显孔亚种分布于甘肃东南部、陕西南部、重庆及四川西北部。

国外分布：缅甸。

引证文献：

Allen GM. 1927. Murid rodents from the Asiatic Expeditions. American Museum Novitates, No. 270. New York: American Museum of Natural History: 11.

Anthony HE. 1941. Mammals collected by the Verary-Cutting Burma expedition. Chicago: Field Museum of Natual History, 27: 110.

王酉之, 胡锦矗, 陈克. 1980. 鼠亚科一新种——显孔攀鼠. 动物学报, 26(4): 108-112, 117.

李晓晨, 王廷正. 1995. 攀鼠的分类商榷. 动物学研究, 16(4): 325-328.

仓鼠科 Cricetidae Fischer, 1817

田鼠亚科 Arvicolinae Gray, 1821

鼹型田鼠族 Ellobiusini Simpson, 1945

鼹型田鼠属 *Ellobius* Fischer, 1814

180. 鼹型田鼠 *Ellobius tancrei* Balsius, 1884

英文名：Eastern Mole Vole

曾用名：北鼹型田鼠

地方名：翻鼠、顺风驴、推土老鼠

模式产地：哈萨克斯坦斋桑湖畔

同物异名及分类引证：

Ellobius albicatus Thomas, 1912

Ellobius coenosus Thomas, 1912

Ellobius larvatus Allen, 1924

Ellobius tancrei orientalis Allen, 1924

Ellobius talpinus tancrei (Balsius, 1884) Ellerman, 1941

亚种分化：全世界有 12 个亚种，中国有 4 个亚种。

指名亚种 *E. t. tancrei* Balsius, 1884，模式产地：哈萨克斯坦斋桑湖；

天山亚种 *E. t. coenosus* Thomas, 1912，模式产地：新疆昭苏木札尔特河谷；

哈密亚种 *E. t. albicatus* Thomas, 1912，模式产地：新疆哈密；

东方亚种 *E. t. orientalis* Allen, 1924，模式产地：蒙古高原东部（"Iren Dabasu"）。

国内分布：指名亚种分布于新疆（阿尔泰山区）；天山亚种分布于新疆（天山地区）；哈密亚种分布于新疆（沁城、吐鲁番）；东方亚种分布于内蒙古、陕西北部及宁夏东部。

国外分布：哈萨克斯坦、蒙古、土库曼斯坦、乌兹别克斯坦。

引证文献：

Blasius W. 1884. *Ellobius tancrei* nov. sp., ein neuer Moll-Lemming oder Wurfmoll aus dem Altai-Gebiete. Zoologischer Anzeiger, 7. Jahrgang. Leipzig: Verlag von Wilhelm Engelmann: 197-201.

Thomas O. 1912. On mammals from Central Asia collected by Mr. Douglas Carruthers. The Annals and Magazine of Natural History, Ser. 8, 9(52): 391-408.

Allen GM. 1924. Microtines collected by the Asiatic Expeditions. American Museum Novitates, No. 133. New York: American Museum of Natural History: 1-13.

Ellerman JR. 1941. The families and genera of living rodents. British Museum (Natural History), London: Printed by Order of the Trustees of the British Museum.

Corbet GB. 1978. The mammals of the Palaearctic region: a taxonomic review. London: British Museum (Natural History).

Pavlinov IY, Rossolimo OL. 1987. Systematics of mammals of the USSR. Moscow: Moscow University Press.

兔尾鼠族 Lagurini Kretzoi, 1955

水䶄属 *Arvicola* Lacépède, 1799

181. 水䶄 *Arvicola amphibius* (Linnaeus, 1758)

英文名：Eurasian Water Vole

曾用名：水田鼠

地方名：水老鼠

模式产地：英格兰

同物异名及分类引证：

Mus amphibius Linnaeus, 1758

Mus terrestris Linnaeus, 1758

Arvicola amphibius (Linnaeus, 1758) Blasius, 1857

Arvicola terrestris (Linnaeus, 1758) Miller, 1910

Arvicola amphibius scythicus Thomas, 1914

Arvicola amphibius kuznetzovi Ognev, 1933

亚种分化：全世界有 12 个亚种，中国有 2 个亚种。

哈萨克亚种 *A. a. scythicus* Thomas, 1914，模式产地：哈萨克斯坦东南部；

塔尔巴哈台亚种 *A. a. kuznetzovi* Ognev, 1933，模式产地：塔尔巴哈台山（哈萨克斯坦一侧）。

国内分布：哈萨克亚种分布于新疆（托里、乌苏、博乐、额敏、伊犁、霍城）；塔尔巴哈台亚种分布于新疆（塔城、吉木、哈巴河、布尔津）。

国外分布：北冰洋南部到贝加尔湖，天山北部至高加索地区、土耳其、伊朗、伊拉克、以色列；欧洲（西班牙中部和南部除外）。

引证文献：

Linnaeus C. 1758. Systema naturae per regna tria naturae: secundum classes, ordines, genera, species, cum characteribus, differentiis, synonymis, locis. 10th Ed. Tomus I. Holmiae: Impensis Direct. Laurentii Salvii: 61.

Blasius JH. 1857. Fauna der wirbelthiere deutschlands und der angrenzenden länder von mitteleuropa 1 Bd. Naturgeschichte der Saugethiere Deutschlands und der Angrenzenden Länder von Mitteleuropa: 344.

Miller GS. 1910. Brief synopsis of the waterrats of Europe. Proceedings of the Biological Society of

Washignton, 23: 19-22.

Thomas O. 1914. On small mammals from Djarkent, Central Asia. The Annals and Magazine of Natural History, Ser. 8, 13(78): 563-573.

Hinton MAC. 1926. Monograph of the voles and lemmings (Microtinae) living and extinct. London: British Museum (Natural History).

Ognev SI. 1933. Materialien zur systematik und geographie der russischen wasserratten (Arvicola), Zeitsechrift für Säugetierkunde, 8: 156.

汪松, 叶宗耀. 1963. 新疆兽类新纪录. 见: 中国动物学会. 动物生态及分类区系专业学术讨论会论文摘要汇编. 北京: 科学出版社: 212.

Corbet GB. 1978. The mammals of the Palaearctic region: a taxonomic review. London: British Museum (Natural History).

东方兔尾鼠属 *Eolagurus* Argyropulo, 1946

182. 黄兔尾鼠 *Eolagurus luteus* (Eversmann, 1840)

英文名：Yellow Steppe Lemming

曾用名：黄草原旅鼠

地方名：无

模式产地：哈萨克斯坦咸海西北岸

同物异名及分类引证：

Georychus luteus Eversmann, 1840

Lagurus luteus (Eversmann, 1840) Thomas, 1912

Eolagurus luteus (Eversmann, 1840) Honacki *et al.*, 1982

亚种分化：无

国内分布：新疆西北部。

国外分布：哈萨克斯坦、蒙古西部。

引证文献：

Eversmann E. 1840. Mitteilungen über einige neue und weniger gekannte säugethiere russlands. Bulletin Naturralistes de Moscou: 25-26.

Thomas O. 1912. On mammals from Central Asia collected by Mr. Douglas Carruthers. The Annals and Magazine of Natural History, Ser. 8, 9(52): 391-408.

Honacki JH, Kinman KE, Koeppl JW. 1982. Mammal species of the world. A taxonomic and geographic reference. Lawrence, Kansas: Allen Press and the Association of Systematics Collections.

Musser GG, Carleton MD. 2005. Family Cricetidae. In: Wilson DE, Reeder DM. Mammal species of the world: a taxonomic and geographic reference. 3rd Ed. Baltimore: The Johns Hopkins Press.

183. 蒙古兔尾鼠 *Eolagurus przewalskii* (Büchner, 1889)

英文名：Przewalski's Steppe Lemming

曾用名：蒙古黄兔尾鼠、蒙古草原旅鼠、普氏兔尾鼠

地方名：无

模式产地：青海伊克柴达木湖畔

同物异名及分类引证：

Eremiomys przewalskii Büchner, 1889

Lagurus przewalskii (Büchner, 1889) Allen, 1924

Eolagurus przewalskii (Büchner, 1889) Honacki *et al.*, 1982

亚种分化：无

国内分布：内蒙古、青海、新疆、西藏。

国外分布：蒙古。

引证文献：

Büchner E. 1889. Wissenschaftliche resultate der von N. M. Przewalski nach Central-Asien unternommenen reisen. Zoologischer theil. Band I. Säugethiere. St. Petersburg: Kaiserlichen Akademie der Wissenschaften: 127.

Allen GM. 1924. Microtines collected by the Asiatic Expeditions. American Museum Novitates, No. 133. New York: American Museum of Natural History: 1-13.

Honacki JH, Kinman KE, Koeppl JW. 1982. Mammal species of the world: a taxonomic and geographic reference. Lawrence, Kansas: Allen Press and the Association of Systematics Collections.

兔尾鼠属 *Lagurus* Gloger, 1841

184. 草原兔尾鼠 *Lagurus lagurus* (Pallas, 1773)

英文名：Steppe Vole

曾用名：草原旅鼠

地方名：无

模式产地：哈萨克斯坦乌拉尔河口

同物异名及分类引证：

Mus lagurus Pallas, 1773

Myodes lagurus (Pallas, 1773) Eversmann, 1850

Lagurus lagurus altorum Thomas, 1912

Lagurus lagurus (Pallas, 1773) Serebrennikov, 1929

亚种分化：全世界有 5 个亚种，中国有 1 个亚种，

准噶尔亚种 *L. l. altorum* Thomas, 1912，模式产地：新疆准噶尔盆地。

国内分布：准噶尔亚种分布于新疆（阜康、奇台、木垒、巴里坤、玛纳斯、哈巴河、塔城、额敏、和静、昭苏、特克斯）。

国外分布：哈萨克斯坦、蒙古、俄罗斯、乌克兰。

引证文献：

Pallas PS. 1773. Reise durch verschiedene Provinzen des Russischen Reichs. St. Petersbourg: Kaiserliche Academie der Wissenschaften, 2: 704-705.

Eversmann EA. 1850. Estestvennaya istoriya orenburgskogo kraya (Natural History of Orenburg Region). Kazan, Pt. 2: 170-171.

Thomas O. 1912. On mammals from Central Asia collected by Mr. Douglas Carruthers. The Annals and Magazine of Natural History, Ser. 8, 9(52): 391-408.

Serebrennikov MK. 1929. Materialy po sistematike I e'kologii gryzunov Yuzhnogo Zaural'ya. Ezhegodnik

Zoologicheskogo muzuya Akademii Nauk SSSR. XXX: 265-266.

Tate EB. 1947. Mammals of eastern Asia. Associate curator of mammals, the American Museum of Natural History. New York: The Macmillan Company.

旅鼠族 Lemmini Simpson, 1945

林旅鼠属 *Myopus* Miller, 1910

185. 林旅鼠 *Myopus schisticolor* (Lilljeborg, 1844)

英文名：Wood Lemming

曾用名：森林旅鼠、灰旅鼠、红背旅鼠

地方名：无

模式产地：挪威

同物异名及分类引证：

Myodes schisticolor Lilljeborg, 1844

Lemmus schisticolor (Lilljeborg, 1844) Nilsson, 1847

Myopus saianicus Hinton, 1914

Myopus schisticolor (Lilljeborg, 1844) Hinton, 1926

亚种分化：全世界有 6 个亚种，中国有 1 个亚种。

兴安岭亚种 *M. s. saianicus* Hinton, 1914，模式产地：黑龙江。

国内分布：兴安岭亚种分布于黑龙江、内蒙古。

国外分布：蒙古、俄罗斯、挪威、瑞典。

引证文献：

Lilljeborg N. 1844. Svenska arter af *Myodes och Sorex*. Öfversigt af Kongl. Vetenskaps-akademiens Forhandlingar, arg. I. Stockhom: 33.

Nilsson S. 1847. Skandinvisk Fauna, Första Delen. Däggdjuren. Lund: C. W. K. Gleerup: 382-384.

Miller GS. 1912. Catalogue of the mammals of western Europe in the collection of British Museum. London: British Museum (Natural History).

Hinton M. 1914. On a new species of *Myopus* from Central Asia. The Annals and Magazine of Natural History, Ser. 8, 13(75): 342-344.

Hinton MAC. 1926. Monograph of the voles and lemmings (Microtinae) living and extinct. London: British Museum (Natural History).

Allen GM. 1940. The mammals of China and Mongolia, II. Bulletin of the American Museum of Natural History. New York: American Museum of Natural History.

寿振黄. 1958. 森林旅鼠的发现. 科学通报, (2): 54.

田鼠族 Microtini Simpson, 1945

东方田鼠属 *Alexandromys* Ognev, 1914

186. 东方田鼠 *Alexandromys fortis* (Büchner, 1889)

英文名：Reed Vole

曾用名：沼泽田鼠、远东田鼠

地方名：大田鼠

模式产地：内蒙古鄂尔多斯

同物异名及分类引证：

Microtus fortis Büchner, 1889

Microtus calamorum Thomas, 1902

Microtus michnoi Kastschenko, 1910

Microtus calamorum superus Thomas, 1911

Microtus pelliceus Thomas, 1911

Microtus calamorum calamorum (Thomas, 1902) Howell, 1929

Microtus dolicocephalus Mori, 1930

Microtus pelliceus michnoi (Thomas, 1911) Loukashkin, 1938

Microtus fortis fujianensis Hong, 1981

Alexandromys fortis (Büchner, 1889) Pavlinov & Lissovsky, 2012

亚种分化：全世界有 7 个亚种，中国有 5 个亚种。

指名亚种 *A. f. fortis* (Büchner, 1889)，模式产地：内蒙古鄂尔多斯草原；

长江亚种 *A. f. calamorum* (Thomas, 1902)，模式产地：江苏扬子江；

乌苏里江亚种 *A. f. pelliceus* (Thomas, 1911)，模式产地：乌苏里地区（俄罗斯西伯利亚境
内部分）；

新民亚种 *A. f. dolicocephalus* Mori, 1930，模式产地：吉林通辽；

福建亚种 *A. f. fujianensis* (Hong, 1981)，模式产地：福建建阳。

国内分布：指名亚种分布于内蒙古、陕西；长江亚种分布于甘肃、宁夏、陕西、湖南、
江西、山东、浙江、江苏、广西；乌苏里江亚种分布于黑龙江、吉林、内蒙古；新
民亚种分布于吉林、辽宁、内蒙古；福建亚种分布于福建。

国外分布：朝鲜、蒙古、俄罗斯（外贝加尔边疆区）。

引证文献：

Büchner E. 1889. Wissenschaftliche resultate der von N. M. Przewalski nach Central-Asien unternommenen reisen. Zoologischer theil. Band I. Säugethiere. St. Petersburg: Kaiserlichen Akademie der Wissenschaften: 99-103.

Thomas O. 1902. A new vole from lower Yang-tse-kiang. The Annals and Magazine of Natural History, Ser. 7, 10: 166-169.

Kastschenko NF. 1910. Annuaire Musee Zoologique de l'Academie Imperiale des Sciences de St.-Petersbourg, 15: 288.

Thomas O. 1911. A new vole from Eastern Asia. The Annals and Magazine of Natural History, Ser. 8, 7: 383-384.

Thomas O. 1911. *Microtus calamorum superus* subsp. n. In: Harmer SF. Abstract of the Proceedings of the Zoological Society of London, (No. 95): 27.

Howell AB. 1929. Mammals from China in the collections of the United States National Museum. Proceedings of the United States National Museum, 75(2772): 1-82.

Mori T. 1930. On four new small mammals from Manchuria. Annotationes Zoologicae Japonenses, 12(2): 417-420.

Loukashkin AS. 1938. Mammals found on the territory of greater Harbin. Report of Institute of Scientific Research, Manchoukuo, 2(2): 116.

汪松, 叶宗耀. 1963. 新疆兽类新纪录. 见: 中国动物学会. 动物生态及分类区系专业学术讨论会论文摘要汇编. 北京: 科学出版社: 212.

洪振藩. 1981. 东方田鼠的一新亚种——福建亚种. 动物分类学报, 6(4): 444-445.

Pavlinov IY, Lissovsky AA. 2012. The mammals of Russia: a taxonomic and geographic references. Moscow: KMK Scientific Press Ltd.: 263.

187. 台湾田鼠 *Alexandromys kikuchii* (Kuroda, 1920)

英文名：Taiwan Vole

曾用名：无

地方名：无

模式产地：台湾阿里山

同物异名及分类引证：

Microtus kikuchii Kuroda, 1920

Volemys kikuchii (Kuroda, 1920) Zagoronyuk, 1990

Alexandromys kikuchii (Kuroda, 1920) Liu *et al.*, 2017

亚种分化：无

国内分布：中国特有，分布于台湾。

国外分布：无

引证文献：

Kuroda N. 1920. On two species of Muridae obtained in the central mountains of Formosa. Zoological Magazine of Tokyo, 32: 36.

Zagoronyuk IV. 1990. Karyotypic variability and systematics of the gray voles (Rodentia, Arvicolini). Communication 1. Species composition and chromosomal numbers. Vestnik Zoologii, 2: 26-37.

Pavlinov IY, Lissovsky AA. 2012. The mammals of Russia: a taxonomic and geographic references. Moscow: KMK Scientific Press Ltd.: 259.

Liu SY, Jin W, Liu Y, Murphy RW, Lv B, Hao HB, Liao R, Sun ZY, Tang MK, Chen WC, Fu JR. 2017. Taxonomic position of Chinese voles of the tribe Arvicolini and the description of 2 new species from Xizang, China. Journal of Mammalogy, 98(1): 166-182.

188. 柴达木根田鼠 *Alexandromys limnophilus* (Büchner, 1889)

英文名：Lacustrine Vole

曾用名：经营田鼠

地方名：无

模式产地：青海柴达木盆地北部

同物异名及分类引证：

Microtus limnophilus Büchner, 1889

Microtus limnophilus flaviventris Satunin, 1902

Microtus malcolmi Thomas, 1911

Microtus oeconomus limnophilus (Büchner, 1889) Ellerman & Morrison-Scott, 1951

Microtus limnophilus malygini Courant, 1999

Alexandromys limnophilus (Büchner, 1889) Liu *et al.*, 2017

亚种分化：无

国内分布：内蒙古、甘肃、宁夏、青海、陕西、四川。

国外分布：蒙古西部。

引证文献：

Büchner E. 1889. Wissenschaftliche resultate der von N. M. Przewalski nach Central-Asien unternommenen reisen. Zoologischer theil. Band I. Säugethiere. St. Petersburg: Kaiserlichen Akademie der Wissenschaften: 110-113.

Satunin KA. 1902. Neue nagetiere aus Centralasien. Annuaire du Musée zoologique de l'Académie des sciences de St. Pétersbourg, 7: 549-587.

Thomas O. 1911. *Microtus malconlmi* sp. n. In: Minchin EA. Abstract of the Proceedings of the Zoological Society of London, (No. 90): 5.

Ellerman JR, Morrison-Scott TCS. 1951. Checklist of Palaearctic and Indian mammals 1758 to 1946. London: British Museum (Natural History).

Malygin VM. Orlov VN, Yatscnko VN. 1990. Species independence of *Microtus limnophilus*, its relations with *M. oeconomus* and distribution of these species in Mongolia. Zoologicheskii Zhurnal, 69(4): 115-127.

Courant F, Brunet-Lecomte P, Volobouev V. 1999. Karyological and dental identification of *Microtus limnophilus* in a large focus of alveolar echinococcosis (Gansu, China). Animal Biology and Pathology, 322: 473-480.

Liu SY, Jin W, Liu Y, Murphy RW, Lv B, Hao HB, Liao R, Sun ZY, Tang MK, Chen WC, Fu JR. 2017. Taxonomic position of Chinese voles of the tribe Arvicolini and the description of 2 new species from Xizang, China. Journal of Mammalogy, 98(1): 166-182.

189. 莫氏田鼠 *Alexandromys maximowiczii* (Schrenk, 1859)

英文名：Maximowicz's Vole

曾用名：无

地方名：无

模式产地：俄罗斯阿穆尔河

同物异名及分类引证：

Arvicola maximowiczii Schrenk, 1859

Microtus michnoi var. *ungurensis* Kastschenko, 1912

Euotomys maximowiczii (Schrenk, 1859) Sowerby, 1923

Microtus maximowiczii (Schrenk, 1859) Ellerman & Morrison-Scott, 1951

Alexandromys maximowiczii (Schrenk, 1859) Pavlinov & Lissovsky, 2012

亚种分化：全世界有 3 个亚种，中国有 1 个亚种。

指名亚种 *A. m. maximowiczii* (Schrenk, 1859)，模式产地：俄罗斯西伯利亚东部阿穆尔河上游。

国内分布：指名亚种分布于黑龙江、吉林、河北、内蒙古、山西。

国外分布：蒙古、俄罗斯。

引证文献：

Schrenk LV. 1859. Säugethierae des Amur-Landes. Reisen und Forschungen im Amur-Lande, 1: 140.

Kastschenko NF. 1912. Novye issledovaniya po mammologii Zabaikal (New studies on Transbaikal Mammalogy), Ezhegodnik Zoologicheskogo muzeya Akademii Nauk SSSR, XVII: 418.

Sowerby AC. 1922-1923. The naturalist of Manchuria. Tientsin press, limited.

Ellerman JR, Morrison-Scott TCS. 1951. Checklist of Palaearctic and Indian mammals 1758 to 1946. London: British Museum (Natural History).

Pavlinov IY, Lissovsky AA. 2012. The mammals of Russia: a taxonomic and geographic references. Moscow: KMK Scientific Press Ltd.: 261.

190. 蒙古田鼠 *Alexandromys mongolicus* (Radde, 1861)

英文名：Mongolian Vole

曾用名：无

地方名：小田鼠、黑耗子

模式产地：俄罗斯外贝加尔边疆区

同物异名及分类引证：

Arvicola mongolicus Radde, 1861

Microtus mongolicus (Radde, 1861) Allen, 1924

Microtus arvalis mongolicus (Radde, 1861) Ellerman & Morrison-Scott, 1951

Alexandromys mongolicus (Radde, 1861) Pavlinov & Lissovsky, 2012

亚种分化：无

国内分布：黑龙江、吉林、内蒙古。

国外分布：蒙古、俄罗斯。

引证文献：

Radde G. 1861. Neue Saugethier-Arten aus ost-Sibirien, Melanges Biologie Academie St.-Petersbourg, III: 681-682.

Allen GM. 1924. Microtines collected by the Asiatic Expeditions. American Museum Novitates, No. 133. New York: American Museum of Natural History: 1-13.

Ellerman JR, Morrison-Scott TCS. 1951. Checklist of Palaearctic and Indian mammals 1758 to 1946. London: British Museum (Natural History).

Meyer MN, Golenishchev FN, Radjably SI, Sablina OV. 1996. Vole (subgenus *Microtus* Schrank) of Russia and adjacent territories. Russia Academy Science, Proceedings of the Zoological Institute, 232: 1-320.

Pavlinov IY, Lissovsky AA. 2012. The mammals of Russia: a taxonomic and geographic references. Moscow: KMK Scientific Press Ltd.: 264.

191. 根田鼠 *Alexandromys oeconomus* (Pallas, 1776)

英文名：Root Vole

曾用名：经济田鼠、苔原田鼠、家田鼠、简田鼠

地方名：无

模式产地：俄罗斯西伯利亚

同物异名及分类引证：

Mus oeconomus Pallas, 1776

Microtus ratticeps Keyserling *et* Blasiu, 1841

Arvicola oeconomus (Pallas, 1776) Polyakov, 1881

Microtus ratticeps altaicus Ognev, 1944

Microtus ratticeps montium-caelestinum Ognev, 1944

Microtus oeconomus (Pallas, 1776) Tate, 1947

Microtus oeconomus montium-caelestinum (Ognev, 1944) Wang & Ye, 1963

Alexandromys oeconomus (Pallas, 1776) Pavlinov & Lissovsky, 2012

亚种分化：全世界有 30 个亚种，中国有 2 个亚种。

阿尔泰亚种 *A. o. altaicus* (Ognev, 1944)，模式产地：阿尔泰山（俄罗斯一侧）（"Djulu-kul Lake"）；

中亚亚种 *A. o. montium-caelestinum* (Ognev, 1944)，模式产地：新疆阿拉套山区（"Terectz valley"）。

国内分布：阿尔泰亚种分布于新疆（阿尔泰山区及塔尔巴哈台山地）；中亚亚种分布于新疆（天山）。

国外分布：整个欧洲，向东到白令海峡、美国阿拉斯加州，向北到北极圈，向南到蒙古、乌克兰、哈萨克斯坦。

引证文献：

Pallas PS. 1776. Reise durch verschiedene Provinzen des Russischen Reichs. St. Petersbourg: Kaiserliche Academie der Wissenschaften, 3: 693.

Keyserling G, Blasiu JH. 1841. Beschreibung einer neuen Feldmaus *Arvicola ratticeps*. Mémoires présentés à l'Académie impériale des Sciences de St. Petersbourg par divers Savans et dans ses assemblées, 4(3): 319-334.

Polyakov IS. 1881. Taxonomic survey of voles occurring in Siberia. Prilozhenie k. t. XXXIX, Zapisok Akademii Nauk, 2: 293.

Ognev IS. 1944. Novye dannye po sistematike krysogolovykh polevok (New data on rat-headed vole taxonomy). Doklady Akademii Nauk SSSR, XLIV, 4: 181-182.

Tate EB. 1947. Mammals of eastern Asia. Associate curator of mammals, the American Museum of Natural History. New York: The Macmillan Company.

汪松, 叶宗耀. 1963. 新疆兽类新纪录. 见: 中国动物学会. 动物生态及分类区系专业学术讨论会论文摘要汇编. 北京: 科学出版社: 212.

Pavlinov IY, Lissovsky AA. 2012. The mammals of Russia: a taxonomic and geographic references. Moscow: KMK Scientific Press Ltd.: 260.

毛足田鼠属 *Lasiopodomys* Lataste, 1887

192. 布氏田鼠 *Lasiopodomys brandtii* (Radde, 1861)

英文名：Brandt's Vole

曾用名：沙黄田鼠、草原田鼠、白兰琪田鼠、布拉德特田鼠

地方名：无

模式产地：内蒙古东北部

同物异名及分类引证：

Arvicola brandtii Radde, 1861

Microtus (Phaiomys) brandtii (Radde, 1861) Miller, 1896

Microtus (*Lasiopodomys*) *brandtii* (Radde, 1861) Allen, 1924

Lasiopodomys brandtii (Radde, 1861) Hinton, 1926

亚种分化：无

国内分布：吉林、河北、内蒙古。

国外分布：蒙古、俄罗斯。

引证文献：

Radde G. 1861. Neue Saugethier-Arten aus ost-Sibirien, Melanges Biologie Academie St.-Petersbourg, III: 683-684.

Miller GS. 1896. Genera and subgenera of voles and lemmings. North American Fauna, No. 12. Washington: Government Printing Office.

Allen GM. 1924. Microtines collected by the Asiatic Expeditions. American Museum Novitates, No. 133. New York: American Museum of Natural History: 1-13.

Hinton MAC. 1926. Monograph of the voles and lemmings (Microtinae) living and extinct. London: British Museum (Natural History).

Howell AB. 1929. Mammals from China in the collections of the United States National Museum. Proceedings of the United States National Museum, 75: 1-82.

Ellerman JR. 1941. The families and genera of living rodents. British Museum (Natural History), London: Printed by Order of the Trustees of the British Museum.

Tokuda M. 1941. A review monograph of Muridae. Transaction of the Biogeographical Society of Japan, 4: 1-156.

汪松, 叶宗耀. 1963. 新疆兽类新纪录. 见: 中国动物学会. 动物生态及分类区系专业学术讨论会论文摘要汇编. 北京: 科学出版社: 212.

193. 狭颅田鼠 *Lasiopodomys gregalis* (Pallas, 1778)

英文名：Narrow-headed Vole

曾用名：群栖田鼠

地方名：无

模式产地：俄罗斯西伯利亚

同物异名及分类引证：

Mus gregalis Pallas, 1778

Arvicola raddei Poljakov, 1881

Microtus tianshanicus Bikhner, 1899

Microtus angustus Thomas, 1908

Microtus gregalis (Pallas, 1778) Vinogradov *et al.*, 1936

Microtus gregalis dolguschini Afanasiev, 1939

Microtus tianshanicus angustus (Thomas, 1908) Allen, 1940

Microtus gregalis angustus (Thomas, 1908) Ellerman & Morrison-Scott, 1951

Microtus gregalis sirtalaensis Ma, 1965

Lasiopodomys gregalis (Pallas, 1779) Pavlinov & Lissovsky, 2012

亚种分化：全世界有 13 个亚种，中国有 5 个亚种。

呼伦贝尔亚种 *L. g. raddei* (Poljakov, 1881)，模式产地：内蒙古呼伦贝尔呼伦湖；

天山亚种 *L. g. tianshanicus* (Bikhner, 1899)，模式产地：新疆天山尤尔都斯盆地
（"Yuldus"）；

河北亚种 *L. g. angustus* (Thomas, 1908)，模式产地：河北张家口；

玛依勒亚种 *L. g. dolguschini* (Afanasiev, 1939)，模式产地：哈萨克斯坦伊犁河下游；

谢尔塔拉亚种 *L. g. sirtalaensis* (Ma, 1965)，模式产地：内蒙古呼伦贝尔谢尔塔拉。

国内分布：呼伦贝尔亚种分布于内蒙古（满洲里、新巴尔虎右旗、新巴尔虎左旗、陈巴尔虎旗、阿巴嘎旗、东乌珠穆沁旗）；天山亚种分布于新疆（天山山区）；河北亚种分布于河北（康保）；玛依勒亚种分布于新疆（托里玛依勒山区）；谢尔塔拉亚种分布于内蒙古（谢尔塔拉）。

国外分布：哈萨克斯坦、蒙古、俄罗斯。

引证文献：

Pallas PS. 1778. Novae species qvadrvpedvn e Glirivm ordine, cvm illvstrationibvs variis complvrivm ex hoc ordine animalivm. Fasc. II. Erlangae: Svmtv Wolfgangi Waltheri: 238.

Polyakov IS. 1881. Taxonomic survey of voles occurring in Siberia. Prilozhenie k. t. XXXIX, Zapisok Akademii Nauk, 2: 87-91.

Bikhner EA. 1899. Scientific results of Przheval'skii's Voyages in Central Asia. Vol. 1, Pt. 3. Academy of Sciences: 107-110.

Thomas O. 1908. The Duke of Bedford's zoological exploration in Eastern Asia.—IX. List of mammals from the Mongolian Plateau. Proceedings of the General Meetings for Scientific Business of the Zoological Society of London. London: Messrs. Longmans, Green and Co.: 104-110.

Vinogradov BS, Argyropulo AI, Heptner VG. 1936. Rodents of the Central Asiatic part of USSR. Moscow: Akademiya Nauk USSR.

Afanasiev AV. 1939. New form of gregarious vole from Balkhash area. Izvestiya Kazakhskogo filiala Akademii Nauk SSSR, (1): 28-29.

Allen GM. 1940. The mammals of China and Mongolia. Natural history of Central Asia, Vol. XI. New York: American Museum of Natural History.

Ellerman JR, Morrison-Scott TCS. 1951. Checklist of Palaearctic and Indian mammals 1758 to 1946. London: British Museum (Natural History).

马勇. 1965. 内蒙古狭颅田鼠一新亚种. 动物分类学报, 2(3): 183-186.

Pavlinov IY, Lissovsky AA. 2012. The mammals of Russia: a taxonomic and geographic references. Mosocow: KMK Scientific Press Ltd.: 258.

194. 棕色田鼠 *Lasiopodomys mandarinus* (Milne-Edwards, 1871)

英文名：Mandarin Vole

曾用名：无

地方名：龙老鼠、拱地龙

模式产地：内蒙古萨拉齐

同物异名及分类引证：

Arvicola mandarinus Milne-Edwards, 1871

Microtus (*Phaiomys*) *mandarinus* Miller, 1896

Microtus johannes Thomas, 1910

Microtus pullus Miller, 1911

Microtus mandarinus faeceus Allen, 1924

Lasiopodomys mandarinus (Milne-Edwards, 1871) Hinton, 1926

Microtus jeholensis Mori, 1939

亚种分化：全世界有 5 个亚种，中国有 3 个亚种。

指名亚种 *L. m. mandarinus* (Milne-Edwards, 1871)，模式产地：内蒙古萨拉齐；

山西亚种 *L. m. johannes* (Thomas, 1910)，模式产地：山西太原；

河北亚种 *L. m. faeceus* (Allen, 1924)，模式产地：北京。

国内分布：指名亚种分布于内蒙古、山西；山西亚种分布于山西；河北亚种分布于辽宁、北京、河北、安徽、江苏、山东。

国外分布：朝鲜半岛、蒙古、俄罗斯。

引证文献：

Milne-Edwards A. 1868-1874. Recherches pour servir à l'histoire naturelle des mammiféres: comprenant des considération sur la classification de ces animaux. Paris: G. Masson.

Miller GS. 1896. Genera and subgenera of voles and lemmings. North American Fauna, No. 12. Washington: Government Printing Office.

Thomas O. 1910. *Microtus johannes*, sp. n. In: Harmer SF. Abstract of the Proceedings of the Zoological Society of London, (no. 83): 25-27.

Miller GS. 1911. Four new Chinese mammals. Proceedings of the Biological Society of Washington, 24: 53-56.

Allen GM. 1924. Microtines collected by the Asiatic Expeditions. American Museum Novitates, No. 133. New York: American Museum of Natural History: 1-13.

Hinton MAC. 1926. Monograph of the voles and lemmings (Microtinae) living and extinct. London: British Museum (Natural History).

Mori T. 1939. Mammalia of Jehol and District north of it. Report of the first scientific expedition to Manchoukuo under the leadership of Shigeyasu Tokunaga, Ser. 5, Div. 2, Pt. 4: 1-84.

田鼠属 *Microtus* Schrank, 1798

195. 黑田鼠 *Microtus agrestis* (Linnaeus, 1761)

英文名：Field Vole

曾用名：无

地方名：无

模式产地：瑞典乌普萨拉省

同物异名及分类引证：

Mus agrestis Linnaeus, 1761

Microtus agrestis mongol Thomas, 1911

Microtus agrestis (Linnaeus, 1761) Miller, 1912

Microtus arcturus Thomas, 1912

Microtus agrestis arcturus Ellerman, 1941

亚种分化：全世界有 16 个亚种，中国有 2 个亚种。

蒙古亚种 *M. a. mongol* Thomas, 1911，模式产地：阿尔泰山（俄罗斯一侧）；

新疆亚种 *M. a. arcturus* Thomas, 1912，模式产地：新疆准噶尔盆地；

国内分布：蒙古亚种分布于新疆北部（阿尔泰山区）；新疆亚种分布于新疆（准噶尔盆地）。

国外分布：整个欧洲，向东延伸至阿尔泰山、贝加尔湖。

引证文献：

Linnaeus C. 1761. Fauna Suecica, 2nd Ed. Stockholmiae, Sumtu & Literis Direct. Laurentii Salvii: 11.

Thomas O. 1911. New mammals from Central and Western Asia, mostly collected by Mr. Douglas Carruthers. The Annals and Magazine of Natural History, Ser. 8, 8(48): 758-762.

Miller GS. 1912. Catalogue of the mammals of western Europe in the collection of British Museum. London: British Museum (Natural History).

Thomas O. 1912. On mammals from Central Asia collected by Mr. Douglas Carruthers. The Annals and Magazine of Natural History, Ser. 8, 9(52): 391-408.

Ellerman JR. 1941. The families and genera of living rodents. British Museum (Natural History), London: Printed by Order of the Trustees of the British Museum.

196. 伊犁田鼠 *Microtus ilaeus* Thomas, 1912

英文名：Kazakhstan Vole

曾用名：天山田鼠、吉尔吉斯田鼠

地方名：无

模式产地：哈萨克斯坦东南部（"Djarkent, Semirechyia"）

同物异名及分类引证：

Microtus arvalis transcaspicus Ognev, 1924

Microtus transcaspicus ilaeus (Thomas, 1912) Ellerman, 1941

Microtus arvalis kirgisorum Ognev, 1950

亚种分化：无

国内分布：新疆。

国外分布：哈萨克斯坦、乌兹别克斯坦、俄罗斯。

引证文献：

Thomas O. 1912. Two new Asiatic voles. The Annals and Magazine of Natural History, Ser. 8, 9: 348-350.

Ognev SI. 1924. Rodents of Northern Caucasus [Gryzuny severnogo kavkaza]. Rostov-on-Don: Gosizdat Publishing House: 1-64.

Ellerman JR. 1941. The families and genera of living rodents. British Museum (Natural History), London: Printed by Order of the Trustees of the British Museum.

Ognev SI. 1950. Mammals of eastern Europe and northern Asia. In: Mammals of the USSR and adjacent countries, Vol. 7. Rodent: 181-183.

Meyer MN, Grishchenko TA, Zybina EV. 1981. Experimental hybridization as a method of studying the degree of divergence of closely relation species of genus *Microtus*. Zoologichesky Zhurnal, 60: 290-300.

197. 帕米尔田鼠 *Microtus juldaschi* (Severtzov, 1879)

英文名：Pamir Vole

曾用名：帕米尔松田鼠、卡氏田鼠

地方名：无

模式产地：新疆塔什库尔干卡拉库里湖畔

同物异名及分类引证：

Arvicola juldaschi Severtzov, 1879

Microtus pamirensis Miller, 1899

Microtus carruthersi Thomas, 1909

Microtus (*Phaiomys*) *juldaschi* (Severtzov, 1879) Vinogradov, 1930

Pitymys juldaschi (Severtzov, 1879) Ellerman & Morrison-Scott, 1951

Microtus juldaschi (Severtzov, 1879) Qian *et al.*, 1965

Neodon juldaschi (Severtzov, 1879) Musser & Carleton, 2005

亚种分化：全世界有 2 个亚种，中国有 1 个亚种。

指名亚种 *M. j. juldaschi* (Severtzov, 1879)，模式产地：新疆塔什库尔干。

国内分布：指名亚种分布于新疆（塔什库尔干）。

国外分布：阿富汗、巴基斯坦、吉尔吉斯斯坦、塔吉克斯坦。

引证文献：

Severtzov NA. 1879. Notes on vertebrate fauna of the Pamirs. Zapiski Turkestanskogo otdela obshchestva lyubitelei estestvoznaniya, I: 63.

Miller GS. 1899. The voles collected by Dr. Rbbot in Central Asia. Proceedings of Natural Science of Philadelphia: 287-289.

Thomas O. 1909. On mammals collected in Turkestan by Mr. Douglas Carruthers. The Annals and Magazine of Natural History, Ser. 8, 3(12): 257-266.

Vinogradov BS. 1930. Rukuvodstvo k opredeleniyu gryzunov srednei Azii. Samarkand: 37.

Ellerman JR, Morrison-Scott TCS. 1951. Checklist of Palaearctic and Indian mammals 1758 to 1946. London: British Museum (Natural History): 683.

钱燕文, 张洁, 郑宝赉, 汪松, 关贯勋, 沈孝宙. 1965. 新疆南部的鸟兽. 北京: 科学出版社.

198. 社田鼠 *Microtus socialis* (Pallas, 1773)

英文名：Social Vole

曾用名：无

地方名：无

模式产地：哈萨克斯坦（伏尔加河和乌拉尔河之间的分水岭）

同物异名及分类引证：

Mus socialis Pallas, 1773

Microtus socialis (Pallas, 1773) Satunin, 1896

Microtus socialis gravesi Goodwin, 1934

Microtus socialis bogdoensis Wang *et* Ma, 1982

亚种分化：全世界有 7 个亚种，中国有 2 个亚种。

塔尔巴哈台亚种 *M. s. gravesi* Goodwin, 1934，模式产地：哈萨克斯坦；

博格多亚种 *M. s. bogdoensis* Wang *et* Ma, 1982，模式产地：新疆阜康博格多山。

国内分布：塔尔巴哈台亚种分布于新疆（塔城、额敏）；博格多亚种分布于新疆（木垒、阜康、吐鲁番）。

国外分布：叙利亚、哈萨克斯坦、黎巴嫩、土耳其、伊拉克、伊朗、俄罗斯。

引证文献：

Pallas PS. 1773. Reise durch verschiedene Provinzen des Russischen Reichs. St. Petersbourg: Kaiserliche Academie der Wissenschaften, 2: 705.

Satunin K. 1896. Mlekopitayushchie volzhsko- ural'skoi stepi. Prilozhenie protoloku zasedanii Obshchestva estestvoispytatelei pri Kazanskom universitete, 158: 8.

Thomas O. 1912. On mammals from Central Asia collected by Mr. Douglas Carruthers. The Annals and Magazine of Natural History, Ser. 8, 9(52): 391-408.

Goodwin GG. 1934. Two new mammals from Kazakstan. American Museum Novitates, No. 742. New York: The American Museum of Natural History: 1-2.

王逢桂, 马勇. 1982. 新疆社田鼠一新亚种——博格多社田鼠. 动物分类学报, 7(1): 112-114.

松田鼠属 *Neodon* Horsfield, 1849

199. 克氏松田鼠 *Neodon clarkei* (Hinton, 1923)

英文名：Clark's Mountain Vole

曾用名：克氏田鼠、滇缅田鼠

地方名：无

模式产地：云南高黎贡山北段

同物异名及分类引证：

Microtus clarkei Hinton, 1923

Volemys clarkei (Hinton, 1923) Zagoronyuk, 1990

Neodon clarkei (Hinton, 1923) Liu *et al*., 2017

亚种分化：无

国内分布：云南。

国外分布：缅甸。

引证文献：

Hinton MAC. 1923. On the voles collected by Mr. G. Forrest in Yunnan, with remarks upon the genera *Eothenomys* and *Neodon* and upon their allies. The Annals and Magazine of Natural History, Ser. 9, 11: 145-162.

Zagoronyuk IV. 1990. Karyotypic variability and systematics of the gray voles (Rodentia, Arvicolini). Communication 1. Species composition and chromosomal numbers. Vestnik Zoologii, 2: 26-37.

Liu SY, Jin W, Liu Y, Murphy RW, Lv B, Hao HB, Liao R, Sun ZY, Tang MK, Chen WC, Fu JR. 2017. Taxonomic position of Chinese voles of the tribe Arvicolini and the description of 2 new species from Xizang, China. Journal of Mammalogy, 98(1): 166-182.

200. 云南松田鼠 *Neodon forresti* Hinton, 1923

英文名：Yunnan Mountain Vole

曾用名：无

地方名：无

模式产地：云南维西（澜沧江和金沙江之间分水岭）

同物异名及分类引证：

Microtus forresti Allen, 1940

Microtus irene forresti (Hinton, 1923) Ellerman, 1947

Pitymys irene forresti (Hinton, 1923) Ellerman & Morrison-Scott, 1951

Neodon sikimensis forresti (Hinton, 1923) Weigel, 1969

亚种分化：无

国内分布：中国特有，分布于云南。

国外分布：无

引证文献：

Hinton MAC. 1923. On the voles collected by Mr. G. Forrest in Yunnan, with remarks upon the genera *Eothenomys* and *Neodon* and upon their allies. The Annals and Magazine of Natural History, Ser. 9, 11: 145-162.

Allen GM. 1940. The mammals of China and Mongolia, II. Bulletin of the American Museum of Natural History. New York: American Museum of Natural History.

Ellerman JR.1947. A key to the Rodentia inhabiting India, Ceylon, and Burma, based on collection in the British Museum. Journal of Mammalogy, 28(3): 249-278.

Ellerman JR, Morrison-Scott TCS. 1951. Checklist of Palaearctic and Indian mammals 1758 to 1946. London: British Museum (Natural History).

Weigel I. 1969. Systematische übersicht über die insektenfresser und nager Nepals nebst bemerkungen zur tiergeographie. Khumbu Himal, 3(2): 149-196.

Musser GG, Carleton MD. 1993. Subfamily Arvicolinae. In: Wilson DE, Reeder DM. Mammal species of the world: a taxonomic and geographic reference. 2nd Ed. Washington: Smithsonian Institution Press: 501-535.

201. 青海松田鼠 *Neodon fuscus* (Büchner, 1889)

英文名：Smoky Mountain Vole

曾用名：青海田鼠

地方名：无

模式产地：青海玉树

同物异名及分类引证：

Microtus strauchi var. *fuscus* Büchner, 1889

Phaiomys fuscus (Büchner, 1889) Ellerman, 1941

Microtus leucurus fuscus (Büchner, 1889) Ellerman & Morrison-Scott, 1951

Microtus (*Lasiopodomys*) *fuscus* (Büchner, 1889) Zheng & Wang, 1980

Neodon fuscus (Büchner, 1889) Liu *et al.*, 2012

亚种分化：无

国内分布：中国特有，分布于甘肃、青海、新疆、四川。

国外分布：无

引证文献：

Büchner E. 1889. Wissenschaftliche resultate der von N. M. Przewalski nach Central-Asien unternommenen reisen. Zoologischer theil. Band I. Säugethiere. St. Petersburg: Kaiserlichen Akademie der Wissenschaften: 104-126.

Ellerman JR. 1941. The families and genera of living rodents. British Museum (Natural History), London: Printed by Order of the Trustees of the British Museum.

Ellerman JR, Morrison-Scott TCS. 1951. Checklist of Palaearctic and Indian mammals 1758 to 1946. London: British Museum (Natural History).

郑昌琳, 汪松. 1980. 白尾松田鼠分类志要. 动物分类学报, 5(1): 106-112.

Liu SY, Sun ZY, Liu Y, Fan ZX, Guo P, Murphy RW. 2012. A new vole from Xizang, China and the molecular phylogeny of the genus *Neodon* (Cricetidae: Arvicolinae). Zootaxa, 3235: 1-22.

202. 高原松田鼠 *Neodon irene* (Thomas, 1911)

英文名：Irene's Mountain Vole

曾用名：高原田鼠

地方名：无

模式产地：四川康定

同物异名及分类引证：

Microtus irene Thomas, 1911

Microtus onisscus Thomas, 1911

Neodon irene (Thomas, 1911) Hinton, 1923

Pitymys irene (Thomas, 1911) Ellerman & Morrison-Scott, 1951

亚种分化：全世界有 2 个亚种，中国均有分布。

指名亚种 *N. i. irene* (Thomas, 1911)，模式产地：四川康定；

甘肃亚种 *N. i. oniscus* (Thomas, 1911)，模式产地：甘肃临潭。

国内分布：中国特有，指名亚种分布于青海、四川、西藏、云南；甘肃亚种分布于甘肃南部、四川北部。

国外分布：无

引证文献：

Thomas O. 1911. *Microtus irene* sp. n. In: Minchin EA. Abstract of the Proceedings of the Zoological Society of London, (No. 90): 1-5.

Thomas O. 1911. Three new rodents from Gansu. The Annals and Magazine of Natural History, Ser. 8, 8: 720-723.

Hinton MAC. 1923. On the voles collected by Mr. G. Forrest in Yunnan, with remarks upon the genera *Eothenomys* and *Neodon* and upon their allies. The Annals and Magazine of Natural History, Ser. 9, 11: 145-162.

Allen GM. 1940. The mammals of China and Mongolia, II. Bulletin of the American Museum of Natural History. New York: American Museum of Natural History.

Ellerman JR, Morrison-Scott TCS. 1951. Checklist of Palaearctic and Indian mammals 1758 to 1946. London: British Museum (Natural History).

203. 白尾松田鼠 *Neodon leucurus* (Blyth, 1863)

英文名：Blyth's Mountain Vole

曾用名：拟田鼠、松田鼠、布氏松田鼠

地方名：无

模式产地：克什米尔地区

同物异名及分类引证：

Phaiomys leucurus Blyth, 1863

Arvicola blythi Blandford, 1875

Microtus strauchi Büchner, 1889

Microtus (*Phaiomys*) *waltoni* Bonhote, 1905

Microtus waltoni petulans Wroughton, 1911

Phaiomys everesti Thomas *et* Hinton, 1922

Microtus leucurus (Blyth, 1863) Ellerman & Morrison-Scott, 1951

Pitymys leucurus (Blyth, 1863) Corbet, 1978

Pitymys leurucus zaduoensis Zheng *et* Wang, 1980

Neodon leucurus (Blyth, 1863) Liu *et al.*, 2012

亚种分化：全世界有 3 个亚种，中国均有分布。

指名亚种 *N. l. leucurus* (Blyth, 1863)，模式产地：克什米尔地区；

拉萨亚种 *N. l. waltoni* (Bonhote, 1905)，模式产地：西藏拉萨；

杂多亚种 *N. l. zaduoensis* Zheng *et* Wang, 1980，模式产地：青海杂多结多。

国内分布：指名亚种分布于青海（柴达木盆地）、新疆南部、西藏北部；拉萨亚种分布于珠穆朗玛峰；杂多亚种分布于青海（杂多、囊谦、玉树、称多、治多、曲麻莱）。

国外分布：印度。

引证文献：

Blyth E. 1863. Report of curator, zoological department. No. V. W. Theobald, Esq., Jun., of the India geological survey. A small tin of specimens. Journal of the Asiatic Society of Bengal, 32: 89.

Blanford WT. 1875. List of Mammalia collected by late Dr. Stoliczka, when attached to the embassy under Sir D. Forsyth in Kashmir, Ladák, Eastern Turkestan, and Wakhán, with descriptions of new species. Journal of the Asiatic Society of Bengal, 44(Pt. 2): 105-112.

Büchner E. 1889. Wissenschaftliche resultate der von N. M. Przewalski nach Central-Asien unternommenen reisen. Zoologischer theil. Band I. Säugethiere. St. Petersburg: Kaiserlichen Akademie der Wissenschaften: 104-126.

Bonhote JL. 1905. *Microtus* (*Phaiomys*) *waltoni*. In: Boulenger GA. Abstract of the Proceedings of the Scientific Meetings of the Zoological Society of London, (No. 22): 13-16.

Broughton RC. 1911. "The Pale weasel" of Blanford's "Mammalia" and a new Himalayan vole. The Journal of Bombay Natural History Society, 20: 930-932.

Thomas O, Hinton MAC. 1922. The mammals of the 1921 Mount Everest expedition. The Annals and Magazine of Natural History, Ser. 9, 9: 178-186.

Hinton MAC. 1923. On the voles collected by Mr. G. Forrest in Yunnan, with remarks upon the genera

Eothenomys and *Neodon* and upon their allies. The Annals and Magazine of Natural History, Ser. 9, 11: 145-162.

Ellerman JR, Morrison-Scott TCS. 1951. Checklist of Palaearctic and Indian mammals 1758 to 1946. London: British Museum (Natural History).

Corbet GB. 1978. The mammals of the Palaearctic region: a taxonomic review. London: British Museum (Natural History).

郑昌琳, 汪松. 1980. 白尾松田鼠分类志要. 动物分类学报, 5(1): 106-122.

Gromov IM, Polyakov IY. 1992. Voles (Microtinae). Fauna of the USSR: Mammals, Vol. 3, No. 8.

Liu SY, Sun ZY, Liu Y, Fan ZX, Guo P, Murphy RW. 2012. A new vole from Xizang, China and the molecular phylogeny of the genus *Neodon* (Cricetidae: Arvicolinae). Zootaxa, 3235: 1-22.

204. 林芝松田鼠 *Neodon linzhiensis* **Liu** *et al.*, 2012

英文名：Linzhi Mountain Vole

曾用名：无

地方名：无

模式产地：西藏林芝

同物异名及分类引证：无

亚种分化：无

国内分布：中国特有，分布于西藏（林芝）。

国外分布：无

引证文献：

Liu SY, Sun ZY, Liu Y, Fan ZX, Guo P, Murphy RW. 2012. A new vole from Xizang, China and the molecular phylogeny of the genus *Neodon* (Cricetidae: Arvicolinae). Zootaxa, 3235: 1-22.

205. 墨脱松田鼠 *Neodon medogensis* **Liu** *et al.*, 2017

英文名：Medog Mountain Vole

曾用名：无

地方名：无

模式产地：西藏墨脱

同物异名及分类引证：无

亚种分化：无

国内分布：中国特有，分布于西藏（墨脱、波密）。

国外分布：无

引证文献：

Liu SY, Jin W, Liu Y, Murphy RW, Lv B, Hao HB, Liao R, Sun ZY, Tang MK, Chen WC, Fu JR. 2017. Taxonomic position of Chinese voles of the tribe Arvicolini and the description of 2 new species from Xizang, China. Journal of Mammalogy, 98(1): 166-182.

206. 聂拉木松田鼠 *Neodon nyalamensis* **Liu** *et al.*, 2017

英文名：Nyalam Mountain Vole

曾用名：无

地方名：无

模式产地：西藏聂拉木

同物异名及分类引证：无

亚种分化：无

国内分布：中国特有，分布于西藏（聂拉木）。

国外分布：无

引证文献：

Liu SY, Jin W, Liu Y, Murphy RW, Lv B, Hao HB, Liao R, Sun ZY, Tang MK, Chen WC, Fu JR. 2017. Taxonomic position of Chinese voles of the tribe Arvicolini and the description of 2 new species from Xizang, China. Journal of Mammalogy, 98(1): 166-182.

207. 锡金松田鼠 *Neodon sikimensis* Hodgson, 1849

英文名：Sikkim Mountain Vole

曾用名：锡金田鼠

地方名：无

模式产地：印度锡金

同物异名及分类引证：

Arvicola thricolis Gray, 1863

Neodon sikimensis Hodgson, 1849 (in Horsfield, 1849)

Microtus sikimensis (Hodgson, 1849) Blanford, 1888

Pitymys sikimensis (Hodgson, 1849) Ellerman & Morrison-Scott, 1951

亚种分化：无

国内分布：西藏（亚东）。

国外分布：尼泊尔、印度。

引证文献：

Horsfield T. 1849. Brief notice of several Mammalia and Birds discovered by B. H. Hodgson, Esq., in Upper India. The Annals and Magazine of Natural History, Ser. 2, 3(15): 203.

Horsfield T. 1851. A catalogue of the Mammalia in the Museum of the Hon. East-India Company. London: Printed by J. & H. Cox: 146.

Gray JE. 1863. Catalogue of Hodgson's collection in the British Museum. 2nd Ed. London: British Museum: 10.

Blanford WT. 1888. The fauna of British India, including Ceylon and Burma. Mammalia. London: Taylor and Francis.

Ellerman JR, Morrison-Scott TCS. 1951. Checklist of Palaearctic and Indian mammals 1758 to 1946. London: British Museum (Natural History): 683.

钱燕文, 冯祚建, 马来龄. 1974. 珠穆朗玛峰地区鸟类和哺乳类区系调查. 见: 中国科学院西藏科学考察队. 珠穆朗玛峰地区科学考察报告(1966-1968)生物与高山生理. 北京: 科学出版社: 1-23.

Kaneko Y, Smeenk C. 1996. The author and date of publication of the Sikkim vole *Microtus sikimensis*. Mammal Study, 21(2):161-164.

沟牙田鼠属 *Proedromys* Thomas, 1911

208. 沟牙田鼠 *Proedromys bedfordi* Thomas, 1911

英文名：Duke of Bedford's Vole

曾用名：甘南田鼠

地方名：无

模式产地：甘肃岷县

同物异名及分类引证：

Microtus bedfordi (Thomas, 1911) Ellerman & Morrison-Scott, 1951

亚种分化：无

国内分布：中国特有，分布于甘肃、四川。

国外分布：无

引证文献：

Thomas O. 1911. *Proedromys bedfordi* g. and sp. n. (Microtinae). In: Minchin EA. Abstract of the Proceedings of the Zoological Society of London, (No. 90): 1-5.

Ellerman JR, Morrison-Scott TCS. 1951. Checklist of Palaearctic and Indian mammals 1758 to 1946. London: British Museum (Natural History).

Corbet GB. 1978. The mammals of the Palaearctic region: a taxonomic review. London: British Museum (Natural History).

Gromov IM, Polyakov IY. 1992. Voles (Microtinae). Fauna of the USSR: Mammals, Vol. 3, No. 8.

Liu SY, Jin W, Liu Y, Murphy RW, Lv B, Hao HB, Liao R, Sun ZY, Tang MK, Chen WC, Fu JR. 2017. Taxonomic position of Chinese voles of the tribe Arvicolini and the description of 2 new species from Xizang, China. Journal of Mammalogy, 98(1): 166-182.

209. 凉山沟牙田鼠 *Proedromys liangshanensis* Liu *et al.*, 2007

英文名：Liangshan Vole

曾用名：无

地方名：无

模式产地：四川马边大风顶

同物异名及分类引证：无

亚种分化：无

国内分布：中国特有，分布于四川（马边、美姑、雷波、金阳、越西）。

国外分布：无

引证文献：

Liu SY, Sun ZY, Zeng ZY, Zhao EM. 2007. A new vole (Cricetidae: Arvicolinae: *Proedromys*) from the Liangshan Mountains of Sichuan Province, China. Journal of Mammalogy, 88(5): 1170-1178.

Liu SY, Jin W, Liu Y, Murphy RW, Lv B, Hao HB, Liao R, Sun ZY, Tang MK, Chen WC, Fu JR. 2017. Taxonomic position of Chinese voles of the tribe Arvicolini and the description of 2 new species from Xizang, China. Journal of Mammalogy, 98(1): 166-182.

川西田鼠属 *Volemys* Zagorodnyuk, 1990

210. 四川田鼠 *Volemys millicens* (Thomas, 1911)

英文名：Sichuan Vole

曾用名：川北田鼠

地方名：无

模式产地：四川汶川

同物异名及分类引证：

Microtus millicens Thomas, 1911

Volemys millicens (Thomas, 1911) Zagorodnyuk, 1990

亚种分化：无

国内分布：中国特有，分布于四川（汶川、平武）。

国外分布：无

引证文献：

Thomas O. 1911. *Microtus millicens* sp. n. In: Blanford JR. Abstract of the Proceedings of the Zoological Society of London, (No. 100): 47-50.

Zagoronyuk IV. 1990. Karyotypic variability and systematics of the gray voles (Rodentia, Arvicolini). Communication 1. Species composition and chromosomal numbers. Vestnik Zoologii, 2: 26-37.

Liu SY, Jin W, Liu Y, Murphy RW, Lv B, Hao HB, Liao R, Sun ZY, Tang MK, Chen WC, Fu JR. 2017. Taxonomic position of Chinese voles of the tribe Arvicolini and the description of 2 new species from Xizang, China. Journal of Mammalogy, 98(1): 166-182.

211. 川西田鼠 *Volemys musseri* (Lawrence, 1982)

英文名：Marie's Vole

曾用名：无

地方名：无

模式产地：四川邛崃山

同物异名及分类引证：

Microtus musseri Lawrence, 1982

Volemys musseri (Lawrence, 1982) Zagorodnyuk, 1990

亚种分化：无

国内分布：中国特有，分布于四川（汶川、天全、宝兴、芦山、泸定、邛崃、理县、崇州）。

国外分布：无

引证文献：

Lawrence MA. 1982. Western Chinese Avicolinae (Rodentia) collected by the Sage Expedition. American Museum Novitates, No. 2745. New York: The American Museum of Natural History: 6.

Zagoronyuk IV. 1990. Karyotypic variability and systematics of the gray voles (Rodentia, Arvicolini). Communication 1. Species composition and chromosomal numbers. Vestnik Zoologii, 2: 26-37.

Liu SY, Jin W, Liu Y, Murphy RW, Lv B, Hao HB, Liao R, Sun ZY, Tang MK, Chen WC, Fu JR. 2017.

Taxonomic position of Chinese voles of the tribe Arvicolini and the description of 2 new species from Xizang, China. Journal of Mammalogy, 98(1): 166-182.

红背䶄族 Myodini Kretzoi, 1969

高山䶄属 *Alticola* Blanford, 1881

212. 白尾高山䶄 *Alticola albicauda* (True, 1894)

英文名：White-tailed Mountain Vole

曾用名：无

地方名：无

模式产地：克什米尔地区

同物异名及分类引证：

Arvicola albicauda True, 1894

Microtus albicauda (True, 1894) Miller, 1896

Alticola albicauda (True, 1894) Hinton, 1926

Alticola roylii albicauda Ellerman *et* Morrison-Scott, 1951

亚种分化：无

国内分布：新疆（塔什库尔干）。

国外分布：克什米尔地区、印度北部。

引证文献：

True FW. 1894. Note on mammals of Baltistan and the vole of Kashmir, presented to the National Museum by Dr. W. L. Abbott. Proceedings of the United States National Museum, 17(976): 1-16.

Miller GS. 1896. Genera and subgenera of voles and lemmings. North American Fauna, No. 12. Washington: Government Printing Office.

Hinton MAC. 1926. Monograph of the voles and lemmings (Microtinae) living and extinct. London: British Museum (Natural History).

Ellerman JR, Morrison-Scott TCS. 1951. Checklist of Palaearctic and Indian mammals 1758 to 1946. London: British Museum (Natural History).

刘少英, 刘莹洵, 蒙冠良, 周程冉, 刘洋, 廖锐. 2020. 中国兽类一新纪录白尾高山䶄及西藏、湖北和四川兽类各一省级新纪录. 兽类学报, 40(3): 261-270.

213. 银色高山䶄 *Alticola argentatus* (Severtzov, 1879)

英文名：Silver Mountain Vole

曾用名：银色山䶄

地方名：无

模式产地：塔吉克斯坦戈尔诺-巴达赫尚自治州中东部的阿尔楚尔河谷（"Alichur"）

同物异名及分类引证：

Arvicola argentatus Severtzov, 1879

Alticola worthingtoni Miller, 1906

Alticola phasma Miller, 1912

Alticola worthingtoni subluteus Thomas, 1914

Alticola argentatus (Severtzov, 1879) Vinogradov, 1931

Alticola roylei argentatus (Severtzov, 1879) Ellerman & Morrison-Scott, 1951

Alticola argentatus taraxovi Rossolimo, 1992

亚种分化：全世界有 10 个亚种，中国有 5 个亚种。

指名亚种 *A. a. argentatus* (Severtzov, 1879)，模式产地：塔吉克斯坦戈尔诺-巴达赫尚自治
　　州中东部的阿尔楚尔河谷（"Alichur"）；

天山亚种 *A. a. worthingtoni* Miller, 1906，模式产地：新疆特克斯的阔克苏河谷；

喀喇昆仑山亚种 *A. a. phasma* Miller, 1912，模式产地：喀喇昆仑山脉东侧；

萨吾尔亚种 *A. a. subluteus* Thomas, 1914，模式产地：新疆萨吾尔山；

阿赖亚种 *A. a. taraxovi* Rossolimo, 1992，模式产地：吉尔吉斯斯坦东部的伊尼尔切克河
　　（"Inylchek"）。

国内分布：指名亚种分布于新疆（塔什库尔干卡拉库里湖一带）；天山亚种分布于新
　　疆（昭苏、巩留、精河、玛纳、乌鲁木齐、阜康、木垒等）；喀喇昆仑山亚种分
　　布于喀喇昆仑山脉东侧；萨吾尔亚种分布于新疆（萨吾尔山）；阿赖亚种分布于新
　　疆（乌恰）。

国外分布：阿富汗、巴基斯坦、哈萨克斯坦、吉尔吉斯斯坦、塔吉克斯坦、印度。

引证文献：

Severtzov NA. 1879. Notes on vertebrate fauna of the Pamirs. Zapiski Turkestanskogo otdela obshchestva lyubitelei estestvoznaniya, I: 63.

Miller GS. 1906. Some voles from the Tianshan region. The Annals and Magazine of Natural History, Ser. 7, 17(100): 371-375.

Miller GS. 1912. Two new Murine rodents from Turkestan. Proceedings of the Biological Society of Washington, 25: 59-60.

Thomas O. 1914. On small mammals from Djarkent, Central Asia. The Annals and Magazine of Natural History, Ser. 8, 13(78): 563-573.

Vinogradov BS. 1931. Trudy Pamirskoi ekspeditsii, Vo. VIII, Mammals: 5-7.

Ellerman JR, Morrison-Scott TCS. 1951. Checklist of Palaearctic and Indian mammals 1758 to 1946. London: British Museum (Natural History).

Rossolimo OL. 1989. Revision of Royle's high-mountain vole *Alticola* (*A.*) *argentatus* (Mammalia: Cricetidae). Zoologicheskii Zhumal, 68: 104-114.

Rossolimo O, Pavlinov IY. 1992. Species and subspecies of *Alticola s. str.* (Rodentia: Arvicolidae). In: Horacek I, Vohralik V. Prague studies in mammalogy. Prague: Charles University Press: 149-176.

Rossolimo OL, Pavlino LJ, Hoffmann RS. 1994. 中国高山䶄亚属(subgenus *Alticola*)的系统分类与分布. 兽类学报, 14(2): 86-99.

214. 戈壁阿尔泰高山䶄 *Alticola barakshin* Bannikov, 1947

英文名：Gobi Altai Mountain Vole

曾用名：阿尔泰高山䶄

地方名：无

模式产地：蒙古戈壁阿尔泰省

同物异名及分类引证:

Alticola stoliczkanus barakshin (Bannikov, 1947) Corbet, 1978

亚种分化: 无

国内分布: 新疆东部。

国外分布: 蒙古南部、俄罗斯南部。

引证文献:

Bannikov AG. 1947. A new species of High Mountain vole from Mongolia. Doklady Akademii Nauk SSSR, LXI(2): 217-220.

Corbet GB. 1978. The mammals of the Palaearctic region: a taxonomic review. London: British Museum (Natural History).

Rossolimo OL. 1989. Revision of Royle's high-mountain vole *Alticola* (*A.*) *argentatus* (Mammalia: Cricetidae). Zoologicheskii Zhumal, 68: 104-114.

侯兰新, 薛世来, 马良贤, 王学峰, 卡米尔. 1995. 中国兽类新纪录——戈壁阿尔泰高山䶄. 兽类学报, 15(2): 105-112.

215. 大耳高山䶄 *Alticola macrotis* (Radde, 1862)

英文名: Large-eared Mountain Vole

曾用名: 大耳䶄

地方名: 无

模式产地: 俄罗斯西伯利亚南部

同物异名及分类引证:

Arvicola macrotis Radde, 1862

Alticola vinogradovi Rasorenova, 1933

Alticola macrotis (Radde, 1862) Ellerman & Morrison-Scott, 1951

Aschizomys macrotis (Radde, 1862) Bobrinskii *et al.*, 1965

Myodes macrotis (Radde, 1862) Wilson & Mittermeier, 2017

Alticola macrotis (Radde, 1862) 唐明坤 等, 2020

亚种分化: 全世界有 3 个亚种, 中国有 1 个亚种。

阿尔泰亚种 *M. m. vinogradovi* (Rasorenova, 1933), 模式产地: 阿尔泰山 (俄罗斯一侧)。

国内分布: 新疆西北部。

国外分布: 俄罗斯 (西伯利亚南部至贝加尔湖一线)。

引证文献:

Radde G. 1862. Reisen im Suden von Ost-Sibirien in den Jahren 1855-1859 incl. im Auftrage der Kaiserlichen Geographischen Gesellschaft. Band I. Die Saugethierfauna. 4 to, St. Petersburg: Buchdruckerei der K. Akademie der Wissenschaften.

Rasorenova A. 1933. Materialy k izucheniyu vysokogornoi fauny gryzunov Altaya (Data on Altai alpine rodent fauna). Byulleten' Moskovskogo Obshchestva Ispytatelei Proirody, XLII (1): 79-80.

Ellerman JR, Morrison-Scott TCS. 1951. Checklist of Palaearctic and Indian mammals 1758 to 1946. London: British Museum (Natural History).

Bobrinskii NA, Kuznetzov BA, Kuzyakin AP. 1965. Synopsis of the mammals of USSR. Moscow: Prosveshchenie: 381.

王思博, 杨赣源. 1981. 新疆啮齿类的国内一新纪录. 动物分类学报, 6(1): 112.

Wilson DE, Lacher TE, Mittermeier RA. 2017. Handbook of the mammals of the world (Book 7: Rodentia II). Barcelona: Lynx Edicion.

唐明坤, 陈志宏, 王新, 陈治兴, 何志强, 刘少英. 2021. 中国森林田鼠族系统分类研究进展. 兽类学报, 41(1): 71-81.

216. 蒙古高山䶄 *Alticola semicanus* (Allen, 1924)

英文名：Mongolian Mountain Vole

曾用名：蒙古山䶄

地方名：山田鼠

模式产地：蒙古杭爱山脉

同物异名及分类引证：

Microtus worthingtoni semicanus Allen, 1924

Alticola worthingtoni semicanus (Allen, 1924) Hinton, 1926

Microtus (*Alticola*) *semicanus* (Allen, 1924) Formozov, 1929

Alticola semicanus alleni Argyropulo, 1933

Alticola macrotis semicanus (Allen, 1924) Allen, 1940

Alticola roylei semicanus (Allen, 1924) Ellerman & Morrison-Scott, 1951

Alticola semicanus (Allen, 1924) Pavlinov & Rossolimo, 1987

Alticola argentatus semicanus (Allen, 1924) Rossolimo & Pavlinov, 1992

亚种分化：无

国内分布：内蒙古中部。

国外分布：蒙古、俄罗斯南部。

引证文献：

Allen GM. 1924. Microtines collected by the Asiatic Expeditions. American Museum Novitates, No. 133. New York: American Museum of Natural History: 1-13.

Hinton MAC. 1926. Monograph of the voles and lemmings (Microtinae) living and extinct. London: British Museum (Natural History).

Formozov AN. 1929. Mlekopitayushchie Severnoi Mongolii. In: Ognev SI. Zveri Vostochnoi Evropy i severnoi Azii: 62-66.

Argyropulo AI. 1933. Über zwei neue paläarktische Wühlmäuse. Zeitschrift für Säugetierkunde, 8: 180-183.

Allen GM. 1940. The mammals of China and Mongolia, II. Bulletin of the American Museum of Natural History. New York: American Museum of Natural History.

Ellerman JR, Morrison-Scott TCS. 1951. Checklist of Palaearctic and Indian mammals 1758 to 1946. London: British Museum (Natural History).

Pavlinov IY, Rossolimo OL. 1987. Systematics of mammals of the USSR. Moscow: Moscow University Press.

Rossolimo O, Pavlinov IY. 1992. Species and subspecies of *Alticola* s. str. (Rodentia: Arvicolidae). In: Horacek I, Vohralik V. Prague studies in mammalogy. Prague: Charles University Press: 149-176.

217. 斯氏高山䶄 *Alticola stoliczkanus* (Blandford, 1875)

英文名：Stoliczka's Mountain Vole

曾用名：斯氏山䶄、高山田鼠、高原高山䶄

地方名：无

模式产地：克什米尔地区

同物异名及分类引证：

Arvicola stoliczkanus Blandford, 1875

Microtus (*Alticola*) *stoliczkanus* (Blandford, 1875) Miller, 1896

Microtus acrophils Miller, 1899

Microtus lama Barrett-Hamilton, 1900

Alticola stoliczkanus (Blandford, 1875) Hinton, 1926

亚种分化：全世界有 5 个亚种，中国有 2 个亚种。

指名亚种 *A. s. stoliczkanus* (Blandford, 1875)，模式产地：克什米尔地区；

拉萨亚种 *A. s. lama* Barrel-Hamilton, 1900，模式产地：西藏拉萨。

国内分布：指名亚种分布于新疆（昆仑山）、西藏西部；拉萨亚种分布于西藏（拉萨）、青海西南部。

国外分布：克什米尔地区、尼泊尔、印度北部。

引证文献：

Blanford WT. 1875. List of Mammalia collected by late Dr. Stoliczka, when attached to the embassy under Sir D. Forsyth in Kashmir, Ladák, Eastern Turkestan, and Wakhán, with descriptions of new species. Journal of the Asiatic Society of Bengal, 44(Pt. 2): 105-112.

Miller GS. 1889. The voles collected by Dr. W. L. Abbott in Central Asia. Proceedings of the Academy of Natural Science of Philadelphia: 281-298.

Miller GS. 1896. Genera and subgenera of voles and lemmings. North American Fauna, No. 12. Washington: Government Printing Office.

Barrett-Hamilton GEH. 1900. On a small collection of mammals obtained by Captain Deasy in South China. Proceedings of the General Meetings for Scientific Business of the Zoological Society of London for the Year 1900. London: Messrs. Longmans, Green and Co.: 196-197.

Hinton MAC. 1926. Monograph of the voles and lemmings (Microtinae) living and extinct. London: British Museum (Natural History).

218. 扁颅高山䶄 *Alticola strelzowi* (Kastchenko, 1889)

英文名：Flat-headed Mountain Vole

曾用名：扁颅山䶄

地方名：无

模式产地：阿尔泰山（俄罗斯一侧，"Teniga"）

同物异名及分类引证：

Microtus strelzowi Kastchenko, 1889

Alticola strelzowi (Kastchenko, 1889) Kuznetsov, 1932

亚种分化：全世界有 3 个亚种，中国有 1 个亚种。

指名亚种 *A. s. strelzowi* (Kastchenko, 1889)，模式产地：阿尔泰山（俄罗斯一侧，"Teniga"）。

国内分布：指名亚种分布于新疆西北部。

国外分布：哈萨克斯坦、蒙古西北部、俄罗斯（西伯利亚）。

引证文献：

Kastchenko NF. 1889. Rezul'taty Altaiskoi zoologicheskoi ekspeditsii (Results of the Altai zoological expedition). Izvestiya Tomskogo universiteta: 50-53.

Hinton MAC. 1926. Monograph of the voles and lemmings (Microtinae) living and extinct. London: British Museum (Natural History).

Kuznetsov BA. 1932. Gryzuny Semipalatinskogo okruga Kazakhstana. Byulleten Moskovskogo obshchestva ispytatelei parody, XLI, (1-2): 101-103.

绒鼠属 *Caryomys* Thomas, 1911

219. 洮州绒鼠 *Caryomys eva* Thomas, 1911

英文名：Eva's Vole

曾用名：甘肃绒鼠、洮州绒鼠

地方名：无

模式产地：甘肃临潭

同物异名及分类引证：

Microtus (*Caryomys*) *alcinous* Thomas, 1911

Microtus (*Caryomys*) *eva* Thomas, 1911

Caryomys aquilus Allen, 1912

Evotomys eva (Thomas, 1911) Hinton, 1926

Eothenomys eva (Thomas, 1911) Allen, 1940

Clethrionomys rufocanus eva (Thomas, 1911) Ellerman & Morrison-Scott, 1951

亚种分化：全世界有 2 个亚种，中国均有分布。

指名亚种 *C. e. eva* Thomas, 1911，模式产地：甘肃临潭；

川西亚种 *C. e. alcinous* Thomas, 1911，模式产地：四川西部。

国内分布：中国特有，指名亚种分布于甘肃、宁夏、青海、陕西、四川北部；川西亚种分布于四川西部。

国外分布：无

引证文献：

Thomas O. 1911a. *Microtus* (*Caryomys*) *alcinous* sp. n. In: Blanford JR. Abstract of the Proceedings of the Zoological Society of London, (No. 100): 47-50.

Thomas O. 1911b. *Microtus* (*Caryomys*) *eva* sp. n. In: Minchin EA. Abstract of the Proceedings of the Zoological Society of London, (No. 90): 1-5.

Allen GM. 1912. Some Chinese vertebrates: Mammalia. Memoirs of the Museum of Comparative Zoology at Harvard College, 40(4): 201-247.

Hinton MAC. 1926. Monograph of the voles and lemmings (Microtinae) living and extinct. London: British Museum (Natural History).

Allen GM. 1940. The mammals of China and Mongolia, II. Bulletin of the American Museum of Natural History. New York: American Museum of Natural History.

Ellerman JR, Morrison-Scott TCS. 1951. Checklist of Palaearctic and Indian mammals 1758 to 1946. London: British Museum (Natural History).

马勇, 姜建青. 1996. 绒鼾属 *Caryomys* 地位的恢复(啮齿目: 仓鼠科: 田鼠亚科). 动物分类学报, 21(4): 493-497.

220. 岢岚绒鼾 *Caryomys inez* (Thomas, 1908)

英文名：Inez's Vole

曾用名：山西绒鼠、岢岚绒鼠

地方名：无

模式产地：山西岢岚

同物异名及分类引证：

Microtus inez Thomas, 1908

Microtus nux Thomas, 1910

Caryomys inez (Thomas, 1908) Hinton, 1923

Eothenomys inez (Thomas, 1908) Allen, 1940

亚种分化：全世界有 2 个亚种，中国均有分布。

指名亚种 *C. i. inez* (Thomas, 1908)，模式产地：山西岢岚；

陕西亚种 *C. i. nux* (Thomas, 1910)，模式产地：陕西南部。

国内分布：中国特有，指名亚种分布于河北（太行山区）、山西（吕梁山区）、陕西中北部；陕西亚种分布于甘肃东南部、陕西南部、四川北部、湖北西部、安徽西南部。

国外分布：无

引证文献：

Thomas O. 1908. *Microtus inez*, sp. n. In: Woodward H. Abstract of the Proceedings of the Zoological Society of London, (No. 63): 43-46.

Thomas O. 1910. *Microtus nux*, sp. n. In: Harmer SF. Abstract of the Proceedings of the Zoological Society of London, (No. 83): 25-28.

Hinton MAC. 1923. On the voles collected by Mr. G. Forrest in Yunnan, with remarks upon the genera *Eothenomys* and *Neodon* and upon their allies. The Annals and Magazine of Natural History, Ser. 9, 11: 145-162.

Hinton MAC. 1926. Monograph of the voles and lemmings (Microtinae) living and extinct. London: British Museum (Natural History).

Allen GM. 1940. The mammals of China and Mongolia, II. Bulletin of the American Museum of Natural History. New York: American Museum of Natural History.

马勇, 姜建青. 1996. 绒鼾属 *Caryomys* 地位的恢复(啮齿目: 仓鼠科: 田鼠亚科). 动物分类学报, 21(4): 493-497.

棕背鼾属 *Craseomys* Miller, 1900

221. 棕背鼾 *Craseomys rufocanus* (Sundevall, 1847)

英文名：Gray Red-backed Vole

曾用名：大牙红背鼾

地方名：红毛耗子

模式产地：瑞典北部

同物异名及分类引证：

Hypudaeus rufocanus Sundevall, 1847

Craseomys shanseius Thomas, 1908

Evotomys rufocanus irkutensis Ognev, 1918-1922

Evotomys rufocanus (Sundevall, 1847) Allen, 1924

Clethrionomys rufocanus (Sundevall, 1847) Allen, 1940

Clethrionomys rufocanus changbaishanensis Jiang *et al.*, 1993

Myodes rufocanus (Sundevall, 1847) Musser & Carleton, 2005

Craseomys rufocanus (Sundevall, 1847) Lebedev *et al.*, 2007

亚种分化：全世界有 6 个亚种，中国有 3 个亚种。

山西亚种 *C. r. shanseius* Thomas, 1908，模式产地：山西太原西北部；

西伯利亚亚种 *C. r. irkutensis* Ognev, 1918，模式产地：俄罗斯西伯利亚伊尔库茨克；

长白山亚种 *C. r. changbaishanensis* (Jiang *et al.*, 1993)，模式产地：吉林长白山二道白河。

国内分布：山西亚种分布于河北北部、内蒙古南部、山西南部；西伯利亚亚种分布于黑龙江、内蒙古、新疆；长白山亚种仅分布于长白山区。

国外分布：蒙古、俄罗斯。

引证文献：

Sundevall CI. 1847. *Hypudaeus rufocanus* n. sp. Öfversigt af Konigl. Vetenskaps-Akademiens Forhandlingar. Tredje argangen 1846, arg. 3. Stockholm: P. A. Norstedt & Söner: 122.

Thomas O. 1908. The Duke of Bedford's zoological exploration in Eastern Asia.—X. List of mammals from the provinces of Chih-li and Shan-si, N. China. Proceedings of the General Meetings for Scientific Business of the Zoological Society of London. London: Messrs. Longmans, Green and Co.: 635-646.

Ognev SI. 1918-1922. New and little-studied species of Russian rodents. Byulleten' Moskovskogo Obshchestva Ispytatetelei Prirody, XXX, Otd. Boil.: 69-73.

Allen GM. 1924. Microtines collected by the Asiatic Expeditions. American Museum Novitates, No. 133. New York: American Museum of Natural History: 1-13.

Allen GM. 1940. The mammals of China and Mongolia. Natural history of Central Asia, Vol. XI. New York: American Museum of Natural History.

Ellerman JR. 1941. The families and genera of living rodents. British Museum (Natural History), London: Printed by Order of the Trustees of the British Museum.

Tate EB. 1947. Mammals of Eastern Asia. Associate curator of mammals, the American Museum of Natural History. New York: The Macmillan Company.

姜建清, 马勇, 罗泽珣. 1993. 中国棕背䶄亚种分化的研究(啮齿目: 仓鼠田鼠亚科). 动物分类学报, 18(1): 114-122.

Musser GG, Carleton MD. 2005. Family Cricetidae. In: Wilson DE, Reeder DM. Mammal species of the world: a taxonomic and geographic reference. 3rd Ed. Baltimore: The Johns Hopkins Press.

Lebedev VS, Bannikova AA, Tesakov AS, Abramson NI. 2007. Molecular phylogeny of the genus *Alticola* (Cricetidae, Rodentia) as inferred from the sequence of the cytochrome *b* gene. Zoologica Scripta, 36(6): 547-563.

Pavlinov IY, Lissovsky AA. 2012. The mammals of Russia: a taxonomic and geographic references. Mosocow: KMK Scientific Press Ltd.: 235.

Tang MK, Jin W, Tang Y, Yan CC, Murphy RW, Sun ZY, Zhang XY, Zeng T, Liao R, Hou QF, Yue BS, Liu SY.

2018. Reassessment of the taxonomic status of *Craseomys* and three controversial species of *Myodes* and *Alticola* (Rodentia: Arvicolinae). Zootaxa, 4429: 1-52.

绒鼠属 *Eothenomys* Miller, 1896

222. 克钦绒鼠 *Eothenomys cachinus* (Thomas, 1921)

英文名：Cachin Chinese Vole

曾用名：绒鼠

地方名：无

模式产地：缅甸北部克钦邦

同物异名及分类引证：

Microtus cachinus Thomas, 1921

Eothenomys melanogaster cachinus (Thomas, 1921) Hinton, 1923

Eothenomys melanogaster confinii Hinton, 1923

Eothenomys melanogaster libonotus Hinton, 1923

Eothenomys miletus cachinus (Thomas, 1921) Corbet & Hill, 1992

Eothenomys cachinus (Thomas, 1921) Musser & Carleton, 1993

Eothenomys eleusis yingjiangensis Wang *et* Li, 2000

亚种分化：无

国内分布：云南（高黎贡山）。

国外分布：缅甸北部。

引证文献：

Thomas O. 1921. On small mammals from the Kachin Province, Northern Burma. The Journal of Bombay Natural History Society, 27: 499-505.

Hinton MAC. 1923. On the voles collected by Mr. G. Forrest in Yunnan, with remarks upon the genera *Eothenomys* and *Neodon* and upon their allies. The Annals and Magazine of Natural History, Ser. 9, 11: 145-162.

Corbet GB, Hill JE. 1992. The mammals of the Indomalayan region: a systematic review. Oxford: Oxford University Press.

Musser GG, Carleton MD. 1993. Subfamily Arvicolinae. In: Wilson DE, Reeder DM. Mammal species of the world: a taxonomic and geographic reference. 2nd Ed. Washington: Smithsonian Institution Press: 501-536.

王应祥, 李崇云. 2000. 绒鼠属. 见: 罗泽珣, 陈卫, 高武. 中国动物志 兽纲 第六卷 啮齿目(下册) 仓鼠科. 北京: 科学出版社: 388-457.

Liu SY, Chen SD, He K, Tang MK, Liu Y, Jin W, Li S, Li Q, Zeng T, Sun ZY, Fu JR, Liao R, Meng Y, Wang X, Jiang XL, Murphy RW. 2019. Molecular phylogeny and taxonomy of subgenus *Eothenomys* (Cricetidae: Arvicolinae: *Eothenomys*) with the description of four new species from Sichuan, China. Zoological Journal of the Linnean Society, 186(2): 569-598.

223. 中华绒鼠 *Eothenomys chinensis* (Thomas, 1891)

英文名：Sichuan Chinese Vole

曾用名：无

地方名：无

模式产地：四川乐山

同物异名及分类引证：

Microtus chinensis Thomas, 1891

Anteliomys chinensis (Thomas, 1891) Hinton, 1923

Eothenomys chinensis (Thomas, 1891) Allen, 1940

亚种分化：无

国内分布：中国特有，分布于四川。

国外分布：无

引证文献：

Thomas O. 1891. XIV.—Description of a new vole from China. The Annals and Magazine of Natural History, Ser. 6, 8(44): 117.

Miller GS. 1896. Genera and subgenera of voles and lemmings. North American Fauna, No. 12. Washington: Government Printing Office.

Hinton MAC. 1923. On the voles collected by Mr. G. Forrest in Yunnan, with remarks upon the genera *Eothenomys* and *Neodon* and upon their allies. The Annals and Magazine of Natural History, Ser. 9, 11: 145-162.

Allen GM. 1940. The mammals of China and Mongolia. Natural history of Central Asia, Vol. XI. New York: American Museum of Natural History.

224. 福建绒鼠 *Eothenomys colurnus* Thomas, 1911

英文名：Fujian Chinese Vole

曾用名：无

地方名：无

模式产地：福建挂墩

同物异名及分类引证：

Microtus (*Eothenomys*) *melanogaster coluruns* Thomas, 1911

Microtus (*Eothenomys*) *bonzo* Cabrera, 1923

Eothenomys melanogaster colurnus (Thomas, 1911) Hinton, 1926

Eothenom kanoi Tokuda, 1937

Eothenomys colurnus (Thomas, 1911) Liu *et al.*, 2018

亚种分化：无

国内分布：中国特有，分布于安徽、福建、江西、台湾、浙江、广东。

国外分布：无

引证文献：

Thomas O. 1911. XX.—New Asiatic Muridae. The Annals and Magazine of Natural History, Ser. 8, 7(38): 205-209.

Cabrera A. 1922. Sobre algunos mamiferos de la China oriental. Boletin de la Sociedad Espanola de Historia Natural, 22: 170.

Hinton MAC. 1923. On the voles collected by Mr. G. Forrest in Yunnan, with remarks upon the genera *Eothenomys* and *Neodon* and upon their allies. The Annals and Magazine of Natural History, Ser. 9, 11: 149.

Hinton MAC. 1926. Monograph of the voles and lemmings (Microtinae) living and extinct. London: British Museum (Natural History): 288.

Tokuda M, Kano T. 1937. Shyokubutsu oyobi Dobutsu. Botany and Zoology, 5: 30.

Liu SY, Chen SD, He K, Tang MK, Liu Y, Jin W, Li S, Li Q, Zeng T, Sun ZY, Fu JR, Liao R, Meng Y, Wang X, Jiang XL, Murphy RW. 2019. Molecular phylogeny and taxonomy of subgenus *Eothenomys* (Cricetidae: Arvicolinae: *Eothenomys*) with the description of four new species from Sichuan, China. Zoological Journal of the Linnean Society, 186(2): 569-598.

225. 西南绒鼠 *Eothenomys custos* (Thomas, 1912)

英文名：Southwest Chinese Vole

曾用名：卫绒鼠

地方名：无

模式产地：云南德钦

同物异名及分类引证：

Microtus (*Anteliomys*) *custos* Thomas, 1912

Microtus (*Anteliomys*) *custos rubelius* Allen, 1924

Anteliomys custos custos (Thomas, 1912) Hinton, 1926

Eothenomys custos (Thomas, 1912) Osgood, 1932

Eothenomys custos cangshanensis Wang *et* Li, 2000

Eothenomys custos ninglangensis Wang *et* Li, 2000

亚种分化：全世界有 4 个亚种，中国均有分布。

指名亚种 *E. c. custos* (Thomas, 1912)，模式产地：云南德钦；

丽江亚种 *E. c. rubelius* Allen, 1924，模式产地：云南丽江玉龙雪山（"Ssu-shan, Li-chiang range"）；

苍山亚种 *E. c. cangshanensis* Wang *et* Li, 2000，模式产地：云南大理苍山；

宁蒗亚种 *E. c. ninglangensis* Wang *et* Li, 2000，模式产地：云南宁蒗。

国内分布：中国特有，指名亚种分布于云南（德钦、香格里拉、维西）；丽江亚种分布于云南（丽江）；苍山亚种分布于云南（大理苍山）；宁蒗亚种分布于云南（宁蒗）、四川（木里、盐源）。

国外分布：无

引证文献：

Thomas O. 1912. On insectivores and rodents collected by Mr. F. Kingdon Wardi in N. W. Yunnan. The Annals and Magazine of Natural History, Ser. 8, 9(49): 517.

Allen GM. 1924. Microtines collected by the Asiatic Expeditions. American Museum Novitates, No. 133. New York: American Museum of Natural History: 1-13.

Hinton MAC. 1926. Monograph of the voles and lemmings (Microtinae) living and extinct. London: British Museum (Natural History): 299.

Osgood WH. 1932. Mammals of the Kelley-Roosevelts and Delacour Asiatic Expedition. Publication 312, Zoological Series. Chicago: Field Museum of Natural History, 18(10): 193-339.

王应祥, 李崇云. 2000. 绒鼠属. 见: 罗泽珣, 陈卫, 高武. 中国动物志 兽纲 第六卷 啮齿目(下册) 仓鼠科. 北京: 科学出版社: 388-457.

226. 滇绒鼠 *Eothenomys eleusis* Thomas, 1911

英文名：Yunnan Chinese Vole

曾用名：云南绒鼠、趋泽绒鼠

地方名：无

模式产地：云南昭通

同物异名及分类引证：

Microtus (*Eothenomys*) *melanogaster eleusis* Thomas, 1911

Microtus aurora Allen, 1912

Eothenomys melanogaster eleusis (Thomas, 1911) Hinton, 1923

Eothenomys eleusis (Thomas, 1911) Allen, 1940

亚种分化：全世界有 2 个亚种，中国均有分布。

指名亚种 *E. e. eleusis* (Thomas, 1911)，模式产地：云南昭通；

湖北亚种 *E. e. aurora* (Allen, 1912)，模式产地：湖北长阳。

国内分布：中国特有，指名亚种分布于贵州、云南；湖北亚种分布于重庆、四川、湖北。

国外分布：无

引证文献：

Thomas O. 1911. *Microtus* (*Eothenomys*) *melanogaster eleusis* subsp. n. In: Blanford JR. Abstract of the Proceedings of the Zoological Society of London. (No. 100): 47-50.

Allen GM. 1912. Some Chinese vertebrates: Mammalia. Memoirs of the Museum of Comparative Zoology at Harvard College, 40(4): 201-247.

Hinton MAC. 1923. On the voles collected by Mr. G. Forrest in Yunnan, with remarks upon the genera *Eothenomys* and *Neodon* and upon their allies. The Annals and Magazine of Natural History, Ser. 9, 11: 145-162.

Allen GM. 1940. The mammals of China and Mongolia. Natural history of Central Asia, Vol. XI. New York: American Museum of Natural History.

Liu SY, Chen SD, He K, Tang MK, Liu Y, Jin W, Li S, Li Q, Zeng T, Sun ZY, Fu JR, Liao R, Meng Y, Wang X, Jiang XL, Murphy RW. 2019. Molecular phylogeny and taxonomy of subgenus *Eothenomys* (Cricetidae: Arvicolinae: *Eothenomys*) with the description of four new species from Sichuan, China. Zoological Journal of the Linnean Society, 186(2): 569-598.

227. 丽江绒鼠 *Eothenomys fidelis* Hinton, 1923

英文名：Lijiang Chinese Vole

曾用名：无

地方名：无

模式产地：云南丽江

同物异名及分类引证：

Microtus (*Eothenomys*) *fidelis* Allen, 1924

Eothenomys melanogaster fidelis (Hinton, 1923) Osgood, 1932

亚种分化：无

国内分布：中国特有，分布于云南、四川。

国外分布：无

引证文献：

Hinton MAC. 1923. On the voles collected by Mr. G. Forrest in Yunnan, with remarks upon the genera *Eothenomys* and *Neodon* and upon their allies. The Annals and Magazine of Natural History, Ser. 9, 11: 145-162.

Allen GM. 1924. Microtines collected by the Asiatic Expeditions. American Museum Novitates, No. 133. New York: American Museum of Natural History: 1-13.

Osgood WH. 1932. Mammals of the Kelley-Roosevelts and Delacour Asiatic Expedition. Publication 312, Zoological Series. Chicago: Field Museum of Natural History, 18(10): 193-339.

Allen GM. 1940. The mammals of China and Mongolia. Natural history of Central Asia, Vol. XI. New York: American Museum of Natural History.

Ellerman JR. 1941. The families and genera of living rodents. British Museum (Natural History), London: Printed by Order of the Trustees of the British Museum.

Ellerman JR, Morrison-Scott TCS. 1951. Checklist of Palaearctic and Indian mammals 1758 to 1946. London: British Museum (Natural History).

Liu SY, Chen SD, He K, Tang MK, Liu Y, Jin W, Li S, Li Q, Zeng T, Sun ZY, Fu JR, Liao R, Meng Y, Wang X, Jiang XL, Murphy RW. 2019. Molecular phylogeny and taxonomy of subgenus *Eothenomys* (Cricetidae: Arvicolinae: *Eothenomys*) with the description of four new species from Sichuan, China. Zoological Journal of the Linnean Society, 186(2): 569-598.

228. 康定绒鼠 *Eothenomys hintoni* Osgood, 1932

英文名：Kangding Chinese Vole

曾用名：无

地方名：无

模式产地：四川康定

同物异名及分类引证：

Eothenomys custos hintoni Osgood, 1932

Eothenomys hintoni (Osgood, 1932) Liu *et al.*, 2012

亚种分化．无

国内分布：中国特有，分布于四川（康定、九龙）。

国外分布：无

引证文献：

Osgood WH. 1932. Mammals of the Kelley-Roosevelts and Delacour Asiatic Expedition. Publication 312, Zoological Series. Chicago: Field Museum of Natural History, 18(10): 193-339.

Liu SY, Liu Y, Guo P, Sun ZY, Murphy R W, Fan ZX, Fu JR, Zhang YP. 2012. Phylogeny of oriental voles (Rodentia: Muridae: Arvicolinae): molecular and morphological evidence. Zoological Science, 9: 610-622.

229. 金阳绒鼠 *Eothenomys jinyangensis* Liu *et al.*, 2019

英文名：Jinyang Chinese Vole

曾用名：无

地方名：无

模式产地：四川金阳百草坡

同物异名及分类引证：无

亚种分化：无

国内分布：中国特有，分布于四川（金阳）。

国外分布：无

引证文献：

Liu SY, Chen SD, He K, Tang MK, Liu Y, Jin W, Li S, Li Q, Zeng T, Sun ZY, Fu JR, Liao R, Meng Y, Wang X, Jiang XL, Murphy RW. 2019. Molecular phylogeny and taxonomy of subgenus *Eothenomys* (Cricetidae: Arvicolinae: *Eothenomys*) with the description of four new species from Sichuan, China. Zoological Journal of the Linnean Society, 186(2): 569-598.

230. 螺髻山绒鼠 *Eothenomys luojishanensis* **Liu** *et al.***, 2019**

英文名：Luojishan Chinese Vole

曾用名：无

地方名：无

模式产地：四川螺髻山

同物异名及分类引证：无

亚种分化：无

国内分布：中国特有，分布于四川（普格、越西、西昌）。

国外分布：无

引证文献：

Liu SY, Chen SD, He K, Tang MK, Liu Y, Jin W, Li S, Li Q, Zeng T, Sun ZY, Fu JR, Liao R, Meng Y, Wang X, Jiang XL, Murphy RW. 2019. Molecular phylogeny and taxonomy of subgenus *Eothenomys* (Cricetidae: Arvicolinae: *Eothenomys*) with the description of four new species from Sichuan, China. Zoological Journal of the Linnean Society, 186(2): 569-598.

231. 美姑绒鼠 *Eothenomys meiguensis* **Liu** *et al.***, 2019**

英文名：Meigu Chinese Vole

曾用名：无

地方名：无

模式产地：四川美姑大风顶

同物异名及分类引证：无

亚种分化：无

国内分布：中国特有，分布于四川（美姑、甘洛、冕宁、喜德、越西、峨边）。

国外分布：无

引证文献：

Liu SY, Chen SD, He K, Tang MK, Liu Y, Jin W, Li S, Li Q, Zeng T, Sun ZY, Fu JR, Liao R, Meng Y, Wang X, Jiang XL, Murphy RW. 2019. Molecular phylogeny and taxonomy of subgenus *Eothenomys* (Cricetidae: Arvicolinae: *Eothenomys*) with the description of four new species from Sichuan, China. Zoological Journal of the Linnean Society, 186(2): 569-598.

232. 黑腹绒鼠 *Eothenomys melanogaster* (Milne-Edwardss, 1871)

英文名：David's Chinese Vole

曾用名：无

地方名：猫儿脑壳耗子

模式产地：四川宝兴

同物异名及分类引证：

Arvicola melanogaster Milne-Edwards, 1871

Microtus melanogaster (Milne-Edwardss, 1871) Blanford, 1888-1891

Microtus (*Eothenomys*) *mucronatus* Allen, 1912

Eothenomys melanogaster (Milne-Edwardss, 1871) Hinton, 1923

Eothenomys melanogaster chenduensis Wang *et* Li, 2000

亚种分化：无

国内分布：中国特有，分布于甘肃、陕西、四川。

国外分布：无

引证文献：

Milne-Edwards A. 1871. In: David LA. Rapport adressé a MM les professeurs-administrateurs du Muséum d'Histoire Naturelle. Nouvelles Archives du Muséum d'Histoire Naturelle, 7: 93.

Blanford WT. 1888. The fauna of British India, including Ceylon and Burma. Mammalia. London: Taylor and Francis.

Allen GM. 1912. Some Chinese vertebrates: Mammalia. Memoirs of the Museum of Comparative Zoology at Harvard College, 40(4): 201-247.

Hinton MAC. 1923. On the voles collected by Mr. G. Forrest in Yunnan, with remarks upon the genera *Eothenomys* and *Neodon* and upon their allies. The Annals and Magazine of Natural History, Ser. 9, 11: 145-162.

王应祥, 李崇云. 2000. 绒鼠属. 见: 罗泽珣, 陈卫, 高武. 中国动物志 兽纲 第六卷 啮齿目(下册) 仓鼠科. 北京: 科学出版社: 388-457.

233. 大绒鼠 *Eothenomys miletus* Thomas, 1914

英文名：Large Chinese Vole

曾用名：嗜谷绒鼠

地方名：无

模式产地：云南漾濞

同物异名及分类引证：

Microtus (*Eothenomys*) *melanogaster miletus* Thomas, 1914

Eothenomys melanogaster miletus (Thomas, 1914) Hinton, 1923

Eothenomys miletus (Thomas, 1914) Allen, 1940

Eothenomys melanogaster miletus (Thomas, 1914) Ellerman & Morrison-Scott, 1951

亚种分化：无

国内分布：中国特有，分布于四川、云南。

国外分布：无

引证文献：

Thomas O. 1914. On small mammals from western Yunnan. The Annals and Magazine of Natural History, Ser. 8, 14(79): 474.

Hinton MAC. 1923. On the voles collected by Mr. G. Forrest in Yunnan, with remarks upon the genera *Eothenomys* and *Neodon* and upon their allies. The Annals and Magazine of Natural History, Ser. 9, 11: 149.

Allen GM. 1924. Microtines collected by the Asiatic Expeditions. American Museum Novitates, No. 133. New York: American Museum of Natural History: 1-13.

Allen GM. 1940. The mammals of China and Mongolia. Natural history of Central Asia, Vol. XI. New York: American Museum of Natural History: 805.

Ellerman JR, Morrison-Scott TCS. 1951. Checklist of Palaearctic and Indian mammals 1758 to 1946. London: British Museum (Natural History).

234. 昭通绒鼠 *Eothenomys olitor* Thomas, 1911

英文名： Black-eared Chinese Vole

曾用名： 蔬食绒鼠

地方名： 小老鼠

模式产地： 云南昭通

同物异名及分类引证：

Microtus (Eothenomys) olitor Thomas, 1911

Eothenomys olitor (Thomas, 1911) Hinton, 1923

Eothenomys olitor hypolitor Wang *et* Li, 2000

亚种分化： 全世界有 2 个亚种，中国均有分布。

指名亚种 *E. o. olitor* Thomas, 1911，模式产地：云南昭通；

滇西亚种 *E. o. hypolitor* Wang *et* Li, 2000，模式产地：云南景东。

国内分布： 中国特有，指名亚种分布于云南（昭通）；滇西亚种分布于云南中部、西南部和西北部。

国外分布： 无

引证文献：

Thomas O. 1911. *Microtus (Eothenomys) olitor* sp. n. In: Blanford JR. Abstract of the Proceedings of Zoological Society of London. (No. 100): 50.

Hinton MAC. 1923. On the voles collected by Mr. G. Forrest in Yunnan, with remarks upon the genera *Eothenomys* and *Neodon* and upon their allies. The Annals and Magazine of Natural History, Ser. 9, 11: 149.

Hinton MAC. 1926. Monograph of the voles and lemmings (Microtinae) living and extinct. London: British Museum (Natural History): 292.

王应祥, 李崇云. 2000. 绒鼠属. 见: 罗泽珣, 陈卫, 高武. 中国动物志 兽纲 第六卷 啮齿目(下册) 仓鼠科. 北京: 科学出版社: 388-457.

235. 玉龙绒鼠 *Eothenomys proditor* Hinton, 1923

英文名： Yulong Chinese Vole

曾用名：显露绒鼠

地方名：无

模式产地：云南丽江

同物异名及分类引证：无

亚种分化：无

国内分布：中国特有，分布于云南、四川。

国外分布：无

引证文献：

Hinton MAC. 1923. On the voles collected by Mr. G. Forrest in Yunnan, with remarks upon the genera *Eothenomys* and *Neodon* and upon their allies. The Annals and Magazine of Natural History, Ser. 9, 11: 152.

236. 石棉绒鼠 *Eothenomys shimianensis* Liu *et al.*, 2018

英文名：Shimian Chinese Vole

曾用名：无

地方名：无

模式产地：四川石棉

同物异名及分类引证：无

亚种分化：无

国内分布：中国特有，分布于四川（石棉）。

国外分布：无

引证文献：

Liu SY, Chen SD, He K, Tang MK, Liu Y, Jin W, Li S, Li Q, Zeng T, Sun ZY, Fu JR, Liao R, Meng Y, Wang X, Jiang XL, Murphy RW. 2019. Molecular phylogeny and taxonomy of subgenus *Eothenomys* (Cricetidae: Arvicolinae: *Eothenomys*) with the description of four new species from Sichuan, China. Zoological Journal of the Linnean Society, 186(2): 569-598.

237. 川西绒鼠 *Eothenomys tarquinius* (Thomas, 1912)

英文名：Western Sichuan Chinese Vole

曾用名：无

地方名：无

模式产地：四川天全

同物异名及分类引证：

Microtus (*Anteliomys*) *chinensis tarquinius* Thomas, 1912

Anteliomys chinensis tarquinius (Thomas, 1912) Hinton, 1926

Eothenomys tarquinius (Thomas, 1912) Liu *et al.*, 2012

亚种分化：无

国内分布：中国特有，分布于四川（天全、泸定、荥经、洪雅、汉源）。

国外分布：无

引证文献：

Thomas O. 1912. On insectivores and rodents collected by Mr. F. Kingdon Wardi in N. W. Yunnan. The Annals and Magazine of Natural History, Ser. 8, 9(49): 517.

Hinton MAC. 1926. Monograph of the voles and lemmings (Microtinae) living and extinct. London: British Museum (Natural History): 296.

Liu SY, Liu Y, Guo P, Sun ZY, Murphy R W, Fan ZX, Fu JR, Zhang YP. 2012. Phylogeny of oriental voles (Rodentia: Muridae: Arvicolinae): molecular and morphological evidence. Zoological Science, 9: 610-622.

238. 德钦绒鼠 *Eothenomys wardi* (Thomas, 1912)

英文名： Wardi's Chinese Vole

曾用名： 拟中华绒鼠

地方名： 无

模式产地： 云南德钦

同物异名及分类引证：

Microtus (*Anteliomys*) *wardi* Thomas, 1912

Anteliomys wardi (Thomas, 1912) Hinton, 1923

Eotrhenomys chinensis wardi (Thomas, 1912) Allen, 1940

Eothenomys wardi (Thomas, 1912) Corbet & Hill, 1992

亚种分化： 无

国内分布： 中国特有，分布于云南。

国外分布： 无

引证文献：

Thomas O. 1912. On insectivores and rodents collected by Mr. F. Kingdon Wardi in N. W. Yunnan. The Annals and Magazine of Natural History, Ser. 8, 9(49): 513-519.

Hinton MAC. 1923. On the voles collected by Mr. G. Forrest in Yunnan, with remarks upon the genera *Eothenomys* and *Neodon* and upon their allies. The Annals and Magazine of Natural History, Ser. 9, 11: 154.

Hinton MAC. 1926. Monograph of the voles and lemmings (Microtinae) living and extinct. London: British Museum (Natural History): 296.

Allen GM. 1940. The mammals of China and Mongolia. Natural history of Central Asia, Vol. XI. New York: American Museum of Natural History.

Corbet GB, Hill JE. 1992. The mammals of the Indomalayan region: a systematic review. Oxford: Oxford University Press.

Zeng T, Jin W, Sun ZY, Liu Y, Murphy RW, Fu JR, Wang X, Hou QF, Tu FY, Liao R, Liu SY, Yue BS. 2013. Taxonomic position of *Eothenomys wardi* (Arvicolinae: Cricetidae) based on morphological and molecular analyses with a detailed description of the species. Zootaxa, 3682: 85-104.

䶄属 *Myodes* Pallas, 1811

239. 灰棕背䶄 *Myodes centralis* (Miller, 1906)

英文名： Tien Shan Red-backed Vole

曾用名： 无

地方名： 无

模式产地：新疆天山

同物异名及分类引证：

Evotomys centralis Miller, 1906

Evotomys frater Thomas, 1908

Clethrionomys centralis (Miller, 1906) Ellerman, 1941

Myodes centralis (Miller, 1906) Musser & Carleton, 2005

亚种分化： 无

国内分布： 新疆。

国外分布： 哈萨克斯坦、塔吉克斯坦。

引证文献：

Miller GS. 1906. Some voles from the Tianshan region. The Annals and Magazine of Natural History, Ser. 7, 17(100): 373.

Thomas O. 1908. New Asiatic *Apodemus*, *Evotomys* and *Lepus*. The Annals and Magazine of Natural History, Ser. 8, 1(5): 447-450.

Ellerman JR. 1941. The families and genera of living rodents. British Museum (Natural History), London: Printed by Order of the Trustees of the British Museum.

汪松, 叶宗耀. 1963. 新疆兽类新纪录. 见: 中国动物学会. 动物生态及分类区系专业学术讨论会论文摘要汇编. 北京: 科学出版社: 212.

Musser GG, Carleton MD. 2005. Superfamily Muroidea. In: Wilson DE, Reeder DM. Mammal species of the world: a taxonomic and geographic reference. 3rd Ed. Baltimore: Johns Hopkins University Press: 894-1531.

Tang MK, Jin W, Tang Y, Yan CC, Murphy RW, Sun ZY, Zhang XY, Zeng T, Liao R, Hou QF, Yue BS, Liu SY. 2018. Reassessment of the taxonomic status of *Craseomys* and three controversial species of *Myodes* and *Alticola* (Rodentia: Arvicolinae). Zootaxa, 4429: 1-52.

240. 红背䶄 *Myodes rutilus* (Pallas, 1778)

英文名： Northern Red-backed Vole

曾用名： 无

地方名： 无

模式产地： 俄罗斯鄂毕河

同物异名及分类引证：

Mus rutilus Pallas, 1778

Arvicola amurensis Schrenk, 1859

Evotomys rutilus (Pallas, 1778) Miller, 1912

Evotomys amurensis (Schrenk, 1859) Sowerby, 1923

Clethrionomys rutilus (Pallas, 1778) Allen, 1940

Myodes rutilus (Pallas, 1778) Musser & Carleton, 2005

亚种分化： 全世界有 18 个亚种，中国有 2 个亚种。

指名亚种 *M. r. rutilus* (Pallas, 1778)，模式产地：俄罗斯鄂毕河；

东北亚种 *C. i. amurensis* (Schrenk, 1859)，模式产地：俄罗斯西伯利亚东部阿穆尔河口。

国内分布：指名亚种分布于新疆（福海、哈巴河）；东北亚种分布于黑龙江、吉林、内蒙古。

国外分布：朝鲜、哈萨克斯坦、日本、冰岛、俄罗斯、芬兰、挪威、瑞典、加拿大、美国。

引证文献：

Pallas PS. 1778. Novae species qvadrvpedvn e Glirivm ordine, cvm illvstrationibvs variis complvrivm ex hoc ordine animalivm. Erlangae: Svmtv Wolfgangi Waltheri: 246.

Schrenk LV. 1859. Säugethierae des Amur-Landes. Reisen und Forschungen im Amur-Lande, 1: 135.

Miller GS. 1912. Catalogue of the mammals of weastern Europe in the collection of British Museum. London: British Museum (Natural History).

Sowerby AC. 1922-1923. The naturalist in Manchuria. Tientsin Press, limited, 2: 166.

Allen GM. 1940. The mammals of China and Mongolia. Natural history of Central Asia, Vol. XI. New York: American Museum of Natural History.

Musser GG, Carleton MD. 2005. Superfamily Muroidea. In: Wilson DE, Reeder DM. Mammal species of the world: a taxonomic and geographic reference. 3rd Ed. Baltimore: Johns Hopkins University Press: 894-1531.

仓鼠亚科 Cricetinae Fischer, 1817

短尾仓鼠属 *Allocricetulus* Argyropulo, 1933

241. 无斑短尾仓鼠 *Allocricetulus curtatus* (Allen, 1925)

英文名：Mongolian Hamster

曾用名：埃氏仓鼠、短耳仓鼠

地方名：无

模式产地：内蒙古（"Iren Dabasu"）

同物异名及分类引证：

Cricetulus migratorius curtatus Allen, 1925

Cricetulus eversmanni curtatus (Allen, 1925) Allen, 1940

Allocricetulus curtatus (Allen, 1925) Corbet, 1978

亚种分化：无

国内分布：内蒙古、甘肃、宁夏、新疆。

国外分布：俄罗斯、蒙古。

引证文献：

Allen GM. 1925. Hamsters collected by the American Museum Asiatic Expeditions. American Museum Novitates, No. 179. New York: American Museum of Natural History: 3.

Allen GM. 1940. The mammals of China and Mongolia. Natural history of Central Asia, Vol. XI. New York: American Museum of Natural History: 764.

Corbet GB. 1978. The mammals of the Palaearctic region: a taxonomic review. London: British Museum (Natural History).

242. 短尾仓鼠 *Allocricetulus eversmanni* (Brandt, 1859)

英文名：Eversmann's Hamster

曾用名：无

地方名：无

模式产地：俄罗斯奥伦堡

同物异名及分类引证：

Cricetulus eversmanni Brandt, 1859

Allocricetulus eversmanni (Brandt, 1859) Argyropulo, 1933

Cricetulus beljawi Argyropulo, 1933

亚种分化：全世界有 2 个亚种，中国有 1 个亚种。

哈萨克亚种 *A. e. beljawi* (Argyropulo, 1933)，模式产地：哈萨克斯坦斋桑。

国内分布：新疆北部。

国外分布：哈萨克斯坦、俄罗斯。

引证文献：

Brandt JF. 1859. Quelques remarques sur les espèces du genre *Cricetus* de la Faune de Russie. Mélanges Biologiques tirés du Bulletin de l'Académie impériale des Sciences de St. Pétersbourg. 3: 205.

Argyropulo AI. 1933. Die gattungen und arten der hamster (Cricetinae Murray, 1866) der Palaarktik. Zeitschrift für Säugetierkunde, 8: 129-149.

Argyropulo AI. 1933. Über zwei neue paläarktische Wühlmäuse. Zeitschrift für Säugetierkunde, 8: 180-183.

Pavlinov IY, Rossolimo OL. 1987. Systematics of mammals of the USSR. Moscow: Moscow University Press.

甘肃仓鼠属 *Cansumys* Allen, 1928

243. 甘肃仓鼠 *Cansumys canus* Allen, 1928

英文名：Gansu Hamster

曾用名：无

地方名：无

模式产地：甘肃卓尼

同物异名及分类引证：

Cricetulus triton canus Ellerman, 1941

Cricetulus canus (Allen, 1928) Chen & Min, 1982

亚种分化：无

国内分布：中国特有，分布于甘肃、河南、四川。

国外分布：无

引证文献：

Allen GM. 1928. A new Cricetinae genus from China. Journal of Mammalogy, 9(3): 242-245.

Ellerman JR. 1941. The families and genera of living rodents. British Museum (Natural History), London: Printed by Order of the Trustees of the British Museum.

Corbet GD. 1978. The mammals of the Palaearctic region: a taxonomic review. London: British Museum (Natural History).

陈服官, 闵芝兰. 1982. 几种鼠类的分类问题的商榷. 动物学研究, 3(增刊): 369-371.

仓鼠属 *Cricetulus* Milne-Edwards, 1867

244. 黑线仓鼠 *Cricetulus barabensis* (Pallas, 1773)

英文名：Striped Dwarf Haster

曾用名：背纹仓鼠

地方名：搬仓、腮鼠

模式产地：俄罗斯西伯利亚巴尔瑙尔

同物异名及分类引证：

Mus barabensis Pallas, 1773

Cricetus (*Cricetulus*) *griseus* Milne-Edwards, 1868

Cricetus (*Cricetulus*) *obscurus* Milne-Edwards, 1868

Cricetulus griseus fumatus Thomas, 1909

Cricetulus barabensis (Pallas, 1773) Mori, 1930

Cricetulus barabensis manchuricus Mori, 1930

Cricetulus barabensis ferrugineus Chaworth-Musters, 1933

Cricetulus barabensis xinganensis Wang, 1980

亚种分化：全世界有 9 个亚种，中国有 5 个亚种。

宣化亚种 *C. b. griseus* Milne-Edwards, 1868，模式产地：河北宣化；

萨拉齐亚种 *C. b. obscurus* Milne-Edwards, 1868，模式产地：内蒙古萨拉齐；

长春亚种 *C. b. fumatus* Thomas, 1909，模式产地：吉林长春；

三江平原亚种 *C. b. manchuricus* Mori, 1930，模式产地：黑龙江哈尔滨；

兴安岭亚种 *C. b. xinganensis* Wang, 1980，模式产地：内蒙古莫力达瓦达斡尔族自治旗。

国内分布：宣化亚种分布于辽宁、北京、河北、内蒙古、山西、天津、河南、安徽、江
苏、山东；萨拉齐亚种分布于内蒙古、甘肃、宁夏、陕西；长春亚种分布于黑龙江、
吉林、内蒙古；三江平原亚种分布于黑龙江、吉林；兴安岭亚种分布于黑龙江北部、
内蒙古（呼伦贝尔）。

国外分布：朝鲜、蒙古、俄罗斯。

引证文献：

Pallas PS. 1773. Reise durch verschiedene Provinzen des Russischen Reichs. St. Petersbourg: Kaiserliche
Academie der Wissenschaften, 2: 704-705.

Milne-Edwards A. 1868-1874. Recherches pour server a l'Histoire naturelle des mammiferes: comprenant des
consideration sur la classification de ces animaux. Paris: G. Masson.

Thomas O. 1909. A collection of mammals from northern and central Mantchuria. The Annals and Magazine
of Natural History, Ser. 8, 4(24): 500-505.

Mori T. 1930. On four new small mammals from Manchuria. Annotationes Zoologicae Japonenses, 12(2):
417-420.

Chaworth-Musters JL.1933. A note on the synonymous of *Cricetulus barabensis* Pallas. The Annals and
Magazine of Natural History, 10(12): 221-223.

Tokuda M. 1941. A revised monograph of Muridae. Transactions of the Biogeographical Society of Japan, 4: 1-156.

王逢桂. 1980. 我国黑线仓鼠的亚种分类研究及一新亚种的描述. 动物分类学报, 5(3): 315-319.

245. 长尾仓鼠 *Cricetulus longicaudatus* Milne-Edwards, 1868

英文名： Long-tailed Dwarf Hamster

曾用名： 无

地方名： 搬仓

模式产地： 内蒙古萨拉齐

同物异名及分类引证：

Cricetus (*Cricetulus*) *lognicaudatus* Milne-Edward, 1868

Cricetulus dichrootis Satunin, 1902

Cricetulus andersoni Thomas, 1908

Cricetulus andersoni nigrescens Allen, 1925

Cricetulus lognicaudatus nigrescens (Allen, 1925) Allen, 1940

Cricetulus lognicaudatus dichrootis (Satunin, 1902) Ellenman & Morrison-Scott, 1951

Cricetulus lognicaudatus chiumalaiensis Wang *et* Cheng, 1973

亚种分化： 全世界有 6 个亚种，中国有 2 个亚种。

指名亚种 *C. l. longicaudatus* Milne-Edwards, 1868，模式产地：内蒙古萨拉齐；

曲麻莱亚种 *C. l. chiumalaiensis* Wang *et* Cheng, 1973，模式产地：青海曲麻莱色吾沟。

国内分布： 指名亚种分布于北京、河北、内蒙古、山西、甘肃、宁夏、青海、陕西、新
疆、河南北部；曲麻莱亚种分布于青海、西藏。

国外分布： 哈萨克斯坦、蒙古、俄罗斯。

引证文献：

Milne-Edwards A. 1868-1874. Recherches pour server a l'Histoire naturelle des mammiferes: comprenant des consideration sur la classification de ces animaux. Paris: G. Masson.

Satunin KA. 1902. Neue nagetiere aus Centralasien. Annuaire du Musée Zoologique de l'Académie des Sciences de St. Pétersbourg, 7: 549-587.

Thomas O. 1908. The Duke of Bedford's zoological exploration in Eastern Asia.—X. List of mammals from the provinces of Chih-li and Shan-si, N. China. Proceedings of the Scientifc Meetings of the Zoological Society of London. London: Messrs. Longmans, Green and Co.: 635-646.

Allen GM. 1925. Hamsters collected by the American museum Asiatic Expeditions. American Museum Novitates, No. 179. New York: American Museum of Natural History: 1-7.

Allen GM. 1940. The mammals of China and Mongolia. Natural history of Central Asia, Vol. XI. New York: American Museum of Natural History.

Ellerman JR, Morrison-Scott TCS. 1951. Checklist of Palaearctic and Indian mammals 1758 to 1946. London: British Museum (Natural History).

汪松, 郑昌琳. 1973. 中国仓鼠亚科小志. 动物分类学报, 19(1): 61-68.

246. 索氏仓鼠 *Cricetulus sokolovi* Orlov *et* Malygin, 1988

英文名： Sokolov's Dwarf Hamster

曾用名： 无

地方名：无

模式产地：蒙古西部

同物异名及分类引证：无

亚种分化：无

国内分布：内蒙古、甘肃（兰州）。

国外分布：蒙古。

引证文献：

Orlov VN, Malygin VM. 1988. A new specie of hamster - *Cricetulus sokolovi* sp. n. (Rodentia: Cricetidae). From the People's Republic of Mongolia. Zoologicheskii Zhurnal, 67: 304-308.

原仓鼠属 *Cricetus* Leske, 1779

247. 原仓鼠 *Cricetus cricetus* (Linnaeus, 1758)

英文名：Black-bellied Dwarf Hamster, Common Hamster

曾用名：普通仓鼠、斑仓鼠、欧仓鼠、花背仓鼠

地方名：无

模式产地：德国

同物异名及分类引证：

Mus cricetus Linnaeus, 1758

Cricetus cricetus (Linnaeus, 1758) Leske, 1779

Cricetus cricetus fuscidorsis Argyropulo, 1932

亚种分化：全世界有 11 个亚种，中国有 1 个亚种。

哈萨克亚种 *C. c. fuscidorsis* Argyropulo, 1932，模式产地：哈萨克斯坦谢米列契。

国内分布：新疆北部。

国外分布：欧洲，向东达哈萨克斯坦、阿尔泰山（俄罗斯一侧）。

引证文献：

Linnaeus C. 1758. Systema naturae per regna tria naturae: secundum classes, ordines, genera, species, cum characteribus, differentiis, synonymis, locis. 10th Ed. Tomus I. Holmiae: Impensis Direct. Laurentii Salvii: 60.

Leske NG. 1779. Anfangsgründe der Naturgeschichte und Tiergeschichte. Leipzig, 1: 168.

Argyropulo AI. 1932. Travaux de l'Institut Zoologique de l'Academie des Sciences de l'URSS. Proceedings of the Zoological Institute of the Russian Academy of Sciences, Leningrad: Nauka: 235.

Ellerman JR, Morrison-Scott TCS. 1951. Checklist of Palaearctic and Indian mammals 1758 to 1946. London: British Museum (Natural History).

汪松, 叶宗耀. 1963. 新疆兽类新纪录. 见: 中国动物学会. 动物生态及分类区系专业学术讨论会论文摘要汇编. 北京: 科学出版社: 212.

假仓鼠属 *Nothocricetulus* Lebedev *et al.*, 2018

248. 灰仓鼠 *Nothocricetulus migratorius* (Pallas, 1773)

英文名：Gray Dwarf Hamster

曾用名：仓鼠

地方名：搬仓

模式产地：俄罗斯西伯利亚乌拉尔河下游

同物异名及分类引证：

Mus migratorius Pallas, 1773

Mus phaeus Pallas, 1778

Cricetus fulvus Blanford, 1875

Arvicala coerulecens Severtzov, 1879

Cricetulus migratorius (Pallas, 1773) Thomas, 1917

Cricetulus migratorius caesius Kashkarov, 1923

亚种分化：全世界有 15 个亚种，中国有 3 个亚种。

南疆亚种 *N. m. fulvus* (Blanford, 1875)，模式产地：新疆东天山；

帕米尔亚种 *N. m. coerulecens* (Severtzov, 1879)，模式产地：新疆帕米尔高原喀拉湖；

北疆亚种 *N. m. caesius* Kashkarov, 1923，模式产地：阿拉套山。

国内分布：南疆亚种分布于新疆（塔里木盆地）；帕米尔亚种分布于新疆（塔什库尔干）；

　　　　　北疆亚种分布于内蒙古、甘肃、宁夏、青海北部、新疆北部。

国外分布：哈萨克斯坦、保加利亚、俄罗斯、罗马尼亚、希腊。

引证文献：

Pallas PS. 1773. Reise durch verschiedene Provinzen des Russischen Reichs. St. Petersbourg: Kaiserliche Academie der Wissenschaften, 2: 703.

Pallas PS. 1778. Novae species qvadrvpedvn e Glirivm ordine, cvm illvstrationibvs variis complvrivm ex hoc ordine animalivm. Fasc. II. Erlangae: Svmtv Wolfgangi Waltheri: 261.

Blanford WT. 1875. List of Mammalia collected by late Dr. Stoliczka, when attached to the embassy under Sir D. Forsyth in Kashmir, Ladák, Eastern Turkestan, and Wakhán, with descriptions of new species. Journal of the Asiatic Society of Bengal, 44(Pt. 2): 105-112.

Severtzov NA. 1879. Notes on vertebrate fauna of the Pamirs. Zapiski Turkestanskogo otdela obshchestva lyubitelei estestvoznaniya, I(1): 63.

Thomas O. 1917. On the small hamsters that have been refered to *Cricetulus phaeus* and *campbelli*. The Annals and Magazine of Natural History, Ser. 8, 19: 450-457.

Kashkarov DN. 1923. Sistematicheskii obzor gryzunov Zapadnogo Tyan'-Shanya (Taxonomic survey of rodents of Western Tien Shan). Trundy Turkestanskogo Nauchnogo Obshchestva, 1: 207-220.

Lebedev VS, Bannikova AA, Neumann K, Ushakova MV, Ivanova NV, Surov AV. 2018. Molecular phylogenetics and taxonomy of dwarf hamsters *Cricetulus* Milne-Edwards, 1867 (Criectidae, Rodedntia): description of a new genus and reinstatement of another. Zootaxa, 4387(2): 331-349.

毛足鼠属 *Phodopus* Thomas, 1908

249. 坎氏毛足鼠 *Phodopus campbelli* (Thomas, 1905)

英文名：Campbell's Hamster, Campbell's Desert Hamster

曾用名：准噶尔毛足鼠、松江毛足鼠

地方名：无

模式产地：蒙古东北部

同物异名及分类引证：

Cricetulus campbelli Thomas, 1905

Cricetiscus campbelli Thomas, 1917

Phodopus sungorus campbelli (Thomas, 1905) Allen, 1940

Phodopus campbelli (Thomas, 1905) Pavlinov & Rossolimo, 1987

亚种分化：无

国内分布：新疆、河北、内蒙古。

国外分布：蒙古、俄罗斯（外贝加尔边疆区）。

引证文献：

Thomas O. 1905. A new *Cricetulus* from Mongolia. The Annals and Magazine of Natural History, Ser. 7, 15: 322-323.

Thomas O. 1905. On the small Hamsters that have been referred to *Cricetulus phaeus* and *campbelli*. The Annals and Magazine of Natural History, Ser. 8, 19(114): 456.

Allen GM. 1940. The mammals of China and Mongolia. Natural history of Central Asia, Vol. XI. New York: American Museum of Natural History.

Pavlinov IY, Rossolimo OL. 1987. Systematics of mammals of the USSR. Moscow: Moscow University Press.

250. 小毛足鼠 *Phodopus roborovskii* (Satunin, 1902)

英文名：Desert Hamster, Roborovski's Desert Hamster

曾用名：荒漠毛足鼠

地方名：豆鼠

模式产地：甘肃祁连山

同物异名及分类引证：

Cricetulus roborovskii Satunin, 1902

Cricetulus bedfordiae Thomas, 1908

Phodopus praedilectus Mori, 1930

Phodopus roborovskii (Satunin, 1902) Allen, 1940

亚种分化：无

国内分布：吉林、辽宁、河北、内蒙古、山西、甘肃、宁夏、陕西、西藏。

国外分布：哈萨克斯坦、蒙古、俄罗斯。

引证文献：

Satunin KA. 1902. Neue nagetiere aus Centralasien. Annuaire du Musée Zoologique de l'Académie des Sciences de St. Pétersbourg, 7: 549-587.

Thomas O. 1908. *Cricetulus bedfordiae* sp. n. In: Woodward H. Abstract of the Proceedings of the Scientific Meetings of the Zoological Society of London, (No. 63): 43-46.

Mori T. 1930. On four new small mammals from Manchuria. Annotationes Zoologicae Japonenses, 12(2): 417-420.

Allen GM. 1940. The mammals of China and Mongolia. Natural history of Central Asia, Vol. XI. New York: American Museum of Natural History.

大仓鼠属 *Tscherskia* Ognev, 1914

251. 大仓鼠 *Tscherskia triton* (de Winton, 1899)

英文名： Greater Long-tailed Hamster

曾用名： 大腮鼠

地方名： 无

模式产地： 山东北部

同物异名及分类引证：

Cricetus triton de Winton, 1899

Cricetulus nestor Thomas, 1907

Cricetulus triton incanus Thomas, 1908

*Tscherskia albipe*s Ognev, 1914

Cricetulus triton collinus Allen, 1925

Cricetulus triton fuscipes Allen, 1925

Cricetulus triton meihsienensis Ho, 1934

Cricetulus arenosus Mori, 1939

Tscherskia triton (de Winton, 1899) Tokuda, 1941

Cricetulus triton ningshanensis Song, 1985

亚种分化： 全世界有 8 个亚种，中国有 4 个亚种。

指名亚种 *T. t. triton* (de Winton, 1899)，模式产地：山东北部；

山西亚种 *T. t. incanus* (Thomas, 1908)，模式产地：山西岢岚；

秦岭亚种 *T. t. collinus* (Allen, 1925)，模式产地：陕西秦岭太白山；

东北亚种 *T. t. fuscipes* (Allen, 1925)，模式产地：北京。

国内分布： 指名亚种分布于北京、河北、山西、陕西、河南、安徽、江苏、山东；山西亚种分布于内蒙古、山西西部、陕西北部；秦岭亚种分布于山西西南部、陕西（秦岭山区）、河南西部；东北亚种分布于黑龙江、吉林、辽宁、内蒙古、北京、河北、山西。

国外分布： 朝鲜、俄罗斯（西伯利亚）。

引证文献：

de Winton WE. 1899. On Chinese mammals, principally from western Sechuen, with notes on Chinese squirrels. Proceedings of the Scientific Meetings of the Zoological Society of London: 572-578.

Thomas O. 1907. The Duke of Bedford's zoological exploration in eastern Aisa.—V. Second list of mammals from Korea. Proceedings of the General Meetings for Scientific Business of the Zoological Society of London. London: Messrs, Green and Co.: 462-466.

Thomas O. 1908. *Cricetulus triton incanus* subsp. n. In: Woodward H. Abstract of the Proceedings of the Zoological Society of London. (No. 63): 43-46.

Ognev IS. 1914. Die Saugetiere aus dem Sudichen Ussurigebiete. Moskva Dnev. Zool. Otd. Obshches lyub zhest Nov ser, 11(3): 101-128.

Allen GM. 1925. Hamsters collected by the American Museum Asiatic Expeditions. American Museum Novitates, No. 179. New York: American Museum of Natural History: 1-7.

Ho HJ. 1934. A new subspecies of Cricetidae from Shansi. Contributions from the Biological Laboratory of the Science Society of China, Naking zoological series, 10: 288-291.

Mori T. 1939. Mammalia of Jehol and District north of it. Report of the first scientific expidition of Manchoukou under the leadership of Shigeyasu Tokunaga. Ser. 5, Div. 2, Pt. 4: 1-84.

Tokuda M. 1941. A revised monograph of Muridae. Transactions of the Biogeographical Society of Japan, 4: 1-156.

宋世英. 1985. 大仓鼠一新亚种—宁陕亚种. 兽类学报, 5(2): 137-139.

藏仓鼠属 *Urocricetus* Satunin, 1903

252. 高山仓鼠 *Urocricetus alticola* (Thomas, 1917)

英文名：Ladak Hamster, Ladak Dwarf Hamster

曾用名：无

地方名：无

模式产地：克什米尔地区

同物异名及分类引证：

Cricetulus alticola Thomas, 1917

Cricetulus alticola tibetanus Thomas *et* Hinton, 1922

Cricetulus lama alticola (Thomas, 1917) Argyropulo, 1933

Cricetulus kamensis alticola (Thomas, 1917) Zheng, 1979

亚种分化：无

国内分布：西藏西北部。

国外分布：尼泊尔、印度。

引证文献：

Thomas O. 1917. On the small hamsters that have been refered to *Cricetulus phaeus* and *campbelli*. The Annals and Magazine of Natural History, Ser. 8, 19(114): 455.

Thomas O, Hinton MAC. 1922. The mammals of the 1921 Mount Everest expedition. The Annals and Magazine of Natural History, Ser. 9, 9: 178-186.

Argyropulo AI. 1933. Die gattungen und arten der hamster (Cricetinae Murray, 1866) der Palaarktik. Zeitschrift für Säugetierkunde, 8: 129-149.

Ellerman JR. 1941. The families and genera of living rodents. British Museum (Natural History), London: Printed by Order of the Trustees of the British Museum.

郑昌琳. 1979. 西藏阿里兽类区系的研究及其关于青藏高原兽类区系演变的初步探讨. 见: 青海省生物研究所. 西藏阿里地区动植物考察报告. 北京: 科学出版社: 191-226.

Lebedev VS, Bannikova AA, Neumann K, Ushakova MV, Ivanova NV, Surov AV. 2018. Molecular phylogenetics and taxonomy of dwarf hamsters *Cricetulus* Milne-Edwards, 1867 (Criectidae, Rodedntia): description of a new genus and reinstatement of another. Zootaxa, 4387(2): 331-349.

253. 藏仓鼠 *Urocricetus kamensis* Satunin, 1902

英文名：Tibetan Dwarf Hamster

曾用名：西藏仓鼠、短尾藏仓鼠、拉达克仓鼠

地方名：无

模式产地：西藏芒康

同物异名及分类引证：

Urocricetus kamensis kozlovi Satunin, 1902

Cricetulus kamensis lama Bonhote, 1905

Cricetulus kamensis (Satunin, 1902) Argyropulo, 1933

亚种分化：全世界有 3 个亚种，中国均有分布。

指名亚种 *U. k. kamensis* Satunin, 1902，模式产地：西藏芒康；

祁连山亚种 *U. k. kozlovi* Satunin, 1902，模式产地：甘肃敦煌；

藏南亚种 *U. k. lama* Bonhote, 1905，模式产地：西藏拉萨。

国内分布：中国特有，指名亚种分布于青海（玉树）、四川（红原）、西藏（芒康、察雅）；祁连山亚种分布于青海东北部和甘肃西部；藏南亚种分布于西藏（拉萨、聂拉木、定日等）。

国外分布：无

引证文献：

Satunin KA. 1902. Neue nagetiere aus Centralasien. Annuaire du Musée Zoologique de l'Académie des Sciences de St. Pétersbourg, 7: 549-587.

Bonhote JL. 1905. *Cricetulus lama* sp. n. In: Boulenger GA. Abstract of the Proceedings of the Scientific Meetings of the Zoological Society of London, (No. 22): 13-16.

Argyropulo AI. 1933. Die gattungen und arten der hamster (Cricetinae Murray, 1866) der Palaarktik. Zeitschrift für Säugetierkunde, 8: 129-149.

Lebedev VS, Bannikova AA, Neumann K, Ushakova MV, Ivanova NV, Surov AV. 2018. Molecular phylogenetics and taxonomy of dwarf hamsters *Cricetulus* Milne-Edwards, 1867 (Criectidae, Rodedntia): description of a new genus and reinstatement of another. Zootaxa, 4387(2): 331-349.

豪猪型亚目 Hystricomorpha Brandt, 1855

豪猪科 Hystricidae Fischer, 1817

帚尾豪猪属 *Atherurus* Cuvier, 1829

254. 帚尾豪猪 *Atherurus macrourus* (Linnaeus, 1758)

英文名：Asiatic Brush-tailed Porcupine

曾用名：扫尾豪猪

地方名：长尾箭猪、刺猪

模式产地：可能在马来西亚

同物异名及分类引证：

Hystrix macrourus Linnaeus, 1758

Atherura macrourus Waterhouse, 1848

Atherurus zygomatica Miller, 1903

Atherurus hainanus Allen, 1906

Atherurus terutaus Lyon, 1907

Atherurus tionis Thomas, 1908

Atherurus macrourus pemangilis Robinson *et* Kloss, 1912

Atherurus assamensis Thomas, 1921

Atherurus stevensi Thomas, 1925

Atherurus angustiramus Mohr, 1964

Atherurus retardatus Mohr, 1964

亚种分化：全世界亚种分化不详，中国有 3 个亚种。

指名亚种 *A. m. macrourus* (Linnaeus, 1758)，模式产地：可能在马来西亚；

海南亚种 *A. m. hainanus* Allen, 1906，模式产地：海南；

越南亚种 *A. m. stevensi* Thomas, 1925，模式产地：越南北部湾。

国内分布：指名亚种分布于重庆、贵州、四川、西藏、云南、湖北；海南亚种分布于海南岛；越南亚种分布于广西。

国外分布：老挝、马来西亚、孟加拉国、缅甸、泰国、印度、越南。

引证文献：

Linnaeus C. 1758. Systema naturae per regna tria naturae: secundum classes, ordines, genera, species, cum characteribus, differentiis, synonymis, locis. 10th Ed. Tomus I. Holmiae: Impensis Direct. Laurentii Salvii: 57.

Waterhouse GR. 1848. A natural history of the Mammalia. Vol. 2. London: Hippolyte Bailliere Publisher: 472.

Miller GS. 1903. Seventy new Malayan mammals. Smithsonian Miscellaneous Collections, 45(1-2): 42.

Allen JA. 1906. Mammals from the Island of Hainan, China. Bulletin of the American Museum of Natural History, 22: 470-471.

Lyon MW. 1907. Notes on the porcupines of the Malay Peninsula and Archipelago. Proceedings of the United States National Museum, 32: 586.

Thomas O. 1908. On mammal collected by Mr. H. C. Robinson on Tioman and Aor islands, S. China Sea. Journal of the Federated Malay States Museums: 106.

Robinson HC. 1912. On new mammals from the islands of the Johore Archipelago, South China Sea. The Annals and Magazine of Natural History, Ser. 8, 10(60): 590.

Thomas O. 1921. Scientific results from the mammal survey. No. 25. The Journal of the Bombay Natural History Society, 27(3): 598.

Thomas O. 1925. The mammals obtained by Mr. Herbert Stevens on the Sladen-Godman expedition to Tonkin. Proceedings of the Zoological Society of London, 95(2): 505.

Allen GM. 1927. Porcupines from China. American Museum Novitates, No. 290: 1.

Osgood WH. 1932. Mammals of the Kelley-Roosevelts and Delacour Asiatic expedition. Publication 312, Zoological Series. Chicago: Field Museum of Natural History, 18(10): 326.

Mohr E. 1964. Zur nomenklatur und systematik der quastenstachler, gattung *Atherurus* F. Cuvier, 1829. Zeitschrift für Säugetierkunde, 29(2): 105-108.

Weers DJ. 1977. Notes on Southeast Asian porcupines (Hystricidae, Rodentia) II. On the taxonomy of the genus *Atherurus* F. Cuvier, 1929. Beaufortia, 26(336): 205-230.

豪猪属 *Hystrix* Linnaeus, 1758

255. 马来豪猪 *Hystrix brachyura* Linnaeus, 1758

英文名：Malayan Porcupine, Short Tailed Porcupine, Yunnan Porcupine

曾用名：普通豪猪、短尾豪猪、马来箭猪、中国豪猪、云南豪猪

地方名：豪猪

模式产地：马来西亚马六甲

同物异名及分类引证：

Hystrix subcristata Swinhoe, 1870

Hystrix yunnanensis Anderson, 1878

Acanthion klossi Thomas, 1916

Acanthion millsi Thomas, 1922

Acanthion subcristatus papae Allen, 1927

亚种分化：全世界有 4 个亚种，中国有 3 个亚种。

华南亚种 *H. b. subcristata* Swinhoe, 1870，模式产地：福建福州；

云南亚种 *H. b. yunnanensis* Anderson, 1878，模式产地：中国云南与缅甸交界区；

海南亚种 *H. b. papae* Allen, 1927，模式产地：海南儋州那大。

国内分布：华南亚种分布于贵州、云南、四川、重庆、西藏、湖北、甘肃、陕西、湖南、河南、安徽、江苏、上海、浙江、福建、江西、广西、广东；云南亚种分布于云南西部；海南亚种分布于海南。

国外分布：老挝、马来西亚、孟加拉国、缅甸、尼泊尔、泰国、越南、印度、印度尼西亚。

引证文献：

Linnaeus C. 1758. Systema naturae per regna tria naturae: secundum classes, ordines, genera, species, cum characteribus, differentiis, synonymis, locis. 10th Ed. Tomus I. Holmiae: Impensis Direct. Laurentii Salvii. 57.

Swinhoe R. 1870. Catalogue of the mammals of China (south of the River Yangtsze). Proceedings of the General Meetings for Scientific Business of the Zoological Society of London for the Year 1870. London: Messrs. Longmans, Green, Reader and Dyer: 615-653.

Anderson J. 1878. Anatomical and zoological researches: comprising an account of the zoological results of the two expeditions to western Yunnan in 1868 and 1875; and a monograph of thc two cetacean genera, *Platanista* and *Orcella*. London: Bernard Quaritch, 15, Piccadilly, 1: 332.

Thomas O. 1916. The porcupine of Tenasserim and southern Siam. The Annals and Magazine of Natural History, Ser. 8, 17(97): 139.

Thomas O. 1922. Scientific results of the mammal survey, XXXII. The Journal of the Bombay Natural History Society, 28(1-2): 428-432.

Allen GM. 1927. Porcupines from China. American Museum Novitates, No. 290: 3.

Choudhury A. 2003. The mammals of Arunachal Pradesh. New Delhi. Regency Publications: 96.

松鼠型亚目 Sciuromorpha Brandt, 1855

睡鼠科 Gliridae Muirhead, 1819

毛尾睡鼠属 *Chaetocauda* Wang, 1985

256. 四川毛尾睡鼠 *Chaetocauda sichuanensis* Wang, 1985

英文名：Sichuan Dormouse

曾用名：无

地方名：无

模式产地：四川平武王朗国家级自然保护区

同物异名及分类引证：无

亚种分化：无

国内分布：中国特有，分布于四川（平武）、甘肃南部。

国外分布：无

引证文献：

王酉之. 1985. 睡鼠科一新属新种——四川毛尾睡鼠. 兽类学报, 5(1): 67-75.

Sheftel BI, Bannikova AA, Fang Y, Demidova TB, Alexandrov DY, Lebedev VS, Sun YH. 2017. Notes on the fauna, systematics and ecology of small mammals in southern Gansu, China. Zoologicheskii Zhurnal, 96(2): 232-248.

林睡鼠属 *Dryomys* Thomas, 1906

257. 林睡鼠 *Dryomys nitedula* (Pallas, 1778)

英文名：Forest Dormouse

曾用名：睡鼠

地方名：无

模式产地：俄罗斯

同物异名及分类引证：

Mus nitedula Pallas, 1778

Dryomys nitedula (Pallas, 1778) Thomas, 1906

Eliomys (*Dryomys*) *angelus* Thomas, 1906

Dryomys nitedula phrygius Thomas, 1907

Dryomys milleri Thomas, 1912

Dryomys nitedula diamesus Lehmann, 1959

Dryomys nitedula aspromontis Lehmann, 1963

亚种分化：全世界有 19 个亚种，中国有 2 个亚种。

伊犁亚种 *D. n. angelus* (Thomas, 1906)，模式产地：天山；

博格多亚种 *D. n. milleri* Thomas, 1912，模式产地：博格达山。

国内分布：伊犁亚种分布于新疆（伊犁尼勒克）；博格多亚种分布于新疆（阿勒泰、阜康、玛纳斯、塔城等）。

国外分布：中东；中亚、欧洲。

引证文献：

Pallas PS. 1778. Novae species qvadrvpedvn e Glirivm ordine, cvm illvstrationibvs variis complvrivm ex hoc ordine animalivm. Fasc. II. Erlangae: Svmtv Wolfgangi Waltheri: 88.

Thomas O. 1906a. List of mammals obtained by Mr. M. P. Anderson in Japan. Proceedings of the Scientifc Meetings of the Zoological Society of London, (1905): 331-363.

Thomas O. 1906b. New Asiatic mammals of the genera *Kerivoula*, *Eliomys*, and *Lepus*. The Annals and Magazine of Natural History, Ser. 7, 17: 423-426.

Thomas O. 1907. On a new Dormouse from Asia Minor, with remarks on the subgenus "*Dryomys*". The Annals and Magazine of Natural History, Ser. 7, 20: 407.

Thomas O. 1912. On mammals from Central Asia, collected by Mr. Douglas Carruthers. The Annals and Magazine of Natural History, Ser. 8, 9(52): 394.

Lehmann E. 1959. Eine Kleinsaugerausbeute aus Montenegro. Bonner Zoologische Beitrage, 10: 1-20.

Lehmann E. 1963. Die Saugetiere des Fürstentums Liechtenstein. Jahrbuch des Historischen Vereins für das Fürstentum Liechtenstein, 62: 159-362.

松鼠科 Sciuridae Fischer von Waldheim, 1817

丽松鼠亚科 Callosciurinae Pocock, 1923

丽松鼠属 *Callosciurus* Gray, 1867

258. 赤腹松鼠 *Callosciurus erythraeus* (Pallas, 1779)

英文名：Pallas's Squirrel

曾用名：赤腹丽松鼠、红腹松鼠

地方名：刁林子

模式产地：可能在印度阿萨姆邦

同物异名及分类引证：

Sciurus erythraeus Pallas, 1779

Sciurus atrodorsalis Gray, 1842

Sciurus castaneoventris Gray, 1842

Sciurus griseopectus Blyth, 1847

Macroxus punctatissimus Gray, 1867

Sciurus gordoni Anderson, 1871

Sciurus sladeni Anderson, 1871

Sciurus styani Thomas, 1894

Sciurus thaiwanensis Bonhote, 1901

Herpestes leucurus Hilzheimer, 1905

Sciurus tsingtanensis Hilzheimer, 1905

Sciurus kemmisi Wroughton, 1908

Callosciurus erythraeus (Pallas, 1779) Thomas *et* Wroughton, 1916

Callosciurus erythraeus kinneari Thomas *et* Wroughton, 1916

Callosciurus erythraeus nagarum Thomas *et* Wroughton, 1916

Callosciurus caniceps canigenus Howell, 1927

亚种分化：全世界有40多个亚种，中国有17个亚种。

华南亚种 *C. e. castaneoventris* (Gray, 1842)，模式产地：海南；

滇西亚种 *C. e. gordoni* (Anderson, 1871)，模式产地：缅甸；

阿萨姆亚种 *C. e. intermedius* (Anderson, 1878)，模式产地：印度阿萨姆邦；

安徽亚种 *C. e. styani* (Thomas, 1894)，模式产地：浙江杭州与上海之间；

宁波亚种 *C. e. ningpoensis* (Bonhote, 1901)，模式产地：浙江宁波；

台湾亚种 *C. e. roberti* (Bonhote, 1901)，模式产地：台湾；

川东亚种 *C. e. bonhotei* (Robinson *et* Wroughton, 1911)，模式产地：四川青城山；

滇北亚种 *C. e. michianus* (Robinson *et* Wroughton, 1911)，模式产地：云南；

清迈亚种 *C. e. zimmeensis* Robinson *et* Wroughton, 1916，模式产地：泰国；

横断山亚种 *C. e. gloveri* Thomas, 1921，模式产地：四川雅江；

越北亚种 *C. e. hendeei* Osgood, 1932，模式产地：越南；

贡山亚种 *C. e. gongshanensis* Wang, 1981，模式产地：云南贡山；

无量山亚种 *C. e. wuliangensis* Li *et* Wang, 1981，模式产地：云南无量山；

大巴山亚种 *C. e. dabashanensis* Xu *et* Chen, 1989，模式产地：四川万源；

秦岭亚种 *C. e. qinlingensis* Xu *et* Chen, 1989，模式产地：陕西山阳；

武陵山亚种 *C. e. wulingshanensis* Xu *et* Chen, 1989，模式产地：重庆黔江；

昭通亚种 *C. e. zhaotongensis* Li *et al.*, 2006，模式产地：云南昭通。

国内分布：华南亚种分布于贵州南部、云南东南部、湖南南部、广东、广西；滇西亚种分布于云南西部；阿萨姆亚种分布于西藏东南部、云南西北部；安徽亚种分布于河南、湖北、安徽、江苏、浙江北部；宁波亚种分布于福建、浙江；台湾亚种分布于台湾；川东亚种分布于贵州（赤水）、四川（峨眉山、汉源）、重庆（万州）、湖北西部；滇北亚种分布于云南（金沙江以南和元江以东）；清迈亚种分布于云南西南部；横断山亚种分布于四川西部、西藏东南部、云南西北部；越北亚种分布于云南南部；贡山亚种分布于云南（贡山）；无量山亚种分布于云南（无量山）；大巴山亚种分布于四川（奉节、平昌、万源）、湖北西部；秦岭亚种分布于陕西（山阳、商南）、湖北（郧西）等；武陵山亚种分布于重庆（黔江、酉阳、秀山）、贵州北部、四川（叙永）、湖北（利川、咸丰）；昭通亚种分布于云南昭通。

国外分布：马来西亚、新加坡、印度、中南半岛等。

引证文献：

Pallas PS. 1779. Novae species qvadrvpedvn e Glirivm ordine, cvm illvstrationibvs variis complvrivm ex hoc ordine animalivm. Fasc. II. Erlangae: Svmtv Wolfgangi Waltheri: 377.

Gray JE. 1842. Descriptions of some new genera and fifty unrecorded species of Mammalia. The Annals and Magazine of Natural History, Ser. 1, 10(65): 263.

Blyth E. 1847. Supplementary report by the curator, zoology department. Journal of the Asiatic Society of Bengal, 16: 861-880.

Gray JE. 1867. Synopsis of the Asiatic squirrels (Sciuridae) in the collection of the British Museum, describing one new genus and some new species. The Annals and Magazine of Natural History, Ser. 3, 20(118): 270-286.

Anderson J. 1871. On three new species of squirrels from Upper Burmah and the Kakbyen Hills between Burmah and Yun[n]an, China. Proceedings of the Scientifc Meetings of the Zoological Society of London: 139-142.

Anderson J. 1878. Anatomical and zoological researches: comprising an account of the zoological results of the two expeditions to western Yunnan in 1868 and 1875; and a monograph of the two cetacean genera, *Platanista* and *Orcella*. London: Bernard Quaritch, 15, Piccadilly, Vol. 2.

Thomas O. 1894. On two new Chinese rodents. The Annals and Magazine of Natural History, Ser. 6, 13: 363.

Bonhote JL. 1901. On the squirrels of the *Sciurus erythraeus* group. The Annals and Magazine of Natural History, Ser. 7, 7: 165.

Hilzheimer M. 1905. Neue chinesische Saugetiere. Zoologischer Anzeiger, 29: 297-299.

Wroughton RC. 1908. A new squirrel from Burmah. The Annals and Magazine of Natural History, Ser. 8, 2: 491.

Robinson HC, Wroughton RC. 1911. On five new sub-species of oriental squirrels. Journal of the Federated Malay States Museums, 4: 233-235.

Robinson HC, Wroughton RC. 1916. On a new race of *Callosciurus* (Gray) from north Siam. Journal of the Federated Malay States Museums, 7: 91.

Thomas O, Wroughton RC. 1916. Scientific results from the mammal survey. No. XII. A.—On the squirrels obtained by Messrs. Shortridge and Macmillan on the Chindwin River, Upper Burma. The Journal of the Bombay natural History Society, 24: 224-239.

Thomas O. 1921. On small mammals from the Kachin Province, Northern Burma. The Journal of the Bombay Natural History Society, 27: 499-505.

Howell AB. 1927. Five new Chinese squirrels. Journal of the Washington Academy of Sciences, 17: 81.

Osgood WH. 1932. Mammals of the Kelley-Roosevelts and Delacour Asiatic Expeditions. Publication 312, Zoological Series. Chicago: Field Museum of Natural History, 18(10): 193-339.

李树深, 王应祥. 1981. 赤腹松鼠(*Callosciurus erythraeus* Pallas)的一个新亚种. 动物学研究, 2(1): 71-76.

彭鸿绶, 王应祥. 1981. 高黎贡山的兽类新种和新亚种. 兽类学报, 1(2): 169-172.

许维岸, 陈服官. 1989. 赤腹松鼠(*Callosciurus erythraeus*)的三个新亚种. 兽类学报, 9(4): 289-302.

李松, 冯庆, 王应祥. 2006. 赤腹松鼠一新亚种. 动物分类学报, 31(3): 675-682.

259. 中南松鼠 *Callosciurus inornatus* (Gray, 1867)

英文名：Inornate Squirrel

曾用名：中印松鼠、印支松鼠

地方名：无

模式产地：老挝

同物异名及分类引证：

Macroxus inornatus Gray, 1867

Callosciurus imitator Thomas, 1925

Callosciurus inornatus (Gray, 1867) Moore & Tate, 1965

亚种分化：无

国内分布：云南南部。

国外分布：老挝、越南。

引证文献：

Gray JE. 1867. Synopsis of the Asiatic squirrels (Sciuridae) in the collection of the British Museum, describing one new genus and some new species. The Annals and Magazine of Natural History, Ser. 3, 20(118): 270-286.

Thomas O. 1925. The mammals obtained by Mr. Herbert Stevens on the Sladen-Godman expedition to Tonkin. Proceedings of the Zoological Society of London, 95(2): 495-506.

260. 黄足松鼠 *Callosciurus phayrei* (Blyth, 1856)

英文名：Phayre's Squirrel

曾用名：菲氏松鼠、黄手松鼠

地方名：黄松鼠、黄腹松鼠

模式产地：缅甸

同物异名及分类引证：

Sciurus phayrei Blyth, 1856

Sciurus blandordii Blyth, 1862

Callosciurus grieimanus heinrichi Tate, 1954

Callosciurus phayrei (Blyth, 1856) Moore & Tate, 1965

亚种分化：无

国内分布：云南西部。

国外分布：缅甸。

引证文献：

Blyth E. 1856. Report of the curator, zoological department, for July 1855. Journal of the Asiatic Society of Bengal, 24: 472.

Blyth E. 1862. Report of curator, zoological department, February 1862. Journal of the Asiatic Society of Bengal, 31: 333.

Tate GHH. 1954. A new squirrel from Burma. American Museum Novitates, 1676: 2.

261. 蓝腹松鼠 *Callosciurus pygerythrus* (Geoffroy, 1831)

英文名：Irrawaddy Squirrel

曾用名：伊洛瓦底松鼠

地方名：无

模式产地：缅甸

同物异名及分类引证：

Sciurus pygerythrus Geoffroy, 1831

Sciurus lokroides Hodgson, 1836

Sciurus blythii Tytler, 1854

Macroxus similis Gray, 1867

Sciurus lokroides mearsi Bonhote, 1906

Sciurus stevensi Thomas, 1908

Callosciurus pygerythrus (Geoffroy, 1831) Ellerman, 1940

亚种分化： 全世界有 7 个亚种，中国有 1 个亚种。

墨脱亚种 *C. p. stevensi* (Thomas, 1908)，模式产地：印度阿萨姆邦。

国内分布： 墨脱亚种分布于西藏东南部。

国外分布： 缅甸、尼泊尔、印度、越南。

引证文献：

Geoffroy SHE. 1832. Sur le genre *Sciurus*, et Description de six nouvelles espéces. 3. L'Écureuil a croupion roux. *Sciurus pygerythrus*. Magasin de Zoologie, Cl. I., pl.5, 6.

Hodgson BH. 1836. Synoptical description of sundry new animals, enumerated in the catalogue of Nipálese mammals. Journal of the Asiatic Society of Bengal, 5(52): 231-238.

Gray JE. 1843. List of the specimens of Mammalia in the collection of the British Museum. London: British Museum (Natural History): 1-216.

Tytler RC. 1854. Miscellaneous notes on the fauna of Dacca, including remarks made on the line of march from Barrackpore to that station. The Annals and Magazine of Natural History, Ser. 2, 14: 172.

Gray JE. 1867. Synopsis of the Asiatic squirrels (Sciuridae) in the collection of the British Museum, describing one new genus and some new species. The Annals and Magazine of Natural History, Ser. 3, 20(118): 270-286.

Bonhote JL. 1906. On a new race of *Sciurus lokroides* from Burma. The Annals and Magazine of Natural History, Ser. 7, 18: 338.

Thomas O. 1908. On the generic position of the groups of squirrels typified by "*Sciurus*" *berdmorei* and *pernyi* respectively, with descriptions of some new oriental species. The Journal of the Bombay Natural History Society, 18: 244-249.

262. 纹腹松鼠 *Callosciurus quinquestriatus* (Anderson, 1871)

英文名： Anderson's Squirrel

曾用名： 五纹松鼠、腹纹松鼠

地方名· 无

模式产地： 缅甸

同物异名及分类引证：

Sciurus quinquestriatus Anderson, 1871

Sciurus beebei Allen, 1911

Callosciurus quinquestriatus sylvester Thomas, 1926

亚种分化： 全世界有 2 个亚种，中国均有分布。

指名亚种 *C. q. quinquestriatus* (Anderson, 1871)，模式产地：缅甸；

滇西亚种 *C. q. sylvester* Thomas, 1926，模式产地：云南西部（瑞丽江与怒江分水岭一带）。

国内分布： 指名亚种分布于云南西北部；滇西亚种分布于云南西部。

国外分布： 缅甸。

引证文献：

Anderson J. 1871. On three new species of squirrels from Upper Burmah and the Kakbyen Hills between

Burmah and Yun[n]an, China. Proceedings of the Scientific Meetings of the Zoological Society of London: 139-142.

Allen JA. 1911. Mammals collected in the Dutch East Indies by Mr Roy C Andrews on the cruise of the 'Albatross' in 1909. Bulletin of the American Museum of Natural History, 30: 335-339.

Thomas O. 1926. Two new subspecies of *Callosciurus quinquestriatus*. The Annals and Magazine of Natural History, Ser. 9, 17: 639-641.

长吻松鼠属 *Dremomys* Heude, 1898

263. 橙喉长吻松鼠 *Dremomys gularis* Osgood, 1932

英文名： Red-throated Squirrel

曾用名： 无

地方名： 无

模式产地： 越南

同物异名及分类引证： 无

亚种分化： 无

国内分布： 云南中部和南部。

国外分布： 越南北部。

引证文献：

Osgood WH. 1932. Mammals of the Kelley-Roosevelts and Delacour Asiatic expedition. Publication 312, Zoological Series. Chicago: Field Museum of Natural History, 18(10): 284.

264. 橙腹长吻松鼠 *Dremomys lokriah* (Hodgson, 1836)

英文名： Orange-bellied Himalayan Squirrel

曾用名： 喜马拉雅橙腹松鼠

地方名： 无

模式产地： 尼泊尔中北部

同物异名及分类引证：

Sciurus lokriah Hodgson, 1836

Sciurus subflaviventris Gray, 1843

Dremomys lokriah (Hodgson, 1836) Heude, 1898

Dremomys lokriah bhotia Wroughton, 1916

Dremomys macmillani Thomas *et* Wrougton, 1916

Dremomys lokriah pagus, Moore, 1956

亚种分化： 全世界有 6 个亚种，中国有 5 个亚种。

指名亚种 *D. l. lokriah* (Hodgson, 1836)，模式产地：尼泊尔；

东喜马拉雅亚种 *D. l. subflaviventris* (Gray, 1843)，模式产地：印度阿萨姆邦；

南亚亚种 *D. l. garonum* Thomas, 1922，模式产地：印度阿萨姆邦；

墨脱亚种 *D. l. motuoensis* Cai *et* Zhang, 1980，模式产地：西藏墨脱；

聂拉木亚种 *D. l. nielamuensis* Li *et* Wang, 1992，模式产地：西藏聂拉木。

国内分布：指名亚种分布于西藏（珠峰地区）；东喜马拉雅亚种分布于西藏（察隅、米什米山区）、云南（高黎贡山地区）；南亚亚种分布于西藏（错那、米林）；墨脱亚种分布于西藏（墨脱）；聂拉木亚种分布于西藏（聂拉木）。

国外分布：不丹、缅甸、尼泊尔、印度。

引证文献：

Hodgson BH. 1836. Synoptical description of sundry new animals, enumerated in the catalogue of Nipálese mammals. Journal of the Asiatic Society of Bengal, 5(52): 231-238.

Gray JE. 1843. List of the specimens of Mammalia in the collection of the British Museum. London: British Museum (Natural History): 1-216.

Heude PM. 1898. Capricornes de Moupin, etc. Mémoires Concernant l'Histoire Naturelle de l'Empire Chinois, 4(1, 2): 1-111.

Thomas O, Wroughton RC. 1916. Scientific results from the mammal survey. No. XII. A.—On the squirrels obtained by Messrs. Shortridge and Macmillan on the Chindwin River, Upper Burma. The Journal of the Bombay natural History Society, 24: 224-239.

Wrougton RC. 1916. New rodents from Sikkim. The Journal of the Bombay Natural History Society, 24: 425-430.

Thomas O. 1922. Scientific results of the mammal survey, XXXII. The Journal of the Bombay Natural History Society, 28(1-2): 428-432.

Moore JC. 1956. A new subspecies of an Oriental squirrel, *Dremomys lokriah*. American Museum Novitates, No. 1816. New York: The American Museum of Natural History: 1.

蔡桂全, 张迺治. 1980. 西藏球果蝠及橙腹长吻松鼠的新亚种记述. 动物分类学报, 5(4): 443-446.

李健雄, 王应祥. 1992. 中国橙腹长吻松鼠种下分类的探讨. 动物学研究, 13(3): 235-244.

265. 珀氏长吻松鼠 *Dremomys pernyi* (Milne-Edwards, 1867)

英文名：Perny's Long-nosed Squirrel

曾用名：柏（泊）氏长吻松鼠、中国长吻松鼠、长吻松鼠

地方名：刁林子、刁铃、毛老鼠

模式产地：四川宝兴

同物异名及分类引证：

Sciurus pernyi Milne-Edwards, 1867

Dremomys pernyi (Milne-Edwards, 1867) Heude, 1898

Zetis owstoni Thomas, 1908

Dremomys senex Allen, 1912

亚种分化：全世界有 7～11 个亚种，中国有 6 个亚种。

指名亚种 *D. p. pernyi* (Milne-Edwards, 1867)，模式产地：四川宝兴；

台湾亚种 *D. p. owstoni* (Thomas, 1908)，模式产地：台湾阿里山；

滇东南亚种 *D. p. flavior* Allen, 1912，模式产地：云南蒙自；

湖北亚种 *D. p. senex* Allen, 1912，模式产地：湖北宜昌；

福建亚种 *D. p. calidior* Thomas, 1916，模式产地：福建挂墩；

滇西亚种 *D. p. howelli* Thomas, 1922，模式产地：云南腾冲。

国内分布：指名亚种分布于甘肃、陕西、四川；台湾亚种分布于台湾；滇东南亚种分布于贵州南部、云南东南部、广西西部；湖北亚种分布于贵州东北部、湖北西南部、湖南西部；福建亚种分布于安徽、福建、江西、浙江；滇西亚种分布于云南（澜沧江以西）。

国外分布：缅甸、印度、越南。

引证文献：

Milne-Edwards A. 1867. Description de quelques espèces nouvelles d'Écureuils de l'Ancien continent. Revue et Magasin de Zoologie Pure et Appliquée, Ser. 2, 19: 230.

Heude PM. 1898. Capricornes de Moupin etc. Mémoires Concernant l'Histoire Naturelle de l'Empire Chinois, 4(1, 2): 1-111, pls. i-xxii.

Thomas O. 1908. On the generic position of the groups of squirrels typified by "*Sciurus*" *berdmorei* and *pernyi* respectively, with descriptions of some new oriental species. The Journal of the Bombay Natural History Society, 18: 244-249.

Allen GM. 1912a. Mammals from Yunnan and Tonkin. Proceedings of the Biological Society of Washington, 25: 178.

Allen GM. 1912b. Some Chinese vertebrates: Mammalia. Memoirs of the Museum of Comparative Zoology at Harvard College, 40(4): 201-247.

Thomas O. 1916. The races of *Dremomys pernyi*. The Annals and Magazine of Natural History, Ser. 8, 17: 391-394.

Thomas O. 1922. On mammals from the Yunnan Highlands collected by Mr. George Forrest and presented to the British Museum by Col. Stephenson R. Clarke, D.S.O. The Annals and Magazine of Natural History, Ser. 9, 10(58): 391-406.

Howell AB. 1927. Five new Chinese squirrels. Journal of the Washington Academy of Sciences, 17: 80.

266. 红腿长吻松鼠 *Dremomys pyrrhomerus* (Thomas, 1895)

英文名：Red-hipped Squirrel

曾用名：红黑长吻松鼠

地方名：无

模式产地：湖北宜昌

同物异名及分类引证：

Sciurus pyrrhomerus Thomas, 1895

Funambulus riudonensis J. Allen, 1906

Dremomys pyrrhomerus (Thomas, 1895) Allen, 1912

Dremomys melli Matschie, 1922 (in Mell, 1922)

Dremomys pryyhomerus gularis Osgood, 1932

亚种分化：全世界有 3 个亚种，中国均有分布。

指名亚种 *D. p. pryyhomerus* (Thomas, 1895)，模式产地：湖北宜昌；

海南亚种 *D. p. riudonensis* (Allen, 1906)，模式产地：海南；

闽广亚种 *D. p. melli* Matschie, 1922，模式产地：广东。

国内分布：指名亚种分布于重庆、贵州、四川、湖北；海南亚种分布于海南；闽广亚种分布于云南、湖南、安徽、福建、江西、广东、广西。

国外分布：越南东北部（与中国接壤区域）。

引证文献：

Thomas O. 1895. Description of a new Chinese squirrel. The Annals and Magazine of Natural History, Ser. 6, 16: 242.

Allen JA. 1906. Mammals from the Island of Hainan, China. Bulletin of the American Museum of Natural History, 22: 472.

Allen GM. 1912. Some Chinese vertebrates: Mammalia. Memoirs of the Museum of Comparative Zoology at Harvard College, 40(4): 201-247.

Mell R. 1922. Beiträge zur Fauna Sinica. I. Die Vertebraten Südchinas; Feldlisten und Feldnoten der Säuger, Vögel, Reptilien, Batrachie. Archiv für Naturgeschichte, 88, 10: 23.

Osgood WH. 1932. Mammals of the Kelley-Roosevelts and Delacour Asiatic expedition. Publication 312, Zoological Series. Chicago: Field Museum of Natural History, 18(10): 193-339.

267. 红颊长吻松鼠 *Dremomys rufigenis* (Blanford, 1878)

英文名：Asian Red-cheeked Squirrel

曾用名：赤颊长吻松鼠

地方名：刁林子

模式产地：缅甸

同物异名及分类引证：

Sciurus rufigenis Blanford, 1878

Sciurus pyrrhomerus Thomas, 1895

Funambulus riudonensis Allen, 1906

Dremomys rufigenis (Blanford, 1878) Thomas, 1914

Dremomys melli Matschie, 1922 (in Mell, 1922)

亚种分化：全世界有 5 个亚种，中国有 3 个亚种。

指名亚种 *D. r. rufigenis* (Blanford, 1878)，模式产地：缅甸；

滇南亚种 *D. r. ornatus* Thomas, 1914，模式产地：云南蒙自；

滇西亚种 *D. r. opimus* Thomas, 1916，模式产地：缅甸。

国内分布：指名亚种分布于云南西南部；滇南亚种分布于云南南部和中部、广西西南部；滇西亚种分布于云南西部。

国外分布：印度、老挝、越南、马来半岛。

引证文献：

Blanford WT. 1878. On some mammals from Tenasserim. Journal of the Asiatic Society of Bengal, 47(2): 156-158.

Thomas O. 1895. Description of a new Chinese squirrel. The Annals and Magazine of Natural History, Ser. 6, 16: 242.

Allen JA. 1906. Mammals from the Island of Hainan, China. Bulletin of the American Museum of Natural History, 22: 463-490.

Thomas O. 1914. Scientific results from the mammal survey, VII. The Journal of the Bombay Natural History Society, 23(1): 23-31.

Thomas O, Wroughton RC. 1916. Scientific results from the mammal survey. No. XII. A.—On the squirrels obtained by Messrs. Shortridge and Macmillan on the Chindwin River, Upper Burma. The Journal of the

Bombay Natural History Society, 24: 224-239.

Thomas O. 1921. A new monkey and a new squirrel from the Middle Mekong. The Annals and Magazine of Natural History, Ser. 9, 7: 181-183.

Mell R. 1922. Beiträge zur Fauna Sinica. I. Die Vertebraten Südchinas; Feldlisten und Feldnoten der Säuger, Vögel, Reptilien, Batrachie. Archiv für Naturgeschichte, 88, 10: 37.

线松鼠属 *Menetes* Thomas, 1908

268. 线松鼠 *Menetes berdmorei* (Blyth, 1849)

英文名：Indochinese Ground Squirrel

曾用名：条纹松鼠、多纹松鼠

地方名：无

模式产地：缅甸

同物异名及分类引证：

Sciurus berdmorei Blyth, 1849

Sciurus mouhotei Gray, 1861

Sciurus pyrrocephalus Milne-Edwards, 1867

Menetes berdmorei (Blyth, 1849) Thomas, 1908

Menetes berdmorei comularis Thomas, 1914

Menetes berdmorei decoratus Thomas, 1914

Menetes berdmorei moerescens Thomas, 1914

亚种分化：全世界有 7 个亚种，中国有 1 个亚种。

印支亚种 *M. b. mouhotei* (Gray, 1861)，模式产地：柬埔寨。

国内分布：印支亚种分布于云南南部和西南部。

国外分布：柬埔寨、老挝、缅甸、泰国、越南。

引证文献：

Blyth E. 1849. Note on the sciuri inhabiting Ceylon, and those of the Tenasserim provinces. Journal of the Asiatic Society of Bengal, 30: 603.

Gray JE. 1861. List of Mammalia, tortoises and crocodiles collected by M. Mouhot in Camboja. Proceedings of the Scientific Meetings of the Zoological Society of London: 135-139.

Milne-Edwards A. 1867. Description de quelques espèces nouvelles d'Écureuils de l'Ancien continent. Revue et Magasin de Zoologie Pure et Appliquée, Ser. 2, 19: 225.

Thomas O. 1908. On the generic position of the groups of squirrels typified by "*Sciurus*" *berdmorei* and *pernyi* respectively, with descriptions of some new oriental species. The Journal of the Bombay Natural History Society, 18: 244-249.

Thomas O. 1914. Scientific results from the mammal survey, VII. The Journal of the Bombay Natural History Society, 23(1): 23-31.

花松鼠属 *Tamiops* Allen, 1906

269. 倭花鼠 *Tamiops maritimus* (Bonhote, 1900)

英文名：Maritime Striped Squirrel

曾用名：囮松鼠

地方名：无

模式产地：福建福州

同物异名及分类引证：

Sciurus mcclellandii formosanus Bonhote, 1900

Sciurus mcclellandii maritimus Bonhote, 1900

Sciurus mcclellandii monticolus Bonhote, 1900

Tamiops maritimus (Bonhote, 1900) Allen, 1906

Tamiops mcclellandii hainanus Allen, 1906

Tamiops mcclellandii riudoni Allen, 1906

Tamiops sauteri Allen, 1911

Tamiops mcclellandii laotum Robinson *et* Kloss, 1922

Tamiops mcclellandii moi Robinson *et* Kloss, 1922

亚种分化：全世界有 4 个亚种，中国有 2 个亚种。

指名亚种 *T. m. maritimus* (Bonhote, 1900)，模式产地：福建福州；

海南亚种 *T. m. hainanus* Allen, 1906，模式产地：海南。

国内分布：指名亚种分布于云南、湖北、湖南、安徽、福建、江西、台湾、浙江、广东、广西等；海南亚种分布于海南。

国外分布：柬埔寨、老挝、越南。

引证文献：

Bonhote JL. 1900. On squirrels of the Sciurus MacClellandi group. The Annals and Magazine of Natural History, Ser. 7, 5: 50-54.

Allen JA. 1906. Mammals from the Island of Hainan, China. Bulletin of the American Museum of Natural History, 22: 463-490.

Allen JA. 1911. Mammals collected in the Dutch East Indies by Mr. Roy C Andrews on the cruise of the 'Albatross' in 1909. Bulletin of the American Museum of Natural History, 30: 335-339.

Thomas O. 1920. Four new squirrels of the genus *Tamiops*. The Annals and Magazine of Natural History, Ser. 9, 5: 304-308.

Robinson HC, Kloss CB. 1922. New mammals from French Indo-China and Siam. The Annals and Magazine of Natural History, Ser. 9, 9: 87-99.

Osgood WH. 1932. Mammals of the Kelley-Roosevelts and Delacour Asiatic expedition. Publication 312, Zoological Series. Chicago: Field Museum of Natural History, 18(10): 297.

270. 明纹花鼠 *Tamiops mcclellandii* (Horsfield, 1840)

英文名：Himalayan Striped Squirrel

曾用名：明纹花松鼠、褐腹花松鼠、条纹花鼠

地方名：无

模式产地：印度阿萨姆邦

同物异名及分类引证：

Sciurus mcclellandii Horsfield, 1840

Sciurus pembertoni Blyth, 1843

Sciurus barbei Blyth, 1847

Tamias leucotis Temminck, 1853

Sciurus novemlineatus Miller, 1903

Tamiops inconstans Thomas, 1920

Tamiops mcclellandii (Horsfield, 1840) Corbet & Hill, 1991

亚种分化：全世界有 6 个亚种，中国有 3 个亚种。

指名亚种 *T. m. mcclellandii* (Horsfield, 1840)，模式产地：印度阿萨姆邦；

滇南亚种 *T. m. inconstans* Thomas, 1920，模式产地：云南蒙自；

滇西亚种 *T. m. collinus* Moore, 1958，模式产地：缅甸。

国内分布：指名亚种分布于西藏东南部、云南西部；滇南亚种分布于云南南部；滇西亚种分布于云南西南部。

国外分布：柬埔寨、老挝、马来西亚、缅甸、尼泊尔、泰国、印度、越南。

引证文献：

Horsfield T. 1840. List of Mammalia and birds collected in Assam by John McClelland, Esq. Proceedings of the Scientific Meetings of the Zoological Society of London, Part VII. 1839: 152.

Blyth E. 1843. Report from the curator. Journal of the Asiatic Society of Bengal, 11: 880-891.

Blyth E. 1847. Supplementary report of the curator, zoology department. Journal of the Asiatic Society of Bengal, 16: 861-880.

Temminck CJ. 1853. Equissen zoologiques sur la cote de Guine. 1. Mammiferes. Leiden: Brill, xvi: 256.

Bonhote JL. 1900. On squirrels of the Sciurus MacClellandi group. The Annals and Magazine of Natural History, Ser. 7, 5: 50-54.

Miller GS. 1903. A new squirrel from lower Siam. Proceedings of the Biological Society of Washington, 16: 147-148.

Allen JA. 1906. Mammals from the Island of Hainan, China. Bulletin of the American Museum of Natural History, 22: 463-490.

Thomas O. 1920. Four new squirrels of the genus *Tamiops*. The Annals and Magazine of Natural History, Ser. 9, 5: 306.

Moore JC. 1958. New striped tree squirrels from Burma and Thailand. American Museum Novitates, 1879: 6.

271. 岷山花鼠 *Tamiops minshanica* Liu *et al.*, 2022

英文名：Minshan Mountain Striped Squirrel

曾用名：无

地方名：无

模式产地：四川平武

同物异名及分类引证：无

亚种分化：无

国内分布：中国特有，分布于四川（平武）。

国外分布：无

引证文献：

Liu SY, Tang MK, Murphy RW, Liu YX, Wang XM, Wan T, Liao R, Tang KY, Qing J, Chen SD, Li S. 2022.

A new species of *Tamiops* (Rodentia, Sciuridae) from Sichuan, China. Zootaxa, 5116(3): 301-333.

272. 隐纹花鼠 *Tamiops swinhoei* (Milne-Edwards, 1874)

英文名：Swinhoe's Striped Squirrel

曾用名：隐纹花松鼠、黄腹花松鼠、花松鼠

地方名：花梨棒、豹鼠、花鼠、花刁林、金花鼠、纵纹（花）松鼠、三道眉、刁灵子

模式产地：四川宝兴

同物异名及分类引证：

Sciurus swinhoei Milne-Edwards, 1874

Tamiops swinhoei (Milne-Edwards, 1874) Thomas, 1911

Tamiops vestitus Miller, 1915

Tamiops clarkei Thomas, 1920

Tamiops maritimus forresti Thomas, 1920

Tamiops spencei Thomas, 1921

Tamiops macclellandi russeolus Jacobi, 1923

Tamiops monticolus olivaceus Osgood, 1932

亚种分化：全世界有 8 个亚种，中国均有分布。

指名亚种 *T. s. swinhoei* (Milne-Edwards, 1874)，模式产地：四川宝兴；

北京亚种 *T. s. vestitus* Miller, 1915，模式产地：北京东北部；

丽江亚种 *T. s. forresti* Thomas, 1920，模式产地：云南丽江；

滇西亚种 *T. s. spencei* Thomas, 1921，模式产地：缅甸东北部；

德钦亚种 *T. s. russeolus* Jacobi, 1923，模式产地：云南德钦（金沙江与澜沧江之间）；

越北亚种 *T. s. olivaceus* Osgood, 1932，模式产地：越南河内；

滇西南亚种 *T. s. chingpingensis* Lu *et* Quan, 1965，模式产地：云南双江；

马尔康亚种 *T. s. markamensis* Li *et* Wang, 2006，模式产地：四川马尔康。

国内分布：指名亚种分布于四川西部、云南西北部；北京亚种分布于北京、河北、山西、甘肃、宁夏、陕西、四川（城口、万源）、河南、湖北；丽江亚种分布于云南（宾川、大理、华坪、剑川、丽江、宁蒗、武定、元谋）；滇西亚种分布于西藏（察隅）、云南（福贡、贡山、泸水、腾冲）；德钦亚种分布于西藏东南部、云南（德钦、芒康、维西等澜沧江与金沙江之间区域）；越北亚种分布于云南（江城、金平、绿春、屏边）；滇西南亚种分布于云南（清平）；马尔康亚种分布于四川（马尔康）。

国外分布：缅甸、越南。

引证文献：

Milne-Edwards A. 1874. Memoire sur la faune mammalogique du Tibet oriental. In Recherches pour server a l'histoire des mammiferes. Paris: Masson: 305-386.

Allen JA. 1906. Mammals from the Island of Hainan, China. Bulletin of the American Museum of Natural History, 22: 463-490.

Thomas O. 1911. The Duke of Bedford's zoological exploration of Eastern Asia.—XIII. On mammals from the provinces of Kan-su and Sze-chwan, Western China. Proceedings of the General Meetings for Scientific Business of the Zoological Society of London. London: Messrs, Green and Co.: 158-180.

Miller GS. 1915. A new squirrel from northeastern China. Proceedings of the Biological Society of Washington, 28: 115-116.

Thomas O. 1920. Four new squirrels of the genus *Tamiops*. The Annals and Magazine of Natural History, Ser. 9, 5: 304.

Thomas O. 1921. On small mammals from the Kachin Province, Northern Burma. The Journal of the Bombay Natural History Society, 27: 503.

Jacobi A. 1923. Zoologische ergebnisse der Walter Stötznerschen expeditionen nach Szetschwan, Osttibet und Tschili auf Grund der Sammlungen und Beobachtungen Dr. Hugo Weigolds. 2. Teil, Aves: 4. Fringillidae und Ploceidae. Abhandlungen und Berichte der Museen für Tierkunde und Völkerkunde zu Dresden, 16(1): 1-22.

Osgood WH. 1932. Mammals of the Kelley-Roosevelts and Delacour Asiatic expedition. Publication 312, Zoological Series. Chicago: Field Museum of Natural History, 18(10): 292.

陆长坤, 王宗祎, 全国强, 金善科, 马德惠, 杨德华. 1965. 云南西部临沧地区兽类的研究. 动物分类学报, 2(4): 279-295.

Li S, Feng Q, Yang JX, Wang YX. 2006. Differentiation of subspecies of Asiatic striped squirrels (*Tamiops swinhoei*) in China with description of a new subspecies. Zoological Studies, 45(2): 180-189.

巨松鼠亚科 Ratufinae Moore, 1959

巨松鼠属 *Ratufa* Gray, 1867

273. 巨松鼠 *Ratufa bicolor* (Sparrman, 1778)

英文名：Black Giant Squirrel

曾用名：无

地方名：树狗、大黑松鼠、黑果狸、黑猺

模式产地：印度尼西亚爪哇岛

同物异名及分类引证：

Sciurus bicolor Sparrman, 1778

Sciurus leschenaultia Desmarest, 1822

Sciurus giganteus McClelland, 1839

Sciurus macruroides Hodgson, 1849

Ratufa melanopepla Miller, 1900

Ratufa bicolor (Sparrman, 1778) Miller, 1911

Ratufa celaenopepla Miller, 1913

Ratufa phaeopepla Miller, 1913

亚种分化：全世界有 11 个亚种，中国有 2 个亚种。

阿萨姆亚种 *R. b. gigantea* (M'Clelland, 1839)，模式产地：印度阿萨姆邦；

海南亚种 *R. b. hainana* Allen, 1906，模式产地：海南。

国内分布：阿萨姆亚种分布于西藏、云南、广西；海南亚种分布于海南。

国外分布：柬埔寨、老挝、马来半岛、尼泊尔、印度、越南、印度尼西亚（巴厘岛、爪哇岛）。

引证文献：

Sparrman A. 1778. Beskrifning pâ *Sciurus bicolor*, et nytt species Ikorn, frân Java, insänd. Kongl. Götheborgska wetenskaps och witterhets samhhällets handlingar. Wetenskaps afdelningen, 1: 70-71.

Desmarest AG. 1822. Mammalogie, ou, Description des espèce de mammifères. Encyclopédie Méthodique, Pt. 2. Paris: Chez Mme. Veuve Agasse, imprimeur-libraire: 277-555.

McClelland [=M'Clelland] J. 1839. List of Mammalia and birds collected in Assam. Proceedings of the Scientific Meetings of the Zoological Society of London, 7: 150.

Hodgson BH. 1849. On the physical geography of the Himalaya. Journal of the Asiatic Society of Bengal, 18: 761-788.

Gray JE. 1867. Synopsis of the Asiatic squirrels (Sciuridae) in the collection of the British Museum, describing one new genus and some new species. The Annals and Magazine of Natural History, Ser. 3, 20(118): 270-286.

Miller GS. 1900. The giant squirrels of Burmah and the Malay Peninsula. Proceedings of the Washington Academy of Sciences, 2: 69-77.

Allen JA. 1906. Mammals from the Island of Hainan, China. Bulletin of the American Museum of Natural History, 22: 463-490.

Miller GS. 1911. Descriptions of six new mammals from the Malay Archipelago. Proceedings of the Biological Society of Washington, 24: 25-28.

Miller GS. 1913. Fifty-one new Malayan mammals. Smithsonian Miscellaneous Collections, 61(21): 1-30.

Thomas O. 1923. On the large squirrels of the *Ratufa gigantea* group. The Journal of the Bombay Natural History Society, 29: 85-86.

松鼠亚科 Sciurinae Fischer von Waldheim, 1817

鼯鼠族 Pteromyini Brandt, 1855

沟牙鼯鼠属 *Aeretes* Allen, 1940

274. 沟牙鼯鼠 *Aeretes melanopterus* (Milne-Edwards, 1867)

英文名：Northern Chinese Flying Squirrel

曾用名：黑翼鼯鼠

地方名：飞鼠、麻催生子、沟齿鼯鼠

模式产地：河北东北部

同物异名及分类引证：

Pteromys melanopterus Milne-Edwards, 1867

Pteromys sulcatus Howell, 1927

Aëretes melanopterus (Milne-Edwards, 1867) Allen, 1940

亚种分化：全世界有 2 个亚种，中国均有分布。

指名亚种 *A. m. melanopterus* (Milne-Edwards, 1867)，模式产地：河北东陵；

四川亚种 *A. m. szechuanensis* Wang *et al.*, 1966，模式产地：四川黑水。

国内分布：中国特有，指名亚种分布于北京、河北；四川亚种分布于甘肃（迭部、文县、

武都）、四川（丹巴、黑水、理县、平武）。

国外分布：无

引证文献：

Milne-Edwards A. 1867. Observations sur quelques mammifères du nord de la Chine. Annales des sciences naturelles (Zoologie), Ser.5, 7: 375-377.

Allen GM. 1925. Squirrels collected by the American Museum Asiatic Expeditions. American Museum Novitates, No. 163. New York: American Museum of Natural History: 16.

Howell AB. 1927. Five new Chinese squirrels. Journal of the Washington Academy of Sciences, 17: 80-84.

Allen GM. 1940. The mammals of China and Mongolia. Natural history of Central Asia, Vol. XI. New York: American Museum of Natural History.

王酉之, 屠云力, 汪松. 1966. 四川省发现的几种小型兽及一新亚种记述. 动物分类学报, 3(1): 85-87.

毛耳飞鼠属 *Belomys* Thomas, 1908

275. 毛耳飞鼠 *Belomys pearsonii* (Gray, 1842)

英文名：Hairy-footed Flying Squirrel

曾用名：皮氏飞鼠、严耳飞鼠、毛足飞鼠

地方名：飞鼠、麻催生子

模式产地：印度

同物异名及分类引证：

Sciuropterus pearsonii Gray, 1842

Sciuropterus villosus Blyth, 1847

Sciuropterus kaleensis Swinhoe, 1863

Belomys pearsonii (Gray, 1842) Thomas, 1908

Belomys trichotis Thomas, 1908

亚种分化：全世界有 4 个亚种，中国有 3 个亚种。

台湾亚种 *B. p. kaleensis* (Swinhoe, 1863)，模式产地：台湾北部；

滇西亚种 *B. p. trichotis* Thomas, 1908，模式产地：印度；

越北亚种 *B. p. blandus* Osgood, 1932，模式产地：越南。

国内分布：台湾亚种分布于台湾；滇西亚种分布于云南（贡山、梁河、泸水、腾冲、祥云等）；越北亚种分布于贵州，四川（大凉山），云南西南部、南部和东南部，广东（瑶山），广西，海南（霸王岭、东方、尖峰岭）。

国外分布：不丹、老挝、缅甸、尼泊尔、泰国、印度、越南。

引证文献：

Gray JE. 1842. Descriptions of some new genera and fifty unrecorded species of Mammalia. The Annals and Magazine of Natural History, Ser. 1, 10(65): 263.

Blyth E. 1847. Supplementary report by the curator, zoology department. Journal of the Asiatic Society of Bengal, 16: 861-880.

Swinhoe R. 1862. On the mammals of the Island of Formosa. Proceedings of the Scientific meeting of the Zoological Society of London for Year 1862. London: Messre. Longmans, Green, Reader and Dyer: 359.

Anderson J. 1878. Anatomical and zoological researches: comprising an account of the zoological results of the two expeditions to western Yunnan in 1868 and 1875; and a monograph of the two cetacean genera, *Platanista* and *Orcella*. London: Bernard Quaritch, 15, Piccadilly, 1: 293.

Thomas O. 1908. The genera and subgenera of the *Sciuropterus* group. The Annals and Magazine of Natural History, Ser. 8, 1(1): 1-8.

Robinson HC, Kloss CB. 1918. A nominal list of the Sciuridae of the Oriental region with a list of specimens in the collection of the Zoological Survey of India. Records of the Indian Museum, 15(4): 179.

Osgood WH. 1932. Mammals of the Kelley-Roosevelts and Delacour Asiatic expedition. Publication 312, Zoological Series. Chicago: Field Museum of Natural History, 18(10): 269.

比氏鼯鼠属 *Biswamoyopterus* Saha, 1981

276. 高黎贡比氏鼯鼠 *Biswamoyopterus gaoligongensis* Li *et al.*, 2019

英文名：Gaoligong Flying Squirrel

曾用名：无

地方名：飞罗

模式产地：云南高黎贡山百花岭

同物异名及分类引证：无

亚种分化：无

国内分布：中国特有，分布于云南高黎贡山南部（隆阳、腾冲）。

国外分布：无

引证文献：

Li Q, Li XY, Jackson SM, Li F, Jiang M, Zhao W, Song WY, Jiang XL. 2019. Discovery and description of a mysterious Asian flying squirrel (Rodentia, Sciuridae, *Biswamoyopterus*) from Mount Gaoligong, Southwest China. ZooKeys, 864: 147-160.

绒毛鼯鼠属 *Eupetaurus* Thomas, 1888

277. 西藏绒毛鼯鼠 *Eupetaurus tibetensis* Jackson *et al.*, 2021

英文名：Tibetan Woolly Flying Squirrel

曾用名：羊绒鼯鼠

地方名：无

模式产地：西藏日喀则江孜年楚河谷

同物异名及分类引证：无

亚种分化：无

国内分布：西藏（日喀则）。

国外分布：不丹、印度（锡金）。

引证文献：

Jackson SM, Li Q, Wan T, Li XY, Yu FH, Gao G, He LK, Helgen KM, Jiang XL. 2022. Across the great divide: revision of the genus *Eupetaurus* (Sciuridae: Pteromyini), the woolly flying squirrels of the Himalayan region, with the description of two new species. Zoological Journal of the Linnean Society,

194(2): 502-526.

278. 云南绒毛鼯鼠 *Eupetaurus nivamons* Li *et al.*, 2021

英文名：Yunnan Woolly Flying Squirrel

曾用名：羊绒鼯鼠

地方名：飞罗

模式产地：云南贡山捧当（碧罗雪山）

同物异名及分类引证：无

亚种分化：无

国内分布：云南（高黎贡山、碧罗雪山）。

国外分布：缅甸。

引证文献：

Jackson SM, Li Q, Wan T, Li XY, Yu FH, Gao G, He LK, Helgen KM, Jiang XL. 2022. Across the great divide: revision of the genus *Eupetaurus* (Sciuridae: Pteromyini), the woolly flying squirrels of the Himalayan region, with the description of two new species. Zoological Journal of the Linnean Society, 194(2): 502-526.

箭尾飞鼠属 *Hylopetes* Thomas, 1908

279. 黑白飞鼠 *Hylopetes alboniger* (Hodgson, 1836)

英文名：Particolored Flying Squirrel

曾用名：黑白林飞鼠、箭尾黑白飞鼠、黑白鼯鼠

地方名：无

模式产地：尼泊尔

同物异名及分类引证：

Sciuropterus alboniger Hodgson, 1836

Pteromys leachii Gray, 1837

Sciuropterus turnbulli Gray, 1837

Hylopetes alboniger (Hodgson, 1836) Thomas, 1908

亚种分化：全世界有 3 个亚种，中国有 2 个亚种。

丽江亚种 H. a. orinus Allen, 1940，模式产地：云南丽江；

海南亚种 H. a. chianfengensis Wang *et* Lu, 1966，模式产地：海南。

国内分布：丽江亚种分布于贵州、四川、云南（西北部除外）、浙江、广西；海南亚种分布于海南。

国外分布：柬埔寨、老挝、缅甸、尼泊尔、泰国、印度、越南等。

引证文献：

Hodgson BH. 1836. Synoptical description of sundry new animals, enumerated in the catalogue of Nipálese mammals. Journal of the Asiatic Society of Bengal, 5(52): 231-238.

Gray JE. 1837. Description of some new or little known Mammalia, principally in the British Museum Collection. Magazine of Natural History, New Series, 1: 577-587.

Gray JE. 1838. [Meeting of] June 27th, 1837. Proceedings of the Scientifc Meetings of the Zoological Society of London: 67-69.

Thomas O. 1908. The genera and subgenera of the *Sciuropterus* group. The Annals and Magazine of Natural History, Ser. 8, 1(1): 1-8.

Thomas O. 1923. On mammals from the Li-kiang Range, Yunnan. The Annals and Magazine of Natural History, Ser. 9, 11(66): 658-660.

Allen GM. 1925. Squirrels collected by the American Museum Asiatic Expeditions. American Museum Novitates, No. 163. New York: American Museum of Natural History: 15.

寿振黄, 汪松, 陆长坤, 张鑾光. 1966. 海南岛的兽类调查. 动物分类学报, 3(3): 260-276.

280. 海南小飞鼠 *Hylopetes phayrei* (Blyth, 1859)

英文名：Indochinese Flying Squirrel, Phayre's Flying Squirrel

曾用名：海南低泡飞鼠、菲氏飞鼠、低泡鼯鼠

地方名：无

模式产地：缅甸

同物异名及分类引证：

Sciuropterus phayrei Blyth, 1859

Hylopetes phayrei (Blyth, 1859) Thomas, 1908

Sciuropterus phayrei laotum Thomas, 1914

Sciuropterus phayrei probus Thomas, 1914

Pteromys (*Petinomys*) *electilis* Allen, 1925

Pteromys phayrei anchises Allen *et* Coolidge, 1940

亚种分化：全世界有 2 个亚种，中国有 1 个亚种。

海南亚种 *H. p. electilis* (Allen, 1925)，模式产地：海南。

国内分布：海南亚种分布于贵州、福建、广西、海南。

国外分布：老挝、缅甸、泰国、越南。

引证文献：

Blyth E. 1859. Report of Curator, Zoological Department, for February to May Meetings, 1859. Journal of the Asiatic Society of Bengal, 28(3): 278.

Thomas O. 1908. The genera and subgenera of the *Sciuropterus* group. The Annals and Magazine of Natural History, Ser. 8, 1(1): 1-8.

Thomas O. 1914. Scientific results from the mammal survey. VII. The Journal of the Bombay Natural History Society, 23(1): 28.

Allen GM. 1925. Squirrels collected by the American Museum Asiatic Expeditions. American Museum Novitates, No. 163. New York: American Museum of Natural History: 16.

Allen GM, Coolidge HJ. 1940. Mammal and bird collection of the Asiatic primate expedition: mammals. Bulletin of the Museum of Comparative Zoology, 87: 153.

鼯鼠属 *Petaurista* Link, 1795

281. 栗背大鼯鼠 *Petaurista albiventer* (Gray, 1834)

英文名：Chestnut Great Flying Squirrel

曾用名：大鼯鼠、云南大鼯鼠、栗褐鼯鼠

地方名：无

模式产地：尼泊尔

同物异名及分类引证：

Pteromys albiventer Gray, 1834

Pteromys inornatus Geoffroy, 1844

Petaurista birrelli Wroughton, 1911

Petaurista fulvinus Wroughton, 1911

Petaurista albiventer (Gray, 1834) Ellerman, 1940

亚种分化：全世界有3个亚种，中国有2个亚种。

怒江亚种 *P. a. nigra* Wang, 1981，模式产地：云南贡山；

木宗亚种 *P. a. muzongensis* Li *et* Feng, 2017，模式产地：西藏察隅木宗。

国内分布：怒江亚种分布于云南（高黎贡山东坡、碧罗雪山西坡）；木宗亚种分布于西藏东南部。

国外分布：巴基斯坦、尼泊尔、印度。

引证文献：

Gray JE. 1833-1834 [i. e. 1835]. Illustrations of Indian zoology, chiefly selected from the collection of Major-General Hardwicke. Vol. 2. London: Treuttel, Wurtz, Treuttel, Jun. and Richter: plate 19.

Geoffroy SHI. 1844. IV Mammiferes et Oiseaux, in Jacquemont Vict. Voyage dans l'Inde. Paris: 62.Wroughton RC. 1911. Oriental flying squirrels of the "Pteromys" group. The Journal of the Bombay Natural History Society, 20: 1012-1023.

Wroughton RC. 1911. Oriental flying squirrels of the "Pteromys" group. The Journal of the Bombay Natural History Society, 20: 1012-1023.

彭鸿绶, 王应祥. 1981. 高黎贡山的兽类新种和新亚种. 兽类学报, 1(2): 169-172.

Oshida T, Shafique CM, Barkati S, Fujita Y, Lin LK, Masuda R. 2004. A preliminarystudy on molecular phylogeny of giant flying squirrels, genus *Petaurista* (Rodentia, Sciuridae) based on mitochondrial cytochrome *b* gene sequences. Russian Journal of Theriology, 3(1): 15-24.

Yu FR, Yu FH, Pang JF, Kilpatrick CW, McGuire PM, Wang YX, Lu SQ, Woods CA. 2006. Phylogeny and biogeography of the *Petaurista philippensis* complex (Rodentia: Sciuridae), inter- and intraspecific relationships inferred from molecular and morphometric analysis. Molecular Phylogenetics and Evolution, 38(3): 755-766.

Li S, Feng ZJ. 2017. Geographic variation of the large red flying squirrel, *Petaurista albiventer* (Gray, 1834) (Rodentia: Sciuridae), with a description of a new subspecies in southwestern China. Pakistan Journal of Zoology, 49(4): 1321-1328.

282. 红白鼯鼠 *Petaurista alborufus* (Milne-Edwards, 1870)

英文名：Red and White Giant Flying Squirrel

曾用名：白头鼯鼠、白额鼯鼠

地方名：红催生、飞生虫、飞生鸟、飞虎、飞鼠、寒号鸟

模式产地：四川宝兴

同物异名及分类引证：

Pteromys alborufus Milne-Edwards, 1870

Pteromys pectoralis Swinhoe, 1871

Petaurista alborufus (Milne-Edwards, 1870) Thomas, 1911

亚种分化：全世界有 5 个亚种，中国有 4 个亚种。

指名亚种 *P. a. alborufus* (Milne-Edwards, 1870)，模式产地：四川宝兴；

西藏亚种 *P. a. leucocephalus* (Hilzheimer, 1906)，模式产地：西藏；

宜昌亚种 *P. a. castaneus* Thomas, 1923，模式产地：湖北宜昌；

丽江亚种 *P. a. ochraspis* Thomas, 1923，模式产地：云南丽江。

国内分布：指名亚种分布于甘肃南部、陕西南部、四川西部；西藏亚种分布于西藏；宜昌亚种分布于四川东部、陕西东部、重庆、云南东北部、贵州北部、湖北、湖南；丽江亚种分布于四川西南部、云南、广西西部。

国外分布：不丹、印度东北部、缅甸、泰国北部。

引证文献：

Milne-Edwards A. 1870. Comptes Rendus de l'Académie des Sciences de Paris. Paris: Masson, 70: 341-342.

Swinhoe R. 1870. Catalogue of the mammals of China (south of the River Yangtsze). Proceedings of the General Meetings for Scientific Business of the Zoological Society of London for the Year 1870. London: Messrs. Longmans, Green, Reader and Dyer: 615-653.

Hilzheimer M. 1905. Neue chinesische Saugetiere. Zoologischer Anzeiger, 29: 297-299.

Thomas O. 1907. A new flying squirrel from Formosa. The Annals and Magazine of Natural History, Ser. 8, 20(120): 522-523.

Thomas O. 1911. The Duke of Bedford's zoological exploration of Eastern Asia.—XIV. On mammals from Southern Shen-si, Central China. Proceedings of the General Meetings for Scientific Business of the Zoological Society of London. London: Messre. Longmans, Green and Co.: 689.

Thomas O. 1923. Geograhical races of *Petaurista alborufus*. The Annals and Magazine of Natural History, Ser. 9, 12: 171-172.

Jackson SM, Thorington RW. 2012. Gliding mammals: taxonomy of living and extinct species. Washington, D.C.: Smithsonian Contributions to Zoology: 32-72.

283. 灰头小鼯鼠 *Petaurista caniceps* (Gray, 1842)

英文名：Grey-headed Flying Squirrel

曾用名：克氏鼯鼠、棕足鼯鼠、灰头鼯鼠

地方名：无

模式产地：尼泊尔

同物异名及分类引证：

Sciuropterus caniceps Gray, 1842

Sciuropterus senex Hodgson, 1844

Petaurista clarkei Thomas, 1922

Sciuropterus gorkhali Lindsay, 1929

Petaurista caniceps (Gray, 1842) Ellerman, 1940

亚种分化：无

国内分布：甘肃、陕西、重庆、贵州、四川、西藏、云南、湖北、湖南、广西。

国外分布：尼泊尔、不丹、印度、缅甸。

引证文献：

Gray JE. 1842. Descriptions of some new genera and fifty unrecorded species of Mammalia. The Annals and Magazine of Natural History, Ser. 1, 10(65): 262.

Hodgson BH. 1844. Summary description of two new species of flying squirrel. Journal of the Asiatic Society of Bengal, 13: 68.

Thomas O. 1922. On mammals from the Yunnan Highlands collected by Mr. George Forrest and presented to the British Museum by Col. Stephenson R. Clarke, D.S.O. The Annals and Magazine of Natural History, Ser. 9, 10(58): 391-406.

Lindsay HM. 1929. A new flying squirrel from Nepal. The Journal of the Bombay Natural History Society, 33: 566.

Li S, He K, Yu FH, Yang QS. 2013. Molecular phylogeny and biogeography of *Petaurista* inferred from the Cytochrome *b* gene, with implications for the taxonomic status of *P. caniceps*, *P. marica* and *P. sybilla*. PLoS ONE, 8(7): e70461.

284. 海南鼯鼠 *Petaurista hainana* Allen, 1925

英文名：Hainan Flying Squirrel

曾用名：无

地方名：无

模式产地：海南

同物异名及分类引证：无

亚种分化：无

国内分布：中国特有，分布于海南。

国外分布：无

引证文献：

Allen GM. 1925. Squirrels collected by the American Museum Asiatic Expeditions. American Museum Novitates, No. 163. New York: American Museum of Natural History: 16.

Yu FR, Yu FH, Pang JF, Kilpatrick CW, McGuire PM, Wang YX, Lu SQ, Woods CA. 2006. Phylogeny and biogeography of the *Petaurista philippensis* complex (Rodentia: Sciuridae), inter- and intraspecific relationships inferred from molecular and morphometric analysis. Molecular Phylogenetics and Evolution, 38(3): 755-766.

285. 白面鼯鼠 *Petaurista lena* Thomas, 1907

英文名：Taiwan Giant Flying Squirrel

曾用名：无

地方名：无

模式产地：台湾中部

同物异名及分类引证：

Pteromys pectoralis Swinhoe, 1871

Petaurista alborufus lena (Thomas, 1907) Ellerman & Morrison-Scott, 1951

亚种分化：无

国内分布：中国特有，分布于台湾中部。

国外分布：无

引证文献：

Swinhoe R. 1871. Catalogue of the mammals in China (South of the River Yangtsze). Proceedings of the Zoological Society of London: 615-653.

Thomas O. 1907. A new flying squirrel from Formosa. The Annals and Magazine of Natural History, Ser. 7, 20: 522-523.

Ellerman JR, Morrison-Scott TCS. 1951. Checklist of Palaearctic and Indian mammals 1758 to 1946. London: British Museum (Natural History): 463.

Oshida T, Shafique CM, Barkati S, Fujita Y, Lin LK, Masuda R. 2004. A preliminary study on molecular phylogeny of giant flying squirrels, genus *Petaurista* (Rodentia, Sciuridae) based on mitochondrial cytochrome *b* gene sequences. Russian Journal of Theriolgy, 3(1): 15-24.

Jackson SM, Thorington RW. 2012. Gliding mammals: taxonomy of living and extinct species. Washington, D.C.: Smithsonian Contributions to Zoology: 32-72.

Li S, He K, Yu FH, Yang QS. 2013. Molecular phylogeny and biogeography of *Petaurista* inferred from the cytochrome *b* gene, with implications for the taxonomic status of *P. caniceps*, *P. marica* and *P. sybilla*. PLoS ONE, 8(7): e70461.

286. 栗褐鼯鼠 *Petaurista magnificus* (Hodgson, 1836)

英文名：Hodgson's Giant Flying Squirrel

曾用名：丽鼯鼠

地方名：无

模式产地：尼泊尔

同物异名及分类引证：

Sciuropterus magnificus Hodgson, 1836

Sciuropterus nobilis Gray, 1842

Sciuropterus chrysothrix Hodgson, 1844

Petaurista magnificus (Hodgson, 1836) Ellerman, 1940

Petaurista magnificus hodgsoni Ghose *et* Saha, 1981

亚种分化：无

国内分布：西藏。

国外分布：不丹、尼泊尔、印度。

引证文献：

Hodgson BH. 1836. Synoptical description of sundry new animals, enumerated in the catalogue of Nipálese mammals. Journal of the Asiatic Society of Bengal, 5(52): 231-238.

Gray JE. 1842. Descriptions of some new genera and fifty unrecorded species of Mammalia. The Annals and Magazine of Natural History, Ser. 1, 10(65): 263.

Hodgson BH. 1844. Classified catalogue of mammals of Nepal. Calcutta Journal of Natural History, 4: 284-294.

Robinson HC, Kloss CB. 1918. A nominal list of the Sciuridae of the Oriental region with a list of specimens in the collection of the Zoological Survey of India. Records of the Indian Museum, 15(21): 171-254.

Chatterjee K, Majhi A. 1975. Chromosomes of the Himalayan flying squirrel *Petaurista magnificus*.

Mammalia, 39: 447-450.

Ghose RK, Saha SS. 1981. Taxonomic review of Hodgson's giant flying squirrel, *Petaurista magnificus* (Hodgson) (Sciuridae: Rodentia), with description of a new subspecies from Darjeeling District, West Bengal, India. The Journal of the Bombay Natural History Society, 78: 93-102.

287. 斑点鼯鼠 *Petaurista marica* Thomas, 1912

英文名：Spotted Giant Flying Squirrel

曾用名：白斑小鼯鼠、花白鼯鼠

地方名：无

模式产地：云南蒙自

同物异名及分类引证：

Pteromys elegans Temminck, 1836

Pteromys punctatus Gray, 1846

亚种分化：无

国内分布：云南、广西。

国外分布：老挝、缅甸、泰国、越南。

引证文献：

Temminck CJ. 1836. Coup d'oeil sur la faune des Iles de la Sonde et de l'empire du Japon: discours préliminaire, destiné à servir d'introduction à la Faune du Japon. Leiden: 30.

Muller S. 1839. Over de zoogdieren van den Indischen Archipel. Pp. 1-8, pls 1-3, 7(1839); 9-57, table, pls 4-6, 8-12 (1840). In: Temminck CJ. Verhandelingen natuurlijke geschiedenis Nederlandische overzeesche Bezittionen. Leiden.

Gray JE. 1846. New species of Mammalia. The Annals and Magazine of Natural History, Ser. 1, 18(118): 211-212.

Thomas O. 1912. New species of *Crocidura* and *Petaurista* from Yunnan. The Annals and Magazine of Natural History, Ser. 8, 9(54): 687.

Robinson HC, Kloss CB. 1918. A nominal list of the Sciuridae of the Oriental region with a list of specimens in the collection of the Zoological Survey of India. Records of the Indian Museum, 15(21): 171-254.

Kloss CB. 1921. Seven new Malayan mammals. Journal of the Federation of Malay Sates Museum, 10: 230.

Chasen FN. 1933. A new flying-squirrel from Borneo. Bulletin of the Raffles Museum, 8: 194.

Li S, He K, Yu FH, Yang QS. 2013. Molecular phylogeny and biogeography of *Petaurista* inferred from the Cytochrome *b* gene, with implications for the taxonomic status of *P. caniceps*, *P. marica* and *P. sybilla*. PLoS ONE, 8(7): e70461.

288. 红背鼯鼠 *Petaurista petaurista* (Pallas, 1766)

英文名：Red Giant Flying Squirrel

曾用名：赤鼯鼠、大鼯鼠、棕鼯鼠、普通大鼯鼠

地方名：大飞鼠、红色巨飞鼠、红催生子、大赤鼯鼠、飞虎、松猫儿

模式产地：印度尼西亚爪哇岛

同物异名及分类引证：

Sciurus petaurista Pallas, 1766

Petaurista petaurista (Pallas, 1766) Link, 1795

Petaurista taguan Link, 1795

Pteromys albiventer Gray, 1835

Pteromys inornatus Geoffroy, 1844

Petaurista birrelli Wroughton, 1911

Petaurista fulvinus Wroughton, 1911

Petaurista mimicus Miller, 1913

Petaurista petaurista nigricaudatus Robison *et* Kloss, 1918

Petaurista petaurista penangensis Robison *et* Kloss, 1918

亚种分化：全世界有 17 个亚种，中国有 2 个亚种。

台湾亚种 *P. p. grandis* (Swinhoe, 1862)，模式产地：台湾；

福建亚种 *P. p. rufipes* Allen, 1925，模式产地：福建永安。

国内分布：台湾亚种分布于台湾；福建亚种分布于四川、福建、广东、广西。

国外分布：中南半岛、马来西亚、印度尼西亚（苏门答腊岛、爪哇岛）、加里曼丹岛。

引证文献：

Pallas PS. 1766. Miscellanea zoologica quibus novae imprimis atque obscurae animalium species describuntur et observationibus iconibusque illustrantur. Van Cleef, Hagae Comitum: 54.

Link HF. 1795. Beitradge zur Naturgeschichte. Band 1, Stuck 2. Über die Lebenskrafte in naturhistorisher Ruchsicht und die Klassifikation der Sdugethiere. Rostock & Leipzig: 126.

Gray JE. 1833-1834 [i. e. 1835]. Illustrations of Indian zoology, chiefly selected from the collection of Major-General Hardwicke. Vol. 2. London: Treuttel, Wurtz, Treuttel, Jun. and Richter: plate 18.

Geoffroy SHI. 1844. IV Mammiferes, in Jacquemont, V. Voyage dans l' Inde. Paris.

Wroughton RC. 1911. Oriental flying squirrels of the "Pteromys" group. The Journal of the Bombay Natural History Society, 20: 1012-1023.

Miller GS. 1913. Fifty-one new Malayan mammals. Smithsonian Miscellaneous Collections, 61(21): 1-30.

Robison HC, Kloss CB. 1918. Notes on the genus *Petaurista* Pall., with description of two new races. Journal of the Federation of Malay States Museum, 7: 223-225.

Allen GM. 1925. Squirrels collected by the American Museum Asiatic Expeditions. American Museum Novitates, No. 163. New York: American Museum of Natural History: 16.

Harris WP. 1951. A substitute name for *Petaurista petaurista rufipes* Sody. Journal of Mammalogy, 32(2): 234.

289. 霜背大鼯鼠 *Petaurista philippensis* (Elliot, 1839)

英文名：Indian Giant Flying Squirrel

曾用名：灰背大鼯鼠、菲律宾鼯鼠

地方名：无

模式产地：印度金奈

同物异名及分类引证：

Pteromys philippensis Elliot, 1839

Pteromys grandis Swinhoe, 1862

Pteromys yunanensis Anderson, 1875

Petaurista lylei Bonhote, 1900

Petaurista hainana Allen, 1925

Petaurista petaurista rufipes Allen, 1925

Petaurista rubicundus Howell, 1927

Petaurista philippensis (Elliot, 1839) Ellerman, 1940

亚种分化：全世界有 7 个亚种，中国有 2 个亚种。

云南亚种 *P. p. yunanensis* (Anderson, 1875)，模式产地：云南；

四川亚种 *P. p. rubicundus* Howell, 1927，模式产地：四川马边。

国内分布：云南亚种分布于云南西部；四川亚种分布于陕西、四川、云南西北部、湖南。

国外分布：柬埔寨、老挝、缅甸、斯里兰卡、泰国、印度、越南等。

引证文献：

Elliot W. 1839. A catalogue of the species of Mammalia found in the southern Mahratta country; with their synonyms in the native languages in use there. Madras Journal of Literature and Science, 10: 217.

Swinhoe R. 1862. On the mammals of the island of Formosa. Proceedings of the Scientific Meetings of the Zoological Society of London for Year 1862. London: Messre, Longmans, Green, Reader and Dyer: 358.

Anderson J. 1875. Description of some new Asiatic mammals. The Annals and Magazine of Natural History, Ser. 4, 16(94): 282.

Bonhote JL. 1900. On a collection of mammals from Siam made by Mr. T. H. Lyle. Proceedings of the Scientifc Meetings of the Zoological Society of London for the Year 1900. London: Messre, Longmans, Green and Co.: 192.

Allen GM. 1925. Squirrels collected by the American Museum Asiatic Expeditions. American Museum Novitates, No. 163. New York: American Museum of Natural History: 16.

Howell AB. 1927. Five new Chinese squirrels. Journal of the Washington Academy of Sciences, 17: 82.

Bourret R. 1942. Sur quelques petits mammiferes du Tonkin et du Laos. Comptes Rendus des Séances du Conseil de Recherches Scientifiques de l'Indochine, 2: 28.

彭鸿绶, 王应祥. 1981. 高黎贡山的兽类新种和新亚种. 兽类学报, 1(2): 169-172.

290. 橙色小鼯鼠 *Petaurista sybilla* Thomas *et* Wroughton, 1916

英文名：Small Brown-backed Flying Squirrel

曾用名：纯色小鼯鼠

地方名：无

模式产地：缅甸

同物异名及分类引证：

Pteromys elegans Temminck, 1836

亚种分化：无

国内分布：重庆、贵州、四川南部和西部、云南西部和西北部、湖北。

国外分布：缅甸、印度。

引证文献：

Temminck CJ. 1836. Coup d'oeil sur la faune des iles de la Sonde et de l'empire du Japon: discours préliminaire, destiné à servir d'introduction à la Faune du Japon. Leiden: 30.

Thomas O, Wroughton RC. 1916. A new flying squirrel from the Chin Hills. The Journal of the Bombay Natural History Society, 24: 424.

Li S, He K, Yu FH, Yang QS. 2013. Molecular phylogeny and biogeography of *Petaurista* inferred from the Cytochrome *b* gene, with implications for the taxonomic status of *P. caniceps*, *P. marica* and *P. sybilla*.

PLoS ONE, 8(7): e70461.

291. 灰鼯鼠 *Petaurista xanthotis* (Milne-Edwards, 1872)

英文名：Chinese Giant Flying Squirrel

曾用名：山地鼯鼠、黄耳（斑）鼯鼠、高地鼯鼠

地方名：催生子、大鼯鼠、大飞鼠

模式产地：四川宝兴

同物异名及分类引证：

Pteromys xanthotis Milne-Edwards, 1872

Pteromys buechneri Matschie, 1907

Pteromys filchnerinae Matschie, 1907

Petaurista xanthotis (Milne-Edwards, 1872) Lyon, 1907

亚种分化：无

国内分布：中国特有，分布于甘肃、青海、陕西、四川、西藏、云南。

国外分布：无

引证文献：

Milne-Edwards. 1872. Mémoire sur la faune mammalogique du Tibet oriental et principalement de la principaute de Moupin. 301. In: Recherches pour servir à l'histoire naturelle des mammifères: comprenant des considérations sur La Classification ces Animaux. Paris: Masson.

Lyon MW. 1907. Notes on a small collection of mammals from the province of Kan-Su, China. Smithsonian Miscellaneous Collections, 50: 133-137.

Matschie P. 1907. Mammalia. In: Filchner W. Wissenschaftliche ergebnisse der expedition Filchner nach China, 1903-1905. Berlin: Mittler. 10(1): 134-224.

McKenna MC. 1962. Eupetaurus and the living petauristine sciurids. American Museum Novitates, No. 2104. New York: American Museum of Natural History: 1-38.

喜山大耳飞鼠属 *Priapomys* Li *et al*., 2021

292. 李氏小飞鼠 *Priapomys leonardi* (Thomas, 1921)

英文名：Leonard's Flying Squirrel

曾用名：黑白飞鼠

地方名：小飞罗

模式产地：缅甸北部克钦邦

同物异名及分类引证：

Pteromys (*Hylopetes*) *leonardi* Thomas, 1921

Hylopetes leonardi (Thomas, 1921) Ellerman, 1940

Hylopetes alboniger leonardi (Thomas, 1921) Ellerman & Morrison-Scott, 1951

Hylopetes alboniger (Hodgson, 1836) Corbet & Hill, 1992

亚种分化：无

国内分布：云南（高黎贡山、碧罗雪山）。

国外分布：缅甸北部。

引证文献：

Thomas O. 1921. On small mammals from the Kachin Province, Northern Burma. The Journal of the Bombay Natural History Society, 27: 499-505.

Li Q, Cheng F, Jackson SM, Helgen KM, Song WY, Liu SY, Sanamxay D, Li S, Li F, Xiong Y, Sun J, Wang HJ, Jiang XL. 2021. Phylogenetic and morphological significance of an overlooked flying squirrel (Pteromyini, Rodentia) from the eastern Himalayas with the description of a new genus. Zoological Research, 42(4): 389-400.

飞鼠属 *Pteromys* Cuvier, 1800

293. 小飞鼠 *Pteromys volans* (Linnaeus, 1758)

英文名：Siberian Flying Squirrel

曾用名：飞鼠

地方名：小催生、飞老鼠

模式产地：芬兰

同物异名及分类引证：

Sciurus volans Linnaeus, 1758

Pteromys volans (Linnaeus, 1758) Cuvier, 1800

Pteromys russicus Tiedemann, 1808

Pteromys sibiricus Desmarest, 1822

Pteromys vulgaris Wagner, 1842

Sciuropterus buechneri Satunin, 1902

Pteromys volans incanus Miller, 1918

亚种分化：全世界有 4 个亚种，中国有 1 个亚种。

甘肃亚种 *P. v. buechneri* (Satunin, 1902)，模式产地：甘肃。

国内分布：甘肃亚种分布于黑龙江、吉林、辽宁、北京、河北、内蒙古、山西、甘肃、宁夏、青海、陕西、新疆、四川、河南。

国外分布：朝鲜、韩国、日本，从芬兰北部向南到波罗的海、向东到俄罗斯远东地区。

引证文献：

Linnaeus C. 1758. Systema naturae per regna tria naturae: secundum classes, ordines, genera, species, cum characteribus, differentiis, synonymis, locis. 10th Ed. Tomus I. Holmiae: Impensis Direct. Laurentii Salvii: 824.

Cuvier G. 1800. Leçons d'anatomie comparée. Baudouin, Paris. Vol. 1: i-xxxi; 1-521; tabl. 1-9.

Tiedemann F. 1808. Zoologie: zu seinen Vorlesungen entworfen. Allgemeine Zoologie, Mensch und Säugthiere, 1(Vol. 1). Weber.

Desmarest AG. 1822. Mammalogie, ou, Description des espèce de mammifères. Encyclopédie Méthodique, Pt. 2. Paris: Chez Mme. Veuve Agasse, imprimeur-libraire: 1-555, 66 plates.

Wagner A. 1842. *Pt. vulgaris* Wagn., Tab. 223. In: Johann Christian Daniel von Schrebered. Die Säugthiere in Abbildungen nach der Natur, mit Beschreibungen, Abt. 3 suppl.: 228.

Büchner E. 1888. Scientific results of N.M. Przhevalsky's travels through Central Asia, zoological section, Vol. I. Mammalia. St. Petersburg: Kaiserlichen Akademie der Wissenschaften.

Satunin KA. 1902. Neue nagetiere aus Centralasien. Annuaire du Musée Zoologique de l'Académie des Sciences de St. Pétersbourg, 7: 549-587.

Miller GS. 1918. A new flying-squirrel from Eastern Asia. Proceedings of the Biological Society of

Washington, 31: 3.

复齿鼯鼠属 *Trogopterus* Heude, 1898

294. 复齿鼯鼠 *Trogopterus xanthipes* (Milne-Edwards, 1867)

英文名：Complex-toothed Flying Squirrel

曾用名：橙足鼯鼠、黄脚复齿鼯鼠

地方名：飞鼠、飞虎、松猫子、催生子、催生、寒号鸟、寒号虫、寒塔拉虫

模式产地：河北东北部

同物异名及分类引证：

Pteromys xanthipes Milne-Edwards, 1867

Trogopterus xanthipes (Milne-Edwards, 1867) Heude, 1898

Trogopterus himalaicus Thomas, 1914

Trogopterus mordax Thomas, 1914

Trogopterus edithae Thomas, 1923

Trogopterus minax Thomas, 1923

亚种分化：无

国内分布：中国特有，分布于辽宁、北京、河北、山西、甘肃、青海、陕西、重庆、贵
州、四川、西藏、云南、河南、湖北。

国外分布：无

引证文献：

Milne-Edwards A. 1867. Observations sur quelques mammifères du nord de la Chine. Annales des sciences naturelles (Zoologie), Ser. 5, 7: 375-377.

Heude PM. 1898. Capricornes de Moupin, etc. Mémoires Concernant l'Histoire Naturelle de l'Empire Chinois, 4(3, 4): 113-211.

Thomas O. 1914. On small mammals collected in Tibet by Capt. F. M. Bailey. The Journal of the Bombay Natural History Society, 23(2): 230-233.

Thomas O. 1923. On mammals from the Li-kiang Range, Yunnan. The Annals and Magazine of Natural History, Ser. 9, 11(66): 658-660.

松鼠族 Sciurini Fischer von Waldheim, 1817

松鼠属 *Sciurus* Linnaeus, 1758

295. 北松鼠 *Sciurus vulgaris* Linnaeus, 1758

英文名：Eurasian Red Squirrel

曾用名：松鼠、红松鼠、普通松鼠

地方名：灰鼠

模式产地：瑞典

同物异名及分类引证：

Sciurus varius Brisson, 1762

Sciurus exalbidus Pallas, 1778

Sciurus alpines Desmarest, 1822

Sciurus italicus Bonaparte, 1838

Sciurus europaeus Gray, 1843

亚种分化：全世界有 20 多个亚种，中国有 4 个亚种。

鄂毕亚种 *S. v. exalbidus* Pallas, 1778，模式产地：俄罗斯西伯利亚；

东北亚种 *S. v. mantchuricus* Thomas, 1909，模式产地：大兴安岭；

华北亚种 *S. v. chiliensis* Sowerby, 1921，模式产地：北京东北部；

阿尔泰亚种 *S. v. altaicus* Serebernnikov, 1928，模式产地：阿尔泰山。

国内分布：鄂毕亚种分布于新疆西部；东北亚种分布于黑龙江、吉林、辽宁、内蒙古东部；华北亚种分布于北京、河北、山西、陕西、河南；阿尔泰亚种分布于内蒙古西部、新疆北部。

国外分布：亚洲东北部和北部、欧洲。

引证文献：

Linnaeus C. 1758. Systema naturae per regna tria naturae: secundum classes, ordines, genera, species, cum characteribus, differentiis, synonymis, locis. 10th Ed. Tomus I. Holmiae: Impensis Direct. Laurentii Salvii.

Brisson MJ. 1762. Regnum animale in classes IX. distributum, sive, Synopsis methodica. Paris: T. Haak.

Pallas PS. 1778. Novae species qvadrvpedvn e Glirivm ordine, cvm illvstrationibvs variis complvrivm ex hoc ordine animalivm. Fasc. II. Erlangae: Svmtv Wolfgangi Waltheri: 374.

Kerr R. 1792. The animal kingdom, or zoological system, of the celebrated Sir Charles Linnaeus. Class I. Mammalia. Edinburgh: Printed for A. Strahan, and T. Cadell, London, and W. Creech, Edinburgh.

Desmarest AG. 1822. Mammalogie, ou, Description des espèce de mammifères. Encyclopédie Méthodique, Pt. 2. Paris: Chez Mme. Veuve Agasse, imprimeur-libraire: 1-555, 66 plates.

Bonaparte CLJL. 1838. Synopsis vertebratorum systematis. Nuovi Annali delle Scienze Naturali, Bologna, 1: 105-133.

Gray JE. 1843. List of the specimens of Mammalia in the collection of the British Museum. London: British Museum (Natural History): 1-216.

Thomas O. 1908. The Duke of Bedford's zoological exploration in Eastern Asia.—XI. On mammals from the provinces of Shan-si and Shen-si, Northern China. Proceedings of the General Meetings for Scientifc Business of the Zoological Society of London, London: Messrs. Longmans, Green and Co.: 963-983.

Cabrera A. 1924. Una nueva forma de caguan de la isla de Borneo. Boletín de la Real Sociedad Española de Historia Natural, 24: 128-131.

Ognev SI. 1935. Mammals of the USSR and adjacent countries: Carnivora and Pinnipedia (Mammals of eastern Europe and northern Asia) [Zveri SSSR I prilezhashchikh stran. Khishchnyei I lastonogie (Zveri vostochnoi Evropy I senemoi Azii)]. Moscow: Glavpushnina NKVT, 3: 1-752.

亚非地松鼠亚科 Xerinae Osborn, 1910

旱獭属 *Marmota* Blumenbach, 1779

296. 灰旱獭 *Marmota baibacina* (Brandt, 1843)

英文名：Gray Marmot

曾用名：无

地方名：无

模式产地：俄罗斯

同物异名及分类引证：

Arctomys baibacina Brandt, 1843

Arctomys centralis Thomas, 1909

Marmota baibacina (Brandt, 1843) Gromov *et al.*, 1965

亚种分化：全世界有 2 个亚种，中国均有分布。

指名亚种 *M. b. baibacina* (Brandt, 1843)，模式产地：俄罗斯；

天山亚种 *M. b. centralis* (Thomas, 1909)，模式产地：土耳其。

国内分布：指名亚种分布于新疆（阿尔泰山）；天山亚种分布于新疆（天山）。

国外分布：哈萨克斯坦、吉尔吉斯斯坦、蒙古、俄罗斯。

引证文献：

Brandt JF. 1844. Observations sur les differentes espèces de sousliks de Russie, suivies de remarques sur l'arrangement et la distribution geographique du genre *Spermophilus*, ainsi que sur la classification de la famille des Ecureuils (*Sciurina*) en general. Bulletin Scientifique l'Académie Impériale des Sciences de Saint Petersbourg, 1843: 364.

Audubon JJ, Bachman J. 1854. The viviparous quadrupeds of North America. New York: J. J. Audubon, 3: 1-348.

Thomas O. 1909. On mammals collected in Turkestan by Mr. Douglas Carruthers. The Annals and Magazine of Natural History, Ser. 8, 3(12): 257-266.

Gromov IM, Gurreev AA, Novikov GA, Sokolov II, Strelkov PP, Chapskii KK. 1963. Mlekopitayushchie fauny SSSR, Chast'1. [Mammals of the fauna of the USSR. [Vol.] 1. Insectivora, Chiroptera, Lagomorpha, and Rodentia]. Akademii Nauk SSSR, Moskva, 1: 1-640.

Gromov IM, Bibikov DI, Kalabukhov NI, Meier MNN. 1965. Fauna SSSR, Mlekopitayushchie, tom. 3, vyp. 2 [Fauna of the U.S.S.R. Mammals. Vol. 3, No. 2]. Nazemnye belich'e [Ground Squirrels]. Nauka, Moscow-Leningrad: 1-467.

297. 长尾旱獭 *Marmota caudata* (Jacquemont, 1844)

英文名：Long-tailed Marmot

曾用名：红旱獭

地方名：无

模式产地：印度

同物异名及分类引证：

Arctomys caudata Jacquemont, 1844

Arctomys aureus Blanford, 1875

Arctomys dichrous Anderson, 1875

Arctomys littledalei Thomas, 1909

Marmota caudata (Jacquemont, 1844) Gromov *et al.*, 1965

亚种分化：全世界有 3 个亚种，中国有 1 个亚种。

帕米尔亚种 *M. c. aurea* (Blanford, 1875)，模式产地：新疆喀什喀苏山口。

国内分布：帕米尔亚种分布于新疆西部。

国外分布：阿富汗、巴基斯坦、塔吉克斯坦、印度。

引证文献：

Jacquemont V. 1844. Voyage dans l'Inde/par Victor Jacquemont, pendant les années 1828 à 1832; publié sous les auspices de M. Guizot, ministre de l'instruction publique. Paris: Firmin Didot frères: 180.

Anderson J. 1875. XXXVII.—Description of some new Asiatic mammals and Chelonia. Journal of Natural History, 16(94): 282-285.

Blanford WT. 1875. On the species of marmot inhabiting the Himalaya, Tibet, and the adjoining regions. Journal of the Asiatic Society of Bengal, 44: 113-127.

Thomas O. 1909. On mammals collected in Turkestan by Mr. Douglas Carruthers. The Annals and Magazine of Natural History, Ser. 8, 3(12): 257-266.

Gromov IM, Bibikov DI, Kalabukhov NI, Meier MNN. 1965. Fauna SSSR, Mlekopitayushchie, tom. 3 vyp. 2 [Fauna of the U.S.S.R. Mammals. Vol. 3, No. 2]. Nazemnye belich'e [Ground Squirrels]. Nauka, Moscow-Leningrad: 1-467.

298. 喜马拉雅旱獭 *Marmota himalayana* (Hodgson, 1841)

英文名：Himalayan Marmot

曾用名：无

地方名：雪猪、雪里猪、他拿

模式产地：尼泊尔

同物异名及分类引证：

Arctomys himalayanus Hodgson, 1841

Arctomys hemachalanus Hodgson, 1843

Arctomys tibetanus Gray, 1847

Arctomys robustus Milne-Edwards, 1871

Arctomys hodgsoni Blanford, 1879

Arctomys tataricus Jameson, 1847 (in Blanford, 1879)

Marmota himalayana (Hodgson, 1841) Howell, 1929

亚种分化：全世界有 2 个亚种，中国均有分布。

指名亚种 *M. h. himalayana* (Hodgson, 1841)，模式产地：尼泊尔；

川西亚种 *M. h. rubustus* (Milne-Edwards, 1871)，模式产地：四川宝兴。

国内分布：指名亚种分布于甘肃西部、青海（柴达木盆地）、新疆（阿尔金山、昆仑山）、西藏；川西亚种分布于青海（柴达木盆地除外）、四川西部和西北部、云南西北部。

国外分布：尼泊尔、印度。

引证文献：

Hodgson BH. 1841. Classified catalogue of the mammals of Nepal, (corrected to end of 1841, first printed in

1832). Journal of the Asiatic Society of Bengal, 10(2): 907-916.

Hodgson BH. 1843. Notice of two marmots inhabiting respectively the plains of Tibet and the Himalayan slopes near to the snows, and also of a *Rhinolophus* of the central region of Nepal. Journal of the Asiatic Society of Bengal, 12: 409-414.

Gray JE. 1847. Catalogue of the specimens and drawings of Mammalia and birds of Nepal and China (Tibet) presented by B. H. Hodgson, Esq., to the British Museum. London: E. Newman, Printer, Devonshire Street, Bishopsgate: 156.

Milne-Edwards A. 1871. In: David LA. Rapport adressé a MM les professeurs-administrateurs du Muséum d'Histoire Naturelle. Nouvelles Archives du Muséum d'Histoire Naturelle, 7: 92.

Blanford WT. 1879. Scientific results of the Second Yarkand Mission: based upon the collections and notes of the late Ferdinand Stoliczka, Ph. D. Mammalia. Calcutta: Office of the Superintendent of Government Printing, Pt. 4, 94+xvi plates.

Howell AB. 1929. Mammals from China in the collections of the United States National Museum. Proceeding of the United States National Museum, 75(2772): 1-82.

Gromov IM, Bibikov DI, Kalabukhov NI, Meier MNN. 1965. Fauna SSSR, Mlekopitayushchie, tom. 3, vyp. 2 [Fauna of the U.S.S.R. Mammals. Vol. 3, No. 2]. Nazemnye belich'e [Ground Squirrels]. Nauka, Moscow-Leningrad: 1-467.

299. 西伯利亚旱獭 *Marmota sibirica* (Radde, 1862)

英文名：Tarbagan Marmot

曾用名：草原旱獭

地方名：无

模式产地：俄罗斯

同物异名及分类引证：

Arctomys bobac sibirica Radde, 1862

Arctomys dahurica Dybowski, 1922

Marmota sibirica (Radde, 1862) Gromov *et al.*, 1965

亚种分化：全世界有 2 个亚种，中国有 1 个亚种。

指名亚种 *M. s. sibirica* (Radde, 1862)，模式产地：俄罗斯。

国内分布：指名亚种分布于河北、内蒙古东部、山西西北部。

国外分布：蒙古、俄罗斯。

引证文献：

Radde G. 1862. Reisen im Suden von Ost-Sibirien in den Jahren 1855-1859 incl. im Auftrage der Kaiserlichen Geographischen Gesellschaft. Band I. Die Saugethierfauna. 4 to, St. Petersburg: Buchdruckerei der K. Akademie der Wissenschaften, 1v+328, 14 pls., 4 maps.

Dybowski BI. 1922. Spis systematyczny gatunk6w i ras zwierzat kregowych fauny Wschodniej Syberii (Archiwum Towarzystwa Naukowego we Lwowie. Dzial 3: Matematyczno-Przyrodniczy 1). Lwow, Poland.

Gromov IM, Bibikov DI, Kalabukhov NI, Meier MNN. 1965. Fauna SSSR, Mlekopitayushchie, tom. 3, vyp. 2 [Fauna of the U.S.S.R. Mammals. Vol. 3, No. 2]. Nazemnye belich'e [Ground Squirrels]. Nauka, Moscow-Leningrad: 1-467.

Zimina RP. 1978. Surki. Rasprostranenie I ekologiya [Marmots. Distribution and ecology]. Nauka, Moscow: 222.

侧纹岩松鼠属 *Rupestes* Thomas, 1922

300. 侧纹岩松鼠 *Rupestes forresti* Thomas, 1922

英文名： Forrest's Rock Squirrel

曾用名： 白喉岩松鼠、福（弗）氏岩松鼠、白纹岩松鼠

地方名： 无

模式产地： 云南（澜沧江与金沙江之间）

同物异名及分类引证：

Sciurotamias forresti (Thomas, 1922)

亚种分化： 无

国内分布： 中国特有，分布于云南、广西西南部。

国外分布： 无

引证文献：

Thomas O. 1922. On mammals from the Yunnan Highlands collected by Mr. George Forrest and presented to the British Museum by Col. Stephenson R. Clarke, D.S.O. The Annals and Magazine of Natural History, Ser. 9, 10(58): 391-406.

Moore JC, Tate GHH. 1965. A study of the diurnal squirrels, Sciurinae, of the Indian and China-Indochina Peninsula subregions. Fieldiana Zoology. United State of America: Chicago Natural History Museum Press, 48: 303-310.

岩松鼠属 *Sciurotamias* Miller, 1901

301. 岩松鼠 *Sciurotamias davidianus* (Milne-Edwards, 1867)

英文名： Père David's Rock Squirrel

曾用名： 无

地方名： 石老鼠、石松鼠、岩鼠

模式产地： 北京

同物异名及分类引证：

Sciurus davidianus Milne-Edwards, 1867

Sciurus consobrinus Milne-Edwards, 1874

Dremomys collaris Heude, 1898

Dremomys latro Heude, 1898

Dremomys saltitans Heude, 1898

Sciurotamias davidianus (Milne-Edwards, 1867) Miller, 1901

Sciurotamias owstoni Allen, 1909

Sciurotamias davidanus (sic) *thayeri* Allen, 1912

亚种分化： 全世界有 3 个亚种，中国均有分布。

指名亚种 *S. d. davidianus* (Milne-Edwards, 1867)，模式产地：北京；

川西亚种 *S. d. consobrinus* (Milne-Edwards, 1874)，模式产地：四川宝兴；

湖北亚种 *S. d. saltitans* (Heude, 1898)，模式产地：湖北。

国内分布：中国特有，指名亚种分布于辽宁、北京、河北、天津、山西、甘肃、宁夏、陕西、四川北部、河南；川西亚种分布于贵州西北部、四川西部、云南东北部；湖北亚种分布于重庆东部、贵州东北部、四川东部、湖北、安徽。

国外分布：无

引证文献：

Milne-Edwards A. 1867. Description de quelques espèces nouvelles d'Écureuils de l'Ancien continent. Revue et Magasin de Zoologie Pure et Appliquée, Ser. 2, 19: 196.

Milne-Edwards A. 1874. Memoire sur la faune mammalogique du Tibet oriental. In Recherches pour server a l'histoire des mammiferes, Paris: Masson: 305-386.

Heude PM. 1898. Capricornes de Moupin, etc. Mémoires Concernant l'Histoire Naturelle de l'Empire Chinois, 4(1, 2): 55.

Miller GS. 1901. The subgenus *Rhinosciurus* of Trouessart. Proceedings of the Biological Society of Washington, 14: 23.

Allen JA. 1909. Mammals from Shen-si Province, China. Bulletin of the American Museum of Natural History, 26: 425-430.

Allen GM. 1912. Some Chinese vertebrates: Mammalia. Memoirs of the Museum of Comparative Zoology at Harvard College, 40(4): 201-247.

黄鼠属 *Spermophilus* Cuvier, 1825

302. 阿拉善黄鼠 *Spermophilus alashanicus* Büchner, 1888

英文名：Alashan Ground Squirrel

曾用名：无

地方名：无

模式产地：内蒙古阿拉善南部

同物异名及分类引证：

Citellus obscures siccus Allen, 1925

Citellus alashanicus dilutus Formozov, 1929

亚种分化：无

国内分布：内蒙古（阿拉善）、山西中部、甘肃东部、宁夏、陕西西部。

国外分布：蒙古。

引证文献：

Büchner E. 1888. Scientific results of N.M. Przhevalsky's travels through Central Asia, zoological section, Vol. I. Mammalia. St. Petersburg: Kaiserlichen Akademie der Wissenschaften.

Allen GM. 1925. Squirrels collected by the American Museum Asiatic Expeditions. American Museum Novitates, No. 163. New York: American Museum of Natural History: 16.

Obolensky S. 1927. A preliminary review of the Palaearctic sousliks (*Citellus* and *Spermophilopsis*). Comptes Rendus de l'Académie des Sciences, URSS: 188-193.

Formozov AN. 1929. Mammals of northern Mongolia from Sboram expedition of 1926. Leningrad (Academy of Sciences): 144, 5 pls.

Orlov VN, Davaa N. 1975. O systematicheskom polozhenii Alashanskovo suslika *Citellus alashanicus* Buch,

(Sciuridae, Rodentia). In: Orlov VN. Systematics and cytogenetics of mammals. Moscow: Nauka: 60.

303. 达乌尔黄鼠 *Spermophilus dauricus* Brandt, 1844

英文名：Daurian Ground Squirrel

曾用名：蒙古黄鼠、草原黄鼠、达呼尔黄鼠

地方名：大眼贼

模式产地：蒙古北部

同物异名及分类引证：

Spermophilus mongolicus Milne-Edwards, 1867

Citellus mongolicus umbratus Thomas, 1908

Citellus mongolicus ramosus Thomas, 1909

亚种分化：全世界有 4 个亚种，中国有 3 个亚种。

河北亚种 *S. d. mongolicus* Milne-Edwards, 1867，模式产地：河北；

甘肃亚种 *S. d. obscurus* (Büchner, 1888)，模式产地：甘肃；

东北亚种 *S. d. ramosus* (Thomas, 1909)，模式产地：吉林。

国内分布：河北亚种分布于北京、河北、天津、河南、山东；甘肃亚种分布于甘肃西北部、新疆（阿尔泰山）；东北亚种分布于黑龙江、吉林、辽宁、内蒙古东部、山西。

国外分布：蒙古、俄罗斯。

引证文献：

Brandt JF. 1844. Observations sur les differentes espèces de sousliks de Russie, suivies de remarques sur l'arrangement et la distribution geographique du genre *Spermophilus*, ainsi que sur la classification de la famille des Ecureuils (*Sciurina*) en general. Bulletin Scientifique l'Académie Impériale des Sciences de Saint Petersbourg, 1843:

Milne-Edwards A. 1867. Observations sur quelques mammifères du nord de la Chine. Annales des sciences naturelles (Zoologie), Ser. 5, 7: 375-377.

Büchner E. 1888. Scientific results of N.M. Przhevalsky's travels through Central Asia, zoological section, Vol. I. Mammalia. St. Petersburg: Kaiserlichen Akademie der Wissenschaften.

Thomas O. 1908. The Duke of Bedford's zoological exploration in Eastern Asia.—VI. List of mammals from the Shantung Peninsula, N. China. Proceedings of the General Meetings for Scientific Business of the Zoological Society of London. London: Messrs. Longmans, Green and Co.: 5-10.

Thomas O. 1908. The Duke of Bedford's zoological exploration in Eastern Asia.—XI. On mammals from the provinces of Shan-si and Shen-si, Northern China. Proceedings of the General Meetings for Scientific Business of the Zoological Society of London. London: Messrs. Longmans, Green and Co.: 963-983.

Gromov IM, Bibikov DI, Kalabukhov NI, Meier MNN. 1965. Fauna SSSR, Mlekopitayushchie, tom. 3, vyp. 2 [Fauna of the U.S.S.R. Mammals. Vol. 3, No. 2]. Nazemnye belich'e [Ground Squirrels]. Nauka, Moscow-Leningrad: 1-467.

304. 赤颊黄鼠 *Spermophilus erythrogenys* Brandt, 1841

英文名：Red-cheeked Ground Squirrel

曾用名：无

地方名：无

模式产地：俄罗斯

同物异名及分类引证：

Citellus erythrogenys ungae Martino, 1923

Citellus major heptneri Vasil'eva, 1964

亚种分化：全世界有 6 个亚种，中国有 2 个亚种。

短尾亚种 *S. e. brevicauda* Brandt, 1843，模式产地：哈萨克斯坦斋桑盆地；

淡尾亚种 *S. e. pallidicauda* Satunin, 1902，模式产地：蒙古。

国内分布：短尾亚种分布于新疆（阿尔泰山、阿拉套山、北塔山、准噶尔盆地）；淡尾亚种分布于内蒙古。

国外分布：哈萨克斯坦、蒙古、俄罗斯。

引证文献：

Brandt JF. 1842. Note sur deux especes nouvelles de Sousliks de Russie. Bulletin Scientifique l'Academie Imperiale des Sciences de Saint-Petersbourg, [Mar. 19, 1841]. 43.

Brandt JF. 1844. Observations sur les differentes espèces de sousliks de Russie, suivies de remarques sur l'arrangement et la distribution geographique du genre *Spermophilus*, ainsi que sur la classification de la famille des Ecureuils (*Sciurina*) en general. Bulletin Scientifique l'Académie Impériale des Sciences de Saint Petersbourg, 1843: 373.

Vasil'eva MV. 1964. In: Girat annual report of the conference of the soil-biology faculty. Moscow: Moscow State University: 125-127.

Gromov IM, Bibikov DI, Kalabukhov NI, Meier MNN. 1965. Fauna SSSR, Mlekopitayushchie, tom. 3, vyp. 2 [Fauna of the U.S.S.R. Mammals. Vol. 3, No. 2]. Nazemnye belich'e [Ground Squirrels]. Nauka, Moscow-Leningrad: 1-467.

305. 天山黄鼠 *Spermophilus relictus* (Kashkarov, 1923)

英文名：Relict Ground Squirrel

曾用名：无

地方名：无

模式产地：吉尔吉斯斯坦

同物异名及分类引证：

Spermophilus relictus (Kashkarov, 1923) Kuznetsov, 1965

亚种分化：全世界有 3 个亚种，中国有 2 个亚种。

伊塞克湖亚种 *S. r. ralli* (Kuznezov, 1948)，模式产地：吉尔吉斯斯坦伊塞克湖；

尼勒克亚种 *S. r. nylkaensis* Hou *et* Wang, 1989，模式产地：新疆尼勒克。

国内分布：伊塞克湖亚种分布于新疆（特克斯、昭苏）；尼勒克亚种分布于新疆（喀什河中、上游）。

国外分布：哈萨克斯坦、吉尔吉斯斯坦、乌兹别克斯坦。

引证文献：

Kashkarov DN. 1923. Rodents of western Tien-Shan. Based on collection of summer 1921 and summer 1922. Trudy Turkestanskogo Nauchnogo Obshchestva, 1: 175-245.

Kuznetsov BA. 1948. Zveri Kirgizii [Animals of Kirgiziya]. Bulletin Moscow Society Naturalists, 12: 1-27.

Gromov IM, Bibikov DI, Kalabukhov NI, Meier MNN. 1965. Fauna SSSR, Mlekopitayushchie, tom. 3, vyp. 2 [Fauna of the U.S.S.R. Mammals. Vol. 3, No. 2]. Nazemnye belich'e [Ground Squirrels]. Nauka, Moscow-Leningrad: 1-467.

Kuznetsov BA. 1965. Order Rodentia. In: Bobrinskii *et al.* Opredelitl' mlekopitayushchikh SSSR [Guide to the Mammals of the USSR]. Moscow: Proveshchenie: 382.

侯兰新, 王思博. 1989. 天山黄鼠一新亚种——尼勒克亚种. 西北民族学院自然科学学报, 10(1): 72-74.

306. 长尾黄鼠 *Spermophilus undulatus* (Pallas, 1778)

英文名：Long-tailed Ground Squirrel

曾用名：无

地方名：无

模式产地：俄罗斯布里亚特

同物异名及分类引证：

Mus citellus var. *undulatum* Pallas, 1778

Spermophilus eversmanni Brandt, 1841

Spermophilus jacutensis Brandt, 1844

Citellus eversmanni stramineus Obolensky, 1927

Citellus eversmanni intercedens Ognev, 1937

Citellus eversmanni menzbieri Ognev, 1937

Spermophilus undulatus (Pallas, 1778) Gromov *et al.*, 1965

亚种分化：全世界有 9 个亚种，中国有 3 个亚种。

阿尔泰亚种 *S. u. eversmanni* (Brandt, 1841)，模式产地：新疆阿尔泰山；

天山亚种 *S. u. stramineus* (Obolensky, 1927)，模式产地：蒙古西北部；

东北亚种 *S. u.menzbieri* (Ognev, 1937)，模式产地：俄罗斯西伯利亚东部。

国内分布：阿尔泰亚种分布于新疆（阿尔泰山）；天山亚种分布于青海、新疆（天山）；东北亚种分布于黑龙江、内蒙古东部。

国外分布：哈萨克斯坦、蒙古、俄罗斯。

引证文献：

Pallas PS. 1778. Novae species qvadrvpedvn e Glirivm ordine, cvm illvstrationibvs variis complvrivm ex hoc ordine animalivm. Erlangae: Svmtv Wolfgangi Waltheri: 127.

Brandt JF. 1842. Note sur deux especes nouvelles de Sousliks de Russie. Bulletin Scientifique l'Academie Imperiale des Sciences de Saint-Petersbourg, [Mar. 19, 1841]. 43.

Brandt JF. 1844. Observations sur les differentes espèces de sousliks de Russie, suivies de remarques sur l'arrangement et la distribution geographique du genre *Spermophilus*, ainsi que sur la classification de la famille des Ecureuils (*Sciurina*) en general. Bulletin Scientifique l'Académie Impériale des Sciences de Saint Petersbourg, 1843:357-382.

Obolensky S. 1927. A preliminary review of the Palaearctic sousliks (*Citellus* and *Spermophilopsis*). Comptes Rendus de l'Académie des Sciences: 188-193.

Ognev MA. 1937. Memorial to Michael Menzbier, Academy of Sciences of the USSR. Moscou: 327, 330.

Gromov IM, Bibikov DI, Kalabukhov NI, Meier MNN. 1965. Fauna SSSR, Mlekopitayushchie, tom. 3, vyp. 2 [Fauna of the U.S.S.R. Mammals. Vol. 3, No. 2]. Nazemnye belich'e [Ground Squirrels]. Nauka,

Moscow-Leningrad: 1-467.

Hall ER. 1981. The mammals of North America. 2nd Ed. New York: John Wiley and Sons, 1: 1-600.

花鼠属 *Tamias* Illiger, 1811

307. 花鼠 *Tamias sibiricus* (Laxmann, 1769)

英文名：Siberian Chipmunk

曾用名：五道眉、西伯利亚花鼠

地方名：毛犭㹃、花刁林

模式产地：俄罗斯

同物异名及分类引证：

Sciurus sibiricus Laxmann, 1769

Sciurus striatus Pallas, 1778

Sciurus asiaticus Gmelin, 1788

Myoxus lineatus Siebold, 1824

Tamias pallasi Baird, 1856

Eutamias senescens Miller, 1898

Eutamias albogularis Allen, 1909

Tamias sibiricus (Laxmann, 1769) Ellerman, 1940

亚种分化：全世界有 9 个亚种，中国有 5 个亚种。

指名亚种 *T. s. sibiricus* (Laxmann, 1769)，模式产地：俄罗斯；

长白山亚种 *T. s. lineatus* Siebold, 1824，模式产地：日本；

华北亚种 *T. s. senescens* Miller, 1898，模式产地：北京；

小兴安岭亚种 *T. s. orientalis* Bonhote, 1899，模式产地：俄罗斯西伯利亚东部；

秦岭亚种 *T. s. albogularis* (J. Allen, 1909)，模式产地：陕西太白山。

国内分布：指名亚种分布于内蒙古、新疆北部；长白山亚种分布于吉林东部、辽宁东部；华北亚种分布于北京、河北、天津、山西、陕西北部、河南；小兴安岭亚种分布于黑龙江（小兴安岭）；秦岭亚种分布于甘肃、宁夏、青海、陕西、四川北部。

国外分布：朝鲜半岛、蒙古、日本等；欧洲广布。

引证文献：

Laxmann E. 1769. Sibirische Briefe. Verlag Johann Christian Dieterich, Goettingen: 104.

Pallas PS. 1778. Novae species qvadrvpedvn e Glirivm ordine, cvm illvstrationibvs variis complvrivm ex hoc ordine animalivm. Erlangae: Svmtv Wolfgangi Waltheri: 378.

Gmelin JF. 1788. Systema naturæ: per regna tria naturae, secundum classes, ordines, genera, species, cum characteribus, differentiis, synonomis, locis. 1(6): 150.

Siebold PF von. 1824. Spicilegia Fauna Japonica. In Diss. H. N. Japon. 13. Hokkaido, Japan.

Baird SF. 1856. Appendix to the report of the secretary. Boards of regents of the smithsonian institution, tenth annual report of the board of regents of the smithsonian institution showing the operations, expenditures, and condition of the Institution, up to January, 1(1856): 36-61.

Miller GS. 1898. A new chipmunk from northeastern China. Proceedings of the Academy of Natural Sciences of Philadelphia, 50: 348-350.

Bonhote JL. 1899. XLV.—On a new species of Tamias from eastern Siberia. The Annals and Magazine of Natural History, Ser. 7, 4(23): 385-386.

Allen JA. 1909. Mammals from Shen-si Province, China. Bulletin of the American Museum of Natural History, 26: 425-430.

Levenson H, Hoffmann RS, Nadler CE, Deutsch L, Freeman SD. 1985. Systematics of the Holarctic chipmunks. Journal of Mammalogy, 66: 219-242.

劳亚食虫目 EULIPOTYPHLA Waddell *et al.*, 1999

鼹科 Talpidae G. Fischer, 1814

美洲鼹亚科 Scalopinae Gill, 1875

美洲鼹族 Scalopini Gill, 1875

高山鼹属 *Alpiscaptulus* Chen *et* Jiang, 2021

308. 墨脱鼹 *Alpiscaptulus medogensis* Jiang *et* Chen, 2021

英文名：Medog Mole

曾用名：无

地方名：无

模式产地：西藏墨脱

同物异名及分类引证：无

亚种分化：无

国内分布：中国特有，仅分布于西藏（墨脱、米林）。

国外分布：无

引证文献：

Chen ZZ, He SW, Hu WH, Song WY, Onditi KO, Li XY, Jiang XL. 2021. Morphology and phylogeny of scalopine moles (Eulipotyphla: Talpidae: Scalopini) from the eastern Himalayas, with descriptions of a new genus and species. Zoological Journal of the Linnean Society, 193(2): 432-444.

甘肃鼹属 *Scapanulus* Thomas, 1912

309. 甘肃鼹 *Scapanulus oweni* Thomas, 1912

英文名：Gansu Mole

曾用名：甘肃长尾鼹

地方名：无

模式产地：甘肃临潭东南部

同物异名及分类引证：无

亚种分化：无

国内分布：中国特有，分布于甘肃、青海、陕西、重庆、四川、湖北。

国外分布：无

引证文献：

Thomas O. 1912. LI.—On a collection of small mammals from the Tsin-ling Mountains, Central China, presented by Mr. G. Fenwick Owen to the National Museum. The Annals and Magazine of Natural History, Ser. 8, 10(58): 395-403.

杨其仁, 戴忠心, 孙刚, 何定富, 张如松, 黎德武. 1988. 神农架林区小型兽类的研究 I. 兽类区系. 华中师范大学学报(自然科学版), 22(1): 65-70.

韩宗先, 胡锦矗. 2002. 重庆市兽类资源及其区系分析. 四川师范学院学报(自然科学版), 23(2): 141-148.

鼹亚科 Talpinae G. Fischer, 1814

日本鼩鼹族 Urotrichini Dobson, 1833

长尾鼹属 Scaptonyx Milne-Edwards, 1872

310. 长尾鼹 *Scaptonyx fusicaudus* Milne-Edwards, 1872

英文名： Long-tailed Mole

曾用名： 针尾鼹、长尾鼩鼹、针尾掘鼹、棱尾掘爪鼹

地方名： 无

模式产地： 四川与青海交界处

同物异名及分类引证：

Scaptonyx fusicaudatus Milne-Edwards, 1872

Scaptonyx fusicaudatus affinis Thomas, 1912

亚种分化： 全世界有 2 个亚种，中国均有分布。

指名亚种 *S. f. fusicaudus* Milne-Edwards, 1872，模式产地：四川与青海交界处；

滇北亚种 *S. f. affinis* Thomas, 1912，模式产地：云南德钦县城东南（阿墩子）。

国内分布： 指名亚种分布于陕西、重庆、贵州（雷山）、四川；滇北亚种分布于云南（德钦、剑川、维西、香格里拉、玉龙）。云南哀牢山、无量山、高黎贡山、永德大雪山等地的亚种归属还有待研究。

国外分布： 缅甸北部、越南北部。

引证文献：

Milne-Edwards H. 1872. Catalogue des mammifères observes dans la Chine septentrionable. 91-93. In: David A. Rapport adressé a MM. les professeurs-administrateurs du Muséum d'Naturelle. Nouvelles Archives du Muséum d'Histoire Naturelle de Paris, 7: 75-94.

Milne-Edwards H. 1872. Recherches pour servir a l'histoire naturelle des mammifères: comprenant des considérations sur la classification de ces animaux Pt. 2 (1868-1874). Paris: G. Masson: 278-280.

Thomas O. 1912. LV.—On insectivores and rodents collected by Mr. F. Kingdon Ward in N.W. Yunnan. The Annals and Magazine of Natural History, Ser. 8, 9(53): 513-519.

韩宗先, 胡锦矗. 2002. 重庆市兽类资源及其区系分析. 四川师范学院学报(自然科学版), 23(2): 141-148.

鼹族 Talpini G. Fischer, 1814

东方鼹属 *Euroscaptor* Miller, 1940

311. 宽齿鼹 *Euroscaptor grandis* Miller, 1940

英文名：Greater Chinese Mole, Broad-toothed Mole

曾用名：巨鼹、峨眉鼹

地方名：地拱子、反手老鼠

模式产地：四川峨眉山

同物异名及分类引证：

Talpa micrura longirostris (Miller, 1940) Ellerman & Morrison-Scott, 1951

Talpa grandis (Miller, 1940) Corbet & Hill, 1992

Euroscaptor grandis (Miller, 1940) Hutterer, 1993

亚种分化：无

国内分布：四川（成都、乐山）、云南（沧源、永德、盈江）。

国外分布：越南北部。

引证文献：

Miller GS. 1940. Notes on some moles from Southeastern Asia. Journal of Mammalogy, 21(4): 442-444.

王酉之, 张中干. 1997. 四川省食虫目研究 I. 猬科、鼹科. 四川动物, 16(2): 78-82.

段兴德, 龚正达, 冯锡光, 杨贵荣, 罗大文, 李义和, 吴厚永. 2002. 云南临沧地区小型兽类的群落生态学研究. 地方病通报, 17(1): 61-66.

李秋阳, 赵秀兰. 2012. 云南沧源县农田鼠害调查. 植物保护, 38(6): 147-150.

312. 库氏鼹 *Euroscaptor kuznetsovi* Zemlemerowa *et al.*, 2016

英文名：Kuznetsov's Mole

曾用名：长吻鼹

地方名：地拱子、反手老鼠

模式产地：越南永福省三岛县附近

同物异名及分类引证：无

亚种分化：无

国内分布：云南南部、江西。

国外分布：越南（永福省、高平省）。

引证文献：

Zemlemerova ED, Bannikova AA, Lebedev VS, Rozhnov VV, Abramov AV. 2016. Secrets of the underground Vietnam: an underestimated species diversity of Asian moles (Lipotyphla: Talpidae: *Euroscaptor*). Proceedings of the Zoological Institute RAS, 320(2): 193-220.

王琳琳, 丘银彬, 万韬, 王霞, 周鸿艳, 蒋学龙, 潘星华, 何锴. 2020. 鼹科长吻鼩鼹和库氏长吻鼹的首次转录组分析. 兽类学报, 40(6): 615-622.

313. 长吻鼹 *Euroscaptor longirostris* **(Milne-Edwards, 1870)**

英文名：Long-nosed Mole, Long-rostrum Mole

曾用名：长吻东方鼹

地方名：地拱子、反手老鼠

模式产地：四川宝兴

同物异名及分类引证：

Talpa longirostris Milne-Edwards, 1870

Talpa micrura longirostris (Milne-Edwards, 1870) Ellerman & Morrison-Scott, 1951

Euroscaptor longirostris (Milne-Edwards, 1870) Hutterer, 1993

亚种分化：无

国内分布：中国特有，甘肃、青海、陕西、重庆、贵州、四川、云南、湖北、湖南、福建、江西、广西。

国外分布：无

引证文献：

Milne-Edwards A. 1870. Note sur quelques mammifères du Tibet oriental. Comptes rendus hebdomadaires des séances de l'Académie des sciences, 70: 341-342.

陆长坤, 王宗祎, 全国强, 金善科, 马德惠, 杨德华. 1965. 云南西部临沧地区兽类的研究. 动物分类学报, 2(4): 279-295.

洪震藩. 1981. 武夷山自然保护区啮齿目和食虫目动物初步调查. 武夷科学, (1): 173-176.

王酉之, 张中干. 1997. 四川省食虫目研究 I. 猬科、鼹科. 四川动物, 16(2): 78-82.

杨其仁, 张铭, 戴宗兴, 张如松, 何定富. 1998. 湖北兽类物种多样性研究. 华中师范大学学报(自然科学版), 32(3): 352-358.

韩宗先, 胡锦矗. 2002. 重庆市兽类资源及其区系分析. 四川师范学院学报(自然科学版), 23(2): 141-148.

郭轩, 蒋鸿, 李筑眉, 匡中帆, 余志刚. 2014. 贵阳市兽类资源调查. 贵州科学, 32(6): 88-91.

314. 短尾鼹 *Euroscaptor micrura* **(Hodgson, 1841)**

英文名：Short-tailed Mole, Himalayan Mole

曾用名：尼泊尔鼹、无尾鼹、短尾东方鼹

地方名：地拱子、反手老鼠

模式产地：尼泊尔中北部山区

同物异名及分类引证：

Talpa micrurus Hodgson, 1841

Talpa cryptura Blyth, 1843

Talpa macrura Hodgson, 1858

Euroscaptor micrura (Hodgson, 1841) Hutterer, 1993

亚种分化：无

国内分布：云南（保山、盈江）、湖北。

国外分布：老挝、马来西亚、缅甸、尼泊尔、泰国、越南、印度（阿萨姆邦）。

引证文献：

Hodgson BH. 1841. Classified catalogue of mammals of Nepal, corrected to end of 1840, first printed in 1832. Calcutta Journal of Natural History, and Miscellany of the Arts and Sciences in India, 2: 212-221.

Blyth E. 1843. A memorandum from the zoological curator on some new monkies, birds, etc. Journal of the Asiatic Society of Bengal, 12: 166-182.

Hodgson BH. 1858. Description of a new species of Himalayan mole (*Talpa macrura*). Journal of the Asiatic Society of Bengal, Ser. 3, 2: 494.

段海生, 刘亦仁. 2010. 湖北地区食虫动物名录修订及区系分析. 江汉大学学报(自然科学版), 38(4): 73-76.

李艳萍, 黄东升, 赵明, 马云良. 2018. 云南省保山市 2008-2015 年鼠疫监测结果分析. 中国媒介生物学及控制杂志, 29(3): 298-302.

315. 奥氏鼹 *Euroscaptor orlovi* Zemlemerova *et al.*, 2016

英文名：Orlov's Mole, Long-rostrum Mole

曾用名：无

地方名：反手老鼠

模式产地：越南老街省沙巴县

同物异名及分类引证：无

亚种分化：无

国内分布：云南（景东）。

国外分布：越南（老街省）。

引证文献：

Zemlemerova ED, Bannikova AA, Lebedev VS, Rozhnov VV, Abramov AV. 2016. Secrets of the underground Vietnam: an underestimated species diversity of Asian moles (Lipotyphla: Talpidae: *Eurospcator*). Proceedings of the Zoological Institute RAS, 320(2): 193-220.

缺齿鼹属 *Mogera* Pomel, 1848

316. 海岛缺齿鼹 *Mogera insularis* (Swinhoe, 1862)

英文名．Insular Mole

曾用名：台湾鼹鼠

地方名：不看天

模式产地：台湾

同物异名及分类引证：

Talpa insularis Swinhoe, 1862

Mogera hainana Thomas, 1910

Mogera montana (Kano, 1940)

Talpa micrura insularis (Swinhoe, 1862) Ellerman & Morrison-Scott, 1951

Mogera insularis (Swinhoe, 1862) Hutterer, 1993

亚种分化：全世界有 2 个亚种，中国均有分布。

指名亚种 *M. i. insularis* (Swinhoe, 1862)，模式产地：台湾；

海南亚种 *M. i. hainana* Thomas, 1910，模式产地：海南五指山。

国内分布：中国特有，指名亚种分布于台湾（台北至屏东）；海南亚种分布于海南。

国外分布：无

引证文献：

Swinhoe R. 1862. On the mammals of the island of Formosa (China). Proceedings of Zoological Society of London: 347-365.

Thomas O. 1910. LXXIV.—Three new Asiatic mammals. The Annals and Magazine of Natural History, Ser. 8, 5(30): 534-537.

Kano T. 1940. Zoogeographical studies of the Tsugitaka Mountains of Formosa. Tokyo: Shibusawa Institute of the Ethnological Research.

Abe H. 1995. Revision of the Asian moles of the genus *Mogera*. Journal of Mammalogical Society of Japan, 20(1): 51-68.

Motokawa M, Lin LK, Cheng HC, Harada M. 2001. Taxonomic status of the Diaoyu mole, *Nesoscaptor uchidai*, with special reference to variation in *Mogera insularis* from Taiwan (Mammalia: Insectivora). Zoological Science, 18(5): 733-740.

Kawada SI, Shinohara A, Kobayashi S, Harada M, Oda SI, Lin LK. 2007. Revision of the mole genus *Mogera* (Mammalia: Lipotyphla: Talpidae) from Taiwan. Systematics and Biodiversity, 5(2): 223-240.

317. 台湾缺齿鼹 *Mogera kanoana* Kawada *et al.*, 2007

英文名：Kanoana's Mole, Kano's Mole

曾用名：鹿野氏缺齿鼹

地方名：无

模式产地：台湾阿里山塔塔加

同物异名及分类引证：无

亚种分化：无

国内分布：中国特有，仅分布于台湾（花莲、嘉义、屏东）。

国外分布：无

引证文献：

Kawada SI, Shinohara A, Kobayashi S, Harada M, Oda SI, Lin LK. 2007. Revision of the mole genus *Mogera* (Mammalia: Lipotyphla: Talpidae) from Taiwan. Systematics and Biodiversity, 5(2): 223-240.

318. 华南缺齿鼹 *Mogera latouchei* Thomas, 1907

英文名：La Touche's Mole

曾用名：无

地方名：不看天

模式产地：福建挂墩

同物异名及分类引证：

Talpa micrura longirostris (Milne-Edwards, 1870) Ellerman & Morrison-Scott, 1951

Talpa insularis (Thomas, 1907) Corbet & Hill, 1992

亚种分化：无

国内分布：贵州、四川、湖南、安徽、福建、江苏、浙江、广西。

国外分布：越南北部。

引证文献：

Thomas O. 1907. The Duke of Bedford's zoological expedition in eastern Asia.—I. List of mammals obtained. Proceedings of the General Meetings for Scientific Business of the Zoological Society of London, 32: 462-466.

Abe H. 1995. Revision of the Asian moles of the genus *Mogera*. Journal of Mammalogical Society of Japan, 20(1): 51-68.

Motokawa M, Lin LK, Cheng HC, Harada M. 2001. Taxonomic status of the Diaoyu mole, *Nesoscaptor uchidai*, with special reference to variation in *Mogera insularis* from Taiwan (Mammalia: Insectivora). Zoological Science, 18(5): 733-740.

Kawada SI, Shinohara A, Kobayashi S, Harada M, Oda SI, Lin LK. 2007. Revision of the mole genus *Mogera* (Mammalia: Lipotyphla: Talpidae) from Taiwan. Systematics and Biodiversity, 5(2): 223-240.

319. 大缺齿鼹 *Mogera robusta* Nehring, 1891

英文名：Ussuri Mole

曾用名：无

地方名：地里排子、瞎老鼠

模式产地：俄罗斯远东地区符拉迪沃斯托克（海参崴）

同物异名及分类引证：

Talpa micrura robusta (Nehring, 1891) Ellerman & Morrison-Scott, 1951

亚种分化：全世界有 2 个亚种，中国均有分布。

指名亚种 *M. r. robusta* Nehring, 1891，模式产地：俄罗斯符拉迪沃斯托克（海参崴）；

朝鲜亚种 *M. r. coreana* Thomas, 1907，模式产地：韩国首尔。

国内分布：指名亚种分布于黑龙江、吉林、辽宁北部；朝鲜亚种分布于辽宁南部、河南、安徽。

国外分布：俄罗斯（远东地区）、朝鲜半岛。

引证文献：

Nehring A. 1891. Über *Mogera robusta* n. sp. und über Meles sp. von Wladiwostock in Ost-Siberien. Sitzungsberichte der Gesellschaft Naturforschender Freunde zu Berlin, 182: 95-108.

Thomas O. 1907. The Duke of Bedford's zoological expedition in eastern Asia.—I. List of mammals obtained. Proceedings of the General Meetings for Scientific Business of the Zoological Society of London, 32: 462-466.

Abe H. 1995. Revision of the Asian moles of the genus *Mogera*. Journal of Mammalogical Society of Japan, 20(1): 51-68.

320. 钓鱼岛鼹 *Mogera uchidai* (Abe, Shiraishi *et* Arai, 1991)

英文名：Diaoyu Mole, Ryukyu Mole

曾用名：岛鼹

地方名：无

模式产地：中国钓鱼岛

同物异名及分类引证：

Nesoscaptor uchidai Abe, Shiraishi *et* Arai, 1991

Mogera uchidai (Abe, Shiraishi *et* Arai, 1991) Motokawa *et al.*, 2001

亚种分化：无

国内分布：中国特有，仅分布于钓鱼岛。

国外分布：无

引证文献：

Abe H, Shiraishi S, Arai S. 1991. A new mole from Uotsuri-jima, the Ryukyu Islands. Journal of the Mammalogical Society of Japan, 15(2): 47-60.

Motokawa M, Lin LK, Cheng HC, Harada M. 2001. Taxonomic status of the Diaoyu mole, *Nesoscaptor uchidai*, with special reference to variation in *Mogera insularis* from Taiwan (Mammalia: Insectivora). Zoological Science, 18(5): 733-740.

白尾鼹属 *Parascaptor* Gill, 1875

321. 白尾鼹 *Parascaptor leucura* (Blyth, 1850)

英文名：White-tailed Mole, Assamese Mole, Indian Mole

曾用名：无

地方名：地拱子、反手老鼠

模式产地：印度阿萨姆邦乞拉朋齐

同物异名及分类引证：

Talpa leucura Blyth, 1850

Talpa micrura leucura (Blyth, 1850) Ellerman & Morrison-Scott, 1951

Parascaptor leucura (Blyth, 1850) Hutterer, 1993

亚种分化：无

国内分布：陕西（秦岭），四川（稻城、木里），云南西部、西北部和中部。

国外分布：老挝、缅甸北部、印度（阿萨姆邦）。

引证文献：

Blyth E. 1850. Description of a new species of mole (*Talpa leucura*). Journal of Asiatic Society of Bengal, 19: 215-217.

王酉芝, 屠云人, 汪松. 1966. 四川省发现的几种小型兽及一新亚种记述. 动物分类学报, 3(1): 85-91.

秦岭, 孟祥明, Kryukov A, Korablev V, Pavlenko M, 杨兴中, 王应祥, 蒋学龙. 2007. 陕西秦岭平河梁自然保护区小型兽类的组成与分布. 动物学研究, 28(3): 231-242.

麝鼹属 *Scaptochirus* Milne-Edwards, 1867

322. 麝鼹 *Scaptochirus moschatus* Milne-Edwards, 1867

英文名：Short-faced Mole

曾用名：无

地方名：鼹鼠、地里排子、瞎老鼠

模式产地：河北张家口宣化区

同物异名及分类引证:

Scaptochirus davidianus Swinhoe, 1870

Talpa leptura Thomas, 1881

Chiroscaptor sinensis Heude, 1898

Scaptochirus moschiferus Heude, 1898

Scaptochrus gilliesi Thomas, 1910

Parascaptro grandidens Stroganov, 1941

Talpa micrura moschata (Milne-Edwards, 1867) Ellerman & Morrison-Scott, 1951

Talpa moschata (Milne-Edwards, 1867) Corbet, 1978

亚种分化: 全世界有 3 个亚种,中国均有分布。

指名亚种 *S. m. moschatus* Milne-Edwards, 1867,模式产地:河北张家口宣化区;

西北亚种 *S. m. gilliesi* Thomas, 1910,模式产地:山西霍州;

东北亚种 *S. m. grandidens* Stroganov, 1941,模式产地:内蒙古多伦东部。

国内分布: 中国特有,指名亚种分布于北京、河北、内蒙古、河南、江苏、山东;西北亚种分布于山西、甘肃、宁夏、陕西、湖北;东北亚种分布于黑龙江、辽宁、吉林、内蒙古东部。

国外分布: 无

引证文献:

Milne-Edwards A. 1867. Sur quelques mammifères du nord de la Chine, Annales des sciences naturelles. Zoologie et Biologie Animale, 5(7): 375-377.

Swinhoe R. 1870. Catalogue of the Mammals of China (south of the River Yangtsze). Proceedings of the Zoological Society of London, 1870: 615-653.

Thomas O. 1881. L.—Description of a new species of mole. The Annals and Magazine of Natural History, Ser. 5, 7(42): 469-470.

Heude PM. 1898. Mémoires concernant l'histoire naturelle de l'Empire chinois. Chang-Hai: Impr. de la Mission catholique, 1880. 4: 36.

Thomas O. 1910. A new Chinese mole of the genus *Scaptochirus*. The Annals and Magazine of Natural History, Ser. 8, 5(28): 350-351.

Stroganov SU. 1941. The Insectivore mammals of USSR fauna. Doklady Akademii Nauk SSSR, 33: 270-272.

杨其仁, 张铭, 戴宗兴, 张如松, 何定富. 1998. 湖北兽类物种多样性研究. 华中师范大学学报(自然科学版), 32(3): 352-358.

Kawada S, Harada M, Koyasu K, Oda S. 2002. Karyological note on the short-faced mole, *Scaptochirus moschatus* (Insectivora, Talpidae). Mammal Study, 27(1): 91-94.

武明录, 王秀辉, 安春林, 赵静, 付芸生, 毛富玲, 尚辛亥, 王振鹏. 2006. 河北省兽类资源调查. 河北林业科技, (2): 20-23.

鼩鼹亚科 Uropsilinae Dobson, 1883

鼩鼹属 *Uropsilus* Milne-Edwards, 1871

323. 等齿鼩鼹 *Uropsilus aequodonenia* Liu *et al.*, 2013

英文名: Equivalent Teeth Shrew Mole

曾用名：无

地方名：尖嘴老鼠

模式产地：四川普格螺髻山

同物异名及分类引证：无

亚种分化：无

国内分布：中国特有，仅分布于四川（九龙、泸定、美姑、普格），介于大渡河、金沙江和雅砻江之间。

国外分布：无

引证文献：

刘洋, 刘少英, 孙治宇, 郭鹏, 范振鑫, Murphy RW. 2013. 鼩鼹亚科(Talpidae: Uropsilinae)一新种. 兽类学报, 33(2): 113-122.

324. 峨眉鼩鼹 *Uropsilus andersoni* (Thomas, 1911)

英文名：Anderson's Shrew Mole

曾用名：无

地方名：尖嘴老鼠

模式产地：四川峨眉山

同物异名及分类引证：

Rhynchonax andersoni Thomas, 1911

Rhynchonax andersoni andersoni (Thomas, 1911) Allen, 1938

Uropsilus soricipes andersoni (Thomas, 1911) Ellerman & Morrison-Scott, 1951

Uropsilus andersoni (Thomas, 1911) Hoffmann, 1984

亚种分化：无

国内分布：中国特有，分布于四川（峨眉山、甘洛、泸定、平武）。

国外分布：无

引证文献：

Thomas O. 1911. Mammals collected in the provinces of Kan-su and Sze-chwan, western China, by Mr. Malcolm Anderson, for the Duke of Bedford's exploration of Eastern Asia. Proceedings of the Zoological Society of London, 90: 3-5.

Hoffmann RS. 1984. A review of the shrew moles (genus *Uropsilus*) of China and Burma. Journal of the Mammalogical Society of Japan, 10(2): 69-80.

Wan T, He K, Jiang XL. 2013. Multilocus phylogeny and cryptic diversity in Asian shrew-like moles (*Uropsilus*, Talpidae): implications for taxonomy and conservation. BMC Evolutionary Biology, 13: 232.

325. 栗背鼩鼹 *Uropsilus atronates* (Allen, 1923)

英文名：Black-backed Shrew Mole

地方名：尖嘴老鼠

模式产地：云南镇康木场

同物异名及分类引证：

Rhynchonax andersoni atronates Allen, 1923

Rhynchonax soricipes andersoni (Thomas, 1911) Ellerman & Morrison-Scott, 1951

Uropsilus gracilis (Thomas, 1911) Hoffmann, 1984

Uropsilus atronates (Allen, 1923) Wan *et al.*, 2013

亚种分化：无

国内分布：中国特有，分布于云南（无量山、耿马、永德、镇康）。

国外分布：无

引证文献：

Allen GM. 1923. New Chinese insectivores. American Museum Novitates, 100: 1-11.

Hoffmann RS. 1984. A review of the shrew moles (genus *Uropsilus*) of China and Burma. Journal of the Mammalogical Society of Japan, 10(2): 69-80.

Wan T, He K, Jiang XL. 2013. Multilocus phylogeny and cryptic diversity in Asian shrew-like moles (*Uropsilus*, Talpidae): implications for taxonomy and conservation. BMC Evolutionary Biology, 13: 232.

326. 大别山鼩鼹 *Uropsilus dabieshanensis* Hu *et al.*, 2021

英文名：Dabie Mountains Shrew Mole

地方名：无

模式产地：安徽霍山佛子岭

同物异名及分类引证：无

亚种分化：无

国内分布：中国特有，分布于安徽（鹞落坪国家级自然保护区和霍山佛子岭省级自然保护区）。

国外分布：无

引证文献：

Hu TL, Xu Z, Zhang H, Liu YX, Liao R, Yang GD, Sun RL, Shi J, Dan Q, Li CL, Liu SY, Zhang DW. 2021. Description of a new species of the genus *Uropsilus* (Eulipotyphla: Talpidae: Uropsilinae) from the Dabie Mountains, Anhui, Eastern China. Zoological Research, 42(3): 294-299.

327. 长吻鼩鼹 *Uropsilus gracilis* (Thomas, 1911)

英文名：Gracile Shrew Mole

地方名：尖嘴老鼠

模式产地：重庆金佛山

同物异名及分类引证：

Nasillus gracilis Thomas, 1911

Uropsilus soricipes gracilis (Thomas, 1911) Ellerman & Morrison-Scott, 1951

Uropsilus gracilis (Thomas, 1911) Hoffmann, 1984

亚种分化：无

国内分布：中国特有，分布于重庆、贵州、四川、云南东北部和中东部、湖北。

国外分布：无

引证文献：

Thomas O. 1911. Mammals collected in the provinces of Kan-su and Sze-chwan, western China, by Mr. Malcolm Anderson, for the Duke of Bedford's exploration of Eastern Asia. Proceedings of the Zoological Society of London, 90: 3-5.

Hoffmann R S. 1984. A review of the shrew moles (genus *Uropsilus*) of China and Burma. Journal of the Mammalogical Society of Japan, 10(2): 69-80.

杨其仁, 戴忠心, 孙刚, 何定富, 张如松, 黎德武. 1988. 神农架林区小型兽类的研究 I. 兽类区系. 华中师范大学学报(自然科学版), 22: 65-70.

Wan T, He K, Jiang XL. 2013. Multilocus phylogeny and cryptic diversity in Asian shrew-like moles (*Uropsilus*, Talpidae): implications for taxonomy and conservation. BMC Evolutionary Biology, 13: 232.

328. 贡山鼩鼹 *Uropsilus investigator* (Thomas, 1922)

英文名：Inquisitive Shrew Mole

地方名：尖嘴老鼠

模式产地：云南高黎贡山

同物异名及分类引证：

Nasillus investigator Thomas, 1922

Uropsilus soricipes investigator (Thomas, 1922) Ellerman & Morrison-Scott, 1951

Uropsilus gracilis (Thomas, 1911) Hoffmann, 1984

Uropsilus investigator (Thomas, 1922) Hutterer, 1993

亚种分化：无

国内分布：云南高黎贡山（贡山、福贡、泸水）。

国外分布：缅甸东北部。

引证文献：

Thomas O. 1922. On mammals from the Yunnan Highlands. The Annals and Magazine of Natural History, Ser. 9, 9(58): 261-265.

Hoffmann RS. 1984. A review of the shrew moles (genus *Uropsilus*) of China and Burma. Journal of the Mammalogical Society of Japan, 10(2): 69-80.

Wan T, He K, Jiang XL. 2013. Multilocus phylogeny and cryptic diversity in Asian shrew-like moles (*Uropsilus*, Talpidae): implications for taxonomy and conservation. BMC Evolutionary Biology, 13: 232.

329. 雪山鼩鼹 *Uropsilus nivatus* (Allen, 1923)

英文名：Snow Mountain Shrew Mole

地方名：尖嘴老鼠

模式产地：云南丽江玉龙雪山

同物异名及分类引证：

Rhynchonax andersoni nivatus Allen, 1923

Uropsilus soricipes navatus (Allen, 1923) Ellerman & Morrison-Scott, 1951

Uropsilus gracilis (Thomas, 1911) Hoffmann, 1984

Uropsilus nivatus (Allen, 1923) Wan *et al.*, 2013

亚种分化：无

国内分布：中国特有，分布于云南（怒江、迪庆、大理、丽江）、西藏（察隅）。

国外分布：无

引证文献：

Allen GM. 1923. New Chinese insectivores. American Museum Novitates, 100: 1-11.

Hoffmann RS. 1984. A review of the shrew moles (genus *Uropsilus*) of China and Burma. Journal of the Mammalogical Society of Japan, 10(2): 69-80.

刘洋, 孙治宇, 王昊, 刘少英. 2009. 西藏小型兽类五新纪录. 四川动物, 28: 278-279.

Wan T, He K, Jiang XL. 2013. Multilocus phylogeny and cryptic diversity in Asian shrew-like moles (*Uropsilus*, Talpidae): implications for taxonomy and conservation. BMC Evolutionary Biology, 13: 232.

330. 少齿鼩鼹 *Uropsilus soricipes* Milne-Edwards, 1871

英文名：Chinese Shrew Mole

曾用名：鼩鼹

地方名：尖嘴老鼠

模式产地：四川宝兴

同物异名及分类引证：无

亚种分化：无

国内分布：中国特有，分布于甘肃南部、陕西（秦岭）、四川西部。

国外分布：无

引证文献：

Milne-Edwards A. 1871. Description of new species: footnotes. In Davd, Armand, 1967-1871, q.v., Nouvelles Archives du Muséum d'Histoire Naturelle de Paris, 7: 91-93.

Thomas O. 1911. Mammals collected in the provinces of Kan-su and Sze-chwan, western China, by Mr. Malcolm Anderson, for the Duke of Bedford's exploration of Eastern Asia. Proceedings of the Zoological Society of London, 90: 3-5.

Hoffmann RS. 1984. A review of the shrew moles (genus *Uropsilus*) of China and Burma. Journal of the Mammalogical Society of Japan, 10(2): 69-80.

Wan T, He K, Jiang XL. 2013. Multilocus phylogeny and cryptic diversity in Asian shrew-like moles (*Uropsilus*, Talpidae): implications for taxonomy and conservation. BMC Evolutionary Biology, 13: 232.

猬科 Erinaceidae G. Fischer, 1814

猬亚科 Erinaceinae G. Fischer, 1814

刺猬属 *Erinaceus* Linnaeus, 1758

331. 东北刺猬 *Erinaceus amurensis* Schrenk, 1859

英文名：Amur Hedgehog

曾用名：刺猬

地方名：刺球子

模式产地：俄罗斯远东地区阿穆尔河

同物异名及分类引证：

Erinaceus dealbatus Swinhoe, 1870

Erinaceus chinensis Satunin, 1907

Erinaceus hanensis Matschie, 1907

Erinaceus kreyenbergi Matschie, 1907

Erinaceus tschifuensis Matschie, 1907

Erinaceus europaeus dealbatus (Swinhoe, 1870) Allen, 1938

Erinaceus europaeus amurensis (Schrenk, 1859) Ellerman & Morrison-Scott, 1951

亚种分化：全世界有 3 个亚种，中国均有分布。

指名亚种 *E. a. amurensis* Schrenk, 1859，模式产地：俄罗斯远东地区阿穆尔河；

华北亚种 *E. a. dealbatus* Swinhoe, 1870，模式产地：河北；

华东亚种 *E. a. kreyenbergi* Matschie, 1907，模式产地：上海（市场购买）。

国内分布：指名亚种分布于黑龙江、吉林、辽宁、内蒙古；华北亚种分布于北京、河北、山西、河南、湖北、安徽、江苏；华东亚种分布于湖北、湖南、安徽、江西、上海、浙江。此外，分布于甘肃东南部、陕西南部的东北刺猬亚种归属还有待确认。

国外分布：俄罗斯（远东地区）、朝鲜半岛。

引证文献：

Schrenk L. 1859. Reisen und Forschungen im Amur-Lande in den Jahren 1854-1856, Band I, Säugethiere des Amur-Landes, II: Insectivora. St. Petersburg: Commissionäre der K. Akademie der Wissenschaften, 1858-1900: 100-114.

Swinhoe R. 1870. Zoological notes of a journey from Canton to Peking and Kalgan. Proceedings of the Zoological Society of London, 1870: 427-451.

Matschie P. 1907. Mammalia. In: Wissenschaftliche ergebnisse der expedition Filchner nach China 1903-1905, Berlin. 10: 134-244.

Satunin K. 1907. Über neue und wengi bekannte Igel des Zoologischen Museums des Kaiserlichen Akademie der Wissenschaften zu St. Petersbrub. Annuaire du Musée zoologique de l'Académie des sciences de St. Pétersbourg, 11(1906): 167-190.

Corbet GB. 1984. The mammals of the Palaearctic region: a taxonomic review. supplement. London: British Museum (Natural History): 45.

Corbet GB. 1988. The family Erinaceidae: a synthesis of its taxonomy, phylogeny, ecology and zoogeography. Mammal Review, 18: 117-172.

Frost DR, Wozencraft WC, Hoffmann RS. 1991. Phylogenetic relationships of hedgehogs and gymnures (Mammalia, Insectivora, Erinaceidae). Smithsonian Contributions to Zoology, 518: 1-69.

Gould GC. 1995. Hedgehog phylogeny (Mammalia, Erinaceidae): the reciprocal illumination of the quick and the dead. American Museum Novitates: 1-45.

Gould GC. 1997. Systematic revision of the Erinaceidae (Mammalia): a comprehensive phylogeny based on the morphology of all known taxa. Ph.D. Thesis, Columbia University.

He K, Chen JH, Gould GC, Yamaguchi N, Ai HS, Wang YX, Zhang YP, Jiang XL. 2012. An estimation of Erinaceidae phylogeny: a combined analysis approach. PLoS ONE, 7(6): e39304.

大耳猬属 *Hemiechinus* Fitzinger, 1866

332. 大耳猬 *Hemiechinus auritus* (Gmelin, 1770)

英文名: Long-eared Hedgehog

曾用名: 无

地方名: 刺猬、刺球子

模式产地: 俄罗斯东南部阿斯特拉罕州

同物异名及分类引证:

Erinaceus auritus Gmelin, 1770

Erinaceus (*Hemiechinus*) *albulus* Stoliczhk, 1872

Hemiechinus albulus alaschanicus Satunin, 1907

Hemiechinus albulus turfanicus Matschie, 1911

Hemiechinus holdereri Matschie, 1922

亚种分化: 全世界有 5 个亚种,中国有 3 个亚种。

埃及亚种 *H. a. aegyptius* (Fischer, 1829),模式产地:埃及;

阿富汗亚种 *H. a. megalotis* (Blyth, 1845),模式产地:阿富汗坎大哈;

莎车亚种 *H. a. albulus* (Stoliczhk, 1872),模式产地:新疆莎车。

国内分布: 埃及亚种分布于内蒙古西部、甘肃东部、青海、陕西、四川北部;阿富汗亚种分布于新疆(哈密);莎车亚种分布于新疆(莎车)。

国外分布: 蒙古、巴基斯坦;东欧、中亚。

引证文献:

Gmelin SG. 1770. De Capra et Erinaceo aurito. Novi Commentarii Academiae Scientiarvm Imperialis Petropolitanae, 14: 512-524.

Fischer JD. 1829. Synopsis Mammalium. Stuttgardtiae. JG Cottae, 1830.

Blyth E. 1845. Rough notes on the zoology of Candahar and the neighbouring district. Journal of Asiatic Society of Bengal, 15(170): 169-170.

Stoliczka F. 1872. Notice of the mammals and birds inhabiting Kachh. Journal of the Asiatic Society of Bengal, 41(2): 211-258.

Satunin K. 1907. Über neue und wengi bekannte Igel des Zoologischen Museums des Kaiserlichen Akademie der Wissenschaften zu St. Petersbrub. Annuaire du Musée zoologique de l'Académie des sciences de St. Pétersbourg. 11(1906): 167-190.

Matschie P. 1911. Über einige von Herrn Dr. Holderer in der südlichen Gobi und in Tibet gesammlete Säugetiere. In: Futterer K. Durch Asien. Vol. 3, V, Zoologie: 1-29.

Matschie P. 1922. New forms of Chinese mammals. In: q. v. Arch. f. Naturgesch., 88, sect. A, no. 10: 34-37.

Corbet GB. 1988. The family Erinaceidae: a synthesis of its taxonomy, phylogeny, ecology and zoogeography. Mammal Review, 18: 117-172.

Frost DR, Wozencraft WC, Hoffmann RS. 1991. Phylogenetic relationships of hedgehogs and gymnures (Mammalia, Insectivora, Erinaceidae). Smithsonian Contributions to Zoology, 518: 1-69.

Gould GC. 1995. Hedgehog phylogeny (Mammalia, Erinaceidae): The reciprocal illumination of the quick and the dead. American Museum Novitates: 1-45.

Gould GC. 1997. Systematic revision of the Erinaceidae (Mammalia): a comprehensive phylogeny based on the morphology of all known taxa. Ph.D. Thesis, Columbia University.

He K, Chen JH, Gould GC, Yamaguchi N, Ai HS, Wang YX, Zhang YP, Jiang XL. 2012. An estimation of Erinaceidae phylogeny: a combined analysis approach. PLoS ONE, 7(6): e39304.

林猬属 *Mesechinus* Ognev, 1951

333. 达乌尔猬 *Mesechinus dauuricus* (Sundevall, 1842)

英文名：Daurian Hedgehog

曾用名：林猬、刺猬

地方名：刺猬、刺球子

模式产地：俄罗斯外贝加尔边疆区

同物异名及分类引证：

Erinaceus dauuricus Sundevall, 1842

Hemiechinus brzewalskii Satunin, 1907

Hemiechinus manchuricus Mori, 1926

Hemiechnus dauuricus (Sundevall, 1842) Allen, 1938

Erinaceus dauuricus (Sundevall, 1842) Ellerman & Morrison-Scott, 1951

Hemiechnus dauuricus (Sundevall, 1842) Corbet, 1978

Mesechinus dauuricus (Sundevall, 1842) Hutterer, 1993

亚种分化：全世界有 2 个亚种，中国均有分布。

指名亚种 *M. d. dauuricus* (Satunin, 1907)，模式产地：中国北部；

东北亚种 *M. d. manchuricus* (Mori, 1926)，模式产地：吉林公主岭。

国内分布：指名亚种分布于黑龙江北部、内蒙古东北部；东北亚种分布于黑龙江东南部、吉林、辽宁、北京、河北。

国外分布：蒙古东北部、俄罗斯（远东地区）。

引证文献：

Sundevall CJ. 1842. Öfversigt af slägtet *Erinaceus*. Konglica Svenska Vetenskapsakademiens Handlignar, 1841: 215-239.

Satunin K. 1907. Über neue und wengi bekannte Igel des Zoologischen Museums des Kaiserlichen Akademie der Wissenschaften zu St. Petersbrub. Annuaire du Musée zoologique de l'Académie des sciences de St. Pétersbourg, 11(1906): 167-190.

Mori T. 1926. On three new mammals from Manchuria. Annotationes Zoologicae Japonenses, 11(2): 107-109.

Corbet GB. 1988. The family Erinaceidae: a synthesis of its taxonomy, phylogeny, ecology and zoogeography. Mammal Review, 18: 117-172.

Frost DR, Wozencraft WC, Hoffmann RS. 1991. Phylogenetic relationships of hedgehogs and gymnures (Mammalia, Insectivora, Erinaceidae). Smithsonian Contributions to Zoology, 518: 1-69.

Gould GC. 1995. Hedgehog phylogeny (Mammalia, Erinaceidae): The reciprocal illumination of the quick and the dead. American Museum Novitates: 1-45.

Gould GC. 1997. Systematic revision of the Erinaceidae (Mammalia): a comprehensive phylogeny based on the morphology of all known taxa. Ph.D. Thesis, Columbia University.

He K, Chen JH, Gould GC, Yamaguchi N, Ai HS, Wang YX, Zhang YP, Jiang XL. 2012. An estimation of Erinaceidae phylogeny: a combined analysis approach. PLoS ONE, 7(6): e39304.

Ai HS, He K, Chen ZZ, Li JQ, Wan T, Li Q, Nie WH, Wang JH, Su WT, Jiang XL. 2018. Taxonomic revision of the genus *Mesechinus* (Mammalia: Erinaceidae) with description of a new species. Zoological Research, 39(5): 335-347.

334. 侯氏猬 *Mesechinus hughi* (Thomas, 1908)

英文名： Hugh's Hedgehog

曾用名： 无

地方名： 刺猬、刺球子

模式产地： 陕西宝鸡

同物异名及分类引证：

Erinaceus hughi Thomas, 1908

Erinaceus europaeus dealbatus (Swinhoe, 1870) Allen, 1938

Hemiechinus sylvaticus Ma, 1964

Hemiechinus dauuricus (Sundevall, 1842) Corbet, 1978

Mesechinus hughi (Thomas, 1908) Hutterer, 1993

亚种分化： 无

国内分布： 中国特有，分布于山西、陕西、四川北部、安徽南部。

国外分布： 无

引证文献：

Thomas O. 1909. The Duke of Bedford's zoological exploration in Eastern Asia.—XI. On mammals from the provinces of Shan-si and Shen-si, Northern China. Proceedings of the Zoological Society of London: 963-983.

马勇. 1964. 山西短棘猬属的一个新种. 动物分类学报, 1(1): 30-36.

Corbet GB. 1988. The family Erinaceidae: a synthesis of its taxonomy, phylogeny, ecology and zoogeography. Mammal Review, 18: 117-172.

Frost DR, Wozencraft WC, Hoffmann RS. 1991. Phylogenetic relationships of hedgehogs and gymnures (Mammalia, Insectivora, Erinaceidae). Smithsonian Contributions to Zoology, 518: 1-69.

He K, Chen JH, Gould GC, Yamaguchi N, Ai HS, Wang YX, Zhang YP, Jiang XL. 2012. An estimation of Erinaceidae phylogeny: a combined analysis approach. PLoS ONE, 7(6): e39304.

Ai HS, He K, Chen ZZ, Li JQ, Wan T, Li Q, Nie WH, Wang JH, Su WT, Jiang XL. 2018. Taxonomic revision of the genus *Mesechinus* (Mammalia: Erinaceidae) with description of a new species. Zoological Research, 39(5): 335-347.

陈中正, 唐肖凡, 唐宏谊, 赵涵韬, 缪巧丽, 石子凡, 吴海龙. 2020. 安徽省兽类一属和种新纪录——侯氏猬. 兽类学报, 40(1): 96-99.

335. 小齿猬 *Mesechinus miodon* (Thomas, 1908)

英文名： Small-toothed Hedgehog

曾用名： 无

地方名： 刺猬、刺球子

模式产地： 陕西榆林

同物异名及分类引证：

Erinaceus midon Thomas, 1908

Erinaceus europaeus midon (Thomas, 1908) Ellerman & Morrison-Scott, 1951

Hemiechinus dauuricus (Sundevall, 1842) Corbet, 1978

Mesechinus hughi (Thomas, 1908) Hutterer, 1993

Mesechinus midon (Thomas, 1908) Ai *et al.*, 2018

亚种分化： 无

国内分布： 中国特有，分布于宁夏东部、陕西北部。

国外分布： 无

引证文献：

Thomas O. 1908. Mammals collected in the provinces of Shan-si and Shen-si, Northern China, by Mr. M. P. Anderson, for the Duke of Bedford's zoological exploration in Eastern Asia. Proceedings of the Zoological Society of London, 1908(63): 44-45.

Thomas O. 1909. The Duke of Bedford's zoological exploration in Eastern Asia.—XI. On mammals from the provinces of Shan-si and Shen-si, Northern China. Proceedings of the Zoological Society of London: 963-983.

Corbet GB. 1988. The family Erinaceidae: a synthesis of its taxonomy, phylogeny, ecology and zoogeography. Mammal Review, 18: 117-172.

Frost DR, Wozencraft WC, Hoffmann RS. 1991. Phylogenetic relationships of hedgehogs and gymnures (Mammalia, Insectivora, Erinaceidae). Smithsonian Contributions to Zoology, 518: 1-69.

Gould GC. 1995. Hedgehog phylogeny (Mammalia, Erinaceidae): The reciprocal illumination of the quick and the dead. American Museum Novitates: 1-45.

Gould GC. 1997. Systematic revision of the Erinaceidae (Mammalia): a comprehensive phylogeny based on the morphology of all known taxa. Ph.D. Thesis, Columbia University.

He K, Chen JH, Gould GC, Yamaguchi N, Ai HS, Wang YX, Zhang YP, Jiang XL. 2012. An estimation of Erinaceidae phylogeny: a combined analysis approach. PLoS ONE, 7(6): e39304.

Ai HS, He K, Chen ZZ, Li JQ, Wan T, Li Q, Nie WH, Wang JH, Su WT, Jiang XL. 2018. Taxonomic revision of the genus *Mesechinus* (Mammalia: Erinaceidae) with description of a new species. Zoological Research, 39(5): 335-347.

336. 高黎贡林猬 *Mesechinus wangi* He, Jiang *et* Ai, 2018

英文名： Gaoligong Forest Hedgehog

曾用名： 无

地方名： 刺猬

模式产地： 云南高黎贡山（隆阳）

同物异名及分类引证： 无

亚种分化： 无

国内分布： 中国特有，目前仅知分布于云南高黎贡山（隆阳、龙陵、腾冲）。

国外分布： 无

引证文献：

Ai HS, He K, Chen ZZ, Li JQ, Wan T, Li Q, Nie WH, Wang JH, Su WT, Jiang XL. 2018. Taxonomic revision of the genus *Mesechinus* (Mammalia: Erinaceidae) with description of a new species. Zoological Research, 39(5): 335-347.

毛猬亚科 Galericinae Pomel, 1848

毛猬属 *Hylomys* Müller, 1840

337. 毛猬 *Hylomys suillus* Müller, 1840

英文名：Short-tailed Gymnure

曾用名：无

地方名：尖嘴老鼠

模式产地：印度尼西亚爪哇岛

同物异名及分类引证：无

亚种分化：全世界有 7 个亚种，中国有 2 个亚种。

滇西亚种 *H. s. peguensis* Blyth, 1859，模式产地：缅甸勃固；

越北亚种 *H. s. microtinus* Thomas, 1925，模式产地：越南北部。

国内分布：滇西亚种分布于云南（沧源、耿马、澜沧、临翔、双江、永德、云县、龙陵、芒市、瑞丽、盈江、景东、思茅、景洪、勐海、勐腊）；越北亚种分布于云南（江城、河口、金平、绿春）。

国外分布：柬埔寨、老挝、马来西亚、缅甸、泰国、越南、印度尼西亚。

引证文献：

Müller S. 1840. Over de zoogdieren van den Indischen Archipel. In: Temminck CJ. Verhandelingen over de natuurlijke geschiedenis der Nederlandsche overzeesche bezittingen, de Leden der natuurkundige commissie in Indiö en andere Schrijvers. Vol. 3, Zoology. J. Luchtmans en C. C. van der Hoek: 9-57.

Blyth E. 1859. Report of Curator, Zoological Department, for February to May Meetings, 1859. Journal of the Asiatic Society of Bengal, 28(3): 271-298.

Thomas O. 1925. The mammals obtained by Mr. Herbert Stevens on the Sladen-Godman expedition to Tonkin. Proceedings of the Zoological Society of London, 95(2): 495-506.

王应祥, 李致祥. 1980. 我国食虫目兽类新纪录. 动物学研究, 1(4): 663-664.

Ruedi M, Chapuisat M, Iskandat D. 1994. Taxonomic status of *Hylomys parvus* and *Hylomys suillus* (Insectivora: Erinaceidae): Biochemical and morphological analyses. Journal of Mammalogy, 75(4): 965-978.

Ruedi M, Fumagalli L. 1996. Genetic structure of gymnures (genus *Hylomys*; Erinaceidae) on continental islands of Southeast Asia: Historic effects of fragmentation. Journal of Zoological Systematics and Evolutioanry Research, 34(3): 153-162.

Gould GC. 1997. Systematic revision of the Erinaceidae (Mammalia): a comprehensive phylogeny based on the morphology of all known taxa. Ph.D. Thesis, Columbia University.

He K, Chen JH, Gould GC, Yamaguchi N, Ai HS, Wang YX, Zhang YP, Jiang XL. 2012. An estimation of Erinaceidae phylogeny: a combined analysis approach. PLoS ONE, 7(6): e39304.

新毛猬属 *Neohylomys* Shaw *et* Wong, 1959

338. 海南毛猬 *Neohylomys hainanensis* Shaw *et* Wong, 1959

英文名：Hainan Gymnure

曾用名：海南新毛猬

地方名：无

模式产地：海南白沙

同物异名及分类引证：

Hylomys hainanensis (Shaw *et* Wong, 1959) Corbet & Hill, 1992

亚种分化：无

国内分布：中国特有，仅见于海南（尖峰岭、吊罗山、五指山、琼中、白沙）。

国外分布：无

引证文献：

寿振黄, 汪松. 1959. 海南食虫目(Insectivora)之一新属新种海南新毛猬(*Neohylomys hainanensis* gen. *et sp. nov.*). 动物学报, 11(3): 422-428.

鼩猬属 *Neotetracus* Trouessart, 1909

339. 中国鼩猬 *Neotetracus sinensis* Trouessart, 1909

英文名：Shrew Gymnure

曾用名：鼩猬

地方名：尖嘴老鼠

模式产地：四川康定

同物异名及分类引证：

Neotetracus sinensis cuttingi Anthony, 1941

Neotetracus sinensis hypolineatus Wang *et* Li, 1982

Hylomys sinensis (Trouessart, 1909) Corbet & Hill, 1992

亚种分化：全世界有 4 个亚种，中国均有分布。

指名亚种 *N. s. sinensis* Trouessart, 1909，模式产地：四川康定；

越北亚种 *N. s. fulvescens* Osgood, 1932，模式产地：越南沙巴；

片马亚种 *N. s. cuttingi* Anthony, 1941，模式产地：云南泸水片马；

滇西亚种 *N. s. hypolineatus* Wang *et* Li, 1982，模式产地：云南腾冲大塘。

国内分布：指名亚种分布于贵州西北部、四川西部、云南东北部；越北亚种分布于云南南部；片马亚种分布于云南高黎贡山（福贡、贡山、泸水）；滇西亚种分布于云南西部、西北部、中部和西南部。分布于广东的中国鼩猬亚种地位还有待确定。

国外分布：缅甸东北部、越南北部。

引证文献：

Trouessart EL. 1909. XLII.—*Neotetracus sinensis*, a new insectivore of the family Erinaceidae. The Annals and Magazine of Natural History, Ser. 8, 4: 389-391.

Osgood WH. 1932. Mammals of the Kelley-Roosevelts and Delacour Asiatic Expeditions. Publication 312, Zoological Series. Chicago: Field Museum of Natural History, 18(10): 193-339.

Anthony HE. 1941. Mammals collected by the Verary-Cutting Burma expedition. Chicago: Field Museum of Natual History: 1-395.

王应祥, 李崇云. 1982. 鼩猬(*Neotetracus sinensis* Trouessart)一新亚种. 动物学研究, 3(4): 427-430.

吴毅, 本川雅治, 李玉春, 龚粤宁, 新宅勇太, 原田正史. 2011. 广东省二种兽类新纪录——鼩猬

(*Neotetracus sinensis*)和短尾鼩(*Anourosorex squamipes*). 兽类学报, 31(3): 317-319.

鼩鼱科 Soricidae G. Fischer, 1814

麝鼩亚科 Crocidurinae Milne-Edwards, 1872

麝鼩属 *Crocidura* Wagler, 1832

340. 安徽麝鼩 *Crocidura anhuiensis* Zhang, Zhang *et* Li, 2019

英文名：Anhui White-toothed Shrew

曾用名：无

地方名：尖嘴老鼠

模式产地：安徽黄山（猴谷）

同物异名及分类引证：无

亚种分化：无

国内分布：中国特有，现仅知分布于安徽（黄山）。

国外分布：无

引证文献：

Zhang H, Wu GY, Wu YQ, Yao JF, You S, Wang CC, Cheng F, Chen JJ, Tang MX, Li CL, Zhang BW. 2019. A new species of the genus *Crocidura* from China based on molecular and morphological data (Eulipotyphla: Soricidae). Zoological Systematics, 44(4): 279-293.

341. 灰麝鼩 *Crocidura attenuata* Milne-Edwards, 1872

英文名：Asian Gray Shrew

曾用名：无

地方名：尖嘴老鼠

模式产地：四川宝兴

同物异名及分类引证：

Crocidura grisea Howell, 1926

Crocidura grisescens Howell, 1928

亚种分化：无

国内分布：甘肃、重庆、贵州、四川、西藏、云南、湖北、湖南、安徽、福建、江苏、江西、浙江、广东、广西。

国外分布：不丹、缅甸、马来西亚、尼泊尔、泰国、越南、印度（阿萨姆邦、锡金）。

引证文献：

Milne-Edwards A. 1872. Mémoire sur la faune mammalogique du Tibet oriental et principalement de la principauté de Moupin. Recherches pour Servira l' Histoire Naturelle des Mammiferes. Paris: G. Masson: 231-379.

Howell AB. 1926. Three new mammals from China. Proceedings of the Biological Society of Washington, 39: 137.

Howell AB. 1928. A new white-toothed shrew from Fukien, China. Journal of Mammalogy, 9(1): 60.

Howell AB. 1929. Mammals from China in the collections of the United States National Museum. Proceedings of the United States National Museum, 75: 1-82.

Jenkins PD. 1976. Variation in Eurasian shrews of the genus *Crocidura* (Insectivora: Soricidae). Bulletin of the British Museum (Natural History), Zoology, 30: 271-309.

Motokawa M, Harada M, Lin LK, Koyasu K, Hattori S. 1997. Karyological study of the gray shrew *Crocidura attenuata* (Mammalia: Insectivora) from Taiwan. Zoological Studies, 36(1): 70-73.

Jiang XL, Hoffmann RS. 2001. A revision of the white-toothed shrews (*Crocidura*) of southern China. Journal of Mammalogy, 82(4): 1059-1079.

Motokawa M, Harada M, Wu Y, Lin LK, Suzuki H. 2001. Chromosomal polymorphism in the gray shrew *Crocidura attenuata* (Mammalia: Insectivora). Zoological Science, 18(8): 1153-1160.

Li YY, Li HT, Motokawa M, Wu Y, Harada M, Sun HM, Mo XM, Wang J, Li YC. 2019. A revision of the geographical distributions of the shrews *Crocidura tanakae* and *C. attenuata* based on genetic species identification in the mainland of China. ZooKeys, 869: 147-160.

342. 东阳江麝鼩 *Crocidura dongyangjiangensis* Liu Y, Chen *et* Liu SY, 2020

英文名： Dongyangjiang White-toothed Shrew

曾用名： 无

地方名： 无

模式产地： 浙江东阳市东江源省级自然保护区

同物异名及分类引证：

Crocidura huangshanensis Liu, Zhang *et* Li, 2020

亚种分化： 无

国内分布： 中国特有，分布于湖南（洪江雪峰山）、安徽（黄山、清凉峰）、浙江（东阳东江源、淳安磨心尖）。

国外分布： 无

引证文献：

刘洋, 陈顺德, 刘保权, 廖锐, 刘滢珣, 刘少英. 2020. 中国浙江麝鼩属(劳亚食虫目: 鼩鼱科)一新种描记. 兽类学报, 40(1): 1-12.

Liu Y, Zhang H, Zhang CL, Wu J, Wang ZC, Li CL, Zhang BW. 2020. A new species of the genus *Crocidura* (Mammalia: Eulipotyphla: Soricidae) from Mount Huang, China. Zoological Systematics, 45(1): 1-14.

陈顺德, 陈丹, 唐刻意, 秦伯鑫, 谢菲, 付长坤, 刘洋, 刘少英. 2021. 东阳江麝鼩与黄山小麝鼩分类地位商榷. 兽类学报, 41(1): 108-114.

343. 白尾梢大麝鼩 *Crocidura dracula* Thomas, 1912

英文名： Large White-toothed Shrew

曾用名： 长尾大麝鼩

地方名： 无

模式产地： 云南蒙自

同物异名及分类引证：

Crocidura praedax Thomas, 1923

Crocidura fuliginosa (Blyth, 1855) Corbet & Hill, 1992

亚种分化：全世界有 2 个亚种，中国有 1 个亚种。

指名亚种 *C. f. dracula* Thomas, 1912，模式产地：云南蒙自。

国内分布：指名亚种分布于重庆、贵州、四川、西藏、云南、广西。

国外分布：老挝、缅甸、越南。

引证文献：

Thomas O. 1912. New species of *Crocidura* and *Petaurista* from Yunnan. The Annals and Magazine of Natural History, Ser. 8, 9(54): 686-688.

Thomas O. 1923. On mammals from the Li-kiang Range, Yunnan, being a further collection obtained by Mr. George Forrest. The Annals and Magazine of Natural History, Ser. 9, 11(66): 655-663.

Jenkins PD. 1976. Variation in Eurasian shrews of the genus *Crocidura* (Insectivora: Soricidae). Bulletin of the British Museum (Natural History), Zoology, 30: 271-309.

Ruedi M, Vogel P. 1995. Chromosomal evolution and zoogeographic origin of Southeast Asian shrews (genus *Crocidura*). Experientia, 51(2): 174-178.

Jiang XL, Hoffmann RS. 2001. A revision of the white-toothed shrews (*Crocidura*) of southern China. Journal of Mammalogy, 82(4): 1059-1079.

Bannikova AA, Abramov AV, Borisenko AV, Lebedev VS, Rozhnov VV. 2011. Mitochondrial diversity of the white-toothed shrews (Mammalia, Eulipotyphla, Crocidura) in Vietnam. Zootaxa, 2812: 1-20.

344. 印支小麝鼩 *Crocidura indochinensis* Robinson *et* Kloss, 1922

英文名：Indochinese Shrew

曾用名：南小麝鼩

地方名：无

模式产地：越南郎边高原

同物异名及分类引证：

Crocidura forsfieldii indonchinensis (Robinson *et* Kloss, 1922) Ellerman & Morrison-Scott, 1951

Crocidura horsfieldii (Tomes, 1856) Corbet & Hill, 1992

亚种分化：无

国内分布：贵州、四川、云南。

国外分布：老挝、缅甸、泰国北部、越南。

引证文献：

Robinson HC, Kloss CB. 1922. New mammals from French Indo-China and Siam. The Annals and Magazine of Natural History, Ser. 9, 9(49): 87-99.

Jiang XL, Hoffmann RS. 2001. A revision of the white-toothed shrews (*Crocidura*) of southern China. Journal of Mammalogy, 82(4): 1059-1079.

Lunde DP, Musser GG, Son NT. 2003. A survey of small mammals from Mt. Tay Con Linh II, Vietnam, with the description of a new species of *Chodsigoa* (Insectivora: Soricidae). Mammal Study, 28(1): 31-46.

Lunde DP, Musser GG, Ziegler T. 2004. Description of a new species of *Crocidura* (Soricomorpha: Soricidae, Crocidurinae) from Ke Go Nature Reserve, Vietnam. Mammal Study, 29(1): 27-36.

345. 大麝鼩 *Crocidura lasiura* Dobson, 1890

英文名：Ussuri White-toothed Shrew

曾用名：无

地方名：无

模式产地：黑龙江乌苏里江附近

同物异名及分类引证：

Crocidura camplus-lincolnensis Sowerby, 1945

亚种分化：全世界有 3 个亚种，中国有 2 个亚种。

东北亚种 *C. l. lasiura* Dobson, 1890，模式产地：黑龙江乌苏里江附近；

华东亚种 *C. l. camplus-lincolnensis* Sowerby, 1945，模式产地：上海。

国内分布：东北亚种分布于黑龙江、吉林、辽宁、内蒙古；华东亚种分布于江苏、上海。

国外分布：朝鲜、韩国、俄罗斯（远东地区）。

引证文献：

Dobson GE. 1890. IV.—Descriptions of a new species of *Crocidura* from the Amur region. The Annals and Magazine of Natural History, Ser. 6, 5(25): 31-33.

Sowerby ADC. 1945. A new species of shrew from the Shanghai area. Musee Heude Notes de Mammalogie, 3: 2.

Zima J, Lukácová L, Macholán M. 1998. Chromosomal evolution in shrews. In: Wójcik JM, Wolsan M. Evolution of Shrews. Bialowieza: Mammal Research Institute of the Polish Acadademy of Science: 175-218.

Motokawa M, Suzuki H, Harada M, Lin LK, Oda SI. 2000. Phylogenetic relationships among East Asian species of *Crocidura* (Mammalia, Insectivora) inferred from mitochondrial cytochrome *b* gene sequences. Zoological Science, 17(4): 497-504.

Jiang XL, Hoffmann RS. 2001. A revision of the white-toothed shrews (*Crocidura*) of southern China. Journal of Mammalogy, 82(4): 1059-1079.

Ohdachi SD, Iwasa MA, Nesterenko VA, Abe H, Masuda R, Haberl W. 2004. Molecular phylogenetics of *Crocidura* shrews (Insectivora) in East and Central Asia. Journal of Mammalogy, 85(3): 396-403.

刘铸, 张隽晟, 白薇, 刘欢, 解瑞雪, 杨茜, 金志民. 2019. 中国东北地区鼩鼱科动物分类与分布. 兽类学报, 39(1): 8-26.

346. 华南中麝鼩 *Crocidura rapax* Allen, 1923

英文名：Chinese White-toothed Shrew

曾用名：中麝鼩

地方名：无

模式产地：云南兰坪营盘

同物异名及分类引证：

Crocidura russula rapax (Allen, 1923) Ellerman & Morrison-Scott, 1951

Crocidura gueldenstaedtii (Pallas, 1811) Corbet & Hill, 1992

Crocidura pullata (Miller, 1911) Hutterer, 1993

亚种分化：无

国内分布：贵州、四川、云南、广东、广西、海南。

国外分布：缅甸北部、印度东北部。

引证文献：

Allen GM. 1923. New Chinese insectivores. American Museum Novitates, 100: 1-11.

Jiang XL, Hoffmann RS. 2001. A revision of the white-toothed shrews (*Crocidura*) of southern China. Journal of Mammalogy, 82(4): 1059-1079.

347. 山东小麝鼩 *Crocidura shantungensis* Miller, 1901

英文名：Asian Lesser White-toothed Shrew

曾用名：无

地方名：无

模式产地：山东即墨

同物异名及分类引证：

Crocidura suaveolens orientis Ognev, 1921

Crocidura ilensis phaeopus Allen, 1923

Crocidura ilensis shantungensis (Miller, 1901) Allen, 1938

Crocidura suaveolens shantungensis (Miller, 1901) Ellerman & Morrison-Scott, 1951

Crocidura russula hosletti Jameson *et* Jones, 1977

Crocidura suaveolens (Pallas, 1811) Corbet & Hill, 1992

亚种分化：全世界有 4 个亚种，中国均有分布。

指名亚种 *C. s. shantungensis* Miller, 1901，模式产地：山东即墨；

东北亚种 *C. s. orientis* Ognev, 1921，模式产地：乌苏里地区（俄罗斯西伯利亚境内部分）；

西南亚种 *C. s. phaeopus* Allen, 1923，模式产地：四川万县（现重庆万州）；

台湾亚种 *C. s. hosletti* Jameson *et* Jones, 1977，模式产地：台湾。

国内分布：指名亚种分布于北京、河北、山西、安徽、江苏、山东、浙江；东北亚种分布于黑龙江、吉林、辽宁、内蒙古；西南亚种分布于甘肃、青海、陕西、贵州、四川、云南、湖北；台湾亚种分布于台湾。

国外分布：朝鲜半岛、俄罗斯（西伯利亚东部）。

引证文献：

Miller GS. 1901. Descriptions of three new Asiatic shrews. Proceedings of the Biological Society of Washington, 14: 157-159.

Ognev SI. 1921. Contribution à la classificaton des mammifères insectivores de la Russie. Annuaire du Musée zoologique de l'Académie des sciences de St. Pétersbourg. 22: 311-350.

Allen GM. 1923. New Chinese insectivores. American Museum Novitates, 100: 1-11.

Jameson EW, Jones GS. 1977. The Soricidae of Taiwan. Proceedings of the Biological Society of Washington, 90(3): 459-482.

Jiang XL, Hoffmann RS. 2001. A revision of the white-toothed shrews (*Crocidura*) of southern China. Journal of Mammalogy, 82(4): 1059-1079.

Motokawa M, Lin LK, Harada M, Hattori S, 2003. Morphometric geographic variation in the Asian lesser white-toothed shrew *Crocidura shantungensis* (Mammalia, Insectivora) in East Asia. Zoological Science,

20(6): 789-795.

348. 西伯利亚麝鼩 *Crocidura sibirica* Dukelsky, 1930

英文名：Siberian Shrew

曾用名：无

地方名：无

模式产地：俄罗斯西伯利亚克拉斯诺亚尔斯克叶尼塞河上游

同物异名及分类引证：

Crocidura leucodon sibirica (Dukelsky, 1930) Ellerman & Morrison-Scott, 1951

亚种分化：无

国内分布：内蒙古西部、新疆。

国外分布：从伊塞克湖到鄂毕河上游和贝加尔湖地区。

引证文献：

Dukelsky NM. 1930. Zur Kenntnis der Säugetier-fauna in Westsibiriens. Zoologischer Anzeiger, 88: 75-84.

Yudin BS. 1989. Insectivorous mammals of Siberia. 2nd Ed. Nauka: Novosibirst.

Han SH, Iwasa MA, Ohdachi SD, Oh HS, Suzuki H, Tsuchiya K, Abe H. 2002. Molecular phylogeny of *Crocidura* shrews in northeastern Asia: a special reference to specimens on Cheju Island, South Korea. Acta Theriologica, 47(4): 369-379.

Ohdachi SD, Iwasa MA, Nesterenko VA, Abe H, Masuda R, Haberl W. 2004. Molecular phylogenetics of *Crocidura* shrews (Insectivora) in East and Central Asia. Journal of Mammalogy, 85(3): 396-403.

349. 北小麝鼩 *Crocidura suaveolens* (Pallas, 1811)

英文名：Lesser White-toothed Shrew

曾用名：无

地方名：无

模式产地：克里米亚（"Khersones"）

同物异名及分类引证：

Sorex suaveolens Pallas, 1811

亚种分化：全世界有 3 个亚种，但是分布于中国的亚种归属还未确定。

国内分布：甘肃、宁夏、新疆。

国外分布：欧洲、中亚。

引证文献：

Pallas PS. 1811. Zoographia Rosso-Asiatica, sistens omnium animalium in extenso Imperio Rossico, et adjacentibus maribus observatorum recensionem, domicilia, mores et descriptiones, anatomen atque icones plurimorum; Auctore Petro Pallas, eq. aur. Academico Petropolitano. Petropoli: Ex officina Caes. Academiae scientiarum, 1: 133.

Zaitsev MV, Voyta LL, Sheftel BI. 2014. The mammals of Russia and adjacent territores (lagomorphs and rodents). Lipotyphlans. Nauka, Saint Petersberg.

350. 台湾长尾麝鼩 *Crocidura tadae* Tokuda *et* Kano, 1936

英文名：Tadae Shrew

曾用名：无

地方名：无

模式产地：台湾兰屿

同物异名及分类引证：

Crocidura horsfieldi tadae (Tokuda *et* Kano, 1936) Ellerman & Morrison-Scott, 1951

Crocidura horsfieldii kurodai Jameson *et* Jones, 1977

Crocidura horsfieldii (Tomes, 1856) Corbet & Hill, 1992

Crocidura tadae lutaoensis Fang *et* Lee, 2002

Crocidura rapax (Allen, 1923) Hutterer, 2005

亚种分化：全世界有 3 个亚种，中国均有分布。

指名亚种 *C. t. tadae* Tokuda *et* Kano, 1936，模式产地：台湾兰屿；

台湾亚种 *C. t. kurodai* Jameson *et* Jones, 1977，模式产地：台湾台北林口；

绿岛亚种 *C. t. lutaoensis* Fang *et* Lee, 2002，模式产地：台湾绿岛。

国内分布：中国特有，指名亚种分布于台湾兰屿（距台东市东南约 90 千米）；台湾亚种
  分布于台湾北部和中部；绿岛亚种分布于台湾绿岛（距台东市东约 33 千米）。

国外分布：无

引证文献：

Tokuda M, Kano T. 1936. A bat and a new shrew from Koto-sho (Botel Tobago). Annotationes Zoologicae
  Japonenses, 15: 427-432.

Jameson EW, Jones GS. 1977. The Soricidae of Taiwan. Proceedings of the Biological Society of Washington,
  90(3): 459-482.

Fang YP, Lee LL, Yew FH, Yu HT. 1997. Systematics of white-toothed shrews (*Crocidura*) (Mammalia:
  Insectivora: Soricidae) of Taiwan: karyological and morphological studies. Journal of Zoology, 242(1):
  151-166.

Fang YP, Lee LL. 2002. Re-evaluation of the Taiwanese white-toothed shrew, *Crocidura tadae* Tokuda and
  Kano, 1936 (Insectivora: Soricidae) from Taiwan and two offshore islands. Journal of Zoology, 257(2):
  145-154.

351. 台湾灰麝鼩 *Crocidura tanakae* Kuroda, 1938

英文名：Taiwanese Gray Shrew

曾用名：灰鼩鼱

地方名：无

模式产地：台湾台中

同物异名及分类引证：

Crocidura attenuata tanakae (Kuroda, 1938) Ellerman & Morrison-Scott, 1951

Crocidura attenuata (Milne-Edwards, 1872) Corbet & Hill, 1992

亚种分化：无

国内分布：贵州、四川、云南、湖北、湖南、安徽、江西、台湾、浙江、广东、广西、
  海南。

国外分布：菲律宾（吕宋岛）、老挝、越南。

引证文献：

Kuroda N. 1938. A list of the Japanese mammals. Tokyo: published by the author.

Fang YP, Lee LL, Yew FH, Yu HT. 1997. Systematics of white-toothed shrews (*Crocidura*) (Mammalia: Insectivora: Soricidae) of Taiwan: karyological and morphological studies. Journal of Zoology, 242(1): 151-166.

Motokawa M, Harada M, Lin LK, Koyasu K, Hattori S. 1997. Karyological study of the gray shrew *Crocidura attenuata* (Mammalia: Insectivora) from Taiwan. Zoological Studies, 36(1): 70-73.

Motokawa M, Harada M, Wu Y, Lin LK, Suzuki H. 2001. Chromosomal polymorphism in the gray shrew *Crocidura attenuata* (Mammalia: Insectivora). Zoological Science, 18(8): 1153-1160.

Fang YP, Lee LL. 2002. Re-evaluation of the Taiwanese white-toothed shrew, *Crocidura tadae* Tokuda and Kano, 1936 (Insectivora: Soricidae) from Taiwan and two offshore islands. Journal of Zoology, 257(2): 145-154.

Esselstyn JA, Oliveros CH. 2010. Colonization of the Philippines from Taiwan: a multi-locus test of the biogeographic and phylogenetic relationships of isolated populations of shrews. Journal of Biogeography, 37(8): 1504-1514.

程峰, 万韬, 陈中正, Koju NP, 何锴, 蒋学龙. 2017. 云南兽类鼩鼱科一新纪录——台湾灰麝鼩. 动物学杂志, 52(5): 865-869.

陈顺德, 张琪, 李凤君, 王旭明, 王琼, 刘少英. 2018. 四川和贵州省兽类新纪录——台湾灰麝鼩 (*Crocidura tanakae* Kuroda, 1938). 兽类学报, 38(2): 211-216.

陈中正, 唐宏谊, 唐肖凡, 刘孟文, 满晓梅, 赵涵韬, 吴孝兵, 吴海龙. 2019. 安徽黄山和宣城发现台湾灰麝鼩. 动物学杂志, 54(6): 815-819.

雷博宇, 岳阳, 崔继法, 吉晟男, 余文华, 韩文斌, 周友兵. 2019. 湖北省兽类新纪录——台湾灰麝鼩. 兽类学报, 39(2): 218-223.

Li YY, Li HT, Motokawa M, Wu Y, Harada M, Sun HM, Mo XM, Wang J, Li YC. 2019. A revision of the geographical distributions of the shrews *Crocidura tanakae* and *C. attenuata* based on genetic species identification in the mainland of China. ZooKeys, 869: 147-160.

涂飞云, 张壹萱, 冯莹莹, 韩卫杰, 黄晓凤, 刘武华. 2020. 江西桃红岭梅花鹿国家级自然保护区发现台湾麝鼩. 动物学杂志, 55(5): 681-682.

352. 西南中麝鼩 *Crocidura vorax* Allen, 1923

英文名：Voracious Shrew

曾用名：中麝鼩

地方名：无

模式产地：云南丽江

同物异名及分类引证：

Crocidura russula vorax (Allen, 1923) Ellerman & Morrison-Scott, 1951

Crocidura gueldenstaedtii (Pallas, 1811) Corbet & Hill, 1992

Crocidura pullata (Miller, 1911) Hutterer, 1993

亚种分化：无

国内分布：贵州、四川、云南、湖南、广西。

国外分布：老挝、泰国、越南、印度。

引证文献：

Allen GM. 1923. New Chinese insectivores. American Museum Novitates, 100: 1-11.

Jiang XL, Hoffmann RS. 2001. A revision of the white-toothed shrews (*Crocidura*) of southern China. Journal of Mammalogy, 82(4): 1059-1079.

353. 五指山小麝鼩 *Crocidura wuchihensis* Wang, 1966

英文名：Hainan Island Shrew

曾用名：海南小麝鼩

地方名：无

模式产地：海南五指山

同物异名及分类引证：

Crocidura horsfieldi wuchihensis Wang, 1966

Crocidura horsfieldii (Tomes, 1856) Corbet & Hill, 1992

亚种分化：无

国内分布：云南、广西、海南。

国外分布：越南(?)。

引证文献：

寿振黄, 汪松, 陆长坤, 张鑾光. 1966. 海南岛的兽类调查. 动物分类学报, 3(3): 260-276.

Lunde DP, Musser GG, Son NT. 2003. A survey of small mammals from Mt. Tay Con Linh II, Vietnam, with the description of a new species of *Chodsigoa* (Insectivora: Soricidae). Mammal Study, 28(1): 31-46.

Chen ZZ, He K, Cheng F, Khanal L, Jiang XL. 2017. Patterns and underlying mechanisms of non-volant small mammal richness along two contrasting mountain slopes in southwestern China. Scientific Reports, 7: 13277.

Chen SD, Qing J, Liu Z, Liu Y, Tang MK, Murphy RW, Yingting Pu YT, Wang XM, Tang KY1, Guo KJ, Jiang XL, Liu SY. 2020. Multilocus phylogeny and cryptic diversity of white-toothed shrews (Mammalia, Eulipotyphla, *Crocidura*) in China. BMC Evolutionary Biology, 20: 29.

臭鼩属 *Suncus* Ehrenberg, 1832

354. 小臭鼩 *Suncus etruscus* (Savi, 1822)

英文名：Etruscan Shrew

曾用名：无

地方名：无

模式产地：意大利比萨

同物异名及分类引证：

Sorex etruscus Savi, 1822

亚种分化：全世界有 7 个亚种，但分布于中国的亚种归属不清。

国内分布：云南（昌宁、耿马）。

国外分布：马达加斯加；南欧、北非、中亚、南亚、东南亚。

引证文献：

Savi P. 1822. Lettera del Dott. Paolo Savi al Sig. Dott. Carlo Passerini, conservatore dell'I e R. Museo di Fisica, e Storia Naturale di Firenze. Nuovo Giornale de' Letterati, Pisa, 2(3): 264-265.

陆长坤, 王宗祎, 全国强, 金善科, 马德惠, 杨德华. 1965. 云南西部临沧地区兽类的研究. 动物分类学报, 2(4):279-295.

355. 臭鼩 *Suncus murinus* (Linnaeus, 1766)

英文名：Asian House Shrew, House Shrew, Musk Shrew

曾用名：无

地方名：香鼠、钱鼠

模式产地：印度尼西亚爪哇岛

同物异名及分类引证：

Sorex murinus Linnaeus, 1766

Sorex swinhoei Blyth, 1859

Crocidura microtus Peters, 1870

Crocidura muschata Hatori, 1915

亚种分化：无

国内分布：贵州、云南、福建、台湾、浙江、澳门、广东、广西、海南、香港。

国外分布：琉球群岛；南亚、东南亚。

引证文献：

Linnaeus C. 1766. Systema naturae per regna tria naturae, secundum classes, ordines, genera, species, cum characteribus, differentiis synonymis, locis. 12th Ed. Vol. 1. Holmiae: Salvius: 1-73.

Blyth E. 1859. Report of Curator, Zoological Department, for February to May Meetings, 1859. Journal of the Asiatic Society of Bengal, 28(3): 271-298.

Peters W. 1870. Hr. W. Peters las über neue Arten von Spitzmäusen des Königl. zoologischen Musenms aus Ceylon, Malacca, Borneo, China, Luzon und Ostafrika. Monatsberichte der Königlichen Preussische Akademie des Wissenschaften zu Berlin: 584-596.

Hattori J. 1915. [On the brown musk shrew of Formosa] Taiwan IgakuZasshi, Jan. no.

Ruedi M, Courvoisier C, Vogel P, Catzeflis FM. 1996. Genetic differentiation and zoogeography of Asian *Suncus murinus* (Mammalia: Soricidae). Biological Journal of the Linnean Society, 57(4): 307-316.

鼩鼱亚科 Soricinae G. Fischer, 1814

短尾鼩族 Anourosoricini Anderson, 1879

短尾鼩属 *Anourosorex* Milne-Edwards, 1872

356. 四川短尾鼩 *Anourosorex squamipes* Milne-Edwards, 1872

英文名：Chinese Mole Shrew

曾用名：微尾鼩

地方名：地滚子、臭耗子

模式产地：可能为四川宝兴

同物异名及分类引证：

Aourosorex squamipes capito Allen, 1923

Aourosorex squamipes capnias Allen, 1923

亚种分化：无

国内分布：甘肃、陕西、重庆、贵州、四川、云南、湖北、广西、广东。

国外分布：印度东部、缅甸西部和北部、越南北部、泰国北部。

引证文献：

Milne-Edwards A. 1872. Mémoire sur la faune mammalogique du Tibet oriental et principalement de la principauté de Moupin. Recherches pour Servira l'Histoire Naturelle des Mammiferes. Paris: G. Masson: 231-304.

Allen GM. 1923. New Chinese insectivores. American Museum Novitates, 100: 1-11.

Hoffmann RS. 1987. A review of the systematics and distribution of Chinese red-toothed shrews (Mammalia: Soricidae). 兽类学报, 7(2): 100-139.

Motokawa M, Lin LK. 2002. Geographic variation in the mole-shrew *Anourosorex squamipes*. Mammal Study, 27(2): 113-120.

Motokawa M, Harada M, Lin LK, Wu Y. 2004. Geographic differences in karyotypes of the mole-shew *Anourosorex squamipes* (Insectivora, Soricidae). Mammalian Biology, 69(3): 197-201.

吴毅, 本川雅治, 李玉春, 龚粤宁, 新宅勇太, 原田正史. 2011. 广东省二种兽类新纪录——鼩猬 (*Neotetracus sinensis*)和短尾鼩(*Anourosorex squamipes*). 兽类学报, 31 (3): 317-319.

357. 台湾短尾鼩 *Anourosorex yamashinai* Kuroda, 1935

英文名：Taiwanese Mole Shrew

曾用名：微尾鼩

地方名：山阶氏鼩鼱

模式产地：台湾宜兰太平山

同物异名及分类引证：

Anourosorex squamipes yamashinai Kuroda, 1935

Anourosorex squamipes (Milne-Edwards, 1872) Corbet & Hill, 1992

亚种分化：无

国内分布：中国特有，仅分布于台湾北部和中部（阿里山、南投、宜兰的中高山地区）。

国外分布：无

引证文献：

Kuroda N. 1935. Formosan mammals preserved in the collection of Marquis Yamashina. Journal of Mammalogy, 16(4): 277-291.

Motokawa M, Lin LK. 2002. Geographic variation in the mole-shrew *Anourosorex squamipes*. Mammal Study, 27(2): 113-120.

Motokawa M, Harada M, Lin LK, Wu Y. 2004. Geographic differences in karyotypes of the mole-shew *Anourosorex squamipes* (Insectivora, Soricidae). Mammalian Biology, 69(3): 197-201.

黑齿鼩鼱族 Blarinellini Reumer, 1998

黑齿鼩鼱属 *Blarinella* Thomas, 1911

358. 川鼩 *Blarinella quadraticauda* (Milne-Edwards, 1872)

英文名：Asiatic Short-tailed Shrew

曾用名：黑齿鼩鼱

地方名：肥鼩、短尾鼩

模式产地：四川宝兴

同物异名及分类引证：

Sorex quadraticauda Milne-Edwards, 1872

Blarinella quadraticauda quadraticauda (Milne-Edwards, 1872) Allen, 1938

亚种分化：无

国内分布：中国特有，仅分布于四川西部。

国外分布：无

引证文献：

Milne-Edwards A. 1872. Mémoire sur la faune mammalogique du Tibet oriental et principalement de la principauté de Moupin. Recherches pour Servira l' Histoire Naturelle des Mammiferes. Paris: G. Masson: 231-304.

Hoffmann RS. 1987. A review of the systematics and distribution of Chinese red-toothed shrews (Mammalia: Soricidae). 兽类学报, 7(2): 100-139.

Jiang XL, Yang YX, Hoffmann RS. 2003. A review of the systematics and distribution of Asiatic short-tailed shrews, genus *Blarinella* (Mammalia: Soricidae). Mammalian Biology, 68(4): 193-204.

359. 狭颅黑齿鼩鼱 *Blarinella wardi* Thomas, 1915

英文名：Burmese Short-tailed Shrew

曾用名：黑齿鼩鼱

地方名：尖嘴老鼠

模式产地：云南泸水片马

同物异名及分类引证：

Blarinella quadraticauda wardi (Thomas, 1915) Allen, 1938

Blarinella quadraticauda (Milne-Edwards, 1872) Corbet & Hill, 1992

亚种分化：无

国内分布：云南西北部。

国外分布：缅甸东北部。

引证文献：

Thomas O. 1915. A new shrew of the genus *Blarinella* from Upper Burma. The Annals and Magazine of Natural History, Ser. 8, 15(87): 335-336.

Hoffmann RS. 1987. A review of the systematics and distribution of Chinese red-toothed shrews (Mammalia: Soricidae). 兽类学报, 7(2): 100-139.

Jiang XL, Yang YX, Hoffmann RS. 2003. A review of the systematics and distribution of Asiatic short-tailed shrews, genus *Blarinella* (Mammalia: Soricidae). Mammalian Biology, 68(4): 193-204.

异黑齿鼩鼱属 *Parablarinella* Bannikova *et al.*, 2019

360. 淡灰黑齿鼩鼱 *Parablarinella griselda* (Thomas, 1912)

英文名：Gray Short-tailed Shrew

曾用名：黑齿鼩鼱

地方名：短尾鼩

模式产地：甘肃临潭东南部

同物异名及分类引证：

Blarinella griselda Thomas, 1912

Blarinella quadraticauda griselda (Thomas, 1912) Allen, 1938

Blarinella quadraticauda (Milne-Edwards, 1872) Corbet & Hill, 1992

Blarinella griselda (Thomas, 1912) Hutterer, 1993

Pantherina griselda (Thomas, 1912) He *et al.*, 2018

Parablarinella griselda (Thomas, 1912) Bannikova *et al.*, 2019

亚种分化：无

国内分布：中国特有，分布于甘肃、陕西、宁夏。

国外分布：无

引证文献：

Thomas O. 1912. LI.—On a collection of small mammals from the Tsin-ling Mountains, Central China, presented by Mr. G. Fenwick Owen to the National Museum. The Annals and Magazine of Natural History, Ser. 8, 10(58): 395-403.

Hoffmann RS. 1987. A review of the systematics and distribution of Chinese red-toothed shrews (Mammalia: Soricidae). 兽类学报, 7(2): 100-139.

Jiang XL, Yang YX, Hoffmann RS. 2003. A review of the systematics and distribution of Asiatic short-tailed shrews, genus *Blarinella* (Mammalia: Soricidae). Mammalian Biology, 68(4): 193-204.

He K, Chen X, Chen P, He SW, Cheng F, Jiang X, Campbell K. 2018. A new genus of Asiatic short-tailed shrew (Soricidae, Eulipotyphla) based on molecular and morphological comparisons. Zoological Research, 39(5): 321-334.

Bannikova A, Jenkins PD, Solovyeva E, Pavlova SV, Demidova T, Simanovsky S, Sheftel BI, Lebedev V, Fang Y, Dalen L, Abramov A. 2019. Who are you, Griselda? A replacement name for a new genus of the Asiatic short-tailed shrews (Mammalia, Eulipotyphla, Soricidae): molecular and morphological analyses with the discussion of tribal affinition. ZooKeys, 888: 133-158.

普缨婷, 蒋海军, 王旭明, 唐刻意, 王琼, 廖锐, 陈顺德, 刘少英. 2020. 宁夏兽类一属、种新纪录——淡灰豹鼩(*Pantherina griselda* Thomas, 1912). 兽类学报, 40(3): 302-306.

蹼足鼩族 Nectogalini Anderson, 1879

水鼩属 *Chimarrogale* Anderson, 1877

361. 喜马拉雅水鼩 *Chimarrogale himalayica* (Gray, 1842)

英文名：Himalayan Water Shrew

曾用名：喜马拉雅水麝鼩

地方名：水老鼠

模式产地：印度昌巴

同物异名及分类引证：

Crossopus himalayica Gray, 1842

Chimarrogale himalayica himalayica (Gray, 1842) Allen, 1938

Chimarrogale platycephala himalayica (Gray, 1842) Ellerman & Morrison-Scott, 1951

Chimarrogale himalayica (Gray, 1842) Corbet, 1978

亚种分化： 全世界有 2 个亚种，中国有 1 个亚种。

指名亚种 *C. h. himalayica* (Gray, 1842)，模式产地：印度昌巴。

国内分布： 指名亚种分布于西藏东南部、云南。

国外分布： 不丹、克什米尔地区、老挝、缅甸、尼泊尔、印度东北部、越南。

引证文献：

Gray JE. 1842. Descriptions of some new genera and fifty unrecorded species of Mammalia. The Annals and Magazine of Natural History, Ser. 1, 10(65): 255-267.

Thomas O. 1902. On two mammals from China. The Annals and Magazine of Natural History, Ser. 7, 10(56): 163-166.

Hoffmann RS. 1987. A review of the systematics and distribution of Chinese red-toothed shrews (Mammalia: Soricinae). 兽类学报, 7(2): 100-139.

Yuan SL, Jiang XL, Li ZJ, He K, Harada M, Oshida T, Lin LK. 2013. A mitochondrial phylogeny and biogeographical scenario for Asiatic water shrews of the genus *Chimarrogale*: implications for taxonomy and low-latitude migration routes. PLoS ONE, 8(10): e77156.

汪巧云, 肖皓云, 刘少英, 陈顺德, 杨立, 肖飞, 张璐, 何锴. 2020. 利安德水鼩在中国地理分布范围的讨论与修订. 兽类学报, 40(3): 231-238.

362. 利安德水鼩 *Chimarrogale leander* Thomas, 1902

英文名： Leander's Water Shrew

曾用名： 喜马拉雅水鼩

地方名： 水老鼠、水鼠

模式产地： 福建挂墩

同物异名及分类引证：

Chimarrogale himalayica leander (Thomas, 1902) Allen, 1938

Chimarrogale platycephala leander (Thomas, 1902) Ellerman & Morrison-Scott, 1951

Chimarrogale himalayica (Gray, 1842) Corbet, 1978

亚种分化： 无

国内分布： 中国特有，分布于北京、河北、山西、宁夏、青海、陕西、贵州、四川、湖北、湖南、安徽、福建、江苏、台湾、浙江、广东、广西。

国外分布： 无

引证文献：

Thomas O. 1902. On two mammals from China. The Annals and Magazine of Natural History, Ser. 7, 10(56): 163-166.

Hoffmann RS. 1987. A review of the systematics and distribution of Chinese red-toothed shrews (Mammalia: Soricinae). 兽类学报, 7(2): 100-139.

Yuan SL, Jiang XL, Li ZJ, He K, Harada M, Oshida T, Lin LK. 2013. A mitochondrial phylogeny and biogeographical scenario for Asiatic water shrews of the genus *Chimarrogale*: implications for taxonomy and low-latitude migration routes. PLoS ONE, 8(10): e77156.

汪巧云, 肖皓云, 刘少英, 陈顺德, 杨立, 肖飞, 张璐, 何锴. 2020. 利安德水鼩在中国地理分布范围的讨论与修订. 兽类学报, 40(3): 231-238.

363. 灰腹水鼩 *Chimarrogale styani* de Winton, 1899

英文名：Chinese Water Shrew, Styan's Water Shrew

曾用名：斯氏水麝鼩、斯氏水鼩

地方名：水老鼠

模式产地：四川平武杨柳坝

同物异名及分类引证：

Chimarrogale platycephala styani (de Winton, 1899) Ellerman & Morrison-Scott, 1951

亚种分化：无

国内分布：甘肃、青海、四川、西藏、云南。

国外分布：缅甸北部。

引证文献：

de Winton W, Styan F. 1899. On Chinese mammals, principally from Western Sechuen. Proceeding of the Zoological Society of London, 67(3): 572-578.

Yuan SL, Jiang XL, Li ZJ, He K, Harada M, Oshida T, Lin LK. 2013. A mitochondrial phylogeny and biogeographical scenario for Asiatic water shrews of the genus *Chimarrogale*: implications for taxonomy and low-latitude migration routes. PLoS ONE, 8(10): e77156.

缺齿鼩属 Chodsigoa Kastchenko, 1907

364. 高氏缺齿鼩 *Chodsigoa caovansunga* Lunde, Musser *et* Son, 2003

英文名：Van Sung's Shrew

曾用名：无

地方名：无

模式产地：越南河江省

同物异名及分类引证：无

亚种分化：无

国内分布：云南（个旧）。

国外分布：越南北部。

引证文献：

Lunde DP, Musser GG, Son NT. 2003. A survey of small mammals from Mt. Tay Con Linh II, Vietnam, with the description of a new species of *Chodsigoa* (Insectivora: Soricidae). Mammal Study, 28(1): 31-46.

何锴, 邓可, 蒋学龙. 2012. 中国兽类鼩鼱科一新纪录——高氏缺齿鼩. 动物学研究, 33(5): 542-544.

Chen ZZ, He K, Huang C, Wan T, Lin LK, Liu SY, Jiang XL. 2017. Integrative systematic analyses of the genus *Chodsigoa* (Mammalia: Eulipotyphla: Soricidae), with descriptions of new species. Zoological Journal of the Linnean Society, 180(3): 694-713.

365. 大别山缺齿鼩 *Chodsigoa dabieshanensis* **Chen *et al.*, 2022**

英文名：Dabieshan Long-tailed Shrew

曾用名：川西缺齿鼩

地方名：无

模式产地：安徽大别山

同物异名及分类引证：

Chodsigoa hypsibius (de Winton, 1899) 张恒 等，2017

亚种分化：无

国内分布：中国特有，目前仅分布于安徽（大别山）。

国外分布：无

引证文献：

张恒，钱立富，周磊，王陈成，杨柳，谈凯，占海生，赵凯，张保卫. 2018. 安徽大别山区发现川西缺齿鼩鼱. 动物学杂志, 53(1): 40-45.

Chen ZZ, Hu TL, Pei XX, Yang GD, Yong F, Xu Z, Qu WY, Onditi KO, Zhang BW. 2022. A new species of Asiatic shrew of the genus *Chodsigoa* (Soricidae, Eulipotyphla, Mammalia) from the Dabie Mountains, Anhui Province, eastern China. ZooKeys, 1083: 129-146.

366. 烟黑缺齿鼩 *Chodsigoa furva* **Anthony, 1941**

英文名：Dusky Long-tailed Shrew

曾用名：无

地方名：无

模式产地：缅甸东北部克钦邦（"Imaw Bum"）

同物异名及分类引证：

Chodsigoa smithii furva Anthony, 1941

Soriculus parca (Hoffmann, 1985) Corbet & Hill, 1992

亚种分化：无

国内分布：云南（丽江、贡山独龙江）、西藏（波密）。

国外分布：缅甸东北部。

引证文献：

Anthony HE. 1941. Mammals collected by the Vernay-Cutting Burma expedition. Chicago: Field Museum of Natural History: 1-395.

Hoffmann RS. 1985. A review of the genus *Soriculus* (Mammalia: Insectivora). The Journal of the Bombay Natural History Society, 82: 459-481.

Chen ZZ, He K, Huang C, Wan T, Lin LK, Liu SY, Jiang XL. 2017. Integrative systematic analyses of the genus *Chodsigoa* (Mammalia: Eulipotyphla: Soricidae), with descriptions of new species. Zoological Journal of the Linnean Society, 180(3): 694-713.

张敏，裴枭鑫，曲潍滢，陈中正，蒋学龙. 2021. 西藏林芝发现烟黑缺齿鼩. 动物学杂志, 56(6): 865-870.

367. 霍氏缺齿鼩 *Chodsigoa hoffmanni* **Chen *et al.*, 2017**

英文名：Hoffmann's Long-tailed Shrew

曾用名：无

地方名：无

模式产地：云南双柏（哀牢山）

同物异名及分类引证：无

亚种分化：无

国内分布：贵州、云南（哀牢山、无量山）、四川、重庆、湖北。

国外分布：越南河江省。

引证文献：

Chen ZZ, He K, Huang C, Wan T, Lin LK, Liu SY, Jiang XL. 2017. Integrative systematic analyses of the genus *Chodsigoa* (Mammalia: Eulipotyphla: Soricidae), with descriptions of new species. Zoological Journal of the Linnean Society, 180(3): 694-713.

雷博宇, 崔继法, 岳阳, 吴楠, 吉晟男, 舒化伟, 余文华, 周友兵. 2019. 湖北兴山发现霍氏缺齿鼩. 动物学杂志, 54(6): 820-824.

刘铸, 姜雪婷, 汪青青, 王万富, 柏阳, 姚茜茜, 田新民, 张隽晟. 2021. 贵州毕节发现霍氏缺齿鼩. 动物学杂志, 56(5): 776-781.

范荣辉, 李靖, 彭步青, 万韬, 唐刻意, 付长坤, 陈顺德, 刘少英. 2022. 四川和重庆兽类新纪录——霍氏缺齿鼩. 兽类学报, 42(2): 219-222.

368. 川西缺齿鼩 *Chodsigoa hypsibia* (de Winton, 1899)

英文名：de Winton's Shrew

曾用名：川西缺齿鼩鼱、川西长尾鼩

地方名：无

模式产地：四川平武杨柳坝

同物异名及分类引证：

Soriculus hypsibius de Winton, 1899

Soriculus beresowskii Kastschenko, 1907

Chodsigoa larvarum Thomas, 1911

Chodsigoa lamula Thomas, 1912

Soriculus hypsibius (de Winton, 1899) Ellerman & Morrison-Scott, 1951

Chodsigoa hypsibia (de Winton, 1899) Hutterer, 2005

亚种分化：全世界有 2 个亚种，中国均有分布。

指名亚种 *C. h. hypsibia* (de Winton, 1899)，模式产地：四川平武；

华北亚种 *C. h. larvarum* Thomas, 1911，模式产地：河北（清东陵）。

国内分布：中国特有，指名亚种分布于青海、陕西、四川、西藏、云南、河南；华北亚种分布于北京、河北、山西。

国外分布：无

引证文献：

de Winton W, Styan F. 1899. On Chinese mammals, principally from Western Sechuen. Proceeding of the Zoological Society of London, 67(3): 572-578.

Kastschenko N. 1907. *Chodsigoa* subgen. nov. (gen. *Soriculus*, fam. Soricidae). Annuaire du Musée zoologique de l'Académie Impériale des Sciences de St. Pétersbourg, 10(3-4): 251-254.

Thomas O. 1911. On mammals collected in the provinces of Sze-chwan and Yunnan, W. China, by Malcolm Anderson, for the Duke of Bedford's exploration. Proceedings of the Zoological Society of London, 100: 48-50.

Thomas O. 1912. LI.—On a collection of small mammals from the Tsin-ling Mountains, Central China, presented by Mr. G. Fenwick Owen to the National Museum. The Annals and Magazine of Natural History, Ser. 8, 10(58): 395-403.

刘洋, 刘少英, 孙治宇, 唐明坤, 侯全芬, 廖锐. 2011. 山西省兽类一新纪录——川西缺齿鼩鼱. 四川动物, 30(6): 967-968.

Chen ZZ, He K, Huang C, Wan T, Lin LK, Liu SY, Jiang XL. 2017. Integrative systematic analyses of the genus *Chodsigoa* (Mammalia: Eulipotyphla: Soricidae), with descriptions of new species. Zoological Journal of the Linnean Society, 180(3): 694-713.

周言言, 柯金钊, 苏龙飞, 路纪琪, 田军东. 2020. 河南食虫动物分布新纪录——川西缺齿鼩(*Chodsigoa hypsibia* de Winton, 1899). 兽类学报, 40(6): 646-650.

369. 云南缺齿鼩 *Chodsigoa parca* Allen, 1923

英文名：Lowe's Shrew
曾用名：云南缺齿鼩鼱
地方名：无
模式产地：云南高黎贡山（隆阳）
同物异名及分类引证：

Chodsigoa smithii parca Allen, 1923
Chodsigoa salenskii parca (Allen, 1923) Ellerman & Morrison-Scott, 1951
Soriculus parca (Allen, 1923) Hoffmann, 1985
Chodsigoa parca (Allen, 1923) Hutterer, 2005
亚种分化：全世界有 2 个亚种，中国有 1 个亚种。
指名亚种 *C. p. parca* Allen, 1923，模式产地：云南高黎贡山（隆阳）。
国内分布：指名亚种分布于云南。
国外分布：缅甸、泰国北部、越南北部。
引证文献：

Allen GM. 1923. New Chinese insectivores. American Museum Novitates, 100: 1-11.

Hoffmann RS. 1985. A review of the genus *Soriculus* (Mammalia: Insectivora). The Journal of the Bombay Natural History Society, 82: 459-481.

Chen ZZ, He K, Huang C, Wan T, Lin LK, Liu SY, Jiang XL. 2017. Integrative systematic analyses of the genus *Chodsigoa* (Mammalia: Eulipotyphla: Soricidae), with descriptions of new species. Zoological Journal of the Linnean Society, 180(3): 694-713.

370. 滇北缺齿鼩 *Chodsigoa parva* Allen, 1923

英文名：Pygmy Red-toothed Shrew
曾用名：小长尾鼩鼱
地方名：无

模式产地：云南丽江（玉龙雪山）

同物异名及分类引证：

Chodsigoa hypsibia parva Allen, 1923

Soriculus hypsibius parva (Allen, 1923) Ellerman & Morrison-Scott, 1951

Soriculus lamula (Thomas, 1912) Hoffmann, 1985

Chodsigoa parva (Allen, 1923) Hutterer, 2005

亚种分化：无

国内分布：中国特有，分布于云南、四川、福建(?)。

国外分布：无

引证文献：

Allen GM. 1923. New Chinese insectivores. American Museum Novitates, 100: 1-11.

Lehmann EV. 1955. Die Säugetiere aus Fukien (SO-China) im Museum A. Koenig, Bonn. Bonner Zoologische Beiträge, 6: 147-170.

Hoffmann RS. 1985. A review of the genus *Soriculus* (Mammalia: Insectivora). The Journal of the Bombay Natural History Society, 82: 459-481.

Chen ZZ, He K, Huang C, Wan T, Lin LK, Liu SY, Jiang XL. 2017. Integrative systematic analyses of the genus *Chodsigoa* (Mammalia: Eulipotyphla: Soricidae), with descriptions of new species. Zoological Journal of the Linnean Society, 180(3): 694-713.

371. 大缺齿鼩 *Chodsigoa salenskii* (Kastschenko, 1907)

英文名：Salenski's Shrew

曾用名：大长尾鼩、大缺齿鼩鼱

地方名：无

模式产地：四川平武

同物异名及分类引证：

Soriculus (*Chodsigoa*) *salenskii* Kastschenko, 1907

Chodsigoa salenskii (Kastschenko, 1907) Hutterer, 2005

亚种分化：无

国内分布：中国特有，分布于四川（平武）。

国外分布：无

引证文献：

Kastschenko N. 1907. *Chodsigoa* subgen. nov. (gen. *Soriculus*, fam. Soricidae). Annuaire du Musée zoologique de l'Académie Impériale des Sciences de St. Pétersbourg, 10(3-4): 251-254.

Hoffmann RS. 1985. A review of the genus *Soriculus* (Mammalia: Insectivora). The Journal of the Bombay Natural History Society, 82: 459-481.

Chen Z, He K, Huang C, Wan T, Lin LK, Liu SY, Jiang XL. 2017. Integrative systematic analyses of the genus *Chodsigoa* (Mammalia: Eulipotyphla: Soricidae), with descriptions of new species. Zoological Journal of the Linnean Society, 180: 694-713.

372. 斯氏缺齿鼩 *Chodsigoa smithii* Thomas, 1911

英文名：Smith's Shrew

曾用名：斯氏缺齿鼩鼱、缺齿鼩

地方名：无

模式产地：四川康定

同物异名及分类引证：

Soriculus salenskii smithii (Thomas, 1911) Ellerman & Morrison-Scott, 1951

Soriculus (*Chodsigoa*) *smithii* (Thomas, 1911) Corbet & Hill, 1992

Chodsigoa smithii (Thomas, 1911) Hutterer, 2005

亚种分化：无

国内分布：中国特有，分布于陕西、贵州、四川、云南。

国外分布：无

引证文献：

Thomas O. 1911. Mammals collected in the provinces of Kan-su and Sze-chwan, western China, by Mr. Malcolm Anderson, for the Duke of Bedford's exploration of Eastern Asia. Proceedings of the Zoological Society of London, 90: 3-5.

Thomas O. 1911. The Duke of Bedford's zoological exploration of Eastern Asia.—XV. On mammals from the provinces of Sze-chwan and Yunnan, Western China. Proceedings of the Zoological Society of London, 82(1): 127-141.

Hoffmann RS. 1985. A review of the genus *Soriculus* (Mammalia: Insectivora). The Journal of the Bombay Natural History Society, 82: 459-481.

Chen ZZ, He K, Huang C, Wan T, Lin LK, Liu SY, Jiang XL. 2017. Integrative systematic analyses of the genus *Chodsigoa* (Mammalia: Eulipotyphla: Soricidae), with descriptions of new species. Zoological Journal of the Linnean Society, 180: 694-713.

373. 细尾缺齿鼩 *Chodsigoa sodalis* Thomas, 1913

英文名：Lesser Taiwanese Shrew, Formasan Slander-shrew

曾用名：细尾缺齿鼩鼱、细尾长尾鼩、阿里山长尾鼩、阿里山天鹅绒尖鼠

地方名：无

模式产地：台湾阿里山

同物异名及分类引证：

Soriculus sodalis (Thomas, 1913) Hoffmann, 1985

Soriculus fumides (Thomas, 1913) Corbet & Hill, 1992

Chodsigoa sodalis (Thomas, 1913) Hutterer, 2005

亚种分化：无

国内分布：中国特有，仅分布于台湾。

国外分布：无

引证文献：

Thomas O. 1913. Four new shrews. The Annals and Magazine of Natural History, Ser. 8, 11(62): 214-218.

Hoffmann RS. 1985. A review of the genus *Soriculus* (Mammalia: Insectivora). The Journal of the Bombay Natural History Society, 82: 459-481.

Motokawa M, Yu HT, Fang YP, Cheng HC, Lin LK, Harada M. 1997. Re-evaluation of the status of

Chodsigoa sodalis Thomas, 1913 (Mammalia: Insectivora: Soricidae). Zoological Studies, 36: 42-47.

Motokawa M, Harada M, Lin LK, Cheng HC, Koyasu K. 1998. Karyological differentiation between two *Soriculus* (Insectivora: Soricidae) from Taiwan. Mammalia, 62: 541-547.

Lin LK, Motokawa M. 2014. Mammals of Taiwan: Volume I. Soricomorpha. Taichung: Center for Tropical Ecology and Biodiversity, Tunghai University: 1-89.

Chen ZZ, He K, Huang C, Wan T, Lin LK, Liu SY, Jiang XL. 2017. Integrative systematic analyses of the genus *Chodsigoa* (Mammalia: Eulipotyphla: Soricidae), with descriptions of new species. Zoological Journal of the Linnean Society, 180: 694-713.

须弥长尾鼩鼱属 *Episoriculus* Ellermann *et* Morrison-Scott, 1951

374. 米什米长尾鼩鼱 *Episoriculus baileyi* (Thomas, 1914)

英文名：Mishmi Brown-toothed Shrew

曾用名：无

地方名：无

模式产地：西藏米什米山

同物异名及分类引证：

Soriculus baileyi Thomas, 1914

Soriculus caudatus baileyi (Thomas, 1914) Ellerman & Morrison-Scott, 1951

Soriculus gruberi Weigel, 1969

Soriculus leucops baileyi (Thomas, 1914) Hoffmann, 1985

Soriculus leucops (Horsfield, 1855) Corbet & Hill, 1992

Episoriculus baileyi (Thomas, 1914) Motokawa *et al.*, 2005

Episoriculus leucops (Horsfield, 1855) Hutterer, 2005

亚种分化：无

国内分布：西藏东南部和南部，云南西北部可能有分布。

国外分布：印度东北部、缅甸北部、越南北部。

引证文献：

Thomas O. 1914. A new *Soriculus* from the Mishmi Hills. The Journal of the Bombay Natural History Society, 22: 683.

Weigel I. 1969. Systematische übersicht über die insektenfresser und nager Nepals nebst bemerkungen zur tiergeographie. Khumbu Himal, 3(2): 149-196.

Hoffmann RS. 1985. A review of the genus *Soriculus* (Mammalia: Insectivora). The Journal of the Bombay Natural History Society, 82: 459-481.

Motokawa M, Lin LK. 2005. Taxonomic status of *Soriculus baileyi* (Insectivora, Soricidae). Mammal Study, 30: 117-124.

375. 褐腹长尾鼩鼱 *Episoriculus caudatus* (Horsfield, 1851)

英文名：Hodgson's Brown-toothed Shrew, Hodgsons's Shrew

曾用名：小长尾鼩鼱、长尾鼩

地方名：无

模式产地：印度东北部大吉岭

同物异名及分类引证：

Sorex caudatus Horsfield, 1851

Soriculus caudatus umbrinus Allen, 1923

Soriculus (Episoriculus) caudatus (Horsfield, 1851) Ellerman & Morrison-Scott, 1951

Episoriculus caudatus (Horsfield, 1851) Hutterer, 2005

亚种分化： 全世界有 2 个亚种，中国均有分布。

指名亚种 *E. c. caudatus* (Horsfield, 1851)，模式产地：印度东北部大吉岭；

滇西亚种 *E. c. umbrinus* (Allen, 1923)，模式产地：云南西部镇康木场。

国内分布： 指名亚种分布于西藏南部和东南部；滇西亚种分布于云南西部。分布于四川西部和云南中部的亚种归属还有待研究。

国外分布： 克什米尔地区、缅甸、尼泊尔、印度东北部。

引证文献：

Horsfield T. 1851. A catalogue of the Mammalia in the Museum of the Hon. East-India Company. London: Printed by J. & H. Cox.

Allen GM. 1923. New Chinese insectivores. American Museum Novitates, 100: 1-11.

Hoffmann RS. 1985. A review of the genus *Soriculus* (Mammalia: Insectivora). The Journal of the Bombay Natural History Society, 82: 459-481.

Motokawa M, Lin LK. 2005. Taxonomic status of *Soriculus baileyi* (Insectivora, Soricidae). Mammal Study, 30: 117-124.

376. 台湾长尾鼩鼱 *Episoriculus fumidus* (Thomas, 1913)

英文名： Taiwanese Brown-toothed Shrew, Formosan Shrew

曾用名： 台湾长尾鼩鼱、台湾烟尖鼠

地方名： 无

模式产地： 台湾阿里山

同物异名及分类引证：

Soriculus fumidus Thomas, 1913

Soriculus caudatus fumidus (Thomas, 1913) Ellerman & Morrison-Scott, 1951

Episoriculus fumidus (Thomas, 1913) Hutterer, 2005

亚种分化： 无

国内分布： 中国特有，仅分布于台湾。

国外分布： 无

引证文献：

Thomas O. 1913. Four new shrews. The Annals and Magazine of Natural History, Ser. 8, 11(62): 214-218.

Hoffmann RS. 1985. A review of the genus *Soriculus* (Mammalia: Insectivora). The Journal of the Bombay Natural History Society, 82: 459-481.

Lin LK, Motokawa M. 2014. Mammals of Taiwan: Volume I. Soricomorpha. Taichung: Center for Tropical Ecology and Biodiversity, Tunghai University: 1-89.

377. 大长尾鼩鼱 *Episoriculus leucops* (Horsfield, 1855)

英文名： Long-tailed Brown-toothed Shrew, India Long-tailed Shrew

曾用名： 印度长尾鼩

地方名： 无

模式产地： 尼泊尔

同物异名及分类引证：

Sorex leucops Horsfield, 1855

Soriculus (*Episoriculus*) *leucops* (Horsfield, 1855) Ellerman & Morrison-Scott, 1951

Episoriculus leucops (Horsfield, 1855) Hutterer, 2005

亚种分化： 无

国内分布： 四川、西藏、云南。

国外分布： 缅甸、尼泊尔、印度东北部、越南。

引证文献：

Horsfield MD. 1855. Brief notices of several new or little known species of Mammalia, lately discovered and collected in Nepal by Brian Houghton Hodgson. The Annals and Magazine of Natural History, 2(16): 101-114.

Hoffmann RS. 1985. A review of the genus *Soriculus* (Mammalia: Insectivora). The Journal of the Bombay Natural History Society, 82: 459-481.

Motokawa M, Lin LK. 2005. Taxonomic status of *Soriculus baileyi* (Insectivora, Soricidae). Mammal Study, 30: 117-124.

378. 小长尾鼩鼱 *Episoriculus macrurus* (Blanford, 1888)

英文名： Long-tailed Mountain Shrew

曾用名： 缅甸长尾鼩

地方名： 无

模式产地： 印度大吉岭

同物异名及分类引证：

Sorex macrurus Blanford, 1888

Soriculus irene Thomas, 1911

Soriculus (*Episoriculus*) *leucops* (Horsfield, 1855) Ellerman & Morrison-Scott, 1951

Soriculus (*Episoriculus*) *macrurus* (Blanford, 1888) Corbet & Hill, 1992

Episoriculus macrurus (Blanford, 1888) Hutterer, 2005

亚种分化： 全世界有 2 个亚种，中国有 1 个亚种。

川西亚种 *E. m. irene* (Thomas, 1911)，模式产地：四川荥经。

国内分布： 川西亚种分布于四川、西藏、云南。

国外分布： 缅甸北部、尼泊尔中部、印度东北部、越南北部。

引证文献：

Blanford WT. 1888. The fauna of British India, including Ceylon and Burma. Mammalia. London: Taylor and Francis.

Thomas O. 1911. On mammals collected in the provinces of Sze-chwan and Yunnan, W. China, by Malcolm Anderson, for the Duke of Bedford's exploration. Proceedings of the Zoological Society of London, 100: 48-50.

Hoffmann RS. 1985. A review of the genus *Soriculus* (Mammalia: Insectivora). The Journal of the Bombay Natural History Society, 82: 459-481.

379. 灰腹长尾鼩鼱 *Episoriculus sacratus* (Thomas, 1911)

英文名：Thomas's Brown-toothed Shrew, Grey-bellied Shrew

曾用名：无

地方名：无

模式产地：四川峨眉山

同物异名及分类引证：

Soriculus sacratus Thomas, 1911

Soriculus caudatus sacratus (Thomas, 1911) Allen, 1938

Soriculus (*Episoriculus*) *caudatus* (Horsfield, 1851) Corbet & Hill, 1992

Episoriculus sacratus (Thomas, 1911) 王应祥, 2003

Episoriculus caudatus (Horsfield, 1851) Hutterer, 2005

亚种分化：无

国内分布：四川西部、云南（高黎贡山）。

国外分布：缅甸东北部、尼泊尔。

引证文献：

Thomas O. 1911. Mammals collected in the provinces of Kan-su and Sze-chwan, western China, by Mr. Malcolm Anderson, for the Duke of Bedford's exploration of Eastern Asia. Proceedings of the Zoological Society of London, 90: 3-5.

Hoffmann RS. 1985. A review of the genus *Soriculus* (Mammalia: Insectivora). The Journal of the Bombay Natural History Society, 82: 459-481.

蹼足鼩属 *Nectogale* Milne-Edwards, 1870

380. 蹼足鼩 *Nectogale elegans* Milne-Edwards, 1870

英文名：Elegant Water Shrew, Web-footed Water Shrew, Tibetan Water Shrew

曾用名：无

地方名：水老鼠

模式产地：四川宝兴

同物异名及分类引证：

Nectogale sikhimensis de Winton *et* Styan, 1899

亚种分化：全世界有 2 个亚种，中国均有分布。

指名亚种 *N. e. elegans* Milne-Edwards, 1870，模式产地：四川宝兴；

喜马拉雅亚种 *N. e. sikhimensis* de Winton *et* Styan, 1899，模式产地：印度锡金。

国内分布：指名亚种分布于甘肃南部、陕西南部、四川西部、云南西北部和中部；喜马拉雅亚种分布于西藏南部。

国外分布：不丹、缅甸、尼泊尔、印度（锡金）。

引证文献：

Milne-Edwards A. 1870. Note sur quelques mammifères du Tibet oriental. Paris: Comptes rendus hebdomadaires des séances de l'Académie des sciences, 70: 341-342.

de Winton W, Styan F. 1899. On Chinese mammals, principally from Western Sechuen. Proceeding of the Zoological Society of London, 67(3): 572-578.

Hoffmann RS. 1987. A review of the systematics and distribution of Chinese red-toothed shrews (Mammalia: Soricinae). 兽类学报, 7(2): 100- 139.

蒋学龙, 王应祥, 陈上华. 2004. 兽类. 见: 喻庆国, 曹善寿, 钱德仁, 顾祥顺. 无量山国家级自然保护区. 昆明: 云南科技出版社: 172-203.

水鼩鼱属 *Neomys* Kaup, 1829

381. 水鼩鼱 *Neomys fodiens* (Pennant, 1771)

英文名：Eurasian Water Shrew

曾用名：无

地方名：无

模式产地：德国柏林

同物异名及分类引证：

Sorex fodiens Pennant, 1771

亚种分化：全世界有 4 个亚种，中国有 1 个亚种。

远东亚种 *N. f. orientis* Thomas, 1914，模式产地：哈萨克斯坦。

国内分布：远东亚种分布于黑龙江、吉林、新疆。

国外分布：朝鲜；欧洲、亚洲北部。

引证文献：

Pennant T. 1771. Synopsis of quadrupeds. Chester: J. Monk.

Thomas O. 1914. On small mammals from Djarkent, Central Asia. The Annals and Magazine of Natural History, Ser. 8, 13(78): 563-573.

Hoffmann RS. 1987. A review of the systematics and distribution of Chinese red-toothed shrews (Mammalia: Soricinae). 兽类学报, 7(2): 100-139.

王东风. 1993. 黑龙江省兽类新记录——水鼩鼱. 野生动物, (4): 22-23.

长尾鼩鼱属 *Soriculus* Blyth, 1854

382. 大爪长尾鼩鼱 *Soriculus nigrescens* (Gray, 1842)

英文名：Himalayan Shrew, Large-clawed Shrew

曾用名：无

地方名：无

模式产地：印度东北部大吉岭

同物异名及分类引证：

Corsira nigrescens Gray, 1842

亚种分化：全世界有 2 个亚种，中国均有分布。

指名亚种 *S. n. nigrescens* (Gray, 1842)，模式产地：印度大吉岭；

阿萨姆亚种 *S. n. minor* Dobson, 1890，模式产地：印度曼尼普尔邦。

国内分布：指名亚种分布于西藏南部；阿萨姆亚种分布于西藏东南部、云南西部。

国外分布：不丹、缅甸北部、尼泊尔、印度东北部。

引证文献：

Gray JE. 1842. Descriptions of some new genera and fifty unrecorded species of Mammalia. The Annals and Magazine of Natural History, Ser. 1, 10(65): 255-267.

Dobson GE. 1890. A monograph of the Insectivora, systematic and anatomical. Part III. London: Gurney and Jackson.

Hoffmann RS. 1985. A review of the genus *Soriculus* (Mammalia: Insectivora). The Journal of the Bombay Natural History Society, 82: 459-481.

Motokawa M. 2003. *Soriculus minor* Dobson, 1890, senior synonym of *S. radulus* Thomas, 1922 (Insectivora, Soricidae). Mammalian Biology-Zeitschrift für Säugetierkunde, 68(3): 178-180.

鼩鼱族 Soricini G. Fischer, 1814

鼩鼱属 *Sorex* Linnaeus, 1758

鼩鼱亚属 *Sorex* Linnaeus, 1758

383. 天山鼩鼱 *Sorex asper* Thomas, 1914

英文名：Tien Shan Shrew

曾用名：无

地方名：无

模式产地：天山特克斯峡谷

同物异名及分类引证：

Sorex araneus (Linnaeus, 1758) Ellerman & Morrison-Scott, 1951

亚种分化：无

国内分布：新疆西北部。

国外分布：哈萨克斯坦。

引证文献：

Thomas O. 1914. On small mammals from Djarkent, Central Asia. The Annals and Magazine of Natural History, Ser. 8, 13(78): 563-573.

Hoffmann RS. 1987. A review of the systematics and distribution of Chinese red-toothed shrews (Mammalia: Soricinae). 兽类学报, 7(2): 100-139.

Fumagalli L, Taberlet P, Stewart DT, Gielly L, Hausser J, Vogel P. 1999. Molecular phylogeny and evolution of *Sorex* shrews (Soricidae: Insectivora) inferred from mitochondrial DNA sequence data. Molecular Phylogenetics and Evolution, 11(2): 222-235.

384. 小纹背鼩鼱 *Sorex bedfordiae* Thomas, 1911

英文名：Lesser Striped Shrew

曾用名：无

地方名：无

模式产地：四川峨眉山

同物异名及分类引证：

Sorex wardi Thomas, 1911

Sorex wardi fumeolus Thomas, 1911

Sorex bedfordiae gomphus Allen, 1923

Sorex cylindricauda cylindricauda (Milne-Edwards, 1871) Allen, 1938

亚种分化：全世界有 4 个亚种，中国均有分布。

指名亚种 *S. b. bedfordiae* Thomas, 1911，模式产地：四川峨眉山；

甘肃亚种 *S. b. wardi* Thomas, 1911，模式产地：甘肃临潭；

云南亚种 *S. b. gomphus* Allen, 1923，模式产地：云南镇康木场；

尼泊尔亚种 *S. b. nepalensis* Weigel, 1969，模式产地：尼泊尔。

国内分布：指名亚种分布于四川西部、云南东北部；甘肃亚种分布于甘肃南部、青海东部、陕西秦岭、湖北西北部；云南亚种分布于云南西部和中部；尼泊尔亚种分布于西藏南部。

国外分布：缅甸、尼泊尔。

引证文献：

Thomas O. 1911a. *Sorex bedfordiae* sp. n.; *Sorex wardi* sp. n. In: Minchin EA. Abstracts of the Proceedings of the Zoological Society of London, 90: 3.

Thomas O. 1911b. *Sorex wardi fumeolus* subsp. n. In: Blanford JR. Abstracts of the Proceedings of the Zoological Society of London, 100: 49.

Thomas O. 1911c. Mammals collected in the provinces of Kan-su and Sze-chwan, western China, by Mr. Malcolm Anderson, for the Duke of Bedford's exploration of Eastern Asia. Proceedings of the Zoological Society of London, 90: 3-5.

Thomas O. 1912. The Duke of Bedford's expedition of Eastern Asia.—XV. On mammasl from the province of Sze-chwan and Yunnan, Western China. Proceedings of the Zoological Society of London: 127-141.

Allen GM. 1923. New Chinese insectivores. American Museum Novitates, 100: 1-11.

Weigel I. 1969. Systematische übersicht über die insektenfresser und nager Nepals nebst bemerkungen zur tiergeographie. Khumbu Himal, 3(2): 149-196.

Hoffmann RS. 1987. A review of the systematics and distribution of Chinese red-toothed shrews (Mammalia: Soricinae). 兽类学报, 7(2): 100-139.

385. 中鼩鼱 *Sorex caecutiens* Laxmann, 1788

英文名：Laxmann's Shrew

曾用名：无

地方名：尖嘴耗子

模式产地：俄罗斯贝加尔湖西南岸

同物异名及分类引证：无

亚种分化：全世界有 8 个亚种，中国有 3 个亚种。

远东亚种 *S. c. macropygmaeus* Miller, 1901，模式产地：俄罗斯堪察加半岛；

东北亚种 *S. c. koreni* G. Allen, 1914，模式产地：俄罗斯西伯利亚科利马河口附近；

阿尔泰亚种 *S. c. altaicus* Ognev, 1921，模式产地：俄罗斯托木斯克。

国内分布：远东亚种分布于黑龙江东部；东北亚种分布于黑龙江西部、吉林、辽宁、内蒙古；阿尔泰亚种分布于新疆阿尔泰地区。

国外分布：俄罗斯（西伯利亚）；东欧、中亚、东亚。

引证文献：

Laxmann E. 1788. *Sorex caecutiens*. Nova Acta Academiae Scientiarum Imperialis Petropolitanae, Tomus, 3: 285-286.

Miller GS. 1901. Descriptions of three new Asiatic shrews. Proceedings of the Biological Society of Washington, 14: 157-159.

Allen GM. 1914. Notes on the birds and mammals of the Arctic coast of Sihcria. Proceedings of the New England Zooological Club, 5: 49-66.

Ognev SI. 1921. Contribution à la classificaton des mammifères insectivores de la Russie. Annuaire du Musée zoologique de l'Académie des sciences de St. Pétersbourg, 22: 311-350.

Hoffmann RS. 1987. A review of the systematics and distribution of Chinese red-toothed shrews (Mammalia: Soricinae). 兽类学报, 7(2): 100-139.

孙悦欣, 周永先, 吴小平, 马广仁. 1994. 长白山西南部食虫目初步调查. 动物学杂志, 29(2): 57-58.

刘铸, 张隽晟, 白薇, 刘欢, 解瑞雪, 杨茜, 金志民. 2019. 中国东北地区鼩鼱科动物分类与分布. 兽类学报, 39(1): 8-26.

386. 甘肃鼩鼱 *Sorex cansulus* Thomas, 1912

英文名：Gansu Shrew

曾用名：无

地方名：无

模式产地：甘肃临潭东南约 74 千米

同物异名及分类引证：

Sorex buxtoni cansulus (Thomas, 1912) Allen, 1938

Sorex caecutiens caecutiens (Laxmann, 1788) Ellerman & Morrison-Scott, 1951

亚种分化：无

国内分布：中国特有，分布于甘肃南部、青海、陕西、四川西部、云南西北部。

国外分布：无

引证文献：

Thomas O. 1912. LI.—On a collection of small mammals from the Tsin-ling Mountains, Central China, presented by Mr. G. Fenwick Owen to the National Museum. The Annals and Magazine of Natural History, Ser. 8, 10(58): 395-403.

Hoffmann RS. 1987. A review of the systematics and distribution of Chinese red-toothed shrews (Mammalia: Soricinae). 兽类学报, 7(2): 100-139.

宋文宇, 王洪娇, 李弈仙, 何水旺, 蒋学龙. 2021. 云南省两种兽类新纪录——藏鼩鼱(*Sorex thibetanus* Kastschenko, 1905)和甘肃鼩鼱(*Sorex cansulus* Thomas, 1912). 兽类学报, 41(3): 352-360.

黄韵佳, 唐刻意, 王旭明, 万韬, 付长坤, 王琼, 陈顺德, 刘少英. 2022. 四川、青海和陕西省发现甘肃鼩鼱. 兽类学报, 42(1): 118-124

387. 纹背鼩鼱 *Sorex cylindricauda* Milne-Edwards, 1871

英文名：Stripe-backed Shrew, Large Striped Shrew, Greater Striped Shrew

曾用名：无

地方名：无

模式产地：四川宝兴

同物异名及分类引证：无

亚种分化：无

国内分布：中国特有，分布于甘肃南部、陕西（秦岭）、四川中部和西部、云南西北部。

国外分布：无

引证文献：

Milne-Edwards A. 1871. Description of new species: footnotes. In: David Armand, 1867-1871, q.v., Nouvelles Archives du Museum d'Histoire Naturelle de Paris, 7: 91-93.

Hoffmann RS. 1987. A review of the systematics and distribution of Chinese red-toothed shrews (Mammalia: Soricinae). 兽类学报, 7(2): 100-139.

388. 大齿鼩鼱 *Sorex daphaenodon* Thomas, 1907

英文名：Siberian Large-toothed Shrew

曾用名：栗齿鼩鼱

地方名：尖嘴耗子

模式产地：俄罗斯萨哈林岛（库页岛）

同物异名及分类引证：无

亚种分化：全世界有 4 个亚种，中国有 1 个亚种。

指名亚种 *S. d. daphaenodon* Thomas, 1907，模式产地：俄罗斯萨哈林岛（库页岛）。

国内分布：指名亚种分布于黑龙江、吉林、内蒙古东部。

国外分布：俄罗斯［西伯利亚、萨哈林岛（库页岛）、堪察加半岛、幌筵岛］；中亚东部、东亚。

引证文献：

Thomas O. 1907. The Duke of Bedford's zoological exploration in Eastern Asia. List of small mammals from the Islands of Saghalien and Hokkaido. Proceedings of the Zoological Society of London, 1907: 404-414.

Hoffmann RS. 1987. A review of the systematics and distribution of Chinese red-toothed shrews (Mammalia: Soricinae). 兽类学报, 7(2): 100-139.

刘铸, 张隽晟, 白薇, 刘欢, 解瑞雪, 杨茜, 金志民. 2019. 中国东北地区鼩鼱科动物分类与分布. 兽类学报, 39(1): 8-26.

389. 云南鼩鼱 *Sorex excelsus* Allen, 1923

英文名：Chinese Highland Shrew, Yunnan Shrew

曾用名：无

地方名：无

模式产地：云南香格里拉南部碧塔海附近雪山

同物异名及分类引证：

Sorex araneus excelsus (Allen, 1923) Ellerman & Morrison-Scott, 1951

亚种分化：无

国内分布：青海东南部、四川西部、西藏东南部、云南西北部。

国外分布：尼泊尔（可能有分布）。

引证文献：

Allen GM. 1923. New Chinese insectivores. American Museum Novitates, 100: 1-11.

Hoffmann RS. 1987. A review of the systematics and distribution of Chinese red-toothed shrews (Mammalia: Soricinae). 兽类学报, 7(2): 100-139.

Fumagalli L, Taberlet P, Stewart DT, Gielly L, Hausser J, Vogel P. 1999. Molecular phylogeny and evolution of *Sorex* shrews (Soricidae: Insectivora) inferred from mitochondrial DNA sequence data. Molecular Phylogenetics and Evolution, 11(2): 222-235.

390. 细鼩鼱 *Sorex gracillimus* Thomas, 1907

英文名：Slender Shrew

曾用名：瘦鼩鼱

地方名：尖嘴耗子

模式产地：俄罗斯萨哈林岛（库页岛）

同物异名及分类引证：

Sorex minutus gracillimus (Thomas, 1907) Ellerman & Morrison-Scott, 1951

亚种分化：全世界有 3 个亚种，中国有 1 个亚种。

远东亚种 *S. g. minor* Okhotina, 1993，模式产地：俄罗斯滨海边疆区。

国内分布：远东亚种分布于黑龙江、吉林、内蒙古。

国外分布：从鄂霍次克海东海岸到朝鲜半岛北部、俄罗斯［萨哈林岛（库页岛）］、日本（北海道）。

引证文献：

Thomas O. 1907. The Duke of Bedford's zoological exploration in Eastern Asia. List of small mammals from the Islands of Saghalien and Hokkaido. Proceedings of the Zoological Society of London, 1907: 404-414.

Hoffmann RS. 1987. A review of the systematics and distribution of Chinese red-toothed shrews (Mammalia: Soricinae). 兽类学报, 7(2): 100-139.

Okhotina MV. 1993. Subspecies taxonomic revision of Far East shrews (Insectivora, *Sorex*) with the description of new subspecies. Trudy Zoologicheskogo Instituta, 243: 58-71.

刘铸, 张隽晟, 白薇, 刘欢, 解瑞雪, 杨茜, 金志民. 2019. 中国东北地区鼩鼱科动物分类与分布. 兽类学报, 39(1): 8-26.

391. 远东鼩鼱 *Sorex isodon* Turov, 1924

英文名：Taiga Shrew

曾用名：同齿鼩鼱

地方名：尖嘴耗子

模式产地：俄罗斯西伯利亚贝加尔湖东北

同物异名及分类引证：

Sorex araneus (Linnaeus, 1758) Ellerman & Morrison-Scott, 1951

亚种分化：全世界有 6 个亚种，但分布于中国的亚种归属尚未确定。

国内分布：黑龙江、内蒙古东部。

国外分布：朝鲜半岛、俄罗斯［西伯利亚、堪察加半岛、萨哈林岛（库页岛）］；欧洲。

引证文献：

Turov SS. 1924. On the fauna of vertebrates north-east coast of Lake Baikal. Proceedings of the Russian Academy of Sciences, 1924: 109-112.

Hoffmann RS. 1987. A review of the systematics and distribution of Chinese red-toothed shrews (Mammalia: Soricinae). 兽类学报, 7(2): 100-139.

刘铸, 张隽晟, 白薇, 刘欢, 解瑞雪, 杨茜, 金志民. 2019. 中国东北地区鼩鼱科动物分类与分布. 兽类学报, 39(1): 8-26.

392. 柯氏鼩鼱 *Sorex kozlovi* Stroganov, 1952

英文名：Kozlov's Shrew

曾用名：无

地方名：尖嘴耗子

模式产地：青海扎曲河（澜沧江支流）

同物异名及分类引证：

Sorex thibetanus kozlovi (Stroganov, 1952) Dolgov & Hoffmann, 1977

Sorex buchariensis (Ognev, 1921) Corbet, 1978

亚种分化：无

国内分布：中国特有，仅分布于青海（澜沧江上游地区）。

国外分布：无

引证文献：

Stroganov SU. 1952. New species of shrew from the Siberian fauna. Proceedings of the Institute of Biology, West Siberian Branch, Academy of Sciences of the USSR, Zoology. 1: 1-14.

Dolgov VA, Hoffmann RS, 1977. Tibetan shrew—*Sorex thibbetanus* Kastschenko, 1905 (Soricidae, Mammalia). Zoologicheskii Zhurnal, 46: 1687-1692.

393. 姬鼩鼱 *Sorex minutissimus* Zimmermann, 1780

英文名：Eurasian Least Shrew

曾用名：无

地方名：尖嘴耗子

模式产地：俄罗斯叶尼塞河

同物异名及分类引证：

Sorex minutus minutus (Linnaeus, 1766) Ellerman & Morrison-Scott, 1951

亚种分化： 全世界有 11 个亚种，但分布于中国的亚种归属尚未确定。

国内分布： 黑龙江、吉林、内蒙古、四川、云南。

国外分布： 俄罗斯［西伯利亚、萨哈林岛（库页岛）］、蒙古、韩国、日本（北海道）、
美国（阿拉斯加）；欧洲。

引证文献：

Zimmermann EAW. 1780. Geographische geschichte des menschen, und der allgemein verbreiteten vierfüssigen thiere Vol. 3. Leipzig: In der Weygandschen buchhandlung: 1-449.

Hoffmann RS. 1987. A review of the systematics and distribution of Chinese red-toothed shrews (Mammalia: Soricinae). 兽类学报, 7(2): 100-139.

Yoshyuki M. 1988. Taxonomic status of the least red-toothed shrew (Insectivora, Soricidae) from Korea. Bulletin of the National Science Museum, Tokyo, Ser. A, 14: 151-158.

Yudin BS. 1989. Insectivorous mammals of Siberia. Second Edition. Nauka: Novosibirst.

Hope AG, Waltari E, Dokuchaev NE, Abramov S, Dupal T, Tsvetkova A, Henttonen H, MacDonald SO, Cook JA. 2010. High-latitude diversification within Eurasian least shrews and Alaska tiny shrews (Soricidae). Journal of Mammalogy, 91(5): 1041-1057.

刘铸, 张隽晟, 白薇, 刘欢, 解瑞雪, 杨茜, 金志民. 2019. 中国东北地区鼩鼱科动物分类与分布. 兽类学报, 39(1): 8-26.

394. 小鼩鼱 *Sorex minutus* Linnaeus, 1766

英文名： Eurasian Pygmy Shrew

曾用名： 无

地方名： 尖嘴耗子

模式产地： 俄罗斯西伯利亚叶尼塞河

同物异名及分类引证： 无

亚种分化： 全世界有 6 个亚种，中国有 1 个亚种。

天山亚种 *S. m. heptapotamicus* Stroganov, 1957，模式产地：吉尔吉斯斯坦伊塞克湖州
（"Terskey-Ala-Too"）。

国内分布： 天山亚种仅分布于新疆天山地区。

国外分布： 欧洲、中亚（阿尔泰山、贝加尔湖区、天山山脉、叶尼塞河流域）。

引证文献：

Linnaeus C. 1766. Systema naturae per regna tria naturae, secundum classes, ordines, genera, species, cum characteribus, differentiis synonymis, locis. 12th Ed. Vol. 1. Holmiae: Salvius: 1-73.

Stroganov SU. 1957. Zveri Sibiri. Nasekomoyadnye. Moscow: Akademiya Nauk SSSR.

Hoffmann RS. 1987. A review of the systematics and distribution of Chinese red-toothed shrews (Mammalia: Soricinae). 兽类学报, 7(2): 100-139.

黄薇, 夏霖, 冯祚建, 杨奇森. 2007. 新疆兽类分布格局及动物地理区划探讨. 兽类学报, 27(4): 325-337.

395. 大鼩鼱 *Sorex mirabilis* Ognev, 1937

英文名：Ussuri Shrew

曾用名：无

地方名：尖嘴耗子

模式产地：俄罗斯滨海边疆区卡缅卡河

同物异名及分类引证：

Sorex pacificus (Coues, 1877) Ellerman & Morrison-Scott, 1951

亚种分化：全世界有 2 个亚种，分布于中国的亚种归属尚未确定。

国内分布：黑龙江、吉林、辽宁。

国外分布：朝鲜半岛、乌苏里地区（俄罗斯境内部分）。

引证文献：

Ognev SI. 1937. A new and remarkable species of shrew (*Sorex mirabilis* sp. nova). Bulletin de la Société des Naturalistes de Moscou. Section Biologique, 46: 268-271.

Hoffmann RS. 1987. A review of the systematics and distribution of Chinese red-toothed shrews (Mammalia: Soricinae). 兽类学报, 7(2): 100-139.

孙悦欣, 董明珍, 那宝忠, 鲁哲林. 2004. 辽宁省发现古北区稀有种大鼩鼱. 动物学杂志, 39(2): 88.

刘铸, 张隽晟, 白薇, 刘欢, 解瑞雪, 杨茜, 金志民. 2019. 中国东北地区鼩鼱科动物分类与分布. 兽类学报, 39(1): 8-26.

396. 扁颅鼩鼱 *Sorex roboratus* Hollister, 1913

英文名：Flat-skulled Shrew

曾用名：阿尔泰鼩鼱、西伯利亚鼩鼱

地方名：尖嘴耗子

模式产地：阿尔泰山（俄罗斯一侧）

同物异名及分类引证：

Sorex araneus (Linnaeus, 1758) Ellerman & Morrison-Scott, 1951

亚种分化：全世界有 5 个亚种，中国有 1 个亚种。

黑龙江亚种 *S. r. platycranius* Ognev, 1921，模式产地：乌苏里地区（俄罗斯东西伯利亚境内部分）。

国内分布：黑龙江亚种分布于黑龙江（长白山、大兴安岭）。

国外分布：俄罗斯［鄂毕河到乌苏里江、阿尔泰山（俄罗斯境内部分）、滨海边疆区］和蒙古北部。

引证文献：

Hollister N. 1913. Two new mammals from the Siberian Altai. Smithsonian Miscellaneous Collections, 60(24): 1-3.

Ognev SI. 1921. Contribution à la classificaton des mammifères insectivores de la Russie. Annuaire du Musée zoologique de l'Académie des sciences de St. Pétersbourg. 22: 311-350.

Hoffmann RS. 1985. The correct name for the palearctic brown, or flat-skulled shrew is *Sorex roboratus*. Proceedings of the Biological Society of Washington, 98: 17-28.

Hoffmann RS. 1987. A review of the systematics and distribution of Chinese red-toothed shrews (Mammalia: Soricinae). 兽类学报, 7(2): 100-139.

刘铸, 杨茜, 解瑞雪, 刘欢, 金志民, 张新鹏. 2016. 扁颅鼩鼱(Sorex roboratus)在中国分布的证实. 兽类学报, 36(4): 459-463.

刘铸, 张隽晟, 白薇, 刘欢, 解瑞雪, 杨茜, 金志民. 2019. 中国东北地区鼩鼱科动物分类与分布. 兽类学报, 39(1): 8-26.

397. 陕西鼩鼱 *Sorex sinalis* Thomas, 1912

英文名：Chinese Shrew
曾用名：欧鼩鼱
地方名：无
模式产地：陕西凤县东南 72 千米
同物异名及分类引证：

Sorex ananeus sinalis (Thomas, 1912) Ellerman & Morrison-Scott, 1951

亚种分化：无
国内分布：中国特有，分布于甘肃南部、陕西南部、四川北部。
国外分布：无
引证文献：

Thomas O. 1912. LI.—On a collection of small mammals from the Tsin-ling Mountains, Central China, presented by Mr. G. Fenwick Owen to the National Museum. The Annals and Magazine of Natural History, Ser. 8, 10(58): 395-403.

Hoffmann RS. 1987. A review of the systematics and distribution of Chinese red-toothed shrews (Mammalia: Soricinae). 兽类学报, 7(2): 100-139.

398. 藏鼩鼱 *Sorex thibetanus* Kastschenko, 1905

英文名：Tibetan Shrew
曾用名：喜马拉雅鼩鼱
地方名：无
模式产地：新疆柴达木盆地
同物异名及分类引证：

Sorex minutus thibetanus (Kastschenko, 1905) Allen, 1938

亚种分化：无
国内分布：甘肃、青海、新疆、四川、云南。
国外分布：尼泊尔、不丹、印度东北部。
引证文献：

Kastschenko NF. 1905. Observations on mammals from W. Siberia & Turkestan, in Trans. Tomsk University, 27: 93.

Stroganov SU. 1952. Ksistematikei rasprostraneniyu dvukh maloizuchennykh vidov burzubok Srednei I Tsentral noi Azii. Byulleten Moskovskogo Obshchestva Ispytatelei Prirody Otdel Biologicheskii, 57: 21-22.

Hoffmann RS. 1987. A review of the systematics and distribution of Chinese red-toothed shrews (Mammalia: Soricinae). 兽类学报, 7(2): 100-139.

宋文宇, 王洪娇, 李弈仙, 何水旺, 蒋学龙. 2021. 云南省两种兽类新纪录——藏鼩鼱(*Sorex thibetanus* Kastschenko, 1905)和甘肃鼩鼱(*Sorex cansulus* Thomas, 1912). 兽类学报, 41(3): 352-360.

399. 苔原鼩鼱 *Sorex tundrensis* Merriam, 1900

英文名：Tundra Shrew

曾用名：无

地方名：尖嘴耗子

模式产地：美国阿拉斯加圣迈克尔斯

同物异名及分类引证：无

亚种分化：全世界有 10 个亚种，中国有 2 个亚种。

西北亚种 *S. t. schnitnikovi* Ognev, 1921，模式产地：哈萨克斯坦；

东北亚种 *S. t. stroganovi* Yudin, 1989，模式产地：兴凯湖。

国内分布：西北亚种分布于新疆北部；东北亚种分布于黑龙江、吉林、内蒙古东部。

国外分布：俄罗斯［萨哈林岛（库页岛）、西伯利亚］、蒙古、加拿大（育空地区）、美国（阿拉斯加）。

引证文献：

Merriam CH. 1900. Descriptons of twenty-six new mammals from Alaska and British North America. Proceedings of the Washington Academy of Sciences. Washington Academy of Sciences, 2: 13-30.

Ognev S I. 1921. Contribution à la classificaton des mammifères insectivores de la Russie. Annuaire du Musée zoologique de l'Académie des sciences de St. Pétersbourg. 22: 311-350.

Hoffmann RS. 1987. A review of the systematics and distribution of Chinese red-toothed shrews (Mammalia: Soricinae). 兽类学报, 7(2): 100-139.

Yudin BS. 1989. Insectivorous mammals of Siberia. Second Edition. Nauka: Novosibirst.

刘洋, 王昊, 刘少英. 2010. 苔原鼩鼱(*Sorex tundrensis*)在中国分布的首次证实. 兽类学报, 30(4): 439-443.

刘铸, 张隽晟, 白薇, 刘欢, 解瑞雪, 杨茜, 金志民. 2019. 中国东北地区鼩鼱科动物分类与分布. 兽类学报, 39(1): 8-26.

400. 长爪鼩鼱 *Sorex unguiculatus* Dobson, 1890

英文名：Long-clawed Shrew

曾用名：无

地方名：尖嘴耗子

模式产地：俄罗斯萨哈林岛（库页岛）

同物异名及分类引证：

Sorex araneus (Linnaeus, 1758) Ellerman & Morrison-Scott, 1951

亚种分化：无

国内分布：黑龙江、内蒙古东部。

国外分布: 俄罗斯 [符拉迪沃斯托克（海参崴）、萨哈林岛（库页岛）]、日本（北海道）。

引证文献：

Dobson GE. 1890. Descriptions of a new species of *Sorex* from Saghalien Island. The Annals and Magazine of Natural History, 6(5): 155-156.

Hoffmann RS. 1987. A review of the systematics and distribution of Chinese red-toothed shrews (Mammalia: Soricinae). 兽类学报, 7(2): 100-139.

刘铸, 张隽晟, 白薇, 刘欢, 解瑞雪, 杨茜, 金志民. 2019. 中国东北地区鼩鼱科动物分类与分布. 兽类学报, 39(1): 8-26.

翼手目 CHIROPTERA Blumenbach, 1779

阴蝙蝠亚目 Yinpterochiroptera Koopman, 1985

狐蝠科 Pteropodidae Gray, 1821

犬蝠属 *Cynopterus* Cuvier, 1824

401. 短耳犬蝠 *Cynopterus brachyotis* (Müller, 1838)

英文名：Lesser Dog-faced Fruit Bat, Lesser Short-nosed Fruit Bat, Sunda Short-nosed Fruit Bat

曾用名：无

地方名：无

模式产地：加里曼丹岛

同物异名及分类引证：

Pachysoma brachyotis Müller, 1838

Cynopterus brachysoma Dobson, 1871

亚种分化：全世界有 8 个亚种，中国有 1 个亚种。

越北亚种 *C. b. hoffeti* Bourret, 1944，模式产地：越南。

国内分布：越北亚种分布于西藏、云南。

国外分布：不丹、柬埔寨、老挝、马来西亚、孟加拉国、缅甸、斯里兰卡、泰国、文莱、新加坡、印度、印度尼西亚、越南。

引证文献：

Müller S. 1838. Over eenige nieuwe zoogdieren van Borneo. Tijdschrift voor Natuurlijke Geschiedenis en Physiologie, 5: 134-150.

Dobson GE. 1871. On some new species of Malayan bats from the collection of Dr. Stoliczka. Proceedings of the Asiatic Society of Bengal, 1871: 105-106.

Bourret R. 1944. Liste des oiseaux dans la collection du Laboratoire de Zoologie, troisième liste, 1943. Notes et travaux de l'Ecole supérieure des Sciences de l'Université Indochinoise, Hanoi, 3: 19-36.

402. 犬蝠 *Cynopterus sphinx* (Vahl, 1797)

英文名：Cynopterus Bat, Greater Short-nosed Fruit Bat, Sphinx Fruit Bat

曾用名：印度犬果蝠

地方名：短吻果蝠

模式产地：印度金奈

同物异名及分类引证：

Vespertilio fibulatus Vahl, 1797

Vespertilio sphinx Vahl, 1797

Pteropus pusillus Geoffroy, 1803

Pteropus marginatus Geoffroy, 1810

Pachysoma brevicaudatum Temminck, 1837

Cynopterus brachyotis (Zelebor, 1869)

Cynopterus marginatus (Gray, 1870)

Cynopterus angulatus Miller, 1898

Cynopterus brachyotis (Miller, 1898)

Cynopterus sphnx (Andersen, 1910)

亚种分化：全世界有 6 个亚种，中国有 1 个亚种。

指名亚种 *C. s. sphinx* (Vahl, 1797)，模式产地：印度金奈。

国内分布：指名亚种分布于西藏、云南、福建、澳门、广东、广西、海南、香港。

国外分布：巴基斯坦、柬埔寨、马来西亚、孟加拉国、缅甸、斯里兰卡、印度、越南。

引证文献：

Vahl MH. 1797. Beskrivelse paa tre nye Arter Flagermuse. Skrivt Naturhist Selskabet Kjobenhavn, 4: 121-138.

Geoffroy SHE. 1803. Catalogue des mammifères du Muséum National d'Histoire Naturelle. Paris: Muséum National d'Histoire Naturelle, 58: 41-52.

Geoffroy SHE. 1810. Description des roussettes et des céphalotes, deux nouveaux genres de la famille des chauve-souris. Annales du Muséum d'histoire naturelle, 15: 86-108.

Temminck CJ. 1827[1824]-1841. Monographies de mammalogie, ou description de quelques genres de mammifères, dont les espèces ont eté observées dans les différent musées de l'Europe. Paris: Dufour & Ocagne.

Zelebor J. 1869. Reise der osterreichischen Fregatte Novara um die Erde in den Jahren 1857, 1858, 1859. Zoologischer Theil. Sâugetiere, 1:1-42.

Gray JE. 1870. Catalogue of monkeys, lemurs, and fruit-eating bats in the collection of the British Museum. London: Trustees of the British Museum.

Miller GS. 1898. List of bats collected by Dr. W. L. Abbott in Siam. Proceedings of the Academy of Natural Sciences of Philadelphia, 50: 316-325.

Andersen K. 1910. Ten new fruit-bats of the genera *Nyctimene*, *Cynopterus*, and *Eonycteris*. The Annals and Magazine of Natural History, 7: 641-643.

胡锦矗. 1997. 香港的兽类. 四川动物, 16(2): 63-68.

黄继展, 谭梁静, 杨剑, 陈毅, 刘奇, 沈琪琦, 徐敏贞, 邓耀民, 张礼标. 2013. 澳门翼手类物种多样性调查. 兽类学报, 33(2): 123-132.

大长舌果蝠属 *Eonycteris* Dobson, 1873

403. 大长舌果蝠 *Eonycteris spelaea* (Dobson, 1871)

英文名：Dawn Bat, Lesser Dawn Bat, Common Nectar Bat, Cave Nectar Bat, Common Dawn Bat, Dobson's Long-tongued Fruit Bat

曾用名：无

地方名：无

模式产地：缅甸德林达依

同物异名及分类引证：

Macroplossus spelaeus Dobson, 1871

Eonycteris spelaea rosenbergii (Jentink, 1889)

Eonycteris spelaea glandifera (Lawrence, 1939)

Eonycteris bernsteini Tate, 1942

Eonycteris spelaea (Maharadatunkamsi *et* Kitchener, 1997)

亚种分化：全世界有 4 个亚种，中国有 1 个亚种。

指名亚种 *E. s. spelaea* (Dobson, 1871)，模式产地：缅甸德林达依。

国内分布：指名亚种分布于云南、广西、海南。

国外分布：菲律宾、柬埔寨、老挝、马来西亚、缅甸、尼泊尔、泰国、印度、印度尼西亚、越南。

引证文献：

Dobson GE. 1871. III.—On some new species of Malayan bats from the collection of Dr. Stoliczka. Proceedings of the Asiatic Society of Bengal, 1871: 105-108.

Jentink FA. 1889. On a new genus and a new species in the Macroglossine-group of bats. Notes Leyden Museum, 11: 209-212.

Lawrence B. 1939. Mammals. In: Collections from the Philippine Islands. Bulletin of the Museum of Comparative Zoology, 86: 28-73.

寿振黄. 1957. 云南兽类的新纪录. 科学通报, 8(16): 500-501.

Maharadatunkamsi M, Kitchener DJ. 1997. Morphological variation in *Eonycteris spelaea* (Chiroptera: Pteropodidae) from the Greater and Lesser Sundas Islands, Indonesia and description of a new subspecies. Treubia, 31(2): 133-168.

谢焕旺, 何向阳, 汪慧琳, 梁捷, 王俊华, 张语之, 张劲硕, 张礼标. 2020. 海南岛发现长舌果蝠. 动物学杂志, 55(2): 165-171.

小长舌果蝠属 *Macroglossus* Cuvier, 1824

404. 安氏长舌果蝠 *Macroglossus sobrinus* Andersen, 1911

英文名：Hill Long-tongued Fruit Bat, Greater Long-nosed Fruit Bat, Long-tongued Fruit Bat

曾用名：无

地方名：无

模式产地：马来西亚霹雳州

同物异名及分类引证：

Macroglossus minimus Andersen, 1911

Macroglossus fraternus Chasen *et* Kloss, 1928

亚种分化：全世界有 2 个亚种，中国有 1 个亚种。

指名亚种 *M. s. sobrinus* Andersen, 1911，模式产地：马来西亚霹雳州。

国内分布：指名亚种分布于云南（勐腊）。

国外分布：老挝、马来西亚、缅甸、泰国、印度、印度尼西亚、越南。

引证文献：

Andersen K. 1911. LXXV.—Six new fruit-bats of the genera *Macroglossus* and *Syconycteris*. The Annals and Magazine of Natural History, Ser. 8, 7(42): 641-643.

Chasen FN, Kloss CB. 1928. Spolia Mentawiensia: mammals. Proceedings of the Zoological Society of London, 97(4): 797-840.

冯庆, 王应祥, 林苏. 2007. 中国安氏长舌果蝠的分类记述. 动物学研究, 28(6): 647-653.

无尾果蝠属 *Megaerops* Peters, 1865

405. 无尾果蝠 *Megaerops ecaudatus* (Temminck, 1837)

英文名：Tailless Fruit Bat, Temminck's Tailless Fruit Bat

曾用名：无

地方名：无

模式产地：印度尼西亚苏门答腊省巴东

同物异名及分类引证：

Pachysoma ecaudata Temminck, 1837

Pachysoma ecaudatum Temminck, 1837

亚种分化：无

国内分布：云南（腾冲）。

国外分布：马来西亚、泰国、印度尼西亚、越南。

引证文献：

Temminck CJ. 1827[1824]-1841. Monographies de mammalogie, ou description de quelques genres de mammifères, dont les espèces ont eté observées dans les différent musées de l'Europe. Paris: Dufour & Ocagne.

冯庆, 蒋学龙, 李松, 王应祥. 2006. 中国翼手类一属、种新纪录. 动物分类学报, 31(1): 224-230.

406. 泰国无尾果蝠 *Megaerops niphanae* Yenbutra *et* Felten, 1983

英文名：Ratanaworabhan's Fruit Bat, Northern Tailless Fruit Bat

曾用名：无

地方名：无

模式产地：泰国

同物异名及分类引证：无

亚种分化：无

国内分布：云南（贡山）。

国外分布：泰国、印度、越南。

引证文献：

Yenbutra S, Felten H. 1983. A new species of the fruit bat genus *Megaerops* from SE-Asia (Mammalia: Chiroptera: Pteropodidae). Senckenbergiana Biologica, 64: 1-11.

冯庆, 蒋学龙, 李松, 王应祥. 2006. 中国翼手类一属、种新纪录. 动物分类学报, 31(1): 224-230.

狐蝠属 *Pteropus* Brisson, 1762

407. 琉球狐蝠 *Pteropus dasymallus* Temminck, 1825

英文名：Ryukyu Flying Fox, Ryukyu Fruit Bat

曾用名：无

地方名：台湾狐蝠、飞蝠

模式产地：琉球群岛

同物异名及分类引证：

Pteropus formosus Sclater, 1873

亚种分化：全世界有 5 个亚种，中国有 1 个亚种。

台湾亚种 *P. d. formosus* Sclater, 1873，模式产地：台湾。

国内分布：台湾亚种分布于台湾。

国外分布：菲律宾、日本。

引证文献：

Temminck CJ. 1827[1824]-1841. Monographies de mammalogie, ou description de quelques genres de mammifères, dont les espèces ont été observées dans les différent musées de l'Europe. Paris: Dufour & Ocagne.

Sclater PL. 1873. Report on additions to the Society's menagerie in January 1873. Proceedings of the Zoological Society of London: 193.

Kuroda N. 1933. A revision of the genus *Pteropus* found in the islands of the Riu Kiu Chain, Japan. Journal of Mammalogy, 14: 312-316.

果蝠属 *Rousettus* Gray, 1821

408. 抱尾果蝠 *Rousettus amplexicaudatus* (Geoffroy, 1810)

英文名：Geoffroy's Rousette Bat

曾用名：无

地方名：无

模式产地：努沙登加拉群岛中的帝汶岛

同物异名及分类引证：

Pteropus amplexicaudatus Geoffroy, 1810

亚种分化：全世界有 5 个亚种，中国有 1 个亚种。

指名亚种 *R. a. amplexicaudatus* (Geoffroy, 1810)，模式产地：努沙登加拉群岛中的帝汶岛。

国内分布：指名亚种分布于云南。

国外分布：巴布亚新几内亚、菲律宾、柬埔寨、老挝、缅甸、所罗门群岛、泰国、印度尼西亚。

引证文献：

Geoffroy SHE. 1810. Description des roussettes et des céphalotes, deux nouveaux genres de la famille des chauve-souris. Annales du Muséum d'Histoire Naturelle, 15: 86-108.

409. 棕果蝠 *Rousettus leschenaultii* (Desmarest, 1820)

英文名：Leschenault's Rousette Bat, Fulvous Fruit Bat, Shortridge's Rousette

曾用名：无

地方名：赤褐果蝠

模式产地：印度本地治里

同物异名及分类引证：

Pteropus leschenaultii Desmarest, 1820

Rousettus leschenaultiav Desmarest, 1820

Rousettus pyrivorus Hodgson, 1835

Rousettus pirivarus Hodgson, 1841

Rousettus affinis Gray, 1843

Rousettus marginatusv Gray, 1843

Rousettu seminudus Kelaart, 1850

Eleutherura fusca Gray, 1870

Xantharpyia seminuda Gray, 1870

Rousettus infuscate Peters, 1873

Rousettus shortridgei Thomas *et* Wroughton, 1909

亚种分化：全世界有 3 个亚种，中国有 1 个亚种。

指名亚种 *R. l. leschenaultii* (Desmarest, 1820)，模式产地：印度本地治里。

国内分布：指名亚种分布于贵州、四川、西藏、云南、福建、江西、澳门、广东、广西、海南、香港。

国外分布：巴基斯坦、马来西亚、斯里兰卡、印度、印度尼西亚、越南。

引证文献：

Desmarest AR. 1820. Mammalogie ou description des espèce de mammifères Encyclopèdie Mèthodique. Paris: Veuve Agasse, 1: 110.

Hodgson BH. 1835. Synopsis of the Vespertilionidae of Nepal. Journal of the Asiatic Society of Bengal, 4: 699-701.

Hodgson BH. 1841. Classified catalogue of mammals of Nepal. Journal of the Asiatic Society of Bengal, 10: 907-916.

Gray JE. 1843. List of the specimens of Mammalia in the collection of the British Museum. London: British Museum (Natural History): 1-216.

Kelaart EF. 1850. Description of new species and varieties of mammals found in Ceylon. Journal of the Ceylon Branch of the Royal Asiatic Society, 2: 208-215.

Gray JE. 1870. Catalogue of monkeys, lemurs and fruit-eating bats in the collections of the British Museum. London: British Museum (Natural History): 1-137.

Peters W. 1873. Über einige zu der Gattung *Cynonycteris* gehôrige Aften der Flederhunde und über *Megaderma* cor. Mber. K. preuss. Akad. Wiss: 485-488.

Thomas O, Wroughton RC. 1909. On a collection of mammals from Western Java presented to the National

Museum by Mr. W. E. Balston. Proceedings of the General Meetings for Scientific Business of the Zoological Society of London, 1909: 371-392.

黄继展, 谭梁静, 杨剑, 陈毅, 刘奇, 沈琪琦, 徐敏贞, 邓耀民, 张礼标. 2013. 澳门翼手类物种多样性调查. 兽类学报, 33(2): 123-132.

球果蝠属 *Sphaerias* Miller, 1906

410. 球果蝠 *Sphaerias blanfordi* (Thomas, 1891)

英文名：Blanford's Fruit Bat

曾用名：无

地方名：无

模式产地：缅甸

同物异名及分类引证：

Cynopterus bianfordi Thomas, 1891

亚种分化：无

国内分布：西藏、云南、广西。

国外分布：不丹、缅甸、泰国、印度、越南。

引证文献：

Thomas O. 1891. Annali del Museo civico di storia naturale di Genova, Ser. 2. Genova: Tipografia. del R. Istituto Sordo-Muti, 10: 884, 921, 922.

程志营, 卢贞燕, 梁显堂. 2011. 广西翼手目动物布氏球果蝠新纪录. 广西科学, 18(3): 312-313.

假吸血蝠科 Megadermatidae H. Allen, 1864

假吸血蝠属 *Megaderma* Geoffroy, 1810

411. 印度假吸血蝠 *Megaderma lyra* Geoffroy, 1810

英文名：Greater False Vampire Bat

曾用名：无

地方名：中国假吸血蝠

模式产地：印度金奈

同物异名及分类引证：无

亚种分化：全世界有 2 个亚种，中国有 1 个亚种。

华南亚种 *M. l. sinensis* Andersen *et* Wroughton, 1907，模式产地：福建。

国内分布：贵州、四川、西藏、云南、湖南、福建、广东、广西、海南。

国外分布：柬埔寨、老挝、马来西亚、孟加拉国、缅甸、斯里兰卡、泰国、印度、越南。

引证文献：

Geoffroy SH. 1810. Sur les Phyllostomes et les Mégadermes. Paris: Annales du Muséum d'Histoire Naturelle, 15: 157-198.

Andersen K, Wroughton RC. 1907. On the bats of the family Megadermatidae. The Annals and Magazine of Natural History, Ser. 7, 19(110): 129-145.

412. 马来假吸血蝠 *Megaderma spasma* (Linnaeus, 1758)

英文名： Lesser False Vampire Bat

曾用名： 无

地方名： 无

模式产地： 印度尼西亚马鲁古群岛

同物异名及分类引证：

Vespertilio spasma Linnaeus, 1758

亚种分化： 全世界有 17 个亚种，中国分布的亚种归属未定。

国内分布： 云南（勐腊）。

国外分布： 东南亚、南亚。

引证文献：

Linnaeus C. 1758. Systema naturae per regna tria naturae: secundum classes, ordines, genera, species, cum characteribus, differentiis, synonymis, locis. 10th Ed. Tomus I. Holmiae: Impensis Direct. Laurentii Salvii.

张礼标, 巩艳艳, 朱光剑, 洪体玉, 赵旭东, 毛秀光. 2010. 中国翼手目新记录——马来假吸血蝠. 动物学研究, 31(3): 328-332.

蹄蝠科 Hipposideridae Lydekker, 1891

三叶蹄蝠属 *Aselliscus* Tate, 1941

413. 三叶小蹄蝠 *Aselliscus stoliczkanus* (Dobson, 1871)

英文名： Stoliczka's Asian Trident Bat

曾用名： 三叶蹄蝠

地方名： 无

模式产地： 马来西亚槟城

同物异名及分类引证：

Asellia stoliczkana Dobson, 1871

Phyllorhina trifidus Peters, 1871

Triaenops wheeleri Osgood, 1932

亚种分化： 无

国内分布： 贵州、云南、江西、广西、广东。

国外分布： 老挝、马来西亚、缅甸、泰国、越南。

引证文献：

Dobson GE. 1871. Description of four new species of Malayan bats, from the collection of Dr. Stoliczka. Journal of the Asiatic Society of Bengal, 40: 260-267.

Peters W. 1871. On some bats collected by Mr. F. Day in Burma. Proceedings of the Scientific Meetings of the Zoological Society of London: 513-514.

Osgood WH. 1932. Mammals of the Kelley-Roosevelts and Delacour Asiatic expedition. Publication 312, Zoological Series. Chicago: Field Museum of Natural History, 18(10): 193-339.

无尾蹄蝠属 *Coelops* Blyth, 1848

414. 无尾蹄蝠 *Coelops frithii* Blyth, 1848

英文名：Tailless Leaf-nosed Bat, East Asian Tailless Leaf-nosed Bat

曾用名：无尾叶鼻蝠

地方名：无

模式产地：孟加拉国

同物异名及分类引证：无

亚种分化：全世界有 4 个亚种，中国有 3 个亚种。

台湾亚种 *C. f. formosanus* Horikawa, 1928，模式产地：台湾；

福建亚种 *C. f. inflatus* Miller, 1928，模式产地：福建；

四川亚种 *C. f. sinicus* Allen, 1928，模式产地：四川万县（现重庆万州）。

国内分布：台湾亚种分布于台湾；福建亚种分布于福建、江西、浙江、广东、广西、海南；四川亚种分布于重庆、四川、云南。

国外分布：老挝、马来西亚、孟加拉国、缅甸、泰国、印度、印度尼西亚、越南。

引证文献：

Blyth E. 1848. Report of the curator, zoology department. Journal of the Asiatic Society of Bengal, 17: 247-255.

Allen GM. 1928. New Asiatic mammals. American Museum Novitates, 317: 1-5.

Horikawa Y. 1928. Bats of Formosa. Natural History of Society of Formosa, 18(2): 339-342.

Miller GS. 1928. A new bat of the genus *Coelops*. Proceedings of the Biological Society of Washington, 41: 85-86.

徐忠鲜, 余文华, 吴毅, 王英永, 陈春泉, 赵健, 张忠, 李玉春. 2013. 江西省翼手目一新纪录——无尾蹄蝠. 四川动物, 32(2): 263-266.

蹄蝠属 *Hipposideros* Gray, 1831

种组 *armiger*

415. 大蹄蝠 *Hipposideros armiger* (Hodgson, 1835)

英文名：Greater Leaf-nosed Bat, Great Roundleaf Bat

曾用名：无

地方名：大马蹄蝠、普通蹄蝠

模式产地：尼泊尔

同物异名及分类引证：

Rhinolophus armiger Hodgson, 1835

Phyllorhina swinhoei Peters, 1871

亚种分化：全世界有 3 个亚种，中国均有分布。

指名亚种 *H. a. armiger* (Hodgson, 1835)，模式产地：尼泊尔；

台湾亚种 *H. a. terasensis* Kishida, 1924，模式产地：台湾；

福建亚种 *H. a. fujianensis* Zhen, 1987，模式产地：福建。

国内分布：指名亚种分布于陕西、重庆、贵州、四川、云南、湖南、安徽、江苏、江西、浙江、澳门、广东、广西、海南、香港；台湾亚种分布于台湾；福建亚种分布于福建。

国外分布：柬埔寨、老挝、马来西亚、缅甸、尼泊尔、泰国、印度、越南。

引证文献：

Hodgson BH. 1835. Synopsis of the Vespertilionidae of Nepal. Journal of the Asiatic Society of Bengal, 4: 699-701.

Peters CFW. 1871. Beobachtungen, Elemente und Ephemeride des Cometen I. Astronomische Nachrichten, 77(12): 252.

Kishida K. 1924. On the Formosan Chiroptera. Zoological Magazine, 36: 30-49.

郑秀芸. 1987. 福建省翼手类调查初报. 武夷科学, 7: 237-242.

种组 bicolor

416. 灰小蹄蝠 *Hipposideros cineraceus* (Blyth, 1853)

英文名：Ashy Roundleaf Bat, Ashy Leaf-nosed Bat

曾用名：无

地方名：小蹄蝠

模式产地：巴基斯坦

同物异名及分类引证：

Phyllorhina cineraceus Blyth, 1853

Hipposideros cineraceus Peters, 1872

Phyllorhina micropus Peters, 1872

亚种分化：全世界有 2 个亚种，中国有 1 个亚种。

指名亚种 *H. c. cineraceus* (Blyth, 1853)，模式产地：巴基斯坦。

国内分布：指名亚种分布于云南、广西。

国外分布：东南亚、南亚。

引证文献：

Blyth E. 1853. Report of curator, zoological department. Journal of the Asiatic Society of Bengal, 22: 408-417.

Peters W. 1872. Über neue Flederthiere (*Phyllorhina micropus, Harpyiocephalus huttonii, Murina grisea, Vesperugo micropus, Vesperus* (*Marsipolaemus*) *albigularis, Vesperus propinquus, tenuipinnis*). Monatsberichte der Königlichen Preussische Akademie des Wissenschaften zu Berlin: 256-264.

谭敏, 朱光剑, 洪体玉, 叶建平, 张礼标. 2009. 中国翼手类新记录——小蹄蝠. 动物学研究, 30(2): 204-208.

417. 大耳小蹄蝠 *Hipposideros fulvus* Gray, 1838

英文名：Fulvus Leaf-nosed Bat, Fulvus Roundleaf Bat

曾用名：大耳蹄蝠

地方名：无

模式产地：印度卡纳塔克邦

同物异名及分类引证：

Hipposideros bicolor Gray, 1838

Hipposideros murinus Gray, 1838

Rhinolophus fulgens Elliot, 1839

Phyllorhina aurita Tomes, 1859

Phyllorhina atra Fitzinger, 1870

Hipposideros bicolor (Andersen, 1918)

Hipposideros fulvus (Andersen, 1918)

亚种分化：全世界有 2 个亚种，中国有 1 个亚种。

指名亚种 *H. f. fulvus* Gray, 1838，模式产地：印度。

国内分布：指名亚种分布于云南。

国外分布：阿富汗、巴基斯坦、柬埔寨、老挝、缅甸、斯里兰卡、泰国、印度、越南。

引证文献：

Gray JE. 1838. A revision of the genera of bats (Vespertilionidae), and the description of some new genera and species. Magazine of Zoology and Botany, 2: 483-505.

Elliot W. 1839. A catalogue of the species of Mammalia found in the southern Mahratta country. The Madras Journal of Literature and Science, 10: 92-108, 205-233.

Tomes RF. 1859. Notice of five species of bats in the collection of L.L. Dillwyn, Esq., M. P.; collected in Labuan by Mr. James Motley. Proceedings of the Zoological Society of London, 1858: 536-540.

Fitzinger LJ. 1870. Kritische Durchsicht der Ordnung der Flatterthiere oder Handflügler (Chiroptera). Familie der Fledermäuse (Vespertiliones). I. Abtheilung. Sitzungsberichte der Kaiserlichen Akademie der Wissenschaften. Mathematisch- Naturwissenschaftliche Classe, 61: 447-530.

Andersen K. 1918. Diagnoses of new bats of the families Rhinolophidae and Megadermatidae. The Annals and Magazine of Natural History, Ser. 9, 2(10): 374-384.

418. 小蹄蝠 *Hipposideros pomona* Andersen, 1918

英文名：Least Leaf-nosed Bat, Andersen's Leaf-nosed Bat, Pomona Leaf-nosed Bat

曾用名：果树蹄蝠、双色蹄蝠

地方名：无

模式产地：印度尼西亚爪哇岛

同物异名及分类引证：

Paracoelops megalotis Dorst, 1947

亚种分化：全世界有 3 个亚种，中国有 1 个亚种。

中华亚种 *H. p. sinensis* Andersen, 1918，模式产地：福建。

国内分布：中华亚种分布于贵州、四川、云南、湖南、福建、广西、广东、海南、台湾、香港。

国外分布：东南亚、南亚。

引证文献：

Andersen K. 1918. Diagnoses of new bats of the families Rhinolophidae and Megadermatidae. The Annals and Magazine of Natural History, Ser. 9, 2(10): 374-384.

Dorst. 1947. The mammals collection (ZM) of the Muséum national d'Histoire naturelle (MNHN - Paris). Bulletin du Muséum National d'Histoire Naturelle, Ser. 2, Paris, 19: 436.

徐龙辉, 刘振河, 余斯绵. 1983. 海南岛的鸟兽. 北京: 科学出版社: 295-299.

吴毅, 余志伟. 1991. 四川省兽类一新纪录——双色蹄蝠. 四川动物, 10(3): 23.

杨天友, 侯秀发, 谷晓明, 周江. 2012. 贵州省果树蹄蝠的分类记述. 四川动物, 31(4): 508, 570-573.

种组 larvatus

419. 中蹄蝠 *Hipposideros larvatus* (Horsfield, 1823)

英文名：Horsfield's Leaf-nosed Bat

曾用名：无

地方名：无

模式产地：印度尼西亚爪哇岛

同物异名及分类引证：

Rhinolophus larvatus Horsfield, 1823

Phyllorhina leptophylla Dobson, 1874

亚种分化：全世界有 5 个亚种，中国有 2 个亚种。

海南亚种 *H. l. poutensis* Allen, 1906，模式产地：海南；

缅甸亚种 *H. l. grandis* Allen, 1936，模式产地：缅甸。

国内分布：海南亚种分布于海南；缅甸亚种分布于贵州、云南、广东、广西。

国外分布：东南亚、南亚。

引证文献：

Horsfield T. 1821-1824. Zoological researches in Java, and the neighbouring islands. London: Printed for Kingsbury, Parbury, & Allen.

Dobson GE. 1874. List of Chiroptera inhabiting the Khasiahills, with description of new species. Journal of the Asiatic Society of Bengal, 43: 234-236.

Allen JA. 1906. Mammals from the Island of Hainan, China. Bulletin of the American Museum of Natural History, 22: 463-490.

Allen GM. 1936. Two new races of Indian bats. Records of the Indian Museum, 38(3): 343-346.

种组 pratti

420. 莱氏蹄蝠 *Hipposideros lylei* Thomas, 1913

英文名：Shield-faced Leaf-nosed Bat, Shield-faced Roundleaf Bat

曾用名：无

地方名：鞘面蹄蝠

模式产地：泰国清迈

同物异名及分类引证：无

亚种分化：无

国内分布：云南（保山）。

国外分布：马来西亚、缅甸、泰国、越南。

引证文献：

Thomas O. 1913. On new mammals obtained by the Utakwa Expedition to Dutch New Guinea. The Annals and Magazine of Natural History, 8(12): 205-212.

贺新平, 卜艳珍, 周会先, 赵乐桢, 牛红星. 2014. 云南省保山市发现莱氏蹄蝠 *Hipposideros lylei*. 四川动物, (6): 865-867.

421. 普氏蹄蝠 *Hipposideros pratti* Thomas, 1891

英文名：Pratt's Leaf-nosed Bat, Pratt's Roundleaf Bat

曾用名：无

地方名：无

模式产地：四川（"Kiatingfu"）

同物异名及分类引证：无

亚种分化：无

国内分布：陕西、贵州、四川、湖南、安徽、福建、江西、浙江、广东、广西。

国外分布：马来西亚、缅甸、泰国、越南。

引证文献：

Thomas O. 1891. Description of three new bats in the British Museum collection. The Annals and Magazine of Natural History, 6(7): 527-580.

吴毅, 梁颖华, 尤君丽, 王志针. 2001. 广东省蝙蝠三新记录. 四川动物, 20(2): 91.

菊头蝠科 Rhinolophidae Gray, 1825

菊头蝠属 *Rhinolophus* Lacépède, 1799

种组 *ferrumequinum*

422. 马铁菊头蝠 *Rhinolophus ferrumequinum* (Schreber, 1774)

英文名：Greater Horseshoe Bat

曾用名：暗褐菊头蝠

地方名：无

模式产地：法国

同物异名及分类引证：

Vespertilio ferrumequinum Schreber, 1774

Vespertilio ungula (Boddaert, 1785)

Vespertilio unihastatus (Geoffroy, 1803)

Rhinolophus nippon (Temminck, 1835)

Rhinolophus tragatus (Hodgson, 1835)

亚种分化：全世界有 7 个亚种，中国有 2 个亚种。

日本亚种 *R. f. nippon* Temminck, 1835，模式产地：日本；

尼泊尔亚种 *R. f. tragatus* Hodgson, 1835，模式产地：尼泊尔。

国内分布：日本亚种分布于吉林、辽宁、河北、山西、甘肃、陕西、贵州、安徽、福建、河南、江西、山东、浙江、广西；尼泊尔亚种分布于四川、云南。

国外分布：东南亚、中亚、欧洲。

引证文献：

Schreber JCD, Goldfuss GA, Wagner AJ. 1774. Die Säugthiere in Abbildungen nach der Natur, mit Beschreibungen. Erlangen: Expedition des Schreber'schen säugthier- und des Esper'schen Schmetterlingswerkes.

Boddaert P. 1785. Alternative: Elenchus animalium. Vol. 1. Rotterdam.

Geoffroy SHE. 1803. Description de l'Egypte. Histoire naturelie. Description des mammiferes qui se trouvent en Egypte, 2: 99-135.

Temminck CJ. 1827[1824]-1841. Monographies de mammalogie, ou description de quelques genres de mammifères, dont les espèces ont eté observées dans les différent musées de l'Europe. Paris: Dufour & Ocagne.

Hodgson BH. 1835. Synopsis of the Vespertilionidae of Nepal. Journal of the Asiatic Society of Bengal, 4: 699-701.

种组 landeri

423. 西南菊头蝠 *Rhinolophus xinanzhongguoensis* Zhou *et al.*, 2009

英文名：Middle Kingdom Horseshoe Bat, Wedge-sella Horseshoe Bat

曾用名：锲鞍菊头蝠

地方名：无

模式产地：云南永德

同物异名及分类引证：无

亚种分化：无

国内分布：中国特有，分布于贵州、云南。

国外分布：无

引证文献：

Zhou ZM, Antonio GS, Lim BK, Eger JL, Wang YX, Jiang XL. 2009. A new species from Southwestern China in the Afro-Palearctic lineage of the horseshoe bats (*Rhinolophus*). Journal of Mammalogy, 90(1): 57-73.

种组 megaphyllus

424. 中菊头蝠 *Rhinolophus affinis* Horsfield, 1823

英文名：Intermediate Horseshoe Bat

曾用名：爪哇菊头蝠、间型菊头蝠

地方名：无

模式产地：印度尼西亚爪哇岛

同物异名及分类引证：

Rhinolophus andamanensis Dobson, 1872

亚种分化：全世界有 9 个亚种，中国有 3 个亚种。

西南亚种 *R. a. himalayanus* Andersen, 1905，模式产地：印度；

东南亚种 *R. a. macrurus* Andersen, 1905，模式产地：缅甸；

海南亚种 *R. a. hainanus* Allen, 1906，模式产地：海南。

国内分布：西南亚种分布于贵州、四川、云南；东南亚种分布于山西、湖北、湖南、安徽、福建、江苏、江西、浙江、广东、广西、香港；海南亚种分布于海南。

国外分布：东南亚、南亚。

引证文献：

Horsfield T. 1821-1824. Zoological researches in Java, and the neighbouring islands. London: Printed for Kingbury, Parbury, & Allen.

Dobson GE. 1872. Brief description of five new species of *Rhinolophine* bats. Journal of the Asiatic Society of Bengal, 41: 336-338.

Andersen K. 1905. On some bats of the genus *Rhinolophus*, with remarks on their mutual affinities, and descriptions of twenty-six new forms. Proceedings of the Zoological Society of London, 2: 75-145.

Allen JA. 1906. Mammals from the Island of Hainan, China. Bulletin of the American Museum of Natural History, 22: 463-490.

425. 马来菊头蝠 *Rhinolophus malayanus* Bonhote, 1903

英文名：Malayan Horseshoe Bat

曾用名：无

地方名：无

模式产地：泰国

同物异名及分类引证：无

亚种分化：无

国内分布：云南。

国外分布：老挝、马来西亚、缅甸、泰国、越南。

引证文献：

Bonhote JL. 1903. Report on the mammals. Fasciculi Malayenses, 1. 1-45.

Liang J, He XY, Peng XW, Xie HW, Zhang LB. 2020. First record of existence of *Rhinolophus malayanus* (Chiroptera, Rhinolophidae) in China. Mammalia, 84(4): 362-365.

426. 小褐菊头蝠 *Rhinolophus stheno* Andersen, 1905

英文名：Lesser Brown Horseshoe Bat

曾用名：无

地方名：无

模式产地：马来西亚雪兰莪州

同物异名及分类引证：无

亚种分化：全世界有 2 个亚种，中国分布的亚种归属未定。

国内分布：云南。

国外分布：东南亚。

引证文献：

Andersen K. 1905. On some bats of the genus *Rhinolophus*, with remarks on their mutual affinities, and descriptions of twenty-six new forms. Proceedings of the Zoological Society of London, 2: 75-145.

Csorba G, Jenkins PD. 1998. First records and a new subspecies of *Rhinolophus stheno* (Chiroptera: Rhinolophidae) from Vietnam. Bulletin of the National History Museum of London (Zool.), 64(2): 207-211.

张劲硕, 张礼标, 赵辉华, 梁冰, 张树义. 2002. 中国翼手类新纪录——小褐菊头蝠. 动物学杂志, 40(2): 96-98.

种组 *pearsoni*

427. 皮氏菊头蝠 *Rhinolophus pearsoni* Horsfield, 1851

英文名：Pearson's Horseshoe Bat

曾用名：无

地方名：绒毛菊头蝠、毕氏菊头蝠

模式产地：印度大吉岭

同物异名及分类引证：

Rhinolophus larvatus Milne-Edwards, 1872

亚种分化：全世界有 2 个亚种，中国均有分布。

指名亚种 *R. p. pearsoni* Horsfield, 1851，模式产地：印度大吉岭；

中华亚种 *R. p. chinensis* Andersen, 1905，模式产地：福建。

国内分布：指名亚种分布于陕西、贵州、四川、西藏、云南、河南、湖北；中华亚种分布于湖南、安徽、福建、江苏、江西、浙江、广东、广西。

国外分布：马来西亚、缅甸、泰国、印度、越南。

引证文献：

Horsfield T. 1851. A catalogue of the Mammalia in the Museum of the Hon. East-India Company. London: Printed by J. & H. Cox.

Milne-Edwards A. 1872. Mémoire de la faune mammalogique du Tibet Oriental et principalement de la principauté de Moupin. 231-304.

Andersen K. 1905. On the bats of the *Rhinolophus arcuatus* group, with descriptions of five new forms. The Annals and Magazine of Natural History, Ser. 7, 16(93): 281-291.

梁仁济, 李炳华, 陈菲菲, 肖凤. 1983. 安徽省翼手类新记录. 安徽师大学报(自然科学版), (1): 58-63.

牛红星, 张学成, 马惠霞. 2008. 河南省菊头蝠科 1 新纪录——皮氏菊头蝠 *Rhinolophus pearsoni*. 河南师范大学学报(自然科学版), 36(1): 147-148.

林爱青, 王磊, 刘森, 由玉岩, 冯江. 2009. 江苏省蝙蝠新纪录——皮氏菊头蝠. 动物学杂志, 44(3): 113-117.

428. 云南菊头蝠 *Rhinolophus yunanensis* Dobson, 1872

英文名：Dobson's Horseshoe Bat

曾用名：无

地方名：无

模式产地：云南

同物异名及分类引证：无

亚种分化：无

国内分布：贵州、四川、云南。

国外分布：缅甸、泰国、印度。

引证文献：

Dobson GE. 1872. Brief description of five new species of *Rhinolophine* bats. Journal of the Asiatic Society of Bengal, 41: 336-338.

王晓琴, 王应祥, 胡锦矗. 2005. 四川省菊头蝠科一新记录. 四川动物, 24(2): 175.

种组 *philippinensis*

429. 大耳菊头蝠 *Rhinolophus macrotis* Blyth, 1844

英文名：Big-eared Horseshoe Bat

曾用名：无

地方名：无

模式产地：尼泊尔

同物异名及分类引证：无

亚种分化：全世界有 7 个亚种，中国有 2 个亚种。

福建亚种 *R. m. caldwelli* Allen, 1923，模式产地：福建；

四川亚种 *R. m. episcopus* Allen, 1923，模式产地：四川万县（现重庆万州）。

国内分布：福建亚种分布于贵州、云南、福建、江西、浙江、广东、广西、湖南；四川亚种分布于陕西、重庆、四川。

国外分布：东南亚、南亚。

引证文献：

Blyth E.1844. Notices of various Mammalia. Journal of the Asiatic Society of Bengal, 13: 463-494.

Allen GM. 1923. New Chinese bats. American Museum Novitates, 85: 1-8.

汪松, 陆长坤, 高耀亭, 芦汰春. 1962. 广西西南部兽类的研究. 兽类学报, 14(4): 555-570.

吴毅, 梁颖华, 尤君丽, 王志针. 2001. 广东省蝙蝠三新记录. 四川动物, 20(2): 91.

李艳丽, 张佑祥, 刘志霄, 张礼标. 2012. 湖南省翼手目新纪录——大耳菊头蝠. 四川动物, 5(3): 825-837.

430. 马氏菊头蝠 *Rhinolophus marshalli* Thonglongya, 1973

英文名：Marshall's Horseshoe Bat

曾用名：无

地方名：无

模式产地：泰国

同物异名及分类引证：无

亚种分化：无

国内分布：云南、广西。

国外分布：东南亚。

引证文献：

Thonglongya K. 1973. First record of *Rhinolophus paradoxolophus* (Bourret, 1951) from Thailand, with the description of a new species of the *Rhinolophus philippinensis* group (Chiroptera, Rhinolophidae). Mammalia, 37(4): 587-597.

吴毅, 杨奇森, 夏霖, 彭洪元, 周昭敏. 2004. 中国蝙蝠新记录——马氏菊头蝠. 动物学杂志, 39(5): 109-110.

张礼标, 龙勇诚, 张劲硕, 张树义. 2005. 中国翼手类新记录——马氏菊头蝠. 兽类学报, 25(1): 77-80.

431. 贵州菊头蝠 *Rhinolophus rex* Allen, 1923

英文名：King Horseshoe Bat, Bourret's Horseshoe Bat

曾用名：无

地方名：无

模式产地：四川万县（现重庆万州）

同物异名及分类引证：

Rhinomegalophus paradoxolophus Bourret, 1951

亚种分化：无

国内分布：重庆、贵州、四川、湖北、湖南、广东、广西。

国外分布：东南亚。

引证文献：

Allen GM. 1923. New Chinese bats. American Museum Novitates, 85: 3.

Bourret R. 1951. Une nouvelle chauve-souris du Tonkin, *Rhinomegalophus paradoxolophus*. Bulletin du Muséum National d'Histoire Naturelle, Paris, 2(33): 607-609.

赵辉华, 张树义, 周江, 刘自民. 2002. 中国翼手类新记录——高鞍菊头蝠. 兽类学报, 22(1): 74-76.

邓庆伟, 刘胜祥, 奚荣, 焦开红, 李海南, 罗泉, 戴宗兴. 2008. 湖北省兽类一新纪录——贵州菊头蝠. 四川动物, 27(3): 411.

张佑祥, 刘志霄, 阎中军, 朱光剑, 张礼标. 2009. 湖南省翼手目新纪录——贵州菊头蝠. 动物学杂志, 44(3): 118-121.

宋先华, 陈建, 周江. 2014. 贵州省发现高鞍菊头蝠. 动物学杂志, 49(1): 126-131.

432. 施氏菊头蝠 *Rhinolophus schnitzleri* Wu *et* Thong, 2011

英文名：Schnitzler's Horseshoe Bat

曾用名：无

地方名：无

模式产地：云南

同物异名及分类引证：无

亚种分化：无

国内分布：中国特有，分布于云南。

国外分布：无

引证文献：

Wu Y, Thong VD. 2011. A new species of *Rhinolophus* (Chiroptera: Rhinolophidae) from China. Zoological Science, 28: 235-241.

433. 清迈菊头蝠 *Rhinolophus siamensis* Gyldenstolpe, 1917

英文名：Thai Horseshoe Bat, Thai Leaf-nosed Bat, Siamese Horseshoe Bat

曾用名：无

地方名：泰国大耳菊头蝠

模式产地：泰国

同物异名及分类引证：无

亚种分化：无

国内分布：云南、广东、澳门。

国外分布：泰国。

引证文献：

Gyldenstolpe NK. 1917. Zoological results of the Swedish zoological expeditions to Siam, 1911-1912 and 1914-1915. V. Mammals II. Kungl Svenska Vetensk-Akad Handl, 57: 1-59.

Wu Y, Motokawa M, Harada M. 2008. A new species of the horseshoe bat of the genus *Rhinolophus* from China (Chiroptera:Rhinolophidae). Zoological Science, 25: 438-443.

黄继展, 谭梁静, 杨剑, 陈毅, 刘奇, 沈琪琦, 徐敏贞, 邓耀民, 张礼标. 2013. 澳门翼手类物种多样性调查. 兽类学报, 33(2): 123-132.

邹发生, 龚粤宁, 张朝明. 2018. 广东南岭国家级自然保护区动物多样性研究. 广州: 广东科技出版社.

种组 *pusillus*

434. 短翼菊头蝠 *Rhinolophus lepidus* Blyth, 1844

英文名：Blyth's Horseshoe Bat

曾用名：无

地方名：无

模式产地：印度加尔各答

同物异名及分类引证：

Rhinolophus subbadius Blyth, 1844

Rhinolophus monticola Andersen, 1905

Rhinolophus refulgens Andersen, 1905

Rhinolophus feae Andersen, 1907

Rhinolophus shortridgei Anderson, 1918

亚种分化：全世界有 7 个亚种，中国有 1 个亚种。

缅甸亚种 *R. l. shortridgei* Andersen, 1918，模式产地：缅甸。

国内分布：缅甸亚种分布于四川、安徽、江西、浙江、广东、广西、海南。

国外分布：阿富汗、巴基斯坦、马来西亚、缅甸、尼泊尔、泰国、印度、印度尼西亚。

引证文献：

Blyth E. 1844. Notices of various Mammalia, with descriptions of many new species. Journal of the Asiatic Society of Bengal, 13: 463-494.

Andersen K. 1905. On some bats of the genus *Rhinolophus*, with remarks on their mutual affinities, and descriptions of twenty-six new forms. Proceedings of the Zoological Society of London, 2: 75-145.

Andersen K. 1907. Chiropteran notes. Annali del Museo Civivo di Storia Naturale di Genova. Genoa (Ser. 3), 3: 473-478.

Andersen K. 1918. Diagnoses of new bats of the families Rhinolophidae and Megadermatidae. The Annals and Magazine of Natural History, Ser. 9, 2(10): 374-384.

435. 单角菊头蝠 *Rhinolophus monoceros* Andersen, 1905

英文名：Formosan Least Horseshoe Bat, Formosan Lesser Horseshoe Bat, Formosan Horseshoe Bat

曾用名：无

地方名：台湾小蹄鼻蝠

模式产地：台湾南部木栅地区（现高雄县内门乡附近）

同物异名及分类引证：无

亚种分化：无

国内分布：中国特有，分布于贵州、台湾。

国外分布：无

引证文献：

Andersen K. 1905. On some bats of the genus *Rhinolophus*, with remarks on their mutual affinities, and descriptions of twenty-six new forms. Proceedings of the Zoological Society of London, 2: 75-145.

周江, 杨天友. 2010. 中国大陆菊头蝠科一新纪录——单角菊头蝠(*Rhinolophus monoceros* Andersen, 1905). 兽类学报, 30(1): 115-118.

436. 丽江菊头蝠 *Rhinolophus osgoodi* Sanborn, 1939

英文名：Osgoodi's Horseshoe Bat

曾用名：无

地方名：无

模式产地：云南丽江

同物异名及分类引证：无

亚种分化：无

国内分布：贵州、四川、云南、湖南。

国外分布：越南北部。

引证文献：

Sanborn CC. 1939. Eight new bats of the genus *Rhinolophus*. Field Museum of Natural History, Zoological Series, 24(5): 37-43.

李宏伟. 2003. 白马雪山国家级自然保护区. 昆明: 云南民族出版社.

Liu T, Sun KP, Csorba G, Zhang KK, Zhang L, Zhao HB, Jin LR, Thong VD, Xiao YH, Feng J. 2019. Species delimitation and evolutionary reconstruction within an integrative taxonomic framework: a case study on *Rhinolophus macrotis* complex (Chiroptera: Rhinolophidae). Molecular Phylogenetics and Evolution,

139: 106544.

437. 小菊头蝠 *Rhinolophus pusillus* Temminck, 1834

英文名：Least Horseshoe Bat

曾用名：角菊头蝠、菲菊头蝠

地方名：无

模式产地：印度尼西亚爪哇岛

同物异名及分类引证：

Rhinolophus cornutus Temminck, 1834

Rhinolophus minutus Miller, 1900

Rhinolophus gracilis Andersen, 1905

Rhinolophus minutillus Miller, 1906

Rhinolophus blythi Andersen, 1918

亚种分化：全世界有 8 个亚种，中国有 4 个亚种。

四川亚种 *R. p. szechwanus* Andersen, 1918，模式产地：四川；

福建亚种 *R. p. calidus* Allen, 1923，模式产地：福建；

海南亚种 *R. p. parcys* Allen, 1928，模式产地：海南；

清迈亚种 *R. p. lakkhanae* Yoshiyuki, 1990，模式产地：泰国。

国内分布：四川亚种分布于贵州、四川、重庆、西藏；福建亚种分布于北京、湖北、湖南、安徽、江苏、江西、浙江、福建、广西、广东；海南亚种分布于海南；清迈亚种分布于云南。

国外分布：东南亚。

引证文献：

Temminck CJ. 1834. Over een geslachk der vleugelhandige zoogdieren. Tijdschrift voor Natuurlijke Geschiedenis en Physiologie, 1: 1-30.

Dobson GE. 1872. Brief description of five new species of *Rhinolophine* bats. Journal of the Asiatic Society of Bengal, 41: 336-338.

Miller GS. 1900. Mammals collected by Dr. W. L. Abbott on islands in the South of China Sea. Proceedings of the Washington Academy of Sciences, 3: 111-138.

Andersen K. 1905. On some bats of the genus *Rhinolophus*, with remarks on their mutual affinities, and descriptions of twenty-six new forms. Proceedings of the Zoological Society of London, 2: 75-145.

Miller GS. 1906. A new name for *Rhinolophus minutus* Miller. Proceedings of the Biological Society of Washington, 19: 41.

Andersen K. 1918. *Rhinolophus blythi*. The Annals and Magazine of Natural History, 2: 276-277.

Allen GM. 1923. New Chinese bats. American Museum Novitates, 85: 1-8.

Allen GM. 1928. New Asiatic mammals. American Museum Novitates, 317: 1-5.

Yoshiyuki M. 1990. Notes on Thai mammals. 2. Bats of the *pusillus* and *philippinensis* groups of the genus *Rhinolophus* (Mammalia, Chiroptera, Rhinolophidae). Bulletin of the National Science Museum, Ser. A. Zoology, 16(1): 21-40.

宋巍, 高武, 陈卫, 战永佳. 2012. 北京地区翼手目一新记录——菲菊头蝠. 首都师范大学学报, 33(5): 27-30.

种组 *rouxi*

438. 中华菊头蝠 *Rhinolophus sinicus* Andersen, 1905

英文名：Chinese Horseshoe Bat

曾用名：鲁氏菊头蝠

地方名：栗黄菊头蝠

模式产地：安徽

同物异名及分类引证：

Rhinolophus rouxi sinicus Andersen, 1905

亚种分化：全世界有 2 个亚种，中国均有分布。

指名亚种 *R. s. sinicus* Andersen, 1905，模式产地：安徽；

云南亚种 *R. s. septentrionalis* Sanborn, 1939，模式产地：云南。

国内分布：指名亚种分布于贵州、四川、湖北、安徽、福建、江苏、江西、浙江、广东、广西、海南和香港；云南亚种分布于云南。

国外分布：东南亚、南亚。

引证文献：

Andersen K. 1905. On some bats of the genus *Rhinolophus*, with remarks on their mutual affinities, and descriptions of twenty-six new forms. Proceedings of the Zoological Society of London, 2: 75-145.

Sanborn CC. 1939. Eight new bats of the genus *Rhinolophus*. Field Museum of Natural History, Zoological Series, 24(5): 37-43.

Thomas NM. 2000. Morphological and mitochondrial-DNA variation in *Rhinolophus rouxii* (Chiroptera). Bonner Zoologisches Beitragen, 49: 1-18.

439. 托氏菊头蝠 *Rhinolophus thomasi* Andersen, 1905

英文名：Thomas's Horseshoe Bat

曾用名：无

地方名：无

模式产地：缅甸东南部

同物异名及分类引证：

Rhinolophus thomasi latifolius Sanborn, 1939

亚种分化：无

国内分布：贵州、云南、广西。

国外分布：东南亚。

引证文献：

Andersen K. 1905. On some bats of the genus *Rhinolophus*, with remarks on their mutual affinities, and descriptions of twenty-six new forms. Proceedings of the Zoological Society of London, 2: 75-145.

Sanborn CC. 1939. Eight new bats of the genus *Rhinolophus*. Field Museum of Natural History, Zoological Series, 24(5): 37-43.

种组 *trifoliatus*

440. 台湾菊头蝠 *Rhinolophus formosae* Sanborn, 1939

英文名：Formosan Woolly Horseshoe Bat

曾用名：无

地方名：无

模式产地：台湾

同物异名及分类引证：无

亚种分化：无

国内分布：中国特有，分布于台湾。

国外分布：无

引证文献：

Sanborn CC. 1939. Eight new bats of the genus *Rhinolophus*. Field Museum of Natural History, Zoological Series, 24(5): 37-43.

441. 大菊头蝠 *Rhinolophus luctus* Temminck, 1834

英文名：Woolly Horseshoe Bat

曾用名：无

地方名：东方大菊头蝠、丝毛大菊头蝠

模式产地：印度尼西亚爪哇岛

同物异名及分类引证：

Rhinolophus morio Gray, 1842

Rhinolophus perniger Hodgson, 1843

Rhinolophus geminus Andersen, 1905

Rhinolophus lanosus Andersen, 1905

亚种分化：全世界有 6 个亚种，中国有 3 个亚种。

云南亚种 *R. l. perniger* Hodgson, 1843，模式产地：云南；

福建亚种 *R. l. lanosus* Andersen, 1905，模式产地：福建挂墩；

海南亚种 *R. l. spurcus* Allen, 1928，模式产地：海南。

国内分布：云南亚种分布于云南；福建亚种分布于河南、陕西、重庆、贵州、四川、安徽、福建、江西、浙江、广西、湖南等；海南亚种分布于海南。

国外分布：南亚、东南亚。

引证文献：

Temminck CJ. 1834. Over een geslachk der vleugelhandige zoogdieren. Tijdschrift voor Natuurlijke Geschiedenis en Physiologie, 1: 1-30.

Gray JE. 1842. Descriptions of some new genera and fifty unrecorded species of Mammalia. The Annals and Magazine of Natural History, Ser. 1, 10(65): 255-267.

Hodgson BH. 1843. Notice of two marmots in habiting respectively the plains of Tibet and the Himalayan slopes near to the snows, and also a *Rhinolophus* of the central region of Nepal. Journal of the Asiatic

Society of Bengal, 12: 409-414.

Andersen K. 1905. On the bats of the *Rhinolophus philippinensis* group, with descriptions of five new species. The Annals and Magazine of Natural History, Ser. 7, 16: 243-257.

Allen GM. 1928. New Asiatic mammals. American Museum Novitates, 317: 1-5.

吴毅, 胡锦矗, 张国修, 李洪成. 1988. 四川省兽类新纪录. 四川动物, 7(3): 39.

Topál G, Csorba G. 1992. The subspecifc division of *Rhinolophus luctus* Temminck, 1835, and the taxonomic status of *R. beddomei* Andersen, 1905 (Mammalia, Chiroptera). Miscellanea Zoologica Hungarica, 7: 101-116.

张佑祥, 刘志霄, 胡开良, 钟辉, 华攀玉, 张树义, 张礼标. 2008. 大菊头蝠在湖南省分布新纪录. 动物学杂志, 43(2): 141-144.

裴俊峰. 2011. 陕西省翼手类新纪录——大菊头蝠. 动物学杂志. 46(6): 130-133.

张婵, 王艳梅, 牛红星. 2013. 河南省栾川县伏牛山发现翼目物种大菊头蝠. 动物学杂志, 48(4): 650-654.

阳蝙蝠亚目 Yangochiroptera Koopman, 1985

鞘尾蝠科 Emballonuridae Dobson, 1875

墓蝠亚科 Taphozoinae Jerdon, 1867

墓蝠属 *Taphozous* Geoffroy, 1818

442. 黑髯墓蝠 *Taphozous melanopogon* Temminck, 1841

英文名：Black-bearded Tomb Bat

曾用名：鞘尾蝠、黑胡鞘尾蝠

地方名：无

模式产地：印度尼西亚爪哇岛西部

同物异名及分类引证：

Taphozous solifer Hollister, 1913

亚种分化：全世界有 5 个亚种，中国有 1 个亚种。

菲律宾亚种 *T. m. phillipinensis* Waterhouse, 1845，模式产地：菲律宾。

国内分布：贵州、云南、广东、广西、海南、香港、澳门。

国外分布：印度、泰国、越南、印度尼西亚、菲律宾等。

引证文献：

Temminck CJ. 1827[1824]-1841. Monographies de mammalogie, ou description de quelques genres de mammifères, dont les espèces ont eté observées dans les différent musées de l'Europe. Paris: Dufour & Ocagne.

Waterhouse GR. 1845. Descriptions of species of bats collected in the Philippine Islands, and presented to the Society by H. Cuming. Proceedings of the Zoological Society of London: 3-10.

Hollister N. 1913. A review of the Philippine land mammals in the United States National Museum. Proceedings of the United States National Museum, 46: 299-341.

黄继展, 谭梁静, 杨剑, 陈毅, 刘奇, 沈琪琦, 徐敏贞, 邓耀民, 张礼标. 2013. 澳门翼手类物种多样性调查. 兽类学报, 33(2): 123-132.

443. 大墓蝠 *Taphozous theobaldi* Dobson, 1872

英文名：Theobald's Tomb Bat

曾用名：无

地方名：鞘尾蝠

模式产地：缅甸丹那沙林

同物异名及分类引证：

Taphozous secatus Thomas, 1915

亚种分化：全世界有 2 个亚种，中国有 1 个亚种。

指名亚种 *T. t. theobaldi* Dobson, 1872，模式产地：缅甸丹那沙林。

国内分布：云南、广东。

国外分布：印度中部至越南、印度尼西亚（爪哇岛、苏拉威西岛等）、加里曼丹岛。

引证文献：

Dobson GE. 1872. Notes on the Asiatic species of the genus *Taphozous* Geoff. Proceedings of the Asiatic Society of Bengal: 151-154.

Thomas O. 1915. Scientific results from the mammal survey. No. XI. The Journal of the Bombay Natural History Society, 24: 60.

周全, 张燕均, 杨平, 杨奇森, 吴毅. 2012. 广东省蝙蝠新纪录种——大墓蝠. 四川动物, 31(2): 287-289.

犬吻蝠科 Molossidae Gill, 1872

小犬吻蝠属 *Chaerephon* Dobson, 1874

444. 小犬吻蝠 *Chaerephon plicatus* (Buchanan, 1800)

英文名：Wrinkle-lipped Free-tailed Bat

曾用名：皱唇犬吻蝠

地方名：无

模式产地：印度（"Puttahaut"）

同物异名及分类引证：

Vespertilio plicatus Buchannan, 1800

Tadarida plicatus Ellerman *et* Morrison, 1951

亚种分化：全世界有 5 个亚种，中国有 1 个亚种。

指名亚种 *C. p. plicatus* (Buchanan, 1800)，模式产地：印度（"Puttahaut"）。

国内分布：甘肃、贵州、云南、广东、广西、海南、香港。

国外分布：菲律宾、柬埔寨、老挝、马来西亚东南部、孟加拉国西部、缅甸北部、尼泊尔、斯里兰卡、泰国北部、印度东北部、越南等。

引证文献：

Buchannan F. 1800. Description of the *Vespertilio plicatus*. Transactions of the Linnaeus Society of London, 5(1): 261-263.

Ellerman JR, Morrison-Scott TCS. 1951. Checklist of Palaearctic and Indian mammals 1758 to 1946. London: British Museum (Natural History): 135.

杨天友, 侯秀发, 王应祥, 周江. 2014. 中国南方喀斯特荔波世界自然遗产地翼手目物种多样性与保护现状. 生物多样性, 22(3): 385-391.

犬吻蝠属 *Tadarida* Rafinesque, 1814

445. 宽耳犬吻蝠 *Tadarida insignis* (Blyth, 1862)

英文名： East Asian Free-tailed Bat

曾用名： 无

地方名： 悬尾蝠

模式产地： 福建厦门

同物异名及分类引证：

Nyctinomus insignis Blyth, 1862

Tadarida septentrionalis Kishida, 1931

亚种分化： 无

国内分布： 重庆（巫溪）、贵州、四川（阆中）、云南、安徽、福建、山东（济南）、台湾、广东、广西。

国外分布： 俄罗斯、韩国、日本。

引证文献：

Blyth E. 1862. Report of curator, zoological department. Journal of the Asiatic Society of Bengal, 30: 90.

Thomas O. 1922. On mammals from the Yunnan Highlands. The Annals and Magazine of Natural History, 10(9): 392.

Kishida K, Mori T. 1931. On distribution of the Korean land mammals. Zoological Magazine, Tokyo, 43: 379.

吴毅, 胡锦矗, 侯万儒. 1992. 四川省兽类一科的新纪录——犬吻蝠科. 四川动物, 11(1): 7.

由玉岩, 刘森, 王磊, 江廷磊, 冯江. 2009. 山东省翼手目一新纪录——宽耳犬吻蝠. 动物学杂志, 44(3): 122-126.

赵娇, 刘奇, 陈毅, 沈琪琦, 彭兴文, 孙云霄, 周江, 张礼标. 2015. 广东省翼手目新纪录——宽耳犬吻蝠及其回声定位叫声特征. 四川动物, 34(5): 695-700.

446. 华北犬吻蝠 *Tadarida latouchei* Thomas, 1920

英文名： La Touche's Free-tailed Bat

曾用名： 无

地方名： 无

模式产地： 河北秦皇岛

同物异名及分类引证： 无

亚种分化：无

国内分布：黑龙江、辽宁、北京、河北、内蒙古、山东。

国外分布：老挝、日本、泰国。

引证文献：

Thomas O. 1920. Two new asiatic bats of the genera *Tadarida* and *Dyacopterus*. The Annals and Magazine of Natural History, 9(5): 283.

高武, 陈卫, 傅必谦. 1996. 北京地区翼手类的区系及其分布. 河北大学学报(自然科学版), 16(5): 49-52.

长翼蝠科 Miniopteridae Miller-Butterworth *et al.*, 2007

长翼蝠属 *Miniopterus* Bonaparte, 1837

447. 亚洲长翼蝠 *Miniopterus fuliginosus* Hodgson, 1835

英文名：Asian Long-fingered Bat

曾用名：狭翼蝠、普通长翅蝠、普通折翅蝠

地方名：无

模式产地：尼泊尔

同物异名及分类引证：

Miniopterus schreibersii (Kuhl, 1817)

亚种分化：无

国内分布：北京、河北、陕西、重庆、贵州、四川、云南、河南、安徽、福建、台湾、浙江、澳门、广东、广西、海南、香港。

国外分布：巴基斯坦、斯里兰卡、阿富汗、印度、尼泊尔、缅甸、越南、日本、朝鲜、韩国。

引证文献：

Kuhl H. 1817. Die deutschen Fledermäuse. Hanau, Germany: Published Privately.

Hodgson BH. 1835. Synopsis of the Vespertilionidae of Nepal. Journal of the Asiatic Society of Bengal, 4: 699-701.

Appleton BR, McKenzie JA, Christidis L. 2004. Molecular systematics and biogeography of the bent-wing bat complex *Miniopterus schreibersii* (Kuhl, 1817) (Chiroptera: Vespertilionidae). Molecular Phylogenetics and Evolution, 31(2): 431-439.

Furman A, Öztunç Tunç, Çoraman E. 2010. On the phylogeny of *Miniopterus schreibersii schreibersii* and *Miniopterus schreibersii pallidus* from Asia Minor in reference to other *Miniopterus* taxa (Chiroptera: Vespertilionidae). Acta Chiropterologica, 12(1): 61-72.

黄继展, 谭梁静, 杨剑, 陈毅, 刘奇, 沈琪琦, 徐敏贞, 邓耀民, 张礼标. 2013. 澳门翼手类物种多样性调查. 兽类学报, 33(2): 123-132.

448. 大长翼蝠 *Miniopterus magnater* Sanborn, 1931

英文名：Large Long-fingered Bat, Western Long-fingered Bat

曾用名：几内亚长翼蝠、大折翅蝠

地方名：无

模式产地：巴布亚新几内亚

同物异名及分类引证：

Miniopterus macrodens Maeda, 1982

亚种分化： 全世界有 2 个亚种，中国有 1 个亚种。

指名亚种 *M. m. magnater* Sanborn, 1931，模式产地：巴布亚新几内亚。

国内分布： 福建、广东、海南、香港。

国外分布： 大部分东亚国家，向东南直至新几内亚岛。

引证文献：

Sanborn CC. 1931. Bats from Polynesia, Melanesia, and Malaysia. Field Museum of Natural History, Publication 286, Zoological Series. Chicago.

Maeda K. 1982. Studies on the classification of *Miniopterus* in Eurasia, Australia, and Melanesia. Honyurui Kagaku (Mammalian Science), Supplement 1: 1-176.

449. 南长翼蝠 *Miniopterus pusillus* Dobson, 1876

英文名： Small Long-fingered Bat

曾用名： 小折翅蝠、南长翅蝠

地方名： 无

模式产地： 印度尼科巴群岛

同物异名及分类引证： 无

亚种分化： 无

国内分布： 云南、澳门、广东、海南、香港。

国外分布： 柬埔寨、老挝、缅甸、尼泊尔、泰国南部、印度、印度尼西亚和越南。

引证文献：

Dobson GE. 1876. Monograph of the Asiatic Chiroptera and Catalogue of the Species of Bats in the Collection of the Indian Museum, Calcutta. The Annals and Magazine of Natural History, Ser. 4, 18: 266-267.

Allen GM. 1938. The mammals of China and Mongolia. Natural history of Central Asia, Vol. XI, Part 1. New York: The American Museum of Natural History: 266-268.

黄继展, 谭梁静, 杨剑, 陈毅, 刘奇, 沈琪琦, 徐敏贞, 邓耀民, 张礼标. 2013. 澳门翼手类物种多样性调查. 兽类学报, 33(2): 123-132.

蝙蝠科 Vespertilionidae Gray, 1821

彩蝠亚科 Kerivoulinae Miller, 1907

彩蝠属 *Kerivoula* Gray, 1842

450. 暗褐彩蝠 *Kerivoula furva* Kuo *et al.*, 2017

英文名： Dark Woolly Bat

曾用名： 哈氏彩蝠、泰坦尼亚彩蝠

地方名：无

模式产地：台湾宜兰

同物异名及分类引证：无

亚种分化：无

国内分布：重庆、四川、云南、湖南、江西、福建、台湾、广东、广西、海南。

国外分布：巴基斯坦、印度、缅甸、越南等。

引证文献：

Wu Y, Li YC, Lin LK, Harada M, Chen Z, Motokawa M. 2012. New records of *Kerivoula titania* (Chiroptera: Vespertilionidae) from Hainan Island and Taiwan. Mammal Study, 37(1): 69-72.

李锋, 余文华, 吴毅, 陈柏承, 张秋萍, 徐忠鲜, 王英永, 陈春泉, 原田正史, 本川雅治, 李玉春. 2015. 江西省发现泰坦尼亚彩蝠. 动物学杂志, 50(1): 1-8.

李锋, 余文华, 吴毅, 陈柏承, 张秋萍, 原田正史, 本川雅治, 王英永, 李玉春. 2016. 广东发现泰坦尼亚彩蝠及其回声定位声波特征. 动物学杂志, 51(1): 14-21.

Kuo HC, Soisook P, Ho YY, Csorba G, Wang CN, Rossiter SJ. 2017. A taxonomic revision of the *Kerivoula hardwickii* complex (Chiroptera: Vespertilionidae) with the description of a new species. Acta Chiropterologica, 19(1): 19-39.

Yu WH, Li F, Csorba G, Xu ZX, Wang XY, Guo WJ, Li YC, Wu Y. 2018. A revision of *Kerivoula hardwickii* and occurrence of *K. furva* (Chiroptera: Vespertilionidae) in China. Zootaxa, 4461(1): 45-56.

451. 克钦彩蝠 *Kerivoula kachinensis* Bate *et al.*, 2004

英文名：Kachin Woolly Bat

曾用名：无

地方名：无

模式产地：缅甸克钦邦

同物异名及分类引证：无

亚种分化：无

国内分布：云南南部。

国外分布：印度，缅甸、老挝、越南和柬埔寨等东南亚地区。

引证文献：

Bates PJJ, Struebig MJ, Rossiter SJ, Kingston T, Oo SSL, Mya KM. 2004. A new species of *Kerivoula* (Chiroptera: Vespertilionidae) from Myanmar (Burma). Acta Chiropterologica, 6(2): 219-226.

Yu WH, Lin CY, Huang, ZLY, Liu S, Wang QY, Quan RC, Li S, Wu Y. 2022. Discovery of *Kerivoula kachinensis* and a validity of *K. titania* (Chiroptera: Vespertilionidae) in China. Mammalia, 86(3): 303-308.

452. 彩蝠 *Kerivoula picta* (Pallas, 1767)

英文名：Painted Bat, Painted Woolly Bat

曾用名：无

地方名：花蝠

模式产地：印度尼西亚马鲁古群岛

同物异名及分类引证：

Vespertilio picta Pallas, 1767

Kerivoula kirivoula Cuvier, 1832

Kirivoula bellissima Thomas, 1906

亚种分化：全世界有 2 个亚种，中国有 1 个亚种。

华南亚种 *K. p. bellissima* Thomas, 1906，模式产地：广西北海。

国内分布：贵州、福建、广东、广西、海南。

国外分布：亚洲南部。

引证文献：

Pallas PS. 1767. Spicilegia Zoologica, quibus novae imprimus et obscurae animalium species iconibus, descriptionibus atque commentariis illustrantur cura P.S. Pallas. Hagae Comitum, 3: 7.

Cuvier F. 1832. Essai de classification naturelle des vespertilions. Paris: Nouvelle Arch. Museum (Natural History), 1: 9.

Thomas O. 1906. New Asiatic mammals of the genera *Kirivoula*, *Eliomys* and *Lepus*. The Annals and Magazine of Natural History, 17(100): 423.

453. 泰坦尼亚彩蝠 *Kerivoula titania* Bates *et al.*, 2007

英文名：Titania's Woolly Bat

曾用名：无

地方名：无

模式产地：柬埔寨蒙多基里

同物异名及分类引证：无

亚种分化：无

国内分布：云南南部。

国外分布：柬埔寨、老挝、缅甸、泰国、越南。

引证文献：

Bates PJJ, Struebig MJ, Hayes, BD, Furey NM, Mya KM, Thong VD, Tien PD, Son NT, Harrison DL, Francis CM, Csorba G. 2007. A new species of *Kerivoula* (Chiroptera: Vespertilionidae) from Southeast Asia. Acta Chiropterologica, 9(2): 323-337.

Yu WH, Li F, Csorba G, Xu ZX, Wang XY, Guo WJ, Li YC, Wu Y. 2018. A revision of *Kerivoula hardwickii* and occurrence of *K. furva* (Chiroptera: Vespertilionidae) in China. Zootaxa, 4461(1): 45-56.

Yu WH, Lin CY, Huang, ZLY, Liu S, Wang QY, Quan RC, Li S, Wu Y. 2022. Discovery of *Kerivoula kachinensis* and a validity of *K. titania* (Chiroptera: Vespertilionidae) in China. Mammalia, 86(3): 303-308.

管鼻蝠亚科 Murininae Miller, 1907

毛翼蝠属 *Harpiocephalus* Gray, 1842

454. 毛翼蝠 *Harpiocephalus harpia* (Temminck, 1840)

英文名： Hairy-winged Bat

曾用名： 毛翼管鼻蝠、赤褐毛翼蝠

地方名： 无

模式产地： 印度尼西亚爪哇岛格德山东南侧

同物异名及分类引证：

Vespertilio harpia Temminck, 1840

Harpiocephalus rufus Gray, 1842

Noctulinia lasyurus Hodgson, 1847

Hariocephalus harpia rufulus Allen, 1913

Hariocephalus harpia madrassius Thomas, 1923

亚种分化： 全世界有 3 个亚种，中国有 1 个亚种。

越北亚种 *H. h. rufulus* Allen, 1913，模式产地：越南北部湾。

国内分布： 贵州、四川、云南、湖北、湖南、福建、江西、台湾、浙江、广东、广西、海南。

国外分布： 巴布亚新几内亚、菲律宾、老挝、马来西亚、缅甸、泰国、印度尼西亚、越南。

引证文献：

Temminck CJ. 1827[1824]-1841. Monographies de mammalogie, ou description de quelques genres de mammifères, dont les espèces ont eté observées dans les différent musées de l'Europe. Paris: Dufour & Ocagne.

Gray JE. 1842. Descriptions of some new genera and fifty unrecorded species of Mammalia. The Annals and Magazine of Natural History, Ser. 1, 10(65): 255-267.

Hodgson BH. 1847. On a new species of *Plecotus*. Journal of the Asiatic Society of Bengal, 16(2): 894-896.

Allen GM. 1913. A new bat from Tonkin. Proceedings of the Biological Society of Washington, 26: 213-214.

Thomas O. 1923. Scientific results from the mammal survey. XLI. On the forms contained in the genus *Harpiocephalus*. The Journal of the Bombay Natural History Society, 29(1): 88-89.

周全, 徐忠鲜, 余文华, 李锋, 陈柏承, 龚粤宁, 原田正史, 本川雅治, 李玉春, 吴毅. 2014. 广东省南岭发现毛翼管鼻蝠及其核型与回声定位声波特征. 动物学杂志, 49(1): 41-45.

余文华, 胡宜锋, 郭伟健, 黎舫, 王晓云, 李玉春, 吴毅. 2017. 毛翼管鼻蝠在湖南的新发现及中国适生分布区预测. 广州大学学报(自然科学版), 16(3): 15-20.

龚立新, 顾浩, 孙淙南, 马青, 江廷磊, 冯江. 2018. 贵州发现毛翼管鼻蝠和华南菊头蝠及其回声定位声波特征. 动物学杂志, 53(3): 329-338.

胡宜峰, 黎舫, 吴毅, 李玉春, 余文华. 2018. 海南省蝙蝠新记录——毛翼管鼻蝠. 浙江林业科技, 38(3): 85-88.

岳阳, 胡宜峰, 雷博宇, 吴毅, 吴华, 刘宝权, 余文华. 2019. 毛翼管鼻蝠性二型特征及其在湖北和浙江的分布新纪录. 兽类学报, 39(2): 34-46.

石红艳, 刘昊, 陈江南, 向通, 余文华, 吴毅. 2020. 毛翼管鼻蝠分布的最北发现地——四川蝙蝠新纪录. 四川动物, 39(4): 429-430.

金芒蝠属 *Harpiola* Thomas, 1915

455. 金芒蝠 *Harpiola isodon* Kuo *et al.*, 2006

英文名：Formosan Golden Tube-nosed Bat, Golden-tipped Tube-nosed Bat, Taiwan Tube-nosed Bat

曾用名：金芒管鼻蝠

地方名：无

模式产地：台湾花莲卓溪玉里野生动物保护区

同物异名及分类引证：无

亚种分化：无

国内分布：台湾。

国外分布：越南。

引证文献：

Kuo HC, Fang YP, Csorba G, Lee LL. 2006. The definition of *Harpiola* (Vespertilionidae: Murininae) and the description of a new species from Taiwan. Acta Chiropterologica, 8(1): 11-19.

管鼻蝠属 *Murina* Gray, 1842

456. 金管鼻蝠 *Murina aurata* Milne-Edwards, 1872

英文名：Little Tube-nosed Bat

曾用名：小管鼻蝠

地方名：无

模式产地：四川宝兴

同物异名及分类引证：

Murina aurita Miller, 1907

亚种分化：无

国内分布：甘肃、四川、广西、海南。

国外分布：缅甸、尼泊尔、泰国、印度东北部。

引证文献：

Milne-Edwards MA. 1872(1868-1874). Recherches pour server à l'histoire naturelle des mammifères: comprenant des considérations sur la classification de ces animaux. 2 volumes. Paris: G. Masson, Vol. I, 394; Vol. II, atlas.

Miller GS. 1907. The families and genera of bats. Bulletin of the United States National Museum, 57: 1-282.

李友邦, Furey MN, 韦龙韬. 2010. 广西翼手目一新纪录——金管鼻蝠. 广西师范大学学报(自然科学版), 28(4): 114-115.

457. 黄胸管鼻蝠 *Murina bicolor* Kuo *et al.*, 2009

英文名： Yellow-chested Tube-nosed Bat

曾用名： 无

地方名： 无

模式产地： 台湾南投

同物异名及分类引证： 无

亚种分化： 无

国内分布： 中国特有，分布于台湾。

国外分布： 无

引证文献：

Kuo HC, Fang YP, Csorba G, Lee LL. 2009. Three new species of *Murina* (Chiroptera: Vespertilionidae) from Taiwan. Journal of Mammalogy, 90(4): 980-991.

458. 金毛管鼻蝠 *Murina chrysochaetes* Eger *et* Lim, 2011

英文名： Golden-haired Tube-nosed Bat

曾用名： 无

地方名： 无

模式产地： 广西靖西底定

同物异名及分类引证： 无

亚种分化： 无

国内分布： 四川、云南、广东、广西。

国外分布： 越南。

引证文献：

Eger JL, Lim BK. 2011. Three new species of *Murina* from southern China (Chiroptera: Vespertilionidae). Acta Chiropterologica, 13(2): 227-243.

钟韦凌, 张欣, 吴毅, 蒋学龙, 石红艳, 李锋, 陈伯承, 周全, 余文华. 2021. 金毛管鼻蝠在我国模式产地外的再发现——广东、云南和四川新记录. 四川动物, 40(6): 702-709.

459. 圆耳管鼻蝠 *Murina cyclotis* Dobson, 1872

英文名： Round-eared Tube-nosed Bat

曾用名： 无

地方名： 无

模式产地： 印度东北部大吉岭

同物异名及分类引证：

Murinus cyclotis Allen, 1906

Murina eileenae Phillips, 1932

Murina peninsularis Hill, 1964

亚种分化： 全世界有 3 个亚种，中国有 1 个业种。

指名亚种 *M. c. cyclotis* Dobson, 1872，模式产地：印度东北部大吉岭。

国内分布：指名亚种分布于云南、贵州、江西、广东、广西、海南。

国外分布：菲律宾、老挝、马来西亚、缅甸、斯里兰卡、文莱、印度、印度尼西亚、越南。

引证文献：

Dobson GE. 1872. Notes on some bats collected by Captain W. G. Murray, in North-Western Himalaya, with description of new species. Proceedings of the Asiatic Society of Bengal: 208-210.

Allen JA. 1906. Mammals from the Island of Hainan, China. Bulletin of the American Museum of Natural History, 22: 463-490.

Phillips WWA. 1932. Additions to the fauna of Ceylon. No. 2. Some new and interesting bats from the hills of the Central Province. Spolia Zeylanica, 16(3): 329-335.

Hill JE. 1963[1964]. Notes on some tubed-nosed bats, genus *Murina*, from southeastern Asia, with descriptions of a new species and a new subspecies. Federation Museums Journal NS. (Kuala Lumpur), 8: 48-59.

李彦男, 岳阳, 张翰博, 张欣, 钟韦凌, 石红艳, 吴毅, 余文华. 2020. 贵州蝙蝠分布新记录——圆耳管鼻蝠. 广州大学学报(自然科学版), 19(3): 71-75.

周全, 李彦男, 余文华, 黄正澜懿, 刘硕, 王巧燕, 权瑞昌, 李松, 吴毅. 2021. 圆耳管鼻蝠在云南西双版纳的新发现. 四川动物, 40(3): 292-297.

460. 艾氏管鼻蝠 *Murina eleryi* Furey *et al.*, 2009

英文名：Elery's Tube-nosed Bat

曾用名：艾乐丽管鼻蝠

地方名：无

模式产地：越南北宁省

同物异名及分类引证：无

亚种分化：无

国内分布：贵州、湖南、广东、广西。

国外分布：越南、老挝。

引证文献：

Furey NM, Thong VD, Bates PJJ, Csorba G. 2009. Description of a new species belonging to the *Murina* 'suilla-group' (Chiroptera: Vespertilionidae: Murininae) from North Vietnam. Acta Chiropterologica, 11(2): 225-236.

刘志霄, 张佑祥, 张劲硕, 张礼标. 2014. 湖南省发现艾氏管鼻蝠. 动物学杂志, 49(1): 132-135.

徐忠鲜, 余文华, 吴毅, 李锋, 陈柏承, 原田正史, 本川雅治, 龚粤宁, 李玉春. 2014. 艾氏管鼻蝠种群遗传结构初步研究及其分类探讨. 兽类学报, 34(3): 270-277.

461. 梵净山管鼻蝠 *Murina fanjingshanensis* He, Xiao *et* Zhou, 2015

英文名：Fanjingshan Tube-nosed Bat

曾用名：无

地方名：无

模式产地：贵州松桃乌罗

同物异名及分类引证：无

亚种分化：无

国内分布：中国特有，分布于贵州（铜仁）、湖南（湘西）。

国外分布：无

引证文献：

He F, Xiao N, Zhou J. 2015. A new species of *Murina* from China (Chiroptera: Vespertilionidae). Cave Research, 2: 2-6.

黄太福, 龚小燕, 吴涛, 彭乐, 张佑祥, 张礼标, 刘志霄. 2018. 梵净山管鼻蝠在湖南省的分布新纪录. 兽类学报, 38(3): 315-317.

462. 菲氏管鼻蝠 *Murina feae* (Thomas, 1891)

英文名：Fea's Tube-nosed Bat

曾用名：无

地方名：无

模式产地：缅甸

同物异名及分类引证：

Harpiocephalus feae Thomas, 1891

Murina cineracea Csorba *et* Furey, 2011

亚种分化：无

国内分布：贵州、江西、广东、广西。

国外分布：柬埔寨、老挝、缅甸、泰国、越南。

引证文献：

Thomas O. 1891. Diagnoses of three new mammals collected by Signor L. Fea in the Carin Hills, Burma. Annali del Museo Civico di Storia Naturale di Genova, 30(Ser. 2, Vol. 10): 884.

Csorba G, Son NT, Saveng I, Furey NM. 2011. Revealing cryptic bat diversity: Three new *Murina* and redescription of *M. tubinaris* from Southeast Asia. Journal of Mammalogy, 92(4): 891-904.

Francis CM, Eger JL. 2012. A review of tube-nosed bats (*Murina*) from Laos with a description of two new species. Acta Chiropterologica, 14(1): 15-38.

吴梦柳, 万艺林, 陈子禧, 张昌友, 叶复华, 王晓云, 郭伟健, 余文华, 李玉春, 吴毅. 2017. 菲氏管鼻蝠在广东和江西省分布新纪录. 四川动物, 36(4): 436-440.

463. 暗色管鼻蝠 *Murina fusca* Sowerby, 1922

英文名：Dusky Tube-nosed Bat

曾用名：无

地方名：无

模式产地：中国满洲里

同物异名及分类引证：无

亚种分化：无

国内分布：中国特有，分布于内蒙古（满洲里）。

国外分布：无

引证文献：

Sowerby AC. 1922. On a new bat from Manchuria. Journal of Mammalogy, 3(1): 46-47.

汪松. 1959. 东北兽类补遗. 动物学报, 11(3): 344-352.

464. 姬管鼻蝠 *Murina gracilis* Kuo *et al.*, 2009

英文名： Taiwanese Little Tube-nosed Bat

曾用名： 无

地方名： 无

模式产地： 台湾宜兰鸳鸯湖自然保护区

同物异名及分类引证： 无

亚种分化： 无

国内分布： 中国特有，分布于台湾。

国外分布： 无

引证文献：

Kuo HC, Fang YP, Csorba G, Lee LL. 2009. Three new species of *Murina* (Chiroptera: Vespertilionidae) from Taiwan. Journal of Mammalogy, 90(4): 980-991.

465. 哈氏管鼻蝠 *Murina harrisoni* Csorba *et* Bates, 2005

英文名： Harrison's Tube-nosed Bat

曾用名： 无

地方名： 无

模式产地： 柬埔寨磅士卑省基里隆国家公园

同物异名及分类引证： 无

亚种分化： 无

国内分布： 江西、广东、海南。

国外分布： 柬埔寨。

引证文献：

Csorba G, Bates PJJ. 2005. Description of a new species of *Murina* from Cambodia (Chiroptera: Vespertilionidae: Murininae). Acta Chiropterologica, 7(1): 1-7.

Wu Y, Motokawa M, Li YC, Harada M, Chen Z, Yu WH. 2011. Karyotype of Harrison's tube-nosed bat *Murina harrisoni* (Chiroptera: Vespertilionidae: Murininae) based on the second specimen recorded from Hainan Island, China. Mammal Study, 35(4): 277-279.

吴毅, 陈子禧, 王晓云, 黎舫, 胡宜峰, 郭伟健, 余文华, 李玉春. 2017. 哈氏管鼻蝠在广东的新发现及南岭树栖蝙蝠物种多样性. 广州大学学报(自然科学版), 16(3): 1-7.

陈子禧, 吴毅, 余文华, 黎舫, 朱剑兰, 龚彩敏, 徐嘉宽, 胡宜峰, 李玉春. 2018. 哈氏管鼻蝠在中国大陆地区的又一新发现——江西省分布新纪录. 西部林业科学, 47(2): 75-80.

466. 东北管鼻蝠 *Murina hilgendorfi* (Peters, 1880)

英文名： Hilgendorf's Tube-nosed Bat

曾用名：无

地方名：无

模式产地：日本东京附近

同物异名及分类引证：

Harpyocephalus hilgendorfi Peters, 1880

Murina sibirica Kastschenko, 1905

Murina ognevi Bianchi, 1916

Murina intermedia Mori, 1933

亚种分化：全世界有 3 个亚种，中国有 1 个亚种。

韩国亚种 *M. h. ognevi* Kishida *et* Mori, 1931，模式产地：韩国。

国内分布：黑龙江、内蒙古。

国外分布：朝鲜、俄罗斯、哈萨克斯坦、蒙古、日本。

引证文献：

Peters W. 1880. Mittheilung über die von Hrn. Dr. F. Hilgendorf in Japan gesammelten Chiropteren. Monatsberichte der Königlich Preussischen Akademie der Wissenschaften: 23-25.

Kastschenko NF. 1905. Observations on mammals from W. Siberia & Turkestan, in Trans. Tomsk University, 27: 25.

Bianchi V. 1916. Note prélimiaires sur les chauve-souries ou Chiroptères de la Russie. Annuaire du Musée Zoologique Petrograd, 21: IXXVIII.

Kishida K, Mori T. 1931. On distribution of the Korean land mammals. Zoological Magazine, Tokyo, 43: 379.

Mori T. 1933. On two bats from Korea. J. Chosen N. H. Soc., 16: 1-5.

Ellerman JR, Morrison-Scott TCS. 1951. Checklist of Palaearctic and Indian mammals 1758 to 1946. London: British Museum (Natural History): 810.

467. 中管鼻蝠 *Murina huttoni* (Peters, 1872)

英文名：Hutton's Tube-nosed Bat

曾用名：胡氏管鼻蝠

地方名：无

模式产地：印度台拉登

同物异名及分类引证：

Harpyocephalus huttoni Peters, 1872

亚种分化：全世界有 2 个亚种，中国有 1 个亚种。

福建亚种 *M. h. rubella* Thomas, 1914，模式产地：福建挂墩。

国内分布：西藏、湖北、福建、江西、浙江、广东、广西。

国外分布：马来西亚、泰国、印度、越南。

引证文献：

Peters W. 1872. Über neue Flederthiere (*Phyllorhina micropus*, *Harpyiocephalus huttonii*, *Murina grisea*, *Vesperugo micropus*, *Vesperus* (*Marsipolaemus*) *albigularis*, *Vesperus propinquus*, *tenuipinnis*). Monatsberichte der Königlichen Preussische Akademie des Wissenschaften zu Berlin: 256-264.

Thomas O. 1914. New Asiatic and Australian bats and a new bandicoot. The Annals and Magazine of Natural

History, Ser. 8, 13: 439-444.

Hill JE. 1964. Notes on some tube-nosed bats, genus *Murina*, from southeastern Asia, with descriptions of a new species and a new subspecies. Federation Museums Journal NS, 8: 48-59.

周全, 张燕均, 本川雅治, 原田正史, 龚粤宁, 李玉春, 吴毅. 2011. 广东省南岭新纪录种中管鼻蝠的形态测量、核型及超声波数据. 动物学杂志, 46(1): 109-114.

黄正澜懿, 胡宜峰, 吴华, 曹阳, 刘宝权, 周佳俊, 吴毅, 余文华. 2018. 中管鼻蝠在湖北和浙江的分布新纪录. 西部林业科学, 47(6): 73-77.

468. 锦矗管鼻蝠 *Murina jinchui* Yu, Csorba *et* Wu, 2020

英文名：Jinchu's Tube-nosed Bat

曾用名：无

地方名：无

模式产地：四川汶川卧龙国家级自然保护区

同物异名及分类引证：无

亚种分化：无

国内分布：中国特有，分布于四川。

国外分布：无

引证文献：

Yu WH, Csorba G, Wu Y. 2020. Tube-nosed variations: a new species of the genus *Murina* (Chiroptera: Vespertilionidae) from China. Zoological Research, 41(1): 70-77.

469. 白腹管鼻蝠 *Murina leucogaster* Milne-Edwards, 1872

英文名：Rufous Tube-nosed Bat, Greater Tube-nosed Bat

曾用名：大管鼻蝠

地方名：无

模式产地：四川宝兴

同物异名及分类引证：

Murina leucogastra Thomas, 1916

亚种分化：全世界有 2 个亚种，中国有 1 个亚种。

指名亚种 *M. l. leucogaster* Milne-Edwards, 1872，模式产地：四川宝兴。

国内分布：北京、河北、山西、陕西、贵州、四川、西藏、河南、福建、广西。

国外分布：泰国西部、印度东北部、越南。

引证文献：

Milne-Edwards A. 1868-74. Memoire sur la faune mammalogique du Tibet oriental et principalement de la principauté de Moupin. In: Recherches pour servir à l'histoire naturelle des mammifères: comprenant des considerations sur la classification de ces animaux (H. Milne-Edwards), 2 volumes. Paris: G. Masson: 231-379.

Thomas O. 1916. Scientific results from the mammal survey, XIV. The Journal of the Bombay Natural History Society, 24: 639-644.

470. 荔波管鼻蝠 *Murina liboensis* Zeng *et al.*, 2018

英文名：Libo Tube-nosed Bat

曾用名：无

地方名：无

模式产地：贵州荔波

同物异名及分类引证：无

亚种分化：无

国内分布：中国特有，分布于贵州。

国外分布：无

引证文献：

Zeng X, Chen J, Deng HQ, Xiao N, Zhou J. 2018. A new species of *Murina* from China (Chiroptera: Vespertilionidae). Ekoloji, 27(103): 9-16.

471. 罗蕾莱管鼻蝠 *Murina lorelieae* Eger *et* Lim, 2011

英文名：Lorelie's Tube-nosed Bat

曾用名：无

地方名：无

模式产地：广西靖西底定

同物异名及分类引证：无

亚种分化：无

国内分布：云南、广西。

国外分布：缅甸。

引证文献：

Eger JL, Lim BK. 2011. Three new species of *Murina* from southern China (Chiroptera: Vespertilionidae). Acta Chiropterologica, 13(2): 227-243.

黎舫, 王晓云, 余文华, 胡宜峰, 郭伟健, 李玉春, 吴毅. 2017. 罗蕾莱管鼻蝠在模式产地外的发现——云南分布新纪录. 动物学杂志, 52(5): 727-736.

472. 台湾管鼻蝠 *Murina puta* Kishida, 1924

英文名：Taiwanese Tube-nosed Bat

曾用名：无

地方名：无

模式产地：台湾彰化二水

同物异名及分类引证：无

亚种分化：无

国内分布：中国特有，分布于台湾。

国外分布：无

引证文献：

Kishida K. 1924. Some Japanese bats. Zoological Magazine, Tokyo, 36: 127-139.

473. 隐姬管鼻蝠 *Murina recondita* Kuo *et al.*, 2009

英文名：Faint-golden Little Tube-nosed Bat

曾用名：无

地方名：无

模式产地：台湾花莲卓溪

同物异名及分类引证：无

亚种分化：无

国内分布：中国特有，分布于台湾。

国外分布：无

引证文献：

Kuo HC, Fang YP, Csorba G, Lee LL. 2009. Three new species of *Murina* (Chiroptera: Vespertilionidae) from Taiwan. Journal of Mammalogy, 90(4): 980-991.

474. 榕江管鼻蝠 *Murina rongjiangensis* Chen *et al.*, 2017

英文名：Rongjiang Tube-nosed Bat

曾用名：无

地方名：无

模式产地：贵州榕江兴华

同物异名及分类引证：无

亚种分化：无

国内分布：中国特有，分布于贵州。

国外分布：无

引证文献：

Chen J, Liu T, Deng HQ, Xiao N, Zhou J. 2017. A new species of *Murina* bats was discovered in Guizhou Province, China. Cave Research, 2(1): 1-10.

475. 水甫管鼻蝠 *Murina shuipuensis* Eger *et* Lim, 2011

英文名：Shuipu's Tube-nosed Bat

曾用名：无

地方名：无

模式产地：贵州荔波水甫

同物异名及分类引证：无

亚种分化：无

国内分布：中国特有，分布于贵州、江西、广东。

国外分布：无

引证文献：

Eger JL, Lim BK. 2011. Three new species of *Murina* from southern China (Chiroptera: Vespertilionidae). Acta Chiropterologica, 13(2): 227-243.

王晓云, 张秋萍, 郭伟健, 李锋, 陈柏承, 徐忠鲜, 王英永, 吴毅, 余文华, 李玉春. 2016. 水甫管鼻蝠在模式产地外的发现——广东和江西省新纪录. 兽类学报, 36(1): 118-122.

476. 乌苏里管鼻蝠 *Murina ussuriensis* Ognev, 1913

英文名：Ussurian Tube-nosed Bat

曾用名：无

地方名：无

模式产地：俄罗斯西伯利亚

同物异名及分类引证：无

亚种分化：无

国内分布：黑龙江、吉林、内蒙古。

国外分布：朝鲜、俄罗斯、日本。

引证文献：

Ognev SI. 1913. Bemerkungen über die Chiroptera und Insectivora des Ussuri-Landes. Annuaire du Musée zoologique de l'Académie des sciences de St. Pétersbourg, 18: 402-406.

鼠耳蝠亚科 Myotinae Tate, 1942

盘足蝠属 *Eudiscopus* Conisbee, 1953

477. 盘足蝠 *Eudiscopus denticulus* (Osgood, 1932)

英文名：Disk-footed Bat

曾用名：无

地方名：无

模式产地：老挝丰沙里

同物异名及分类引证：

Discopus denticulus (Osgood, 1932) Conisbee, 1953

亚种分化：无

国内分布：云南（西双版纳）。

国外分布：老挝、缅甸、泰国、越南。

引证文献：

Osgood WH. 1932. Mammals of the Kelley-Roosevelts and Delacour Asiatic Expeditions. Publication 312, Zoological Series. Chicago: Field Museum of Natural History, 18(10): 193-339.

Conisbee LR. 1953. A list of the names proposed for genera and subgenera of recent mammals, from the Publication of T. S. Palmer's Index Generum Mammalium, 1904 to the end of 1951. London: British Museum (Natural History).

Yu WH, Csorba G, Huang ZLY, Li YN, Liu S, Quan RC, Wang QY, Shi HY, Wu Y, Li S. 2021. First record of disk-footed bat *Eudiscopus denticulus* (Chiroptera, Vespertilionidae) from China and resolution of phylogenetic position of the genus. Zoological Research, 42(1): 94-99.

鼠耳蝠属 *Myotis* Kaup, 1829

478. 西南鼠耳蝠 *Myotis altarium* Thomas, 1911

英文名：Szechwan Myotis

曾用名：峨眉鼠耳蝠、四川鼠耳蝠

地方名：无

模式产地：四川峨眉山

同物异名及分类引证：无

亚种分化：无

国内分布：陕西、重庆、贵州、四川、云南、河南、湖北、湖南、安徽、福建、江西、
  广东、广西。

国外分布：泰国、印度、越南。

引证文献：

Thomas O. 1911. Mammals collected in the provinces of Kan-su and Sze-chwan, western China, by Mr.
  Malcolm Anderson, for the Duke of Bedford's exploration of Eastern Asia. Abstracts of the Proceedings
  of the Zoological Society of London, 90: 3-5.

孙振国, 牛红星, 王念伟, 赵黎明, 王理顺, 瞿文元. 2006. 河南桐柏山区洞穴蝙蝠的初步调查. 医学动
  物防制, 22(10): 755-757.

符丹凤, 张佑祥, 蒋洵, 刘志霄, 阎中军, 杨伟伟, 曾卫湘. 2010. 西南鼠耳蝠湖南分布新纪录. 吉首大
  学学报(自然科学版), 31(3): 106-108.

张燕均, 邓柏生, 李玉春, 龚粤宁, 本川雅治, 原田正史, 新宅勇太, 吴毅. 2010. 西南鼠耳蝠广东新纪
  录及其核型. 兽类学报, 30(4): 460-464.

裴俊峰. 2012. 陕西省翼手类新纪录——西南鼠耳蝠. 四川动物, 31(2): 290-292.

479. 缺齿鼠耳蝠 *Myotis annectans* (Dobson, 1871)

英文名：Hairy-faced Bat, Interediate Bat

曾用名：无

地方名：无

模式产地：那加山

同物异名及分类引证：

Pipistrellus annectans Dobson, 1871

Myotis primula Thomas, 1920

亚种分化：无

国内分布：云南（盈江）。

国外分布：柬埔寨、老挝、缅甸、泰国、印度、越南。

引证文献：

Dobson GE. 1871. Notes on nine new species of Indian and Indo-Chinese Vespertilionidae, with remarks on
  the synonymy and classification of some other species of the same family. Proceedings of the Asiatic
  Society of Bengal, 1871: 210-215.

Thomas O. 1920. A new bat of the genus *Myotis* from Sikkim. The Journal of the Bombay Natural History Society, 27: 248-249.

Topál G. 1970. On the systematic status of *Pipistrellus annectans* Dobson, 1871 and *Myotis primula* Thomas, 1920 (Mammalia). Annales Historico-Naturales Musei Nationalis Hungarici, 62: 373-379.

罗一宁. 1987. 我国兽类新记录——缺齿鼠耳蝠. 兽类学报, 7(2): 159.

480. 栗鼠耳蝠 *Myotis badius* Tiunov, 2011

英文名：Bay Myotis, Chestnut Myotis

曾用名：无

地方名：无

模式产地：云南昆明晋宁双河

同物异名及分类引证：无

亚种分化：无

国内分布：中国特有，分布于云南（晋宁）。

国外分布：无

引证文献：

Tiunov MP, Kruskop SV, Feng J. 2011. A new mouse-eared bat (Mammalia: Chiroptera, Vespertilionidae) from South China. Acta Chiropterologica, 13(2): 271-278.

481. 狭耳鼠耳蝠 *Myotis blythii* (Tomes, 1857)

英文名：Lesser Mouse-eared Myotis

曾用名：尖耳鼠耳蝠

地方名：无

模式产地：印度拉贾斯坦邦

同物异名及分类引证：

Vespertilio blythii Tomes, 1857

Myotis murinoides Dobson, 1873

Myotis africanus Dobson, 1875

Myotis dobsoni Trouessart, 1878

Myotis omari Thomas, 1906

Myotis ancilla Thomas, 1910

Myotis risorius Cheesman, 1921

Myotis lesviacus Iliopoulou-Georgudaki, 1984

亚种分化：全世界有 6 个亚种，中国有 2 个亚种。

新疆亚种 *M. b. omari* Thomas, 1906，模式产地：希腊；

陕西亚种 *M. b. ancilla* Thomas, 1910，模式产地：陕西。

国内分布：新疆亚种分布于内蒙古、新疆；陕西亚种分布于北京、山西、陕西、重庆、贵州、广东、广西。

国外分布：亚洲、欧洲。

引证文献:

Tomes RF. 1857. Descriptions of four undescribed species of bats. Proceedings of the Zoological Society of London, 25(1): 50-54.

Dobson GE. 1873. Notes on Chiroptera. Proceedings of the Asiatic Society of Bengal, 1873: 110.

Dobson GE. 1875. Description of new species of Vespertilionidae. The Annals and Magazine of Natural History, 16(4): 260-262.

Trouessart EL. 1878. Catalogue des mammifères vivants et fossiles. Chiroptera. Revue et Magasin de Zoologie Pure et Appliquèe, 3: 200-254.

Thomas O. 1905. On a collection of mammals from Persia and Armenia presented to the British Museum by Col. AC. Bailward. Proceedings of the Zoological Society of London, 2: 519-527.

Thomas O. 1910. A collection of small mammals from China. Proceedings of the Zoological Society of London, 2: 635-638.

Cheesman RE. 1921. Report on a collection of mammals made by Col. Hotson JEB. in Shiraz, Persia. The Journal of the Bombay Natural History Society, 27: 573-581.

Iliopoulou-Georgudaki JG. 1984. Intraspecific and interpopulation morphologic variation in the sharp-eared bat, *Myotis blytii* (Tomes, 1857) (Chiroptera: Vespertilionidae), from Greece. Bonner Zoologische Beiträge, 35: 15-24.

Corbet GB, Hill JE. 1992. The mammals of the Indomalayan region: a systematic review. Oxford: Oxford University Press.

刘少英, 冉江洪, 林强, 刘世昌, 刘志君. 2001. 三峡工程重庆库区翼手类研究. 兽类学报, 21(2): 123-131.

周江, 杨天友. 2012. 贵州省鼠耳蝠属一新纪录——狭耳鼠耳蝠. 四川动物, 31(1): 120-123.

482. 远东鼠耳蝠 *Myotis bombinus* Thomas, 1906

英文名: Far Eastern Myotis

曾用名: 嗡声鼠耳蝠

地方名: 无

模式产地: 日本宫崎

同物异名及分类引证:

Myotis nattereri Kuhl, 1817

Myotis amurensis Ognev, 1927

Myotis bombinus (Thomas, 1906) Horácek & Hanák, 1984

亚种分化: 全世界有 2 个亚种, 中国有 1 个亚种。

指名亚种 *M. b. bombinus* Thomas, 1906, 模式产地: 日本宫崎。

国内分布: 黑龙江、吉林。

国外分布: 朝鲜、俄罗斯、韩国、蒙古、日本。

引证文献:

Kuhl H. 1817. Die deutschen Fledermäuse. Hanau: Privately published: 25.

Thomas O. 1905[1906]. The Duke of Bedford's zoological exploration in eastern Asia.—I. List of mammals obtained by Mr. Anderson MP. in Japan. Proceedings of the Zoological Society of London, 75(4): 331-363.

Ognev SI. 1927. A synopsis of the Russian bats. Journal of Mammalogy, 8(2): 140-157.

Horácek I, Hanák V. 1984. Comments on the systematics and phylogeny of *Myotis nattereri* (Kuhl, 1818). Myotis, 21: 20-29.

马逸清. 1986. 黑龙江省兽类志. 哈尔滨: 黑龙江科学技术出版社: 81-83.

483. 布氏鼠耳蝠 *Myotis brandtii* (Eversmann, 1845)

英文名: Brandt's Myotis

曾用名: 伯氏鼠耳蝠

地方名: 无

模式产地: 俄罗斯奥伦堡

同物异名及分类引证:

Vespertilio brandtii Eversmann, 1845

Myotis aureus Koch, 1865

Myotis sibiricus Kastschenko, 1905

Myotis gracilis Ognev, 1927

Myotis coluotus Kostron, 1943

亚种分化: 无

国内分布: 黑龙江、吉林、辽宁、内蒙古、西藏。

国外分布: 亚洲、欧洲。

引证文献:

Eersmann E. 1845. Uralensibus observati. Bulletin Society Natural Mossou, 18(1): 505-508.

Kastschenko NF. 1905. Observations on mammals from W. Siberia & Turkestan, in Trans. Tomsk University, 27: 25.

Ognev SI. 1927. A synopsis of the Russian bats. Journal of Mammalogy, 8(2): 140-157.

Tate GHH. 1941. Notes on vespertilionid bats of the subfamilies Miniopterinae, Murininae, Kerivoulinae, and Nyctophilinae. Bulletin of the American Museum of Natural History, 78: 567-597.

Ellerman JR, Morrison-Scott TCS. 1951. Checklist of Palaearctic and Indian mammals 1758 to 1946. London: British Museum (Natural History): 139.

Hanák V. 1970. Notes on the distribution and systematics of *Myotis mystacinus* Kuhl, 1819. Bijdragen tot de Dierkunde, 40: 40-44.

朴龙国, 王绍先, 朴正吉. 2013. 长白山兽类. 长春: 吉林科学技术出版社.

484. 中华鼠耳蝠 *Myotis chinensis* (Tomes, 1857)

英文名: Chinese Myotis

曾用名: 无

地方名: 无

模式产地: 中国南部

同物异名及分类引证:

Vespertilio chinensis Tomes, 1857

Myotis luctuosus Allen, 1923

亚种分化: 全世界有2个亚种,中国均有分布。

指名亚种 *M. c. chinensis* Tomes, 1857,模式产地: 中国南部;

四川亚种 *M. c. luctuosus* Allen, 1923，模式产地：四川万县（现重庆万州）。

国内分布：指名亚种分布于内蒙古、湖南、安徽、福建、江苏、江西、浙江、广东、广西、海南、香港；四川亚种分布于重庆、贵州、四川、云南。

国外分布：缅甸、泰国、越南。

引证文献：

Tomes RF. 1857. Descriptions of four undescribed species of bats. Proceedings of the Zoological Society of London, 25(1): 50-54.

Allen GM. 1923. New Chinese bats. American Museum Novitates, 85: 1-8.

刘昊, 石红艳, 王刚. 2010. 中华鼠耳蝠的分布及研究现状. 绵阳师范学院学报, 29(11): 66-73.

485. 沼泽鼠耳蝠 *Myotis dasycneme* (Boie, 1825)

英文名：Pond Bat, Pond Myotis

曾用名：沼鼠耳蝠

地方名：无

模式产地：丹麦日德兰

同物异名及分类引证：

Vespertilio dasycneme Boie, 1825

Myotis limnophilus Temminck, 1839

Myotis ferrugineus Temminck, 1840

Myotis major Ognev *et* Worobiev, 1923

Myotis surinamensis Husson, 1962

亚种分化：无

国内分布：山东。

国外分布：波兰、德国、俄罗斯、法国、哈萨克斯坦、罗马尼亚、瑞典、乌克兰、匈牙利。

引证文献：

Boie L. 1825. *Vespertilio dasycneme*. In Isis von Oken: 1200.

Temminck CJ. 1827[1824]-1841. Monographies de mammalogie, ou description de quelques genres de mammifères, dont les espèces ont eté observées dans les différent musées de l'Europe. Paris: Dufour & Ocagne.

Blasius JH. 1857. Naturgeschichte der Säugethiere Deutschlands und der Angrenzenden Länder von Mitteleuropa Braunschweig. Braunschweig: Vieweg und Sohn: 549.

Dobson GE. 1878. Catalogue of the Chiroptera in the collection of the British Museum. London: British Museum (Natural History): 295.

Ognev SI, Worobiev KA. 1923. The fauna of the terrestrial vertebrates of the government of Woronesh. Moscow: Novaya Derevnya: 254.

Husson AM. 1962. The bats of Suriname. Zoologische Verhandelingen, 58(1): 1-282.

486. 大卫鼠耳蝠 *Myotis davidii* (Peters, 1869)

英文名：David's Myotis

曾用名：小鼠耳蝠

地方名：无

模式产地：北京

同物异名及分类引证：

Vespertilio davidii Peters, 1869

Myotis hajastanicus Argyropulo, 1939

亚种分化：无

国内分布：北京、甘肃、陕西、重庆、贵州、云南、湖南、安徽、江苏、江西、浙江、广东、广西、海南、香港。

国外分布：亚欧大陆。

引证文献：

Peters W. 1869. Bemerkungen über neue oder weniger bekannte Flederthiere, besonders des Pariser Museums. Monatsberichte der Königlich Preussischen Akademie der Wissenschaften zu Berlin: 392-406.

Allen JA. 1906. Mammals from the Island of Hainan, China. Bulletin of the American Museum of Natural History, 22: 463-490.

Argiropulo AI. 1939. On the distribution and ecology of some mammals in Armenia. Zoologičeskij Sbornik, 1 (Trudy Zoologičeskogo Instituta, 3): 27-66.

任锐君, 石胜超, 吴倩倩, 邓学建, 陈意中. 2017. 湖南省衡东县发现大卫鼠耳蝠. 动物学杂志, 52(5): 870-876.

487. 毛腿鼠耳蝠 *Myotis fimbriatus* (Peters, 1871)

英文名：Fringed Long-footed Myotis, Hairy-legged Myotis

曾用名：栉鼠耳蝠

地方名：无

模式产地：福建厦门

同物异名及分类引证：

Vespertilio fimbriatus Peters, 1871

Myotis hirsutus Howell, 1926

亚种分化：全世界有 2 个亚种，中国均有分布。

指名亚种 *M. f. fimbriatus* Peters, 1871，模式产地：福建厦门；

台湾亚种 *M. f. taiwanensis* Linde, 1908，模式产地：台湾。

国内分布：中国特有，指名亚种分布于贵州、四川、云南、安徽、福建、江苏、江西、浙江、广东、香港；台湾亚种分布于台湾。

国外分布：无

引证文献：

Peters W. 1871. Bats submitted to Peters W, who supplied names and descriptions of n. sp. In: Swinhoe R. Catalogue of the mammals of China (south of the River Yangtsze). Proceedings of the Zoological Society of London: 615-653.

Ärnbäck-Christie-Linde A. 1908. A collection of bats from Formosa. The Annals and Magazine of Natural History, 2(8): 235-238.

Howell AB. 1926. Three new mammals from China. Proceedings of the Biological Society of Washington, 39: 137-140.

Allen GM. 1938. The mammals of China and Mongolia. Natural history of Central Asia, Vol. XI, Part 1. New York: The American Museum of Natural History: 214-215.

488. 金黄鼠耳蝠 *Myotis formosus* (Hodgson, 1835)

英文名：Hodgson's Myotis

曾用名：绯鼠耳蝠

地方名：无

模式产地：尼泊尔

同物异名及分类引证：

Vesperlilio formosa Hodgson, 1835

Kerivoula pallida Blyth, 1863

Vesperlilio auratus Dobson, 1871

Vespertitio dobsoni Anderson, 1881

Myotis flavus Shamel, 1944

亚种分化：全世界有 2 个亚种，中国均有分布。

指名亚种 *M. f. formosus* Hodgson, 1835，模式产地：尼泊尔；

台湾亚种 *M. f. flavus* Shamel, 1944，模式产地：台湾。

国内分布：指名亚种分布于西藏、湖南、江西；台湾亚种分布于台湾。

国外分布：阿富汗、巴基斯坦、孟加拉国、尼泊尔、印度、越南。

引证文献：

Hodgson BH. 1835. Synopsis of the Vespertilionidae of Nepal. Journal of the Asiatic Society of Bengal, 4: 699-701.

Blyth E. 1863. Catalogue of Mammalia in the Indian Museum. Calcutta: Indian Museum: 20.

Dobson GE. 1871. On a new species of *Vespertilio*. Journal of the Asiatic Society of Bengal, 40(2): 186-188.

Anderson K. 1881. Catalogue of the Mammalia in the Indian Museum, Calcutta. Part I. Primates, Prosimiae, Chiroptera and Insectivora. Calcutta: Indian Museum: 143.

Tate GHH. 1941. Results of the Archbold Expeditions. No. 35. A review of the genus *Hipposideros* with special reference to Indo-Australian specimens. Bulletin of the American Museum of Natural History, 78: 353-393.

Shamel HH. 1944. A new *Myotis* from Formosa. Journal of Mammalogy, 25(2): 191-192.

冯磊, 吴倩倩, 余子寒, 刘钊, 柳勇, 王璐, 邓学建. 2019. 湖南省翼手目新记录——金黄鼠耳蝠. 四川动物, 38(1): 107.

489. 长尾鼠耳蝠 *Myotis frater* (Allen, 1923)

英文名：Fraternal Myotis

曾用名：长胫鼠耳蝠、长腿鼠耳蝠

地方名：无

模式产地：福建南平延平

同物异名及分类引证：

Myotis kaguyae Imaizumi, 1956

Myotis eniseensis Tsytsulina *et* Strelkov, 2001

亚种分化：无

国内分布：中国特有，分布于黑龙江、吉林、内蒙古、四川、安徽、福建、江西、台湾。

国外分布：无

引证文献：

Allen GM. 1923. New Chinese bats. American Museum Novitates, 85: 1-8.

Ognev SI. 1927. A synopsis of the Russian bats. Journal of Mammalogy, 8(2): 140-157.

Allen GM. 1938. The mammals of China and Mongolia. Central Asiatic Expeditions. Vol. XI, Part 1. New York: The American Museum of Natural History: 220-221.

Imaizumi Y. 1956. A new species of *Myotis* from Japan (Chiroptera). Bulletin of the National Science Museum, Tokyo, Ser. A, 3: 42-46.

马逸清. 1986. 黑龙江省兽类志. 哈尔滨: 黑龙江科学出版社: 79-81.

Tsytsulina K, Strelkov PP. 2001. Taxonomy of the *Myotis frater* species group (Vespertilionidae, Chiroptera). Bonner Zoologische Beiträge, 50: 15-26.

张桢珍, 江廷磊, 李振新, Tiunov MP, 冯江. 2008. 吉林省发现长尾鼠耳蝠. 动物学杂志, 43(3): 150-153.

490. 小巨足鼠耳蝠 *Myotis hasseltii* (Temminck, 1840)

英文名：Lesser Large-footed Myotis, Van Hasselt's Bat

曾用名：无

地方名：无

模式产地：印度尼西亚爪哇岛班塔姆

同物异名及分类引证：

Myotis macellus Temminck, 1840

Vesperlilio hasseltii Temminck, 1840

Myotis berdmorei Blyth, 1863

Myotis abboti Lyon, 1916

Myotis continentis Shamel, 1942

亚种分化：全世界有 4 个亚种，中国分布的亚种待确认。

国内分布：云南（弥勒）。

国外分布：南亚、东南亚。

引证文献：

Temminck CJ. 1827[1824]-1841. Monographies de mammalogie, ou description de quelques genres de mammifères, dont les espèces ont eté observées dans les différent musées de l'Europe. Paris: Dufour & Ocagne.

Blyth E. 1863. Catalogue of Mammalia in the Indian Museum. Calcutta: Indian Museum: 35.

Dobson GE. 1878. Catalogue of the Chiroptera in the collection of the British Museum. London: British Museum (Natural History), 285: 291-292.

Lyon MW Jr. 1916. Mammals collected by Dr. Abbott WL on the Chain of Islands lying off the Western Coast of Sumatra, with descriptions of twenty-eight new species and subspecies. Proceedings of the United

States National Museum, 52(2188): 437-462.

Shamel HH. 1942. A collection of bats from Thailand (Siam). Journal of Mammalogy, 23(3): 317-328.

张礼标, 张劲硕, 梁冰, 张树义. 2004. 中国翼手类新记录——小巨足蝠. 动物学研究, 25(6): 556-559.

491. 霍氏鼠耳蝠 *Myotis horsfieldii* (Temminck, 1840)

英文名：Horsfield's Myotis

曾用名：赫氏鼠耳蝠

地方名：无

模式产地：印度尼西亚爪哇岛格德山

同物异名及分类引证：

Vesperlilio horsfieldii Temminck, 1840

Myotis dryas Andersen, 1907

Myotis peshwa Thomas, 1915

Myotis jeannei Taylor, 1934

Myotis deignani Shamel, 1942

亚种分化：全世界有 5 个亚种，中国有 1 个亚种。

泰国亚种 *M. h. deignani* Shamel, 1942，模式产地：泰国清迈。

国内分布：泰国亚种分布于江西、广东、海南、香港。

国外分布：南亚、东南亚。

引证文献：

Temminck CJ. 1827[1824]-1841. Monographies de mammalogie, ou description de quelques genres de mammifères, dont les espèces ont eté observées dans les différent musées de l'Europe. Paris: Dufour & Ocagne.

Andersen K. 1907. Chiropteran notes. Annali del Museo civico di Storia Naturale di Genova, Italy: Museo civico di storia naturale di Genova, 3: 5-45.

Thomas O. 1915. Scientific results from the mammal survey. No. X. The Journal of the Bombay Natural History Society, 23: 607-612.

Taylor EH. 1934. Philippine land mammals. Manila: Monograph of the Bureau of Science, 30: 1-548.

Shamel HH. 1942. A collection of bats from Thailand (Siam). Journal of Mammalogy, 23(3): 317-328.

Corbet GB, Hill JE. 1992. The mammals of the Indomalayan region: a systematic review. Oxford: Oxford University Press: 1-488.

492. 伊氏鼠耳蝠 *Myotis ikonnikovi* (Ognev, 1912)

英文名：Ikonnikov's Myotis

曾用名：无

地方名：无

模式产地：俄罗斯普里莫尔斯克

同物异名及分类引证：

Myotis fujiensis Imaizumi, 1954

亚种分化：无

国内分布：黑龙江、吉林、辽宁、内蒙古、甘肃、陕西。

国外分布：朝鲜、俄罗斯、哈萨克斯坦、蒙古、日本。

引证文献：

Ognev SI. 1912. Ezhegodnikh Zoologicheskovo Muzeya, Akadimii Nauk [Annuaire du Musée de l'Académie des Sciences de St. Petersbourg], 16: 477.

Imaizumi Y. 1954. Taxonomic studies on Japanese *Myotis* with descriptions of three new forms (Mammalia: Chiroptera). Bulletin of the Natural Science Museum, Tokoy, 1: 40-62.

朴龙国, 王绍先, 朴正吉. 2013. 长白山兽类. 长春: 吉林科学技术出版社: 86-87.

493. 印支鼠耳蝠 *Myotis indochinensis* Son, 2013

英文名：Indochinese Myotis

曾用名：无

地方名：无

模式产地：越南顺化

同物异名及分类引证：无

亚种分化：无

国内分布：福建、江西、上海、浙江、广东。

国外分布：老挝、越南。

引证文献：

Son NT, Görföl T, Francis CM, Motokawa M, Estók P, Endo H, Thong VD, Dang NX, Oshida T, Csorba G. 2013. Description of a new species of *Myotis* (Vespertilionidae) from Vietnam. Acta Chiropterologica, 15: 473-483.

余嘉明, 庄卓升, 曾凡, 李锋, 徐忠鲜, 余文华, 江海声, 李玉春, 吴毅. 2015. 山地鼠耳蝠广东分布新纪录. 仲恺农业工程学院学报, 28(2): 18-21.

Wang XY, Guo WJ, Yu WH, Csorba G, Motokawa M, Li F, Zhang QP, Zhang CY, Li YC, Wu Y. 2017. First record and phylogenetic position of *Myotis indochinensis* (Chiroptera, Vespertilionidae) from China. Mammalia, 81(6): 605-609.

494. 华南水鼠耳蝠 *Myotis laniger* Peters, 1870

英文名：Chinese Water Myotis

曾用名：水鼠耳蝠

地方名：无

模式产地：福建厦门

同物异名及分类引证：无

亚种分化：无

国内分布：重庆、贵州、四川、云南、安徽、福建、江苏、江西、台湾、浙江、海南。

国外分布：老挝、越南、印度。

引证文献：

Peters W. 1870. In: Swinhoe R. Catalogue of the mammals of China (south of the River Yangtsze). Proceedings of the Zoological Society of London: 615-653.

胡开良, 杨剑, 谭梁静, 张礼标. 2012. 同地共栖三种鼠耳蝠食性差异及其生态位分化. 动物学研究, 33(2): 177-181.

495. 长指鼠耳蝠 *Myotis longipes* (Dobson, 1873)

英文名：Kashmir Cave Bat, Kashmir Cave Myotis

曾用名：无

地方名：长足鼠耳蝠

模式产地：克什米尔地区

同物异名及分类引证：

Vespertilio macropus Dobson, 1872

Vespertilio longipes Dobson, 1873

Vespertilio megalopus Dobson, 1875

亚种分化：无

国内分布：重庆、贵州、湖南、广东、广西。

国外分布：阿富汗、巴基斯坦、尼泊尔、印度、克什米尔地区。

引证文献：

Dobson GE. 1872. Notes on some bats in the northwestern Himalaya. Proceedings of the Asiatic Society of Bengal: 208-210.

Dobson GE. 1873. Notes on Chiroptera. Proceedings of the Asiatic Society of Bengal: 110.

Dobson GE. 1875. Descriptions of new species of Vespertilionidae. The Annals and Magazine of Natural History, 16(4): 260-262.

张琴, 刘奇, 杨昌腾, 刘会, 彭真, 梁捷, 彭兴文, 何向阳, 马少伟, 向左甫, 张礼标. 2017. 广东省发现长指鼠耳蝠及其回声定位声波特征. 动物学杂志, 52(3): 521-529.

余子寒, 吴倩倩, 石胜超, 任锐君, 刘宜敏, 冯磊, 邓学建. 2018. 湖南省衡东县发现长指鼠耳蝠. 动物学杂志, 53(5): 701-708.

496. 大趾鼠耳蝠 *Myotis macrodactylus* (Temminck, 1840)

英文名：Big-footed Myotis

曾用名：无

地方名：无

模式产地：日本

同物异名及分类引证：

Vespertilio macrodactylus Temminck, 1840

Myotis insularis Tiunov, 1997

Myotis macrodactylus continentalis Tiunov, 1997

亚种分化：全世界有3个亚种，中国有1个亚种。

指名亚种 *M. m. macrodactylus* (Temminck, 1840)，模式产地：日本。

国内分布：指名亚种分布于吉林。

国外分布：朝鲜、俄罗斯、日本。

引证文献：

Temminck CJ. 1827[1824]-1841. Monographies de mammalogie, ou description de quelques genres de mammifères, dont les espèces ont eté observées dans les différent musées de l'Europe. Paris: Dufour &

Ocagne.

Tiunov MP. 1997. Bats of the Far East of Russia. Vladivostok: Dalnauka.

江廷磊, 刘颖, 冯江. 2008. 中国翼手类一新纪录种. 动物分类学报, 33(1): 212-216.

497. 山地鼠耳蝠 *Myotis montivagus* (Dobson, 1874)

英文名：Burmese Whiskered Myotis, Large Brown Myotis

曾用名：无

地方名：无

模式产地：云南陇川户撒

同物异名及分类引证：

Vespertilio montivagus Dobson, 1874

Myotis peytoni Wroughton *et* Ryley, 1913

亚种分化：全世界有4个亚种，中国有1个亚种。

指名亚种 *M. m. montivagus* (Dobson, 1874)，模式产地：云南陇川户撒。

国内分布：指名亚种分布于云南、福建。

国外分布：马来西亚、缅甸北部、泰国西北部、文莱、印度尼西亚。

引证文献：

Dobson GE. 1874. Descriptions of a new species of Chiroptera from India and China (Yunnan). Journal of the Asiatic Society of Bengal, 43(2): 237-238.

Wroughton RC, Ryley KV. 1913. A new species of *Myotis* from Kanara. The Journal of the Bombay Natural History Society, 22(1): 13-14.

Thomas O. 1916. List of Microchiroptera, other than leaf-nose Bats. In: The Collection of the Federated Malay States Museums, 7: 3.

Hill JE, Francis CM. 1984. New bats (Mammalia: Chiroptera) and new records of bats from Borneo and Malaya. Bulletin of the British Museum (Natural History), Zoology, 47(1): 309-310.

498. 喜山鼠耳蝠 *Myotis muricola* (Gray, 1846)

英文名：Nepalese Whiskered Bat, Nepalese Whiskered Myotis

曾用名：无

地方名：南洋鼠耳蝠、喜马拉雅鼠耳蝠

模式产地：尼泊尔

同物异名及分类引证：

Vespertilio tralatitus Temminck, 1840

Vespertilio muricola Gray, 1846

Vespertilio caliginosus Tomes, 1859

Vespertilio lobipes Peters, 1867

Vespertilio moupinensis Milne-Edwards, 1872

Myotis browni Taylor, 1934

亚种分化：全世界有3个亚种，中国有2个亚种。

喜马拉雅亚种 *M. m. caliginosus* Tomes, 1859，模式产地：印度；

川西亚种 *M. m. moupinensis* Milne-Edwards, 1872，模式产地：四川宝兴。

国内分布：喜马拉雅亚种分布于西藏；川西亚种分布于贵州、四川、西藏、云南、湖南、台湾、广西。

国外分布：阿富汗、巴布亚新几内亚、马来西亚、尼泊尔、印度、印度尼西亚、越南。

引证文献：

Temminck CJ. 1840. 1827[1824]-1841. Monographies de mammalogie, ou description de quelques genres de mammifères, dont les espèces ont eté observées dans les différent musées de l'Europe. Paris: Dufour & Ocagne., 228.

Gray JE. 1846. *Myotis muricola*. In: Hodgson BH. Catalogue of the specimens and drawings of Mammalia, birds, reptiles and fishes of Nepal and China (Tibet). London: British Museum (Natural History): 4.

Tomes RF. 1859. Description of six hitherto undescribed species of bats. Proceedings of the Zoological Society of London: 68-79.

Peters W. 1867. Novbr. Sitzung der physikalisch-mathematischen Klasse. In: Monatsberichte der Königlichen Preussische Akademie des Wissenschaften zu Berlin: 703-712.

Milne-Edwards MH. 1868-1874. Genre *Vespertilio*. *Vespertilio moupinensis*, nov. sp. Recherches pour servir à l'histoire naturelle des mammifères: comprenant des considérations sur la classification de ces animaux: 253-255.

Taylor EH. 1934. Philippine land mammals. Manila: Monograph of the Bureau of Science, 30: 1-548.

林良恭, 李玲玲, 郑锡奇. 1997. 台湾的蝙蝠. 台中: 台湾自然科学博物馆: 98-101.

499. 尼泊尔鼠耳蝠 *Myotis nipalensis* (Dobson, 1871)

英文名：Nepal Myotis

曾用名：无

地方名：须鼠耳蝠、青海鼠耳蝠

模式产地：尼泊尔加德满都

同物异名及分类引证：

Vespertilio nipalensis Dobson, 1871

Vespertilio pallidiventris Hodgson, 1844 [nomen nudum]

Myotis meinertzhageni Thomas, 1926

Myotis przewalskii Bobrinskii, 1926

Myotis transcaspicus Ognev *et* Heptner, 1928

Myotis kukunoriensis Bobrinskii, 1929

Myotis sogdianus Kuzyakin, 1934

Myotis pamirensis Kuzyakin, 1935

Myotis mongolicus Kruskop *et* Borissenko, 1996

亚种分化：全世界有3个亚种，中国有2个亚种。

新疆亚种 *M. n. przewalskii* Bobrinskii, 1926，模式产地：俄罗斯；

青海亚种 *M. n. kukunoriensis* Bobrinskii, 1929，模式产地：青海共和曲沟。

国内分布：新疆亚种分布于新疆；青海亚种分布于甘肃、青海、西藏、湖北、江苏。

国外分布：俄罗斯、蒙古、尼泊尔、土耳其、乌兹别克斯坦、伊朗。

引证文献：

Hodgson BH. 1844. Classified catalogue of mammals of Nepal. Calcutta Journal of Natural History, 4: 284-294.

Dobson GE. 1871. Notes on nine new species of Indian and Indo-Chinese Vespertilionidae, with remarks on the synonymy and classification of some other species of the same family. Proceedings of the Asiatic Society of Bengal, 1871: 210-215.

Bobrinskii NA. 1926. Note préliminaire sur les chiroptères de l'Asie Centrale. Comptes Rendus de l'Académie des Sciences de l'URSS, 1926A: 95-98.

Ognev SI. 1928. Zveri vostochnoi Evropy i severnoi Azii: Nasekomoyadnye i letychie myshi [Mammals of eastern Europe and northern Asia: Insectivora and Chiroptera]. Glavnauka, Moscow, 1: 1-631.

Bobrinskii NA. 1929. *Myotis n. kukunoriensis*, Annuaire du Musée Zoologique de l'Académie des Sciences de Russie, St. Pétersbourg, 30: 221.

Kuzyakin AP. 1934. The bats from Tashkent and systematical remarks on some Chiroptera from Caucaus, Buchara and Turkmenia. Bulletin de la Société des Naturalistes de Moscou, section Biologique, 43: 316-330.

Kuzyakin AP. 1935. Neue Angaben über Systematik und geographische Verbreitung der Fledermause (Chiroptera) der U.S.S.R. Bulletin de la Société des Naturalistes de Moscou, section Biologique, 44: 428-438.

Kruskop SV, Borissenko AV. 1996. A new subspecies of *Myotis mystacinus* (Vespertilionidae, Chiroptera) from East Asia. Acta Theriologica, 41: 331-335.

Benda P, Tsytsulina KA. 2000. Taxonomic revision of *Myotis mystacinus* group (Mammalia: Chiroptera) in the western Palearctic. Acta Societatis Zoologicae Bohemicae, 64(4): 331-398.

刘奇, 陈珉, 陈毅, 沈琪琦, 孙云霄, 张礼标. 2014. 湖北省和江苏省发现尼泊尔鼠耳蝠. 动物学杂志, 49(4): 483-489.

500. 北京鼠耳蝠 *Myotis pequinius* Thomas, 1908

英文名：Peking Myotis, Beijing Mouse-eared Bat

曾用名：无

地方名：京西鼠耳蝠

模式产地：北京西部

同物异名及分类引证：无

亚种分化：无

国内分布：中国特有，分布于北京、河北、陕西、四川、河南、安徽、江苏、山东。

国外分布：无

引证文献：

Thomas O. 1908. List of mammals from the provinces of Chih-li and Shan-si, Northern China. Proceedings of the Zoological Society of London: 635-647.

501. 东亚水鼠耳蝠 *Myotis petax* Hollister, 1912

英文名：Eastern Daubenton's Myotis, Eastern Water Myotis

曾用名：无

地方名：无

模式产地：阿尔泰山（俄罗斯西伯利亚一侧）

同物异名及分类引证：

Myotis daubentonii ussuriensis Ognev, 1927

Myotis loukashkini Shamel, 1942

Myotis abei Yoshikura, 1944

Myotis daubentonii chasanensis Tiunov, 1997

亚种分化：全世界有3个亚种，中国尚缺详细分类，仅确认分布1个亚种。

黑龙江亚种 *M. p. loukashkini* Shamel, 1942，模式产地：黑龙江。

国内分布：黑龙江亚种分布于黑龙江、吉林、内蒙古、湖南。

国外分布：朝鲜、俄罗斯、哈萨克斯坦、韩国、蒙古、日本。

引证文献：

Hollister N. 1912. New mammals from the highlands of Siberia. Smithsonian Miscellaneous Collections, 60(14): 1-6.

Ognev SI. 1927. *Myotis daubentonii ussuriensis*. Journal of Mammalogy, 8: 146.

Ognev SI. 1928. Mammals of the Eastern Europe and Northern Asia. Vol. I. Glavnauka, Moscow: 631.

Shamel HH. 1942. A new Myotis from Manchuria. Proceedings of the Biological Society of Washington, 55: 103-104.

Tiunov MP. 1997. Bats of the Far East of Russia. Vladivostok: Dalnauka: 28-29.

江廷磊, 刘颖, 冯江. 2008. 中国翼手类一新纪录种. 动物分类学报, 33: 212-216.

王磊, 江廷磊, 孙克萍, 王应祥, Tiunov MP, 冯江. 2010. 东亚水鼠耳蝠形态描述与分类. 动物分类学报, 35(2): 360-365.

冯磊, 吴倩倩, 余子寒, 刘钊, 柳勇, 邓学建. 2019. 湖南衡东发现东亚水鼠耳蝠. 动物学杂志, 54(1): 22-29.

502. 大足鼠耳蝠 *Myotis pilosus* (Peters, 1869)

英文名：Rickett's Big-footed Myotis

曾用名：大脚鼠耳蝠

地方名：无

模式产地：可能为福建福州

同物异名及分类引证：

Vespertilio (*Leuconoe*) *pilosus* Peters, 1869

Myotis ricketti Thomas, 1894

Vespertilio (*Leuconoe*) *ricketti* Thomas, 1894

亚种分化：无

国内分布：黑龙江、北京、内蒙古、山西、陕西、甘肃、宁夏、青海、新疆、重庆、贵州、四川、云南、湖南、安徽、江苏、江西、山东、浙江、澳门、广东、海南、香港。

国外分布：老挝、越南。

引证文献：

Peters W. 1869. Bemerkungen über neue oder weniger bekannte Flederthiere, besonders des Pariser Museums. Monatsberichte der Königlich Preussischen Akademie der Wissenschaften zu Berlin: 392-406.

Thomas O. 1894. Description of a new species of *Vespertilio* from China. The Annals and Magazine of Natural History, Ser. 6, 14: 300-301.

Horácek I, Hanák V, Gaisler J. 2000. Bats of the Palearctic Region: a taxonomic and biogeographic review. Proceedings of the VIIIth European Bats Research Symposium: 11-157.

李玉春, 吴毅, 陈忠. 2006. 海南岛发现大足鼠耳蝠分布新记录. 兽类学报, 26(2): 211-212.

江廷磊, 冯江, 朱旭, 姜云垒. 2008. 贵州省发现大足鼠耳蝠分布. 东北师范大学学报(自然科学版), 40(3): 103-106.

裴俊峰, 冯祁君. 2014. 陕西省发现大足鼠耳蝠. 动物学杂志, 49(3): 443-446.

503. 渡濑氏鼠耳蝠 *Myotis rufoniger* (Tomes, 1858)

英文名: Reddish-black Myotis, Watasei Myotis, Black and Orange Bat

曾用名: 绯鼠耳蝠

地方名: 无

模式产地: 上海

同物异名及分类引证:

Vespertilio rufoniger Tomes, 1858

亚种分化: 全世界有3个亚种, 中国有2个亚种。

指名亚种 *M. r. rufoniger* Tomes, 1858, 模式产地: 上海;

台湾亚种 *M. r. watasei* Kishida, 1924, 模式产地: 台湾。

国内分布: 指名亚种分布于吉林、辽宁、陕西、重庆、贵州、四川、河南、湖北、安徽、福建、江苏、江西、上海、浙江、广东、广西; 台湾亚种分布于台湾。

国外分布: 朝鲜、韩国、老挝、日本、越南。

引证文献:

Tomes RF. 1858. On the characters of four species of bat inhabiting Europe and Asia, and the description of a new species of *Vespertilio* inhabiting Madagascar. Proceedings of the Zoological Society of London, 26(1): 78-90.

Kishida K. 1924. Some Japanese bats. Zoological Magazine, Tokyo, 36: 127-139.

党飞红, 余文华, 王晓云, 郭伟健, 庄卓升, 梅廷媛, 张秋萍, 李锋, 李玉春, 吴毅. 2017. 中国渡濑氏鼠耳蝠种名订正. 四川动物, 36(1): 7-13.

504. 高颅鼠耳蝠 *Myotis siligorensis* (Horsfield, 1855)

英文名: Himalayan Whiskered Myotis

曾用名: 小齿鼠耳蝠

地方名: 无

模式产地: 尼泊尔 ("Siligori")

同物异名及分类引证:

Vespertilio darjilingensis Horsfield, 1855

Vespertilio siligorensis Horsfield, 1855

亚种分化: 全世界有4个亚种, 中国有2个亚种。

福建亚种 *M. s. sowerbyi* Howell, 1926, 模式产地: 福建;

泰国亚种 *M. s. thaianus* Shamel, 1942，模式产地：泰国清迈。

国内分布：福建亚种分布于贵州、福建、海南；泰国亚种分布于云南。

国外分布：印度北部、尼泊尔东部、柬埔寨、老挝、越南、马来半岛、加里曼丹岛北部。不丹可能有分布。

引证文献：

Horsfield T. 1855. Brief notices of several new or little-known species of Mammalia, lately discovered and collected in Nepal, by Brian Houghton Hodgson, Esq. The Annals and Magazine of Natural History, Ser. 2, 16: 101-114.

Howell AB. 1926. Three new mammals from China. Proceedings of the Biological Society of Washington, 39: 137-140.

Shamel HH. 1942. A collection of bats from Thailand (Siam). Journal of Mammalogy, 23: 317-328.

肖宁, 邓怀庆, 李燕玲, 陈健, 周江. 2017. 贵州省发现翼手目动物——高颅鼠耳蝠. 动物学杂志, 52(6): 980-986.

宽吻蝠属 *Submyotodon* Ziegler, 2003

505. 宽吻鼠耳蝠 *Submyotodon latirostris* (Kishida, 1932)

英文名：Taiwan Broad-muzzled Myotis

曾用名：宽吻低齿丘鼠耳蝠

地方名：无

模式产地：台湾中部

同物异名及分类引证：

Myotis latirostris Kishida, 1932

Myotis muricola orii Kuroda, 1935

Myotis mystacinus latirostris Tate, 1941

亚种分化：无

国内分布：中国特有，分布于台湾。

国外分布：无

引证文献：

Kishida K. 1932. Notes on a Formosan whiskered bat. Lansania, 4(40): 153-160.

Kuroda N. 1935. Formosan mammals preserved in the collection of Marquis Yamashina. Journal of Mammalogy, 16(4): 277-291.

Tate GHH. 1941. Notes on vespertilionid bats of the subfamilies Miniopterinae, Murininae, Kerivoulinae, and Nyctophilinae. Bulletin of the American Museum of Natural History, 78: 567-597.

蝙蝠亚科 Vespertilioninae Gray, 1821

金背伏翼属 *Arielulus* Hill *et* Harrison, 1987

506. 大黑伏翼 *Arielulus circumdatus* (Temminck, 1840)

英文名：Bronze Sprite

曾用名：无

地方名：青铜伏翼、黑伏翼、大黑油蝠

模式产地：印度尼西亚爪哇岛

同物异名及分类引证：

Vespertilio circumdatus Temminck, 1840

Pipistrellus circumdatus drungicus Wang, 1982

亚种分化：无

国内分布：云南、广东。

国外分布：柬埔寨、马来西亚西部、缅甸、尼泊尔、泰国、印度（阿萨姆邦、梅加拉亚邦、米佐拉姆邦、锡金）、印度尼西亚（爪哇岛）、越南。

引证文献：

Temminck CJ. 1840. In: Hann W de, Korthals PW, Müller S, Schlegel H, Susanna JA, Temminck CJ, Hoek CC wan der, La Lau JG, Luchtmans S er J, Natuurkundige C. Verhandelingen over de natuurlijke geschiedenis der Nederlandsche Overzeesche Bezittingen. Leiden: in commissie bij S. en J. Luchtmans en C.C. van der Hoek, 1839-1844, 2: 214.

王应祥. 1982. 我国两种伏翼的新亚种. 动物学研究, 3(S2): 343-348.

Hill JE, Harrison DL. 1987. The baculum in the Vespertilioninae (Chiroptera: Vespertilionidae) with a systematic review, a synopsis of *Pipistrellus* and *Eptesicus*, and the description of a new genus and subgenus. Bulletin of the British Museum (Natural History), Zoology Series, 52(7): 225-305.

张礼标, 刘奇, 沈琪琦, 朱光剑, 陈毅, 赵娇, 刘会, 孙云霄, 龚粤宁, 李超荣. 2014. 广东省蝙蝠新纪录——大黑伏翼. 兽类学报, 34(3): 292-297.

宽耳蝠属 *Barbastella* Gray, 1821

507. 北京宽耳蝠 *Barbastella beijingensis* Zhang *et al.*, 2007

英文名：Beijing Barbastelle

曾用名：无

地方名：无

模式产地：北京

同物异名及分类引证：无

亚种分化：无

国内分布：中国特有，分布于北京（房山）。

国外分布：无

引证文献：

Zhang JS, Han NJ, Jones G, Lin LK, Zhang JP, Zhu GJ, Huang DW, Zhang SY. 2007. A new species of *Barbastella* (Chiroptera: Vespertilionidae) from North China. Journal of Mammalogy, 88(6): 1393-1403.

508. 东方宽耳蝠 *Barbastella darjelingensis* (Hodgson, 1855)

英文名：Eastern Barbastelle

曾用名：亚洲宽耳蝠

地方名：宽耳蝠

模式产地：印度大吉岭

同物异名及分类引证：

Vespertilio leucomelas (Cretzschmar, 1826)

Barbastella blanfordi Bianchi, 1917

亚种分化：无

国内分布：内蒙古、甘肃、青海、陕西、新疆、四川、云南、河南、湖南、江西、台湾。

国外分布：阿富汗向东延伸到喜马拉雅地区，老挝和越南北部也有分布。

引证文献：

Cretzschmar PJ. 1826. Saugethiere. In: Ruppell, Atlas zu der Reise im Nordlichen Afrika von Edouard Ruppell. Frankfurt: 73.

Hodgson BH. 1855. In: Horsfield MD. Brief notices of several new or little-known species of Mammalia, lately discovered and collected in Nepal by Brian Houghton Hodgson. The Annals and Magazine of Natural History, Ser. 2, 16: 103.

Bianchi V. 1917. Notes préliminaires sur les chauve-souris ou Chiroptères de la Russie. Ezhegodnik Zoologicheskago Muzeya: 21.

Allen GM. 1938. The mammals of China and Mongolia. Natural history of Central Asia, Vol. XI, Part 1. New York: The American Museum of Natural History: 256.

刘森, 薛茂盛, 戴文涛, 李子昊. 2017. 河南济源发现亚洲宽耳蝠. 动物学杂志, 52(1): 122-128.

吴涛, 黄太福, 龚小燕, 彭兴文, 彭乐, 张佑祥, 彭清忠, 刘志霄, 张礼标. 2018. 湖南省永顺县发现亚洲宽耳蝠. 动物学杂志, 53(3): 339-346.

张翰博, 程林, 程松林, 余文华, 黄正澜懿, 吴毅. 2020. 江西武夷山发现亚洲宽耳蝠. 动物学杂志, 55(2): 172-177.

棕蝠属 *Eptesicus* Rafinesque, 1820

509. 戈壁棕蝠 *Eptesicus gobiensis* Bobrinskii, 1926

英文名：Gobi Serotine

曾用名：无

地方名：无

模式产地：蒙古戈壁阿尔泰省

同物异名及分类引证：

Eptesicus nilssonii gobiensis Bobrinskii, 1926

亚种分化：全世界有 2 个亚种，中国有 1 个亚种。

指名亚种 *E. g. gobiensis* Bobrinskii, 1926，模式产地：蒙古戈壁阿尔泰省。

国内分布：指名亚种分布于新疆、西藏。

国外分布：阿富汗、巴基斯坦、俄罗斯、哈萨克斯坦、蒙古、尼泊尔、土库曼斯坦、伊朗、印度。

引证文献：

Bobrinskii NA. 1926. Note préliminaire sur les chiroptères de l'Asie Centrale. Comptes Rendus de l'Académie des Sciences de l'URSS, 1926A: 95-98.

510. 北棕蝠 *Eptesicus nilssonii* (Keyserling *et* Blasius, 1839)

英文名：Northern Serotine

曾用名：北方蝙蝠

地方名：无

模式产地：瑞典

同物异名及分类引证：

Vespertilio nilssonii Keyserling *et* Blasius, 1839

亚种分化：全世界有 2 个亚种，中国有 1 个亚种。

指名亚种 *E. n. nilssonii* (Keyserling *et* Blasius, 1839)，模式产地：瑞典。

国内分布：指名亚种分布于黑龙江、吉林、北京、河北、内蒙古、山东。

国外分布：欧洲大陆西部、中部和北部，亚洲大陆北部至太平洋海岸及日本北部。

引证文献：

Keyserling A, Blasius JH. 1839. Übersicht der Gattungs- und Artcharaktere der europäischen Fledermäuse. Archiv für Naturgeschichte, 5(1): 315

Allen GM. 1938. The mammals of China and Mongolia. Natural history of Central Asia, Vol. XI, Part 1. New York: The American Museum of Natural History: 238.

吴毅, 李艳红, 鲁庆斌, 王鸿加, 李维余. 1999. 四川省蝙蝠科二新纪录. 四川动物, 18(2): 88-89.

511. 东方棕蝠 *Eptesicus pachyomus* (Tomes, 1857)

英文名：Oriental Serotine

曾用名：大棕蝠

地方名：无

模式产地：印度拉杰普塔纳

同物异名及分类引证：

Eptesicus serotinus Schreber, 1774

Scotophilus pachyomus Tomes, 1857

Eptesicus nilssonii Bobrinskii, 1926

亚种分化：全世界有 4 个亚种，中国均有分布。

指名亚种 *E. p. pachyomus* (Tomes, 1857)，模式产地：印度拉杰普塔纳；

安氏亚种 *E. p. andersoni* Dobson, 1871，模式产地：云南；

帕氏亚种 *E. p. pallens* Miller, 1911，模式产地：甘肃；

台湾亚种 *E. p. horikawai* Kishida, 1924，模式产地：台湾。

国内分布：指名亚种分布于西藏；台湾亚种分布于台湾；另外 2 个亚种分布于除西藏和台湾之外的中国大部分省份，包括黑龙江、吉林、辽宁、北京、河北、内蒙古、山西、天津、甘肃、宁夏、陕西、新疆、贵州、四川、云南、河南、湖北、湖南、安徽、福建、江苏、江西、山东、上海、浙江等，具体分布区尚待确认。

国外分布：阿富汗、巴基斯坦、俄罗斯、哈萨克斯坦、老挝、蒙古、缅甸、尼泊尔、泰国、土库曼斯坦、伊朗、印度、越南。

引证文献：

Schreber JCD, Goldfuss GA, Wagner AJ. 1774. Die Säugthiere in Abbildungen nach der Natur, mit Beschreibungen. Erlangen: Expedition des Schreber'schen säugthier und des Esper'schen Schmetterlingswerkes.

Tomes RF. 1857. Descriptions of four undescribed species of bats. Proceedings of the Zoological Society of London, 25(1): 50-54.

Dobson GE. 1871. Notes on nine new species of Indian and Indo-Chinese Vespertilionidae, with remarks on the synonymy and classification of some other species of the same family. Proceedings of the Asiatic Society of Bengal, 1871: 210-215.

Miller GS. 1911. Four new Chinese mammals. Proceedings of the Biological Society of Washington, 24: 53.

Kishida K. 1924. Some Japanese bats. Zoological Magazine, Tokyo, 36: 127-139.

Bobrinskii NA. 1926. Note préliminaire sur les chiroptères de l'Asie Centrale. Comptes Rendus de l'Académie des Sciences de l'URSS, 1926A: 95-98.

Juste J, Benda P, García-Mudarra JL, Ibáñez C. 2013. Phylogeny and systematics of Old World serotine bats (genus *Eptesicus*, Vespertilionidae, Chiroptera): an integrative approach. Zoologica Scripta, 42(5): 441-457.

512. 肥耳棕蝠 *Eptesicus pachyotis* (Dobson, 1871)

英文名：Thick-eared Serotine

曾用名：无

地方名：无

模式产地：印度梅加拉亚邦（"Khasi Hills"）

同物异名及分类引证：

Vesperugo (*Vesperus*) *pachyotis* Dobson, 1871

亚种分化：无

国内分布：甘肃、宁夏、青海、四川、西藏。

国外分布：孟加拉国、印度（米佐拉姆邦和梅加拉亚邦）、缅甸北部、泰国北部。

引证文献：

Dobson GE. 1871. Notes on nine new species of Indian and Indo-Chinese Vespertilionidae, with remarks on the synonymy and classification of some other species of the same family. Proceedings of the Asiatic Society of Bengal, 1871:210-215.

Bates PJJ, Harrison DL. 1997. Bats of the Indian Subcontinent. Harrison Zoological Museum: 155.

高级伏翼属 *Hypsugo* Kolenati, 1856

513. 茶褐伏翼 *Hypsugo affinis* (Dobson, 1871)

英文名：Chocolate Pipistrelle

曾用名：无

地方名：褐色油蝠

模式产地：缅甸克钦邦八莫镇

同物异名及分类引证：

Veperugo (*Pipistrellus*) *affinis* Dobson, 1871

亚种分化：无

国内分布：西藏、云南、广西。

国外分布：缅甸、尼泊尔、斯里兰卡、印度。

引证文献：

Dobson GE. 1871. Notes on nine new species of Indian and Indo-Chinese Vespertilionidae, with remarks on the synonymy and classification of some other species of the same family. Proceedings of the Asiatic Society of Bengal, 1871: 210-215.

Bates PJJ, Harrison DL. 1997. Bats of the Indian Subcontinent. Harrison Zoological Museum: 155.

514. 阿拉善伏翼 *Hypsugo alaschanicus* Bobrinskii, 1926

英文名：Alashanian Pipistrelle

曾用名：无

地方名：无

模式产地：蒙古

同物异名及分类引证：

Amblyotus velox Ognev, 1927

Pipistrellus coreensis Imazumi, 1955

亚种分化：无

国内分布：黑龙江、吉林、辽宁、内蒙古、甘肃、宁夏、四川、河南、安徽、山东。

国外分布：朝鲜、俄罗斯、蒙古。

引证文献：

Bobrinskii NA. 1926. Note préliminaire sur les chiroptères de l'Asie Centrale. Comptes Rendus de l'Académie des Sciences de l'URSS, 1926A: 95-98.

Ognev SI. 1927. A synopsis of the Russian bats. Journal of Mammalogy, 8(2): 140-157.

Imaizumi Y. 1955. A new bat of the *Pipistrellus javanicus* group from Japan. Tokyo: Bulletin of Natural Science Museum, 4: 363-371.

515. 卡氏伏翼 *Hypsugo cadornae* (Thomas, 1916)

英文名：Cadorna's Pipistrelle

曾用名：无

地方名：无

模式产地：印度大吉岭

同物异名及分类引证：

Pipistrellus cadornae Thomas, 1916

亚种分化：无

国内分布：广东（惠州、韶关、广州）。

国外分布：老挝、缅甸、泰国、印度、越南。

引证文献：

Thomas O. 1916. Scientific results from the mammal survey, XIII. The Journal of the Bombay Natural History Society, 24: 404-430.

Ellerman JR, Morrison-Scott TCS. 1951. Checklist of Palaearctic and Indian mammals 1758 to 1946. London: British Museum (Natural History): 135.

Xie HW, Peng XW, Zhang CL, Liang J, He XY, Wang J, Wang JH, Zhang YZ, Zhang LB. 2021. First records of *Hypsugo cadornae* (Chiroptera: Vespertilionidae) in China. Mammalia, 85(2): 189-192.

516. 大灰伏翼 *Hypsugo mordax* (Peters, 1866)

英文名：Pungent Pipistrelle

曾用名：无

地方名：灰白油蝠

模式产地：印度尼西亚爪哇岛

同物异名及分类引证：

Scotophilus maderaspatanus Gray, 1843

Veperugo mordax Peters, 1866

亚种分化：无

国内分布：云南（盈江）。

国外分布：印度尼西亚（爪哇岛）。

引证文献：

Gray JE. 1843. List of the specimens of Mammalia in the collection of the British Museum. London: British Museum (Natural History): 1-216.

Peters W. 1866. Fernere mittheilungen zur kenntnifs der flederthiere, namentlich über Arten des Leidener und Britischen Museums. Monatsberichte der Königlichen Preussische Akademie des Wissenschaften zu Berlin: 672-681.

Hill JE, Harrison DL. 1987. The baculum in the Vespertilioninae (Chiroptera: Vespertilionidae) with a systematic review, a synopsis of *Pipistrellus* and *Eptesicus*, and the description of a new genus and subgenus. Bulletin of the British Museum (Natural History), Zoology Series, 52(7): 225-305.

517. 灰伏翼 *Hypsugo pulveratus* (Peters, 1871)

英文名：Chinese Pipistrelle

曾用名：中国伏翼

地方名：多尘油蝠

模式产地：福建厦门

同物异名及分类引证：

Vesperugo pulveratus Peters, 1871

Pipistrellus pulveratus Howell, 1929

亚种分化：无

国内分布：陕西、重庆、贵州、四川、云南、湖南、安徽、福建、江苏、上海、广东、广西、海南、香港。

国外分布：老挝、泰国、越南。

引证文献：

Peters W. 1871. Bats submitted to Peters W, who supplied names and descriptions of n. sp. In: Swinhoe R. Catalogue of the mammals of China (south of the River Yangtsze). Proceedings of the Zoological Society of London: 615-653.

Howell AB. 1929. Mammals from China in the collections of the Unites States National Museum. Proceedings of the United States National Museum, 75: 17.

518. 萨氏伏翼 *Hypsugo savii* (Bonaparte, 1837)

英文名：Savi's Pipistrelle

曾用名：无

地方名：山油蝠

模式产地：意大利比萨

同物异名及分类引证：

Vespertilio aristippe Bonaparte, 1837

Vespertilio leucippe Bonaparte, 1837

Vespertilio savii Bonaparte, 1837

Vespertilio nigrans Crespon, 1844

Vespertilio maurus Blasius, 1853

Scotophilus darwini Tomes, 1859

Pipistrellus austenianus Dobson, 1871

Vespertilio agilis Fatio, 1872

Vesperugo caucasicus Satunin, 1901

Vespertilio ochromixtus Cabrera, 1904

Eptesicus tamerlani Bobrinskii, 1918

Vesperugo caucasicus pallescens Bobrinskii, 1926

Amblyotus tauricus Ognev, 1927

亚种分化：全世界有 4 个亚种，中国有 1 个亚种。

高加索亚种 *H. s. caucasicus* Satunin, 1901，模式产地：高加索地区第比利斯。

国内分布：吉林、新疆、安徽。

国外分布：阿富汗、哈萨克斯坦、吉尔吉斯斯坦、黎巴嫩、塔吉克斯坦、土耳其、土库曼斯坦、乌兹别克斯坦、叙利亚、伊朗、以色列、印度北部、奥地利、巴尔干半岛、法国、高加索地区、乌克兰、葡萄牙、缅甸、瑞士南部、西班牙、匈牙利东部、意大利、阿尔及利亚北部、摩洛哥。

引证文献：

Bonaparte CL. 1837. Iconographia della Fauna Italica. Fasc, I: 20.

Crespon J. 1844. Description de tous les animaux vertébrés vivans et fossiles, sauvages ou domestiques qui se recontrent toute l'année ou qui ne sont que de passage dans la plus grande partie du midi de la France. Nimes: Chez l'auteur.

Blasius JH. 1853. Beschreibung einer neuen deutschen Fledermaus. Archiv für Naturgeschichte, 19(1): 286-293.

Tomes RF. 1859. Description of six hitherto undescribed species of bats. Proceedings of the Zoological Society of London: 68-79.

Dobson GE. 1871. Notes on nine new species of Indian and Indo-Chinese Vespertilionidae, with remarks on the synonymy and classification of some other species of the same family. Proceedings of the Asiatic Society of Bengal, 1871: 210-215.

Fatio V. 1872. Faune des vertébrés de la Suisse, 1: appendix, iii.

Satunin K. 1901. Abteilung für Systematik, ökologie und Geographie der Tiere. Zoologischer Anzeiger, 24: 633-658.

Cabrera A. 1904. The zoological record. Memorias de la Real Sociedad Española de Historia Natural, 2: 267.

Bobrinskii NA. 1918. Fauna and Flora Russia, 15: 416.

Bobrinskii NA. 1926. Note préliminaire sur les chiroptères de l'Asie Centrale. Comptes Rendus de l'Académie des Sciences de l'URSS, 1926A: 95-98.

Ognev SI. 1927. A synopsis of the Russian bats. Journal of Mammalogy, 8(2): 140-157.

南蝠属 *Ia* Thomas, 1902

519. 南蝠 *Ia io* Thomas, 1902

英文名：Great Evening Bat

曾用名：大夜蝠、长翼南蝠

地方名：无

模式产地：湖北长阳

同物异名及分类引证：

Pipistrellus io Ellerman *et* Morrison-Scott, 1951

Ia longimana Peng, 1962

亚种分化：全世界有 2 个亚种，中国有 1 个亚种。

指名亚种 *I. i. io* Thomas, 1902，模式产地：湖北长阳。

国内分布：指名亚种分布于贵州、四川、云南、湖北、安徽、江苏、江西、广东、海南。

国外分布：老挝、尼泊尔、泰国、印度、越南等。

引证文献：

Thomas O. 1902. On two new mammals from China. The Annals and Magazine of Natural History, 7(10): 164-165.

Ellerman JR, Morrison-Scott TCS. 1951. Checklist of Palaearctic and Indian mammals 1758 to 1946. London: British Museum (Natural History): 173.

彭鸿绶, 高耀亭, 陆长坤, 冯祚建, 陈庆雄. 1962. 四川西南和云南西北部兽类的分类研究. 动物学报, 14(增刊): 105-132.

朱光剑, 李德伟, 叶建平, 洪体玉, 张礼标. 2008. 南蝠海南岛分布新纪录、回声定位信号和 ND1 分析. 动物学杂志, 43(5): 69-75.

陈毅, 刘奇, 谭梁静, 沈琪琦, 陈振明, 龚粤宁, 向左甫, 张礼标. 2013. 广东省发现南蝠. 动物学杂志, 48(2): 287-291.

山蝠属 *Nyctalus* Bowditch, 1825

520. 大山蝠 *Nyctalus aviator* Thomas, 1911

英文名：Bird-like Noctule

曾用名：东方山蝠、毛翼山蝠

地方名：无

模式产地：日本东京

同物异名及分类引证：

Vespertilio molossus Temminck, 1840

亚种分化：无

国内分布：黑龙江、吉林、贵州、河南、安徽、上海、浙江。

国外分布：朝鲜、俄罗斯、日本。

引证文献：

Siebold PF von, Haan W de, Schlegel H, Temminck CJ. 1840. Fauna japonica, sive, Descriptio animalium, quae in itinere per Japoniam, jussu et auspiciis, superiorum, qui summum in India Batava imperium tenent, suscepto, annis 1823-1830. Lugduni Batavorum: Apud Auctorem, 1833-1850, 2: 229.

Thomas O. 1911. Two new eastern bats. The Annals and Magazine of Natural History, 8(8): 378-380.

周江, 杨天友. 2012. 贵州省翼手目一新纪录——大山蝠. 动物学杂志, 47(1): 119-123.

521. 褐山蝠 *Nyctalus noctula* (Schreber, 1774)

英文名：Common Noctule, Brown Noctule

曾用名：山蝠、夜蝠

地方名：无

模式产地：法国

同物异名及分类引证：

Vespertilio noctula Schreber, 1774

Vespertilio lardarius Müller, 1776

Vespertilio altivolans White, 1789

Vesperugo magnus Berkenhout, 1789

Vespertilio major Leach, 1818

Vespertilio proterus Kuhl, 1818

Vespertilio rufescens Brehm, 1829

Vesperugo palustris Crespon, 1844

Vesperugo minima Fatio, 1869

Nyctalus noctula princeps Ognev *et* Worobiev, 1923

亚种分化：全世界有 3 个亚种，中国有 1 个亚种。

新疆亚种 *N. n. mecklenburzevi* Kuzyakin, 1934，模式产地：不详。

国内分布：新疆亚种分布于新疆。

国外分布：阿曼、哈萨克斯坦西部、吉尔吉斯斯坦、马来西亚西部、缅甸、塔吉克斯坦、土库曼斯坦西部、土耳其、乌兹别克斯坦、俄罗斯（西伯利亚西南部）、以色列、越南；欧洲（斯堪的纳维亚南部到乌拉尔山脉及高加索地区）。阿尔及利亚可能有分布。

引证文献：

Schreber JCD. 1774. *Nyctalus noctula noctula*. Die Säugethiere, 1(7): 166-167, pl. 52.

Müller PLS. 1776. *Vespertilio lardarius*. Vollständigen Natursystems Supplements- und Register-Band: 15.

Berkenhout J. 1789. Synopsis of the natural history of Great-Britain and Ireland. Gale ECCO, Print Editions: 1-350.

White G. 1789. The natural history of Selborne. Gibbings: 93.

Leach WE. 1818. Leach's systematic catalogue of the specimens of the indigenous Mammalia and birds in the British Museum: 1-54.

Kuhl H. 1818-1819. Deutesche Fledermause. Ann. Wetterau. Ges. Natuk., 1: 11-49.

Crespon J. 1844. Description de tous les animaux vertébrés vivans et fossiles, sauvages ou domestiques qui se recontrent toute l'année ou qui ne sont que de passage dans la plus grande partie du midi de la France. Nimes: Chez l'auteur.

Fatio V. 1869. Vertébrés de la Suisse, i., 58.

Ognev SI, Worobiev KA. 1923. The fauna of the terrestrial vertebrates of the government of Woronesh. Moscow: Novaya Derevnya: 97.

Kuzyakin AP. 1934. The bats from Tashkent and systematical remarks on some Chiroptera from Caucaus, Buchara and Turkmenia. Bulletin de la Société des Naturalistes de Moscou, section Biologique, 43: 323, 329.

522. 中华山蝠 *Nyctalus plancyi* (Gerbe, 1880)

英文名：Chinese Noctule

曾用名：绒山蝠

地方名：无

模式产地：北京

同物异名及分类引证：

Vesperugo plancyi Gerbe, 1880

Nyctalus velutinus Allen, 1923

亚种分化：全世界有 3 个亚种，中国有 2 个亚种。

指名亚种 *N. p. plancyi* (Gerbe, 1880)，模式产地：北京；

福建亚种 *N. p. velutinus* Allen, 1923，模式产地：福建。

国内分布：指名亚种分布于吉林、辽宁、北京、山西、甘肃、陕西、河南、山东；福建亚种分布于天津、贵州、四川、云南、湖北、湖南、安徽、江苏、上海、福建、台湾、广东、广西、海南、香港。

国外分布：菲律宾。

引证文献：

Gerbe Z. 1880. Espèce nouvelle de vespertilionien de Chine. Bulletin of Society Zoology, France, 5: 70-71.

Allen GM. 1923. *Nyctalus velutinus*, new species. American Museum Novitates: 7.

Allen GM. 1938. The mammals of China and Mongolia. Natural history of Central Asia, Vol. XI, Part 1. New

York: The American Museum of Natural History: 620.

朱光剑, 韩乃坚, 洪体玉, 谭敏, 于冬梅, 张礼标. 2008. 海南属种新纪录——中华山蝠的回声定位信
号、栖息地及序列分析. 动物学研究, 29(4): 447-451.

伏翼属 *Pipistrellus* Kaup, 1829

523. 东亚伏翼 *Pipistrellus abramus* (Temminck, 1838)

英文名：Japanese Pipistrelle

曾用名：日本伏翼

地方名：家蝠、黄头油蝠

模式产地：日本九州岛长崎

同物异名及分类引证：

Vespertilio akokomuli Temminck, 1838

Vespertilio irretitus Cantor, 1842

Scotophilus pumiloides Tomes, 1857

Scotophilus pomiloides Mell, 1922

亚种分化：无

国内分布：黑龙江、辽宁、河北、内蒙古、山西、天津、甘肃、陕西、贵州、四川、西
藏、云南、湖北、湖南、安徽、福建、江苏、江西、山东、台湾、浙江、澳门、广
东、广西、海南、香港。

国外分布：朝鲜、俄罗斯、缅甸、日本南部和中部、印度、越南。

引证文献：

Temminck CJ. 1838. Nouveau recueil de planches coloriées d'oiseaux: pour servir de suite et de complément
aux planches enluminées de Buffon, édition in-folio et in-4° de l'Imprimerie royale, 1770. A Strasbourgh,
Chez Legras Imbert et Comp, 2: 232-233.

Cantor T. 1842. General features of Chusan, with remarks on the flora and fauna of that island [part 3]. The
Annals and Magazine of Natural History, Ser. 1, 9: 481-493.

Tomes RF. 1857. Descriptions of four undescribed species of bats. Proceedings of the Zoological Society of
London, 25(1): 50-54.

Mell R. 1922. Biologie und systematik der südschinesischen sphingiden, zugleich ein versuch einer biologie
tropischer lepidopteren überhaupt. Berlin: R. Friedländer & Sohn.

524. 锡兰伏翼 *Pipistrellus ceylonicus* (Kelaart, 1852)

英文名：Kelaart's Pipistrelle

曾用名：斯里兰卡伏翼、凯氏伏翼

地方名：无

模式产地：斯里兰卡亭可马里

同物异名及分类引证：

Scotophilus ceylonicus Kelaart, 1852

Vesperugo indicus Dobson, 1878

Pipistrellus chrysothrix Wroughton, 1899

Pipistrellus raptor Thomas, 1904

亚种分化：全世界有 6 个亚种，中国有 2 个亚种。

越北亚种 *P. c. raptor* Thomas, 1904，模式产地：越南河内；

海南亚种 *P. c. tongfangensis* Wang, 1966，模式产地：海南。

国内分布：越北亚种分布于广东、广西；海南亚种分布于海南。

国外分布：巴基斯坦、孟加拉国、缅甸、斯里兰卡、印度、越南。

引证文献：

Kelaart EF. 1852. Prodromus Faunae Zeylanicae: Being Contributions to the Zoology of Ceylon. Colombo: published by author: 22.

Dobson GE. 1878. Catalogue of the Chiroptera in the collection of the British Museum. London: British Museum (Natural History): 222.

Wroughton RC. 1899. Some Konkan bats. The Journal of the Bombay Natural History Society, 12: 716-725.

Thomas O. 1904. Three new bats, African and Asiatic. The Annals and Magazine of Natural History, 13(7): 384-388.

寿振黄, 汪松, 陆长坤, 张鑾光. 1966. 海南岛的兽类调查. 动物分类学报, 3(3): 260-276.

525. 印度伏翼 *Pipistrellus coromandra* (Gray, 1838)

英文名：Indian Pipistrelle

曾用名：暗褐伏翼

地方名：无

模式产地：印度科罗曼德尔海岸

同物异名及分类引证：

Scotophilus coromandra Gray, 1838

Vespertilio coromandelicus Blyth, 1851

Myotis parvipes Blyth, 1853

Vesperugo blythii Wagner, 1855

Vesperugo nicobaricus Fitzinger, 1861

Scotophilus coromandelianus Blyth, 1863

Vesperugo micropus Peters, 1872

亚种分化：全世界有 3 个亚种，中国有 1 个亚种。

海南亚种 *P. c. portensis* Allen, 1906，模式产地：海南保亭。

国内分布：海南亚种分布于贵州（兴义、桐梓、从江、雷山）、四川（盐边、金阳）、西藏（察隅）、云南（景东、昆明、勐海、勐养）、广东（广州）、海南（保亭、白沙、尖峰岭、霸王岭、嘉积、营根）。

国外分布：阿富汗、缅甸、印度。

引证文献：

Gray JE. 1838. A revision of the genera of bats (Vespertilionidae), and the description of some new genera and species. Magazine of Zoology and Botany, 2: 483-505.

Blyth E. 1851. Report on the Mammalia and more remarkable species of Birds inhabiting Ceylon. Journal of the Asiatic Society of Bengal, 20: 159.

Blyth E. 1853. Report of curator, zoological department. Journal of the Asiatic Society of Bengal, 22: 580-584.

Wagner JA. 1855. Die Säugethiere in Abbildungen nach der Natur Suppl. 5. Leipzig: Weigel: 742.

Fitzinger LJ. 1861. Die Ausbeute der österreichischen Naturforscher an Säugethieren Novara. Sitzungsberichte der Kaiserlichen Akademie der Wissenschaften Wien, 42(1860): 390.

Blyth E. 1863. Catalogue of Mammalia in the Indian Museum. Calcutta: Indian Museum: 30.

Peters W. 1872. Über neue Flederthiere (*Phyllorhina micropus, Harpyiocephalus huttonii, Murina grisea, Vesperugo micropus, Vesperus (Marsipolaemus) albigularis, Vesperus propinquus, tenuipinnis*). Monatsberichte der Königlichen Preussische Akademie des Wissenschaften zu Berlin: 256-264.

Allen JA. 1906. Anthropological papers of the American Museum of Natural History. Bulletin of the American Museum of Natural History, 22: 487.

526. 爪哇伏翼 *Pipistrellus javanicus* (Gray, 1838)

英文名：Javan Pipistrelle

曾用名：无

地方名：无

模式产地：印度尼西亚爪哇岛

同物异名及分类引证：

Scotophilus javanicus Gray, 1838

Vespertilio meyeni Waterhouse, 1845

亚种分化：全世界有 6 个亚种，中国有 1 个亚种。

印度亚种 *P. j. babu* Thomas, 1915，模式产地：印度旁遮普邦。

国内分布：印度亚种分布于西藏（察隅）、云南（六库）。

国外分布：阿富汗、巴基斯坦、马来西亚、缅甸、泰国、印度、印度尼西亚、越南。

引证文献：

Gray JE. 1838. A revision of the genera of bats (Vespertilionidae), and the description of some new genera and species. Magazine of Zoology and Botany, 2: 483-505.

Waterhouse GR. 1845. Descriptions of species of bats collected in the Philippine Islands, and presented to the Society by H. Cuming. Proceedings of the Zoological Society of London, 1845: 3-10.

Thomas O. 1915. On bats of the genera *Nyctalus, Tylonycteris*, and *Pipistrellus*. The Annals and Magazine of Natural History, Ser. 8, 15: 225-232.

冯祚建, 蔡桂全, 郑昌琳. 1986. 西藏哺乳类. 北京: 科学出版社: 84-114.

527. 棒茎伏翼 *Pipistrellus paterculus* Thomas, 1915

英文名：Mount Popa Pipistrelle

曾用名：缅甸伏翼

地方名：无

模式产地：缅甸波巴山

同物异名及分类引证：

Pipistrellus abramus paterculus Ellerman *et* Morrison-Scott, 1951

亚种分化：全世界有 2 个亚种，中国有 1 个亚种。

云南亚种 *P. p. yunnanensis* Wang, 1982，模式产地：云南泸水。

国内分布：云南亚种分布于贵州（松桃）、云南（泸水、安宁）。

国外分布：缅甸北部、印度北部。

引证文献：

Thomas O. 1915. Scientific results from the mammal survey. No. XI. The Journal of the Bombay Natural History Society, 24: 29-65.

Ellerman JR, Morrison-Scott TCS. 1951. Checklist of Palaearctic and Indian mammals 1758 to 1946. London: British Museum (Natural History): 810.

彭鸿绶, 彭燕章. 1972. 我国鸟兽的首次记录. 云南省动物研究所科研工作汇编, (2): 1-9.

王应祥. 1982. 我国两种伏翼的新亚种. 动物学研究, 3(S2): 343-348.

周江, 杨天友. 2009. 贵州省蝙蝠科二新纪录. 四川动物, 28(6): 925.

528. 普通伏翼 *Pipistrellus pipistrellus* (Schreber, 1774)

英文名：Common Pipistrelle

曾用名：无

地方名：欧洲家蝠、油蝠

模式产地：法国

同物异名及分类引证：

Vespertilio pipistrellus Schreber, 1774

Vespertilio pipistrelle Müller, 1776

亚种分化：全世界有 2 个亚种，中国有 1 个亚种。

伊朗亚种 *P. p. aladdin* Thomas, 1905，模式产地：伊朗伊斯法罕。

国内分布：伊朗亚种分布于陕西、新疆、四川、云南、江西、山东、台湾、浙江、澳门、广东、广西。

国外分布：从英国、爱尔兰，到欧洲大陆西部，再向东延续到中亚，向南到达印度和中南半岛，最北则到达俄罗斯西部。

引证文献：

Schreber JCD, Goldfuss GA, Wagner AJ. 1774. Die Säugthiere in Abbildungen nach der Natur, mit Beschreibungen. Erlangen: Expedition des Schreber'schen säugthier- und des Esper'schen Schmetterlingswerkes

Müller S. 1776. Vollständigen Natursystems Supplements- und Register-Band: 16.

Bailward CAC, Thomas O. 1905. On a collection of mammals from Persia and Armenia presented to the British Museum. Proceedings of the Zoological Society of London, 75(4): 519-527.

529. 侏伏翼 *Pipistrellus tenuis* (Temminck, 1840)

英文名：Least Pipistrelle

曾用名：小伏翼、印度小伏翼

地方名：无

模式产地：印度尼西亚苏门答腊岛

同物异名及分类引证：

Vespertilio tenuis Temminck, 1840

Vespertilio nitidus Tomes, 1859

Pipistrellus mimus Wroughton, 1899

亚种分化：全世界有 7 个亚种，中国有 2 个亚种。

印度亚种 *P. t. mimus* Wroughton, 1899，模式产地：印度苏拉特；

海南亚种 *P. t. portensis* Allen, 1906，模式产地：海南保亭。

国内分布：印度亚种分布于重庆、贵州、四川、云南、福建、浙江、广东、广西；海南
亚种分布于海南。

国外分布：印度、中南半岛、马来群岛、澳大利亚北部。

引证文献：

Siebold PF von, Haan W de, Schlegel H, Temminck CJ. 1840. Fauna japonica, sive, Descriptio animalium, quae in itinere per Japoniam, jussu et auspiciis, superiorum, qui summum in India Batava imperium tenent, suscepto, annis 1823-1830. Lugduni Batavorum: Apud Auctorem, 1833-1850, 2: 229.

Blyth E. 1859. Report of Curator, Zoological Department, for February to May Meetings, 1859. Journal of the Asiatic Society of Bengal, 28(3): 271-298.

Wroughton RC. 1899. Summary of the results from the Indian mammal survey. The Journal of the Bombay Natural History Society, 12: 722.

Allen JA. 1906. Anthropological papers of the American Museum of Natural History. Bulletin of the American Museum of Natural History, 22: 487.

长耳蝠属 *Plecotus* Geoffory, 1818

530. 灰长耳蝠 *Plecotus austriacus* (Fischer, 1829)

英文名：Gray Long-eared Bat

曾用名：灰大耳蝠

地方名：无

模式产地：奥地利维也纳

同物异名及分类引证：

Vespertilio auritus austriacus Fischer, 1829

Plecotus ariel Thomas, 1911

Plecotus wardi Thomas, 1911

亚种分化：全世界有 6 个亚种，中国有 4 个亚种。

四川亚种 *P. a. ariel* Thomas, 1911，模式产地：四川康定；

克什米尔亚种 *P. a. wardi* Thomas, 1911，模式产地：克什米尔地区；

阿拉善亚种 *P. a. kozlovi* Bobrinskii, 1926，模式产地：青海；

新疆亚种 *P. a. mordax* Thomas, 1926，模式产地：不详。

国内分布：四川亚种分布于青海东部、四川；克什米尔亚种分布于西藏西部；阿拉
善亚种分布于内蒙古西部、宁夏、青海西北部、陕西、甘肃；新疆亚种分布于
新疆。

国外分布：亚洲、欧洲、非洲北部。

引证文献：

Fischer JB. 1829. Synopsis Mammalium. Stuttgart, xlii: 117.

Thomas O. 1911. The Duke of Bedford's zoological exploration of Eastern Asia. XIII. On mammals from the provinces of Kan-su and Sze-chwan, Western China. Proceedings of the Zoological Society of London, 90: 160.

Bobrinskii NA. 1926. Note préliminaire sur les chiroptères de l'Asie Centrale. Comptes Rendus de l'Académie des Sciences de l'URSS, 1926A: 95-98.

Thomas O. 1926. On mammals from Ovamboland and the Cunene River, obtained during Capt. Shortridge's third Percy Sladen and Kaffrarian Museum Expedition into South-West Africa. Proceedings of the Zoological Society of London, 96(1): 285-312.

531. 奥氏长耳蝠 *Plecotus ognevi* Kishida, 1927

英文名： Ognevi's Long-eared Bat

曾用名： 褐长耳蝠、奥氏大耳蝠、兔蝠

地方名： 无

模式产地： 俄罗斯萨哈林岛（库页岛）

同物异名及分类引证：

Plecotus auritus ognevi Kishida, 1927

亚种分化： 无

国内分布： 黑龙江、吉林、北京、河北、内蒙古、山西。

国外分布： 俄罗斯、韩国、蒙古。

引证文献：

Kishida K. 1927. Zoological Magazine, Tokyo, 39: 418.

532. 台湾长耳蝠 *Plecotus taivanus* Yoshiyuki, 1991

英文名： Taiwan Long-eared Bat

曾用名： 台湾兔耳蝠

地方名： 无

模式产地： 台湾台中

同物异名及分类引证： 无

亚种分化： 无

国内分布： 中国特有，分布于台湾。

国外分布： 无

引证文献：

Yoshiyuki M. 1991. A new species of *Plecotus* from Taiwan. Bulletin of the National Science Museum, Tokyo, Series Zoology, 17(4): 189-195.

斑蝠属 *Scotomanes* (Blyth, 1851)

533. 斑蝠 *Scotomanes ornatus* (Blyth, 1851)

英文名： Harlequin Bat, Emarginate Harlequin Bat

曾用名： 印度斑蝠、大耳皇蝠、大耳黄蝠

地方名：花蝠

模式产地：印度阿萨姆邦喀西山地

同物异名及分类引证：

Nycticejus ornatus Blyth, 1851

Nycticejus emarginatus Dobson, 1871

Scotomanes ornatus (Blyth, 1851) Dobson, 1875

亚种分化：全世界有 2 个亚种，中国有 1 个亚种。

华南亚种 *S. o. sinensis* Thomas, 1921，模式产地：福建挂墩。

国内分布：华南亚种分布于重庆、贵州、四川、云南、湖南、安徽、福建、江西、浙江、广东、广西、海南。

国外分布：老挝、缅甸、尼泊尔、孟加拉国、泰国、印度、越南。

引证文献：

Blyth E. 1851. Notice of a collection of Mammalia, Birds, and Reptiles, procured at or near the station of Chérra Punji in the Khásia Hills, North of Sylhet. Journal of the Asiatic Society of Bengal, 20(1-7): 517.

Dobson GE. 1871. Notes on nine new species of Indian and Indo-Chinese Vespertilionidae, with remarks on the synonymy and classification of some other species of the same family. Proceedings of the Asiatic Society of Bengal, 1871: 210-215.

Dobson GE. 1875. On the genus *Scotophilus*, with description of a new genus and species allied thereto. Proceedings of the Zoological Society of London: 368-373.

Thomas O. 1921. The geographical races of *Scotomanes ornatus*. The Journal of the Bombay Natural History Society, 27: 772.

黄蝠属 *Scotophilus* Leach, 1821

534. 小黄蝠 *Scotophilus kuhlii* Leach, 1821

英文名：Lesser Asiatic Yellow House Bat

曾用名：高颅蝠

地方名：无

模式产地：印度

同物异名及分类引证：

Scotophilus temmincki Horsfield, 1824

Scotophilus castaneus Gray, 1838

Scotophilus sumatrana Gray, 1838

Scotophilus fulvus Gray, 1843

Scotophilus wroughtoni Thomas, 1897

亚种分化：全世界有 7 个亚种，中国有 3 个亚种。

华南亚种 *S. k. swinhoei* (Blyth, 1860)，模式产地：不详；

海南亚种 *S. k. consobrinus* Allen, 1906，模式产地：海南；

云南亚种 *S. k. gairdneri* Kloss, 1917，模式产地：不详。

国内分布：华南亚种分布于福建、广东、广西、香港；海南亚种分布于海南、台湾；云南亚种分布于云南。

国外分布：东南亚、南亚。

引证文献：

Leach WE. 1821. The characters of three new genera of bats without foliaceous appendages to the nose. Transactions of the Linnean Society of London, 13: 71.

Horsfield T. 1821-1824. Zoological researches in Java, and the neighbouring islands. London: Printed for Kingbury, Parbury, & Allen.

Gray JE. 1838. A revision of the genera of bats (Vespertilionidae), and the description of some new genera and species. Magazine of Zoology and Botany, 2: 483-505.

Gray JE. 1843. List of the specimens of Mammalia in the collection of the British Museum. London: British Museum (Natural History): 1-216.

Blyth E. 1860. Report of curator, zoological department. Journal of the Asiatic Society of Bengal, 29: 88.

Thomas O. 1897. On the mammals collected in British New Guinea by Dr. Lamberto Loria. Annali del Museo Civico di Storia Naturale di Genova, Ser. 2, 18: 1-19.

Allen JA. 1906. Mammals from the Island of Hainan, China. Bulletin of the American Museum of Natural History, 22: 485.

Yu WH, Chen Z, Li YC, Wu Y. 2012. Phylogeographic relationships of *Scotophilus kuhlii* between Hainan Island and mainland. Mammal Study, 37: 139-146.

535. 大黄蝠 *Scotophilus heathii* Horsfield, 1831

英文名：Greater Asiatic Yellow House Bat

曾用名：黄蝠、棕蝠

地方名：无

模式产地：印度金奈

同物异名及分类引证：

Vespertilio belangeri Geoffroy, 1834

Nycticejus luteus Blyth, 1851

Scotophilus flaveolus Horsfield, 1851

亚种分化：全世界有 3 个亚种，中国有 2 个亚种。

指名亚种 *S. h. heathii* Horsfield, 1831，模式产地：印度金奈；

海南亚种 *S. h. insularis* Allen, 1906，模式产地：海南。

国内分布：指名亚种分布于云南、湖南、福建、广东、广西；海南亚种分布于海南。

国外分布：阿富汗、巴基斯坦、菲律宾、柬埔寨、斯里兰卡、印度、印度尼西亚、越南。

引证文献：

Horsfield T. 1831. Observations on two species of bats, from Madras. Proceedings of the Zoological Society of London: 113-114.

Geoffroy I. 1834. Mammiferes. In: Belanger C. Voyage aux Indes-Orientales Par Ch. Bélanger. Paris: Bertrand: 87.

Blyth E. 1851. Report on the Mammalia and more remarkable species of Birds inhabiting Ceylon. Journal of the Asiatic Society of Bengal, 20: 159.

Horsfield T. 1851. A catalogue of the Mammalia in the Museum of the Hon. East-India Company. London: Printed by J. & H. Cox: 37.

Allen GM. 1906. Mammals from the Island of Hainan, China. Bulletin of the American Museum of Natural History, Vol. 22: 485.

Allen GM. 1938. The mammals of China and Mongolia. Natural history of Central Asia, Vol. XI, Part 1. New York: The American Museum of Natural History: 253.

金颈蝠属 *Thainycteris* Kock *et* Storch, 1996

536. 环颈蝠 *Thainycteris aureocollaris* Kock *et* Storch, 1996

英文名：Collared Sprite

曾用名：环颈伏翼

地方名：无

模式产地：泰国清迈

同物异名及分类引证：无

亚种分化：无

国内分布：贵州（荔波水架）、福建（武夷山）。

国外分布：柬埔寨、泰国、越南。

引证文献：

Kock D, Storch G. 1996. *Thainycteris aureocollaris*, a remarkable new genus and species of Vespertilioninae bats from SE-Asia. Senckenbergiana Biologica, 76: 1-6.

Guo WJ, Yu WH, Wang XY, Csorba G, Li F, Li YC, Wu Y. 2017. First record of the collared sprite, *Thainycteris aureocollaris* (Chiroptera, Vespertilionidae) from China. Mammal Study, 42(2): 97-103.

谢慧娴, 李彦男, 梁晓玲, 张惠光, 詹丽英, 吴毅, 余文华. 2021. 环颈蝠(*Thainycteris aureocollaris*)在中国分布的再发现. 兽类学报, 41(4): 476- 482.

537. 黄颈蝠 *Thainycteris torquatus* (Csorba *et* Lee, 1999)

英文名：Necklace Sprite

曾用名：黄喉黑伏翼

地方名：无

模式产地：台湾台中武陵

同物异名及分类引证：

Arielulus torquatus Csorba *et* Lee, 1999

亚种分化：无

国内分布：中国特有，分布于台湾（台中）。

国外分布：无

引证文献：

Csorba G, Lee LL. 1999. A new species of vespertilionid bat from Taiwan and a revision of the taxonomic status of *Arielulus* and *Thainycteris* (Chiroptera: Vespertilionidae). Journal of Zoology, London, 248: 361-367.

郑锡奇, 方引平, 周政翰. 2010. 台湾蝙蝠图鉴. 台北: 特有生物研究保育中心.

扁颅蝠属 *Tylonycteris* Peters, 1872

538. 华南扁颅蝠 *Tylonycteris fulvida* (Blyth, 1859)

英文名: Indomalayan Lesser Bamboo Bat

曾用名: 扁颅蝠、扁头蝠

地方名: 竹蝠、棒足蝠

模式产地: 缅甸

同物异名及分类引证:

Tylonycteris pachypus (Temminck, 1841)

Scotophilus fulvidus Blyth, 1859

亚种分化: 全世界有 2 个亚种,中国有 1 个亚种。

指名亚种 *T. f. fulvida* (Blyth, 1859),模式产地:缅甸丹那沙林。

国内分布: 指名亚种分布于贵州、四川、云南、广东、广西和香港。

国外分布: 泰国、印度、越南等。

引证文献:

Temminck CJ. 1827[1824]-1841. Monographies de mammalogie, ou description de quelques genres de mammifères, dont les espèces ont eté observées dans les différent musées de l'Europe. Paris: Dufour & Ocagne.

Blyth E. 1859. Report of Curator, Zoological Department, for February to May Meetings, 1859. Journal of the Asiatic Society of Bengal, 28(3): 293.

Huang CJ, Yu WH, Xu ZX, Qiu YX, Chen M, Qiu B, Motokawa M, Harada M, Li YC, Wu Y. 2014. A cryptic species *Tylonycteris fulvidus* within *Tylonycteris pachypus* group (Chiroptera: Vespertilionidae) and its population genetic structure in Southern China and nearby regions. International Journal of Biological Sciences, 10(2): 200-211.

539. 小扁颅蝠 *Tylonycteris pygmaea* Feng, Li *et* Wang, 2008

英文名: Pygmy Bamboo Bat

曾用名: 侏扁颅蝠、倭扁颅蝠

地方名: 无

模式产地: 云南西双版纳

同物异名及分类引证: 无

亚种分化: 无

国内分布: 中国特有,分布于云南(西双版纳)。

国外分布: 无

引证文献:

Feng Q, Li S, Wang Y. 2008. A new species of bamboo bat (Chiroptera: Vespertilionidae: *Tylonycteris*) from Southwestern China. Zoological Science, 25(2): 225-234.

540. 托京褐扁颅蝠 *Tylonycteris tonkinensis* Tu, Csorba, Ruedi *et* Hassanin, 2017

英文名：Tonkin Greater Bamboo Bat

曾用名：褐扁颅蝠

地方名：无

模式产地：越南山萝

同物异名及分类引证：

Tylonycteris robustula Thomas, 1915

亚种分化：无

国内分布：贵州、四川、云南、福建、江西、广东、广西、海南、香港。

国外分布：缅甸、老挝、越南。

引证文献：

Thomas O. 1915. On bats of the genera *Nyctalus*, *Tylonycteris*, and *Pipistrellus*. The Annals and Magazine of Natural History, Ser. 8, 15: 225-232.

Allen GM. 1938. The mammals of China and Mongolia. Natural history of Central Asia, Vol. XI, Part 1. New York: The American Museum of Natural History: 249.

石仲堂. 2006. 香港陆上哺乳动物图鉴. 香港渔农自然护理署.

余文华, 吴毅, 李玉春, 江海声, 陈忠. 2008. 海南岛发现褐扁颅蝠(*Tylonycteris robustula*)分布新纪录. 广州大学学报(自然科学版), 7(5): 30-33.

张礼标, 朱光剑, 于冬梅, 叶建平, 张伟, 洪体玉, 谭敏. 2008. 海南、贵州和四川三省翼手类新纪录——褐扁颅蝠. 兽类学报, 28(3): 316-320.

吴毅, 余嘉明, 曾凡, 庄卓升, 余文华, 王英永, 张礼标, 李玉春. 2014. 广东兽类新纪录——褐扁颅蝠及其中国的地理分布. 广州大学学报(自然科学版), 13(6): 18-21.

张秋萍, 余文华, 吴毅, 徐忠鲜, 李锋, 陈柏承, 原田正史, 本川雅治, 王英永, 李玉春. 2014. 江西省蝙蝠新纪录——褐扁颅蝠及其核型报道. 四川动物, 33(5): 746-749.

Tu VT, Csorba G, Ruedi M, Furey NM, Nguyen TS, Thong VD, Bonillo C, Hassanin A. 2017. Comparative phylogeography of bamboo bats of the genus *Tylonycteris* (Chiroptera, Vespertilionidae) in Southeast Asia. European Journal of Taxonomy, 274: 1-38.

梁晓玲, 李彦男, 谢慧娴, 张惠光, 詹丽英, 吴毅, 周全, 余文华. 2021. 中国产托京褐扁颅蝠分类地位的探讨. 野生动物学报, 42(2): 987-997.

蝙蝠属 *Vespertilio* Linnaeus, 1758

541. 普通蝙蝠 *Vespertilio murinus* Linnaeus, 1758

英文名：Eurasian Particolored Bat

曾用名：双色蝙蝠

地方名：无

模式产地：瑞典

同物异名及分类引证：

Vespertilio krascheninnikovi Eversmann, 1853

Vespertilio albigularis Peters, 1872

亚种分化：全世界有 2 个亚种，我国均有分布。

指名亚种 *V. m. murinus* Linnaeus, 1758，模式产地：瑞典；

乌苏里亚种 *V. m. ussuriensis* Wallin, 1969，模式产地：俄罗斯西伯利亚。

国内分布：指名亚种分布于甘肃、内蒙古西部、新疆；乌苏里亚种分布于黑龙江和内蒙古东部。

国外分布：韩国、日本；亚洲北部、欧洲。

引证文献：

Linnaeus C. 1758. Systema naturae per regna tria naturae: secundum classes, ordines, genera, species, cum characteribus, differentiis, synonymis, locis. 10th Ed. Tomus I. Holmiae: Impensis Direct. Laurentii Salvii: 32.

Eversmann E. 1853. Mammalogie und Oruithologie. Bulletin de la Société impériale des naturalistes de Moscou, 26(4): 488.

Peters W. 1872. Über die Arten der Chiroterengattung *Megaderma*. Monatsberichte Königl. Preuss. Akad. Wiss: 192-196.

Wallin L. 1969. The Japanese bat fauna. Zoologiska Bidrage Fran Uppsala, 37: 223-440.

542. 东方蝙蝠 *Vespertilio sinensis* Peters, 1880

英文名：Asian Particolored Bat

曾用名：霜毛蝙蝠、霜毛蝠

地方名：无

模式产地：北京

同物异名及分类引证：

Vespertilio superans Thomas, 1899

Vespertilio namiyei Kuroda, 1920

Vespertilio andersoni Wallin, 1963

Vespertilio orientalis Wallin, 1969

亚种分化：全世界有 5 个亚种，中国有 3 个亚种。

指名亚种 *V. s. sinensis* Peters, 1880，模式产地：北京；

内蒙古亚种 *V. s. andersoni* Wallin, 1963，模式产地：不详；

东洋亚种 *V. s. orientalis* Wallin, 1969，模式产地：日本北海道。

国内分布：指名亚种分布于北京、河北、山西、天津、甘肃、青海、山东；内蒙古亚种分布于黑龙江、吉林、内蒙古（乌兰察布）；东洋亚种分布于重庆、四川、云南、湖北、湖南、福建、江西、广西、台湾。中国各亚种的分类与分布尚待进一步厘定。

国外分布：朝鲜、俄罗斯（西伯利亚南部）、韩国、蒙古、日本。

引证文献：

Peters W. 1880. Monatsberichte der Königlich Preussischen Akademie des Wissenschaften zu Berlin. Berlin: Verlag Der KGL. Akademie der Wissenschaften: 258.

Thomas O. 1899. On mammals collected by Mr. J. D. La Touche at Kuatun, N. W. Fokien, China. Proceeding of the Zoological Society of London: 770.

Kuroda N. 1920. On a collection of Japanese mammals. Annotationes Zoologicae Japonenses, 9: 599-611.

Wallin L. 1963. Notes on *Vespertilio namiyei* (Chiroptera). Zoologiska Bidrag, 35: 397-416.

Wallin L. 1969. The Japanese bat fauna. Zoologiska Bidrage Fran Uppsala, 37: 223-440.

李文靖, 曲家鹏, 陈晓澄. 2009. 青海省翼手目类一新纪录——东方蝙蝠. 四川动物, 28(5): 738.

王静, Tiunov M, 江廷磊, 许立杰, 张桢珍, 申岑, 冯江. 2009. 吉林省新纪录东方蝙蝠 *Vespertilio sinensis* (Peters, 1880)的回声定位声波特征与分析. 兽类学报, 29(3): 321-325.

鲸偶蹄目 CETARTIODACTYLA Montgelard, Catzejfis *et* Douzery, 1997

胼足亚目 Tylopoda Illiger, 1811

骆驼科 Camelidae Gray, 1821

骆驼属 *Camelus* Linnaeus, 1758

543. 双峰驼 *Camelus ferus* Przewalski, 1878

英文名：Bactrian Camel, Wild Camel, Two-humped Camel, Wild Bactrian Camel

曾用名：野骆驼、野生双峰驼

地方名：骆驼

模式产地：新疆罗布泊

同物异名及分类引证：

Camelus bactrianus Linnaeus, 1758

Camelus bactrianus ferus Przewalski, 1878

亚种分化：无

国内分布：内蒙古、甘肃、青海、新疆。

国外分布：蒙古。

引证文献：

innaeus C. 1758. Systema naturae per regna tria naturae: secundum classes, ordines, genera, species, cum characteribus, differentiis, synonymis, locis. 10th Ed. Tomus I. Holmiae: Impensis Direct. Laurentii Salvii.

Przhevalski N. 1879. From Kulja, across the Tian Shan to Lob-Nor. London: Sampson Low, Marston, Searle, & Rivington.

陈钧. 1984. 野骆驼在甘肃的地理分布. 兽类学报, 4(3): 186.

文焕然. 1990. 历史时期中国野骆驼分布变迁的初步研究. 湘潭大学自然科学学报, 12(1): 116-123.

Tulgat R, Schaller GB. 1992. Status and distribution of wild Bactrian camels, *Camelus bactrianus ferus*. Biological Conservation, 62(1): 11-19.

猪型亚目 Suina Gray, 1868

猪科 Suidae Gray, 1821

猪属 *Sus* Linnaeus, 1758

544. 野猪 *Sus scrofa* Linnaeus, 1758

英文名：Wild Boar, Wild Pig, Eurasian Wild Pig, Wild Swine

曾用名：欧亚野猪

地方名：山猪

模式产地：德国

同物异名及分类引证：

Sus chirodontus Heude, 1888

Sus taininensis Heude, 1888

亚种分化：全世界有 16 个或 17 个亚种，中国有 5 个亚种。

印度亚种 *S. s. cristatus* Wagner, 1839，模式产地：印度马拉巴尔山；

台湾亚种 *S. s. taivanus* Swinhoe, 1863，模式产地：台湾；

四川亚种 *S. s. moupinensis* Milne-Edwards, 1871，模式产地：四川宝兴；

新疆亚种 *S. s. nigripes* Blanford, 1875，模式产地：不详；

东北亚种 *S. s. ussuricus* Heude, 1888，模式产地：俄罗斯。

国内分布：印度亚种分布于西藏南部、云南西部与南部；台湾亚种分布于台湾；四川亚种分布于北京、河北、山西、天津、甘肃、宁夏、青海、陕西、重庆、贵州、四川、西藏东部、云南、湖北、湖南、安徽、福建、江苏、江西、浙江、广东、广西、海南；新疆亚种分布于新疆；东北亚种分布于黑龙江、吉林、辽宁、内蒙古。

国外分布：广泛分布于亚欧大陆、近陆岛屿、非洲西北部，被人为引入到除南极洲以外的各大陆。

引证文献：

Linnaeus C. 1758. Systema naturae per regna tria naturae: secundum classes, ordines, genera, species, cum characteribus, differentiis, synonymis, locis. 10th Ed. Tomus I. Holmiae: Impensis Direct. Laurentii Salvii.

Heude PM. 1888. Etudes sur les suilliens de l'Asie orientale. Mémoires Concernant l'Histoire Naturelle de l'Empire Chinois, 2: 52-61.

Groves CP. 1981. Ancestors for the pigs: taxonomy and phylogeny of the genus *Sus*. Technical Bulletin No. 3, Department of Prehistory, Research School of Pacific Studies, Australian National University, 3: 1-9.

Genov PV. 1999. A review of the cranial characteristics of the wild boar (*Sus scrofa* Linnaeus, 1758), with systematic conclusions. Mammal Review, 29(4): 205-234.

Groves CP. 2001. Taxonomy of wild pigs of Southeast Asia. IUCN/SSC Pigs, Peccaries, and Hippos Specialist Group (PPHSG) Newsletter, 1(1): 3-4.

Groves CP. 2003. Taxonomy of ungulates of the Indian Subcontinent. The Journal of the Bombay Natural History Society, 100(2/3): 341-362.

Groves CP. 2008. Current views on the taxonomy and zoogeography of the genus *Sus*. In: Albarella U, Dobney K, Ervynck A, Rowley-Conwy P. Pigs and humans: 10,000 years of interaction. Oxford: Oxford University Press: 15-29.

张保卫, 张晨岭, 陈建琴, 丁栋, 李崇奇, 周开亚, 常青. 2008. 基于微卫星标记的中国大陆地区野猪种群结构分析与亚种分化. 动物学报, 54(5): 753-761.

反刍亚目 Ruminantia Scopoli, 1777

鼷鹿科 Tragulidae Milne-Edwards, 1864

鼷鹿属 *Tragulus* Brisson, 1762

545. 小鼷鹿 *Tragulus kanchil* (Raffles, 1821)

英文名：Lesser Oriental Chevrotain, Lesser Indo-Malayan Chevrotain, Lesser Malay Chevrotain, Lesser Mouse Deer, Mouse Deer

曾用名：东方小鼷鹿、鼷鹿、威氏小鼷鹿

地方名：鼠鹿

模式产地：印度尼西亚苏门答腊岛

同物异名及分类引证：

Moschus kanchil Raffles, 1821

Tragulus williamsoni Kloss, 1916

亚种分化：全世界有 30 个亚种，中国有 1 个亚种。

泰国亚种 *T. k. williamsoni* Kloss, 1916，模式产地：泰国北部。

国内分布：泰国亚种分布于云南（西双版纳）。

国外分布：柬埔寨、老挝、马来西亚、缅甸、泰国、文莱、新加坡、印度尼西亚、越南。

引证文献：

Raffles TS. 1821. Descriptive catalogue of a zoological collection, made on account of the honourable East India Company, in the island of Sumatra and its vicinity, under the direction of Sir Thomas Stamford Raffles, Lieutenant-Governor of Fort Marlborough; with additional notices illustrative of the natural history of those countries. Transactions of the Linnean Society of London, 13(1): 239-274.

Kloss CB. 1916. On a new mouse-deer from upper Siam. Journal of the Natural History Society of Siam, 2(2): 88-89.

彭鸿绶, 杨岚, 杨余光. 1962. 云南南部兽类科属种的新记录. 见: 中国动物学会. 动物生态及分类区系专业学术讨论会论文摘要汇编. 北京: 科学出版社: 206.

Meijaard E, Groves CP. 2004. A taxonomic revision of the *Tragulus* mouse-deer (Artiodactyla). Zoological Journal of the Linnean Society, 140(1): 63-102.

鹿科 Cervidae Goldfuss, 1820

狍亚科 Capreolinae Brookes, 1828

驼鹿属 *Alces* Gray, 1821

546. 驼鹿 *Alces alces* (Linnaeus, 1758)

英文名：Moose, Eurasian Moose, Elk, Eurasian Elk, European Elk, Siberian Elk

曾用名：无

地方名：堪达罕、犴、罕达犴

模式产地：瑞典

同物异名及分类引证：

Cervus alces Linnaeus, 1758

Alces machlis Ogilby, 1836

Alces antiquorum Rüppell, 1842

Alces palmatus Gray, 1843

Alces jubata Fitzinger, 1860

Cervus cameloides Milne-Edwards, 1867

Alces bedfordiae Lydekker, 1902

亚种分化： 全世界有 8 个亚种，中国有 2 个亚种。

指名亚种 *A. a. alces* (Linnaeus, 1758)，模式产地：瑞典；

东北亚种 *A. a. cameloides* (Milne-Edwards, 1867)，模式产地：中国东北。

国内分布： 指名亚种分布于新疆（阿尔泰山）；东北亚种分布于黑龙江、内蒙古。

国外分布： 哈萨克斯坦、蒙古、爱沙尼亚、白俄罗斯、俄罗斯、德国、芬兰、捷克、克罗地亚、拉脱维亚、立陶宛、罗马尼亚、摩尔多瓦、挪威、波兰、瑞典、乌克兰、匈牙利、加拿大、美国。

引证文献：

Linnaeus C. 1758. Systema naturae per regna tria naturae: secundum classes, ordines, genera, species, cum characteribus, differentiis, synonymis, locis. 10th Ed. Tomus I. Holmiae: Impensis Direct. Laurentii Salvii.

Ogilby W. 1836. On the generic characters of ruminants. Proceedings of the Zoological Society of London, 4: 131-139.

Rüppell E. 1842. Beschreibung mehrer neuer saugethiere in der zoologischen sammlung der senckenbergischen naturforschenden gessellschaft befindlich. Frankfurt am Main: J.D. Sauerländer, 3(2): 129-196.

Gray JE. 1843. List of the specimens of Mammalia in the collections of the British Museum. London: British Museum (Natural History): 1-216.

Fitzinger LJ. 1860. Bilder-Atlas zur wissenschaftlich-populären naturgeschichte der säugethiere, vögel, amphibien, fische in ihren sämmtlichen hauptformen. 4 vols. Vienna: 1860-1864.

Milne-Edwards A. 1867. Observations sur quelques mammifères de nord de la Chine. Annales des sciences naturelles. Zoologie et Biologie Animale, 7(5): 375-377.

Lydekker R. 1902. On an elk from Siberia. Proceedings of the Zoological Society of London, 1902(1): 107-109.

Franzmann AW. 1981. *Alces alces*. Mammalian Species, 154: 1-7.

周永恒，王伦，谷景和，肉孜巴里，马合木提，梁果栋. 1994. 新疆发现欧洲驼鹿——我国兽类一亚种新纪录. 兽类学报, 14(3): 239, 208.

狍属 *Capreolus* Gray, 1821

547. 狍 *Capreolus pygargus* (Pallas, 1771)

英文名： Siberian Roe Deer, Eastern Roe Deer

曾用名： 西伯利亚狍、东方狍

地方名： 狍子

模式产地： 俄罗斯伏尔加河

同物异名及分类引证：

Cervus pygargus Pallas, 1771

Capreolus tianschanicus Saturnin, 1906

Capreolus bedfordi Thomas, 1908

Capreolus melanotis Miller, 1911

亚种分化：全世界有 4 个或 5 个亚种，中国有 4 个亚种。

东北亚种 *C. p. mantschurivus* (Noack, 1889)，模式产地：中国东北；

中亚亚种 *C. p. tianschanicus* Saturnin, 1906，模式产地：天山；

华北亚种 *C. p. bedfordi* Thomas, 1908，模式产地：山西；

西北亚种 *C. p. melanotis* Miller, 1911，模式产地：甘肃。

国内分布：东北亚种分布于黑龙江、吉林、辽宁、内蒙古东北部；中亚亚种分布于内蒙古西部、新疆；华北亚种分布于北京、河北、山西、河南、湖北；西北亚种分布于甘肃、宁夏、青海、陕西、四川。

国外分布：朝鲜、哈萨克斯坦、韩国、蒙古、俄罗斯。

引证文献：

Pallas PS. 1771. Reise durch verschiedene Provinzen des Russischen Reichs. St. Petersbourg: Kaiserliche Academie der Wissenschaften, 1: 504.

Satunin KA. 1906. Ein neues Reh vom Tjan-Shan. Zoologischer Anzeiger, 30: 527-528.

Thomas O. 1908. The Duke of Bedford's zoological exploration in Eastern Asia.—X. List of mammals from the provinces of Chih-li and Shan-si, N. China. Proceedings of the Zoological Society of London: 635-646.

Danilkin AA. 1995. *Capreolus pygargus*. Mammalian Species, 512: 1-7.

Hewison AJM, Danilkin AA. 2001. Evidence for separate specific status of European (*Capreolus capreolus*) and Siberian (*C. pygargus*) roe deer. Mammalian Biology, 66(1): 13-21.

张明海, 肖朝庭, Koh H. 2005. 从分子水平探讨中国东北狍的分类地位. 兽类学报, 25(1): 14-19.

鹿亚科 Cervinae Goldfuss, 1820

鹿属 *Cervus* Linnaeus, 1758

548. 马鹿 *Cervus elaphus* Linnaeus, 1758

英文名：Red Deer, Wapiti

曾用名：白臀鹿

地方名：鹿子、红鹿

模式产地：瑞典

同物异名及分类引证：

Cervus canadensis Erxleben, 1777

Cervus wallichii Cuvier, 1823

Cervus yarkandensis Blanford, 1892

Cervus macneilli Lydekker, 1909

亚种分化：全世界有 25 个亚种，中国有 8 个亚种。

藏南亚种 *C. e. wallichii* Cuvier, 1823，模式产地：尼泊尔或中国西藏；

东北亚种 *C. e. xanthopygus* Milne-Edwards, 1867，模式产地：中国东北至俄罗斯远东地区；

阿尔泰亚种 *C. e. sibiricus* Severtzov, 1873，模式产地：阿尔泰山；

天山亚种 *C. e. songaricus* Severtzov, 1873，模式产地：天山；

塔里木亚种 *C. e. yarkandensis* Blanford, 1892，模式产地：新疆塔里木盆地；

川西亚种 *C. e. macneilli* Lydekker, 1909，模式产地：四川与西藏交界处；

甘肃亚种 *C. e. kansuensis* Pocock, 1912，模式产地：甘肃临洮；

阿拉善亚种 *C. e. alashanicus* Bobrinskii *et* Flerov, 1935，模式产地：宁夏贺兰山。

国内分布：藏南亚种分布于西藏南部；东北亚种分布于黑龙江、吉林、河北、内蒙古东部；阿尔泰亚种分布于内蒙古西部、新疆（阿尔泰山）；天山亚种分布于新疆西部和北部；塔里木亚种分布于新疆南部；川西亚种分布于四川西部、西藏东南部；甘肃亚种分布于甘肃、青海、四川北部；阿拉善亚种分布于宁夏（贺兰山）。

国外分布：广布于北半球大陆，包括亚洲的阿富汗、不丹、哈萨克斯坦、吉尔吉斯斯坦、蒙古、尼泊尔、塔吉克斯坦、土库曼斯坦、乌兹别克斯坦、伊朗、印度，欧洲的俄罗斯、波兰、德国、法国、罗马尼亚、挪威、瑞典、匈牙利等，以及北美洲的加拿大、美国。

引证文献：

Linnaeus C. 1758. Systema naturae per regna tria naturae: secundum classes, ordines, genera, species, cum characteribus, differentiis, synonymis, locis. 10th Ed. Tomus I. Holmiae: Impensis Direct. Laurentii Salvii.

Erxleben JCP. 1777. Systema regni animalis per classes, ordines, genera, species, varietates: cvm synonymia et historia animalivm: Classis I. Mammalia. Lipsiae: Impensis weygandianis: 1-636.

Cuvier FG. 1822[1823]. Examen des especes formation des genres ou sous-genres *Acanthion*, Eréthizon, Sinéthère et Sphiggure. Mémoires du Muséum d'Histoire Naturelle (Paris), 9(1822): 413-484.

Milne-Edwards A. 1867. Observations sur quelques mammifères du nord de la Chine. Annales des sciences naturelles. Zoologie et Biologie Animale, 7(5): 375-377.

Lydekker R. 1909. On a new race of deer from Sze-chuen. Proceedings of the Zoological Society of London: 588-590.

Ohtaishi N, Gao YT. 1990. A review of the distribution of all species of deer (Tragulidae, Moschidae and Cervidae) in China. Mammal Review, 20(2-3): 125-144.

李明, 王小明, 盛和林, 玉手英利, 增田隆一, 永田纯子, 大泰司纪之. 1998. 马鹿四个亚种的起源和遗传分化研究. 动物学研究, 19(3): 177-183.

Pitra C, Fickel J, Meijaard E, Groves CP. 2004. Evolution and phylogeny of old world deer. Molecular Phylogenetics and Evolution, 33(3): 880-895.

Liu YH, Zhang MH, Ma JZ. 2013. Phylogeography of red deer (*Cervus elaphus*) in China based on mtDNA cytochrome *B* gene. Research Journal of Biotechnology, 8(10): 34-41.

549. 梅花鹿 *Cervus nippon* Temminck, 1838

英文名：Sika Deer

曾用名：无

地方名：花鹿

模式产地：日本长崎

同物异名及分类引证：

Cervus taiouanus Blyth, 1860

Cervus hortulorum Swinhoe, 1864

Cervus kopschi Swinhoe, 1873

亚种分化：全世界有 16 个亚种，中国有 6 个亚种。

台湾亚种 *C. n. taiouanus* Blyth, 1860，模式产地：台湾；

东北亚种 *C. n. hortulorum* Swinhoe, 1864，模式产地：北京（颐和园）；

华北亚种 *C. n. mandarinus* Milne-Edwards, 1871，模式产地：华北地区；

华东亚种 *C. n. kopschi* Swinhoe, 1873，模式产地：江西；

山西亚种 *C. n. grassianus* (Heude, 1884)，模式产地：山西北部；

四川亚种 *C. n. sichuanicus* Guo *et al.*, 1978，模式产地：四川若尔盖。

国内分布：东北亚种分布于吉林；华东亚种分布于安徽、江西、浙江；四川亚种分布于
甘肃、四川。台湾亚种、华北亚种和山西亚种在野外已经灭绝；在湖北、甘肃等地
有人为放归或逃逸的野化种群。

国外分布：日本、俄罗斯。

引证文献：

Temminck CJ. 1836. Coup-d'oeil sur la faune des iles de la Sonde et de l'empire du Japon: discours préliminaire, destiné à server d'introduction à la Faune du Japon. Temminck, C.J. (Coenraad Jacob): 1-30.

Blyth E. 1861. Report of curator, zoological department. Journal of the Asiatic Society of Bengal, 29(1): 87-115.

Swinhoe R. 1864. Letter from Mr. R. Swinhoe. Proceedings of the Zoological Society of London: 168-169.

Milne-Edwards H. 1871. Recherches pour servir à l'histoire naturelle des mammifères. Paris: G. Masson: 1-394.

Swinhoe R. 1873. On Chinese deer, with the description of an apparently new species. Proceedings of the Zoological Society of London: 572-276.

Heude M. 1884. Catalogue des cerfs tachetes (Sikas). Privately Published: 1-12.

郭卓甫, 陈恩渝, 王once之. 1978. 梅花鹿的一新亚种——四川梅花鹿. 动物学报, 24(2): 187-191.

Feldhamer GA. 1980. *Cervus nippon*. Mammalian Species, 128: 1-7.

郭延蜀, 郑慧珍. 1992. 中国梅花鹿地理分布的变迁. 四川师范学院学报(自然科学版), 13(1): 1-9.

郭延蜀, 郑惠珍. 2000. 中国梅花鹿地史分布、种和亚种的划分及演化历史. 兽类学报, 20(3): 168-179.

陈顺其, 王颖. 2004. 垦丁公园台湾梅花鹿(*Cervus nippon taiouanus*)之族群分布. 台湾公园学报, 14(2): 81-102.

麋鹿属 *Elaphurus* Milne-Edwards, 1866

550. 麋鹿 *Elaphurus davidianus* Milne-Edwards, 1866

英文名：Père David's Deer, Pere David's Deer, Milu

曾用名：无

地方名：四不像

模式产地：北京南海子麋鹿苑

同物异名及分类引证：无

亚种分化：无

国内分布：中国特有，野外灭绝。重引入至北京（南海子麋鹿苑）、河北（木兰围场）、
湖北（石首天鹅洲）、湖南（洞庭湖）、江苏（盐城）、江西（鄱阳湖）等地。

国外分布：无野生种群。

引证文献：

Milne-Edwards A. 1866. Annales des sciences naturelles Zoologie. Zoologie et Biologie Animale, Ser. 5, 5: 1-382.

曹克清. 1978. 野生麋鹿绝灭时间初探. 动物学报, 24(3): 289-291.

Jiang ZG, Yu CQ, Feng ZJ, Zhang LY, Xia JS, Ding YH, Lindsay N. 2000. Reintroduction and recovery of Père David's Deer in China. Wildlife Society Bulletin, 28(3): 681-687.

白加德, 张渊媛, 钟震宇, 程志斌, 曹明, 孟玉萍. 2021. 中国麋鹿种群重建 35 年: 历程、成就与挑战. 生物多样性, 29(2): 160-166.

白唇鹿属 *Przewalskium* Flerov, 1930

551. 白唇鹿 *Przewalskium albirostris* (Przewalski, 1883)

英文名：White-lipped Deer, Thorold's Deer

曾用名：无

地方名：红鹿

模式产地：甘肃西北部

同物异名及分类引证：

Cervus albirostris Przewalski, 1883

Cervus sellatus Przewalski, 1883

Cervus dybowskii Sclater, 1889

Cervus thoroldi Blanford, 1893

Przewalskium albirostre Flerov, 1930

亚种分化：无

国内分布：中国特有，分布于甘肃、青海、四川、西藏、云南西北部。

国外分布：无

引证文献：

Przewalski NM. 1883. From Zaisan through Khami to Tibet and to the headwaters of the Yellow River. St. Petersburg: V. S. Balasheva.

Sclater WL. 1889. Description of a stag's head allied to *Cervus dybowskii* Tac. Procured from the Darjeeling Bazaar. Journal of the Asiatic Society of Bengal, 58 (2): 186-189.

Blanford WT. 1893. On a stag, *Cervus thoroldi*, from Tibet, and on the mammals of the Tibetan Plateau. Proceedings of the Zoological Society of London, 61: 444-449.

Flerov C. 1930. The white muzzle deer (*Cervus albirostris* Przwe.) as the representative of a new genus *Przewalskium*. Computes Rendus de l'Académie des Sciences de l'URSS 1930: 115-120.

Cai GQ. 1988. Notes on white-lipped deer (*Cervus albirostris*) in China. 兽类学报, 8(1): 7-12.

Kaji K, Ohtaishi N, Miura S, Wu JY. 1989. Distribution and status of white-lipped deer (*Cervus albirostris*) in the Qinghai-Xizang (Tibet) Plateau, China. Mammal Review, 19(1): 35-44.

Leslie DM Jr. 2010. *Przewalskium albirostre* (Artiodactyla: Cervidae). Mammalian Species, 42(849): 7-18.

泽鹿属 *Rucervus* Hodgson, 1838

552. 坡鹿 *Rucervus eldii* (McClelland, 1842)

英文名：Eld's Deer, Thamin

曾用名：海南坡鹿、东方坡鹿、泽鹿、眉角鹿

地方名：无

模式产地：印度曼尼普尔邦

同物异名及分类引证：

Cervus eldii McClelland, 1842

Panolia eldii (McClelland, 1842)

Panolia siamensis (Lydekker, 1915)

亚种分化：全世界有 3～4 个亚种，中国有 1 个亚种。

海南亚种 *R. e. hainanus* Thomas, 1918，模式产地：海南。

国内分布：海南亚种分布于海南（东方）。

国外分布：柬埔寨、老挝、缅甸、印度。原分布于泰国、越南的种群可能已灭绝。

引证文献：

McClelland J. 1840. Indication of a nondescript species of deer. Calcutta Journal of Natural History, 1: 501-502.

McClelland J. 1841. Further notice of a nondescript species of deer indicated in the 4th number of the Calcutta Journal of Natural History extracted from a letter of Lieut. Eld, Assistant to the Commissioner of Assam dated 21st May 1841, with a drawing of the horns. Calcutta Journal of Natural History, 2: 415-417.

McClelland J. 1843. Description of the Sungnai, *Cervus* (*Rusa*) frontalis, McClell., a new species of deer inhabiting the valley of Moneypore, and brought to notice by Captain C.S. Guthrie, Bengal Engineers. Calcutta Journal of Natural History, 3: 401-409.

Thomas O. 1918. The nomenclature of the geographical forms of the Panolia deer (*Rucervus eldi* and its relatives). The Journal of the Bombay Natural History Society, 25: 363-367.

徐龙辉, 刘振河. 1974. 海南岛坡鹿的调查. 动物学杂志, (3): 41-42.

Balakrishnan CN, Monfort SL, Gaur A, Singh L, Sorenson MD. 2003. Phylogeography and conservation genetics of Eld's deer (*Cervus eldi*). Molecular Ecology, 12(1): 1-10.

水鹿属 *Rusa* Smith, 1827

553. 水鹿 *Rusa unicolor* (Kerr, 1792)

英文名：Sambar Deer, Sambar, Indian Sambar

曾用名：无

地方名：黑鹿、鹿子

模式产地：斯里兰卡

同物异名及分类引证：

Cervus unicolor Kerr, 1792

Cervus albicornis Bechstein, 1799

Cervus hippelaphus de Blainville, 1822

Cervus equinus Cuvier, 1823

Cervus [Rusa] swinhoii Sclater, 1862

Rusa dejeani Pousargues, 1896

Cervus unicolor hainana Xu, 1983

亚种分化：全世界有 16 个亚种，中国有 4 个亚种。

马来亚种 *R. u. equina* (Cuvier, 1823)，模式产地：印度尼西亚苏门答腊岛；

台湾亚种 *R. u. swinhoei* (Sclater, 1862)，模式产地：台湾；

四川亚种 *R. u. dejeani* Pousargues, 1896，模式产地：四川；

海南亚种 *R. u. hainana* (Xu, 1983)，模式产地：海南。

国内分布：马来亚种分布于重庆、贵州、云南、湖南、江西、广东、广西；台湾亚种分布于台湾（野外已绝灭）；四川亚种分布于青海、四川；海南亚种分布于海南。

国外分布：不丹、柬埔寨、老挝、马来西亚、孟加拉国、缅甸、尼泊尔、斯里兰卡、泰国、文莱、印度、印度尼西亚、越南。

引证文献：

Kerr R. 1792. The animal kingdom, or zoological system, of the celebrated Sir Charles Linnaeus. Class I. Mammalia. Edinburgh: Printed for A. Strahan, and T. Cadell, London, and W. Creech, Edinburgh.

Bechstein JM. 1799. Thomas Pennant's Allgemeine übersicht der Vierfüssigen Thiere. Aus dem Englischen übersetzt und mit Anmerkungen und Zusätzen Versehen. Erster Band. Germany: Verlage des Industrie, Comptoir's, Weimar.

Cuvier FG. 1822[1823]. Examen des especes formation des genres ou sous-genres *Acanthion*, Eréthizon, Sinéthère et Sphiggure. Mémoires du Muséum d'Histoire Naturelle (Paris), 9(1822): 413-484.

de Blainville HMD. 1822. Sur les caracteres distinctifs des especes de cerfs. Journal de Physique, de Chime, d'Histoire Naturelle et des Arts, avec des Planches en Taille-douce, 94: 254-285.

Sclater PL. 1862. Note on the Formosa deer. Proceedings of the Zoological Society of London, 1863: 150-152.

Pousargues E de. 1896. Sur la faune mammalogique de Setchuan et sur une espèce asiatique du genre *Zapus*. Bulletin du Muséum d'Histoire Naturelle, 2: 11-16.

徐龙辉. 1983. *Cervus unicolor hainana*. 见: 徐龙辉等. 海南岛的鸟兽. 北京: 科学出版社: 395-398.

王小明, 盛和林. 1995. 中国水鹿的现状. 野生动物学报, 85(3): 7-8, 12.

Groves C. 2006. The genus *Cervus* in eastern Eurasia. European Journal of Wildlife Research, 52(1): 14-22.

Leslie DM Jr. 2011. *Rusa unicolor* (Artiodactyla: Cervidae). Mammalian Species, 43(871): 1-30.

獐亚科 Hydropotinae Trouessart, 1898

獐属 *Hydropotes* Swinhoe, 1870

554. 獐 *Hydropotes inermis* Swinhoe, 1870

英文名：Chinese Water Deer

曾用名：河麂

地方名：牙獐、獐子

模式产地：浙江杭州

同物异名及分类引证：

Hydropotes affinis Brooke, 1872

Hydropotes argyropus Heude, 1884

Hydropotes kreyenbergi Hilzheimer, 1905

亚种分化：全世界有 2 个亚种，中国均有分布。

指名亚种 *H. i. inermis* Swinhoe, 1870，模式产地：浙江杭州；

朝鲜亚种 *H. i. argyropus* Heude, 1884，模式产地：朝鲜半岛。

国内分布：指名亚种分布于安徽、江苏、江西、上海、浙江；朝鲜亚种分布于吉林、辽宁。

国外分布：朝鲜、韩国。

引证文献：

Swinhoe R. 1870. On a new deer from China. Proceedings of the Zoological Society of London, 1870: 89-92.

Ohtaishi N, Gao YT. 1990. A review of the distribution of all species of deer (Tragulidae, Moschidae and Cervidae) in China. Mammal Review, 20(2-3): 125-144.

徐宏发, 郑向忠, 陆厚基. 1998. 人类活动和滩涂变迁对沿海地区獐分布的影响. 兽类学报, 18(3): 161-167.

孙孟军, 鲍毅新. 2001. 浙江省獐的分布与资源调查. 浙江林业科技, 21(6): 20-24.

Hu J, Fang SG, Wan QH. 2006. Genetic diversity of Chinese water deer (*Hydropotes inermis inermis*): implications for conservation. Biochemical Genetics, 44: 161-172.

李宗智, 吴建平, 滕丽微, 刘振生, 王宝昆, 刘延成, 徐涛. 2019. 獐在吉林省的重新发现. 动物学杂志, 54(1): 108-112.

麂亚科 Muntiacinae Knottnerus-Meyer, 1907

毛冠鹿属 *Elaphodus* Milne-Edwards, 1871

555. 毛冠鹿 *Elaphodus cephalophus* Milne-Edwards, 1872

英文名：Tufted Deer

曾用名：无

地方名：青麂、青鹿

模式产地：四川宝兴

同物异名及分类引证：无

亚种分化：全世界有 3 个亚种，中国均有分布。

指名亚种 *E. c. cephalophus* Milne-Edwards, 1872，模式产地：四川宝兴；

华东亚种 *E. c. michianus* (Swinhoe, 1874)，模式产地：浙江宁波；

华中亚种 *E. c. ichangensis* Lydekker, 1904，模式产地：湖北宜昌。

国内分布：指名亚种分布于甘肃、青海、贵州、四川、西藏、云南；华东亚种分布于安徽、福建、江西、浙江；华中亚种分布于甘肃东部、陕西、重庆、四川东部、湖北、湖南、江西、广东、广西。

国外分布：缅甸东北部。

引证文献：

David L'AA. 1872. Catalogue des oiseaux de Chine. Bulletin des Nouvelles Archives du Muséum d'Histoire Naturelle de Paris, 7: 90-93.

Swinhoe R. 1874. On a small, tufted, hornless deer from the mountains near Ningpo. Proceedings of the Scientific Meetings of the Zoological Society of London, 1874: 452-454.

Brooke V. 1879. On the classification of the Cervidae, with a synopsis of the existing species. Proceedings of the Zoological Society of London, 1878: 883-928.

Lydekker R. 1904. The Ichang tufted deer. Proceedings of the Zoological Society of London, 1902: 166-169.

张孚允. 1974. 毛冠鹿在甘肃省的发现. 兰州大学学报(自然科学版), 1974(1): 152-155.

盛和林, 陆厚基. 1982. 毛冠鹿的分布、资源和习性. 动物学报, 28(3): 307-311.

Leslie DM Jr, Lee DN, Dolman RW. 2013. *Elaphodus cephalophus* (Artiodactyla: Cervidae). Mammalian Species, 45(904): 80-91.

麂属 *Muntiacus* Rafinesque, 1815

556. 黑麂 *Muntiacus crinifrons* (Sclater, 1885)

英文名：Black Muntjac, Hairy-fronted Muntjac

曾用名：无

地方名：红头麂、蓬头麂、乌金麂、青麂、麂了

模式产地：浙江宁波

同物异名及分类引证：

Cervulus crinifrons Sclater, 1885

亚种分化：无

国内分布：中国特有，分布于安徽、福建、江西、浙江。

国外分布：无

引证文献：

Sclater PL. 1885. Report on the additions to the society's menagerie in December 1884, and description of a new spcies of *Cervulus* (Plate I.). Proceedings of the Zoological Society of London, 1885: 1-2, Plate I.

Sheng HL, Lu HJ. 1980. Current studies on the rare Chinese black muntjac. Journal of Natural History, 14(6): 803-807.

Lu HG, Sheng HL. 1984. Status of the black muntjac, *Muntiacus crinifrons*, in eastern China. Mammal

Review, 14(1): 29-36.

马世来, 王应祥, 徐龙辉. 1986. 麂属(*Muntiacus*)的分类及其系统发育研究. 兽类学报, 6(3): 191-209.

盛和林. 1987. 中国特产动物: 黑麂. 动物学杂志, 22(2): 45-48.

Ohtaishi N, Gao YT. 1990. A review of the distribution of all species of deer (Tragulidae, Moschidae and Cervidae) in China. Mammal Review, 20(2-3): 125-144.

557. 菲氏麂 *Muntiacus feae* (Thomas *et* Doria, 1889)

英文名：Fea's Muntjac

曾用名：林麂、费氏麂

地方名：麂子

模式产地：缅甸德林达依省（"Mulaiyit"）

同物异名及分类引证：

Cervulus feae Thomas *et* Doria, 1889

亚种分化：无

国内分布：西藏、云南。

国外分布：缅甸、泰国。

引证文献：

Thomas O, Doria G. 1889. Annali del Museo Civico di Storia Naturale di Genova, 7: 92.

Sokolov II. 1957. On the Artiodactyla-fauna in the southern part of Yunnan-province (China). Zoologicheskii Zhurnal, 36: 1750-1760.

Grubb P. 1977. Notes on a rare deer, *Muntiacus feai*. Annali del Museo Civico di Storia Naturale di Genova, 81: 202-207.

张词祖, 盛和林, 陆厚基. 1984. 我国西藏的菲氏麂(*Muntiacus feae*). 兽类学报, 4(2): 88, 106.

马世来, 王应祥, 徐龙辉. 1986. 麂属(*Muntiacus*)的分类及其系统发育研究. 兽类学报, 6(3): 191-209.

徐龙辉, 余斯绵, 马世来. 1988. 中国麂属的种类及分布. 野生动物学报, 1988(1): 15-17.

盛和林, 陆厚基. 1990. 关于菲氏麂(*Muntiacus feae*)的讨论. 华东师范大学学报(哺乳动物生态学专辑): 121.

558. 贡山麂 *Muntiacus gongshanensis* Ma, 1990

英文名：Gongshan Muntjac

曾用名：无

地方名：红头麂

模式产地：云南贡山普拉底

同物异名及分类引证：无

亚种分化：无

国内分布：西藏、云南。

国外分布：缅甸（克钦邦）。

引证文献：

马世来, 王应祥, 施立明. 1990. 麂属(*Muntiacus*)一新种. 动物学研究, 11(1): 47-53.

Choudhury AU. 2003. The mammals of Arunachal Pradesh. New Delhi: Regency Publications.

Choudhury AU. 2009. Records and distribution of Gongshan and leaf muntjacs in India. Deer Specialist

Group News, 23: 2-7.

黄湘元, 张兴超, 陈辈乐, 李飞. 2019. 云南腾冲发现贡山麂. 兽类学报, 39(5): 595-598.

Zhang YC, Chen XY, Li GG, Quan RC. 2019. Complete mitochondrial genome of Gongshan muntjac (*Muntiacus gongshanensis*), a Critically Endangered deer species. Mitochondrial DNA Part B, 4(2): 2867-2868.

Zhang YC, Lwin YH, Li R, Maung KW, Li GG, Quan RC. 2021. Molecular phylogeny of the genus *Muntiacus* with special emphasis on the phylogenetic position of *Muntiacus gongshanensis*. Zoological Research, 42(2): 212-216.

559. 小麂 *Muntiacus reevesi* (Ogilby, 1839)

英文名：Reeves' Muntjac, Chinese Muntjac

曾用名：黄麂

地方名：麂子、黄麂子、山羌

模式产地：广东

同物异名及分类引证：

Cervus reevesi Ogilby, 1839

Cervulus micrurus Sclater, 1875

Cervulus sinensis Hilzheimer, 1905

亚种分化：全世界有 4 个亚种，中国均有分布。

指名亚种 *M. r. reevesi* (Ogilby, 1839)，模式产地：广东；

台湾亚种 *M. r. micrurus* (Sclater, 1875)，模式产地：台湾；

华东亚种 *M. r. sinensis* (Hilzheimer, 1905)，模式产地：安徽黄山；

黔北亚种 *M. r. jiangkouensis* Gu *et* Xu, 1998，模式产地：贵州梵净山（江口）。

国内分布：中国特有，指名亚种分布于湖南、江西、广东、广西；台湾亚种分布于台湾；华东亚种分布于安徽、浙江；黔北亚种分布于重庆、贵州。甘肃南部、宁夏、陕西南部、云南居群的亚种分类地位未定。

国外分布：无

引证文献：

Ogilby W. 1838. Proceedings of the Zoological Society of London, 1838: 105.

马世来, 王应祥, 徐龙辉. 1986. 麂属(*Muntiacus*)的分类及其系统发育研究. 兽类学报, 6(3): 191-209.

徐龙辉, 余斯绵, 马世来. 1988. 中国麂属的种类及分布. 野生动物学报, 1988(1): 15-17.

辜永河, 徐龙辉. 1998. 小麂一新亚种——江口亚种(偶蹄目, 鹿科). 动物学报, 44(3): 264-270.

罗娟娟, 秦家慧, 李佳琦, 兰广成, 郭志宏, 徐永恒, 宋森. 2019. 宁夏兽类新纪录——小麂(*Muntiacus reevesi* Ogilby, 1839). 兽类学报, 39(6): 688-693.

Sun ZL, Wang H, Zhou WL, Shi WB, Zhu WQ, Zhang BW, Franklin J. 2019. How rivers and historical climate oscillations impact on genetic structure in Chinese Muntjac (*Muntiacus reevesi*)? Diversity and Distributions, 25(1): 116-128.

560. 赤麂 *Muntiacus vaginalis* (Boddaert, 1785)

英文名：Northern Red Muntjac, Red Muntjac, Barking Deer

曾用名：印度麂

地方名：麂子、黄猄、红麂

模式产地：孟加拉国

同物异名及分类引证：

Cervus vaginalis Boddaert, 1785

亚种分化：全世界有 17 个亚种，中国有 5 个亚种。

指名亚种 *M. v. vaginalis* (Boddaert, 1785)，模式产地：孟加拉国；

海南亚种 *M. v. nigripes* Allen, 1930，模式产地：海南；

滇南亚种 *M. v. menglalis* Wang *et* Groves, 1988，模式产地：云南西双版纳；

滇中亚种 *M. v. yunnanensis* Ma *et* Wang, 1988，模式产地：云南中部；

华南亚种 *M. v. guangdongensis* Xu, 1996，模式产地：广东鼎湖山。

国内分布：指名亚种分布于西藏；海南亚种分布于海南；滇南亚种分布于云南南部；滇中亚种分布于贵州、云南、四川；华南亚种分布于广东、广西、香港。

国外分布：巴基斯坦、不丹、柬埔寨、老挝、孟加拉国、缅甸、尼泊尔、斯里兰卡、泰国、印度、越南。

引证文献：

Boddaert P. 1785. Elenchus animalium, volumen 1: sistens quadrupedia huc usque nota, eorumque varietates. Roterodami: Apud C.R. Hake: 1-174.

Allen GM. 1930. Pigs and deer from the Asiatic Expeditions. American Museum Novitates, 430: 11-12.

马世来, 王应祥, 徐龙辉. 1986. 麂属(*Muntiacus*)的分类及其系统发育研究. 兽类学报, 6(3): 191-209.

马世来, 王应祥, Groves CP. 1988. 云南赤麂的亚种分类记述. 兽类学报, 8(2): 95-104.

徐龙辉, 余斯绵, 马世来. 1988. 中国麂属的种类及分布. 野生动物学报, 1988(1): 15-17.

李健雄, 徐龙辉. 1996. 广东省赤麂的一新亚种. 兽类学报, 16(1): 25-29.

牛科 Bovidae Gray, 1821

羚羊亚科 Antilopinae Gray, 1821

羚羊属 *Gazella* de Blainville, 1816

561. 鹅喉羚 *Gazella subgutturosa* (Güldenstädt, 1780)

英文名：Goitered Gazelle

曾用名：无

地方名：黄羊、长尾黄羊、羚羊

模式产地：格鲁吉亚第比利斯

同物异名及分类引证：

Antilope subgutturosa Güldenstädt, 1780

Antilope dorcas var. *persica* Gray, 1843

Gazella subgutturosa var. *yarkandensis* Blanford, 1875

Gazella yarkandensis Blanford, 1875

Gazella hillieriana Heude, 1894

Gazella mongolica Heude, 1894

Gazella marica Thomas, 1897

Gazella subgutturosa sairensis Lydekker, 1900

Gazella subgutturosa typica Lydekker, 1900

Gazella seistanica Lydekker, 1910

Gazella subgutturosa reginae Adlerberg, 1931

Gazella subgutturosa gracilicornis Stroganove, 1956

亚种分化：全世界有 3 个亚种，中国有 1 个亚种。

塔里木亚种 *G. s. yarkandensis* Blanford, 1875，模式产地：新疆西部。

国内分布：塔里木亚种分布于内蒙古、甘肃、青海、陕西北部、新疆。

国外分布：阿富汗、阿塞拜疆、巴基斯坦、哈萨克斯坦、吉尔吉斯斯坦、蒙古、塔吉克斯坦、土库曼斯坦、乌兹别克斯坦、伊朗。

引证文献：

Güldenstädt AI. 1780. *Antilope subgutturosa* descripta. Acta Academiae Scientiarum Imperialis Petropolitanae, for 1778, 1: 251-274.

Gray JE. 1843. List of the specimens of Mammalia in the collection of the British Museum. London: British Museum (Natural History): 1-216.

Blanford WT. 1875. List of Mammalia collected by late Dr. Stoliczka, when attached to the embassy under Sir D. Forsyth in Kashmir, Ladák, Eastern Turkestan, and Wakhán, with descriptions of new species. Journal of the Asiatic Society of Bengal, 44(Pt. 2): 105-112.

Heude PM. 1894. Etudes odontologiques, etc. Memoires concernant I'histoire naturelle de I'Empire chinois par des peres de la Compagnie de Jesus. Impr. de la Mission Catholique, Chang-Hai, 2(3-4): 117-247.

Thomas O. 1897. On a new gazelle from Central Arabia. The Annals and Magazine of Natural History, Ser. 6, 19(110): 162-163.

Lydekker R. 1900. The great and small game of India, Burma, & China (Tibet). London: Rowland Ward: 1-416.

Lydekker R. 1910. The gazelles of Seistan. Nature, 83: 201-202.

Adlerberg GP. 1931. The antelope of the northern Tibet and the contiguous regions. Reports of the Academy of Sciences of the USSR, 1931: 321-329.

Stroganov SU. 1956. Materials for knowledge of Soviet Union mammals fauna. Trudy Biologicheskogo Instituta Akademii Nauk SSSR, Zapadno-Sibirsky Filial, 1: 15-19.

Kingswood SC, Blank DA. 1996. *Gazella subgutturosa*. Mammalian Spcies, 518: 1-10.

徐文轩, 乔建芳, 刘伟, 杨维康. 2008. 鹅喉羚生态生物学研究现状. 生态学杂志, 27(2): 257-262.

原羚属 Procapra Hodgson, 1846

562. 蒙原羚 *Procapra gutturosa* (Pallas, 1777)

英文名：Mongolian Gazelle, Dzeren

曾用名：蒙古原羚、黄羊

地方名：黄羊、蒙古黄羊

模式产地：俄罗斯（外贝加尔边疆区南部）

同物异名及分类引证：

Antelope gutturosa Pallas, 1777

Antelope orientalis Erxleben, 1777

Procapra altaica Hollister, 1913

亚种分化：无

国内分布：内蒙古、甘肃。

国外分布：蒙古、俄罗斯。

引证文献：

Erxleben JCP. 1777. Systema regni animalis per classes, ordines, genera, species, varietates: cvm synonymia et historia animalivm: Classis I. Mammalia. Lipsiae, Impensis weygandianis: 260.

Pallas PS. 1777-1780. Spiclegia zoologica, quibus novae imprimus et obscurae animalium species iconibus, descriptionibus atque commentariis illustrantur cura P. S. Pallas. Fasc. 12. Berolini, prostant apud Gottl. August. Langed, 14 fasc. in 2 vols. (fasc. 11-12, 1777-78; fasc. 13, 1779; fasc. 14, 1780).

Hollister N. 1913. Description of a new gazelle from northwestern Mongolia. Smithsonian Miscellaneous Collections, 60: 531-532.

张自学, 孙静萍, 白韶丽, 王忠恩. 1995. 黄羊(*Procapra gutturosa*)在中国分布的变迁及其资源持续利用. 生物多样性, 3(2): 95-98.

Lhagvasuren B, Milner-Gulland EJ. 1997. The status and management of the Mongolian gazelle *Procapra gutturosa* population. Oryx, 31(2): 127-134.

Sokolov VE, Lushchekina AA. 1997. *Procapra gutturosa*. Mammalian Species, 571: 1-5.

563. 藏原羚 *Procapra picticaudata* Hodgson, 1846

英文名：Tibetan Gazelle, Goa

曾用名：藏黄羊、西藏黄羊、黄羊

地方名：黄羊

模式产地：西藏南部

同物异名及分类引证：

Antilope picticaudata Wagner, 1855

Procapra picticauda Gray, 1867

Gazella picticaudata Brooke, 1873

Procapra picticanda Stein-Nordheim, 1884

Gacella picticaudata Elliot, 1907

Gazella (*Procapra*) *picticaudata* Ward, Lydekker *et* Burlace, 1914

亚种分化：无

国内分布：甘肃、青海、新疆、四川、西藏。

国外分布：印度（锡金）。

引证文献：

Hodgson BH. 1846. Description of a new species of Tibetan antelope, with plates. Journal of the Asiatic Society of Bengal, 15: 334-338.

Wanger JA. 1855. Die Säugthiere in Abbildungen nach der Natur, mit Beschreibungen. Supplementband 5.

Abtheilung die Affen. Zahnlucker, Beuteithiere, Hifthiere, Insektenfresser und Handflugler. Leipzig, Germany: Verlag von F. D. Weigel.

Gray JE. 1867. Note on the "Hwang-Yang", or yellow sheep of Monglia. Proceedings of the Zoological Society of London, 35: 244-246.

Brooke V. 1873. On the antelopes of the genus *Gazella*, and their distribution. Proceedings of Zoological Society of London, 41: 535-554.

von Stein-Nordheim (translator). 1884. Reisen in Tibet und am oberen Lauf de Gelben Flusses in den Jahren 1879 bis 1880. Jena, Germany: H. Costenoble. ["Freely transferred to the German and annotated" by Stein-Nordheim from the original Russian version by Przheval'skii NM.]

Elliot DG. 1907. A catalogue of the collection of mammals in the Field Columbian Museum. Field Columbian Museum, Publication 115, Zoology Series, 8: 1-694.

Ward R, Lydekker R, Burlace JB. 1914. Rowland Ward's records of big game: with their distribution, characteristics, dimensions, weights, and horn & tusk measurements. 7th Ed. London: Rowland Ward, Limited.

Leslie DM Jr. 2010. *Procapra picticaudata* (Artiodactyla: Bovidae). Mammalian Species, 42(861): 138-148.

564. 普氏原羚 *Procapra przewalskii* (Büchner, 1891)

英文名：Przewalski's Gazelle

曾用名：无

地方名：黄羊、滩黄羊

模式产地：青海（"Datunkhe River"）

同物异名及分类引证：

Antilope cuvieri Przewalski, 1888

Gazella przewalskii Büchner, 1891

Procapra picticaudata przewalskii (Büchner, 1891)

Procapra przewalskii Pocock, 1910

Gazella (*Procapra*) *przewalskii* Lydekker *et* Blaine, 1914

Procapra picticaudata przewalskii Allen, 1940

Gazella (*Procapra*) *przewalskii diversicornis* Stroganov, 1949

亚种分化：无

国内分布：中国特有，分布于青海（青海湖周边）。

国外分布：无

引证文献：

Przewalski NM. 1888. Chetvertoe puteshestvie v Tsentral'noi Azii. Ot Kyakhty na istoki Zheltoi reki, issledovanie severnoi okrainy Tibeta I put' cherez Lob-nor po basseiny Tarima. [Forth journey in Central Asia. From Kyakhta to the source of the Yellow River, exploration of the northern border of Tibet and route via Lob-Nor along the basin of the Tarim.] St. Petersburg: Imperatorskoe Russkoe Geograficheskoe Obshchestvo.

Büchner E. 1891. Die Säugethiere der Ganssu- Expedition (1884-87). Mélanges Biologiques Tirés du Bulletin de l'Académie Imperiale des Sciences de St.-Pétersbourg, Tome XIII, Livraison, 1: 143-164.

Pocock RI. 1910. On the specialized cutaneous glands of ruminants. Proceedings of the Zoological Society of London, 78: 840-986.

Lydekker R, Blaine G. 1914. Catalogue of the ungulate mammals in the British Museum (Natural History).

Vol. III. London: Trustees of the British Museum.

Allen GM. 1940. The mammals of China and Mongolia. Natural history of Central Asia, Vol. XI. New York: American Museum of Natural History.

Stroganov SU. 1949. K sisematike I geograficheskomu rasprostraneniyu nekotorykh antilop Tsentral'noi Azii. [Systematics and distribution of some antelopes of Central Asia.] Bulleten Moskovskogo Obshchestva Ispytatelei Prirody. Otdel Biologicheskii, 54: 15-26.

蒋志刚, 蔡平. 1995. 普氏原羚的历史分布与现状. 兽类学报, 15(4): 241-245.

蒋志刚, 雷润华, 刘丙万, 李春旺. 2003. 普氏原羚研究概述. 动物学杂志, 38(6): 129-132.

Leslie DM Jr, Groves CP, Abramov AV. 2010. *Procapra przewalskii* (Artiodactyla: Bovidae). Mammalian Species, 42(860): 124-137.

Li CL, Jiang ZG, Ping XG, Cai J, You ZQ, Li CW, Wu YL. 2012. Current status and conservation of the Endangered Przewalski's gazelle *Procapra przewalskii*, endemic to the Qinghai-Tibetan Plateau, China. Oryx, 46(1): 145-153.

Zhang L, Liu JZ, Wang DJ, Schaller GB, Wu YL, Harris RB, Zhang KJ, Lü Z. 2013. Distribution and population status of Przewalski's gazelle, *Procapra przewalskii* (Cetartiodactyla, Bovidae). Mammalia, 77(1): 31-40.

平晓鸽, 李春旺, 李春林, 汤宋华, 方红霞, 崔绍朋, 陈静, 王恩光, 何玉邦, 蔡平, 张毓, 吴永林, 蒋志刚. 2018. 普氏原羚分布、种群和保护现状. 生物多样性, 26(2): 177-184.

牛亚科 Bovinae Gray, 1821

野牛属 *Bos* Linnaeus, 1758

565. 印度野牛 *Bos gaurus* Hamilton-Smith, 1827

英文名：Gaur, Indian Gaur, Indian Bison

曾用名：白肢野牛

地方名：野牛、白袜子、亚洲野牛、大额牛（半野化种）

模式产地：印度

同物异名及分类引证：

Bos frontalis Lambert, 1804

Bos gour Hardwicke, 1827

Bison gaurus Jardine, 1836

Bison sylhttanus Jardine, 1836

Bos cavifrons Hodgson, 1837

Bos subhemachalus Hodgson, 1837

Bibos asseel Horsfield, 1851

Gavaeus frontalis Horsfield, 1851

Bos frontalis domesticus Fitzinger, 1860

Bibos discolor Heude, 1901

Bibos fuscicornis Heude, 1901

Bibos longicornis Heude, 1901

Bibos sondaicus Heude, 1901

Bos leptoceros Heude, 1901

Bubalibos annamiticus Heude, 1901

Gauribos brachyrhinus Heude, 1901

Gauribos laosiensis Heude, 1901

Gauribos mekongensis Heude, 1901

Gauribos sylvanus Heude, 1901

Uribos platyceros Heude, 1901

Bos gaurus readi Lydekker, 1903

Bos gaurus frontalis Lydekker, 1912

亚种分化：全世界有 2 个亚种，中国均有分布。

指名亚种 *B. g. gaurus* Smith, 1827，模式产地：印度；

东南亚亚种 *B. g. laosiensis* (Heude, 1901)，模式产地：老挝与柬埔寨交界处（"Annamite Mountain"）。

国内分布：指名亚种可能分布于西藏东南部；东南亚亚种分布于云南南部。

国外分布：不丹、老挝、马来西亚、缅甸、尼泊尔、泰国、印度、越南。

引证文献：

Hamilton-Smith C. 1827a. Order 7, Ruminantia. In: Cuvier G. A synopsis of the Class Mammalia, The Animal Kingdom. Vol. 5. London: Whittaker: 296-376.

Hamilton-Smith C. 1827b. Supplement to the order Ruminantia. In: Cuvier G. The Class Mammalia, The Animal Kingdom. Vol. 4. London: Whittaker: 33-428.

Jardine W. 1836a. The auroach. The Naturalist's Library, 22: 249-251.

Jardine W. 1836b. The Sylhet ox. The Naturalist's Library, 22: 257-258.

Hodgson BH. 1837a. Description of the Gauri Gau of the Nipal forest. The Journal of the Asiatic Society of Bengal, 6: 499.

Hodgson BH. 1837b. On the Bibos, Gauri Gau or Gaurika Gau of the Indian forests. The Journal of the Asiatic Society of Bengal, 6: 745-750.

Horsfield T. 1851. A catalogue of the Mammalia in the Museum of the Hon. East-India Company. London: Printed by J. & H. Cox.

Fitzinger LJ. 1860. Naturgeschichte der Säugthiere in ihren sämmtlichen Hauptformen. Vienna, Austria: V. Band.

Heude PM. 1901. Genre *Gauribos* H. Mémoires concernant l'Histoire Naturelle De L'Empire Chinois, 5: 3-11.

Lydekker R. 1903. The Burmese gaur, or pyoung. The Zoologist, 4th Series, 7: 264-266.

Lydekker R. 1912. The ox and its kindred. London: Methuen & Co. Ltd.

Choudhury A. 2002. Distribution and conservation of the Gaur *Bos gaurus* in the Indian Subcontinent. Mammal Review, 32(3): 199-226.

Ahrestani FS. 2018. *Bos frontalis* and *Bos gaurus* (Artiodactyla: Bovidae). Mammalian Species, 50(959): 34-50.

566. 野牦牛 *Bos mutus* (Przewalski, 1883)

英文名：Wild Yak, Yak

曾用名：无

地方名：野牛、牦牛

模式产地：甘肃南山

同物异名及分类引证：

Bos grunniens Linnaeus, 1776

Bos poephagus Pallas, 1811

Bos [(*Bison*)] *poephagus* Hamilton-Smith, 1827

Bison poephagus Jardine, 1836

Bisonus poephagus Hodgson, 1841

Poephagus gruniens Gray, 1843

Bison grunniens Turner, 1850

Poëphagus grunniens domesticus Fitzinger, 1860

Poëphagus mutus Przewalski, 1883

Bos grunniens mutus Lydekker, 1913

Poëphagus grunniens mutus Harper, 1945

亚种分化：无

国内分布：甘肃、青海、新疆、西藏。

国外分布：克什米尔地区。

引证文献：

Linnaeus C. 1766. Systema naturae per regna tria naturae, secundum classes, ordines, genera, species, cum characteribus, differentiis synonymis, locis. 12th Ed. Tomus. I. Holmiae: Salvius.

Pallas PS. 1811. Boves. In: Zoographia Rosso-Asiata, sistens omnium animalum in extenso Imperio Rossico et adjacentibus maribus observatorum recensionem, domicilia, mores et descriptions anatomen atque icons plurimorum. Petropoli (= St. Petersburg): Academinae Scientiarum: 236-249.

Hamilton-Smith C. 1827. Synopsis of the species of the class Mammalia, as arranged with reference to their organization. Order VII. Ruminantia. Pecora, Lin. In: Griffith E, Hamilton-Smith C, Pidgeon E. The animal kingdom, arranged in conformity with its organization, by the Baron Cuvier, with additional descriptions of all the species hitherto named, and of many not before noticed. London: Vol. V. G. B. Whittaker: 373-376.

Jardine W. 1836. The naturalist's library. Vol. 4. Mammalia. Part Ruminantia. Edinburgh: W. H. Lizars.

Hodgson BH. 1841. Classified catalogue of mammals of Nepal, corrected to end of 1841, first presented 1832. Calcutta Journal of Natural History, 2: 212-223.

Gray JE. 1843. List of the specimens of Mammalia in the collection of the British Museum. London: George Woodfall and Son.

Turner HN. 1850. On the generic subdivision of the Bovidae, or hollow-horned ruminants. Proceedings of the Zoological Society of London, 18: 164-179.

Fitzinger LJ. 1860. Wissenschaflich-populäre Naturgeschichte der Säugethiere in ihren sämmtlichen Hauptformen. Nebst einer Einleitung in die Naturgeschichte überhaupt und in die Lehre von den Thieren insbesondere. Wien, Germany: V. Band.

Przewalski NM. 1883. Iz Zaisana cherez Khami v Tibet i na verkhov'ia Zheltoi rieki [from Zaisan through Khami to Tibet and to the headwaters of the Yellow River]. St. Petersburg: V. S. Balasheva.

Schaller GB, Liu WL. 1996. Distribution, status, and conservation of wild yak *Bos grunniens*. Biological Conservation, 76(1): 1-8.

Leslie DM Jr, Schaller GB. 2009. *Bos grunniens* and *Bos mutus* (Artiodactyla: Bovidae). Mammalian Species, 836: 1-17.

羊亚科 Caprinae Gray, 1821

扭角羚属 *Budorcas* Hodgson, 1850

567. 喜马拉雅扭角羚 *Budorcas taxicolor* Hodgson, 1850

英文名：Himalayan Takin

曾用名：羚牛、牛羚

地方名：野牛、盘羊

模式产地：西藏米什米山

同物异名及分类引证：

Budorcas taxicola Gray, 1852

Budorcas taxicola whitei Lydekker, 1907

亚种分化：全世界有 2 个亚种，中国均有分布。

高黎贡亚种 *B. t. taxicolor* Hodgson, 1850，模式产地：西藏米什米山；

不丹亚种 *B. t. whitei* Lydekker, 1907，模式产地：不丹。

国内分布：高黎贡亚种分布于西藏东南部（雅鲁藏布江以东）、云南西北部；不丹亚种
分布于西藏南部（雅鲁藏布江西南部）。

国外分布：不丹、缅甸、印度。

引证文献：

Hodgson BH. 1850. On the takin of the eastern Himalaya: *Budorcas taxicolor* mihi. Journal of Asiatic Society of Bengal, Calcutta, 19: 65-75.

Gray JE. 1852. Catalogue of the specimens of Mammalia in the collection of the British Museum. Part III. Ungulata Furcipedia. London: Printed by order of the Trustees: 1-286.

Lydekker R. 1907a. The game animals of India, Burma, Malays and China (Tibet); being a new and revised edition of "The great and small game of India, Burma, and China (Tibet)." by R. Lydekker. London: Rowland Ward Ltd.: 1-408.

Lydekker R. 1907b. The Bhutan takin. London: Field, 110: 887.

Lydekker R. 1909. The Sze-chuen and Bhutan takins. Proceedings of the Zoological Society of London, 1908: 795-802.

吴家炎. 1981. 西藏羚牛调查. 动物学杂志, 16(4): 16-19.

吴家炎, 牛勇. 1981. 我国兽类新纪录——不丹羚牛. 动物分类学报, 6(1): 103.

吴家炎. 1986. 中国羚牛分类、分布的研究. 动物学研究, 7(2):167-175.

Neas JF, Hoffmann RS. 1987. *Budorcas taxicolor*. Mammalian Species, 277: 1-7.

Li M, Wei FW, Groves P, Feng ZJ, Hu JC. 2003. Genetic structure and phylogeography of the takin (*Budrocas taxicolor*) as inferred from mitochondrial DNA sequences. Canadian Journal of Zoology, 81: 462-468.

Yang L, Wei FW, Zhan XJ, Fan HZ, Zhao PP, Huang GP, Chang J, Lei YH, Hu YB. 2022. Evolutionary conservation genomics reveals recent speciation and local adaptation in threatened takins. Molecular Biology and Evolution, 39(6): msac111.

568. 中华扭角羚 *Budorcas tibetana* Milne-Edwards, 1874

英文名：Chinese Takin

曾用名：羚牛、牛羚

地方名：野牛、盘羊

模式产地：四川宝兴

同物异名及分类引证：

Budorcas taxicolor tibetana Milne-Edwards, 1874

Budorcas tibetanus Lydekker, 1909

Budorcas bedfordi Thomas, 1911

Budorcas tibetana (Milne-Edwards, 1874) Yang *et al.*, 2022

亚种分化：全世界有 2 个亚种，中国均有分布。

四川亚种 *B. t. tibetana* Milne-Edwards, 1874，模式产地：四川宝兴；

秦岭亚种 *B. t. bedfordi* Thomas, 1911，模式产地：陕西太白山。

国内分布：中国特有，四川亚种分布于四川、甘肃南部、陕西西南部；秦岭亚种分布于陕西南部，偶见于湖北西北部。

国外分布：无

引证文献：

Milne-Edwards H. 1868-1874. Recherches pour servir à l'histoire naturelle des mammifères, comprenant des considèrations sur la classification de ces animaux, par M. H. Milne Edwards, des observations sur l'hippopotame de Liberia et des études sur la faune de la Chine, par M. Alphonse Milne Edwards. Paris: C. Masson: 1-394.

Lydekker R. 1909. The Sze-chuen and Bhutan takins. Proceedings of the Zoological Society of London, 1908: 795-802.

Thomas O. 1911. Abstract on mammals collected in southern Shen-si. Proceedings of the Zoological Society of London, 1911: 26-27.

Thomas O. 1911. The Duke of Bedford's zoological exploration of Eastern Asia.—XIV. On mammals from southern Shen-si, Central China. Proceedings of Zoological Society of London, 81(3): 687-695.

吴家炎. 1986. 中国羚牛分类、分布的研究. 动物学研究, 7(2):167-175.

Neas JF, Hoffmann RS. 1987. *Budorcas taxicolor*. Mammalian Species, 277: 1-7.

Li M, Wei FW, Groves P, Feng ZJ, Hu JC. 2003. Genetic structure and phylogeography of the takin (*Budrocas taxicolor*) as inferred from mitochondrial DNA sequences. Canadian Journal of Zoology, 81: 462-468.

Yang L, Wei FW, Zhan XJ, Fan HZ, Zhao PP, Huang GP, Chang J, Lei YH, Hu YB. 2022. Evolutionary conservation genomics reveals recent speciation and local adaptation in threatened takins. Molecular Biology and Evolution, 39(6): msac111.

羊属 *Capra* Linnaeus, 1758

569. 北山羊 *Capra sibirica* (Pallas, 1776)

英文名：Siberian Ibex, Asiatic Ibex, Himalayan Ibex

曾用名：羱羊、西伯利亚北山羊

地方名：野山羊、野羊、悬羊、山羊

模式产地：俄罗斯西伯利亚贝加尔湖以西

同物异名及分类引证：

Capra sibiricus Pallas, 1776

Ibex sibiricus Pallas, 1776

Capra sibirica Meyer, 1794

Capra pallasii Schinz, 1838

Capra himalayanus Hodgson, 1841

Capra sakeen Blyth, 1842

Aegoceros skyn Wagner, 1844

Capra sibirica typica Lydekker, 1898

Capra altaiana Noack, 1902

Capra sibirica hagenbecki Noack, 1903

Capra sibirica formozovi Tsalkin, 1949

亚种分化：全世界有 5 个亚种，中国有 4 个亚种。

指名亚种 *C. s. sibirica* (Pallas, 1776)，模式产地：俄罗斯西伯利亚贝加尔湖以西；

中亚亚种 *C. s. alaiana* Noack, 1902，模式产地：吉尔吉斯斯坦阿赖山中部；

蒙古亚种 *C. s. hagenbecki* Noack, 1903，模式产地：蒙古戈壁阿尔泰省；

昆仑亚种 *C. s. dementievi* Tsalkin, 1949，模式产地：新疆昆仑山。

国内分布：指名亚种分布于新疆北部；中亚亚种分布于新疆西部；蒙古亚种分布于内蒙
古、甘肃、新疆东北部；昆仑亚种分布于新疆（昆仑山东段）。

国外分布：阿富汗、巴基斯坦、哈萨克斯坦、吉尔吉斯斯坦、蒙古、塔吉克斯坦、乌兹
别克斯坦、印度、俄罗斯。

引证文献：

Pallas PS. 1776. *Alpium sibiricarum*. Spicilegia zoologica, quibus novae imprimis et obscurae animalium species iconibus, descriptionibus atque commentariis illustrantur, 11: 311-357.

Blyth E. 1842. A monograph of the species of wild goats. Journal of the Asiatic Society of Bengal, 11: 283.

Wagner JA. 1844. Schreber Ch. D. von. Die Säugethiere in Abbildungen nach der Natur, mit Beschreibungen (J. C. I.), supplement band, Leipzig, Germany 4: xii+1-523.

Lydekker R. 1898. Wild oxen, sheep, and goats of all lands, living and extinct. London: Rowland Ward, Limited.

Lydekker R. 1900. The great and small game of India, Burma and China (Tibet). London: Rowland Ward, Limited.

Noack T. 1902. Centralasiatische steinbocke. Zoologischer Anzeiger, 25: 622-626, 629.

Noack T. 1903. Steinbocke des altaigebietes. Zoologischer Anzeiger, 26: 377-390.

Tsalkin VI. 1949. The taxonomy of Siberian ibex. Bulletin of the Moscow Society of the Naturalists, 54(2): 3-21.

Fedosenko AK, Blank DA. 2001. *Capra sibirica*. Mammalian Species, 675: 1-13.

Kazanskaya EY, Kuznetsova MV, Danilkin AA. 2007. Phylogenetic reconstructions in the genus *Capra* (Bovidea, Artiodactyla) based on the mitochondrial DNA analysis. Russian Journal of Genetics, 43(2): 181-189.

朱新胜, 汪沐阳, 杨维康, Blank D. 2015. 北山羊生态生物学研究现状. 生态学杂志, 34(12): 3553-3559.

鬣羚属 *Capricornis* Ogilby, 1837

570. 中华鬣羚 *Capricornis milneedwardsii* David, 1869

英文名：Chinese Serow, Southwest China Serow, White-maned Serow, Mainland Serow

曾用名：甘南鬣羚、苏门羚

地方名：鬣羚、山驴、四不像、野山羊

模式产地：四川宝兴

同物异名及分类引证：

Capricornis sumatraensis milneedwardsii David, 1869

亚种分化：全世界有 2 个亚种，中国均有分布。

指名亚种 *C. m. milneedwardsii* David, 1869，模式产地：四川宝兴；

华东亚种 *C. m. argyrochaetes* Heude, 1888，模式产地：浙江诸暨。

国内分布：指名亚种分布于甘肃、青海、陕西、重庆、四川、西藏、云南、湖北；华东亚种分布于重庆南部、贵州、安徽、福建、江西、浙江、广东、广西。

国外分布：柬埔寨、老挝、缅甸、泰国、越南。

引证文献：

David A. 1869. Nouvelles Archives du Muséum de l'histoire naturelle, Paris, 5 Bull.: 10.

Mori E, Nerva L, Lovari S. 2019. Reclassification of the serows and gorals: the end of a neverending story? Mammal Review, 49(3): 256-262.

571. 红鬣羚 *Capricornis rubidus* Blyth, 1863

英文名：Red Serow

曾用名：赤鬣羚

地方名：鬣羚、山驴

模式产地：缅甸（"Arakan Hills"）

同物异名及分类引证：

Capricornis sumatraensis rubidus Blyth, 1863

亚种分化：无

国内分布：云南西部。

国外分布：缅甸。

引证文献：

Blyth E. 1863. Catalogue of the Mammalia in the Museum Asiatic Society. Calcutta [India]: Savielle & Cranenburgh: 174.

Li F, Huang XY, Zhang XC, Zhao XX, Yang JH, Chan BPL. 2019. Mammals of Tengchong section of Gaoligongshan National Nature Reserve in Yunnan Province, China. Journal of Threatened Taxa, 11(11): 14402-14414.

Mori E, Nerva L, Lovari S. 2019. Reclassification of the serows and gorals: the end of a neverending story? Mammal Review, 49(3): 256-262.

572. 台湾鬣羚 *Capricornis swinhoei* (Gray, 1862)

英文名：Taiwan Serow, Formosan Serow

曾用名：无

地方名：长鬣山羊、台湾长鬣山羊、台湾野山羊

模式产地：台湾

同物异名及分类引证：

Naemorhedus swinhoei Gray, 1862

亚种分化：无

国内分布：中国特有，分布于台湾。

国外分布：无

引证文献：

Gray JE. 1862. Notice of a new "Wild Goat" (*Capricornus swinhoei*) from the Island of Formosa. The Annals and Magazine of Natural History, Ser. 3, 10(58): 320.

Mori E, Nerva L, Lovari S. 2019. Reclassification of the serows and gorals: the end of a neverending story? Mammal Review, 49(3): 256-262.

573. 喜马拉雅鬣羚 *Capricornis thar* Hodgson, 1831

英文名：Himalayan Serow

曾用名：苏门羚

地方名：鬣羚、山驴

模式产地：尼泊尔

同物异名及分类引证：

Capricornis sumatraensis thar Hodgson, 1831

亚种分化：无

国内分布：西藏南部。

国外分布：不丹、孟加拉国、缅甸、尼泊尔、印度。

引证文献：

Hodgson BH. 1831. Gleanings in Science, 3: 324.

Mori E, Nerva L, Lovari S. 2019. Reclassification of the serows and gorals: the end of a neverending story? Mammal Review, 49(3): 256-262.

塔尔羊属 *Hemitragus* Hodgson, 1841

574. 塔尔羊 *Hemitragus jemlahicus* (Smith, 1826)

英文名：Himalayan Tahr

曾用名：喜马拉雅塔尔羊

地方名：野山羊、长毛羊

模式产地：尼泊尔（"Jumla"）

同物异名及分类引证：

Capra jemlahica Smith, 1826

亚种分化：无

国内分布：西藏。

国外分布：尼泊尔、印度。

引证文献：

Smith H. 1826. The jemlah goat. In: Griffith E, *et al.* 1827. The animal kingdom: arranged in conformity with its organization (Vol. 4). London: printed for Geo. B. Whittaker: 308-310.

Pohle H. 1944. *Hemitragus jemlahicus schaeferi* sp. n., die östliche Form des Thars. Zoologischer Anzeiger, 144(9/10): 184-191.

Andrews JRH, Christie AHC. 1964. Introduced ungulates in New Zealand: (a) Himalayan Tahr. Tuatara: Journal of the Biological Society, 12(2): 69-77.

北京自然博物馆动物组, 青海省生物研究所脊椎动物组. 1977. 我国兽类新纪录——喜马拉雅塔尔羊. 动物学报, 23(1): 116.

斑羚属 *Naemorhedus* Smith, 1827

575. 赤斑羚 *Naemorhedus baileyi* Pocock, 1914

英文名：Red Goral

曾用名：红斑羚

地方名：红山羊、山羊、红青羊

模式产地：西藏波密（"Yigrong Lake"）

同物异名及分类引证：

Nemorhaedus baileyi Pocock, 1914

Naemorhedus cranbrooki Hayman, 1961

亚种分化：无

国内分布：西藏东南部、云南西北部。

国外分布：缅甸、印度。

引证文献：

Pocock RI. 1914. Description of a new species of goral (*Nemorhaedus*) shot by Captain F. M. Bailey. The Journal of the Bombay Natural History Society, 23: 32-33.

Mori E, Nerva L, Lovari S. 2019. Reclassification of the serows and gorals: the end of a neverending story? Mammal Review, 49(3): 256-262.

576. 长尾斑羚 *Naemorhedus caudatus* (Milne-Edwards, 1867)

英文名：Long-tailed Goral, Chinese Gray Goral, Gray Chinese Goral

曾用名：斑羚

地方名：西伯利亚斑羚、华北山羚、山羊

模式产地：黑龙江

同物异名及分类引证：

Antilope caudata Milne-Edwards, 1867

Antilope caudatus Milne-Edwards, 1867

Kemas raddeanus Heude, 1894

亚种分化：无

国内分布：黑龙江、吉林。

国外分布：朝鲜、韩国、俄罗斯。

引证文献：

Milne-Edwards A. 1867. Observations sur quelques mammifères du nord de la Chine. Annales des sciences naturelles. Zoologie et Biologie Animale, 7(5): 375-377.

Mori E, Nerva L, Lovari S. 2019. Reclassification of the serows and gorals: the end of a neverending story? Mammal Review, 49(3): 256-262.

577. 缅甸斑羚 *Naemorhedus evansi* (Lydekker, 1905)

英文名：Burmese Goral

曾用名：斑羚

地方名：山羊、华南山羚、斑羚

模式产地：缅甸若开邦

同物异名及分类引证：

Urotragus evansi Lydekker, 1905

亚种分化：无

国内分布：云南（西双版纳）。

国外分布：缅甸、泰国。

引证文献：

Lydekker R. 1905a. The gorals of India and Burma. Zoologist, 9: 81-84.

Lydekker R. 1905b. Two rare ruminants. London: Field, 106: 83.

Lydekker R. 1907. The game animals of India, Burma, Malaya, and China (Tibet). London: Rowland Ward, Limited: 1-408.

Lydekker R. 1913. Artiodactyla, Family Bovidae, Subfamilies Bovinae to Ovibovinae (cattle, sheep, goats, chamois, serows, takin, musk-oxen, etc.). Vol. 1 of Catalogue of the ungulate mammals in the British Museum. London: British Museum (Natural History).

Mead JI. 1989. *Nemorhaedus goral*. Mammalian Species, 335: 1-5.

Mori E, Nerva L, Lovari S. 2019. Reclassification of the serows and gorals: the end of a neverending story? Mammal Review, 49(3): 256-262.

Li GG, Sun N, Swa K, Zhang MX, Lwin YH, Quan RC. 2020. Phylogenetic reassessment of gorals with new evidence from northern Myanmar reveals five distinct species. Mammal Review, 50(4): 325-330.

578. 喜马拉雅斑羚 *Naemorhedus goral* (Hardwicke, 1825)

英文名：Himalayan Goral, Goral

曾用名：斑羚、喜马拉雅棕斑羚、喜马拉雅灰斑羚

地方名：山羊

模式产地：喜马拉雅山区（尼泊尔一侧）

同物异名及分类引证：

Antilope goral Hardwicke, 1825

Nemorhaedus goral (Hardwicke, 1825)

Urogragus bedfordi Lydekker, 1905

Naemorhedus caudatus hodgsoni Pocock, 1908

Naemorhedus hodgsoni Pocock, 1908

亚种分化：全世界有 2 个亚种，中国有 1 个亚种。

指名亚种 *N. g. goral* (Hardwicke, 1825)，模式产地：尼泊尔。

国内分布：指名亚种分布于西藏南部。

国外分布：巴基斯坦、不丹、尼泊尔、印度。

引证文献：

Hardwicke T. 1825. Descriptions of two species of antelope from India. Transactions of the Linnean Society of London, 14: 518-520.

Lydekker R. 1905. Two rare ruminants. London: Field, 106: 83.

Lydekker R. 1907. The game animals of India, Burma, Malaya, and China (Tibet); being a new and revised edition of "The great and small game of India, Burma, and China (Tibet)." London: Rowland Ward, Limited: 1-408.

Pocock RI. 1908. Notes upon some species and geographical races of serows (*Capricornis*) and gorals (*Naemorhedus*), based upon specimens exhibited in the society's gardens. Proceedings of the Zoological Society of London, 1908: 173-202.

Mead JI. 1989. *Nemorhaedus goral*. Mammalian Species, 335: 1-5.

Mori E, Nerva L, Lovari S. 2019. Reclassification of the serows and gorals: the end of a neverending story? Mammal Review, 49(3): 256-262.

579. 中华斑羚 *Naemorhedus griseus* (Milne-Edwards, 1871)

英文名：Chinese Goral

曾用名：川西斑羚

地方名：崖羊、山羊、华南山羚

模式产地：四川宝兴

同物异名及分类引证：

Naemorhedus caudatus griseus (Milne-Edwards, 1871)

Nemorhaedus griseus Milne-Edwards, 1871

Antilope cinerea Milne-Edwards, 1874

Kemas arnouxianus Heude, 1888

Kemas henryanus Henry, 1890

Kemas aldridgeanus Heude, 1894

Kemas curvicornis Heude, 1894

Kemas fantozatianus Heude, 1894

Kemas fargesianus Heude, 1894

Kemas galeanus Heude, 1894

Kemas initialis Heude, 1894

Kemas iodinus Heude, 1894

Kemas niger Heude, 1894

Kemas pinchonianus Heude, 1894

Kemas versicolor Heude, 1894

Kemas vidianus Heude, 1894

Kemas xanthodeiros Heude, 1894

亚种分化：全世界有 2 个亚种，中国均有分布。

指名亚种 *N. g. griseus* (Milne-Edwards, 1871)，模式产地：四川宝兴；

华东亚种 *N. g. arnouxianus* (Heude, 1888)，模式产地：浙江。

国内分布：指名亚种分布于甘肃、陕西、重庆、贵州、四川、西藏、云南、湖北、湖南；华东亚种分布于北京、河北、内蒙古、山西、河南、湖北东部、安徽、福建、江西、浙江、广东、广西。

国外分布：缅甸、泰国、印度、越南。

引证文献：

Milne-Edwards A. 1868-1874. Recherches pour server à l'histoire naturelle des mammifères: comprenant des considérations sur la classification de ces animaux. Paris: G. Masson.

Milne-Edwards A. 1871. Nouvelles Archives du Muséum de l'histoire naturelle, Paris, Bull., 7: 93.

Heude PM. 1888. Etudes sur les suilliens de l'Asie orientale. Mémoires Concernant l'Histoire Naturelle de l'Empire Chinois, 2: 52-64.

Henry A. 1890. Notes on two mountain-antelopes of central China. Proceedings of the Zoological Society of London, 8: 93-94.

Heude PM. 1894. Notes sur le genre *Kemas* (Ogilby, 1836). Mémoires Concernant l'Histoire Naturelle de l'Empire Chinois, 2: 234-245.

Mead JI. 1989. *Nemorhaedus goral*. Mammalian Species, 335: 1-5.

Mori E, Nerva L, Lovari S. 2019. Reclassification of the serows and gorals: the end of a neverending story? Mammal Review, 49(3): 256-262.

盘羊属 *Ovis* Linnaeus, 1758

580. 盘羊 *Ovis ammon* (Linnaeus, 1758)

英文名：Argali, Wild Sheep

曾用名：无

地方名：野羊、大角羊、山羊

模式产地：不详（可能在阿尔泰山南部）

同物异名及分类引证：

Capra ammon Linnaeus, 1758

Ovis ammon Erxleben, 1777

Ovis hodgsoni Blyth, 1841

Ovis collium Severtzov, 1873

Ovis karelini Severtzov, 1873

Ovis jubata Peters, 1876

Ovis darwini Przewalski, 1883

亚种分化：全世界有 10 个亚种，中国有 7 个亚种。

指名亚种 *O. a. ammon* (Linnaeus, 1758)，即阿尔泰盘羊，模式产地：不详（可能在阿尔泰山南部）；

西藏亚种 *O. a. hodgsoni* Blyth, 1841，即西藏盘羊，模式产地：西藏南部；

帕米尔亚种 *O. a. polii* Blyth, 1841，即帕米尔盘羊，模式产地：帕米尔高原；

中亚亚种 *O. a. collium* Severtzov, 1873，即哈萨克盘羊，模式产地：哈萨克斯坦巴尔喀什湖以北；

天山亚种 *O. a. karelini* Severtzov, 1873，即天山盘羊，模式产地："Alatau of Semirechyia, Russia"；

华北亚种 *O. a. jubata* Peters, 1876，即雅布赖盘羊，模式产地：华北地区；

内蒙古亚种 *O. a. darwini* Przewalski, 1883，即戈壁盘羊，模式产地：蒙古戈壁南部。

国内分布：指名亚种分布于新疆（阿尔泰山）；西藏亚种分布于甘肃西南部、青海、四川西部、西藏；帕米尔亚种分布于新疆（帕米尔高原）；中亚亚种分布于新疆西北部；天山亚种分布于新疆（天山）；华北亚种分布于内蒙古中部；内蒙古亚种分布于内蒙古北部、甘肃西北部、新疆北部。

国外分布：阿富汗、巴基斯坦、哈萨克斯坦、吉尔吉斯斯坦、蒙古、尼泊尔、塔吉克斯坦、乌兹别克斯坦、印度、俄罗斯。

引证文献：

Linnaeus C. 1758. Systema naturae per regna tria naturae: secundum classes, ordines, genera, species, cum characteribus, differentiis, synonymis, locis. 10th Ed. Tomus I. Holmiae: Impensis Direct. Laurentii Salvii.

Blyth E. 1840. A summary monograph of the species of the genus *Ovis*. Proceedings of the Zoological Society of London, 8: 12-13, 62-81.

Blyth E. 1841a. A monograph of the species of wild sheep. Journal of the Asiatic Society of Bengal, 10(2): 858-888.

Blyth E. 1841b. *Ovis ammon polii*. The Annals and Magazine of Natural History, Ser. 1, 7: 195-197.

Peters WCN. 1876. Über ein neues Argali-Schaf, *Ovis jubata*, aus dem oestlichen Teile der Mongolei, im Norden von Peking. Monatsberichte der Koniglich Preussischen Akademie der Wissenschaften zu Berlin,March: 177-189.

Przewalski NM. 1883. From Zaisan through Khami to Tibet and the upper reaches of the Yellow River. Third journey in the Central Asia (1879-1880). St. Petersburg: Imperal Russian Geographic Society.

Geist V. 1991. On the taxonomy of giant sheep (*Ovis ammon* Linnaeus, 1766). Canadian Journal of Zoology, 69(3): 706-723.

赵疆宁, 高行宜, 周永恒. 1991. 中国盘羊的分布. 八一农学院学报, 14(3): 63-67.

Fedosenko AK, Blank DA. 2005. *Ovis ammon*. Mammalian Species, 773: 1-15.

余玉群, 姬明周, 刘楚光, 李克长, 郭松涛. 2008. 中国盘羊的地理分布和历史变迁. 生物多样性, 16(2): 197-204.

藏羚属 *Pantholops* Hodgson, 1834

581. 藏羚 *Pantholops hodgsonii* (Abel, 1826)

英文名：Tibetan Antelope, Chiru

曾用名：藏羚羊

地方名：羚羊、长角羊

模式产地：西藏定日

同物异名及分类引证：

Antilope hodgsonii Abel, 1826

Antilope chiru Lesson, 1827

Antilope kemas Hamilton-Smith, 1827

Antilope (*Pantholops*) *hodgsonii* Hodgson, 1834

Kemas hodgsoni Gray, 1843

亚种分化：无

国内分布：青海、新疆、西藏。

国外分布：南亚（查谟和克什米尔地区）。

引证文献：

Abel C. 1826. On the supposed unicorn of the Himalayas. Philosophical Magazine and Journal, 68: 232-234.

Hamilton-Smith C. 1827. The class Mammalis. Supplement to the order Ruminantia. In: Griffith E, Hamilton-Smith C, Pidgeon E. The animal kingdom, arranged in conformity with its organization, by the Baron Cuvier, with additional descriptions of all the species hitherto named, and of many not before noticed. Vol. IV. London: Whittaker GB: 196-200.

Lesson RP. 1827. Manuel de mammalogie, ou histoire naturelle des mammiferes. Paris: J. B. Bailliere.

Hodgson BH. 1833. Further illustrations of the *Antilope hodgsonii*, Abel. Proceedings of the Zoological Society of London, 1: 110-111.

Hodgson BH. 1834. Letter on various zoological subjects, with additional observations on the chiru antelope (*Antilope hodgsonii*, Abel). Proceedings of the Zoological Society of London, 2: 81-82.

Gray JE. 1843. List of the specimens of Mammalia in the collection of the British Museum. London: George Woodfall and Son.

Chisholm H. 1911. Chiru. Encyclopædia Britannica. 6. 11th Ed. Cambridge University Press: 247.

Leslie DM Jr, Schaller GB. 2008. *Pantholops hodgsonii* (Artiodactyla: Bovidae). Mammalian Species, 817: 1-13.

岩羊属 *Pseudois* Hodgson, 1846

582. 岩羊 *Pseudois nayaur* (Hodgson, 1833)

英文名：Blue Sheep, Bharal

曾用名：无

地方名：青羊、石羊、盘羊、野羊、崖羊

模式产地：尼泊尔北部

同物异名及分类引证：

Ovis nayaur Hodgson, 1833

Ovis nahoor Hodgson, 1835

Ovis burrhel Blyth, 1840

Ovis nahura Gray, 1843

Ovis barhal Hodgson, 1846

Ovis burhel Gray, 1863

Pseudois nayaur schaeferi Haltenorth, 1963

Pseudois schaeferi Haltenorth, 1963

亚种分化：全世界有 2 个亚种，中国均有分布。

指名亚种 *P. n. nayaur* (Hodgson, 1833)，模式产地：尼泊尔北部；

四川亚种 *P. n. szechuanensis* Rothschild, 1922，模式产地：四川。

国内分布：指名亚种分布于西藏南部；四川亚种分布于内蒙古、甘肃、宁夏、青海、新疆、四川、西藏、云南。

国外分布：巴基斯坦、不丹、缅甸、尼泊尔、印度。

引证文献：

Hodgson BH. 1833. The nayaur wild sheep—*Ovis nayaur*. Journal of the Asiatic Society of Bengal, 18: 135-138.

Hodgson BH. 1835. On the characters of the *Jharal* (*Capra jharal*, Hodgs.) and of the *Nahoor* (*Ovis nahoor*, Hodgs.), with observations on the distinction between the genera *Capra* and *Ovis*. Proceedings of the Zoological Society of London, 1834: 107-109.

Blyth E. 1840. On the species of the genus *Ovis*. Proceedings of the Zoological Society of London, 8: 62-81.

Gray JE. 1843. List of the specimens of Mammalia in the collection of the British Museum. London: British Museum (Natural History): 1-216.

Hodgson BH. 1846. Description of a new species of Tibetan antelope, with plates. Journal of the Asiatic Society of Bengal, Calcutta, 15: 334-343.

Gray JE. 1863. Catalog of the specimens and drawings of mammals, birds, reptiles, and fishes of Nepal and China (Tibet) presented by B. H. Hodgson, Esq., to the British Museum. 2nd Ed. London: British Museum (Natural History): 1-90.

Haltenorth T. 1963. Klassifikation der Säugetiere: Artiodactyla I. Handbuch der Zoologie, 8(32): 1-167.

Wang XM, Hoffman RS. 1987. *Pseudois nayaur* and *Pseudois schaeferi*. Mammalian Species, 278: 1-6.

曹丽荣, 王小明, 方盛国. 2003. 从细胞色素 *b* 基因全序列差异分析岩羊和矮岩羊的系统进化关系. 动物学报, 49(2): 198-204.

周材权, 周开亚, 胡锦矗. 2003. 从线粒体细胞色素 *b* 基因探讨矮岩羊物种地位的有效性. 动物学报, 49(5): 578-584.

Zeng B, Xu L, Yue BS, Li ZJ, Zou FD. 2008. Molecular phylogeography and genetic differentiation of blue sheep *Pseudois nayaur szechuanensis* and *Pseudois schaeferi* in China. Molecular Phylogenetics and Evolution, 48(2): 387-395.

Tan S, Zou DD, Tang L, Wang GC, Peng QK, Zeng B, Zhang C, Zou FD. 2012. Molecular evidence for the subspecfic differentiation of blue sheep (*Pseudois nayaur*) and polyphyletic origin of dwarf blue sheep (*Pseudois schaeferi*). Genetica, 140(4-6): 159-167.

朱睦楠, 周材权, 何娅, 黄燕, 路迪, 曾小华. 2014. 基于线粒体 Cyt *b* 和核基因 *zfy* 探讨羊族物种之间的系统发生关系. 兽类学报, 34(4): 366-373.

谭帅, 彭锐, 彭确昆, 邹方东. 2016. 基于 dna 条形码和微卫星标记分析矮岩羊的进化地位. 四川动物, 35(5): 654-659.

麝科 Moschidae Gray, 1821

麝属 *Moschus* Linnaeus, 1758

583. 安徽麝 *Moschus anhuiensis* Wang *et al.*, 1982

英文名：Anhui Musk Deer

曾用名：无

地方名：獐子

模式产地：安徽金寨长岭

同物异名及分类引证：

Moschus berezovskii anhuiensis Wang *et al.*, 1982

Moschus moschiferus anhuiensis Wang *et al.*, 1982

亚种分化：无

国内分布：中国特有，分布于安徽、河南、湖北。

国外分布：无

引证文献：

王岐山, 胡小龙, 颜于宏. 1982. 我国原麝一新亚种——安徽亚种. 兽类学报, 2(2): 133-138.

Groves CP, 冯祚建. 1986. 安徽省麝的分类地位. 兽类学报, 6(2): 105-106.

李明, 李元广, 盛和林, 玉手英利, 增田隆一, 永田纯子, 大泰司纪之. 1999. 原麝安徽亚种分类地位的再研究. 科学通报, 44(2): 188-192.

章敬旗, 周友兵, 徐伟霞, 胡锦矗, 廖文波. 2004. 几种麝分类地位的探讨. 西华师范大学学报(自然科学版), 25(3): 251-255.

文榕生. 2016. 历史上中国麝的分布变迁. 晋中学院学报, 33(5): 68-74.

584. 林麝 *Moschus berezovskii* Flerov, 1929

英文名：Forest Musk Deer, Chinese Forest Musk Deer

曾用名：无

地方名：獐子、林獐

模式产地：四川平武

同物异名及分类引证：

Moschus chrysogaster berezovskii Flerov, 1929

亚种分化：全世界有 4 个亚种，中国均有分布。

指名亚种 *M. b. berezovskii* Flerov, 1929，模式产地：四川平武；

高平亚种 *M. b. caobangis* Dao, 1969，模式产地：越南高平；

云贵亚种 *M. b. yunguiensis* Wang *et* Ma, 1993，模式产地：中国；

滇西北亚种 *M. b. bjiangensis* Wang *et* Li, 2003，模式产地：云南。

国内分布：指名亚种分布于青海、四川、西藏；高平亚种分布于云南、广东、广西；云贵亚种分布于贵州、云南、湖南、江西；滇西北亚种分布于云南西北部。分布于甘肃南部、宁夏、陕西南部、河南西部、湖北西部的秦巴居群的亚种分类地位待定。

国外分布：越南。

引证文献：

Flerov C. 1930. On the classification and the geographical distribution of the genus *Moschus* (Mammalia, Cervidae). AH CCCP, 31: 1-20.

Flerov C. 1952. Musk deer and deer. Fauna of USSR. Mammals. Vol. 1, No. 2. Moscow: Academy of Science of the USSR.

高耀亭. 1963. 中国麝的分类. 动物学报, 15(3): 479-488.

Groves CP, Wang YX, Grubb P. 1995. Taxonomy of musk-deer, genus *Moschus* (Moschidae, Mammalia). Acta Theriologica Sinica, 15(3): 181-197.

章敬旗, 周友兵, 徐伟霞, 胡锦矗, 廖文波. 2004. 几种麝分类地位的探讨. 西华师范大学学报(自然科学版), 25(3): 251-255.

Zhou YJ, Meng XX, Feng JC, Yang QS, Feng ZJ, Xia L, Bartoš L. 2004. Review of the distribution, status, and conservation of musk deer in China. Folia Zoologica, 53(2): 129-140.

文榕生. 2016. 历史上中国麝的分布变迁. 晋中学院学报, 33(5): 68-74.

585. 马麝 *Moschus chrysogaster* Hodgson, 1839

英文名：Alpine Musk Deer

曾用名：高山麝

地方名：马獐、草地獐

模式产地：喜马拉雅北部

同物异名及分类引证：

Moschus sifanicus Büchner, 1891

亚种分化：全世界有 2 个亚种，中国均有分布。

指名亚种 *M. c. chrysogaster* Hodgson, 1839，模式产地：喜马拉雅北部；

横断山亚种 *M. c. sifanicus* Büchner, 1891，模式产地：甘肃南部。

国内分布：指名亚种分布于西藏南部和东南部；横断山亚种分布于甘肃、宁夏、青海、四川、西藏东部、云南。

国外分布：不丹、尼泊尔、印度。

引证文献：

Hodgson BH. 1839. On three new species of musk (*Moschus*) inhabiting the Himalayan districts. Journal of the Asiatic Society of Bengal, 8: 202-203.

Hodgson BH. 1842. Notice of the mammals of Tibet, with descriptions and plates of some new species. Journal of the Asiatic Society of Bengal, 11(1): 275-289.

Büchner E. 1890. Wissenschaftliche Resultate der von N. M. Przewalski nach Central-Asien unternommenen Reisen auf Kosten einer von seiner Kaiserlichen Hoheit dem Grossfürsten Thronfolger Nikolai Alexandrowitsh gespendeten Summe herausgegeben von der Kaiserlichen Akademie der Wissenschaften

St. Petersburg. Zoologischer, Theil Band I. Säugethiere, V: 3-232.

Groves CP, Wang YX, Grubb P. 1995. Taxonomy of musk-deer, genus *Moschus* (Moschidae, Mammalia). Acta Theriologica Sinica, 15(3): 181-197.

章敬旗, 周友兵, 徐伟霞, 胡锦矗, 廖文波. 2004. 几种麝分类地位的探讨. 西华师范大学学报(自然科学版), 25(3): 251-255.

Zhou YJ, Meng XX, Feng JC, Yang QS, Feng ZJ, Xia L, Bartoš L. 2004. Review of the distribution, status, and conservation of musk deer in China. Folia Zoologica, 53(2): 129-140.

586. 黑麝 *Moschus fuscus* Li, 1981

英文名：Black Musk Deer, Dusky Musk Deer

曾用名：黑（褐）麝

地方名：黑獐子

模式产地：云南贡山

同物异名及分类引证：

Moschus chrysogaster fuscus Li, 1981

亚种分化：全世界有 2 个亚种，中国均有分布。

指名亚种 *M. f. fuscus* Li, 1981，模式产地：云南贡山；

碧罗雪山亚种 *M. f. biluoensis* Wang, 2003，模式产地：云南碧罗雪山。

国内分布：指名亚种分布于西藏东南部、云南（高黎贡山）；碧罗雪山亚种分布于云南（怒江与澜沧江之间的碧罗雪山）。分布于西藏珠穆朗玛峰地区的珠峰居群的亚种分类地位未定。

国外分布：不丹、缅甸东北部、尼泊尔。

引证文献：

李致祥. 1981. 中国麝一新种的记述. 动物学研究, 2(2): 157-161, 204.

Groves CP, Wang YX, Grubb P. 1995. Taxonomy of musk-deer, genus *Moschus* (Moschidae, Mammalia). Acta Theriologica Sinica, 15(3): 181-197.

Zhou YJ, Meng XX, Feng JC, Yang QS, Feng ZJ, Xia L, Bartoš L. 2004. Review of the distribution, status, and conservation of musk deer in China. Folia Zoologica, 53(2): 129-140.

587. 喜马拉雅麝 *Moschus leucogaster* Hodgson, 1839

英文名：Himalayan Musk Deer, White-bellied Musk Deer

曾用名：白腹麝

地方名：獐子、马麝、草地獐

模式产地：尼泊尔

同物异名及分类引证：

Moschus chrysogaster leucogaster Hodgson, 1839

Moschus saturatus Hodgson, 1839

亚种分化：无

国内分布：西藏。

国外分布：不丹、尼泊尔、印度。

引证文献：

Hodgson BH. 1839. On three new species of musk (*Moschus*) inhabiting the Himalayan districts. Journal of the Asiatic Society of Bengal, 8: 202-203.

Groves CP. 1976. The taxonomy of *Moschus* (Mammalia, Artiodactyla), with particular reference to the Indian region. The Journal of the Bombay Natural History Society, 72(3): 662-676.

蔡桂全, 冯祚建. 1981. 喜马拉雅麝在我国的发现及麝属的分类探讨. 动物分类学报, 6(1): 106-111.

文榕生. 2016. 历史上中国麝的分布变迁. 晋中学院学报, 33(5): 68-74.

588. 原麝 *Moschus moschiferus* Linnaeus, 1758

英文名：Siberian Musk Deer

曾用名：无

地方名：獐子、香獐

模式产地：阿尔泰山

同物异名及分类引证：

Moschus sibiricus Pallas, 1779

亚种分化：全世界有 3～5 个亚种，中国有 2 个亚种。

指名亚种 *M. m. moschiferus* Linnaeus, 1758，模式产地：阿尔泰山；

远东亚种 *M. m. parvipes* Hollister, 1911，模式产地：朝鲜。

国内分布：指名亚种分布于黑龙江、内蒙古（大兴安岭）、新疆（阿尔泰山）；远东亚种分布于黑龙江（小兴安岭）、吉林（长白山）、辽宁、北京、河北、山西、河南。

国外分布：朝鲜、哈萨克斯坦、韩国、蒙古、俄罗斯。

引证文献：

Linnaeus C. 1758. Systema naturae per regna tria naturae: secundum classes, ordines, genera, species, cum characteribus, differentiis, synonymis, locis. 10th Ed. Tomus I. Holmiae: Impensis Direct. Laurentii Salvii.

Groves CP, Wang YX, Grubb P. 1995. Taxonomy of musk-deer, genus *Moschus* (Moschidae, Mammalia). Acta Theriologica Sinica, 15(3): 181-197.

章敬旗, 周友兵, 徐伟霞, 胡锦矗, 廖文波. 2004. 几种麝分类地位的探讨. 西华师范大学学报(自然科学版), 25(3): 251-255.

Zhou YJ, Meng XX, Feng JC, Yang QS, Feng ZJ, Xia L, Bartoš L. 2004. Review of the distribution, status, and conservation of musk deer in China. Folia Zoologica, 53(2): 129-140.

鲸河马型亚目 Whippomorpha Waddell *et al.*, 1999

露脊鲸科 Balaenidae Gray, 1821

露脊鲸属 *Eubalaena* Gray, 1864

589. 北太平洋露脊鲸 *Eubalaena japonica* (Lacépède, 1818)

英文名：North Pacific Right Whale

曾用名：黑露脊鲸、露脊鲸、黑真鲸、脊美鲸、北真鲸、直背鲸、北露脊鲸

地方名：无

模式产地：日本

同物异名及分类引证：

Balaena lunulata Lacépède, 1818

Balaena antarctica Temminck, 1841

Balaenoptera antarctica Temminck, 1841

Balaena sieboldii Gray, 1864

Balaena aleoutiensis Van Beneden, 1865

Balaena cullamach Cope, 1868

Eubalaena sieboldii Gray, 1868

Balaena culammak Gray, 1870

Balaena australis Flower, 1885

Balaena alutiensis Beddard, 1900

Balaena cullamacha Beddard, 1900

Eubalaena glacialis sieboldii Tomilin, 1957

亚种分化：无

国内分布：黄海（辽宁大连海洋岛渔场）、东海、南海。

国外分布：北太平洋，包括阿拉斯加湾、阿留申群岛水域、白令海峡、鄂霍次克海、千岛群岛水域。

引证文献：

Lacépède BGE. 1818. Sur les Cétacées de mers voisines du Japon. Paris: Memoires du Museum d'Histoire Naturelle: 469-473.

Temminck CJ. 1841. Quatorzime monographie. Sur les genres taphien queue en fourreau queuecache et queue bivalve. In: Monographies de mammalogie ou description de quelques genres de mammifères, sont les espèces ont été observées dans les différens musées de l'Europe. Vol. 2. Paris: Dufour et D'Ocagne: 1-392.

Gray JE. 1864. Notes on the whalebone-whales; with a synopsis of the species. The Annals and Magazine of Natural History, Ser. 3, 14: 345-353.

Van Beneden PJ. 1865. Note sur les Cétacés. Bulletin de l'Académie Royale des Sciences, des Lettres et des Beaux-arts de Belgique, Ser. 2, 20: 851-854.

Cope ED. 1868. Description of *Ixacanthus coelospondylus*, *Balaenoptera pusilia*, *Agaphelus gibbosus*, and *Agaphelus glaucus*. Proceedings of the Academy of Natural Sciences of Philadelphia, 20: 225.

Gray JE. 1868. Synopsis of the species of whales and dolphins in the collection of the British Museum. London: B. Quaritch.

Gray JE. 1870. The geographical distribution of the Cetacea. The Annals and Magazine of Natural History, Ser. 4, 6: 202.

Flower WH. 1885. List of the specimens of Cetacea in the zoological department of the British Museum. London: Kessinger Legacy Reprints.

Beddard FE. 1900. A book of whales. London: John Murray: 133.

Tomilin AG. 1957. Mammals of eastern Europe and northern Asia. Vol. 9. Jerusalem: Israel Program for Scientific Translations: 75.

灰鲸科 Eschrichtiidae Ellerman *et* Morrison-Scott, 1951

灰鲸属 *Eschrichtius* Gray, 1864

590. 灰鲸 *Eschrichtius robustus* (Lilljeborg, 1861)

英文名：Gray Whale

曾用名：克鲸

地方名：无

模式产地：瑞典

同物异名及分类引证：

Balaenoptera robusta Lilljeborg, 1861

Agaphelus glaucus Cope, 1868

Rhachianectes glaucus Cope, 1869

Eschrichtius glaucus Maher, 1961

亚种分化：无

国内分布：渤海（山东北隍城岛海域）、黄海（辽宁大连大长山岛、庄河，山东烟台海域）、东海（福建晋江、平潭，浙江舟山群岛海域）、南海（广东大亚湾、徐闻，香港海域）。

国外分布：北太平洋。

引证文献：

Lilljeborg W. 1861. Öfversigt af de inom Skandinavien (Sverige och Norrige) anträffade Hvalartade Däggdjur. Norway, Sweden: Cetacea: 39-49.

Cope ED. 1868. Description of *Ixacanthus coelospondylus*, *Balaenoptera pusilia*, *Agaphelus gibbosus*, and *Agaphelus glaucus*. Proceedings of the Academy of Natural Sciences of Philadelphia, 20: 160-225.

Cope ED. 1869. Introductory note on the cetaceans of the western coast of North America by C. M. Scammon. Proceedings of the Academy of Natural Sciences of Philadelphia, 21: 13-32.

Maher WJ. 1961. Record of the California grey whale. Arctic, 13(4): 257-265.

须鲸科 Balaenopteridae Gray, 1864

须鲸属 *Balaenoptera* Lacépède, 1804

591. 小须鲸 *Balaenoptera acutorostrata* Lacépède, 1804

英文名：Common Minke Whale

曾用名：小鳁鲸、明克鲸、缟鳁鲸、尖嘴鲸

地方名：无

模式产地：法国瑟堡海域

同物异名及分类引证：

Balaena minima Rapp, 1837

Rorqualus minor Hamilton, 1837

Pterobalaena minor Eschricht, 1849

Pterobalaena minor bergensis Eschricht, 1849

Pterobalaena minor groenlandica Eschricht, 1849

Balaenoptera microcephala Gray, 1850

Pterobalaena nana Barkow, 1862

Pterobalaena nana pentadactyla Barkow, 1862

Pterobalaena nana tetradactyla Barkow, 1862

Pterobalaena pentadactyla Flower, 1865

Agaphelus gibbosus Cope, 1868

Balaena gibbosa Cope, 1868

Balaenoptera davidsoni Scammon, 1872

Balaenoptera rostrata Van Beneden *et* Gervais, 1880

Balaena microcephala Tomilin, 1957

亚种分化：全世界有 2 个亚种，中国有 1 个亚种。

北太平洋亚种 *B. a. scammoni* Deméré, 1986，模式产地：美国华盛顿金钟湾。

国内分布：北太平洋亚种分布于渤海（辽宁大连蛇岛海域）、黄海（辽宁大连海洋岛、山东青岛、威海荣成、烟台芝罘岛海域）、东海（福建莆田、宁德霞浦，上海崇明岛，台湾台北、台东、台南、宜兰，浙江嵊泗列岛、杭州、宁波海域）、南海（广东惠州大亚湾、汕尾，广西北海，海南临高，香港海域）。

国外分布：北太平洋、北大西洋、北冰洋、南极水域。

引证文献：

Lacépède BGE. 1804. Histoire naturelle des cétacées. In: Buffon GLL. Histoire naturelle. Paris: Plasson, L'an XII de la République: 134-141.

Hamilton SC, Jardine W. 1837. The naturalist's library. Vol. 26. Edinburgh: W. H. Lizars: 125-141.

Rapp WL von. 1837. Die Cetaceen: zoologisch- anatomisch dargestellt. Stuttgart & Tübingen: J.G. Cotta'schen Buchhandlung: 52.

Eschricht DF. 1849. Undersögelser over hvaldyrene. Det Kongelige Danske Videnskabernes Selskabs Skrifter. Naturvidenskabelig og Mathematisk, Ser. 5, 1: 109.

Gray JE. 1850. Catalogue of the specimens of mammalia in the collection of the British Museum, Cetacea: 30. London: British Museum (Natural History): 32.

Barkow HCL. 1862. Das Leben der Walle in seiner Beziehung zum Athmen und zum Blutlauf. Nebst Bemerkungen über die Benennung der Finnwalle. Breslau: Hirt: 17.

Flower WH. 1865. Notes on the skeletons of whales in the principal museums of Holland and Belgium, with descriptions of two species apparently new to science. Proceedings of the Zoological Society of London, 32: 384-420.

Cope ED. 1868. On *Agaphelus*, a genus of toothless Cetacea. Proceedings of the Academy of Natural Sciences of Philadelphia, 20: 221-227.

Scammon CM. 1872. On a new species of Balænoptera. The Annals and Magazine of Natural History, Ser. 4, 10(60): 473.

Van Beneden PJ, Gervais P. 1880. Ostéographie des cétacés vivants et fossiles, comprenant la description et l'iconographie du squelette et du système dentaire de ces animaux, ainsi que des documents relatifs à leur histoire naturelle. Paris: A. Bertrand: 138-146.

Tomilin AG. 1957. Mammals of eastern Europe and northern Asia. Vol. 9. Jerusalem: Israel Program for Scientific Translations.

Deméré TA. 1986. The fossil whale, *Balaenoptera davidsonii* (Cope 1872), with a review of the other neogene species of *Balaenoptera* (Cetacea: Mysticeti). Marine Mammal Science, 2(4): 277-298.

592. 塞鲸 *Balaenoptera borealis* Lesson, 1828

英文名：Sei Whale

曾用名：鳁鲸、大须鲸、鳕鲸

地方名：无

模式产地：德国海域

同物异名及分类引证：

Balaenoptera arctica Temminck, 1841

Balaenoptera iwasi Gray, 1846

Balaenoptera laticeps Gray, 1846

Sibbaldius schlegelii Gray, 1864

Pterobalaena alba Giglioli, 1874

Balaenoptera schlegelii Van Beneden *et* Gervais, 1880

Belaenoptera schlegeli Lahille, 1899

Balaenoptera schlegellii Dabbene, 1902

Pterobalaena schlegeli Tomilin, 1957

Pterobalaena schlegeli alba Tomilin, 1957

亚种分化：全世界有 2 个亚种，中国有 1 个亚种。

指名亚种 *B. b. borealis* Lesson, 1828，模式产地：德国海域。

国内分布：指名亚种分布于黄海（江苏南通、盐城东台海域）、东海（福建厦门，台湾东海岸、苗栗、澎湖、屏东海域）、南海（海南儋州海域）。

国外分布：北太平洋、北大西洋和南半球水域。北印度洋缺少分布记录。

引证文献：

Lesson RP. 1828. Histoire naturelle générale et particulière des mammifères et des oiseaux découverts depuis 1788 jusqu'a nos jours. Paris: Chez Baudouin frères: 342-343.

Temminck CJ. 1841. Quatorzime monographie. Sur les genres taphien queue en fourreau queuecache et queue bivalve. In: Monographies de mammalogie ou description de quelques genres de mammifères sont les espèces ont été observées dans les différens musées de l'Europe. Vol. 2. Paris: Dufour et D'Ocagne: 1-392.

Gray JE. 1846. On the cetaceous animals. In: Richardson J, Gray JE, *et al*. The zoology of the Voyage of H.M.S. Erebus and Terror, under the Command of Captain Sir James Clark Ross, during the years 1839 to 1843. Vol. 1. Mammalia, Birds. London: E.W. Janson: 20.

Gray JE. 1864. Notes on the whalebone-whales; with a synopsis of the species. The Annals and Magazine of Natural History, Ser. 3, 14(83): 352.

Giglioli EH. 1874. I Cetacei osservati durante il viaggio in torno al globo dela R. pirocorvetta Magenta

1865-1868. Napoli: Stamperia Della Regia Università: 52.

Van Beneden PJ, Gervais P. 1880. Ostéographie des cétacés vivants et fossiles, comprenant la description et l'iconographie du squelette et du système dentaire de ces animaux, ainsi que des documents relatifs à leur histoire naturelle. Paris: A. Bertrand: 220-225.

Lahille F. 1899. Primera reunión del Congreso científico latino americano celebrada en Buenos Aires del 10 al 20 de abril de 1898 por iniciativa de la Sociedad científica argentina. Vol. 3. Buenos Aires: Compañia sud-americana de billetes de banco: 198.

Dabbene R. 1902. Fauna Magallánica: mamíferos y aves de la Tierra del Fuego e islas adyacentes. Anales del Museo Nacional de Buenos Aires, 8: 341-410.

Tomilin AG. 1957. Mammals of eastern Europe and northern Asia. Vol. 9. Jerusalem: Israel Program for Scientific Translations: 200.

593. 布氏鲸 *Balaenoptera edeni* Anderson, 1879

英文名：Bryde's Whale

曾用名：鳀鲸、拟大须鲸

地方名：祥竹（广东）

模式产地：缅甸海域

同物异名及分类引证：

Balaenoptera brydei Olsen, 1913

Baloenoptera brydei Cadenat, 1957

亚种分化：全世界有 2 个亚种，中国均有分布。

小型布氏鲸亚种 *B. e. edeni* Anderson, 1879，模式产地：缅甸海域；

大型布氏鲸亚种 *B. e. brydei* Olsen, 1913，模式产地：南非海域。

国内分布：小型布氏鲸亚种分布于黄海（江苏东台、启东海域）、东海（长江口水域，福建泉州惠安、宁德霞浦，台湾东海岸、金门、台南、台中、云林，浙江瑞安海域）、南海（澳门，广东海丰、惠阳、湛江，广西北海、防城港，海南海口、临高、三亚海域），2018 年在广西北海涠洲岛附近新发现小型布氏鲸亚种种群；大型布氏鲸亚种在台湾有分布，大陆仅在山东日照有一例死亡个体记录。

国外分布：太平洋、大西洋、印度洋，南北半球纬度不超过 40°的水域。

引证文献：

Anderson J. 1879. Anatomical and zoological researches: comprising an account of the zoological results of the two expeditions to western Yunnan in 1868 and 1875; and a monograph of the two cetacean genera, *Platanista* and *Orcella*. London: Bernard Quaritch, 15, Piccadilly, 1: 551-564.

Olsen O. 1913. On the external characters and biology of Bryde's whale *Baloenoptera brydei*, a new Rorqual from the coast of South Africa. Proceedings of the Zoological Society of London, 83(4): 1073-1090.

Cadenat J. 1957. Observations de Cétaces, siréniens, chéloniens et sauriens en 1955-1956. Bulletin de l'Institut Français d'Afrique Noire, 19A: 1358-1375.

Chen BY, Zhu L, Jefferson TA, Zhou KY, Yang G. 2019. Coastal Bryde's whales' (*Balaenoptera edeni*) foraging area near Weizhou Island in the Beibu Gulf. Aquatic Mammals, 45(3): 274-279.

594. 蓝鲸 *Balaenoptera musculus* (Linnaeus, 1758)

英文名：Blue Whale

曾用名：剃刀鲸、白长须鲸

地方名：无

模式产地：英国苏格兰福斯湾

同物异名及分类引证：

Balaena musculus Linnaeus, 1758

Balaenoptera jubartes Lacépède, 1804

Balaena borealis Fischer, 1829

Rorqualus boops F. Cuvier, 1836

Rorqualus borealis Hamilton, 1837

Physalus sibbaldii Gray, 1847

Balaenoptera gigas Reinhardt, 1857

Pterobalaena gigas Reinhardt, 1857

Balaenoptera indica Blyth, 1859

Sibbaldius borealis Gray, 1864

Physalus latirostris Flower, 1865

Balaenoptera carolinae Malm, 1866

Sibbaldius antarcticus Burmeister, 1866

Rorqualus major Knox, 1869

Balaenoptera sibbaldii Flower, 1885

Balaenoptera sibbaldi Van Beneden, 1887

Balaenoptera miramaris Lahille, 1899

Sibbaldius musculus Kellogg, 1929

亚种分化：全世界有 4 个亚种，中国有 1 个亚种。

指名亚种 *B. m. musculus* (Linnaeus, 1758)，模式产地：英国苏格兰福斯湾。

国内分布：指名亚种分布于黄海、东海、南海。

国外分布：除地中海、鄂霍次克海、白令海外，北太平洋、北大西洋、印度洋、南极海域均有分布。

引证文献：

Linnaeus C. 1758. Systema naturae per regna tria naturae: secundum classes, ordines, genera, species, cum characteribus, differentiis, synonymis, locis. 10th Ed. Tomus I. Holmiae: Impensis Direct. Laurentii Salvii: 76.

Lacépède BGE. 1804. Histoire naturelle des cétacées. In: Buffon GLL. Histoire naturelle. Paris: Plasson, L'an XII de la République: 120-125.

Fischer JB. 1829. Synopsis Mammalium. (Addenda, emendanda et index). Stuttgardtiae: J.G. Cottae: 524.

Cuvier F. 1836. Memoir on the genera of *Dipus* and *Gerbillus*. Proceedings of the Zoological Society of London, 4(1836): 141-142.

Hamilton R, Jardine W. 1837. The naturalist's library. Vol. 26. Edinburgh: W. H. Lizars: 125-141.

Gray JE. 1847. On the finner whales, with the description of a new species. Proceedings of the Zoological Society of London, 15: 88-93.

Reinhardt J. 1857. Fortegnelse over Grønlands Pattedyr, Fugle og Fiske. In: Reinhardt J, Schiødte JMC, Mørch OAL, Lütfen CF, Lange J, Rink H. Naturhistoriske Bidrag til en Beskrivelse af Grønland. Saerskilt aftryk af tillaeggene til 'Grønland, geographisk og statistisk beskrevet' af H. Rink. Kjøbenhavn: 3-27.

Blyth E. 1859. On the great rorqual of the Indian Ocean, with notices of other cetals, and of the Syrenia or marine pachyderms. Journal of the Asiatic Society of Bengal, 28: 481-498.

Gray JE. 1864. On the Cetacea which have been observed in the seas surrounding the British Islands. Proceedings of the Scientific Meetings of the Zoological Society of London, 1864(2): 195-248.

Flower WH. 1865. Notes on the skeletons of whales in the principal museums of Holland and Belgium, with descriptions of two species apparently new to science. Proceedings of the Zoological Society of London, 32(1864): 384-419.

Burmeister H. 1866. Preliminary account of a new Cetacean captured on the shore at Buenos Ayres. The Annals and Magazine of Natural History, Ser. 3, 17(98): 94-98.

Malm AW. 1866. Några blad om hvaldjur i allmänhet och *Balænoptera Carolinæ* i synnerhet. Göteborg: Handelstidningens bolags tryckeri: 44.

Knox FJ. 1869. *Rorqualus major*, and *R. minor*. Transactions and Proceedings of the New Zealand Institute, 2: 22-26.

Flower WH. 1885. List of the specimens of Cetacea in the zoological department of the British Museum. London: Printed by order of the Trustees: 6.

Van Beneden PJ. 1887. Catalogue of the fossil Mammalia in the British Museum (Natural History). Part 5. London: Printed by order of the Trustees: 34-36.

Lahille F. 1899. Ostéologie du baleinoptère de Miramar. Revista del Museo de La Plata. Sección Zoologia, 9: 79.

Kellogg R. 1929. What is known of the migrations of some of the whalebone whales. Smithsonian Institution Annual Report, 1928: 467-496.

595. 大村鲸 *Balaenoptera omurai* Wada, Oishi *et* Yamada, 2003

英文名：Omura's Whale

曾用名：角岛鲸

地方名：无

模式产地：日本海

同物异名及分类引证：无

亚种分化：无

国内分布：黄海、东海（福建东山岛、漳浦，上海吴淞口，台湾花莲、台南、桃园，浙江宁波、玉环海域）、南海。

国外分布：太平洋（菲律宾、马来西亚、日本、泰国、印度尼西亚、越南、澳大利亚、科科斯群岛、所罗门群岛海域）、大西洋（非洲西北部、南美洲东北部海域）、印度洋（波斯湾、红海、斯里兰卡海域）。

引证文献：

Wada S, Oishi M, Yamada TK. 2003. A newly discovered species of living baleen whale. Nature, 426(6964): 278-281.

Sasaki T, Nikaido M, Wada S, Yamada TK, Cao Y, Hasegawa M, Okada N. 2006. *Balaenoptera omurai* is a newly discovered baleen whale that represents an ancient evolutionary lineage. Molecular Phylogenetics and Evolution, 41: 40-52.

Li T, Wu H, Wu CW, Yang G, Chen BY. 2019. Molecular identification of stranded cetaceans in coastal China. Aquatic Mammals, 45(5): 525- 532.

596. 长须鲸 *Balaenoptera physalus* (Linnaeus, 1758)

英文名：Fin Whale

曾用名：鳍鲸、长簨鲸、长皱鲸

地方名：无

模式产地：欧洲海

同物异名及分类引证：

Balaena boops Linnaeus, 1758

Balaena physalus Linnaeus, 1758

Balaena mysticetus major Kerr, 1792

Balaena physalis Kerr, 1792

Balaenoptera gibbar Lacépède, 1804

Balaenoptera rorqual Lacépède, 1804

Balaena sulcata Neill, 1811

Balaenoptera mediterraneensis Lesson, 1828

Physalis vulgaris Fleming, 1828

Physalus verus Billberg, 1828

Balaena antiquorum Fischer, 1829

Balaena quoyi Fischer, 1829

Rorqualus musculus Cuvier, 1836

Balaenoptera sulcata arctica Schlegel, 1841

Balaenoptera antarctica Gray, 1846

Balaenoptera australis Gray, 1846

Balaenoptera brasiliensis Gray, 1846

Physalus antarcticus Gray, 1850

Physalus australis Gray, 1850

Physalus brasiliensis Gray, 1850

Physalus fasciatus Gray, 1850

Pterobalaena communis Van Beneden, 1857

Benedenia knoxii Gray, 1864

Balaenoptera patachonicus Burmeister, 1865

Balaenoptera swinhoii Gray, 1866

Physalus patachonicus Burmeister, 1866

Swinhoia chinensis Gray, 1868

Balaenoptera velifera Cope, 1869

Sibbaldius tectirostris Cope, 1869

Sibbaldius tuberosus Cope, 1869

Balaenoptera blythii Anderson, 1879

Balaenoptera musculus Van Beneden *et* Gervais, 1880

Balaenoptera velifera copei Elliot, 1901

Balaenoptera patagonica Dabbene, 1902

Balaenoptera patachonica Lahille, 1905

Balaenoptera quoyii Lönnberg, 1906

Balaena antipodarum Tomilin, 1957

Balaenopteris guibusdam Tomilin, 1957

Dubertus rhodinsulensis Tomilin, 1957

Balaenoptera mediterranensis Cabrera, 1961

亚种分化：全世界有 3～4 个亚种，中国有 1 个亚种。

指名亚种 *B. p. physalus* (Linnaeus, 1758)，模式产地：欧洲海。

国内分布：指名亚种分布于渤海（辽宁菊花岛、山东利津海域）、黄海（辽宁大连海洋岛、王家岛、圆岛，江苏连云港、启东，山东石岛海域）、东海（长江口横沙岛，福建东山岛，台湾高雄，浙江杭州湾、台州海域）、南海（海南三亚、文昌，香港海域）。

国外分布：太平洋、大西洋、印度洋、北冰洋，在温带和亚极地水域分布较多，在热带水域分布较少。

引证文献：

Linnaeus C. 1758. Systema naturae per regna tria naturae: secundum classes, ordines, genera, species, cum characteribus, differentiis, synonymis, locis. 10th Ed. Tomus I. Holmiae: Impensis Direct. Laurentii Salvii: 76.

Kerr R. 1792. The animal kingdom, or zoological system, of the celebrated Sir Charles Linnaeus. Class I. Mammalia. Edinburgh: Printed for A. Strahan, and T. Cadell, London, and W. Creech, Edinburgh: 357-358.

Lacépède BGE. 1804. Histoire naturelle des cétacées. In: Buffon GLL. Histoire naturelle. Paris: Plasson, L'an XII de la République: 114-119.

Neill P. 1811. Some account of a fin-whale stranded near Alloa. Memoirs of the Wernerian Natural History Society, 1: 212.

Billberg GH. 1828. Synopsis faunac Scandinaviae. Vol. 1. Part 2. Stockholm: 41.

Fleming J. 1828. History of British Animals. Edinburgh: Bell & Bradfute: 32.

Lesson RP. 1828. Histoire naturelle générale et particulière des mammifères et des oiseaux découverts depuis 1788 jusqu'a nos jours. Tome 2. Paris: Chez Baudouin frères, 442.

Fischer JB. 1829. Synopsis Mammalium. (Addenda, emendanda et index ad synopsis). Stuttgardtiae: sumtibus J.G. Cottae: 525.

Cuvier F. 1836. De l'histoire naturelle des cétacés ou recueil et examen des faits don't se compose l'histoire naturelle de ces animaux. Paris: Librairie Encyclopédique de Roret: 334.

Schlegel H. 1841. Abhandlungen aus dem gebiete der zoologie und vergleichenden anatomie. Part 1. Leiden: A. Arnz & Comp: 38-43.

Gray JE. 1846. The zoology of the voyage of H.M.S. Erebus and Terror, under the command of captain Sir

James Clark Ross, during the years 1839 to 1843. Vol. 1. London: E. W. Janson: 16-53.

Gray JE. 1850. Catalogue of the specimens of Mammalia in the collection of the British Museum, Part 1. Cetacea: 30. London: British Museum (Natural History): 1-153.

Van Beneden PJ. 1857. Der Sängelhicre während des Jahres 1857. Archiv für Naturgeschichte, Jahrg: 24, 2: 56-57.

Gray JE. 1864. On the Cetacea which have been observed in the seas surrounding the British Islands. Proceedings of the Scientific Meetings of the Zoological Society of London, 1864: 195-248.

Burmeister H. 1865. On a supposed new species of fin-whale from the coast of South America. Proceedings of the Zoological Society of London, 33(1): 713-715.

Gray JE. 1865. Short account of part of a skeleton of a finner whale, sent by Mr. Swinhoe from the coast of Formosa. Proceedings of the Zoological Society of London, 33(1): 725-728.

Burmeister H. 1866. Preliminary account of a new cetacean captured on the shore at Buenos Ayres. The Annals and Magazine of Natural History, Ser. 3, 17(98): 94-98.

Gray JE. 1868. On the geographical distribution of the Balænidæ or Right Whales. The Annals and Magazine of Natural History, Ser. 4, 1(4): 242-247.

Cope ED. 1869. Introductory note on the cetaceans of the western coast of North America by C. M. Scammon. Proceedings of the Academy of Natural Sciences of Philadelphia, 21: 13-32.

Anderson J. 1879[1878]. Anatomical and zoological researches: comprising an account of the zoological results of the two expeditions to western Yunnan in 1868 and 1875; and a monograph of the two cetacean genera, *Platanista* and *Orcella*. London: Bernard Quaritch, 15, Piccadilly, 1: 551-564.

Van Beneden PJ, Gervais P. 1880. Ostéographie des cétacés vivants et fossiles, comprenant la description et l'iconographie du squelette et du système dentaire de ces animaux, ainsi que des documents relatifs à leur histoire naturelle. Paris: A. Bertrand: 120-291.

Elliot DJ. 1901. A list of the land and sea mammals of North America north of Mexico. Supplement to the Synopsis. Vol. 2. Chicago: 13.

Dabbene R. 1902. Fauna Magallánica: mamíferos y aves de la Tierra del Fuego e islas adyacentes. Anales del Museo Nacional de Buenos Aires, 3(1): 350.

Lahille F. 1905. Las ballenas de nuestro mares. Revista del Jardín Zoológico de Buenos Aires, 2(1): 76.

Lönnberg AJE. 1906. Contributions to the fauna of South Georgia. I. Taxonomic and biological notes on vertebrates. Kungl. Svenska vetenskapsakademiens handlingar, 40: 1-104.

Tomilin AG. 1957. Mammals of the U.S.S.R. and adjacent countries: Cetacea. Mammals of eastern Europe and northern Asia. Vol. 9. Jerusalem: Israel Program for Scientific Translations: 93-131.

Cabrera A. 1961. Catálogo de los mamíferos de América del Sur II: (Sirenia-Perissodactyla-Artiodactyla-Lagomorpha-Rodentia-Cetacea). Revista del Museo Argentino de Ciencias Naturales "Bernardino Rivadavia", 4: 309-732.

大翅鲸属 *Megaptera* Gray, 1846

597. 大翅鲸 *Megaptera novaeangliae* (Borowski, 1781)

英文名：Humpback Whale

曾用名：座头鲸、驼背鲸、锯臂鲸、长翅鲸

地方名：海晏（广东）

模式产地：美国新英格兰海域

同物异名及分类引证：

Balaena novaeangliae Borowski, 1781

Balaena nodosa Bonnaterre, 1789

Megaptera nodosa Bonnaterre, 1789

Balaenoptera australis Lesson, 1828

Balaena lalandii Fischer, 1829

Balaenoptera capensis Smith, 1835

Rorqualus antarcticus Cuvier, 1836

Rorqualus australis Hamilton, 1837

Balaena sulcata antarctica Schlegel, 1841

Balaenoptera antarctica Temminck, 1841

Balaena gibbosa Gray, 1843

Balaena allamack Gray, 1846

Megaptera americana Gray, 1846

Megaptera antarctica Gray, 1846

Megaptera longimana Gray, 1846

Megaptera longipinna Gray, 1846

Megaptera poescop Gray, 1846

Balaenoptera syncondylus Müller, 1863

Megaptera lalandii Gray, 1864

Megaptera novaezelandiae Gray, 1864

Megaptera osphyia Cope, 1865

Megaptera longimana morei Gray, 1866

Poescopia lalandii Gray, 1866

Megaptera braziliensis Cope, 1867

Kyphobalaena keporkak Van Beneden, 1868

Megaptera versabilis Cope, 1869

Megaptera bellicosa Cope, 1871

Megaptera boops Van Beneden *et* Gervais, 1880

Megaptera indica Gervais, 1883

Balaena atlanticus Hurdis, 1897

Megaptera brasiliensis True, 1904

Megaptera kusira Trouessart, 1904

Megaptera nodosa bellicosa Elliot, 1904

Megaptera nodosa Lahille, 1905

Megaptera nodosa novaezealandiae Ivashin, 1958

Megaptera osphya Mead *et* Brownell, 2005

亚种分化：全世界有 3 个亚种，中国有 1 个亚种。

北太平洋亚种 *M. n. kuzira* Gray, 1850，模式产地：日本海域。

国内分布：北太平洋亚种分布于黄海（辽宁海洋岛、江苏南通、山东石岛海域）、东海（福建福清，台湾高雄、花莲、基隆、屏东海域）、南海（广东惠州，海南琼海、文昌海域）。

国外分布： 太平洋、大西洋、印度洋、北冰洋。

引证文献：

Borowski GH. 1781. Gemeinnüzzige naturgeschichte des thierreichs: darinn die merkwürdigsten und nüzlichsten Thiere in systematischer Ordnung beschrieben und alle Geschlechter in Abbildungen nach der Natur vorgestellet werden. Bd. 2. Berlin und Stralsund: bei Gottlieb August Lange: 21.

Bonnaterre PJ. 1789. Tableau encyclopédique et méthodique des trois règnes de la nature. Cétologie. Paris: Chez Panckoucke: 5.

Lesson RP. 1828. Histoire naturelle générale et particulière des mammifères et des oiseaux décoverts depuis 1788 jusqu'a nos jours. Tome 2. Paris: Chez Baudouin frères: 342-343.

Fischer JB. 1829. Synopsis Mammalium. (Addenda, emendanda et index ad synopsis). Stuttgardtiae: sumtibus J.G. Cottae: 525-526.

Smith A. 1835. An epitome of African zoology; or, a concise description of the objects of the animal kingdom inhabiting Africa, its islands and seas. South African Quarterly Journal, 2: 242.

Cuvier F. 1836. De l'histoire naturelle des cétacés ou recueil et examen des faits don't se compose l'histoire naturelle de ces animaux. Paris: Librairie Encyclopédique de Roret: 347.

Hamilton R, Jardine W. 1837. The Natural History of the Ordinary Cetacea or Whales. Vol. 26. Edinburgh: W. H. Lizars: 146.

Schlegel H. 1841. Abhandlungen aus dem gebiete der zoologie und vergleichenden anatomie. Part 1. Leiden: A. Arnz & comp: 43-44.

Temminck CJ. 1841. Quatorzime monographie. Sur les genres taphien queue en fourreau queuecache et queue bivalve. In: Monographies de mammalogie ou description de quelques genres de mammifères sont les espèces ont été observées dans les différens musées de l'Europe. Vol. 2. Paris: Dufour et D'Ocagne: 1-392.

Gray JE. 1843. Descriptions of some new genera and species of Mammalia in the British Museum Collection. The Annals and Magazine of Natural History, Ser. 2, 11(68): 117-119.

Gray JE. 1846. The zoology of the voyage of H.M.S. Erebus and Terror, under the command of captain Sir James Clark Ross, during the years 1839 to 1843. Vol. 1. London: E. W. Janson: 11-53.

Gray JE. 1850. Catalogue of the specimens of mammalia in the collection of the British Museum. Part 1. Cetacea. London: British Museum (Natural History): 30-31.

Müller A. 1863. Über das Bruchstuck vom Schädel eines Finnwales, *Balaenoptera syncondylus*, welches im Jahre 1860 von der Ostsee an die kurische Nehrung geworfen wurde. Schriften der Königlichen Physikalisch-Öekonomische Gesellschaft zu Königsberg. Schriften, 4: 38-48.

Gray JE. 1864. On the Cetacea which have been observed in the seas surrounding the British Islands. Proceedings of the Scientific Meetings of the Zoological Society of London, 1864: 195-248.

Cope ED. 1865. Partial catalogue of the cold-blooded Vertebrata of Michigan. Proceedings of the Academy of Natural Sciences of Philadelphia, 16: 276-285.

Burmeister H. 1866. Preliminary account of a new cetacean captured on the shore at Buenos Ayres. The Annals and Magazine of Natural History, Ser. 3, 17(98): 94-98.

Gray JE. 1866. Catalogue of seals and whales in the British Museum. 2nd Ed. London: Printed by order of the Trustees: 126-128.

Cope ED. 1867. A young species of whale, known as the Bahia finner. Proceedings of the Academy of Natural Sciences of Philadelphia, 19: 32.

Van Beneden PJ. 1868. Bulletins de l'Académie royale des sciences, des lettres et des beaux-arts de Belgique. Bruxelles, Ser. 2, 25: 109-118.

Cope ED. 1869. Introductory note on the cetaceans of the western coast of North America by C. M. Scammon. Proceedings of the Academy of Natural Sciences of Philadelphia, 21: 13-32.

Cope ED. 1871. On *Megaptera Bellicosa*. Proceedings of the American Philosophical Society, 12: 103-108.

Van Beneden PJ, Gervais P. 1880. Ostéographie des cétacés vivants et fossiles, comprenant la description et l'iconographie du squelette et du système dentaire de ces animaux, ainsi que des documents relatifs à leur histoire naturelle. Paris: A. Bertrand: 120-291.

Gervais HP. 1883. Sur une nouvelle espèce du genre Mégaptère, provenant de la baie de Basora (Golfe Persique). Comptes Rendus Hebdomadaires des Séances l'Academie des Sciences, 97: 1566-1569.

Hurdis JL. 1897. Rough notes and memoranda relating to the natural history of the Bermudas. London: R.H. Porter: 330-339.

Elliot DG. 1904. The land and sea mammals of Middle America and the West Indies. Chicago: Field Columbian Museum, 56(2): 117-120.

Trouessart EL. 1904. Cetacea, Edentata, Marsupialia, Allotheria, Monotremata. In: Catalogus mammalium tam Viventium quam Fossilium a doctore E.-L. Trouessart. Quinquennale supplementum (1899-1904). Vol. 3. Berlin: R. Friedländer: 753-929.

True FW. 1904. The whalebone whales of the western North Atlantic compared with those occurring in European waters, with some observations on the species of the North Pacific. Science, 21(543): 814-816.

Lahille F. 1905. American animals; a popular guide to the mammals of North America north of Mexico, with intimate biographies of the more familiar species. Vol. 4. New York: Doubleday, Page & Company: 1-323.

Ivashin MV. 1958. On the systematic position of the humpback whale (*Megaptera nodosa lalandi* Fischer) of the Southem Hemisphere. Byulleten Sovetskoi Antarkticheskoi Ekspeditsii, 3: 77-78.

Mead JG, Brownell RL. 2005. Cetacea. In: Wilson DE, Reeder DM. Mammal species of the world: a taxonomic and geographic reference. 3rd Ed. Baltimore: Johns Hopkins University Press: 723-743.

小抹香鲸科 Kogiidae Gill, 1871

小抹香鲸属 *Kogia* Gray, 1846

598. 小抹香鲸 *Kogia breviceps* (de Blainville, 1838)

英文名：Pygmy Sperm Whale

曾用名：侏抹香鲸

地方名：无

模式产地：南非好望角

同物异名及分类引证：

Physeter breviceps de Blainville, 1838

Euphysetes grayii Wall, 1851

Kogia brevirostris Gray, 1865

Euphysetes macleayi Krefft, 1866

Kogia floweri Gill, 1871

Kogia grayi Gill, 1871

Kogia macleayi Gill, 1871

Euphysetes pottsi Haast, 1874

Kogia goodoi True, 1884

Kogia greyi Trouessart, 1898

Cogia breviceps Benham, 1901

亚种分化：无

国内分布：东海［福建漳州（漳浦）、厦门，上海长江口，台湾高雄、基隆、屏东、宜兰，浙江瑞安海域］、南海（广东湛江、深圳，香港，海南东方海域）。

国外分布：太平洋、大西洋、印度洋热带、温带水域。

引证文献：

de Blainville HMD. 1838. Sur les cachalots. Annales Françaises Étrangères d'Anatomie et de Physiologie, 2: 335-337.

Wall WS. 1851. History and description of the skeleton of a new sperm whale, lately set up in the Australian Museum by William S. Wall, Curator; together with some account of a new genus of sperm whales called *Euphysetes*. Vol. 1. Sydney: Australian Museum Memoir: 37-43.

Gray JE. 1865. Notices of a new genus of delphinoid whales from the Cape of Good Hope, and of other cetaceans from the same seas. Proceedings of the Zoological Society of London, 33(1): 522-529.

Krefft G. 1865. Notice of a new species of sperm whale belonging to the genus *Euphysetes* of Macleay. Proceedings of the Zoological Society of London, 33(1): 708-713.

Gill T. 1871. The sperm whales, giant and pygmy. The American Naturalist, 4(12): 725-743.

Haast J. 1874. On the occurrence of a new species of *Euphysetes* (*Euphysetes pottsii*), a remarkably small Catodont Whale, on the coast of New Zealand. Transactions and Proceedings of the New Zealand Institute, 6: 97-102.

True FW. 1884. Catalogue of the aquatic animals exhibited by the United States National Museum. Bulletin of the United States National Museum, 27: 623-644.

Trouessart EL. 1898. Catalogus mammalium tam viventium quam fossilium a doctore E.-L. Trouessart. Vol. 2. Berlin: R. Friedländer and Sohn: 1057.

Benham WB. 1901. On the anatomy of *Cogia breviceps*. Proceedings of the Zoological Society of London, 71(1): 107-134.

599. 侏抹香鲸 *Kogia sima* (Owen, 1866)

英文名：Dwarf Sperm Whale

曾用名：矮抹香鲸、拟小抹香鲸、欧文氏小抹香鲸、侏儒抹香鲸

地方名：无

模式产地：印度海域

同物异名及分类引证：

Kogia simus Owen, 1866

Physeter (*Euphyseter*) *simus* Owen, 1866

Callignathus simus Gill, 1871

亚种分化：无

国内分布：东海［福建福州（长乐）、厦门，山东青岛，台湾高雄、苗栗、台北、台南、桃园、新竹、宜兰海域］、南海（海南三亚、香港海域）。

国外分布：太平洋、大西洋（包括地中海）、印度洋，主要栖息于热带、温带水域。

引证文献：

Owen R. 1866. On some Indian cetacea collected by Walter Elliot, Esq. The Transactions of the Zoological Society of London, 6(1): 17-47.

Gill T. 1871. The sperm whales, giant and pygmy. The American Naturalist, 4(12): 725-743.

抹香鲸科 Physeteridae Gray, 1821

抹香鲸属 *Physeter* Linnaeus, 1758

600. 抹香鲸 *Physeter macrocephalus* Linnaeus, 1758

英文名：Sperm Whale, Cachalot

曾用名：巨头鲸

地方名：无

模式产地：欧洲海

同物异名及分类引证：

Physeter catodon Linnaeus, 1758

Physeter microps Linnaeus, 1758

Physeter tursio Linnaeus, 1758

Physeter andersonii Borowski, 1780

Physeter novaeangliae Borowski, 1780

Phiseter cylindricus Bonnaterre, 1789

Phiseter mular Bonnaterre, 1789

Phiseter trumpo Bonnaterre, 1789

Physeter microps rectidentatus Kerr, 1792

Physeter maximus Cuvier, 1798

Catodon macrocephalus Lacépède, 1804

Physalus cylindricus Lacépède, 1804

Physeter orthodon Lacépède, 1804

Physeterus sulcatus Lacépède, 1818

Tursio vulgaris Fleming, 1822

Delphinus bayeri Risso, 1826

Cotus cylindricus Billberg, 1828

Physeter australis Gray, 1846

Catodon colneti Gray, 1850

Catodon australis Wall, 1851

Catodon (Meganeuron) krefftii Gray, 1865

亚种分化：无

国内分布：黄海（辽宁、江苏、山东海域）、东海（福建、台湾、浙江海域）、南海（广东、广西、海南、香港海域）。

国外分布：太平洋、大西洋（包括地中海）、印度洋，在热带、温带海域广泛分布。

引证文献：

Linnaeus C. 1758. Systema naturae per regna tria naturae: secundum classes, ordines, genera, species, cum characteribus, differentiis, synonymis, locis. 10th Ed. Tomus I. Holmiae: Impensis Direct. Laurentii Salvii: 76-77.

Borowski GH. 1780. Gemeinnüzzige naturgeschichte des thierreichs: darinn die merkwürdigsten und nüzlichsten thiere in systematischer ordnung beschrieben, und alle geschlechter in abbildungen nach der natur vorgestellet werden. Säugthiere. Vierfüßige Thiere. Vol. 2. Berlin: bei Gottlieb August Lange: 33.

Bonnaterre JP. 1789. Tableau encyclopédique et méthodique des trois règnes de la nature. Cétologie. Paris: Chez Panckoucke: 14-17.

Kerr R. 1792. The animal kingdom, or zoological system, of the celebrated Sir Charles Linnaeus. Class I. Mammalia. Edinburgh: Printed for A. Strahan, and T. Cadell, London, and W. Creech, Edinburgh: 362.

Cuvier G. 1798. Tableau élémentaire de l'histoire naturelle des animaux. Paris: Baudouin: 176-177.

Lacépède BGE. 1804. Histoire naturelle des cétacées. In: Buffon GLL. Histoire naturelle. Paris: Plasson, L'an XII de la République: 165-236.

Lacépède BGE. 1818. Note sur des cétacées des mers voisins du Japon. Vol. 4. Paris: Mémoires du Muséum d'Histoire Naturelle: 474.

Fleming J. 1822. The philosophy of zoology; or, a general view of the structure, functions, and classification of animals. Vol. 2. Edinburgh: A. Constable: 211.

Risso A. 1826. Histoire naturelle des principales productions de l'Europe méridionale et particulièrement de celles des environs de Nice et des Alpes Maritimes. Vol. 3. Paris: Chez F. G. Levrault, Libraire: 22-23.

Billberg GJ. 1828. Synopsis faunae Scandinaviae. Part 1. Holmiae: Ex officina typogr. Caroli Deleen: 39.

Gray JE. 1846. On the cetaceous animals. In: Richardson J, Gray JE, *et al*. The zoology of the voyage of H.M.S. Erebus and Terror under the command of captain Sir James Clark Ross, during the years 1839 to 1843. Vol. 2. London: E. W. Janson: 22.

Gray JE. 1850. Catalogue of the specimens of mammalia in the collection of the British Museum. Part 1. Cetacea. London: British Museum (Natural History): 52.

Wall WS. 1851. History and description of the skeleton of a new sperm whale, lately set up in the Australian Museum by William S. Wall, Curator; together with some account of a new genus of sperm whales called *Euphysetes*. Vol. 1. Sydney: Australian Museum Memoir: 1-36.

Gray JE. 1865. Notice of a new species of Australian sperm whale (*Catodon krefftii*) in the Sydney Museum. Proceedings of the Zoological Society of London, 33(1): 439-442.

喙鲸科 Ziphiidae Gray, 1865

贝喙鲸属 *Berardius* Duvernoy, 1851

601. 拜氏贝喙鲸 *Berardius bairdii* Stejneger, 1883

英文名：Baird's Beaked Whale

曾用名：槌鲸、贝尔氏喙鲸、贝氏贝喙鲸、北太平洋瓶鼻鲸、北太平洋四齿鲸

地方名：无

模式产地：北太平洋白令岛

同物异名及分类引证：

Berardius vegae Malm, 1883

Berardius bairdi Omura, Fujino *et* Kimura, 1955

Berardius bairdi bairdi Hershkovitz, 1966

亚种分化：无

国内分布：东海（浙江舟山海域）。

国外分布：太平洋（鄂霍次克海、南加利福尼亚州海湾、日本海域、白令海峡）、大西洋、印度洋。

引证文献：

Malm AW. 1883. Skelettdelar af hval insamlade under expeditionen med Vega 1878-1880. Bihang Till Kungliga Svenska Vetenskapsakademiens Handlingar, 8(4): 1-114.

Stejneger L. 1883. Contributions to the history of the Commander Islands. No. 1. Notes on the natural history, including descriptions of new cetaceans. Proceedings of the United States National Museum, 6: 58-89.

Omura H, Fujino K, Kimura S. 1955. Beaked whale *Berardius bairdi* of Japan with notes on *Ziphius cavirostris*. The Scientific Reports of the Whales Research Institute, 10: 89-132.

Hershkovitz P. 1966. Catalog of living whales. Bulletin of the United States National Museum, 246: 1-259.

印太喙鲸属 *Indopacetus* Moore, 1968

602. 朗氏喙鲸 *Indopacetus pacificus* (Longman, 1926)

英文名： Longman's Beaked Whale, Tropical Bottlenose Whale

曾用名： 朗氏中喙鲸、太平洋喙鲸

地方名： 无

模式产地： 澳大利亚昆士兰州海域

同物异名及分类引证：

Mesoplodon pacificus Longman, 1926

亚种分化： 无

国内分布： 东海（台湾宜兰、浙江宁波海域）。

国外分布： 太平洋（澳大利亚到日本、新喀里多尼亚海域）、大西洋（墨西哥湾可能有分布）、印度洋（非洲南部和东部到东南亚海域）。

引证文献：

Longman HA. 1926. New records of Cetacea, with a list of Queensland species. Memoirs of the Queensland Museum, 8: 266-278.

中喙鲸属 *Mesoplodon* Gervais, 1850

603. 柏氏中喙鲸 *Mesoplodon densirostris* (Blainville, 1817)

英文名： Blainville's Beaked Whale

曾用名： 布兰氏喙鲸、瘤齿喙鲸、瘤齿中喙鲸、隆扇齿鲸

地方名： 无

模式产地： 不详

同物异名及分类引证：

Delphinus densirostris Blainville, 1817

Ziphius sechellensis Gray, 1846

Mesoplodon densirostris Flower, 1878

Nodus densirostris Galbreath, 1963

亚种分化： 无

国内分布： 黄海（辽宁丹东东港、山东青岛、上海长兴岛海域）、东海（浙江台州、温州，福建东山、惠安，台湾台东、台南、宜兰海域）。

国外分布：太平洋（日本、哥伦比亚、智利、基里巴斯海域）、大西洋［佛得角、科摩罗、巴哈马、加拿大（纽芬兰岛、拉布拉多半岛）、美国（大西洋海岸、墨西哥湾）、乌拉圭海域］、印度洋（马尔代夫、肯尼亚、毛里求斯、科科斯群岛海域）。

引证文献：

Blainville HMD. 1817. Dauphins. In: Desmarest AG. Nouveau dictionnaire d'historie naturelle, appliquée aux arts, à l'éconimie rurale et domestique, à la médicine, etc. Vol. 9. Paris: Chez Deterville: 178-179.

Gray JE. 1846. On the cetaceous animals. In: Richardson J, Gray JE, *et al.* The zoology of the voyage of H.M.S. Erebus and Terror under the command of captain Sir James Clark Ross, during the years 1839 to 1843. Vol. 1. London: E. W. Janson: 13-53.

Flower WH. 1878. A further contribution to the knowledge of the existing ziphioid whales. Genus *Mesoplodon*. The Transactions of the Zoological Society of London, 10(9): 415-438.

Galbreath EC. 1963. Three beaked whales stranded on the Midway Islands, central Pacific Ocean. Journal of Mammalogy, 44(3): 422-423.

604. 银杏齿中喙鲸 *Mesoplodon ginkgodens* Nishiwaki *et* Kamiya, 1958

英文名：Ginkgo-toothed Beaked Whale

曾用名：日本喙鲸

地方名：无

模式产地：日本东京相模湾

同物异名及分类引证：无

亚种分化：无

国内分布：东海（台湾海域）。

国外分布：太平洋、印度洋的热带、温带水域。

引证文献：

Nishiwaki M, Kamiya T. 1958. A beaked whale *Mesoplodon* stranded at Oiso Beach, Japan. Scientific Reports of the Whales Research Institute, 13: 53-83.

605. 小中喙鲸 *Mesoplodon peruvianus* Reyes, Mead *et* van Waerebeek, 1991

英文名：Pygmy Beaked Whale

曾用名：秘鲁中喙鲸

地方名：无

模式产地：秘鲁利马海域

同物异名及分类引证：无

亚种分化：无

国内分布：东海（福建长乐海域）。

国外分布：太平洋南部、东部热带水域。

引证文献：

Reyes JC, Mead JG, van Waerebeek K. 1991. A new species of beaked whale *Mesoplodon peruvianus* sp. n. (Cetacea: Ziphiidae) from Peru. Marine Mammal Science, 7(1): 1-24.

Baker AN, Van Helden AL. 1999. New records of beaked whales, genus *Mesoplodon*, from New Zealand

(Cetacea: Ziphiidae). Journal of the Royal Society of New Zealand, 29(3): 235-244.

García-Grajales J, Buenrostro-Silva A, Rodríguez-Rafael E, Meraz J. 2017. Biological observations and first stranding record of *Mesoplodon peruvianus* from the central Pacific coast of Oaxaca, Mexico. Therya, 8(2): 179-184.

喙鲸属 *Ziphius* Cuvier, 1823

606. 鹅喙鲸 *Ziphius cavirostris* Cuvier, 1823

英文名：Cuvier's Beaked Whale, Goose-beaked Whale

曾用名：剑吻鲸、柯氏喙鲸、柯维氏喙鲸、柯维氏鲸

地方名：无

模式产地：地中海

同物异名及分类引证：

Aliama desmarestii Gray, 1864

Aliama indica Gray, 1865

Delphinorhynchus australis Burmeister, 1865

Hyperoodon capensis Gray, 1865

Petrorhynchus capensis Gray, 1865

Petrorhynchus indicus Gray, 1865

Ziphiorrhynchus cryptodon Burmeister, 1866

Epiodon australe Burmeister, 1867

Epiodon patachonicum Burmeister, 1867

Epiodon cryptodon Gray, 1870

Epiodon chathamiensis Hector, 1872

Epiodon heraultii Gray, 1872

Ziphius novaezealandiae Haast, 1876

Ziphius grebnitzkii Stejneger, 1883

Ziphius chathamensis Flower, 1885

Zyphius chathamensis Moreno, 1895

Ziphius australis Trouessart, 1904

Ziphius chathamiensis Iredale *et* Troughton, 1934

亚种分化：无

国内分布：东海（江苏南通，台湾屏东、宜兰、彰化，浙江海域）、南海（广东汕尾海域）。

国外分布：北太平洋、北大西洋（包括地中海）、印度洋。

引证文献：

Cuvier G. 1823. Partie contenant les ossements de reptiles et le résumé general. Recherches sur les Ossemens Fossiles, 5(1): 1-325.

Gray JE. 1864. On the Cetacea which have been observed in the seas surrounding the British Islands. Proceedings of the Scientific Meetings of the Zoological Society of London, 1864: 195-248.

Burmeister H. 1865. *Delphinorhynchus australis* n. sp. Zeitschrift für die Gesammten Naturwissenschaften, Berlin, 26: 262-263.

Gray JE. 1865. Notices of a new genus of delphinoid whales from the Cape of Good Hope, and of other cetaceans from the same seas. Proceedings of the Zoological Society of London, 33(1): 522-529.

Burmeister H. 1866. Preliminary account of a new cetacean captured on the shore at Buenos Ayres. The Annals and Magazine of Natural History, Ser. 3, 17(98): 94-98.

Burmeister H. 1867. Descriptión detallada del *Epiodon austral*. Anales del Museo Público de Buenos Aires, 1: 309-312.

Gray JE. 1870. The geographical distribution of the Cetacea. The Annals and Magazine of Natural History, Ser. 4, 6(35): 387-394.

Gray JE. 1872. On *Delphinus Desmarestii*, Risso (*Aliama Desmarestii*, Gray). The Annals and Magazine of Natural History, Ser. 4, 10(60): 468-469.

Hector SJ. 1872. On the whales and dolpins of the New Zealand Seas. The Annals and Magazine of Natural History, Ser. 4, 11: 105-106.

Haast J von. 1876. On a new ziphioid whale. Proceedings of the Zoological Society of London, 44(1): 7-13.

Stejneger L. 1883. Contributions to the history of the Commander Islands. No. 1. Notes on the natural history, including descriptions of new cetaceans. Proceedings of the United States National Museum, 6: 58-89.

Flower WH. 1885. List of the specimens of Cetacea in the Zoological Department of the British Museum. Vol. 3. London: Taylor: 10-11.

Moreno FP. 1895. Nota sobre los restos de hyperoodontes conservados en el Museo de La Plata. Anales del Museo de la Plata. Zoologica, 3: 1-8.

Trouessart EL. 1905. Cetacea, Edentata, Marsupialia, Allotheria, Monotremata. Fas-cicle IV. In: Catalogus Mammalium tam Viventium quam Fossilium a doctore E.-L. Trouessart. Quinquennale Supplementum (1899-1904). Berlin: R. Friedländer: 753-929.

Iredale T, Troughton ELG. 1934. A check-list of the mammals recorded from Australia. Vol. 6. Sydney: Australian Museum Memoir: 61.

白鱀豚科 Lipotidae Zhou, Qian *et* Li, 1978

白鱀豚属 *Lipotes* Miller, 1918

607. 白鱀豚 *Lipotes vexillifer* Miller, 1918

英文名：Baiji, Yangtze River Dolphin

曾用名：白鳍豚、白暨豚、白旗豚

地方名：青鱀、白夹、江马、白鱀

模式产地：湖南洞庭湖

同物异名及分类引证：无

亚种分化：无

国内分布：中国特有，曾分布于湖北、湖南、安徽、江苏、上海等长江江段，浙江的钱塘江也曾发现。现已功能性灭绝。

国外分布：无

引证文献：

Miller GS. 1918. A new river-dolphin from China. Smithsonian Miscellaneous Collections, 68(9): 1-12.

Zhou KY, Sun J, Gao AL, Würsig B. 1998. Baiji (*Lipotes vexillifer*) in the lower Yangtze River: movements, numbers, threats and conservation needs. Aquatic Mammals, 24(2): 123-132.

Turvey ST, Pitman RL, Taylor BL, Barlow J, Akamatsu T, Barrett LA, Zhao XJ, Reeves RR, Stewart BS, Wang KX, Wei Z, Zhang XF, Pusser LT, Richlen M, Brandon JR, Wang D. 2007. First human-caused extinction of a cetacean species? Biology Letters, 3(5): 537-540.

海豚科 Delphinidae Gray, 1821

真海豚属 *Delphinus* Linnaeus, 1758

608. 真海豚 *Delphinus delphis* Linnaeus, 1758

英文名：Common Dolphin, Saddleback Dolphin

曾用名：普通海豚

地方名：龙兵（辽宁、山东）、尖嘴仔（台湾）

模式产地：欧洲海

同物异名及分类引证：

Delphinus delphus Linnaeus, 1758

Delphinus vulgaris Lacépède, 1804

Delphinus capensis Gray, 1828

Delphinus longirostris Cuvier, 1829

Delphinus forsteri Gray, 1846

Delphinus fulvifasciatus Wagner, 1846

Delphinus janira Gray, 1846

Delphinus novaezeelandiae Wagner, 1846

Delphinus albimanus Peale, 1848

Delphinus novaezealandiae Gray, 1850

Delphinus sao Gray, 1850

Delphinus frithii Blyth, 1859

Delphinus algeriensis Loche, 1860

Delphinus major Gray, 1866

Delphinus microps Burmeister, 1866

Delphinus moorei Gray, 1866

Delphinus marginatus Lafont, 1868

Delphinus bairdii Dall, 1873

Delphinus fulvofasciatus True, 1889

Delphinus dussumieri Blanford, 1891

Delphinus bairdi Norris *et* Prescott, 1961

亚种分化：全世界有 4 个亚种，中国有 2 个亚种。

指名亚种 *D. d. delphis* Linnaeus, 1758，模式产地：欧洲海；

北太平洋东部亚种 *D. d. bairdii* Dall, 1873，模式产地：非洲好望角。

国内分布：指名亚种可能分布于黄海、东海北部；北太平洋东部亚种分布于黄海（可能）、东海（福建、台湾、浙江海域）、南海（广东、广西、海南、香港海域）。

国外分布： 太平洋、大西洋（包括地中海、黑海）、印度洋。

引证文献：

Linnaeus C. 1758. Systema naturae per regna tria naturae: secundum classes, ordines, genera, species, cum characteribus, differentiis, synonymis, locis. 10th Ed. Tomus I. Holmiae: Impensis Direct. Laurentii Salvii: 77.

Lacépède BGE. 1804. Histoire naturelle des cétacées. In: Buffon GLL. Histoire naturelle. Paris: Plasson, L'an XII de la République: 250-286.

Gray JE. 1828. Spicilegia zoologica, or original figures and short systematic descriptions of new and unfigured animals. Part 1. London: Treüttel, Würtz: 1-2.

Cuvier G, Latreille PA. 1829. Le règne animal distribué d'après son organisation, pour servir de base à l'histoire naturelle des animaux et d'introduction à l'anatomie comparée. Vol. 1. Paris: Chez Déterville: 288.

Gray JE. 1846. On the cetaceous animals. In: Richardson J, Gray JE, *et al*. The zoology of the voyage of H.M.S. Erebus and Terror, under the command of Captain Sir James Clark Ross, during the years 1839 to 1843. Vol. 1. London: E. W. Janson: 41.

Wagner JA, Schreber JCD, Goldfuss GA. 1846. Die Säugthiere in Abbildungen nach der Natur, mit Beschreibungen. Vol. 7. Erlangen: Expedition des Schreber'schen säugthier- und des Esper'schen Schmetterlingswerkes: 427.

Peale TR. 1848. Narrative of The United States Exploring Expedition during the years 1838, 1839, 1840, 1841, 1842 by Charles Wilkes, U.S.N. Vol. 8. Philadelphia: Lea and Blanchard: 33.

Gray JE. 1850. Catalogue of the specimens of mammalia in the collection of the British Museum. Part 1. London: British Museum (Natural History): 123-124.

Blyth E. 1859. On the great rorqual of the Indian Ocean, with notices of other cetals, and of the Syrenia or marine pachyderms. Journal of the Asiatic Society of Bengal, 28: 481-498.

Loche GG. 1860. Description de deux nouvelles espèces du genre *Dauphin*. Revue et Magasin de Zoologie, 12(2): 473-479.

Burmeister H. 1866. On some cetaceans. The Annals and Magazine of Natural History, Ser. 3, 18(104): 99-103.

Gray JE. 1866. Catalogue of seals and whales in the British Museum. 2nd Ed. London: Printed by order of the Trustees: 396.

Gray JE. 1866. Description of three species of dolphins in the free museum of Liverpool. Proceedings of the Zoological Society of London, 33(1865): 735-739.

Lafont MA. 1868. Actes de la Société linnéenne de Bordeaux. Bordeaux: The Society: 518.

Dall WH. 1873. Description of three species of Cetacea, from the coast of California. Proceedings of the California Academy of Sciences, 5(1): 12-14.

True FW. 1889. Contributions to the natural history of the cetaceans: a review of the family Delphinidae. Bulletin of the United States National Museum, 36: 1-191.

Blanford WT. 1888. The fauna of British India, including Ceylon and Burma. Mammalia. London: Taylor and Francis: 588.

Norris KS, Prescott JH. 1961. Observations on Pacific cetaceans of Californian and Mexican waters. University of California Publications in Zoology, 63: 291-402.

Cunha HA, de Castro RL, Secchi ER, Crespo EA, Lailson-Brito J, Azevedo AF, Lazoski C, Solé-Cava AM. 2015. Molecular and morphological differentiation of common dolphins (*Delphinus* sp.) in the Southwestern Atlantic: testing the two species hypothesis in sympatry. PLoS ONE, 10(11): e0140251.

侏虎鲸属 *Feresa* Gray, 1870

609. 小虎鲸 *Feresa attenuata* Gray, 1874

英文名：Pygmy Killer Whale

曾用名：侏虎鲸、小逆戟鲸、倭圆头鲸

地方名：乌牛

模式产地：日本相模湾

同物异名及分类引证：

Delphinus intermedius Gray, 1827

Grampus intermedius Gray, 1843

Feresa intermedia Gray, 1871

Feresa intermedia Jones *et* Packard, 1956

亚种分化：无

国内分布：东海（台湾高雄、花莲、屏东、台东、宜兰海域）。

国外分布：太平洋（夏威夷群岛海域）、大西洋、印度洋的热带、亚热带水域。

引证文献：

Gray JE. 1827. *Delphinus intermedius*. The Philosophical Magazine, or Annals of Chemistry, Mathematics, Astronomy, Natural History and General Science, 2(2): 376.

Gray JE. 1843. List of the specimens of Mammalia in the collection of the British Museum. London: the Trustees of the British Museum: 106.

Gray JE. 1871. Supplement to the catalogue of seals and whales in the British Museum. London: Printed by Order of the Trustees: 78.

Gray JE. 1874. Description of the skull of a new species of dolphin (*Feresa attenuata*). The Annals and Magazine of Natural History, Ser. 4, 14(81): 238-239.

Jones JK, Packard RL. 1956. *Feresa intermedia* (Gray) preoccupied. Proceedings of the Biological Society of Washington, 69: 167.

领航鲸属 *Globicephala* Lesson, 1828

610. 短肢领航鲸 *Globicephala macrorhynchus* Gray, 1846

英文名：Short-finned Pilot Whale

曾用名：短鳍领航鲸、圆头鲸、大吻巨头鲸、大吻领航鲸

地方名：无

模式产地：南太平洋

同物异名及分类引证：

Globicephalus macrorhynchus Gray, 1846

Globicephala sieboldii Gray, 1846

Globicephala indica Blyth, 1852

Globicephala chinensis Gray, 1866

Globicephalus scammonii Cope, 1869

Globicephalus sibo Gray, 1871

Globiocephalus guadaloupensis Gray, 1871

Globiocephalus propinquus Malm, 1871

Globicephalus brachypterus Cope, 1876

Globiocephalus intermedius Van Beneden *et* Gervais, 1868-1880

Globicephala scammonii Kuroda, 1938

Globicephala macrorhyncha Fraser, 1950

Globiocephala macrorhyncha Gibson-Hill, 1950

Globicephala brachycephala Cadenat, 1957

Globicephala melas scammonii Tomilin, 1957

Globicephala scamonii Nishiwaki, 1957

Globicephala mela Morice, 1958

亚种分化：无

国内分布：黄海、东海（上海长江口、台湾宜兰海域）、南海（海南博鳌、陵水、三亚、文昌、西沙群岛永乐礁海域）。

国外分布：太平洋、印度洋、大西洋的热带、温带水域。

引证文献：

Gray JE. 1846. On the cetaceous animals. In: Richardson J, Gray JE, *et al*. The zoology of the voyage of H.M.S. Erebus and Terror, under the command of Captain Sir James Clark Ross, during the years 1839 to 1843. Vol. 1. London: E. W. Janson: 33.

Blyth E. 1852. Report of curator, zoological department. Journal of the Asiatic Society of Bengal, 21: 341-358.

Gray JE. 1866. Catalogue of seals and whales in the British Museum. 2nd Ed. London: Printed by order of the Trustees: 323.

Cope ED. 1869. Introductory note on the cetaceans of the western coast of North America by C. M. Scammon. Proceedings of the Academy of Natural Sciences of Philadelphia, 21: 13-32.

Gray JE. 1871. Supplement to the catalogue of seals and whales in the British Museum. London: Printed by Order of the Trustees: 84-85.

Malm AV. 1871. Kungliga svenska vetenskapsakademiens handlingar. Norstedt & Söner, 9: 58.

Cope ED. 1876. Fourth contribution to the history of the existing Cetacea. Proceedings of the Academy of Natural Sciences of Philadelphia, 28: 129-139.

Van Beneden PJ, Gervais P. 1880. Ostéographie des Cétacés vivants et fossils, comprenant la desciption et l'iconographie du squelette et du système dentaire de ces animaux, ainsi que des documents relatifs à leur histoire naturelle. Paris: Arthus Bertrand: 1-634.

Kuroda N. 1938. A list of the Japanese mammals. Tokyo: published by the author: 19.

Fraser FC. 1950. Two skulls of *Globicephala macrorhyncha* (Gray) from Dakar. Atlantide Report, 1: 49.

Gibson-Hill CA. 1950. Notes on the insects taken on the Cocos-Keeling Islands. Bulletin of the Raffles Museum, 22: 278.

Cadenat J. 1957. Observations de Cétacés, Siréniens, Chéloniens et Sauriens en 1955-1956. Bulletin de l'Institut Français d'Afrique Noire, 19(A): 1357.

Nishiwaki M. 1957. A list of marine mammals found in the seas adjacent to Japan. In: Suehiro Y, Ohshima Y, Hiyama Y. Collected papers on fisheries. Tokyo: University of Tokyo Press: 152.

Tomilin AG. 1957. Mammals of the USSR and adjacent countries: Cetacea. Mammals of eastern Europe and northern Asia. Vol. 9. Jerusalem: Israel Program for Scientific Translations: 1-717.

Morice J. 1958. Animaux marins comestibles des Antilles Françaises (Oursins, Crustacés, Mollusques, Poissons, Tortues et Cétacés). Revue Des Travaux de l'Institut Des Pêches Maritimes, 22(3): 85-104.

灰海豚属 *Grampus* Gray, 1828

611. 里氏海豚 *Grampus griseus* (Cuvier, 1812)

英文名: Risso's Dolphin, Grampus
曾用名: 灰海豚、黎氏海豚、花纹海豚、瑞氏海豚
地方名: 尚鳝
模式产地: 法国布雷斯特湾
同物异名及分类引证:

Delphinus griseus Cuvier, 1812
Delphinus rissoanus Desmarest, 1822
Delphinus risso Risso, 1826
Phocaena griseus Cuvier, 1836
Phocaena rissonus Cuvier, 1836
Globicephalus rissii Hamilton, 1837
Grampus cuvieri Gray, 1846
Grampus sakamata Gray, 1846
Grampus richardsonii Gray, 1850
Globiocephalus chinensis Gray, 1866
Grampus rissoanus Murie, 1870
Grampus stearnsii Dall, 1873
Grampus soucerbianus Fischer, 1881
Grampidelphis exilis Iredale *et* Troughton, 1933
Grampidelphis kuzira Iredale *et* Troughton, 1933
Gramphidelphis griseus Kellogg, 1940

亚种分化. 无

国内分布: 黄海（辽宁海域）、东海（浙江、福建、台湾海域）、南海（海南、广东、香港海域）。

国外分布: 太平洋、大西洋、印度洋的热带、温带海域。

引证文献:

Cuvier G. 1812. Rapport fait à la classe des sciences mathématiques et physiques sur divers cétacés pris sur les côtes de France pricipalement sur ceux qui sont échoués près de Paimpol. Annales du Muséum d'Histoire Naturelle, 19: 1-16.

Desmarest AG, Bénard R. 1822. Mammalogie, ou, Description des espèces de mammifères. Seconde Partie, contenant les orders des bimanes, des quadrumanes et des carnassiers. Vol. 2. Paris: Chez Mme. Veuve Agasse, imprimeur-libraire: 519.

Risso A, Plée V, Prêtre JG. 1826. Histoire naturelle des principales productions de l'Europe méridionale et particulièrement de celles des environs de Nice et des Alpes maritimes. Vol. 3. Paris: Chez F.-G. Levrault, libraire: 23-24.

Gray JE. 1828. Spicilegia zoologica; or original figures and short systematic descriptions of new and unfigured animals. Part 1. London: Treüttel Würtz: 2.

Cuvier F. 1836. De l'histoire naturelle des cétacés ou recueil et examen des faits don't se compose l'histoire naturelle de ces animaux. Paris: Librairie Encyclopédique de Roret: 182.

Hamilton R, Jardine W. 1837. The natural history of the ordinary cetacea or whales. Edinburgh: WH Lizars: 219.

Gray JE. 1846. On the British cetacea. The Annals and Magazine of Natural History, Ser. 1, 17(110): 82-85.

Gray JE. 1850. Catalogue of the specimens of Mammalia in the collection of the British Museum. Part 1. London: British Museum (Natural History): 85.

Gray JE. 1866. Catalogue of seals and whales in the British Museum. 2nd Ed. London: Printed by order of the Trustees: 323.

Murie J. 1870. Risso's grampus: G. rissoanus (Desm.). Journal of Anatomy Physiology, 5: 118-138.

Dall WH. 1873. Description of three species of Cetacea, from the coast of California. Proceedings of the California Academy of Sciences, 5(1): 12-14.

Fischer PH. 1881. Cétacés du sud-ouest de la France. Paris: France Savy: 210.

Iredale T, Troughton ELG. 1933. The correct generic names for the Grampus or Killer Whale, and the so-called Grampus or Risso's Dolphin. Records of the Australian Museum, 19(1): 28-36.

Kellogg R. 1940. Whales, giants of the seas. National Geographic Magazine, 77(1): 35-90.

弗海豚属 *Lagenodelphis* Fraser, 1956

612. 弗氏海豚 *Lagenodelphis hosei* Fraser, 1956

英文名：Fraser's Dolphin

曾用名：沙捞越海豚、短吻海豚、婆罗洲海豚、白腹海豚

地方名：无

模式产地：马来西亚沙捞越州海域（"Mouth of Lutong River, Baram"）

同物异名及分类引证：无

亚种分化：无

国内分布：东海（台湾海域）、南海（广东、香港海域）。

国外分布：太平洋、大西洋、印度洋的热带、亚热带水域。

引证文献：

Fraser FC. 1956. A new Sarawak dolphin. The Sarawak Museum Journal, 7(8): 478-503.

斑纹海豚属 *Lagenorhynchus* Gray, 1846

613. 太平洋斑纹海豚 *Lagenorhynchus obliquidens* Gill, 1865

英文名：Pacific White-sided Dolphin

曾用名：太平洋短吻海豚、太平洋白侧斜纹海豚

地方名：无

模式产地：美国旧金山海域

同物异名及分类引证：

Delphinus longidens Cope, 1866

Lagenorhynchus longidens Cope, 1866

Lagenorhynchus ognevi Sleptsov, 1955

亚种分化：无

国内分布：黄海（山东荣成海域）、东海（江苏长江口以北、福建海域）、南海（广西北海海域）。

国外分布：北太平洋的北美洲、亚洲沿岸温带海域。

引证文献：

Gill TH. 1865. On two species of Delphinidae from California in the Smithsonian Institution. Proceedings of the Academy of Natural Sciences of Philadelphia, 17: 177-178.

Cope ED. 1866. Third contribution to the history of the Balaenidae and Delphinidae. Proceedings of the Academy of Natural Sciences of Philadelphia, 18: 293-300.

Sleptsov M. 1955. Novyi vid del'fina dal'nevostochnykh morei Lagenorhynchus ognevi species nova. Trudy Instituta Okeanologii Akademii Nauk, 18: 60-68.

虎鲸属 *Orcinus* Fitzinger, 1860

614. 虎鲸 *Orcinus orca* (Linnaeus, 1758)

英文名：Killer Whale, Orca

曾用名：逆戟鲸、恶鲸

地方名：杀人鲸（香港）

模式产地：欧洲海

同物异名及分类引证：

Delphinus orca Linnaeus, 1758

Physeter microps Fabricius, 1780

Delphinus gladiator Bonnaterre, 1789

Delphinus orca ensidoratus Kerr, 1792

Delphinus duhameli Lacépède, 1804

Delphinus grampus de Blainville, 1817

Orca capensis Gray, 1846

Orca eschrichtii Reinhardt, 1866

Orca megellanica Burmeister, 1866

Orca schlegelii Lilljeborg, 1866

Orca ater Cope, 1869

Ophysia pacifica Gray, 1870

Orca latirostris Gray, 1870

Orca pacifica Gray, 1870

Orca stenorhyncha Gray, 1870

Orca africana Gray, 1871

Orca minor Malm, 1871

Orca tasmanica Gray, 1871

Orca ater fusca Dall, 1874

Orca antarctica Fischer, 1876

Orca gladiator Van Beneden *et* Gervais, 1868-1880

Orcinus orca capensis Trouessart, 1904

Orcinus orca eschrichti Trouessart, 1904

Orcinus orca megallanicus Trouessart, 1904

Grampus orca Iredale *et* Troughton, 1933

Grampus rectipinna Scheffer, 1942

Orca gladiator tasmaniensis Cabrera, 1961

Grampus vectipinna Branson, 1971

Orcinus nanus Mikhalev, Ivashin, Savusin *et* Zelenaya, 1981

Orca glacialis Berzin *et* Vladimirov, 1982

Orcinus glacialis Berzin *et* Vladimirov, 1982

亚种分化： 无

国内分布： 渤海（辽宁大连海域）、黄海（辽宁海洋岛，山东青岛、石岛、威海、烟台海域）、东海［上海，台湾屏东（东港）、宜兰（苏澳），浙江台州海域］、南海。

国外分布： 太平洋、大西洋、印度洋、北冰洋。

引证文献：

Linnaeus C. 1758. Systema naturae per regna tria naturae: secundum classes, ordines, genera, species, cum characteribus, differentiis, synonymis, locis. 10th Ed. Tomus I. Holmiae: Impensis Direct. Laurentii Salvii: 77.

Fabricius O. 1780. Fauna Groenlandica: systematice sistens animalia Groenlandiae occidentalis hactenus indagata, quoad nomen specificum, triuiale, vernaculumque: synonyma auctorum plurium, descriptionem, locum, victum, generationem, mores, vsum, capturamque singuli, prout detegendi occasio fuit. Hafniae: Impensis Ioannis Gottlob Rothe: 44-45.

Bonnaterre PJ. 1789. Tableau encyclopédique et méthodique des trois règnes de la nature. Cétologie. Paris: Chez Panckoucke: 23.

Kerr R. 1792. The animal kingdom, or zoological system, of the celebrated Sir Charles Linnaeus. Class I. Mammalia. Edinburgh: Printed for A. Strahan, and T. Cadell, London, and W. Creech, Edinburgh: 364.

Lacépède BGE. 1804. Histoire naturelle des cétacées. In: Buffon GLL. Histoire naturelle. Paris: Plasson, L'an XII de la République: 314-315.

de Blainville HMD. 1817. Nouveau dictionnaire d'histoire naturelle, appliquée aux arts, à l'agriculture, à l'economie rurale et domestique, à la médecine, etc. Par une société de natualistes et d'agriculteurs. Nouvelle Édition Presqu' entièrement refondue et considérablement augmentée. Vol. 9. Paris: Chez Déterville: 146-179.

Gray JE. 1846. On the cetaceous animals. In: Richardson J, Gray JE, *et al.* The zoology of the voyage of H.M.S. Erebus and Terror under the command of Captain Sir James Clark Ross, during the years 1839 to 1843. Vol. 1. London: E. W. Janson: 34.

Burmeister H. 1866. On some cetaceans. The Annals and Magazine of Natural History, Ser. 3, 18(104): 99-103.

Lilljeborg W. 1866. Synopsis of the cetaceans Mammalia of Scandinavia (Sweden and Norway). In: Flower WH. Recent Memoirs on the Cetacea. London: Royal Society of London: 219-309.

Reinhardt J. 1866. Recent memoirs of the Cetacea. In: Eschricht DF. On the species of the genus *Orca* inhabiting the norther seas. London: Royal Society of London: 151-188.

Cope ED. 1869. Introductory note on the cetaceans of the western coast of North America by C. M. Scammon.

Proceedings of the Academy of Natural Sciences of Philadelphia, 21: 13-32.

Gray JE. 1870. Notes on the skulls of the genus *Orca* in the British Museum, and a notice of a specimen of the genus from the Seychelles. Proceedings of the Zoological Society of London, 38: 70-77.

Gray JE. 1871. Supplement to the catalogue of seals and whales in the British Museum. London: Printed by Order of the Trustees: 103.

Malm AW. 1871. Hvaldjur I sveriges år 1869. Stockholm: P.A. Norstedt & Söner: 1-104.

Dall WH. 1874. Marine mammals of the northwestern coast of North America. San Francisco: John H. Carmany and Company: 1-319.

Fischer P. 1876. Sur une espèce de Cétacé (*Orca Antarctica*). Journal de Zoologica, 5: 146-151.

Van Beneden PJ, Gervais P. 1880. Ostéographie des Cétacés vivants et fossils, comprenant la desciption et l'iconographie du squelette et du système dentaire de ces animaux, ainsi que des documents relatifs à leur histoire naturelle. Paris: Arthus Bertrand: 1-634.

Trouessart EL. 1904. Cetacea, Edentata, Marsupialia, Allotheria, Monotremata. Fas-cicle IV. In: Fasciculus L. Catalogus Mammalium tam Viventium Quam Fossilium a doctore E.-L. Trouessart. Quinquennale Supplementum (1899-1904). Berlin: R. Friedländer & Sohn: 753-929.

Iredale T, Troughton ELG. 1933. The correct generic names for the Grampus or Killer Whale, and the so-called Grampus or Risso's Dolphin. Records of the Australian Museum, 19(1): 28-36.

Scheffer VB. 1942. A list of the marine mammals of the west coast of North America. The Murrelet, 24: 44.

Cabrera A. 1961. Catálogo de los mamíferos sudamericanos. Revista del Museo Argentino de Ciencias Naturales, 4: 309-732.

Branson J. 1971. Killer whales pursue sea lions in Bering Sea drama. Commercial Fisheries Review, 33(3): 39-42.

Mikhalev YA, Ivashin MV, Savusin VP, Zelenaya FE. 1981. The distribution and biology of killer whales in the Southern Hemisphere. Report of the International Whaling Commission, 31: 551-566.

Berzin AA, Vladimirov VL. 1982. Novyi vid kosatok iz Antarktiki. Priroda, 6: 31-32.

瓜头鲸属 *Peponocephala* Nishiwaki *et* Norris, 1966

615. 瓜头鲸 *Peponocephala electra* (Gray, 1846)

英文名：Melon-headed Whale, Electra Dolphin

曾用名：瓜状头鲸、多齿黑鲸、小杀人鲸、伊列特拉海豚

地方名：无

模式产地：北太平洋夏威夷群岛希洛湾

同物异名及分类引证：

Electra electra Gray, 1846

Lagenorhynchus asia Gray, 1846

Lagenorhynchus electra Gray, 1846

Delphinus pectoralis Peale, 1848

Phocaena pectoralis Peale, 1848

Delphinus fusiformis Owen, 1866

Electra asia Gray, 1868

Electra fusiformis Gray, 1868

Electra obtusa Gray, 1868

Electra electra Nakajima *et* Nishiwaki, 1965

亚种分化：无

国内分布：东海［浙江，台湾屏东（东港）、宜兰（苏澳）海域］。

国外分布：太平洋（夏威夷群岛、澳大利亚东部沿岸海域）、大西洋、印度洋（菲律宾宿务岛海域）的热带、亚热带的深水水域。

引证文献：

Gray JE. 1846. Mammalia and birds. In: Richardson J, Gray JE, *et al.* The zoology of the voyage of H.M.S. Erebus and Terror under the command of Captain Sir James Clark Ross, during the years 1839 to 1843. Vol. 1. London: E. W. Janson: 13-53.

Peale TR. 1848. United States exploring expedition. During the years 1838, 1839, 1840, 1841, 1842. By Charles Wilkes U.S.N. Vol. 8. Philadelphia: Lea and Blanchard: 32.

Owen R. 1866. On some Indian Cetacea collected by Walter Elliot, Esq. The Transactions of the Zoological Society of London, 6(1): 17-47.

Gray JE. 1868. Synopsis of the species of whales and dolphins in the collection of the British Museum. London: Bernard Quaritch: 7.

Nakajima M, Nishiwaki M. 1965. The first occurrence of a porpoise (*Electra electra*) in Japan. Scientific Reports of the Whales Research Institute, 19: 65.

伪虎鲸属 *Pseudorca* Reinhardt, 1862

616. 伪虎鲸 *Pseudorca crassidens* (Owen, 1846)

英文名：False Killer Whale

曾用名：拟虎鲸、拟逆戟鲸

地方名：黑鲷

模式产地：英国林肯郡海域

同物异名及分类引证：

Orca crassidens Gray, 1846

Phocaena crassidens Owen, 1846

Orca meridionalis Flower, 1865

Orca destructor Cope, 1866

Pseudorca meridionalis Gray, 1866

Pseudorca grayi Burmeister, 1872

Pseudorca mediterranea Giglioli, 1882

亚种分化：无

国内分布：渤海（辽宁、山东海域）、黄海（江苏、山东海域）、东海（福建、台湾、浙江海域）、南海（广东、广西、海南、香港海域）。

国外分布：太平洋、大西洋、印度洋的热带至暖温带水域。

引证文献：

Gray JE. 1846. On the cetaceous animals. In: Richardson J, Gray JE, *et al.* The zoology of the voyage of H.M.S. Erebus and Terror, under the command of Captain Sir James Clark Ross, during the years 1839 to 1843. Vol. 1. London: E. W. Janson: 34.

Owen R. 1846. A history of British fossil mammals and birds. London: J. Van Voorst.

Flower WH. 1865. A new species of Grampus (*Orca meridionalis*) from Tasmania. Proceedings of the Zoological Society of London, 32(1864): 420-426.

Cope ED. 1866. Third contribution to the history of the Balaenidae and Delphinidae. Proceedings of the Academy of Natural Sciences of Philadelphia, 18: 293-300.

Gray JE. 1866. Catalogue of seals and whales in the British Museum. London: Printed by order of the Trustees: 291-295.

Burmeister H. 1872. On my so-called Globiocephalus Grayi. The Annals and Magazine of Natural History, Ser. 4, 10(55): 51-54.

Giglioli EH. 1882. Nota intorno un nuovo Cetaceo nel Mediterraneo da riferirsi probabilmente al genere *Pseudorca*. Zoologischer Anzeiger, 5(112): 288-290.

白海豚属 *Sousa* Gray, 1866

617. 中华白海豚 *Sousa chinensis* (Osbeck, 1765)

英文名：Indo-Pacific Humpback Dolphin, Chinese White Dolphin

曾用名：太平洋驼海豚、印太洋驼海豚

地方名：妈祖鱼（台湾）、白鲳（台湾）、白牛（广西）、白鯃（福建）

模式产地：广东珠江

同物异名及分类引证：

Delphinus chinensis Osbeck, 1765

Delphinus sinensis Desmarest, 1822

Steno lentiginosus Gray, 1866

Steno chinensis Gray, 1871

Sotalia plumbeus Flower, 1883

Sotalia sinensis Flower, 1883

Sotalia chinensis True, 1889

Steno lentiginosus Blanford, 1891

Sotalia borneensis Lydekker, 1901

Sousa lentiginosa Iredale *et* Troughton, 1934

Stenopontistes zambezicus Miranda-Ribeiro, 1936

Sousa borneensis Fraser *et* Purves, 1960

Sousa queenslandensis Gaskin, 1972

Sousa huangi Wang, 1999

亚种分化：全世界有 2 个亚种，中国均有分布。

指名亚种 *S. c. chinensis* (Osbeck, 1765)，模式产地：广东珠江；

台湾亚种 *S. c. taiwanensis* Wang, Yang *et* Hung, 2015，模式产地：台湾海域。

国内分布：指名亚种分布于东海（福建、上海、浙江海域）、南海（广东、广西、海南、香港海域）；台湾亚种分布于东海（台湾海域）。

国外分布：太平洋中西部、印度洋东部。

引证文献：

Osbeck P. 1765. Reise nach Ostindien und China. Nebst O. Toreens Reise nach Suratte und C. G. Ekebergs

Nachricht von der Landwirthschaft der Chineser. Vol. 1. Rostock: Verlegts Johann Christian Koppe: 7.

Desmarest AG. 1822. Mammalogie, ou, Description des espèce de mammifères. Encyclopédie Méthodique, Pt. 2. Paris: Chez Mme. Veuve Agasse, imprimeur-libraire: 514.

Gray JE. 1866. Catalogue of seals and whales in the British Museum. 2nd Ed. London: Printed by order of the Trustees: 394.

Gray JE. 1871. Supplement to the catalogue of seals and whales in the British Museum. London: Printed by Order of the Trustees: 65-66.

Flower WH. 1883. On the characters and divisions of the family Delphinidae. Proceedings of the Zoological Society of London, 51: 466-513.

True FW. 1889. Contributions to the natural history of the cetaceans: a review of the family Delphinidae. Washington: Bulletin of the United States National Museum: 7-190.

Blanford WT. 1888. The fauna of British India, including Ceylon and Burma. Mammalia. London: Taylor and Francis: 584-585.

Lydekker R. 1901. Notice of an apparently new estuarine dolphin from Borneo. Proceedings of the Zoological Society of London, 1: 88-91.

Iredale T, Troughton ELG. 1934. A check-list of the mammals recorded from Australia. Australian Museum Memoir, 6: 68.

Miranda-Ribeiro AD. 1936. Notas cetologicas (os generos *Steno*, *Sotalia e Stenopontistes*). Boletim do Museu Nacional do Rio de Janeiro, 12(1): 3-23.

Fraser FC, Purves PE. 1960. Hearing in cetaceans: evolution of the accessory air sacs and the structure and function of the outer and middle ear in recent cetaceans. Bulletin of the British Museum (Natural History), Zoology, 7(1): 1-140.

Gaskin DE. 1972. Whales, dolphins, and seals, with special reference to the New Zealand region. New York: St. Martin's Press: 124-200.

Wang PL. 1999. Chinese cetaceans. Ningbo: Ocean Enterprises: 1-325.

Wang JY, Yang SC, Hung SK. 2015. Diagnosability and description of a new subspecies of Indo-Pacific humpback dolphin, *Sousa chinensis* (Osbeck, 1765), from the Taiwan Strait. Zoological Studies, 54(1): 1-15.

原海豚属 *Stenella* Gray, 1866

618. 热带点斑原海豚 *Stenella attenuata* (Gray, 1846)

英文名：Pantropical Spotted Dolphin

曾用名：点斑原海豚、白点原海豚、热带斑海豚、白斑海豚、斑点海豚

地方名：小白腹仔、花鹿仔

模式产地：不详（可能是印度）

同物异名及分类引证：

Steno attenuatus Gray, 1846

Delphinus albirostratus Peale, 1848

Lagenorhynchus albirostratus Peale, 1848

Delphinus microbrachium Gray, 1850

Lagenorhynchus coeruleoalbus Cassin, 1858

Steno capensis Gray, 1865

Clymene punctata Gray, 1866

Delphinus punctatus Gray, 1866

Steno consimilis Malm, 1871

Prodelphinus alope Lütken, 1889

Prodelphinus capensis Trouessart, 1898

Stenella pseudodelphis Oliver, 1922

Prodelphinus graffmani Lönnberg, 1934

Stenella graffmani Kellogg, 1940

亚种分化：全世界有 2 个亚种，中国有 1 个亚种。

指名亚种 *S. a. attenuata* (Gray, 1846)，模式产地：不详（可能是印度）。

国内分布：指名亚种分布于东海（福建东山，台湾花莲、基隆、台北、台东、宜兰海域）、南海（广东汕头，广西北海、钦州，香港海域）。

国外分布：太平洋、大西洋和印度洋北纬 30°～40°、南纬 20°～40°的热带及部分亚热带海域。

引证文献：

Gray JE. 1846. On the cetaceous animals. In: Richardson J, Gray JE, *et al*. The zoology of the Voyage of H.M.S. Erebus and Terror under the Command of Captain Sir James Clark Ross, during the years 1839 to 1843. Vol. 1. London: E. W. Janson: 44.

Peale TR. 1848. United States Exploring Expedition. During the years 1838, 1839, 1840, 1841, 1842 by Charles Wilkes, USN. Vol. 8. Philadelphia: Lea and Blanchard: 35.

Gray JE. 1850. Catalog of the specimens of Mammalia in the collection of the British Museum. Part 1. Cetacea. London: Printed by order of the Trustees: 119.

Cassin J. 1858. United States Exploring Expedition. During the years 1838, 1839, 1840, 1841, 1842. Philadelphia: Printed by C. Sherman: 466.

Gray JE. 1865. Notices of a new genus of delphinoid whales from the Cape of Good Hope, and of other cetaceans from the same seas. Proceedings of the Zoological Society of London, 33(1): 522-529.

Gray JE. 1866. Description of three species of dolphins in the free museum at Liverpool. Proceedings of the Zoological Society of London, 33: 738.

Malm AW. 1871. Hvaldjur I Sveriges museer år 1869. Konglinga Svenska Vetenskaps Akademiens Handlingar Stockholm, 9(2): 1-104.

Lütken CF. 1889. Spoila Atlantica. Bidrag til Kundskab om de tre pelagiske Tandhval-Slaegter *Steno*, *Delphinus* og *Prodelphinus*. Danske Videnskarbernes Selskab Skrifter, 6: 1-64.

Trouessart EL. 1897. Catalogus mammalium tam viventium quam fossilium a doctore E.-L. Trouessart. Nova Edition (Prima Completa). Tomus I. Vol. 2. Berolini: R. Friedländer and sohn: 1035.

Oliver WRB. 1922. A review of the Cetacea of the New Zealand seas. Proceedings of the Zoological Society of London, 1922: 583.

Lönnberg E. 1934. *Prodelphinus graffmani* n. sp. a new dolphin from the Pacific coast of Mexico. Arkiv för Zoologie, 26A(19): 1-11.

Kellogg R. 1940. Whales, giants of the sea. National Geographic Magazine, 77(1): 35-90.

619. 条纹原海豚 *Stenella coeruleoalba* (Meyen, 1833)

英文名：Striped Dolphin

曾用名：条纹海豚，蓝白原海豚，青背海豚

地方名：关公盾（台湾）

模式产地：南美洲东海岸拉普拉塔河附近

同物异名及分类引证：

Delphinus coeruleoalbus Meyen, 1833

Delphinus euphrosyne Gray, 1846

Delphinus styx Gray, 1846

Delphinus lateralis Peale, 1848

Lagenorhynchus caeruleoalbus Gray, 1850

Delphinus tethyos Gervais, 1853

Delphinus marginatus Desmarest, 1856

Prodelphinus marginatus Desmarest, 1856

Lagenorhynchus lateralis Cassin, 1858

Delphinus mediterraneus Loche, 1860

Delphinus asthenops Cope, 1865

Delphinus crotaphiscus Cope, 1865

Stenella asthenops Cope, 1865

Clymene dorides Gray, 1866

Clymene euphrosyne Gray, 1866

Clymene similis Gray, 1866

Tursio dorcides Gray, 1866

Lagenorrhynchus caeruleoalbus Burmeister, 1867

Clymenia dorides Gray, 1868

Clymenia euphrosyne Gray, 1868

Clymenia euphrosynoides Gray, 1868

Clymenia similis Gray, 1868

Clymenia styx Gray, 1868

Clymenia burmeisteri Malm, 1871

Clymenia crotaphiscus Gray, 1871

Clymenia esthenops Gray, 1871

Clymenia novaezelandiae Hector, 1873

Clymenia aesthenops Dall *et* Scammon, 1874

Clymenia crotaphisca Dall *et* Scammon, 1874

Prodelphinus euphrosyne Flower, 1885

Prodelphinus coeruleoalbus True, 1889

Prodelphinus lateralis True, 1889

Delphinus amphitriteus Philippi, 1893

Prodelphinus crotaphiscus Trouessart, 1898

Prodelphinus doreides Trouessart, 1898

Prodelphinus euphrosine Trouessart, 1898

Prodelphinus euphrosinoides Trouessart, 1898

Delphinus delphis mediterranea Nobre, 1900

Prodelphinus amphitriteus True, 1903

Prodelphinus burmeisteri Trouessart, 1904

Stenella euphrosyne Oliver, 1922

Stenella styx Ellerman *et* Morrison-Scott, 1951

Stenella caeruleoalbus Tomilin, 1957

Stenella caeruleoalbus caeruleoalbus Tomilin, 1957

Stenella caeruleoalbus euphrosyne Tomilin, 1957

Stenella caeruleoalba Scheffer *et* Rice, 1963

Stenella coeruleoalbus Hershkovitz, 1966

Stenella crotaphiscus Hershkovitz, 1966

亚种分化：无

国内分布：东海（福建、台湾海域）、南海（海南、广东、广西、香港海域）。

国外分布：太平洋、大西洋（包括地中海）、印度洋。

引证文献：

Meyen FJF. 1833. Beiträge zur zoologie, gesammelt auf einer reise um die erde. Zweite abhandlung. Säugethiere. Nova Acta Physico-Medica Academiae Caesariae Leopoldino-Carolinae Naturae Curiosorum (Verhandlungen der Kaiserlichen Leopoldisnisch-Carolinischen Akademie der Naturforscher), 16(8): 548-610.

Gray JE. 1846. On the cetaceous animals. In: Richardson J, Gray JE, *et al*. The zoology of the voyage of H.M.S. Erebus and Terror, under the command of Captain Sir James Clark Ross, during the years 1839 to 1843. Vol. 1. London: E. W. Janson: 39-40.

Peale TR. 1848. United States Exploring Expedition. During the years 1838, 1839, 1840, 1841, 1842 by Charles Wilkes, U.S.N. Vol. 8. Philadelphia: C. Sherman: 35.

Gray JE. 1850. Catalogue of the specimens of Mammalia in the collection of the British Museum. Part 1. Cetacea: 30. London: British Museum (Natural History): 1-153.

Gervais P. 1853. Remarques sur les mammifères marins qui fréqentent les côtes de la France et plus particulièrement sur une nouvelle espèce de Dauphins propre à la Méditerranée. Bulletin de la Société Centrale d'Agriculture du Departement de l'Hérault, 40: 140-156.

Desmarest AG. 1856. Revue et magasin de zoologie pure et appliquee. Paris: Bureau de la Revue et Magasin de Zoologie, ser. 2, t. 8: 346.

Cassin J. 1858. United States Exploring Expedition. During the years 1838, 1839, 1840, 1841, 1842. Philadelphia: Printed by C. Sherman: 35.

Loche GG. 1860. Description de deux nouvelles espèces du genre *Dauphin*. Revue et Magasin de Zoologie, 2: 473-479.

Cope ED. 1865. Partial catalogue of the cold-blooded Vertebrata of Michigan. Proceedings of the Academy of Natural Sciences of Philadelphia, 16: 200-203.

Gray JE. 1866. Catalogue of seals and whales in the British Museum. 2nd Ed. London: Printed by order of the Trustees: 1-402.

Burmeister H. 1867. Preliminary description of a new species of finner whale (*Balaenoptera bonaerensis*). Proceedings of the Zoological Society of London, 1867: 707-713.

Gray JE. 1868. On the geographical distribution of the *Balænidæ* or Right Whales. The Annals and Magazine of Natural History, Ser. 4, 1(4): 242-247.

Gray JE. 1871. Supplement to the catalogue of seals and whales in the British Museum. London: Printed by Order of the Trustees: 1-103.

Malm AW. 1871. Hvaldjur I Sveriges museer år 1869. Stockholm: P. A. Norstedt & Söner: 1-104.

Hector J. 1873. On the whales and dolphins of the New Zealand Seas. Transactions and Proceedings of the New Zealand Institute, 5: 159.

Dall WH, Scammon CM. 1874. The marine mammals of the north-western coast of North America described and illustrated together with an account of the American whale-fishery. San Francisco: J.H. Carmany: 267-288.

Flower WH. 1885. List of the specimens of Cetacea in the zoological department of the British Museum. London: Printed by order of the Trustees: 29.

True FW. 1889. Contributions to the natural history of the cetaceans: a review of the family Delphinidae. Bulletin of the United States National Museum, 36: 65-164.

Philippi RA. 1893. Los delfines de la punta austral de la América del sur. Anales del Museo Nacional de Chile. Zoolojía, 6: 1-17.

Trouessart EL. 1898. Catalogus mammalium tam viventium quam fossilium a doctore E.-L. Trouessart. Berolini: R. Friedländer and Sohn, 2: 1034.

Nobre A. 1900. Annaes de sciencias naturaes: revista de historia natural, agricultura, piscicultura, e pescas maritimas. Vol. 6. Porto: Typ. Occidental: 50.

True FW. 1903. Proceedings of the Biological Society of Washington. Vol. 134. Washington: Biological Society of Washington: 134.

Trouessart EL. 1904. Catalogus mammalium tam viventium quam fossilium a doctore E.-L. Trouessart. Quinquennale supplementum anno. Berolini: R. Friedländer and Sohn, 2: 766.

Oliver WEB. 1922. A review of the Cetacea of the New Zealand Seas. Proceedings of the Zoological Society of London, 1922: 557-585.

Ellerman JR, Morrison-Scott TCS. 1951. Checklist of Palaearctic and Indian mammals 1758 to 1946. London: British Museum (Natural History): 732-733.

Tomilin AG. 1957. Mammals of the Eastern Europe and Northern Asia. Vol. 9: Cetacea. Jerusalem: Israel Program for Scientific Translations: 554.

Scheffer VB, Rice DW. 1963. A list of the marine mammals of the world. United States Fish and Wildlife Service Special Scientific Report-Fisheries, 431: 6.

Hershkovitz P. 1966. Catalog of living whales. Bulletin of the United States National Museum, 246: 27-39.

620. 飞旋原海豚 *Stenella longirostris* (Gray, 1828)

英文名：Spinner Dolphin

曾用名：长吻飞旋海豚、飞旋海豚、长吻原海豚、长细吻海豚

地方名：无

模式产地：不详

同物异名及分类引证：

Delphinus longirostris Gray, 1828

Delphinus alope Gray, 1846

Delphinus microps Gray, 1846

Delphinus roseiventris Wagner, 1846

Clymene alope Gray, 1866

Clymene microps Gray, 1866

Clymene stenorhynchus Gray, 1866

Delphinus stenorhynchus Gray, 1866

Steno roseiventris Gray, 1866

Clymenia alope Gray, 1868

Clymenia stenorhynchus Gray, 1868

Clymenia microps Gray, 1871

Prodelphinus alope Flower, 1885

Prodelphinus longirostris Flower, 1885

Prodelphinus microps Flower, 1885

Stenella alope Fraser, 1950

亚种分化：全世界有 4 个亚种，中国有 1 个亚种。

指名亚种 *S. l. longirostris* (Gray, 1828)，模式产地：不详。

国内分布：指名亚种分布于东海（福建厦门，台湾高雄、嘉义、台东、宜兰海域）、南海（广西防城港、香港海域）。

国外分布：太平洋、大西洋和印度洋，包括波斯湾和红海，但是不出现在地中海；大约北纬 40°至南纬 40°的热带、亚热带水域。

引证文献：

Gray JE. 1828. Spicilegia Zoologica, or original figures and short systematic descriptions of new and unfigured animals. Part. 1. London: Treüttel, Würtz: 1.

Gray JE. 1846. On the cetaceous animals. In: Richardson J, Gray JE, *et al*. The zoology of the voyage of H.M.S. Erebus and Terror under the command of Captain Sir James Clark Ross, during the years 1839 to 1843. Vol. 1. London: E.W. Janson: 13-53.

Wagner JA, Schreber JCD, Goldfuss GA. 1846. Die Säugthiere in Abbildungen nach der natur, mit Beschreibungen von Dr. Johann Christian Daniel von Schreber. Vol. 7. Lepzig: Weigel: 360.

Gray JE. 1866a. Note on some Mammalia from Port Albany (Cape York Peninsula), North Australia, with the descriptions of some new species. Proceedings of the Zoological Society of London, 34: 214.

Gray JE. 1866b. Catalogue of seals and whales in the British Museum. 2nd Ed. London: Printed by order of the Trustees: 233-240.

Gray JE. 1868. Synopsis of the species of whales and dolphins in the collection of the British Museum. London: Bernard Quaritch: 6.

Gray JE. 1871. Supplement to the catalogue of seals and whales in the British Museum. London: Printed by Order of the Trustees: 69.

Flower WH. 1885. List of the specimens of Cetacea in the zoological department of the British Museum. London: Printed by order of the Trustees: 31.

Fraser FC. 1950. Description of a dolphin *Stenella frontalis* (Cuvier) from the coast of French Equatorial Africa. In: Holthuis BL. Atlantide Report No. 1. Scientific results of the Danish Expedition to the coasts of tropical West Africa 1945-1946. Vol. 1. Copenhagen: Danish Science Press: 61-84.

糙齿海豚属 *Steno* Gray, 1846

621. 糙齿海豚 *Steno bredanensis* (Lesson, 1828)

英文名：Rough-toothed Dolphin

曾用名：纹齿长吻海豚、皱齿海豚

地方名：无

模式产地：法国海域

同物异名及分类引证：

Delphinorhynchus bredanensis Lesson, 1828

Delphinus planiceps Van Breda, 1829

Delphinus reinwardtii Schlegel, 1841

Delphinus compressus Gray, 1843

Delphinus chamissonis Wiegmann (in Schreber *et* Wagner, 1846)

Steno compressus Gray, 1846

Delphinus oxyrhynchus Gray, 1850

Steno frontatus Blyth, 1863

Delphinus (*Steno*) *perspicillatus* Peters, 1876

Steno perspicillatus True, 1889

Steno rostratus Lütken, 1889

亚种分化：无

国内分布：东海（福建、上海、台湾、浙江台州海域）、南海（香港海域）。

国外分布：太平洋（热带水域）、大西洋（西印度群岛水域、地中海、黑海）、印度洋。

引证文献：

Lesson RP. 1828. Histoire naturelle, générale et particulière des mammifères et des oiseaux découverts depuis 1788 jusqu'a nos jours. Vol. 1. Paris: Chez Baudoin Frères: 206.

Van Breda JGS. 1829. Aanteekening omtrent eene nieuwe soort van dolfijn. Nieuwe Verhandelingen, 1ste Klasse, Koninklijk Nederlandsch Instituut, 2: 235-237.

Schlegel H. 1841. Abhandlungen aus dem gebiete der zoologie und vergleichenden anatomie. Vol. 3. Leiden: A. Arnz and Comp: 27-28.

Gray JE.1843. List of the specimens of Mammalia in the collection of the British Museum. London: Printed by order of the Trustees: 105.

Gray JE. 1846. On the cetaceous animals. In: Richardson J, Gray JE, *et al*. The zoology of the voyage of H.M.S Erebus and Terror under the command of Captain Sir James Clark Ross, during the years 1839 to 1843. Vol. 1. London: E. W. Janson: 13-53.

Wagner JA. 1846. Die ruderfüßer und fischzitzthiere. In: Schreber JCD. Die Säugthiere in Abbildungen nach der Natur, mit Beschreibungen. Vol. 7. Austria: Austrian National Library: 366.

Gray JE. 1850. Catalogue of the specimens of Mammalia in the collection of the British Museum. Part 1. London: Printed by order of the Trustees: 131.

Blyth E. 1863. Catalogue of the Mammalia in the Museum Asiatic Society. Calcutta [India]: Savielle & Cranenburgh: 91.

Peters WC. 1876. Monatsberichte der Königlichen Preussische Akademie des Wissenschaften zu Berlin. Berlin: Königliche Akademie der Wissenschaften: 360-366.

Lütken CF. 1889. Spolia atlantica. Bidrag til kundskab om de tre pelagiske tandhval-slaegter *Steno*, *Delphinus* og *Prodelphinus*. Kongelige Danske Videnskabs-selskabet skrifter 1 Christiania, Mathematisk-naturvidenskabelig, 6(5): 1-61.

True FW. 1889. Contributions to the natural history of the cetaceans: a review of the family Delphinidae. Vol. 36. Washington: Bulletin of the United States National Museum: 25-157.

瓶鼻海豚属 *Tursiops* Gervais, 1855

622. 印太瓶鼻海豚 *Tursiops aduncus* (Ehrenberg, 1833)

英文名：Indo-Pacific Bottlenose Dolphin

曾用名：东方宽吻海豚、南宽吻海豚、南瓶鼻海豚、印太宽吻海豚、印太洋瓶鼻海豚、
印度洋瓶鼻海豚

地方名：无

模式产地：埃塞俄比亚红海海域

同物异名及分类引证：

Delphinus aduncus Ehrenberg, 1833

Tursiops aduncus abusalam Trouessart, 1904

亚种分化：无

国内分布：东海（福建东山、平潭、厦门，台湾澎湖、新竹，浙江舟山群岛海域）、南
海（广东、广西北部、香港海域）。

国外分布：太平洋（东部热带水域、夏威夷群岛海域）、印度洋（红海）。

引证文献：

Ehrenberg CG. 1833. Mammalia, decade II. In: Hemprich FG, Ehrenberg CG, *et al.* Symbolae Physicae seu
Icones et descriptiones. Berlin: Officina Academica: 6.

Trouessart EL. 1904. Catalogus mammalium tam viventium quam fossilium a doctore E.-L. Trouessart.
Quinquennale Supplementum (1899-1904). Berolini: R. Friedländer and Sohn: 753-929.

623. 瓶鼻海豚 *Tursiops truncatus* (Montagu, 1821)

英文名：Common Bottlenose Dolphin

曾用名：宽吻海豚、尖吻海豚、大海豚、樽鼻海豚

地方名：无

模式产地：英国德文郡达特河

同物异名及分类引证：

Delphinus truncatus Montagu, 1821

Tursiops catalania True, 1889

Tursiops gillii Yang, 1964

亚种分化：全世界有 3 个亚种，中国有 1 个亚种。

指名亚种 *T. t. truncatus* (Montagu, 1821)，模式产地：英国德文郡达特河。

国内分布：指名亚种分布于黄海（辽宁大连蛇岛，江苏东台，山东海阳、威海海域）、
东海（福建东山、福清、漳浦，上海长江口，台湾花莲、基隆、澎湖、台南、宜兰，
浙江嵊泗列岛、瑞安、舟山群岛海域）、南海（广东、广西、香港海域）。

国外分布：太平洋、大西洋、印度洋的热带、温带水域。

引证文献：

Montagu G. 1821. Description of a species of *Delphinus* (*D. truncatus*), which appears to be new. Memoirs of
the Wernerian Natural History Society, 3: 75-82.

True FW. 1889. Contributions to the natural history of the cetaceans: a review of the family Delphinidae. Bulletin of the United States National Museum, 36: 1-191.

Yang HC. 1964. Cetacean species found in Taiwan waters and whaling in Taiwan. Geiken Tsushin, 157: 113-122.

鼠海豚科 Phocoenidae Gray, 1825

江豚属 *Neophocaena* Palmer, 1899

624. 长江江豚 *Neophocaena asiaeorientalis* Pilleri *et* Gihr, 1972

英文名：Yangtze Finless Porpoise

曾用名：江豚、窄脊江豚

地方名：江猪

模式产地：长江江阴段

同物异名及分类引证：

Neomeris asiaeorientalis Pilleri *et* Gihr, 1972

Neophocaena asiaeorientalis asiaeorientalis Pilleri *et* Gihr, 1972

Neophocaena phocaenoides asiaeorientalis Pilleri *et* Gihr, 1972

亚种分化：无

国内分布：中国特有，分布于长江干流及部分支流（湖北、湖南、安徽、江苏、江西、上海水域）、洞庭湖、鄱阳湖。

国外分布：无

引证文献：

Pilleri G, Gihr M. 1972. Contribution to the knowledge of the cetacean of Pakistan with particular reference to the genera *Neomeris*, *Sousa*, *Delphius* and *Tursiops* and description of a new Chinese porpoise (*Neomeris asiaeorientalis*). Investigations on Cetacea, 4: 107-162.

Zhou XM, Guang XM, Sun D, Xu SX, Li MZ, Seim I, Jie WC, Yang LF, Zhu QH, Xu JB, Gao Q, Kaky A, Dou QH, Chen BY, Ren WH, Li SC, Zhou KY, Gladyshev VN, Nielsen R, Fang XD, Yang G. 2018. Population genomics of finless porpoises reveal an incipient cetacean species adapted to freshwater. Nature Communications, 9(1): 1276.

625. 印太江豚 *Neophocaena phocaenoides* (Cuvier, 1829)

英文名：Indo-Pacific Finless Porpoise

曾用名：宽脊江豚

地方名：江猪、海猪

模式产地：印度马拉巴尔海岸

同物异名及分类引证：

Delphinus phocaenoides Cuvier, 1829

Delphinus melas Temminck, 1841

Neomeris melas Temminck, 1841

Neomeris phocaenoides Gray, 1846

Delphinapterus molagan Owen, 1866

Neomeris kurrachiensis Murray, 1884

Phocaena phocaenoides Blanford, 1888

Phocoena phocaenoides Robinson *et* Kloss, 1918

Phaoecana phocaenoides Allen, 1923

Neophocaena phocoenoides Robineau, 1990

亚种分化：无

国内分布：东海（福建东山，台湾澎湖、台南、新竹，浙江宁波海域）、南海（广东雷州，广西北海、防城港，海南东方、海口，香港海域）。

国外分布：太平洋西部、印度洋北缘。

引证文献：

Cuvier G. 1829. Le règne animal distribué d'après son organisation: pour servir de base à l'histoire naturelle des animaux et d'introduction à l'anatomie comparée. Vol. 1. Paris: Chez Déterville, Libraire: 291.

Temminck CJ. 1841. Fauna japonica. Lugduni Batavorum: Apud Auctorem: 14.

Gray JE. 1846. On the cetaceous animals. In: Richardson J, Gray JE, *et al*. The zoology of the voyage of H.M.S. Erebus and Terror under the command of Captain Sir James Clark Ross, during the years 1839 to 1843. Vol. 1. London: E. W. Janson: 1-53.

Owen P. 1866. On some Indian Cetacea collected by Walter Elliot, Esq. The Transactions of the Zoological Society of London, 6(1): 17-47.

Murray JA. 1884. A contribution to the knowledge of the marine fauna of Kurrachee. The Annals and Magazine of Natural History, Ser. 5, 13(77): 348-352.

Blanford WT. 1888. The fauna of British India: including Ceylon and Burma. London: Taylor and Francis: 574-576.

Robinson HC, Kloss CB. 1918. Results of an expedition to Korinchi Peak, Sumatra. I. Mammals. Journal of the Federated Malay States Museums, Kuala Lumpur, 1: 1-80.

Allen GM. 1923. The black finless porpoise, *Meomeris*. Bulletin of the Museum of Comparative Zoology, 65: 233-256.

Robineau D. 1990. Les types de Cétacés actuels du Muséum National d'Histoire Naturelle II. Delphinidae, Phocoenidae. Bulletin du Muséum National d'Histoire Naturelle, 12: 197-238.

626. 东亚江豚 *Neophocaena sunameri* Pilleri *et* Gihr, 1975

英文名：East Asian Finless Porpoise, Sunameri

曾用名：江豚、窄脊江豚

地方名：江猪、海猪

模式产地：日本长崎

同物异名及分类引证：

Neophocaena asiaeorientalis sunameri Pilleri *et* Gihr, 1975

亚种分化：无

国内分布：渤海（辽宁大连、葫芦岛、锦州、盘锦海域）、黄海（辽宁、江苏、山东海域）、东海（福建长乐、东山、平潭，浙江宁波、钱塘江、舟山海域）。

国外分布：西太平洋（朝鲜、韩国、日本海域）。

引证文献：

Pilleri G, Gihr M. 1975. On the taxonomy and ecology of the finless black porpoise, *Neophocaena* (Cetacean, Delphinidae). Mammalia, 39(4): 657-673.

Zhou XM, Guang XM, Sun D, Xu SX, Li MZ, Seim I, Jie WC, Yang LF, Zhu QH, Xu JB, Gao Q, Kaky A, Dou QH, Chen BY, Ren WH, Li SC, Zhou KY, Gladyshev VN, Nielsen R, Fang XD, Yang G. 2018. Population genomics of finless porpoises reveal an incipient cetacean species adapted to freshwater. Nature Communications, 9(1): 1276.

奇蹄目 PERISSODACTYLA Owen, 1848

马科 Equidae Gray, 1821

马属 *Equus* Linnaeus, 1758

627. 野马 *Equus ferus* Linnaeus, 1758

英文名： Przewalski's Horse, Dzungarian Horse, Przewalski's Wild Horse, Takhi

曾用名： 普氏野马

地方名： 蒙古野马、普氏马、奇各台、塔希

模式产地： 瑞典

同物异名及分类引证：

Equus caballus ferus Boddaert, 1785

Equus equiferus Pallas, 1811

Equus caballus przewalskii (Poliakov, 1881)

Equus ferus przewalskii (Poliakov, 1881)

Equus przewalskii Poliakov, 1881

Equus hagenbecki Matschie, 1903

Equus prjevalskii Ewart, 1907

Equus gmelini Antonius, 1912

亚种分化： 全世界有 3 个亚种，中国有 1 个亚种。

普氏亚种 *E. f. przewalskii* (Poliakov, 1881)，模式产地：新疆。

国内分布： 普氏亚种分布于甘肃、新疆、内蒙古。

国外分布： 蒙古、乌兹别克斯坦。

引证文献：

Linnaeus C. 1758. Systema naturae per regna tria naturae: secundum classes, ordines, genera, species, cum characteribus, differentiis, synonymis, locis. 10th Ed. Tomus I. Holmiae: Impensis Direct. Laurentii Salvii: 73.

Boddaert P. 1785. Elenchus animalium, volumen 1: sistens quadrupedia huc usque nota, eorumque varietates. Roterodami: Apud C.R. Hake: 1-174.

Pallas PS. 1811. Zoographia Rosso-Asiatica, sistens omnium animalium in extenso Imperio Rossico et adjacentibus maribus observatorum recensionem, domicilia, mores et descriptiones, anatomen atque icones plurimorum. [ICZN Opinion 212—dates of volumes: 1 & 2: 1811; 3: 1814]. Petropoli, in officina Caes. acadamiae scientiarum. Vol. 1: 1-568.

Poliakov IS. 1881. Loshad' Przheval'skovo (*Equus przewalskii* n. sp.). Izdanie Imperatorskavo Russkavo Geograficheskavo Obshchestva, 17: 1-20.

Matschi P. 1903. Giebt es in Mittelasien mehrere Arten von echten Wildpferden? Naturwissenschaftliche

Wochenschrift. Neue Folge II, XVIII(49): 581-583.

Ewart JC. 1907. On skulls of horses from the Roman fort at Newstead, near Melrose, with observations on the origin of domestic horses. Earth and Environmental Science Transactions of the Royal Society of Edinburgh, 45(3): 555-588.

Antonius O. 1912. Was ist der "Tarpan". Naturwissenschaftliche Wochenschrift, Neue Folge, XI, Band (Der Ganzen Reihe XXVII Band): 513-517.

Groves CP. 1974. Horses, asses and zebras in the wild. London: David and Charles: 1-192.

Bennett D, Hoffmann RS. 1999. *Equus caballus*. Mammalian Species, 43(628): 1-14.

628. 蒙古野驴 *Equus hemionus* Pallas, 1775

英文名：Asiatic Wild Ass, Asian Wild Ass, Asiatic Ass, Kulan, Mongolian Kulan, Mongolian Wild Ass, Onager

曾用名：野驴、亚洲野驴

地方名：饿驴子、蹇驴、蒙驴、什麻特、野马、右郎、中亚野驴

模式产地：俄罗斯外贝加尔边疆区（"Transbaikalia"）

同物异名及分类引证：

Equus hemionos Boddaert, 1785

Equus typicus Sclater, 1891

Equus castaneus Lydekker, 1904

Equus finschi Matschie, 1911

亚种分化：全世界有 7 个亚种，中国有 1 个亚种。

指名亚种 *E. h. hemionus* Pallas, 1775，模式产地：俄罗斯外贝加尔边疆区。

国内分布：指名亚种分布于内蒙古、甘肃、新疆。

国外分布：蒙古、印度、巴基斯坦、伊朗、以色列、哈萨克斯坦、土库曼斯坦、乌兹别克斯坦。

引证文献：

Pallas PS. 1775. *Equus hemionus*, mongolis dshikketaei dictus. Academie Sciences Petropoli, 19: 394-417.

Boddaert P. 1785. Elenchus animalium, volumen 1: sistens quadrupedia huc usque nota, eorumque varietates. Roterodami: Apud C.R. Hake: 1-174.

Sclater WL. 1891. Catalogue of Mammalia in the Indian museum, Calcutta. Part II. Rodentia, Ungulata, Proboscidea, Hyracoidea, Carnivora, Cetacea, Sirenia, Marsupialia, Monotremata. Calcutta: Printed by order of the trustees: 350.

Lydekker R. 1904. Note on the wild ass of Mongolia. Proceedings of the Zoological Society of London, 74(2): 431-432

Matschie P. 1911. Über einige Säugetiere aus Muansa am Victoria-Nyansa. Sitzungsberichte der Gesellschaft Naturforschender Freunde, Berlin, 8: 333-343.

Groves CP. 1986. The taxonomy, distribution and adaptations of recent equids. In: Meadow RH, Uerpmann HP. Equids in the ancient world: 11-65.

Schlawe L. 1986. Seltene Pfleglinge aus Dschungarei und Mongolei: Kulane, *Equus hemionus hemionus* Pallas, 1775. Zoologische Garten (Neue Folge), 56: 299-323.

Reading RP, Mix HM, Lhagvasuren B, Feh C, Kane DP, Dulamtseren S, Enkhbold S. 2001. Status and distribution of khulan (*Equus hemionus* Wiesbaden: Dr Ludwig Reichert Verlag) in Mongolia. Journal of the Zoology, 254(3): 381-389.

毕俊怀. 2015. 中国蒙古野驴研究. 北京: 中国林业出版社.

629. 藏野驴 *Equus kiang* (Moorcroft, 1841)

英文名：Tibetan Wild Ass, Asiatic Wild Ass, Kiang, Tibetan Ass Kiang, Eastern Kiang, Southern Kiang, Western Kiang

曾用名：野驴、西藏野驴、亚洲野驴

地方名：骞驴、藏驴

模式产地：克什米尔地区

同物异名及分类引证：

Asinus kiang Moorcroft, 1841

Equus hemionus subsp. *kiang* Moorcroft, 1841

Asinus hemionus Gray, 1852

Equus hemionus kiang Lydekker, 1904

亚种分化：全世界有 3 个亚种，中国均有分布。

西部亚种 *E. k. kiang* (Moorcroft, 1841)，模式产地：克什米尔地区；

南部亚种 *E. k. polyodon* Hodgson, 1847，模式产地：西藏南部；

东部亚种 *E. k. holdereri* Matschie, 1911，模式产地：青海湖西南岸。

国内分布：西部亚种分布于西藏中部和西部、新疆西南部；南部亚种分布于西藏南部；东部亚种分布于甘肃、青海、新疆东南部、四川西北部、西藏东部。

国外分布：巴基斯坦、尼泊尔和印度。

引证文献：

Moorcroft W, Trebeck G. 1841. Travels in the Himalayan provinces of Hindustan and the Panjab: in Ladakh and Kashmir; in Peshawar, Kabul, Kunduz, and Bokhara, from 1819 to 1825. London: John Murray, 1(2): 312.

Hodgson B H. 1847. Description of the wild ass and wolf of Tibet, with illustrations. Calcutta Journal of Natural History, 7: 469-477.

Gray JE. 1852. Catalogue of the specimens of Mammalia in the collection of the British Museum. Part III. Ungulata Furcipedia. London: Printed by order of the Trustees: 1-286.

Lydekker R. 1904. Note on the wild ass of Mongolia. Proceedings of the Zoological Society of London, 74(2): 431-432.

Matschie P. 1911. Über einige von Herrn Dr. Holderer in der südlichen Gobi und in Tibet gesammlete Säugetiere. In: Futterer K. Durch Asien. Vol. 3, V, Zoologie: 4-29.

鳞甲目 PHOLIDOTA Weber, 1904

鲮鲤科 Manidae Gray, 1821

鲮鲤属 *Manis* Linnaeus, 1758

630. 马来穿山甲 *Manis javanica* Desmarest, 1822

英文名： Sunda Pangolin, Malayan Pangolin

曾用名： 爪哇穿山甲、南洋鲮鲤、爪哇鲮鲤

地方名： 穿山鲤、钻山甲

模式产地： 印度尼西亚爪哇岛

同物异名及分类引证：

Manis aspera Sundevall, 1842

Manis leptura Blyth, 1842

Manis leucura Blyth, 1847

Manis guy Focillon, 1850

Manis sumatrensis Ludeking, 1862

Pholidotus labuanus Fitzinger, 1872

Pholidotus malaccensis Fitzinger, 1872

亚种分化： 无

国内分布： 云南（勐腊、孟连）。

国外分布： 柬埔寨、老挝、马来西亚、缅甸、泰国、文莱、新加坡、印度尼西亚、越南。

引证文献：

Desmarest AG. 1822. Mammalogie, ou, Description des espèce de mammifères. Encyclopédie Méthodique, Pt. 2. Paris: Chez Mme. Veuve Agasse, imprimeur-libraire: (6): 375-377.

Blyth E. 1842. Mammalia. Journal of the Asiatic Society of Bengal, Vol. 11, Part 1(125): 444-456.

Sundevall CJ. 1842. Om slägtet Sorex, med några nya arters beskrifning. Stockholm: Kungliga Vetenskapsakademien.

Blyth E. 1847. Report of the curator, zoology department. Journal of the Asiatic Society of Bengal, 16: 1271-1276.

Focillon AD. 1850. Du genre pangolin (*Manis* Linn.) et de deux nouvelles espèces de ce genre. Revue et Magasin de Zoologie pure et appliquée, Sér 2. Tome II: 465-474, 513-534.

Ludeking EWA. 1862. Natuur- en Geneeskundige Topographische Schets der Residentie Agam, (westkust van Sumatra). In: Wassink G. Geneeskundig Tijdschrift voor Nederlandsch Indië. Batavia: LANGE & CO.

Fitzinger LJ. 1872. Die natürliche Familie der Schuppenthiere (Manes). In: K.K. Hof- und Staatsdruckerei in Commission bei C. Gerold's Sohn, Wien. Mineralogie, Botanik, Zoologie, Anatomie, Geologie und

Paläontologie. Abt. 1. Sitzungsberichte Osterreichische Akademie der Wissenschaften. Mathematisch-Naturwissenschaftliche Klasse.

吴诗宝, 王应祥, 冯庆. 2005. 中国兽类一新纪录——爪哇穿山甲. 动物分类学报, 30(2): 440-443.

631. 中华穿山甲 *Manis pentadactyla* Linnaeus, 1758

英文名：Chinese Pangolin, Short-tailed Pangolin

曾用名：穿山甲、鲮鲤

地方名：穿山鲤、龙鲤、钻山甲、钱鲤甲、山鲤

模式产地：台湾

同物异名及分类引证：

Manis brachyura Erxleben, 1777

Manis auritus Hodgson, 1836

Manis dalmanni Sundevall, 1842

Phatages bengalensis (Fitzinger, 1872)

Pholidotus assamensis (Fitzinger, 1872)

Manis pusilla Allen, 1906

Pholidotus kreyenbergi (Matschie, 1908)

亚种分化：全世界有 3 个亚种，中国均有分布。

指名亚种 *M. p. pentadactyla* Linnaeus, 1758，模式产地：台湾；

华南亚种 *M. p. aurita* Hodgson, 1836，模式产地：尼泊尔；

海南亚种 *M. p. pusilla* Allen, 1906，模式产地：海南。

国内分布：指名亚种分布于台湾；华南亚种分布于重庆、贵州、四川、西藏（藏南地区）、云南、河南、湖北、湖南、安徽、福建、江苏、江西、上海、浙江、广东、广西、香港；海南亚种分布于海南。

国外分布：不丹、老挝、孟加拉国、缅甸、尼泊尔、泰国、印度东北部、越南。

引证文献：

Linnaeus C. 1758. Systema naturae per regna tria naturae: secundum classes, ordines, genera, species, cum characteribus, differentiis, synonymis, locis. 10th Ed. Tomus I. Holmiae: Impensis Direct. Laurentii Salvii.

Erxleben JCP. 1777. Systema regni animalis per classes, ordines, genera, species, varietates: cvm synonymia et historia animalivm: Classis I. Mammalia. Lipsiae: Impensis weygandianis.

Hodgson BH. 1836. VI. Synoptical description of sundry new animals, enumerated in the catalogue of Nipálese Mammals. Journal of the Asiatic Society of Bengal, 5: 231-238.

Sundevall CJ. 1842. Om slägtet Sorex, med några nya arters beskrifning. Stockholm: Kungliga Vetenskapsakademien.

Fitzinger LJ. 1872. Die natürliche Familie der Schuppenthiere (Manes). In: K.K. Hof- und Staatsdruckerei in Commission bei C. Gerold's Sohn, Wien. Mineralogie, Botanik, Zoologie, Anatomie, Geologie und Paläontologie. Abt. 1. Sitzungsberichte Osterreichische Akademie der Wissenschaften. Mathematisch-Naturwissenschaftliche Klasse.

Anderson J. 1878. Anatomical and zoological researches: comprising an account of the zoological results of the two expeditions to western Yunnan in 1868 and 1875; and a monograph of the two cetacean genera, *Platanista* and *Orcella*. London: Bernard Quaritch, 15, Piccadilly, 1: 341-353.

Allen JA. 1906. Mammals from the Island of Hainan, China. Bulletin of the American Museum of Natural History, 22: 463-490.

Matschie P. 1908. Chinesische Säugetiere. In: Filchner W. Wissenschaftliche ergebnisse der expedition Filchner nach China, 1903-1905, XXIII. Berlin: Ernst Siegfried Mittler und Sohn: 237-244.

吴诗宝, 马广智, 廖庆祥, 卢开和. 2005. 中国穿山甲保护生物学研究. 北京: 中国林业出版社.

Wu SB, Sun NCM, Zhang FH, Yu YS, Ades G, Suwal TL, Jiang ZG. 2020. Chapter 4: Chinese pangolin *Manis pentadactyla* (Linnaeus, 1758). In: Challender DWS, Nash HC, Waterman C. Pangolins: science, society and conservation. London: Academic Press: 49-70.

食肉目 CARNIVORA Bowdich, 1821

猫型亚目 Feliformia Kretzoi, 1945

猫科 Felidae Fischer von Waldheim, 1817

猫亚科 Felinae Fischer von Waldheim, 1817

金猫属 *Catopuma* Severtzov, 1858

632. 金猫 *Catopuma temminckii* (Vigors *et* Horsfield, 1827)

英文名：Asiatic Golden Cat, Golden Cat, Temminck's Cat

曾用名：亚洲金猫

地方名：土豹子、红春豹、芝麻豹、狸豹、乌云豹、原猫、黄虎、红金猫、灰金猫、花金猫

模式产地：印度尼西亚苏门答腊岛

同物异名及分类引证：

Felis temminckii Vigors *et* Horsfield, 1827

Profelis temminckii (Vigors *et* Horsfield, 1827)

Pardofelis temminckii (Vigors *et* Horsfield, 1827)

Felis moormensis Hodgson, 1831

Felis (Catopuma) moormensis (Hodgson, 1831) Severtzov, 1858

Felis nigrescens Gray, 1863

Felis trislis Milne-Edwards, 1872

Felis moormensis var. *nigrescens* (Hodgson, 1896) Pousargues, 1896

Felis dominicanorum Sclater, 1898

Felis semenovi Satunin, 1905

Felis temminckii mitchelli Lydekker, 1908

Felis (Catopuma) melli Matschie, 1922 (in Mell, 1922)

Felis temminckii bansei Sowerby, 1924

Felis temminckii badiodorsalis Howell, 1926

Felis temminckii dominicanorum (Sclater, 1898) Howell, 1929

Profelis temminckii (Vigors *et* Horsfield, 1827) Pocock, 1932

Pardofelis temminckii (Vigors *et* Horsfield, 1827) Johnson *et al.*, 2006

Catopuma temminckii (Vigors *et* Horsfield, 1827) Hemmer, 1978; Li *et al.*, 2016

亚种分化：全世界有 2 个亚种，中国有 1 个亚种。

中缅亚种 *C. t. moormensis* (Hodgson, 1831)，模式产地：尼泊尔。

国内分布：中缅亚种分布于陕西、甘肃、四川、西藏、云南。浙江、福建、广东等华东、华南地区的历史分布地自 2010 年以来无确认野外记录。

国外分布：不丹、柬埔寨、老挝、马来西亚、孟加拉国、缅甸、尼泊尔、泰国、印度、印度尼西亚、越南。

引证文献：

Vigors NA, Horsfield T. 1827. Descriptions of two species of the genus *Felis*, in the collections of the Zoological Society. The Zoological Journal, III(11): 449-451.

Hodgson BH. 1831. Some account of a new species of *Felis*. Gleanings in Science, 3: 177.

Severtzov MN. 1858. Notice sur la classification multiseriale des carnivores, specialement des felides, et les etudes de zoologie generale qui s'y rattachent. Revue et magasin de zoologie pure et appliquée, 2nd. Ser. 10: 387.

Milne-Edwards A. 1872. *Felis tristis* nov. sp. Étude pour servir à l'histoire de la faune mammalogique de la Chine. Recherches pour servir à l'histoire des mammifères comprenant des considérations sur la classification de ces animaux. Paris: G. Masson: 223-224.

Gray E. 1896. Catalogue of Mr. Hodgson's collection. Catalogue of the specimens and drawings of mammals, birds, reptiles, and fishes of Nepal and China (Tibet) presented by B. H. Hodgson, Esq., to the British Museum. 2nd Ed. London: Taylor and Francis: 4.

Pousargues E. 1896. Sur La collection de Mammifères bapportés du Yun-nan par le prince Henri d'Orléans. Bulletin du Muséum d'Histoire Naturelle, 2(1):181.

Sclater PL. 1898. Report on the additions to the Society's Menagerie in December 1897. Proceedings of the Zoological Society of London. London: Messrs. Longmans, Green, and Co.: 2 & Plate I.

Satunin K. 1905. Neue katzenarten aus Central-Asien. Annuaire Musee Zoologique de l'Academie Imperiale des Sciences de St.-Petersbourg. Tome IX, 1904. St. Petersbourg: Imprimerie de l'Academie Imperiale des Sciences: 524.

Mell R. 1922. Beiträge zur Fauna Sinica. I. Die Vertebraten Südchinas; Feldlisten und Feldnoten der Säuger, Vögel, Reptilien, Batrachie. Archiv für Naturgeschichte, 88, 10: 36.

Howell B. 1926. A new name for *Felis* (*Catopuma*) *Melli* Matschie, and note on the nomenclature of *Felis pardus centralis* Lonnberq. Proceedings of the Biological Society of Washington, 39: 143.

Sowerby A. 1926. China Journal Sci. & Arts. 2: 352

Howel AB. 1929. Mammals from China in the collections of the United States National Museum. Proceedings of the United States National Museum, 75: 33.

Pocock RI. 1932. The marbled cat (*Pardofelis marmorata*) and some other Oriental species, with the definition of a new genus of the Felidae. Proceedings of the Zoological Society of London, 102(3): 741-766.

Hemmer H. 1978. The evolutionary systematics of living Felidae: present status and current problems. Carnivore, 1(1): 71-79.

Johnson WE, Eizirik E, Pecon-Slattery J, Murphy WJ, Antunes A, Teeling E, O'Brien SJ. 2006. The Late Miocene radiation of modern Felidae: a genetic assessment. Science, 311: 73-77.

Li G, Davis BW, Eizirik E, Murphy WJ. 2016. Phylogenomic evidence for ancient hybridization in the genomes of living cats (Felidae). Genome Research, 26: 1-11.

Kitchener AC, Breitenmoser-Würsten C, Eizirik E, Gentry A, Werdelin L, Wilting A, Yamaguchi N, Abramov AV, Christiansen P, Driscoll C, Duckworth JW, Johnson WE, Luo SJ, Meijaard E, O'Donoghue P,

Sanderson J, Seymour K, Bruford M, Groves C, Hoffmann M, Nowell K, Timmons Z, Tobe S. 2017. A revised taxonomy of the Felidae: the final report of the Cat Classification Task Force of the IUCN/SSC Cat Specialist Group. Cat News Special Issue, 11: 36-37.

猫属 *Felis* Linnaeus, 1758

633. 荒漠猫 *Felis bieti* Milne-Edwards, 1892

英文名：Chinese Mountain Cat, Chinese Desert Cat, Chinese Steppe Cat

曾用名：漠猫

地方名：野猫、草猫

模式产地：四川康定新都桥东俄洛

同物异名及分类引证：

Felis pallida Buchner, 1892

Felis silvestris bieti Milne-Edwards, 1892

Felis chaus pallida (Buchner, 1892) de Winton, 1898

Felis chutuchta Birula, 1917

Felis pallida subpallida Jacobi, 1923

Felis bieti vellerosa Pocock, 1943

亚种分化：全世界有 3 个亚种，中国均有分布。

指名亚种 *F. b. bieti* Milne-Edwards, 1892，模式产地：四川康定新都桥东俄洛；

宁夏亚种 *F. b. chutuchta* Birula, 1917，模式产地：宁夏；

陕西亚种 *F. b. vellerosa* Pocock, 1943，模式产地：陕西榆林。

国内分布：中国特有，指名亚种分布于甘肃、青海、四川、西藏（江达）；宁夏亚种历史记录分布于内蒙古、宁夏，但模式标本可能存在鉴定错误（可能为野猫 *F. silvestris*）；陕西亚种历史记录分布于陕西北部，但模式标本可能存在鉴定错误（可能为野猫 *F. silvestris* 或家猫 *F. catus*）。

国外分布：无

引证文献：

Milne-Edwards A. 1892. Observations sur les mammifères du Thibet. Revue Générale des Sciences Pures et Appliquées, 3: 670-672.

Buchner E. 1893. Über eine neue Katzen-Art (*Felis pallida* n. sp.) aus China. Bulletin de l'Académie impériale des sciences de St.-Pétersbourg, Nouvelle Série III (XXXV), No. 3: 433-435.

Birula A. 1917. De Felibus asiaticus duabus novis. Annuaire du Musée Zoologique de l'Academie des Sciences, Petrograd (Nouvelles et Faits Divers), 21: 1-2.

Jacobi A. 1923. Zoologische ergebnisse der Walter Stötznerschen expeditionen nach Szetschwan, Osttibet und Tschili auf Grund der Sammlungen und Beobachtungen Dr. Hugo Weigolds. 2. Teil, Aves: 4. Fringillidae und Ploceidae. Abhandlungen und Berichte der Museen für Tierkunde und Völkerkunde zu Dresden, 16(1): 9.

Pocock RI. 1943. *Felis bieti vellerosa* subsp. nov. Proceedings of the Zoological Society of London B, 113: 172-175.

Pocock RI. 1951. Catalogue of the genus *Felis*. London: printed by Order of the Trustees of the British Museum.

He L, Garcia-Perea R, Li M, Wei FW. 2004. Distribution and conservation status of the endemic Chinese mountain cat *Felis bieti*. Oryx, 38(1): 55-61.

Kitchener AC, Rees EE. 2009. Modelling the dynamic biogeography of the wildcat: implications for taxonomy and conservation. Journal of Zoology, 279(2): 144-155.

Sanderson J, Yin YF, Drubgayal N. 2010. Of the only endemic cat species in China. Cat News Special Issue, 5: 18-21.

Yu H, Xing YT, Meng H, He B, Li WJ, Qi XZ, Zhao JY, Zhuang Y, Xu X, Yamaguchi N, Driscoll CA, O'Brien SJ, Luo SJ. 2021. Genomic evidence for the Chinese mountain cat as a wildcat conspecific (*Felis silvestris bieti*) and its introgression to domestic cats. Science Advances, 7(26): eabg0221.

634. 丛林猫 *Felis chaus* Schreber, 1777

英文名：Jungle Cat, Reed Cat, Swamp Cat

曾用名：无

地方名：野猫、麻狸

模式产地：俄罗斯高加索以北（捷列克河）

同物异名及分类引证：

Felis chaus Güldenstädt, 1776

亚种分化：全世界有 8 个亚种，中国有 1 个亚种。

云南亚种 *F. c. affinis* Gray, 1832，模式产地：印度（根戈德里）。

国内分布：云南亚种分布于西藏、云南。

国外分布：阿富汗、阿塞拜疆、埃及、巴基斯坦、不丹、俄罗斯、格鲁吉亚、哈萨克斯坦、柬埔寨、老挝、黎巴嫩、孟加拉国、缅甸、尼泊尔、斯里兰卡、塔吉克斯坦、泰国、土耳其、土库曼斯坦、乌兹别克斯坦、叙利亚、亚美尼亚、伊拉克、伊朗、以色列、印度、约旦、越南。

引证文献：

Güldenstädt JA. 1776. Chaus – Animal feli adfine descriptum. Novi Commentarii Academiae Scientiarum Imperialis Petropolitanae, 20: 483-500.

Schreber JCD. 1778. Der kirmyschak. Die säugethiere in abbildungen nach der natur, mit beschreibungen. Erlangen: Wolfgang Walther: 414-416.

Gray JE. 1830-1832. Illustrations of Indian zoology; chiefly selected from the collection of Major-General Hardwicke. Vol. 1. London: Treuttel, Wurtz, Treuttel, Jun. and Richter: plate 3.

635. 野猫 *Felis silvestris* Schreber, 1777

英文名：Wild Cat, Wildcat

曾用名：亚洲野猫、草原斑猫

地方名：沙漠斑猫、土狸子

模式产地：德国

同物异名及分类引证：

Felis ornate Gray, 1832

亚种分化：全世界有 3 个亚种，中国有 1 个亚种。

亚洲亚种 *F. s. ornate* Gray, 1832，模式产地：印度。

国内分布：亚洲亚种历史记录分布于内蒙古、甘肃、宁夏、青海、陕西、新疆，近 20 年来仅在甘肃和新疆有确认记录。

国外分布：广泛分布于亚洲、欧洲中部与南部、非洲大部分地区（撒哈拉沙漠与刚果盆地及周边除外）。

引证文献：

Schreber JCD. 1777. Die wilde Kaze. Die säugthiere in abbildungen nach der natur mit beschreibungen (Dritter Theil). Erlangen: Expedition des Schreber'schen Säugthier-und des Esper'schen Schmetterlingswerkes: 397-402.

Gray JE. 1830-1832. Illustrations of Indian zoology; chiefly selected from the collection of Major-General Hardwicke. Vol. 1. London: Treuttel, Wurtz, Treuttel, Jun. and Richter: plate 2.

Pocock RI. 1951. *Felis silvestris*, Schreber. Catalogue of the genus *Felis*. London: printed by Order of the Trustees of the British Museum: 29-50.

Driscoll CA, Menotti-Raymond M, Roca AL, Hupe K, Johnson WE, Geffen E, Harley EH, Delibes M, Pontier D, Kitchener AC, Yamaguchi N, O'Brien SJ, Macdonald DW. 2007. The Near Eastern origin of cat domestication. Science, 317(5837): 519-523.

Kitchener AC, Rees EE. 2009. Modelling the dynamic biogeography of the wildcat: implications for taxonomy and conservation. Journal of Zoology, 279(2): 144-155.

Yu H, Xing YT, Meng H, He B, Li WJ, Qi XZ, Zhao JY, Zhuang Y, Xu X, Yamaguchi N, Driscoll CA, O'Brien SJ, Luo SJ. 2021. Genomic evidence for the Chinese mountain cat as a wildcat conspecific (*Felis silvestris bieti*) and its introgression to domestic cats. Science Advances, 7(26): eabg0221.

猞猁属 *Lynx* Kerr, 1792

636. 猞猁 *Lynx lynx* (Linnaeus, 1758)

英文名：Eurasian Lynx, Lynx

曾用名：欧亚猞猁

地方名：猞猁狲、山猫、羊猞猁、马猞猁

模式产地：瑞典（乌普萨拉省附近）

同物异名及分类引证：

Felis lynx Linnaeus, 1758

Lynx vulgaris Kerr, 1792

Felis borealis Thunberg, 1798

Felis kattlo Schrank, 1798

Felis lyncula Nilsson, 1820

Felis cervaria Temminck, 1824

Felis lupulinus Thunberg, 1825

Felis vulpinus Thunberg, 1825

Felis virgate Nilsson, 1829

Felis isabellina Blyth, 1847

Lynx cervaria Fitzinger, 1870

Lynx sardiniae Mola, 1908

Felis lynx stroganovi Heptner, 1969

亚种分化：全世界有 8 个亚种，中国有 2 个亚种。

中国亚种 *L. l. isabellinus* (Blyth, 1847)，模式产地：西藏；

东北亚种 *L. l. stroganovi* (Heptner, 1969)，模式产地：俄罗斯贝加尔湖。

国内分布：中国亚种分布于河北、内蒙古中部、甘肃、青海、新疆、四川、西藏，历史上也曾记录分布于山西、陕西、云南；东北亚种分布于黑龙江、吉林、内蒙古东部、新疆北部。

国外分布：广泛分布于亚欧大陆，包括阿富汗、波兰、德国、俄罗斯、芬兰、蒙古、挪威、瑞典、匈牙利、意大利、伊朗等。

引证文献：

Linnaeus C. 1758. *Felis lynx*. Caroli Linnæi systema naturæ per regna tria naturæ, secundum classes, ordines, genera, species, cum characteribus, differentiis, synonymis, locis. Tomus I. Holmiae: Laurentius Salvius: 43.

Kerr R. 1792. The animal kingdom, or zoological system, of the celebrated Sir Charles Linnaeus. Class I. Mammalia. Edinburgh: Printed for A. Strahan, and T. Cadell, London, and W. Creech, Edinburgh: 1-400.

Schrank F. 1798. Fauna boica. Durchgedachte Geschichte der in Bayern einheimischen und zahmen Thiere, Bd. I: 52, 3 Bd. Nürnberg.

Thunberg CP. 1798. Beskrifning pa Svenska djur. Mamm. Forsta classen, om mammalia eller däggande djuren. Upsala: 1-100.

Nilsson S. 1820. Scandinavisk fauna. Första Delen: Däggdjuren. En handbook för Jagare och Zoologer, Lund.

Nilsson S. 1829. Illuminerade figurer till Skandinaviens fauna, Lund, pls. 3-4.

Blyth E. 1847. Report of the curator, zoology department. Journal of the Asiatic Society of Bengal, 16: 1178-1179.

Fitzinger L. 1870. Revision der zur naturliche Familie der katzen (*Felis*) gehöriger Formen Sitzungsb. Denkschr. Kais. Akad. Wissensch., 10: 108.

Mola P. 1908. Ancora della Lince della Sardegna. Boll. Soc. Zool. Italiana Roma, 9: 46-48.

Heptner VG. 1969. On systematics and nomenclature of Palearctic cats. Zoologicheskii Zhurnal, 48: 1258-1260.

Tumlison R. 1987. *Felis lynx*. Mammalian Species, 269: 1-8.

Bao WD. 2010. Eurasian lynx in China—present status and conservation challenges. Cat News Special Issue, 5: 22-25.

兔狲属 *Otocolobus* Brandt, 1844

637. 兔狲 *Otocolobus manul* (Pallas, 1776)

英文名：Pallas's Cat, Manul

曾用名：无

地方名：羊猞猁、乌伦、玛瑙

模式产地：俄罗斯贝加尔湖

同物异名及分类引证：

Felis manul Pallas, 1776

亚种分化：全世界有 3 个亚种，中国有 2 个亚种。

指名亚种 *O. m. manul* (Pallas, 1776)，模式产地：俄罗斯贝加尔湖；

高原亚种 *O. m. nigripectus* (Hodgson, 1842)，模式产地：西藏。

国内分布：指名亚种分布于河北、内蒙古、甘肃、宁夏、陕西；高原亚种分布于青海、新疆、四川、西藏。

国外分布：阿富汗、阿塞拜疆、巴基斯坦、不丹、俄罗斯、哈萨克斯坦、吉尔吉斯斯坦、蒙古、尼泊尔、伊朗、印度。

引证文献：

Pallas PS. 1776. *Felis manul*. Reise durch verschiedene provinzen des Russischen Reichs in einem ausführlichen auszuge. Volume 3. Frankfurt und Leipzig: J. G. Fleischer: 692.

Hodgson BH. 1842. Notice of the mammals of Tibet, with description and plates of some new species: *Felis nigripectus* illustration. Journal of the Asiatic Society of Bengal, 11(1): 275-289.

Ognev SI. 1928. On a new form of the steppe cat from the Transcaspian region [*Otocolobus manul ferrugineus*]. Doklady Akademii Nauk Soyuza Sovetskikh Sotsialisticheskikh Respublik, Seriya A: 308-310.

Jutzeler E, Xie Y, Vogt K. 2010. The smaller felids of China: Pallas's cat *Otocolobus manul*. Cat News Special Issue, 5: 37-39.

Kitchener AC, Breitenmoser-Würsten C, Eizirik E, Gentry A, Werdelin L, Wilting A, Yamaguchi N, Abramov AV, Christiansen P, Driscoll C, Duckworth JW, Johnson WE, Luo SJ, Meijaard E, O'Donoghue P, Sanderson J, Seymour K, Bruford M, Groves C, Hoffmann M, Nowell K, Timmons Z, Tobe S. 2017. A revised taxonomy of the Felidae: the final report of the Cat Classification Task Force of the IUCN/SSC Cat Specialist Group. Cat News Special Issue, 11: 21-22.

云猫属 *Pardofelis* Severtzov, 1858

638. 云猫 *Pardofelis marmorata* (Martin, 1837)

英文名：Marbled Cat

曾用名：纹猫

地方名：小云豹、石斑猫、石猫

模式产地：印度尼西亚苏门答腊岛

同物异名及分类引证：

Felis marmorata Martin, 1837

亚种分化：全世界有 2 个亚种，中国均有分布。

指名亚种 *P. m. marmorata* (Martin, 1837)，模式产地：印度尼西亚苏门答腊岛；

石斑亚种 *P. m. charltoni* (Gray, 1846)，模式产地：印度（大吉岭）。

国内分布：指名亚种分布于云南（景东）；石斑亚种分布于西藏东南部、云南（高黎贡山）。

国外分布：印度、孟加拉国、尼泊尔、不丹、缅甸、泰国、柬埔寨、老挝、越南、印度尼西亚、马来西亚、文莱。

引证文献：

Martin WC. 1837. Description of a new species of *Felis*. Proceedings of the Zoological Society of London, IV(XLVII): 107-108.

Gray JE. 1846. New species of Mammalia. The Annals and Magazine of Natural History, Ser. 1, 18(118): 211-212.

豹猫属 *Prionailurus* Severtzov, 1858

639. 豹猫 *Prionailurus bengalensis* (Kerr, 1792)

英文名：Leopard Cat, Tiger Cat

曾用名：无

地方名：山猫、野猫、鸡豹子、山狸、狸子、狸猫、抓鸡虎

模式产地：孟加拉国南部

同物异名及分类引证：

Felis bengalensis Kerr, 1792

Felis chinensis Gray, 1837

Felis euptilura Elliott, 1871

Felis decolorata Milne-Edwards, 1872

Felis microtis Milne-Edwards, 1872

Felis ingrami Bonhote, 1903

Felis ricketti Bonhote, 1903

Felis anastasiae Satunin, 1905

Felis manchurica Mori, 1922

Felis sinensis Sthih, 1930

Felis bengalensis hainana Xu *et* Liu, 1983

亚种分化：全世界有 13 个亚种，中国有 4 个亚种。

指名亚种 *P. b. bengalensis* (Kerr, 1792)，模式产地：孟加拉国南部；

北方亚种 *P. b. euptilura* (Elliott, 1871)，模式产地：俄罗斯；

华东亚种 *P. b. chinensis* (Gray, 1837)，模式产地：广东广州；

海南亚种 *P. b. alleni* Sody, 1949，模式产地：海南。

国内分布：指名亚种分布于甘肃、贵州、四川、西藏、云南、广西；北方亚种分布于黑龙江、吉林、辽宁、北京、河北、山西、天津、宁夏、青海、陕西北部、河南、山东；华东亚种分布于陕西南部、重庆、四川东部、湖北、湖南、安徽、福建、江苏、江西、上海、台湾、浙江、广东、广西北部、香港；海南亚种分布于海南。

国外分布：阿富汗、巴基斯坦、尼泊尔、不丹、朝鲜、俄罗斯、菲律宾、韩国、柬埔寨、老挝、马来西亚、孟加拉国、缅甸、日本、泰国、文莱、新加坡、印度、印度尼西亚、越南。

引证文献：

Kerr R. 1792. Bengal tiger-cat *Felis bengalensis*. The animal kingdom or zoological system of the celebrated

Sir Charles Linnaeus. Class I. Mammalia. Edinburgh: Printed for A. Strahan, and T. Cadell, London, and W. Creech, Edinburgh: 151-152.

Gray JE. 1837. Description of some new or little known Mammalia, principally in the British Museum Collection. Magazine of Natural History, New Series, 1: 577-587.

Elliott DG. 1871. Remarks on various species of Felidae, with a description of a species from North-Western Siberia. Proceedings of the Scientific Meetings of the Zoological Society of London: 761-765.

Bonhote JL. 1903. On a new species of cat from China. The Annals and Magazine of Natural History, Ser. 7, 11(64): 374-376, 474-476.

Sody HJV. 1949. Notes on some Primates, Carnivora and the babirusa from the Indo-Malayan and Indo-Australian regions. Treubia, 20: 121-190.

Goodwin GG, Sody HJV, Allen GM, Pope CH. 1956. The status of *Prionailurus bengalensis alleni* Sody. American Museum Novitates, (1767): 1-3.

徐龙辉, 刘振河. 1983. 海南豹猫 *Felis bengalensis hainana* Xu *et* Liu (新亚种). 见: 广东省昆虫研究所动物室, 中山大学生物系. 海南岛的鸟兽. 北京: 科学出版社: 344-347.

豹亚科 Pantherinae Pocock, 1917

云豹属 *Neofelis* Gray, 1867

640. 云豹 *Neofelis nebulosa* (Griffith, 1821)

英文名：Clouded Leopard

曾用名：无

地方名：乌云豹、龟纹豹、樟豹、荷叶豹

模式产地：广东广州

同物异名及分类引证：

Felis nebulosa Griffith, 1821

Leopardus brachyurus Swinhoe, 1862

Felis melli Matschie, 1922

亚种分化：全世界有 3 个亚种，中国均有分布。

指名亚种 *N. n. nebulosa* (Griffith, 1821)，模式产地：广东广州；

喜马拉雅亚种 *N. n. macrosceloides* (Hodgson, 1853)，模式产地：尼泊尔；

台湾亚种 *N. n. brachyurus* (Swinhoe, 1862)，模式产地：台湾。

国内分布：指名亚种历史上广泛分布于陕西、重庆、贵州、四川、湖北、湖南、安徽、福建、江西、浙江、广东、广西等，目前可能仅分布于云南；喜马拉雅亚种分布于西藏东南部；台湾亚种历史上分布于台湾，目前可能已经灭绝。

国外分布：不丹、柬埔寨、老挝、马来西亚、孟加拉国、缅甸、尼泊尔、泰国、印度、越南。

引证文献：

Griffith E. 1821. *Felis nebulosa*. General and particular descriptions of the vertebrated animals arranged comfortably to the modern discoveries and improvements in zoology. London: Baldwin, Cradock & Joy: 37.

Hodgson BH. 1853. *Felis macrosceloides*. Proceedings of the Zoological Society of London. I. Mammalia: Plate XXXVIII.

Swinhoe R. 1862. On the mammals of the Island of Formosa (China). Proceedings of the Zoological Society of London, 30(1): 347-365.

Mell R. 1922. Beiträge zur Fauna Sinica. I. Die Vertebraten Südchinas; Feldlisten und Feldnoten der Säuger, Vögel, Reptilien, Batrachier. Archiv für Naturgeschichte, 88: 1-146.

Buckley-Beason V. 2004. Reclassification and genetic variation of the clouded leopard *Neofelis nebulosa*. Biosciences, Hood College.

Buckley-Beason VA, Johnson WE, Nash WG, Stanyon R, Menninger JC, Driscoll CA, Howard J, Bush M, Page JE, Roelke ME, Stone G, Martelli PP, Wen C, Ling L, Duraisingam RK, Lam PV, O'Brien SJ. 2006. Molecular evidence for species-level distinctions in clouded leopards. Current Biology, 16(23): 2371-2376.

Kitchener AC, Beaumont MA, Richardson D. 2006. Geographical variation in the clouded leopard, *Neofelis nebulosa*, reveals two species. Current Biology, 16(23): 2377-2383.

Christiansen P, Kitchener AC. 2011. A neotype of the clouded leopard (*Neofelis nebulosa* Griffith, 1821). Mammalian Biology, 76(3): 325-331.

Kitchener AC, Breitenmoser-Würsten C, Eizirik E, Gentry A, Werdelin L, Wilting A, Yamaguchi N, Abramov AV, Christiansen P, Driscoll C, Duckworth JW, Johnson WE, Luo SJ, Meijaard E, O'Donoghue P, Sanderson J, Seymour K, Bruford M, Groves C, Hoffmann M, Nowell K, Timmons Z, Tobe S. 2017. A revised taxonomy of the Felidae: the final report of the Cat Classification Task Force of the IUCN/SSC Cat Specialist Group. Cat News Special Issue, 11: 64-65.

豹属 *Panthera* Oken, 1816

641. 豹 *Panthera pardus* (Linnaeus, 1758)

英文名：Leopard, Common Leopard

曾用名：金钱豹

地方名：花豹、豹子、文豹、东北豹（东北亚种）、华北豹（华北亚种）

模式产地：埃及

同物异名及分类引证：

Felis pardus Linnaeus, 1758

Felis orientalis Schlegel, 1857

Leopardus japonensis Gray, 1862

Leopardus perniger Gray, 1863

Felis pardus melania Gray, 1863

Felis fontanierii Milne-Edwards, 1867

Leopardus chinensis Gray, 1867

Leopardus pardus Gray, 1867

Panthera orientalis Fitzinger, 1868

Panthera pardus Fitzinger, 1868

Leopardus japonensis Swinhoe, 1870

Felis pardus melas de Pousargues, 1896

Leopardus japanensis Lydekker, 1896

Felis villosa Bonhote, 1903

Felis grayi Trouessart, 1904

Felis pardus chinenesis Brass, 1904

Felis pardus fontanieri Brass, 1904

Panthera hanensis Matschic, 1907

Felis pardus variegate G.M. Allen, 1912

Felis pardus variegata Lydekker, 1914

Leopardus pardus orientalis Satunin, 1914

Panthera pardus bedfordi Pocock, 1930

亚种分化：全世界有 9 个亚种，中国有 4 个亚种。

印度亚种 *P. p. fusca* (Meyer, 1794)，模式产地：孟加拉国；

东北亚种 *P. p. orientalis* (Schlegel, 1857)，模式产地：朝鲜；

华北亚种 *P. p. japonensis* (Gray, 1862)，模式产地：华北地区；

印支亚种 *P. p. delacouri* Pocock, 1930，模式产地：越南（"Hue in Annam"）。

国内分布：印度亚种分布于西藏南部；东北亚种分布于黑龙江、吉林；华北亚种分布于河北、山西、甘肃、青海、陕西、四川、西藏东部、云南西北部、河南；印支亚种分布于云南南部。

国外分布：分布区横跨亚欧大陆与非洲大陆，包括阿富汗、埃及、俄罗斯、柬埔寨、南非、尼日尔、斯里兰卡、坦桑尼亚、伊朗、印度、印度尼西亚等。

引证文献：

Linnaeus C. 1758. *Felis pardus*. Caroli Linnæi systema naturæ per regna tria naturæ, secundum classes, ordines, genera, species, cum characteribus, differentiis, synonymis, locis. Tomus I. Holmiae: Laurentius Salvius: 41-42.

Meyer FAA. 1794. Über de la Metheries schwarzen Panther. Zoologische Annalen. Erster Band. Weimar: Im Verlage des Industrie-Comptoirs, 1: 394-396.

Schlegel H. 1857. *Felis orientalis*. Handleiding Tot de Beoefening der Dierkunde, Ie Deel. Breda: Boekdrukkerlj van de Gebroeders Nys. 23.

Gray JE. 1862. Description of some new species of Mammalia. Proceedings of the Scientific Meetings of the Zoological Society of London, 30(1): 261-263.

Milne-Edwards A. 1867. Observations sur quelques mammifères du nord de la Chine. Annales des sciences naturelles, Cincquième Série, Zoologie et Paléontologie, Comprenant L'Anatomie, la Physiologie, la Classification et l'Histoire Naturelle des Animaux, 7: 375-377.

Pocock RI. 1930. The panthers and ounces of Asia. The Journal of the Bombay Natural History Society, 34 (2): 307-336.

Wozencraft WC. 2005. Species *Panthera pardus*. In: Wilson DE, Reeder DM. Mammal Species of the World: a Taxonomic and Geographic Reference. 3rd Ed. Johns Hopkins University Press: 547.

Stein AB, Hayssen V. 2013. *Panthera pardus* (Carnivora: Felidae). Mammalian Species, 45(900): 30-48.

Laguardia A, Kamler JF, Li S, Zhang CC, Zhou ZF, Shi K. 2017. The current distribution and status of leopards *Panthera pardus* in China. Oryx, 51(1): 153-159.

642. 虎 *Panthera tigris* (Linnaeus, 1758)

英文名：Tiger

曾用名：无

地方名：老虎、东北虎（东北亚种）、华南虎（华南亚种）、大虫

模式产地：孟加拉国

同物异名及分类引证：

Felis tigris Linnaeus, 1758

Tigris striatus Severtzov, 1858

Tigris regalis Gray, 1867

Tigris styani Pocock, 1929

亚种分化：全世界有 6 个亚种，中国有 4 个亚种。

指名亚种 *P. t. tigris* (Linnaeus, 1758)，模式产地：孟加拉国；

东北亚种 *P. t. altaica* (Temminck, 1844)，模式产地：朝鲜；

华南亚种 *P. t. amoyensis* (Hilzheimer, 1905)，模式产地：湖北汉口；

云南亚种 *P. t. corbetti* Mazák, 1968，模式产地：越南（"Quang-Tri"）。

另有已灭绝的西北亚种（新疆虎或里海虎）*P. t. virgata* (Illiger, 1815)，模式产地：伊朗北部（"Mazanderan"）。

国内分布：指名亚种分布于西藏（墨脱）；东北亚种分布于黑龙江、吉林；华南亚种历史分布于陕西、重庆、贵州、四川、湖北、湖南、福建、江苏、江西、浙江、广东等，目前已野外灭绝；云南亚种分布于云南南部，目前可能已经灭绝；西北亚种历史上分布于新疆，现已灭绝。

国外分布：不丹、俄罗斯、老挝、马来西亚、孟加拉国、缅甸、尼泊尔、泰国、印度、印度尼西亚。

引证文献：

Linnaeus C. 1758. *Felis tigris*. Caroli Linnæi systema naturæ per regna tria naturæ, secundum classes, ordines, genera, species, cum characteribus, differentiis, synonymis, locis. Tomus I. Holmiae: Laurentius Salvius: 41.

Illiger C. 1815. Ueberblick der säugethiere nach ihrer verbreitung über die welth. Abh. Königl. Berlin: Akademie der Wissenschaften: 1804-1811: 90-98.

Temminck CJ. 1844. Apercu général et spécifique sur les Mammifères qui habitant le Japon et les Iles qui en dépendent. In: Fauna Japonica (Mammifères). Lugduni Batavorum: 1-60.

Severtzov N. 1858. Notice sur la classification multisériale des Carnivores, spécialement des Félidés et les études de zoologie générale qui s'y rattachent. Revue et Magasin de Zoologie, Pure et Appliquée, Ser. 2, 10: 385-393.

Hilzheimer M. 1905. Über einige Tigerschadel aus der Strassburger zoologischen Sammlung. Zool. Anzeiger, 28: 594-599.

Pocock RI. 1929. Tigers. The Journal of the Bombay Natural History Society, 33(3-4): 505-541.

Mazák V. 1968. Nouvelle sous-espèce de Tigre provenant de l'Asie du Sud-Est. Mammalia, 32: 104-112.

Mazák V. 1981. *Panthera tigris*. Mammalian Species, 152: 1-8.

Luo SJ, Kim JH, Johnson WE, van der Walt J, Martenson J, Yuhki N, Miquelle DG, Uphyrkina O, Goodrich JM, Quigley HB, Tilson R, Brady G, Martelli P, Subramaniam V, McDougal C, Hean S, Huang SQ, Pan W, Karanth UK Sunquist M, Smith JLD, O'Brien SJ. 2004. Phylogeography and genetic ancestry of tigers (*Panthera tigris*). PLoS Biology, 2(12): e442.

Tilson R, Hu DF, Muntifering J, Nyhus PJ. 2004. Dramatic decline of wild South China tigers *Panthera tigris amoyensis*: field survey of priority tiger reserves. Oryx, 38(1): 40-47.

Feng LM, Lin L, Zhang LT, Wang LF, Wang B, Yang SH, Smith JLD, Luo SJ, Zhang L. 2008. Evidence of wild tigers in Southwest China—a preliminary survey of the Xishuangbanna National Nature Reserve. Cat News, 48: 4-6.

Liu YC, Sun X, Driscoll C, Miquelle DG, Xu X, Martelli P, Uphyrkina O, Smith JLD, O'Brien SJ, Luo SJ. 2018. Genome-wide evolutionary analysis of natural history and adaptation in the world's tigers. Current Biology, 28(23): 3840-3849.

王渊, 刘务林, 刘锋, 李晟, 朱雪林, 蒋志刚, 冯利民, 李炳章. 2019. 西藏墨脱县孟加拉虎种群数量调查. 兽类学报, 39(5): 504-513.

643. 雪豹 *Panthera uncia* (Schreber, 1775)

英文名：Snow Leopard, Ounce

曾用名：无

地方名：艾叶豹、荷叶豹、草豹

模式产地：阿尔泰山

同物异名及分类引证：

Felis uncia Schreber, 1775

Felis irbis Ehrenberg, 1830

Felis uncioides Horsfield, 1855

Uncia uncia Pocock, 1916

亚种分化：无

国内分布：内蒙古、甘肃、宁夏、青海、新疆、四川、西藏、云南。

国外分布：阿富汗、巴基斯坦、不丹、俄罗斯、哈萨克斯坦、吉尔吉斯斯坦、蒙古、尼泊尔、塔吉克斯坦、乌兹别克斯坦、印度。

引证文献：

Schreber JCD von. 1775. *Felis uncia*. Die säugthiere in abbildungen nach der natur. 1774-1855. Tafeln 100. (Text Vol. 3, 1777)

Schreber JCD. 1778. Die Unze. Die säugethiere in abbildungen nach der natur mit Beschreibungen. Erlangen: Wolfgang Walther: 386-387.

Ehrenberg MCC. 1830. Observations et donées nouvelles sur le tigre du nord et la panthère du nord, recueillies dans le voyage de Sibérie fait par M. A. de Humboldt, en l'année 1829. Annales des Sciences Naturelles, 21: 387-412.

Gray JE. 1854. The ounces. The Annals and Magazine of Natural History, Ser. 2, (14): 394.

Horsfield T. 1855. Brief notices of several new or little-known species of Mammalia, lately discovered and collected in Nepal, by Brian Houghton Hodgson, Esq. The Annals and Magazine of Natural History, Ser. 2, 16(92): 101-114.

Pocock RI. 1916. On the tooth-changes, cranial characters, and classification of the snow-leopard or ounce (*Felis uncia*). The Annals and Magazine of Natural History, Ser. 8, 18(105): 306-316.

Pocock RI. 1930. The panthers and ounces of Asia. Part II. The panthers of Kashmir, India, and Ceylon. The Journal of the Bombay Natural History Society, 34(2): 307-336.

Hemmer H. 1972. *Uncia uncia*. Mammalian Species, 20: 1-5.

Janecka JE, Zhang Y, Li D, Munkhtsog B, Bayaraa M, Galsandorj N, Wangchuk TR, Karmacharya D, Li J, Lu Z, Uulu KZ, Gaur A, Kumar S, Kumar K, Hussain S, Muhammad G, Jevit M, Hacker C, Burger P, Wultsch C, Janecka MJ, Helgen K, Murphy WJ, Jackson R. 2017. Range-wide snow leopard phylogeography supports three subspecies. Journal of Heredity, 108(6): 597-607.

Kitchener AC, Breitenmoser-Würsten C, Eizirik E, Gentry A, Werdelin L, Wilting A, Yamaguchi N, Abramov AV, Christiansen P, Driscoll C, Duckworth JW, Johnson WE, Luo SJ, Meijaard E, O'Donoghue P, Sanderson J, Seymour K, Bruford M, Groves C, Hoffmann M, Nowell K, Timmons Z, Tobe S. 2017. A revised taxonomy of the Felidae: the final report of the Cat Classification Task Force of the IUCN/SSC Cat Specialist Group. Cat News Special Issue, 11: 69.

刘沿江, 李雪阳, 梁旭昶, 刘炎林, 程琛, 李娟, 汤飘飘, 齐惠元, 卞晓星, 何兵, 邢睿, 李晟, 施小刚, 杨创明, 薛亚东, 连新明, 阿旺久美, 谢然尼玛, 宋大昭, 肖凌云, 吕植. 2019. "在哪里"和"有多少"? 中国雪豹调查与空缺. 生物多样性, 27(9): 919-931.

林狸科 Prionodontidae Gray, 1864

林狸属 *Prionodon* Horsfield, 1822

644. 斑林狸 *Prionodon pardicolor* Hodgson, 1842

英文名：Spotted Linsang

曾用名：斑灵狸、斑灵猫

地方名：林狸、点斑灵狸、虎灵猫、彪、刁猫

模式产地：印度锡金

同物异名及分类引证： 无

亚种分化：全世界有 2 个亚种，中国均有分布。

指名亚种 *P. p. pardicolor* Hodgson, 1842，模式产地：印度锡金；

印支亚种 *P. p. presina* Thomas, 1925，模式产地：越南北部。

国内分布：指名亚种分布于西藏、云南西北部；印支亚种分布于贵州、四川、云南、湖南、江西、广东、广西。

国外分布：不丹、柬埔寨、老挝、缅甸、尼泊尔、泰国、印度、越南。

引证文献：

Hodgson BH. 1842. On a new species of *Prionodon*, *P. pardicolor* nobis. Calcutta Journal of Natural History, 2: 57-60.

Hodgson BH. 1847. Observations on the manners and structure of *Prionodon pardicolor*. Calcutta Journal of Natural History, 8: 40-45.

Thomas O. 1925. The mammals obtained by Mr. Herbert Stevens on the Sladen-Godman expedition to Tonkin. Proceedings of the Zoological Society of London, 95(2): 495-506.

Van Rompaey H. 1995. The spotted linsang, *Prionodon pardicolor*. Small Carnivore Conservation, 13: 10-13.

Gaubert P, Veron G. 2003. Exhaustive sample set among Viverridae reveals the sister-group of felids: the linsangs as a case of extreme morphological convergence within Feliformia. Proceedings of the Royal Society of London B: Biological Sciences, 270(1532): 2523-2530.

带狸亚科 Hemigalinae Gray, 1864

带狸属 *Chrotogale* Thomas, 1912

645. 长颌带狸 *Chrotogale owstoni* Thomas, 1912

英文名： Owston's Civet, Owston's Banded Civet, Owston's Banded Palm Civet, Owston's Palm Civet

曾用名： 缟灵猫、横斑灵猫

地方名： 八卦猫

模式产地： 越南北部

同物异名及分类引证：

Hemigalus owstoni (Thomas, 1912)

亚种分化： 无

国内分布： 云南 [西双版纳、红河（大围山）]。

国外分布： 老挝、越南。

引证文献：

Thomas O. 1912. Two new genera and a species of Viverrine Carnivora. Proceedings of the Zoological Society of London: 498-503.

Tongkok S, 袁盛东, Alcantara MJM, 邓晓保, 郭贤明, 和雪莲, 林露湘. 2019. 云南西双版纳发现缟灵猫. 动物学杂志, 54(4): 603-604.

长尾狸亚科 Paradoxurinae Gray, 1864

熊狸属 *Arctictis* Temminck, 1824

646. 熊狸 *Arctictis binturong* (Raffles, 1821)

英文名： Binturong, Bearcat

曾用名： 无

地方名： 熊灵猫、貉獾

模式产地： 马来西亚马六甲

同物异名及分类引证：

Viverra binturong Raffles, 1821

亚种分化： 全世界有 9 个亚种，中国有 1 个亚种。

勐腊亚种 *A. b. menglaensis* Wang *et* Li, 1987，模式产地：云南勐腊。

国内分布： 勐腊亚种历史记录分布于云南、广西，近年仅在云南南部、西南部有确认记录。

国外分布： 不丹、菲律宾、柬埔寨、老挝、马来西亚、孟加拉国、缅甸、尼泊尔、泰国、印度、印度尼西亚、越南。

引证文献：

Raffles TS. 1821. Descriptive catalogue of a zoological collection, made on account of the honourable East

India Company, in the Island of Sumatra and its vicinity, under the direction of Sir Thomas Stamford Raffles, Lieutenant-Governor of Fort Marlborough, with additional notices illustrative of the natural history of those countries. Transactions of the Linnean Society of London, 13(1): 239-274.

Temminck CJ. 1824. Genre *Arctictis*. Monographies de mammalogie. Paris: Dufour & d'Ocagne: 21.

Cosson L, Grassman LL, Zubaid A, Vellayan S, Tillier A, Veron G. 2007. Genetic diversity of captive binturongs (*Arctictis binturong*, Viverridae, Carnivora): implications for conservation. Journal of Zoology, 271(4): 386-395.

Huang C, Li XY, Jiang XL. 2017. Confirmation of the continued occurrence of binturong *Arctictis binturong* in China. Small Carnivore Conservation, 55: 59-63.

小齿狸属 *Arctogalidia* Merriam, 1897

647. 小齿狸 *Arctogalidia trivirgata* (Gray, 1832)

英文名： Small-toothed Palm Civet, Three-striped Palm Civet

曾用名： 无

地方名： 小齿灵猫、小齿灵狸、小齿椰子猫

模式产地： 马来西亚马六甲

同物异名及分类引证：

Paradoxurus trivirgatus Gray, 1832

亚种分化： 全世界有 3～7 个亚种，中国有 1 个亚种。

缅甸亚种 *A. t. millsi* Wroughton, 1921，模式产地：印度阿萨姆邦那加山。

国内分布： 缅甸亚种分布于云南（西双版纳）。

国外分布： 柬埔寨、老挝、马来西亚、缅甸、泰国、文莱、新加坡、印度、印度尼西亚、越南。

引证文献：

Gray JE. 1832. On the family Viverridae and its generic subdivisions; with an enumeration of the species of Paradoxus, and characters of several new ones. Proceedings of the Zoological Society of London, 1832: 63-68.

Wroughton RC. 1921. A new palm-civet from Assam. The Journal of the Bombay Natural History Society, 27: 600-601.

Patou ML, Debruyne R, Jennings AP, Zubaid A, Rovie-Ryan JJ, Veron G. 2008. Phylogenetic relationships of the Asian palm civets (Hemigalinae & Paradoxurinae, Viverridae, Carnivora). Molecular Phylogenetics and Evolution, 47(3): 883-892.

花面狸属 *Paguma* Gray, 1831

648. 花面狸 *Paguma larvata* (C.E.H. Smith, 1827)

英文名： Masked Palm Civet, Gem-faced Civet, Himalayan Palm Civet

曾用名： 果子狸

地方名： 白鼻心、果子猫、白眉子

模式产地： 广东广州

同物异名及分类引证：

Gulo larvatus C.E.H. Smith, 1827

亚种分化： 全世界有 17 个亚种，中国有 5 个亚种。

指名亚种 *P. l. larvata* (C.E.H. Smith, 1827)，模式产地：广东广州；

喜马拉雅亚种 *P. l. grayi* (Bennett, 1835)，模式产地：印度；

台湾亚种 *P. l. taivana* Swinhoe, 1862，模式产地：台湾；

海南亚种 *P. l. hainana* Thomas, 1909，模式产地：海南五指山；

西南亚种 *P. l. intrudens* Wroughton, 1910，模式产地：缅甸密支那。

国内分布：指名亚种分布于北京、河北、甘肃、陕西、重庆、四川、河南、湖北、湖南、安徽、福建、江西、上海、浙江、广东、广西；喜马拉雅亚种分布于西藏南部；台湾亚种分布于台湾；海南亚种分布于海南；西南亚种分布于贵州、四川西南部、西藏东部、云南、广西西部。

国外分布：巴基斯坦、不丹、柬埔寨、老挝、马来西亚、孟加拉国、缅甸、尼泊尔、泰国、文莱、印度、印度尼西亚、越南。

引证文献：

Swinhoe R. 1862. On the mammals of the Island of Formosa (China). Proceedings of the Zoological Society of London, 30(1): 347-365.

Thomas O. 1909. New species of *Paradoxurus*, of the *P. philippinensis* group, and a new *Paguma*. The Annals and Magazine of Natural History, Ser. 8, 3(16): 374-377.

Wroughton RC. 1910. On a local form of the Chinese toddy-cat taken in North Burma by Capt. A. W. Kemmis, Burma military police. The Journal of the Bombay Natural History Society, 19: 793-794.

Pocock RI. 1939. *Paguma larvata* Hamilton-Smith. The fauna of British India, including Ceylon and Burma. Mammalia. Volume 1. London: Taylor and Francis: 417-430.

椰子狸属 *Paradoxurus* F. Cuvier, 1821

649. 椰子狸 *Paradoxurus hermaphroditus* (Pallas, 1777)

英文名：Common Palm Civet, Asian Palm Civet, Toddy Cat

曾用名：无

地方名：椰子猫、棕榈猫、糯米狸、花果狸

模式产地：印度

同物异名及分类引证：

Viverra hermaphrodita Pallas, 1777

Paradoxurus musangus (Raffles, 1821)

Paradoxurus philippinensis Jourdan, 1837

Paradoxurus lignicolor Miller, 1903

亚种分化：全世界有 31 个亚种，中国有 4 个亚种。

缅北亚种 *P. h. pallasii* Gray, 1832，模式产地：缅甸；

虎门亚种 *P. h. exitus* Schwarz, 1911，模式产地：广东广州；

泰国亚种 *P. h. laotum* Gyldenstolpe, 1917，模式产地：泰国；

海南亚种 *P. h. hainanus* Wang *et* Xu, 1981，模式产地：海南。

国内分布：缅北亚种分布于云南西部；虎门亚种历史上分布于广东，目前可能已灭绝；

泰国亚种分布于西藏、云南南部、广西；海南亚种分布于海南。

国外分布：不丹、柬埔寨、老挝、马来西亚、孟加拉国、缅甸、尼泊尔、泰国、文莱、新加坡、印度、印度尼西亚、越南。

引证文献：

Pallas PS. 1767-1780. Spicilegia zoologica, quibus novae imprimus et obscurae animalium species iconibus, descriptionibus atque commentariis illustrantur. Berolini: Prostant apud Gottl. August. Langed, 2(14):1-94.

Schreber JCD. 1777. Die säugthiere in abbildungen nach der natur mit beschreibungen 1776-1778. Wolfgang Walther, Erlangen, 3(25): 426.

Raffles TS. 1821. Descriptive catalogue of a zoological collection, made on account of the honourable East India Company, in the island of Sumatra and its vicinity, under the direction of Sir Thomas Stamford Raffles, Lieutenant- Governor of Fort Marlborough, with additional notices illurstrative of the natural history of those countries. Transactions of the Linnean Society of London, 13(1): 239-274.

Jourdan, M. 1837. Mémoire sur quelques mammifères nouveaux. Comptes Rendus Hebdomadaires de Séances de l'Académie des Sciences, 5: 521-524.

Miller GS. 1903. Seventy new Malayan mammals. Smithsonian Miscellaneous Collections, 45(1): 1-73.

王应祥, 徐龙辉. 1981. 椰子狸的一新亚种: 海南椰子狸. 动物分类学报, 1981(4): 446-448.

Veron G, Patou M-L, Tóth M, Goonatilake M, Jennings AP. 2015. How many species of *Paradoxurus* civets are there? New insights from India and Sri Lanka. Journal of Zoological Systematics and Evolutionary Research, 53(2): 161-174.

灵猫科 Viverridae Gray, 1821

灵猫亚科 Viverrinae Gray, 1821

大灵猫属 *Viverra* Linnaeus, 1758

650. 大斑灵猫 *Viverra megaspila* Blyth, 1862

英文名：Large-spotted Civet

曾用名：无

地方名：斑香狸、臭猫

模式产地：缅甸（"Prome"）

同物异名及分类引证：无

亚种分化：无

国内分布：云南（西双版纳）。

国外分布：柬埔寨、老挝、马来西亚、缅甸、泰国、越南。

引证文献：

Blyth E. 1862. Report of curator, Zoological Department, February 1862. Journal of the Asiatic Society of Bengal, 31(3): 331-345.

Ellerman JR, Morrison-Scott TCS. 1951. Checklist of Palaearctic and Indian Mammals 1758 to 1946. 2nd Ed. London: British Museum of Natural History: 281-282

Nandini R, Mudappa D. 2010. Mystery or myth: a review of history and conservation status of the Malabar civet *Viverra civettina* Blyth, 1862. Small Carnivore Conservation, 43: 47-59.

Guo W, Zhang MX, Zhou LP, Quan RC. 2017. The rediscovery of large-spotted civet *Viverra megaspila* in China. Small Carnivore Conservation, 55: 88-90.

651. 大灵猫 *Viverra zibetha* Linnaeus, 1758

英文名：Large Indian Civet

曾用名：无

地方名：麝香猫、香猫、九节狸、五间狸、灵狸

模式产地：孟加拉国

同物异名及分类引证：

Viverra ashtoni Swinhoe, 1864

Viverra filchneri Matschie, 1907

亚种分化：全世界有 5～6 个亚种，中国有 5 个亚种。

指名亚种 *V. z. zibetha* Linnaeus, 1758，模式产地：孟加拉国；

华东亚种 *V. z. ashtoni* Swinhoe, 1864，模式产地：福建闽江水口；

印缅亚种 *V. z. picta* Wroughton, 1915，模式产地：缅甸北部亲敦江；

印支亚种 *V. z. surdaster* Thomas, 1927，模式产地：老挝（"Xieng Kouang"）；

海南亚种 *V. z. hainana* Wang *et* Xu, 1983，模式产地：海南吊罗山。

国内分布：指名亚种历史上分布于西藏南部；华东亚种历史上分布于陕西、贵州、四川、西藏东部、云南东部、湖北、湖南、安徽、福建、江苏南部、江西、浙江、广东、广西等，近年来仅见于四川南部；印缅亚种历史上分布于西藏东南部、云南西部，目前见于西藏（墨脱）、云南（德宏）；印支亚种历史上分布于贵州南部、云南南部、广西南部，目前仅见于云南南部；海南亚种历史上分布于海南，近年来无确认记录。

国外分布：不丹、柬埔寨、老挝、马来西亚、孟加拉国、缅甸、尼泊尔、泰国、印度、越南。

引证文献：

Linnaeus C. 1758. *Viverra zibetha*. Caroli Linnæi systema naturæ per regna tria naturæ, secundum classes, ordines, genera, species, cum characteribus, differentiis, synonymis, locis. Tomus I. Holmiæ (Stockholm): Laurentius Salvius: 44.

Swinhoe R. 1864. *Viverra ashtoni*, n. sp. Proceedings of the Zoological Society of London: 379-380.

Wroughton RC. 1915. The Burmese Civets. The Journal of the Bombay Natural History Society, 24: 63-65.

Pocock RI. 1939. *Viverra zibetha* Linnaeus. The large Indian civet. The fauna of British India, including Ceylon and Burma. Mammalia. Vol. 1. London: Taylor and Francis: 346-354.

徐龙辉, 刘振河. 1983. 海南大灵猫 *Viverra zibetha hainana* Wang *et* Xu (新亚种). 见: 广东省昆虫研究所动物室, 中山大学生物系. 海南岛的鸟兽. 北京: 科学出版社: 333-335.

小灵猫属 *Viverricula* Hodgson, 1838

652. 小灵猫 *Viverricula indica* (Geoffroy Saint-Hilaire, 1803)

英文名：Small Indian Civet, Lesser Oriental Civet

曾用名：无

地方名：箭猫、七节狸、乌脚狸、香狸、斑灵猫

模式产地：印度南部

同物异名及分类引证：

Viverra malaccensis Gmelin, 1788

Civetta indica Geoffroy Saint-Hilaire, 1803

Viverra pallida Gray, 1831

Viverricula hanensis Matschie, 1907

亚种分化：全世界有 10～12 个亚种，中国有 5 个亚种。

海南亚种 *V. i. malaccensis* (Gmelin, 1788)，模式产地：海南；

华东亚种 *V. i. pallida* (Gray, 1831)，模式产地：广东；

台湾亚种 *V. i. taivana* Schwarz, 1911，模式产地：台湾；

印支亚种 *V. i. thai* Kloss, 1919，模式产地：泰国；

喜马拉雅亚种 *V. i. baptistae* Pocock, 1933，模式产地：不丹。

国内分布：海南亚种分布于海南；华东亚种分布于陕西、贵州、四川、云南东部、安徽、福建、江苏、江西、浙江、广东、广西、香港；台湾亚种分布于台湾；印支亚种分布于贵州西南部、云南南部；喜马拉雅亚种分布于西藏南部、云南西部。

国外分布：巴基斯坦、不丹、柬埔寨、老挝、马来西亚、孟加拉国、缅甸、尼泊尔、斯里兰卡、泰国、印度、印度尼西亚、越南。

引证文献：

Gmelin. 1788. *Viverra malaccensis*. Linn. Syst. Nat., 1: 92.

Geoffroy Saint-Hilaire E. 1803. La Civette de l'Inde. Catalogue des Mammifères du Museum National d'Histoire Naturelle. Paris: Museum National d'Histoire Naturelle: 113.

Gray JE. 1831. Description of two new species of Mammalia, one forming a genus intermediate between *Viverra* and *Ictides*. The Zoological Miscellany. London: Treuttel, Wurtz and Co: 17.

Kloss CB. 1919. On mammals collected in Siam. The Journal of the Natural History Society of Siam, 3(4): 333-407.

Pocock RI. 1933. The civet cats of Asia. The Journal of the Bombay Natural History Society, 36(3): 632-656.

Gaubert P, Patel RP, Veron G, Goodman SM, Willsch M, Vasconcelos R, Lourenço A, Sigaud M, Justy F, Joshi BD, Fickel J, Wilting A. 2017. Phylogeography of the small Indian civet and origin of introductions to western Indian Ocean islands. Journal of Heredity, 108(3): 270-279.

獴科 Herpestidae Bonaparte, 1845

獴属 *Herpestes* Illiger, 1811

653. 红颊獴 *Herpestes javanicus* (Geoffroy Saint-Hilaire, 1818)

英文名：Small Asian Mongoose, Indian Mongoose, Java Mongoose

曾用名：红脸獴、印度獴、爪哇獴

地方名：树鼠、日狸、竹狸、食蛇鼠

模式产地：印度尼西亚爪哇岛

同物异名及分类引证：

Ichneumon javanicus Geoffroy Saint-Hilaire, 1818

Herpestes nepalensis Gray, 1837

Herpestes auropunctatus birmanicus Thomas, 1886

亚种分化：全世界有 12 个亚种，中国有 2 个亚种。

云南亚种 *H. j. auropunctatus* Hodgson, 1836，模式产地：泰国；

海南亚种 *H. j. rubrifrons* Allen, 1909，模式产地：海南五指山。

国内分布：云南亚种分布于云南；海南亚种分布于广东、广西、海南、香港。

国外分布：阿富汗、巴基斯坦、不丹、柬埔寨、马来西亚、孟加拉国、缅甸、尼泊尔、
泰国、印度、印度尼西亚、越南。

引证文献：

Geoffroy Saint-Hilaire E. 1818. Philosophie anatomique. Paris: J.B. Baillière.

Gray JE. 1837. Description of some new or little known Mammalia, principally in the British Museum
Collection. Magazine of Natural History, New Series, 1: 577-587.

Thomas O. 1886. Diagnoses of three new oriental mammals. The Annals and Magazine of Natural History,
Ser. 5, 17(97): 84.

Allen JA. 1909. Further notes on mammals from the Island of Hainan, China. Bulletin of the American
Museum of Natural History, Vol. 26: 239-242.

654. 食蟹獴 *Herpestes urva* (Hodgson, 1836)

英文名：Crab-eating Mongoose

曾用名：无

地方名：山獾、水獾、白猸、棕蓑猫、石獾

模式产地：尼泊尔

同物异名及分类引证：

Gulo urva Hodgson, 1836

亚种分化：全世界有 4 个亚种，中国有 2 个亚种。

台湾亚种 *H. u. formosanus* Bechthold, 1936，模式产地：台湾；

广东亚种 *H. u. sinensis* Bechthold, 1936，模式产地：广东龙门。

国内分布：台湾亚种分布于台湾；广东亚种分布于重庆、贵州、四川、云南、湖南、安
徽、福建、江苏、江西、浙江、广东、广西、海南。

国外分布：不丹、柬埔寨、老挝、马来西亚、孟加拉国、缅甸、尼泊尔、泰国、印度、
越南。

引证文献：

Hodgson BH. 1836. Synoptical description of sundry new animals, enumerated in the catalogue of Nipalese
mammals. Journal of the Asiatic Society of Bengal, 5(52): 231-238.

Bechthold G. 1936. Einige neue Unterarten asiatischer Herpestiden. Zeitschrift für Säugetierkunde, 11: 149-153.

犬型亚目 Caniformia Kretzoi, 1938

犬科 Canidae Fischer von Waldheim, 1817

犬属 *Canis* Linnaeus, 1758

655. 亚洲胡狼 *Canis aureus* (Linnaeus, 1758)

英文名：Golden Jackal, Asiatic Jackal, Common Jackal

曾用名：无

地方名：无

模式产地：伊朗

同物异名及分类引证：

Aureus aureus Linnaeus, 1758

Canis aureus vulgaris Wagner, 1841

Canis dalmatinus Wagner, 1841

亚种分化：全世界有 13 个亚种，中国有 1 个亚种。

指名亚种 *C. a. aureus* (Linnaeus, 1758)，模式产地：伊朗。

国内分布：指名亚种分布于西藏南部。

国外分布：从非洲中东部、北部到欧洲西南部、安纳托利亚半岛、阿拉伯半岛及亚欧大陆南部。

引证文献：

Linnaeus C. 1758. Systema naturae per regna tria naturae: secundum classes, ordines, genera, species, cum characteribus, differentiis, synonymis, locis. 10th Ed. Tomus I. Holmiae: Impensis Direct. Laurentii Salvii: 1-827.

Wagner JA. 1841. Bericht über die Leistungen in der Naturgeschichte der Säugthiere während der beiden Jahre 1839 und 1840. Akad. Verlag-Ges: 1-110.

董磊, 罗浩, 李晟. 2019. 西藏吉隆县发现亚洲胡狼(*Canis aureus*). 兽类学报, 39(2): 224-226.

656. 狼 *Canis lupus* (Linnaeus, 1758)

英文名：Gray Wolf, Grey Wolf, Wolf, Timber Wolf, Tundra Wolf, Arctic Wolf

曾用名：无

地方名：灰狼、豺狼、灰豺狗

模式产地：瑞典

同物异名及分类引证：

Lupus lupus Linnaeus, 1758

Canis lupus flavus Kerr, 1792

Canis lupus niger Hermann, 1804

Canis lupus orientalis (Wagner, 1841)

Canis lupus canus de Sélys Longchamps, 1839

Canis lupus fulvus de Sélys Longchamps, 1839

Canis chanco Gray, 1863

Canis lupus major Ogérien, 1863

Canis lupus minor Ogérien, 1863

Canis niger Sclater, 1874

Canis karanorensis Matschie, 1907

Canis lupus deitanus Cabrera, 1907

Canis lupus signatus Cabrera, 1907

Canis tschiliensis Matschie, 1907

Canis lupus lycaon Trouessart, 1910

Canis lupus altaicus (Noack, 1911)

亚种分化：全世界有 32 个亚种，中国有 4 个亚种。

指名亚种 *C. l. lupus* (Linnaeus, 1758)，模式产地：瑞典；

新疆亚种 *C. l. campestris* Dwigubski, 1804，模式产地：新疆；

东北亚种 *C. l. chanco* Gray, 1863，模式产地：不详；

青海亚种 *C. l. filchneri* Matschie, 1907，模式产地：青海西宁。

国内分布：指名亚种分布于新疆北部；新疆亚种分布于新疆；东北亚种分布于黑龙江、
吉林、辽宁、北京、河北、内蒙古东部、山西、甘肃、宁夏、青海、陕西、重庆、
贵州、四川、西藏、云南、河南、湖北、湖南、安徽、福建、江苏、江西、浙江、
广东、广西；青海亚种分布于甘肃、青海、西藏。

国外分布：北半球的亚欧大陆大部分地区及北美洲北部。

引证文献：

Linnaeus C. 1758. Systema naturae per regna tria naturae: secundum classes, ordines, genera, species, cum characteribus, differentiis, synonymis, locis. 10th Ed. Tomus I. Holmiae: Impensis Direct. Laurentii Salvii: 1-827.

Kerr R. 1792. The animal kingdom, or zoological system, of the celebrated Sir Charles Linnaeus. Class I. Mammalia. Edinburgh: Printed for A. Strahan, and T. Cadell, London, and W. Creech, Edinburgh.

Dwigubski. 1804. Prod. Faun. Ross. 10.

Hermann J. 1804. Observationes Zoologicae: quibus novae complures, aliaeque animalium species describuntur et illustrantur. Argentorati: Amandum Koenig: 32-33.

de Selys Longchamps E. 1839. Etudes de micromammalogie: Revue des musaraignes, des rats et des campagnols: études de micromammalogie; suivie d'une index méthodique des mammifères d'Europe. Paris: Librairie Encyclopédique de Roret.

Wagner JA. 1841. Bericht über die Leistungen in der Naturgeschichte der Säugthiere während der beiden Jahre 1839 und 1840. Akad. Verlag-Ges: 1-110.

Gray JE. 1863. Notice on a new species of Chamaeleon sent from Khartoum by Mr. Consul Patherick. Proceedings of the Zoological Society of London, 1863: 94-95.

Ogérien F. 1863. Histoire naturelle du Jura et des départements voisins. Paris: Victor Masson.

Sclater PL. 1874. On the black wolf of Thibet. Proceedings of the Zoological Society of London, 42(1): 654-655.

Cabrera A. 1907. XXXII.—Three new Spanish Insectivores. The Annals and Magazine of Natural History, Ser. 7, 20(117): 212-215.

Matschie P. 1907. Wissenschaftliche Ergebnisse der Expedition. Filchner nach China. Mammalia. 10(1): 134-244.

Trouessart EL.1910. Faune des mammifères d'Europe. Berlin: R. Friedler: 90-92.

Noack K. 1911. Aufgaben über Magnetismus. Aufgaben für physikalische Schülerübungen. Springer Berlin Heidelberg, Springer: 100-116.

豺属 *Cuon* Hodgson, 1838

657. 豺 *Cuon alpinus* (Pallas, 1811)

英文名：Dhole, Jackal, Asiatic Wild Dog, Indian Wild Dog, Wild Red Dog

曾用名：无

地方名：红狼、红毛狗、豺狗、红豺狗、亚洲野狗、亚洲野犬、柴狗、赤狗、马狼、紫狗、彪狗、马彪

模式产地：俄罗斯阿穆尔州

同物异名及分类引证：

Canis alpinus Pallas, 1811

Cuon alpinus javanicus (Desmarest, 1820)

Cuon alpinus fumosus Pocock, 1936

Cuon alpinus infuscus Pocock, 1936

Cuon alpinus laniger Pocock, 1936

Cuon javanicus Pocock, 1936

Cuon alpinus adustus Pocock, 1941

亚种分化：全世界有 11 个亚种，中国有 5 个亚种。

指名亚种 *C. a. alpinus* (Pallas, 1811)，模式产地：俄罗斯阿穆尔州；

华南亚种 *C. a. lepturus* Heude, 1892，模式产地：安徽；

川西亚种 *C. a. fumosus* Pocock, 1936，模式产地：四川西部；

克什米尔亚种 *C. a. laniger* Pocock, 1936，模式产地：克什米尔地区；

滇西亚种 *C. a. adustus* Pocock, 1941，模式产地：云南。

国内分布：指名亚种历史上分布于黑龙江、吉林、辽宁、内蒙古东部，现已消失；华南亚种历史上分布于贵州、湖北、湖南、安徽、福建、江苏、江西、浙江、广东、广西，已多年没有野外记录；川西亚种分布于甘肃、青海、陕西、四川西北部；克什米尔亚种分布于新疆、西藏南部；滇西亚种分布于云南。

国外分布：目前分布于不丹、柬埔寨、老挝、马来西亚、孟加拉国、缅甸、尼泊尔、泰国、印度、印度尼西亚、越南。还曾分布于阿富汗、朝鲜、哈萨克斯坦、吉尔吉斯斯坦、蒙古、塔吉克斯坦、乌兹别克斯坦、俄罗斯等。

引证文献：

Pallas PS. 1811[1831]. Zoographia Rosso-Asiatica: sistens omnium animalium in extenso Imperio Rossico, et adjacentibus maribus observatorum recensionem, domicillia, mores et descriptiones, anatomen atque icones plurimorum. in officina Caes. Saint Petersburg: Acadamiae scientiarum (Petropoli): 1-568.

Desmarest AG. 1820. Mammalogie, ou, Description des espèces des mammifères. Paris: Chez Mme. Veuve Agasse, imprimeur-libraire.

Heude. 1892. Mem. H.N. Emp. Chin. 2: 102.

Pocock RI. 1936. The Asiatic wild gog or dhole (*Cuon javanicus*). Proceedings of the Zoological Society of London, 106(1): 33-55.

Pocock RI. 1941. The fauna of British India, including Ceylon and Burma. Mammalia. London: Taylor and Francis, 2: 1-501.

貉属 *Nyctereutes* Temminck, 1838

658. 貉 *Nyctereutes procyonoides* (Gray, 1834)

英文名：Racoon Dog

曾用名：无

地方名：狸、毛狗、土狗、貉子、椿尾巴

模式产地：广东广州

同物异名及分类引证：

Canis procyonoides Gray, 1834

Nyctereutes amurensis Matschie, 1907

Nyctereutes stegmanni Matschie, 1907

亚种分化：全世界有 6 个亚种，中国有 3 个亚种。

指名亚种 *N. p. procyonoides* (Gray, 1834)，模式产地：广东广州；

东北亚种 *N. p. ussuriensis* Matschie, 1907，模式产地：乌苏里江口；

西南亚种 *N. p. orestes* Thomas, 1923，模式产地：云南丽江。

国内分布：指名亚种分布于安徽、福建、江苏、江西、上海、浙江、湖南、湖北、广东、广西；东北亚种分布于黑龙江、吉林、河北、内蒙古东部；西南亚种分布于甘肃、陕西、贵州、四川、云南。

国外分布：朝鲜、韩国、日本、蒙古，在 20 世纪初引入俄罗斯，现扩散到欧洲大部分地区。

引证文献：

Gray J. 1834. Illustration of Indian zoology, consisting of coloured plates of new or hitherto unfigured Indian animals from the collection of Major-General Hardwicke. Fol, London, 2: pl 1.

Matschie P. 1907. Mammalia. In: Filchner W. Wissenschaftliche ergebnisse der expedition Filchner nach China, 1903-1905. Bulletin of the American Geographical Society, 42(2): 139.

Thomas O. 1923. On mammals from the Li-kiang Range, Yunnan, being a further collection obtained by Mr. George Forrest. The Annals and Magazine of Natural History, Ser. 9, 11(66): 655-663.

狐属 *Vulpes* Frisch, 1775

659. 孟加拉狐 *Vulpes bengalensis* (Shaw, 1800)

英文名：Bengal Fox

曾用名：印度狐

地方名：狐、狐狸

模式产地：孟加拉国

同物异名及分类引证：

Canis bengalensis Shaw, 1800

Canis kokree Sykes, 1831

Canis indicus Hodgson, 1833

Canis rufescens Gray, 1835

Vulpes chrysurus (Gray, 1837)

Vulpes hodgsonii Gray, 1837

Vulpes xanthura Gray, 1837

亚种分化：无

国内分布：西藏南部。

国外分布：从喜马拉雅山山麓到南亚次大陆的最南端，巴基斯坦和孟加拉国亦有分布。

引证文献：

Shaw G, Griffith M, Heath C, Stephens JF. 1800. General Zoology, or Systematic Natural History. Vol 1. Part 2. Mammalia. London: G. Kearsley.

Gray JE. 1833-1834 [i. e. 1835]. Illustrations of Indian zoology; chiefly selected from the collection of Major-General Hardwicke. Vol. 2. London: Treuttel, Wurtz, Treuttel, Jun. and Richter: plate 3.

Sykes WH. 1831. Catalogue of the Mammalia of Dukun (Deccan); with observations on the habits, etc., and characters of new species. Proceedings of the Zoological Society of London: 99-106.

Hodgson BH. 1833. Description of the wild dog of the Himalaya. Asiatic Researches, 18(2): 221-237.

Gray JE. 1837. Description of some new or little known Mammalia, principally in the British Museum Collection. Magazine of Natural History, New Series, 1: 577-587.

660. 沙狐 *Vulpes corsac* (Linnaeus, 1768)

英文名：Corsac Fox

曾用名：东沙狐

地方名：狐狸

模式产地：哈萨克斯坦北部

同物异名及分类引证：

Canis corsac Linnaeus, 1768

Vulpes corsak corsak Ognev, 1935

亚种分化：全世界有 4 个亚种，中国有 2 个亚种。

指名亚种 *V. c. corsac* (Linnaeus, 1768)，模式产地：哈萨克斯坦北部；

卡尔梅克亚种 *V. c. turcmenicus* Ognev, 1935，模式产地：新疆。

国内分布：指名亚种分布于内蒙古、甘肃、宁夏、青海；卡尔梅克亚种分布于新疆。

国外分布：阿富汗、俄罗斯、哈萨克斯坦、吉尔吉斯斯坦、蒙古、塔吉克斯坦、土库曼斯坦、乌兹别克斯坦、伊朗。

引证文献：

Linnaeus C. 1766-1768. Systema naturae per regna tria naturae, secundum classes, ordines, genera, species, cum characteribus, differentiis synonymis, locis. 12th Ed. 3: 1-222.

Ognev SI. 1935. Mammals of the USSR and adjacent countries. Vol. 3. Carnivores and Pinnipeds. Biomedgiz, Moscow and Leningrad.

661. 藏狐 *Vulpes ferrilata* Hodgson, 1842

英文名：Tibetan Fox, Tibetan Sand Fox

曾用名：无

地方名：藏沙狐、西沙狐、草地狐

模式产地：西藏拉萨附近

同物异名及分类引证：

Vulpes ferrilatus Hodgson, 1842

Canis ekloni Przewalski, 1883

Vulpes ekloni Przewalski, 1883

亚种分化：无

国内分布：甘肃、青海、新疆、四川、西藏、云南北部。

国外分布：尼泊尔、印度。

引证文献：

Hodgson BH. 1842. Notice of the mammals of Tibet, with descriptions and plates of some new species. Journal of the Asiatic Society of Bengal, 11: 273-289.

Przewalski NM. 1883. Iz Zaisana cherez Khami v Tibet i na verkhov'ia Zheltoi rieki [From Zaisan through Khami to Tibet and to the headwaters of the Yellow River]. St. Petersburg: V. S. Balasheva.

Pocock RI. 1936. The foxes of British India. The Journal of the Bombay Natural History Society, 39: 36-57.

662. 赤狐 *Vulpes vulpes* (Linnaeus, 1758)

英文名：Red Fox

曾用名：无

地方名：狐狸、草狐、红狐

模式产地：瑞典

同物异名及分类引证：

Canis vulpes Linnaeus, 1758

Canis melanotus Pallas, 1811

Vulpes melanotus (Pallas, 1811)

Canis vulpes Pearson, 1836

Vulpes nepalensis Gray, 1837

Ulpes alopex Blanford, 1888

Vulpes ladacensis Matschie, 1907

Vulpes vulpes tarimensis Matschie, 1907

亚种分化：全世界有 44 个亚种，中国有 5 个亚种。

蒙新亚种 *V. v. karagan* Erxleben, 1777，模式产地：吉尔吉斯斯坦；

西藏亚种 *V. v. montana* Pearson, 1836，模式产地：西藏喜马拉雅地区；

华南亚种 *V. v. hoole* Swinhoe, 1870，模式产地：福建厦门附近；

华北亚种 *V. v. tschiliensis* Matschie, 1907，模式产地：北京；

东北亚种 *V. v. daurica* Ognev, 1931，模式产地：黑龙江。

国内分布：蒙新亚种分布于内蒙古中部、甘肃、宁夏、青海、陕西、新疆北部；西藏亚种分布于新疆南部、西藏、云南西北部；华南亚种分布于山西、贵州、四川东部、云南、河南南部、湖北、湖南、安徽、福建、江苏、江西、浙江、广东、广西；华北亚种分布于北京、河北、河南北部、山东；东北亚种分布于黑龙江、吉林、辽宁、内蒙古东部。

国外分布：广泛分布于北半球的亚欧大陆（东南亚热带区除外），延伸至北美洲，并被引入到大洋洲。

引证文献：

Linnaeus C. 1758. Systema naturae per regna tria naturae: secundum classes, ordines, genera, species, cum characteribus, differentiis, synonymis, locis. 10th Ed. Tomus I. Holmiae: Impensis Direct. Laurentii Salvii: 1-827.

Erxleben JCP. 1777. Systema regni animalis per classes, ordines, genera, species, varietates: cvm synonymia et historia animalivm: Classis I. Mammalia. Lipsiae: Impensis weygandianis: 1-636.

Pallas PS. 1811[1831]. Zoographia Rosso-Asiatica: sistens omnium animalium in extenso Imperio Rossico, et adjacentibus maribus observatorum recensionem, domicilia, mores et descriptiones, anatomen atque icones plurimorum. Vol. 1. in officina Caes. Saint Petersburg: Acadamiae scientiarum (Petropoli): 1-568.

Pearson JT. 1836. On the *Canis vulpes montana*, or hill fox. Journal of the Asiatic Society of Bengal, 5: 313-314.

Gray JE. 1837. A synoptical catalogue of the species of certain tribes or genera of shells contained in the collection of the British Museum and the author's cabinet. Magazine of Natural History, 1: 370-376.

Swinhoe R. 1870. Catalogue of the mammals of China (south of the River Yangtsze). Proceedings of the Zoological Society of London, 15: 615-653.

Blanford WT. 1888. The fauna of British India, including Ceylon and Burma. Mammalia. London: Taylor and Francis.

Matschie P. 1907. Wissenschaftliche Ergebnisse der Expedition. Filchner nach China. Mammalia. 10(1): 134-244.

Ognev SI. 1931. Mammals of Eastern Europe and Northern Asia: Carnivorous Mammals. Vol. 2. Jerusalem: Israel Program for Scientific Translations, 1962: 1-776.

熊科 Ursidae Fischer von Waldheim, 1817

大熊猫亚科 Ailuropodinae Grevé, 1894

大熊猫属 *Ailuropoda* Milne-Edwards, 1870

663. 大熊猫 *Ailuropoda melanoleuca* (David, 1869)

英文名：Giant Panda

曾用名：大猫熊

地方名：黑白熊、白熊、竹熊、花熊、食铁兽

模式产地：四川宝兴

同物异名及分类引证：

Ursus melanoleucus David, 1869

Ailuropoda melanoleuca (David, 1869) Milne-Edwards, 1870

亚种分化：无

国内分布：中国特有，分布于甘肃、陕西、四川。

国外分布：无

引证文献：

David A. 1869. Voyage en Chine. Bulletin des Nouvelles Archives du Muséum, 5: 13.

Milne-Edwards A. 1870. Note sur quelques mammifères du Thibet oriental. Annales des sciences naturelles, Zoologie. Ser. 5, 13: 1.

O'Brien SJ, Nash WG, Wildt DE, Bush ME, Benveniste RE. 1985. A molecular solution to the riddle of the giant panda's phylogeny. Nature, 317(6033): 140-144.

胡锦矗. 1996. 大熊猫分类的近期研究与进展. 四川师范学院学报(自然科学版), 17(1): 11-15.

Wei FW, Hu YB, Zhu LF, Bruford MW, Zhan XJ, Zhang L. 2012. Black and white and read all over: the past, present and future of giant panda genetics. Molecular Ecology, 21(23): 5660-5674.

Wei FW, Hu YB, Yan L, Nie YG, Wu Q, Zhang ZJ. 2015. Giant pandas are not an evolutionary cul-de-sac: evidence from multidisciplinary research. Molecular Biology and Evolution, 32(1): 4-12.

国家林业和草原局. 2021. 全国第四次大熊猫调查报告. 北京: 科学出版社.

熊亚科 Ursinae Fischer von Waldheim, 1817

马来熊属 *Helarctos* Horsfield, 1825

664. 马来熊 *Helarctos malayanus* (Raffles, 1821)

英文名：Sun Bear

曾用名：无

地方名：太阳熊、狗熊、小花熊、黄嘴巴熊

模式产地：印度尼西亚苏门答腊岛

同物异名及分类引证：

Ursus malayanus Raffles, 1821

Helarctos euryspilus Horsfield, 1825

亚种分化：全世界有 2 个亚种，中国有 1 个亚种。

指名亚种 *H. m. malayanus* (Raffles, 1821)，模式产地：印度尼西亚苏门答腊岛。

国内分布：西藏东南部、云南南部。

国外分布：柬埔寨、老挝、马来西亚、孟加拉国、缅甸、泰国、文莱、印度东北部、印度尼西亚、越南。

引证文献：

Raffles TS. 1821. Descriptive catalogue of a zoological collection, made on account of the honourable East India Company, in the Island of Sumatra and its vicinity, under the direction of Sir Thomas Stamford Raffles, Lieutenant-Governor of Fort Marlborough; with additional notices illustrative of the natural history of those countries. Transactions of the Linnean Society of London, 13(1): 239-274.

Horsfield T. 1825. Description of the *Helarctos euryspilus*; exhibiting in the bear from the island of Borneo, the type of a subgenus of *Ursus*. Zoological Journal, 2: 221-234.

懒熊属 *Melursus* Meyer, 1793

665. 懒熊 *Melursus ursinus* (Shaw, 1791)

英文名：Sloth Bear

曾用名：无

地方名：蜜熊

模式产地：印度

同物异名及分类引证：

Bradypus ursinus Shaw, 1791

Melursus lybius Meyer, 1793

Arceus niger (Goldfuss, 1809)

Melursus labiatus (de Blainville, 1817)

Ursus longirostris (Tiedemann, 1820)

亚种分化：全世界有 2 个亚种，中国有 1 个亚种。

指名亚种 *M. u. ursinus* (Shaw, 1791)，模式产地：印度。

国内分布：指名亚种分布于西藏南部。

国外分布：尼泊尔、印度、不丹、孟加拉国、斯里兰卡。

引证文献：

Shaw G. 1791. The Naturalist's Miscellany, Vol. 2. London: Printed for Nodder & Co.: plate. 58.

Meyer. 1793. Zool. Entdeckung: 156.

Goldfuss GA, Schreber JCD. 1809. Vergleichende Naturbeschreibung der Säugethiere. Erlangen: altherschen Kunst- und Buchhandlung: 301-302.

de Blainville H. 1817. Sur le Paresseux a cing doigts (*Bradypus ursinus* de Shaw). Paris: Bulletin des Sciences par la Societe Phlomatique de Paris: 74-76.

熊属 *Ursus* Linnaeus, 1758

666. 棕熊 *Ursus arctos* Linnaeus, 1758

英文名：Brown Grizzly Bear

曾用名：无

地方名：罴、马熊、人熊、老熊

模式产地：瑞典北部

同物异名及分类引证：

Ursus ursus Boddaert, 1772

Ursus albus Gmelin, 1788

Ursus fuscus Gmelin, 1788

Ursus niger Gmelin, 1788

Ursus griseus Kerr, 1792

Ursus rufus Borkhausen, 1797

Ursus badius Schrank, 1798

Ursus alpinus G. Fischer, 1814

Ursus euryrhinus Nilsson, 1847

Ursus aureus Fitzinger, 1855

Ursus eversmanni (Gray, 1864)

Ursus grandis Gray, 1864

Ursus normalis Gray, 1864

Ursus polonicus Gray, 1864

Ursus rossicus Gray, 1864

Ursus scandinavicus Gray, 1864

Ursus stenorostris Gray, 1864

亚种分化：全世界有 16 个亚种，中国有 4 个亚种。

指名亚种 *U. a. arctos* Linnaeus, 1758，模式产地：瑞典北部；

天山亚种 *U. a. isabellinus* Horsfield, 1826，模式产地：尼泊尔山地；

青藏亚种 *U. a. pruinosus* Blyth, 1853，模式产地：西藏拉萨；

东北亚种 *U. a. lasiotus* Gray, 1867，模式产地：中国北部。

国内分布：指名亚种分布于新疆（阿尔泰山）；天山亚种分布于新疆（天山）；青藏亚种分布于甘肃西部、青海、新疆南部、四川西部、西藏、云南西北部；东北亚种分布于黑龙江、吉林、辽宁、内蒙古。

国外分布：亚欧大陆大部分地区及北美洲北部。

引证文献：

Linnaeus C. 1758. Systema naturae per regna tria naturae: secundum classes, ordines, genera, species, cum characteribus, differentiis, synonymis, locis. 10th Ed. Tomus I. Holmiae: Impensis Direct. Laurentii Salvii: 1-58.

Boddaert P. 1772. Kortbegrip van het zamenstel der natuur, van der heer C. Linnaeus, mit zeer veele zoorten vermeerdert. Philadelphia: Academy of Natural Sciences of Philadelphia.

中国兽类分类与分布

Gmelin JF. 1787. Abhandlung über die wurmtroknis. Leipzig: Verlag der Crusiussischen Buchhandlung.

Borkhausen MB. 1797. Deutsche fauna, oder, kurzgefasste naturgeschichte der thiere deutschlands. Erster Theil Saugthiere und Vögel. Frankfurt am Mayn: bey Varrentrapp und Wenner.

Schrank FP. 1798. Favna Boica: durchgedachte Geschichte der in Baiern einheimischen und zahmen Thiere. Nürnberg: in der Stein'schen Buchhandlung.

Fischer G. 1813. Zoognosia tabulis synopticis illustrata: in usum praelectionum Academiae imperialis medico-chirugicae mosquensis edita. Mosquae: Typis Nicolai S. Vsevolozsky.

Horsfield T. 1826. Description of the *Helarctos euryspilus*; exhibiting in the bear from the island of Borneo, the type of a subgenus of *Ursus*. Zoological Journal, 2: 221-234.

Nilsson S. 1842. Skandinavisk herpetologi eller beskrifning öfver de sköldpaddor, ödlor, ormar och grodor, som förekomma i Sverige och Norrige, jemte deras lefnadssätt, födoämnen, nytta och skada m.m. Lund: Tryckt uti Borlingska Boktryckeriet.

Blyth E. 1853. *U. a. pruinosus*. Journal of the Asiatic Society of Bengal. Vol. 22. Calcutta: Bishop's College Press.

Fitzinger. 1855. Wiss. pop. Nat. der Saugeth. I: 372.

Gray JE. 1864. A revision of the genera and species of ursine animals (Ursidae), founded on the collection in the British Museum. Proceedings of the Scientific Meetings of the Zoological Society of London: 677-703.

Gray JE. 1867. Note on *Ursus lasiotus*, a hairy-eared bear from North China. The Annals and Magazine of Natural History, Ser. 3, 20(118): 301.

Ognev. 1924. *Ursus arctos jeniseensis*. Nature and Sport in Ukraine, 2: 111.

667. 亚洲黑熊 *Ursus thibetanus* Cuvier, 1823

英文名：Asiatic Black Bear

曾用名：黑熊

地方名：狗熊、老熊、熊瞎子、黑瞎子、月牙熊、月熊

模式产地：孟加拉国锡尔赫特

同物异名及分类引证：

Selenarctos thibetanus (Cuvier, 1823)

Ursus torquatus Wagner, 1841

Ursus leuconyx (Heude, 1901)

Ursus macneilli (Lydekker, 1909)

Ursus clarki Sowerby, 1920

Ursus wulsini (Howell, 1928)

亚种分化：全世界有 7 个亚种，中国有 5 个亚种。

指名亚种 *U. t. thibetanus* Cuvier, 1823，模式产地：孟加拉国锡尔赫特；

台湾亚种 *U. t. formosanus* Swinhoe, 1864，模式产地：台湾；

四川亚种 *U. t. mupinensis* Heude, 1901，模式产地：四川宝兴；

东北亚种 *U. t. ussuricus* Heude, 1901，模式产地：乌苏里地区；

喜马拉雅亚种 *U. t. laniger* Pocock, 1932，模式产地：克什米尔地区。

国内分布：指名亚种分布于青海南部、四川西北部、西藏东南部、云南西北部和西部；台湾亚种分布于台湾、海南；四川亚种分布于甘肃、青海北部、陕西、贵州、四川

（西北部除外）、云南（西部和西北部除外）、河南、湖北、湖南、安徽、福建、江西、浙江、广东、广西；东北亚种分布于黑龙江、吉林、辽宁、河北、内蒙古东部；喜马拉雅亚种分布于西藏（聂拉木）。

国外分布：阿富汗、巴基斯坦、不丹、朝鲜、俄罗斯（远东地区）、韩国、老挝、柬埔寨、缅甸、孟加拉国、尼泊尔、日本、泰国、印度、伊朗、越南。

引证文献：

Cuvier FG. 1823. Examen des especes formation des genres ou sous-genres *Acanthion*, Eréthizon, Sinéthère et Sphiggure. Mémoires du Muséum d'Histoire Naturelle (Paris), 9(1822): 413-484.

Wagner JA. 1841. Bericht über die Leistungen in der Naturgeschichte der Säugthiere während der beiden Jahre 1839 und 1840. Akad. Verlag-Ges: 1-110.

Swinhoe R. 1864. The secretary read the following extracts from letters recently addressed by Mr. R. Swinhoe. Proceedings of the Scientific Meetings of the Zoological Society of London: 378-383.

Lydekker PZS. 1897. The blue bear of Tibet. Journal of the Asiatic Society of Bengal, XXII: 426.

Heude. 1901. Notes sur quelques Ursides pen ou point connus. Mem. Hist. Nat. Emp. Chin., 5(1): 2.

Sowerby A. 1920. Notes on Heude's bears in the Sikawei museum, and on the bears of palæarctic Eastern Asia. Journal of Mammalogy, 1(5): 213-233.

Howell AB. 1928. New Asiatic mammals collected by FR Wulsin. Proceedings of the Biological Society of Washington, 41: 115-119.

Pocock RI. 1932. The black and brown bears of Europe and Asia. Part I. European and Asiatic representatives of the brown bear. The Journal of the Bombay Natural History Society, 35(4): 771-823.

海豹科 Phocidae Gray, 1821

髯海豹属 *Erignathus* Gill, 1866

668. 髯海豹 *Erignathus barbatus* (Erxleben, 1777)

英文名：Bearded Seal

曾用名：髭海豹、须海豹

地方名：胡子海豹

模式产地：北大西洋格陵兰岛南部

同物异名及分类引证：

Phoca barbata Erxleben, 1777

Phoca albigena Pallas, 1811

Phoca nautica Pallas, 1811

Phoca lepechenii Lesson, 1828

Phoca parsonsii Lesson, 1828

亚种分化：全世界有 2 个亚种，中国有 1 个亚种。

太平洋亚种 *E. b. nauticus* Pallas, 1811，模式产地：白令海。

国内分布：太平洋亚种分布于东海（上海崇明岛，浙江宁波、温州平阳海域）。

国外分布：北纬 85° 以南的北极、亚北极的大部分地区，呈环形斑块分布，此水域以外的许多地方都有漫游个体。

引证文献：

Erxleben JCP. 1777. Systema regni animalis per classes, ordines, genera, species, varietates: cvm synonymia et historia animalivm: Classis I. Mammalia. Lipsiae: Impensis weygandianis: 590-591.

Pallas PS. 1811[1831]. Zoographia Rosso-Asiatica: sistens omnium Animalium in extenso Imperio Rossico et adjacentibus maribus observatorum recensionem, domicillia, mores et descriptiones, anatomen atque icones plurimorum. in Officina Caes. Saint Petersburg: Acadamiae scientiarum (Petropoli): 1-418.

Lesson RP. 1828. Histoire naturelle générale et particulière des mammifères et des oiseaux découverts depuis 1788 jusqu'a nos jours. Paris: Chez Baudouin frères: 1-444.

海豹属 *Phoca* Linnaeus, 1758

669. 斑海豹 *Phoca largha* Pallas, 1811

英文名： Spotted Seal, Largha Seal

曾用名： 西太平洋斑海豹

地方名： 海狗、海豹（山东、辽宁）

模式产地： 俄罗斯堪察加半岛东海岸

同物异名及分类引证：

Phoca chorisii Lesson, 1828

Phoca nummularis Temminck, 1844

Phoca ochotensis Allen, 1902

Phoca stejnegeri Allen, 1902

亚种分化： 无

国内分布： 渤海（辽宁金州湾、辽东湾、盘山双台子河口，河北，天津，山东黄河口、庙岛群岛海域）、黄海（辽宁大连，江苏滨海、赣榆、如东，山东青岛、烟台海域）、东海（福建平潭，上海崇明岛海域）、南海（广东汕头、阳江市闸坡港，广西北海海域）。

国外分布： 北太平洋（白令海、鄂霍次克海、日本海）、北冰洋（楚科奇海）。

引证文献：

Pallas PS. 1811[1831]. Zoographia Rosso-Asiatica: sistens omnium Animalium in extenso Imperio Rossico et adjacentibus maribus observatorum recensionem, domicillia, mores et descriptiones, anatomen atque icones plurimorum. in Officina Caes. Saint Petersburg: Acadamiae scientiarum (Petropoli), 1: 113-114.

Lesson RP. 1828. Histoire naturelle générale et particulière des mammifères et des oiseaux découverts depuis 1788 jusqu'a nos jours. Paris: Chez Baudouin frères, 4: 398.

Temminck CJ. 1844. Fauna japonica, sive, Descriptio animalium, quae in itinere per Japoniam, jussu et auspiciis, superiorum, qui summum in India Batava imperium tenent, suscepto, annis 1823-1830. Lugduni Batavorum: Apud Auctorem, 5: 3.

Allen JA. 1902. The hair seals (family Phocidae) of the North Pacific Ocean and Bering Sea. Bulletin of the American Museum of Natural History, 16: 459-499.

小头海豹属 *Pusa* Scopoli, 1771

670. 环海豹 *Pusa hispida* (Schreber, 1775)

英文名：Ringed Seal

曾用名：环斑海豹、环斑小头海豹

地方名：无

模式产地：格陵兰岛海域

同物异名及分类引证：

Phoca hispida Schreber, 1775

Pagomys foetidus Gray, 1866

Phoca (*Pusa*) *foetida* Allen, 1880

Phoca (*Pusa*) *hispida* Trouessart, 1910

亚种分化：全世界有 5 个亚种，中国有 1 个亚种。

鄂霍茨克亚种 *P. h. ochotensis* Pallas, 1811，模式产地：格陵兰和拉布拉多海域。

国内分布：鄂霍茨克亚种分布于黄海（江苏连云港）、东海（福建平潭）。

国外分布：大西洋（近北极水域）、北冰洋；偶尔进入加拿大北部湖泊和河流系统，美国加利福尼亚州南部有漫游个体的记录。

引证文献：

Schreber JCD. 1775. Die säugethiere in abbildungen nach der natur mit beschreibungen. Vol. 3. Erlangen: Wolfgang Walther: 312.

Pallas PS. 1811[1831]. Zoographia Rosso-Asiatica: sistens omnium Animalium in extenso Imperio Rossico et adjacentibus maribus observatorum recensionem, domicillia, mores et descriptiones, anatomen atque icones plurimorum. in Officina Caes. Vol. 1. Saint Petersburg: Acadamiae scientiarum (Petropoli): 1-568.

Gray JE. 1866. Catalogue of seals and whales in the British Museum. 2nd Ed. London: Nabu Press: 23-24.

Allen JA. 1880. History of North American pinnipeds: a monograph of the walruses, sea-lions, sea-bears and seals of North America. Washington: Government Printing Office: 1-785.

Trouessart EL. 1910. Conspectus mammalium Europae. Faune des mammifères d'Europe. Berlin: R. Friedländer & Sohn: 112-113.

海狮科 Otariidae Gray, 1825

海狗属 *Callorhinus* Gray, 1859

671. 北海狗 *Callorhinus ursinus* (Linnaeus, 1758)

英文名：Northern Fur Seal

曾用名：海狗、膃肭兽

地方名：无

模式产地：北太平洋白令岛

同物异名及分类引证：

Arctocephalus ursinus Linnaeus, 1758

Phoca ursina Linnaeus, 1758

Callorhinus curilensis Jordan *et* Clark, 1899

亚种分化： 无

国内分布： 黄海（江苏如东、山东即墨海域）、东海（台湾高雄海域）、南海（广东阳江海域）。

国外分布： 北太平洋（白令海、鄂霍次克海、日本海），最南不超过北纬 35°。

引证文献：

Linnaeus C. 1758. Systema naturae per regna tria naturae: secundum classes, ordines, genera, species, cum characteribus, differentiis, synonymis, locis. 10th Ed. Tomus I. Holmiae: Impensis Direct. Laurentii Salvii: 37.

Jordan DS, Clark GA. 1899. The species of *Callorhinus* or northern fur seal. The fur seals and fur-seal islands of the north Pacific Ocean. Part 3. Washington: United States Government Printing Office: 2-4.

海狮属 *Eumetopias* Gill, 1866

672. 北海狮 *Eumetopias jubatus* (Schreber, 1776)

英文名： Steller Sea Lion, Northern Sea Lion

曾用名： 斯氏海狮、北太平洋海狮

地方名： 无

模式产地： 北太平洋白令岛

同物异名及分类引证：

Phoca jubata Schreber, 1776

Phoca leoninas Pallas, 1811

Otaria stellerii Lesson, 1828

Arctocephalus monteriensis Gray, 1859

亚种分化： 全世界有 2 个亚种，中国有 1 个亚种。

东部亚种 *E. j. monteriensis* Gray, 1859，模式产地：美国加利福尼亚州海域。

国内分布： 东部亚种分布于渤海（辽宁盘锦海域）、黄海（江苏连云港、启东海域）。

国外分布： 北太平洋（自加利福尼亚中部向北至白令海、向西沿阿留申群岛至堪察加半岛、再向南至日本北部近岸水域）。

引证文献：

Schreber JCD. 1776. Die Säugthiere in Abbildungen nach der Natur, mit Beschreibungen. Erlangen: Expedition des Schreber'schen säugthier- und des Esper'schen Schmetterlingswerkes: 1-558.

Pallas PS. 1811[1831]. Zoographia Rosso-Asiatica: sistens omnium Animalium in extenso Imperio Rossico et adjacentibus maribus observatorum recensionem, domicillia, mores et descriptiones, anatomen atque icones plurimorum. in Officina Caes. Saint Petersburg: Acadamiae scientiarum (Petropoli): 1-418.

Lesson RP. 1828. Histoire naturelle générale et particulière des mammifères et des oiseaux découverts depuis 1788 jusqu'a nos jours. Paris: Chez Baudouin frères: 1-444.

Gray JE. 1859. On the sea-lions, or lobos marinos of the Spaniards, on the coast of California. Proceedings of the Zoological Society of London, 27: 357-361.

小熊猫科 Ailuridae Gray, 1843

小熊猫属 *Ailurus* Cuvier, 1825

673. 喜马拉雅小熊猫 *Ailurus fulgens* Cuvier, 1825

英文名： Himalayan Red Panda, Himalayan Lesser Panda

曾用名： 红熊猫、小猫熊

地方名： 九节狼、金狗

模式产地： 印度

同物异名及分类引证：

Ailurus ochraceus Hodgson, 1847

亚种分化： 无

国内分布： 西藏南部。

国外分布： 不丹、尼泊尔、印度。

引证文献：

Cuvier FG. 1825. Panda. In: Geoffroy SHE, Cuvier F. Histoire naturelle des mammifères: avec des figures originales, coloriées, dessinées d'après des animaux vivans. Vol. 5, Plate 52. Paris: A. Belin: 1-3.

Hodgson BH. 1847. On the cat-toed subplantigrades of the sub-Himalayas. Journal of the Asiatic Society of Bengal, 16: 1113-1129.

Groves C. 2011. The taxonomy and phylogeny of *Ailurus*. In: Glatston AR. Red panda: Biology and conservation of the first panda. London: Academic Press: 101-124.

Hu YB, Thapa A, Fan HZ, Ma TX, Wu Q, Ma S, Zhang DL, Wang B, Li M, Yan L, Wei FW. 2020. Genomic evidence for two phylogenetic species and long-term population bottlenecks in red pandas. Science Advances, 6(9): eaax5751.

674. 中华小熊猫 *Ailurus styani* Thomas, 1902

英文名： Chinese Red Panda, Chinese Lesser Panda

曾用名： 红熊猫、小猫熊

地方名： 九节狼、金狗、山闷墩儿

模式产地： 四川平武（"Yang-Liu-pa"）

同物异名及分类引证：

Ailurus fulgens styani Thomas, 1902

Ailurus styani (Thomas, 1902) Hu *et al.*, 2020

亚种分化： 无

国内分布： 四川、西藏东南部、云南。

国外分布： 缅甸、印度。

引证文献：

Thomas O. 1902. XXXVI.—On the panda of Sze-chuen. The Annals and Magazine of Natural History, Ser. 7, 10(57): 251-252.

Groves C. 2011. The taxonomy and phylogeny of *Ailurus*. In: Glatston AR. Red panda: Biology and conservation of the first panda. London: Academic Press: 101-124.

Hu YB, Thapa A, Fan HZ, Ma TX, Wu Q, Ma S, Zhang DL, Wang B, Li M, Yan L, Wei FW. 2020. Genomic evidence for two phylogenetic species and long-term population bottlenecks in red pandas. Science Advances, 6(9): eaax5751.

鼬科 Mustelidae Fischer von Waldheim, 1817

水獭亚科 Lutrinae Bonaparte, 1838

小爪水獭属 *Aonyx* Lesson, 1827

675. 小爪水獭 *Aonyx cinerea* (Illiger, 1815)

英文名：Asian Small-clawed Otter, Oriental Small-clawed Otter

曾用名：无

地方名：山獭、油獭、水獭

模式产地：印度尼西亚爪哇岛

同物异名及分类引证：

Amblonyx cinereus Illiger, 1815

Amblonyx cinereus concolor Rafinesque, 1832

Aonyx sikimensis Horsfield, 1855

Aonyx fulvus Pohle, 1920

亚种分化：全世界有 3 个亚种，中国有 1 个亚种。

华南亚种 *A. c. concolor* (Rafinesque, 1832)，模式产地：印度尼西亚爪哇岛。

国内分布：华南亚种分布于贵州、西藏、云南、福建、台湾、广东、广西、海南。

国外分布：巴基斯坦、不丹、柬埔寨、老挝、马来西亚、孟加拉国、缅甸、尼泊尔、泰国、文莱、伊拉克、印度、印度尼西亚、越南。

引证文献：

Illiger C. 1815. Überblick der säugethiere nach ihrer vertheilung über die welttheile. Berlin: Akademie der Wissenschaften, 1804-1811: 39-159.

Rafinesque CS. 1832. Description of a new otter, *Lutra concolor*, from Assam in Asia. Atlantic Journal, 1(2): 62.

Horsfield T. 1855. Brief notices of several new or little-known species of Mammalia, lately discovered and collected in Nepal, by Brian Houghton Hodgson, Esq. The Annals and Magazine of Natural History, Ser. 2, 16(92): 101-114.

Pohle H. 1920. Die Unterfamilie der Lutrinae. Archiv für Naturgeschichte for 1919, sect. A, Pt. 9, 85: 1-247.

水獭属 *Lutra* Brisson, 1762

676. 欧亚水獭 *Lutra lutra* (Linnaeus, 1758)

英文名：Eurasian Otter

曾用名：无

地方名：獭、獭猫、鱼猫、纠困（鄂温克族）、祖衡（鄂伦春族）、几勒布格（达斡尔族）、海洛（蒙古族）

模式产地：瑞典

同物异名及分类引证：

Mustela lutra Linnaeus, 1758

Lutra vulgaris Erxleben, 1777

Lutra lutra piscatoria (Kerr, 1792)

Lutra lutra whiteleyi (Gray, 1867)

Lutra sinensis Trouessart, 1897

Lutra hanensis Matschie, 1907

亚种分化：全世界有 11 个亚种，中国有 4 个亚种。

指名亚种 *L. l. lutra* (Linnaeus, 1758)，模式产地：瑞典乌普萨拉省；

江南亚种 *L. l. chinensis* Gray, 1837，模式产地：中国；

西藏亚种 *L. l. kutab* Schinz, 1844，模式产地：克什米尔地区；

海南亚种 *L. l. hainana* Xu *et* Liu, 1983，模式产地：海南五指山。

国内分布：指名亚种分布于黑龙江、吉林、辽宁、内蒙古、新疆（阿尔泰山）；江南亚种分布于甘肃、青海、陕西、重庆、贵州、四川、云南、河南、湖北、湖南、安徽、福建、江苏、江西、上海、台湾、浙江、广东、广西；西藏亚种分布于西藏西部；海南亚种分布于海南。

国外分布：广泛分布于亚洲、欧洲及非洲北部。

引证文献：

Linnaeus C. 1758. Systema naturae per regna tria naturae: secundum classes, ordines, genera, species, cum characteribus, differentiis, synonymis, locis. 10th Ed. Tomus I. Holmiae: Impensis Direct. Laurentii Salvii: 1-824.

Erxleben JCP. 1777. Systema regni animalis per classes, ordines, genera, species, varietates: cvm synonymia et historia animalivm: Classis I. Mammalia. Lipsiae: Impensis weygandianis: 1-636.

Kerr R. 1792. The animal kingdom, or zoological system, of the celebrated Sir Charles Linnaeus. Class I. Mammalia. Edinburgh: Printed for A. Strahan, and T. Cadell, London, and W. Creech, Edinburgh.

Gray J. 1837. A synoptical catalogue of the species of certain tribes or genera of shells contained in the collection of the British Museum and the author's cabinet. Magazine of Natural History and Journal of Zoology, Botany, Mineralogy, Geology and Meteorology, New Series, 1: 370-376.

Schinz HR. 1844. Systematisches verzeichniss aller bis jetzt bekannten Säugethiere, oder, Synopsis Mammalium, nach dem Cuvier' schen system. Solothurn, Jent und Gassmann: 1-587.

Gray JE, Walker F. 1867. Catalogue of the specimens of heteropterous-Hemiptera in the collection of the British museum. London: Printed for the Trustees of the British Museum, 2: 1-417.

Trouessart EL. 1897. Catalogus mammalium tam viventium quam fossilium. Berolini: R. Friedländer & Sohn: 1-664.

Matschie P. 1907. Wissenschaftliche Ergebnisse der Expedition. Filchner nach China. Mammalia. 10(1): 134-244.

徐龙辉, 刘振河. 1983. *Lutra lutra hainana* Xu *et* Liu(新亚种). 见: 广东省昆虫研究所动物室, 中山大学 生物系. 海南岛的鸟兽. 北京: 科学出版社: 328-330.

江獭属 *Lutrogale* Gray, 1865

677. 江獭 *Lutrogale perspicillata* Geoffroy Saint-Hilaire, 1826

英文名：Smooth-coated Otter

曾用名：印度水獭

地方名：海獭、咸水獭（广东）、滑獭（商品名）

模式产地：印度尼西亚苏门答腊岛

同物异名及分类引证：

Lutra simung Lesson, 1827

Lutrogale macrodus Gray, 1865

Lutra ellioti Anderson, 1879

亚种分化：全世界有 2 个亚种，中国有 1 个亚种。

印尼亚种 *L. p. perspicillata* Geoffory Saint-Hilaire, 1826，模式产地：印度尼西亚苏门答 腊岛。

国内分布：印尼亚种历史上分布于云南、广东。

国外分布：巴基斯坦、不丹、柬埔寨、老挝、马来西亚、孟加拉国、缅甸、尼泊尔、泰 国、文莱、伊拉克、印度、印度尼西亚、越南。

引证文献：

Geoffroy Saint-Hilaire I. 1826. Bory de Saint-Vincent. Dictionnaire Classique d'Histoire Naturelle, Paris: Rey et Gravier and Baudouin Freres, 9: 515-520.

Lesson RP. 1827. Manuel de mammalogie, ou histoire naturelle des mammiferes. Paris: J. B. Bailliere: 1-442.

Gray JE. 1865. A revision of the genera and species of Mustelidae contained in the British Museum. Proceedings of the Zoological Society of London, 33(1): 100-154.

Anderson J. 1879. Anatomical and zoological researches: comprising an account of the zoological results of the two expeditions to western Yunnan in 1868 and 1875; and a monograph of the two cetacean genera, *Platanista* and *Orcella*. London: Bernard Quaritch, 15, Piccadilly, 1: 1-985.

獾亚科 Melinae Fischer von Waldheim, 1817

猪獾属 *Arctonyx* Cuvier, 1825

678. 猪獾 *Arctonyx collaris* Cuvier, 1825

英文名：Hog Badger

曾用名：无

地方名：沙獾、猪鼻獾（江苏）、獾猪、拱猪（四川）、土猪子、川猪、狟（陕西）、串 猪（甘肃）

模式产地：不丹

同物异名及分类引证：

Arctonyx taxoides Blyth, 1853

Arctonyx collaris taraiyensis (Gray, 1863)

Arctonyx annaeus Thomas, 1921

Arctonyx leucolaemus milne-edwardsii Lönnberg, 1923

亚种分化：全世界有 6 个亚种，中国有 4 个亚种。

指名亚种 *A. c. collaris* Cuvier, 1825，模式产地："dans les montagnes qui séparent le Boutan de l'Indoustan"；

西南亚种 *A. c. albogularis* (Blyth, 1853)，模式产地：西藏东部；

华北亚种 *A. c. leucolaemus* (Milne-Edwards, 1867)，模式产地：北京附近；

滇南亚种 *A. c. dictator* Thomas, 1910，模式产地：不详。

国内分布：指名亚种分布于西藏、云南西部；西南亚种分布于山西、甘肃、青海、陕西、重庆、贵州、四川、云南、西藏、湖北、湖南、安徽南部、福建、江苏南部、浙江、广东、广西；华北亚种分布于黑龙江北部、吉林北部、辽宁北部、北京、河北北部、内蒙古北部、山西北部、河南、安徽北部、江苏北部；滇南亚种分布于云南。

国外分布：不丹、柬埔寨、老挝、蒙古、孟加拉国、缅甸、泰国、印度、印度尼西亚、越南。

引证文献：

Cuvier FG. 1825. In: Geoffroy SHE, Cuvier F. Histoire naturelle des mammifères: avec des figures originales, coloriées, dessinées d'après des animaux vivans. Vol. 5, Plate 51. Paris: A. Belin: 2.

Blyth E. 1853. Report of zoological curator for September meeting. Journal of the Asiatic Society of Bengal, 22: 589-594.

Gray JE. 1863. Catalogue of Hodgson's collection in the British Museum. 2nd Ed. London: British Museum.

Milne-Edwards A. 1867. Observations sur quelques mammifères du nord de la Chine. Annales des sciences naturelles. Cinquieme Serie, Zoologie et Paleontologie, 7(5): 375-377.

Thomas O. 1921. On small mammals from the Kachin Province, Northern Burma. The Journal of the Bombay Natural History Society, 27: 499-505.

Lönnberg E. 1923. XXXVI.—Notes on *Arctonyx*. The Annals and Magazine of Natural History, Ser. 9, 11(63): 322-326.

狗獾属 *Meles* Brisson, 1762

679. 亚洲狗獾 *Meles leucurus* (Hodgson, 1847)

英文名：Asian Badger

曾用名：狗獾

地方名：狟子、獾子、土猪、地猪、貆（《尔雅》）、天狗（《本草纲目》）、儿哦嘞（鄂温克族）、巴尔素克（鄂伦春族）、多罗空（赫哲族）、咪格什（蒙古族）、纳古里（朝

鲜族）、命马（傣族）、剥儿梭克（维吾尔族、锡伯族）、芝麻狸（商品名）

模式产地： 西藏拉萨

同物异名及分类引证：

Taxidea leucurus Hodgson, 1847

Meles meles leptorhynchus Milne-Edwards, 1867

Meles chinensis Gray, 1868

Meles meles altaicus Kastschenko, 1902

Meles meles raddei Kastschenko, 1902

Meles hanensis Matschie, 1907

Meles leucurus blanfordi Matschie, 1907

Meles siningensis Matschie, 1907

Meles tsingtauensis Matschie, 1907

Meles meles melanogenys Allen, 1913

Meles meles talassicus Ognev, 1931

Meles meles enisseyensis Petrov, 1953

Meles meles eversmanni Petrov, 1953

Meles meles aberrans Stroganov, 1962

亚种分化： 全世界有 5 个亚种，中国有 4 个亚种。

西藏亚种 *M. l. leucurus* (Hodgson, 1847)，模式产地：西藏拉萨；

东北亚种 *M. l. amurensis* Schrenck, 1859，模式产地：乌苏里河口附近；

阿尔泰亚种 *M. l. sibiricus* Kastschenko, 1900，模式产地：新疆阿尔泰山；

天山亚种 *M. l. tianschanensis* Hoyningen-Huene, 1910，模式产地：新疆天山。

国内分布： 西藏亚种分布于北京、河北、内蒙古、山西、甘肃、青海、陕西、贵州、四川、云南、西藏、河南、湖北、湖南、安徽、福建、江苏、山东、浙江、广东、广西；东北亚种分布于黑龙江、吉林、辽宁、内蒙古东北部；阿尔泰亚种分布于新疆（阿尔泰山）；天山亚种分布于新疆（天山）。

国外分布： 朝鲜、俄罗斯、哈萨克斯坦、韩国、蒙古、乌兹别克斯坦。

引证文献：

Hodgson BH. 1847. On the Tibetan badger, *Taxidia leucurus*, N. S., with plates. Journal of the Asiatic Society of Bengal, 16(Pt. 2): 763-771.

Milne-Edwards H. 1867. Leçons sur la physiologie et l'anatomie comparée de l'homme et des animaux/faites à la Faculté des Sciences de Paris par H. Milne Edwards. Paris: Librairie de Victor Masson.

Schrenck LI, Grube W, Fritsche H. 1859. Reisen und Forschungen im Amur-Lande, in den Jahren 1854-1856. Buchdruckerei der Kaiserlichen Akademie der Wissenschaften.

Gray JE. 1868. Notice of a badger from China (*Meles chinensis*). Proceedings of the Scientific Meetings of the Zoological Society of London: 206-209.

Kastschenko NF. 1902. About the sandy badger (*Meles arenarius* Satunin) and about the Siberian races of badger. Ezhegodnik Zoologicheskogo Muzeya Imperatorskoi Akademii Nauk, 6(4): 609-613.

Matschie P. 1907. *Meles blanfordi* Matschie. Wissenschaftliche ergebnisse der expedition Filchner nach

China, Mammalia, 10. Kashgar, China. I: 143.

Hoyningen-Huene. 1910. Zur. Biol. Estlandisch. Dachses: 63.

Allen JA. 1913. Bulletin of the American Museum of Natural History. Vol. 32. New York: American Museum of Natural History.

Ognev SI. 1931. Mammals of Eastern Europe and Northern Asia: Carnivorous Mammals. Vol. 2. Jerusalem: Israel Program for Scientific Translations, 1962: 1-776.

Petrov VV. 1953. The data on the intraspecific variability of badgers (genus *Meles*). Uchenye Zapiski Leningradskogo Pedagogicheskogo Instituta, 7: 149-205.

Stroganov SU. 1962. Animals of Siberia. Carnivores. Moscow: Akademiya Nauk SSSR.

鼬獾属 *Melogale* Geoffroy Saint-Hilaire, 1831

680. 鼬獾 *Melogale moschata* (Gray, 1831)

英文名：Chinese Ferret-badger, Small-toothed Ferret-badger

曾用名：无

地方名：山狙、山獭、鱼鳅、白鼻猪、白猸、猸子（商品名）

模式产地：广州

同物异名及分类引证：

Helictis moschata Gray, 1831

Helictis subaurantiaca modesta Thomas, 1922

亚种分化：全世界有 7 个亚种，中国有 6 个亚种。

指名亚种 *M. m. moschata* (Gray, 1831)，模式产地：广州；

台湾亚种 *M. m. subaurantiaca* (Swinhoe, 1862)，模式产地：台湾；

江南亚种 *M. m. ferreogrisea* (Hilzheimer, 1905)，模式产地：湖北汉口附近；

阿萨姆亚种 *M. m. millsi* (Thomas, 1922)，模式产地：印度阿萨姆邦那加山；

滇南亚种 *M. m. taxilla* (Thomas, 1925)，模式产地：越南北部；

海南亚种 *M. m. hainanensis* Zheng *et* Xu, 1983，模式产地：海南陵水大里。

国内分布：指名亚种分布于贵州、广东、广西；台湾亚种分布于台湾；江南亚种分布丁陕西、重庆、四川、湖北、湖南、安徽、福建、江苏、江西、上海、浙江；阿萨姆亚种分布于云南西北部；滇南亚种分布于云南南部、广东、广西；海南亚种分布于海南。

国外分布：老挝、缅甸、印度、越南。

引证文献：

Gray JE. 1831. Characters of three new genera, including two new species of Mammalia from China. Proceedings of the Zoological Society of London: 94-95.

Swinhoe R. 1862. On the mammals of the Island of Formosa (China). Proceedings of the Zoological Society of London, 30(1): 347-365.

Hilzheimer M. 1905. Neue Chinesiche Säugetiere. Zoologischer Anzeiger, 29: 297-299.

Thomas O. 1922. Scientific results from the Mammal Survey. No. XXXII. (C.) A new ferret badger (*Helictis*) from the Naga Hills. The Journal of the Bombay Natural History Society, 28: 432.

Thomas O. 1925. The mammals obtained by Mr. Herbert Stevens on the Sladen-Godman expedition to

Tonkin. Proceedings of the Zoological Society of London, 95(2): 495-506.

郑永烈, 徐龙辉. 1983. 我国鼬獾的亚种分类及一新亚种的描述. 兽类学报, 3(2): 165-171.

681. 缅甸鼬獾 *Melogale personata* Geoffroy Saint-Hilaire, 1831

英文名：Burmese Ferret-badger, Large-toothed Ferret-badger

曾用名：无

地方名：无

模式产地：缅甸南部

同物异名及分类引证：无

亚种分化：全世界有 5 个亚种，中国有 1 个亚种。

越北亚种 *M. p. tonquinia* Thomas, 1922，模式产地：越南北部。

国内分布：越北亚种分布于云南、广东。

国外分布：柬埔寨、老挝、孟加拉国、缅甸、尼泊尔、泰国、印度、越南。

引证文献：

Geoffroy Saint-Hilaire I. 1831. Mammifères. In: Bélanger C. Voyage aux Indes-Orientales par le nord de l'Europe, les provinces du Caucases, la Géorgie, l'Arménie et la Perse, suivi des détails topographiques, statistiques et autre sur le Pégou, les Iles de Jave, de Maurice et de Bourbon, sur le Cap-de-bonne-Espérance et Sainte-Hélène, pendant les années 1825, 1826, 1827, 1828 et 1829 publié sous les auspices de ll. ee. mm. les Minis- tres de la Marine et de l'Intérieur, 3. Zoologie. Paris: Arthus Bertrand.

Thomas O. 1922. XIX.—Some notes on ferret-badgers. The Annals and Magazine of Natural History, Ser. 9, 9(50): 193-196.

鼬亚科 Mustelinae Fischer von Waldheim, 1817

貂熊属 *Gulo* Pallas, 1780

682. 貂熊 *Gulo gulo* (Linnaeus, 1758)

英文名：Wolverine

曾用名：狼獾

地方名：狼獾、飞熊（东北）、月熊（新疆）、俟尤勒坎（鄂温克族）、泥黑（鄂伦春族）、乌其黑（达斡尔族）

模式产地：拉普兰德

同物异名及分类引证：

Mustela gulo Linnaeus, 1758

Gulo sibirica Pallas, 1780

Gulo vulgaris Oken, 1816

Gulo arcticus Desmarest, 1820

Gulo borealis Nilsson, 1820

Gulo arctos Kaup, 1829

Gulo gulo luscus Trouessart, 1910

亚种分化：全世界有 6 个亚种，中国有 1 个亚种。

指名亚种 *G. g. gulo* (Linnaeus, 1758)，模式产地：拉普兰德。

国内分布：指名亚种分布于黑龙江、内蒙古、新疆北部。

国外分布：俄罗斯、芬兰、加拿大、美国、挪威、瑞典。

引证文献：

Linnaeus C. 1758. Systema naturae per regna tria naturae: secundum classes, ordines, genera, species, cum characteribus, differentiis, synonymis, locis. 10th Ed. Tomus I. Holmiae: Impensis Direct. Laurentii Salvii: 1-824.

Pallas PS. 1767-1780. Spicilegia zoological quibus novae imprimis et obscurae animalium species iconibus, descriptionibus atque commentariis illustrantur. Berolini: Prostant apud Gottl. August. Lange.

Oken L. 1816. Okens Lehrbuch der Naturgeschichte. vol (Th. 3: Abth. 2). Leipzig: Bei Carl Heinrich Reclam.

Desmarest AG. 1820. Mammalogie, ou, Description des espèces des mammifères. Paris: Chez Mme. Veuve Agasse, imprimeur-libraire.

Nilsson S. 1820. Skandinavisk Fauna. Vol. 2. Lund: Berlingska Boktryckeri.

Kaup JJ. 1829. Skizzirte Entwickelungs-Geschichte und natürliches System der europäischen Thierwelt: Erster Theil welcher die Vogelsäugethiere und Vögel nebst Andeutung der Entstehung der letzteren aus Amphibien enthält. Darmstadt; In commission bei Carl Wilhelm Leske.

Trouessart EL. 1910. Conspectus mammalium Europae. Faune des mammifères d'Europe. Berlin: R. Friedländer & Sohn.

貂属 *Martes* Pinel, 1792

683. 黄喉貂 *Martes flavigula* (Boddaert, 1785)

英文名：Yellow-throated Marten

曾用名：青鼬

地方名：两头黑、密狗、看山虎（东北）、黄颈黄鼬（台湾）、黄腰狸（陕南）、黄腰狐狸（福建、广西）、害辣（傈僳族）

模式产地：尼泊尔

同物异名及分类引证·

Charronia flavigula Boddaert, 1785

Martes melina (Kerr, 1792)

Martes leucotis (Bechstein, 1800)

Martes quadricolor (Shaw, 1800)

Martes chrysogaster (Smith, 1842)

Martes flavigula xanthospila Swinhoe, 1870

Martes flavigula kuatunensis Bonhote, 1901

Martes flavigula typica Bonhote, 1901

Martes melli (Matschie, 1922)

Martes yuenshanensis (Shih, 1930)

亚种分化：全世界有 9 个亚种，中国有 4 个亚种。

指名亚种 *M. f. flavigula* (Boddaert, 1785)，模式产地·尼泊尔；

东北亚种 *M. f. aterrima* (Pallas, 1811)，模式产地：俄罗斯西伯利亚东部乌拉尔河附近；

台湾亚种 *M. f. chrysospila* Swinhoe, 1866，模式产地：台湾中部山地；

海南亚种 *M. f. hainana* Xu *et* Wu, 1981，模式产地：海南万宁兴隆。

国内分布：指名亚种分布于山西、甘肃、陕西、重庆、贵州、四川、西藏、云南、河南、湖北、湖南、安徽、福建、江西、浙江、广东、广西；东北亚种分布于黑龙江、吉林、内蒙古东北部；台湾亚种分布于台湾；海南亚种分布于海南。

国外分布：阿富汗、巴基斯坦、不丹、朝鲜、俄罗斯、韩国、柬埔寨、老挝、马来西亚、孟加拉国、缅甸、尼泊尔、泰国、印度、印度尼西亚、越南。

引证文献：

Boddaert P. 1785. Elenchus animalium, volumen 1: Sistens quadrupedia huc usque nota, eorumque varietates. Roterodami: Apud C.R. Hake: 1-174.

Kerr R. 1792. The animal kingdom, or zoological system, of the celebrated Sir Charles Linnaeus. Class I. Mammalia. Edinburgh: Printed for A. Strahan, and T. Cadell, London, and W. Creech, Edinburgh.

Bechstein JM. 1800. Allgemeine Übersicht der vierfüssigen Thiere, Vol. 2. Weimar: Im Verlage des Industrie-Comptoir's.

Shaw G. 1800. General zoology or systematic natural history. London: G. Kearsley, 12: 1-330.

Pallas PS. 1811[1831]. Zoographia Rosso-Asiatica: sistens omnium Animalium in extenso Imperio Rossico et adjacentibus maribus observatorum recensionem, domicillia, mores et descriptiones, anatomen atque icones plurimorum. [ICZN Opinion 212—dates of volumes: 1 & 2:1811; 3:1814]. in officina Caes. Saint Petersburg: Acadamiae scientiarum (Petropoli). 3 vol. [official date of publ for vol 1-1811 impress], 1.

Smith CEH. 1842. Jardine's Natural Library 2 Mam. 35: 201.

Swinhoe R. 1866. XXXVI.—On a new species of beech-marten from Formosa. The Annals and Magazine of Natural History, Ser. 3, 18: 286.

Swinhoe R. 1870. Zoological notes of a journey from Canton to Peking and Kalgan. Proceedings of the Zoological Society of London, 38: 427-451.

Bonhote JL. 1901. XLV.—On the martens of the *Mustela flavigula* group. The Annals and Magazine of Natural History, Ser. 7, 7(40): 342-349.

Matschie P. 1922. Arch. Nat. 88, Sect. A: 10.

Shih CM. 1930. Preliminary report on the mammals from Yaoshan, Kwangsi, collected by the Yaoshan Expedition of Sun Yatsen University, Canton, China. Bulletin of the Department of Biology, College of Science, Sun Yatsen University, 4(10): 1-10.

徐龙辉，吴家炎. 1981. 海南岛兽类一新亚种——海南青鼬. 兽类学报, 1(2): 145-148.

684. 石貂 *Martes foina* (Erxleben, 1777)

英文名：Beech Marten, Stone Marten

曾用名：无

地方名：岩貂、扫雪（陕北）、狸狐、苏萨尔（维吾尔族、哈萨克族）

模式产地：德国

同物异名及分类引证：

Mustela foina Erxleben, 1777

Martes leucolachnaea Blanford, 1879

亚种分化：全世界有 11 个亚种，中国有 2 个亚种。

北方亚种 *M. f. intermedia* Servertzov, 1873，模式产地：中亚地区（"Chu, Tallas and

Naryn"）；

青藏亚种 *M. f. kozlovi* Ognev, 1931，模式产地：澜沧江上游西藏昌都。

国内分布：北方亚种分布于辽宁西部、河北、内蒙古、山西、甘肃、宁夏、青海、陕西、新疆；青藏亚种分布于青海东南部、四川西部、西藏南部、云南西北部。

国外分布：广泛分布于亚欧大陆。

引证文献：

Erxleben JCP. 1777. Systema regni animalis per classes, ordines, genera, species, varietates: cvm synonymia et historia animalivm: Classis I. Mammalia. Lipsiae: Impensis weygandianis: 1-636.

Servertzov NA. 1873. Vertical and horizontal distribution of Turkestan animals. Proceedings of the Imperial Society of the Devotees of Natural History, Anthropology and Ethnography, 8(2): 1-155.

Blanford WT. 1879. Scientific results of the Second Yarkand Mission: based upon the collections and notes of the late Ferdinand Stoliczka, Ph. D. Mammalia. Calcutta: Office of the Superintendent of Government Printing, Pt. 4.

Ognev SI. 1931. Mammals of Eastern Europe and Northern Asia: Carnivorous Mammals. Vol. 2. Jerusalem: Israel Program for Scientific Translations, 1962: 1-776.

685. 紫貂 *Martes zibellina* (Linnaeus, 1758)

英文名：Sable

曾用名：无

地方名：貂、貂鼠、赤貂、黑貂、大叶子（吉林）、松狗、巴勒格（鄂伦春族、达斡尔族）、安德烈卡克（鄂温克族）、顿·扎塞顿（朝鲜族）、什阿布（赫哲族）、布鲁贡（维吾尔族）、布鲁昆（哈萨克族）、大皮（东北）

模式产地：俄罗斯西伯利亚

同物异名及分类引证：

Mustela zibellina Linnaeus, 1758

亚种分化：全世界有 16 个亚种，中国有 4 个亚种。

大兴安岭亚种 *M. z. princeps* (Birula, 1922)，模式产地：俄罗斯外贝加尔边疆区的巴尔古津山；

长白山亚种 *M. z. hamgyenensis* Kishida, 1927，模式产地：朝鲜咸镜北道；

阿尔泰亚种 *M. z. altaica* Kuznetsov, 1941，模式产地：阿尔泰山；

小兴安岭亚种 *M. z. linkouensis* Ma *et* Wu, 1981，模式产地：黑龙江林口。

国内分布：大兴安岭亚种分布于黑龙江北部、内蒙古东北部；长白山亚种分布于黑龙江东南部、吉林东部、辽宁东部；阿尔泰亚种分布于新疆东北部；小兴安岭亚种分布于黑龙江。

国外分布：朝鲜、俄罗斯、哈萨克斯坦、韩国、蒙古、日本。

引证文献：

Linnaeus C. 1758. Systema naturae per regna tria naturae: secundum classes, ordines, genera, species, cum characteribus, differentiis, synonymis, locis. 10th Ed. Tomus I. Holmiae: Impensis Direct. Laurentii Salvii.

Birula AA. 1922. Revisio analytica specierum asiaticarum generis Karschia Walter (*Arachnoidea Solifugae*).

Annuaire du Musée Zoologique de l'Académie Impériale des Sciences de St.-Pétersbourg (Petrograd), 23: 197-201.

Kishida K. 1927. Dobuts Zasshi. 39: 509.

Kuznetsov BA. 1941. Geographical variability of sables and martens. Trudy Moscow Zootechnical Institute, 1: 113-133.

马逸清, 吴家炎. 1981. 我国紫貂种下分类的研究——包括一新亚种. 动物学报, 27(2): 189-196.

鼬属 *Mustela* Linnaeus, 1758

686. 缺齿伶鼬 *Mustela aistoodonnivalis* Wu *et* Gao, 1991

英文名：Lack-toothed Weasel

曾用名：无

地方名：无

模式产地：陕西秦岭

同物异名及分类引证：无

亚种分化：无

国内分布：中国特有，分布于甘肃、陕西南部、四川北部与西部。

国外分布：无

引证文献：

吴家炎, 高耀亭. 1991. 中国兽类新种记录——缺齿伶鼬 *Mustela aistoodonnivalis* sp. nov. 西北大学学报, 21: 87-94.

Liu YX, Pu YT, Wang XM, Wang X, Liao R, Tang KY, Chen SD, Yue BS, Liu SY. 2021. Status emendation of *Mustela aistoodonnivalis* (Mustelidae: Carnivora) based on molecular phylogenetic and morphology. ARPHA Preprints, 1: e72208.

687. 香鼬 *Mustela altaica* Pallas, 1811

英文名：Mountain Weasel, Altai Weasel, Altai Mountain Weasel

曾用名：无

地方名：香鼬子、香鼠（商品名）

模式产地：阿尔泰山

同物异名及分类引证：

Mustela astutus (Milne-Edwards, 1870)

Mustela sacana Thomas, 1914

亚种分化：全世界有 4 个亚种，中国有 3 个亚种。

阿尔泰亚种 *M. a. altaica* Pallas, 1811，模式产地：阿尔泰山；

喜马拉雅亚种 *M. a. temon* Hodgson, 1857，模式产地：印度锡金；

东北亚种 *M. a. raddei* Ognev, 1928，模式产地：俄罗斯外贝加尔边疆区。

国内分布：阿尔泰亚种分布于内蒙古、山西、甘肃、青海、新疆北部；喜马拉雅亚种分布于青海、四川西部、西藏南部；东北亚种分布于黑龙江、吉林、辽宁、内蒙古、北京、河北。

国外分布：巴基斯坦、不丹、俄罗斯、哈萨克斯坦、吉尔吉斯斯坦、蒙古、尼泊尔、塔吉克斯坦、印度。

引证文献：

Pallas PS. 1811[1831]. Zoographia Rosso-Asiatica: sistens omnium animalium in extenso Imperio Rossico et adjacentibus maribus observatorum recensionem, domicillia, mores et descriptiones, anatomen atque icones plurimorum. 3 vol. Saint Petersburg: Acadamiae scientiarum (Petropoli), 1: 98-99.

Hodgson BH. 1858. On a new *Lagomys* and a new *Mustela* inhabiting the north region of Sikim and the proximate parts of Tibet. Journal of the Asiatic Society of Bengal, 26: 207-208.

Milne-Edwards A. 1868-1874. Recherches pour servir à l'histoire naturelle des mammifères: comprenant des considérations sur la classification de ces animaux. Vol (t.1). Paris: G. Masson.

Thomas O. 1914. LXV.—On small mammals from Djarkent, Central Asia. The Annals and Magazine of Natural History, Ser. 8, 13(78): 563-573.

Ognev SI. 1928. Mem. Sect. Zool. Soc. Amis. Sci. Nat. Moscou, 2: 9, 28.

688. 白鼬 *Mustela erminea* Linnaeus, 1758

英文名：Stoat

曾用名：无

地方名：扫雪鼬、扫雪（商品名）

模式产地：瑞典

同物异名及分类引证：

Mustela hyberna Kerr, 1792

Mustela kanei Allen, 1914

Mustela erminea orientalis Ognev, 1928

Mustela erminea transbaikalica Ognev, 1928

Mustela erminea digna Hall, 1944

亚种分化：全世界有 37 个亚种，中国有 3 个亚种。

西伯利亚亚种 *M. e. kaneii* (Baird, 1857)，模式产地：俄罗斯西伯利亚；

南疆亚种 *M. e. ferghanae* (Thomas, 1895)，模式产地：乌兹别克斯坦费尔干纳盆地；

蒙古亚种 *M. e. mongolica* Ognev, 1928，模式产地：阿尔泰山（蒙古一侧）。

国内分布：西伯利亚亚种分布于黑龙江、吉林、辽宁、河北、内蒙古、山西、陕西；南疆亚种分布于新疆南部；蒙古亚种分布于新疆。

国外分布：广泛分布于亚欧大陆、北美大陆。

引证文献：

Linnaeus C. 1758. Systema naturae per regna tria naturae: secundum classes, ordines, genera, species, cum characteribus, differentiis, synonymis, locis. 10th Ed. Tomus I. Holmiae: Impensis Direct. Laurentii Salvii.

Kerr R. 1792. The animal kingdom, or zoological system, of the celebrated Sir Charles Linnaeus. Class I. Mammalia. Edinburgh: Printed for A. Strahan, and T. Cadell, London, and W. Creech, Edinburgh.

Baird SF. 1857. Mammals. Reports explorations and surveys for a railroad route from the Mississippi River to the Pacific Ocean. Washington, D.C., 8: 1-757.

Thomas O. 1895. LIII.—On the representatives of *Putorius ermineus* in Algeria and Ferghana. The Annals and Magazine of Natural History, Ser. 6, 15(89): 451-454.

Allen GM. 1914. Mammals from the Blue Nile Valley. Cambridge Mass. Bulletin of the Museum of Comparative Zoology at Harvard College, 58: 305-357.

Ognev SI. 1928. Memuary Zool. Otdeleniya Obshchestwa Lyubitelei est est Voznaniya, 2: 18.

Hall ER. 1944. Classification of the ermines of Eastern Siberia. Proceedings of the California Academy of Sciences, Ser. 4, 23(4): 555-560.

689. 艾鼬 *Mustela eversmanii* Lesson, 1827

英文名：Steppe Polecat

曾用名：无

地方名：地狗、两头乌、黑脚鼬、艾虎

模式产地：俄罗斯奥伦堡

同物异名及分类引证：

Putorius tibetanus Horsfield, 1851

Mustela lineiventer Hollister, 1913

Mustela tiarata Hollister, 1913

Putorius eversmanii dauricus Stroganov, 1958

Putorius eversmanii tuvinicus Stroganov, 1958

亚种分化：全世界有 7 个亚种，中国有 4 个亚种。

西藏亚种 *M. e. larvatus* (Hodgson, 1849)，模式产地：西藏南部；

北疆亚种 *M. e. michnoi* (Kastschenko, 1910)，模式产地：俄罗斯西伯利亚；

黑龙江亚种 *M. e. amurensis* (Ognev, 1930)，模式产地：黑龙江；

内蒙古亚种 *M. e. admirata* (Pocock, 1936)，模式产地：内蒙古赤峰。

国内分布：西藏亚种分布于青海中部、新疆、四川西北部、西藏东部和南部；北疆亚种分布于黑龙江、吉林、辽宁、内蒙古、山西、甘肃、宁夏、青海西部、陕西、新疆、贵州、四川、河南、江苏；黑龙江亚种分布于黑龙江；内蒙古亚种分布于辽宁、河北、内蒙古。

国外分布：奥地利、白俄罗斯、保加利亚、波兰、俄罗斯、格鲁吉亚、哈萨克斯坦、黑山、吉尔吉斯斯坦、捷克、罗马尼亚、蒙古、摩尔多瓦、塞尔维亚、斯洛伐克、斯洛文尼亚、塔吉克斯坦、土库曼斯坦、乌兹别克斯坦、乌克兰、匈牙利、印度。

引证文献：

Lesson RP. 1827. Manuel de mammalogie, ou histoire naturelle des mammiferes. Paris: J. B. Bailliere: 144.

Hodgson BH. 1849. The polecat of Tibet. Journal of the Asiatic Society of Bengal, 18(1): 446-450.

Horsfield T. 1851. A catalogue of the Mammalia in the Museum of the Hon. East-India Company. London: Printed by J. & H. Cox: 1-212.

Kastschenko W. 1910. Description d'une collection de mammifères, provenant de la Transbaikalie. Annuaire Musee Zoologique de l'Academie Imperiale des Sciences de Saint Pétersburg, 15: 267-298.

Hollister N. 1913. Mammals collected by the Smithsonian-Harvard Expedition to the Altai Mountains, 1912. Proceedings of the United States National Museum, 45(1900): 507-532.

Ognev SI. 1930. Übersicht der russischen Kleinkatzen. Zeitschrift fur Saugeteirkunde, 5(2): 48-85.

Pocock RI. 1936. The polecats of the genera *Putorius* and *Vormela* in the British Museum. Proceedings of the Zoological Society of London, 106(3): 691-724.

Stroganov SU. 1958. Review of steppe polecat subspecies (*Putorius eversmanni* Lesson) of Siberian fauna. Izvestiya Sibirskogo otdelenya AN SSSR, 11: 149-155.

690. 黄腹鼬 *Mustela kathiah* Hodgson, 1835

英文名：Yellow-bellied Weasel

曾用名：无

地方名：香菇狼（商品名）、松狼

模式产地：尼泊尔北部

同物异名及分类引证：

Mustela altaica tsaidamensis (Hilzheimer, 1910)

Mustela melli (Matschie, 1922)

亚种分化：全世界有 2 个亚种，中国有 1 个亚种。

指名亚种 *M. k. kathiah* Hodgson, 1835，模式产地：尼泊尔。

国内分布：指名亚种分布于陕西、重庆、贵州、四川、云南、湖北、湖南、安徽、福建、江苏、江西、台湾、浙江、广东、广西、海南。

国外分布：不丹、柬埔寨、老挝、缅甸、尼泊尔、泰国、印度、越南。

引证文献：

Hodgson BH. 1835. Note on the red billed Erolia. Journal of the Asiatic Society of Bengal, 4: 702-704.

Hilzheimer VDM. 1910. Neue tibetanische Säugetierre. Zoologischer Anzeiger, 35: 310-311.

Matschie P. 1922. Arch. Nat. 88, Sect. A, 10.

691. 伶鼬 *Mustela nivalis* Linnaeus, 1766

英文名：Least Weasel

曾用名：无

地方名：银鼠、白鼠、矮伶鼬

模式产地：瑞典（"Vesterbotten"）

同物异名及分类引证：

Mustela punctata Domaniewski, 1926

Mustela pygmaea caraftensis Kishida, 1936

Mustela pygmaea yesoidsuna Kishida, 1936

Mustela nivalis kerulenica Bannikov, 1952

亚种分化：全世界有 18 个亚种，中国有 4 个亚种。

东北亚种 *M. n. nivalis* Linnaeus, 1766，模式产地：瑞典（"Vesterbotten"）；

南疆亚种 *M. n. stoliczkana* Blanford, 1877，模式产地：新疆莎车；

西疆亚种 *M. n. pallida* (Barrett-Hamilton, 1900)，模式产地：乌兹别克斯坦（"Kokand, Ferghana"）；

四川亚种 *M. n. russelliana* Thomas, 1911，模式产地：四川康定。

国内分布：东北亚种分布于黑龙江、吉林、辽宁、河北、内蒙古；南疆亚种分布于新疆南部；西疆亚种分布于新疆（天山和帕米尔高原）；四川亚种分布于四川。

国外分布：广泛分布于亚欧大陆、北美大陆及非洲北部。

引证文献：

Linnaeus C. 1766. Systema naturae per regna tria naturae, secundum classes, ordines, genera, species, cum characteribus, differentiis synonymis, locis. 12th Ed. Holmiae: Salvius: 1.

Blanford WT. 1877. On an apparently undescribed weasel from Yarkand. Journal of the Asiatic Society of Bengal, 46(Part 2): 259-261.

Barrett-Hamilton GEH. 1900. (X.) *Putorius nivalis pallidus*, subsp. n. The Annals and Magazine of Natural History, Ser. 7, 5: 48-49.

Thomas O. 1911. The Duke of Bedford's zoological exploration of Eastern Asia.—XIII. On mammals from the provinces of Kansu and Sze-chwan, Western China. Proceedings of the Zoological Society of London, 81: 158-180.

Domaniewski J. 1926. Neue säugetierformen aut nordasien. Annales Zoologici Musei Polonici Historiae Naturalis, 5: 52-56.

Kishida K. 1936. About two or three species of mammals which are recently noticed in Japan. Doubuts. Zasshi, 48: 175-177.

Bannikov AG. 1952. Materials to knowledge of the mammals of Mongolia. VI. Mustelids. Byull. Mosk. Obshch. Ispytatelei Prirody, Otd. Biol., 57: 30-44.

692. 黄鼬 *Mustela sibirica* Pallas, 1773

英文名：Siberian Weasel

曾用名：无

地方名：黄鼠狼、黄狼、黄皮（商品名）

模式产地：阿尔泰山西部

同物异名及分类引证：

Putorius sibirica miles Barrett-Hamilton, 1904

Putorius sibiricus noctis Barrett-Hamilton, 1904

Lutreola stegmanni Matschie, 1907

Lutreola major Hilzheimer, 1910

Lutreola tafeli Hilzheimer, 1910

Mustela (*Lutreola*) *taivana* Thomas, 1913

Mustela hamptoni Thomas, 1921

Lutreola melli Matschie, 1922

亚种分化：全世界有 11 个亚种，中国有 6 个亚种。

指名亚种 *M. s. sibirica* Pallas, 1773，模式产地：阿尔泰山西部；

拉萨亚种 *M. s. canigula* Hodgson, 1842，模式产地：西藏拉萨；

华南亚种 *M. s. davidiana* (Milne-Edwards, 1871)，模式产地：江西；

华北亚种 *M. s. fontanierii* (Milne-Edwards, 1871)，模式产地：北京；

西南亚种 *M. s. moupinensis* (Milne-Edwards, 1874)，模式产地：四川宝兴；

东北亚种 *M. s. manchurica* Brass, 1911，模式产地：黑龙江哈尔滨附近。

国内分布：指名亚种分布于内蒙古东北部、新疆北部；拉萨亚种分布于西藏南部；华南亚种分布于陕西、贵州东部、四川南部、湖北南部、湖南、安徽、福建、江西、台湾、浙江、广东、广西；华北亚种分布于辽宁西部、北京、河北、内蒙古中部、山西、陕西、河南、湖北、安徽、江苏、山东、上海；西南亚种分布于甘肃、青海东南部、陕西南部、贵州、四川西部、西藏、云南、湖北；东北亚种分布于黑龙江、吉林、辽宁东部。

国外分布：巴基斯坦、不丹、朝鲜、俄罗斯、韩国、老挝、蒙古、缅甸、尼泊尔、日本、泰国、印度、越南。

引证文献：

Pallas PS. 1773. Reise durch verschiedene Provinzen des Russischen Reichs. St. Petersbourg: Kaiserliche Academie der Wissenschaften: 701.

Hodgson BH. 1842. Notice of the mammals of Tibet, with descriptions and plates of some new species. Journal of the Asiatic Society of Bengal, 11: 275-289.

Milne-Edwards A. 1871a. Nouvelles archives du Museum d'Histoire naturelle. Paris: Masson et Cie, 7: 92.

Milne-Edwards A. 1871b. Recherches pour servir à l'histoire naturelle des mammifères. Paris: G. Masson, 205: 61.

Milne-Edwards A. 1874. Recherches pour servir à l'histoire naturelle des mammifères. Paris: G. Masson, 347: 59-60.

Barrett-Hamilton GEH. 1904. XLVII.—Notes and descriptions of some new species and subspecies of Mustelidae. The Annals and Magazine of Natural History, Ser. 7, 13(77): 388-394.

Matschie P. 1907. Wissenschaftliche Ergebnisse der Expedition. Filchner nach China. Mammalia. 10(1): 134-244.

Hilzheimer VDM. 1910. Neue tibetanische Säugetierre. Zoologischer Anzeiger, 35: 310-311.

Brass E. 1911. Aus dem Reiche der Pelze. Berlin: Im verlage der Neuen pelzwaren-zeitung: 1-709.

Thomas O. 1913. *Mustela (Lutreola) taivana*, sp. n. The Annals and Magazine of Natural History, Ser. 8, 12: 91-92.

Thomas O. 1921. On small mammals from the Kachin Province, Northern Burma. The Journal of the Bombay Natural History Society, 27: 499-505.

Matschie P. 1922. *Lutreola melli*. Arch. Nat. 88, Sect. A, 10: 35.

693. 纹鼬 *Mustela strigidorsa* Gray, 1853

英文名：Stripe-backed Weasel, Back-striped Weasel

曾用名：无

地方名：背纹鼬

模式产地：印度锡金

同物异名及分类引证：无

亚种分化：无

国内分布：云南、广西。

国外分布：老挝、缅甸、泰国、印度、越南。

引证文献：

Gray JE. 1853. Observations on some rare Indian animals. Proceedings of the Zoological Society of London, 21(1): 190-192.

虎鼬属 *Vormela* Blasius, 1884

694. 虎鼬 *Vormela peregusna* (Güldenstädt, 1770)

英文名：Marbled Polecat

曾用名：无

地方名：马艾虎、臭狗子、库仁勒（蒙古族）、其巴卡土坎（维吾尔族）、花地狗、葡萄貂（商品名）

模式产地：俄罗斯顿河

同物异名及分类引证：

Mustela peregusna Güldenstädt, 1770

Vormela peregusna chinensis Stroganov, 1962

亚种分化：全世界有 5 个亚种，中国有 1 个亚种。

蒙新亚种 *V. p. negans* Miller, 1910，模式产地：内蒙古乌审旗。

国内分布：蒙新亚种分布于内蒙古、山西、甘肃、宁夏、青海、陕西、新疆。

国外分布：阿富汗、阿塞拜疆、巴基斯坦、保加利亚、俄罗斯、格鲁吉亚、哈萨克斯坦、黑山、黎巴嫩、罗马尼亚、马其顿、蒙古、塞尔维亚、土耳其、土库曼斯坦、乌兹别克斯坦、乌克兰、希腊、叙利亚、亚美尼亚、伊拉克、伊朗、以色列。

引证文献：

Güldenstädt AI. 1770. *Peregusna* nova mustelae species. Novi Commentari Academiae Scientiarum Imperialis Petropolitanae, 14, Pt. 1(1769): 441-455.

Miller GS. 1910. A new carnivore from China. Proceedings of the United States National Museum, 38: 385-386.

Stroganov SU. 1962. Animals of Siberia. Carnivores. Moscow: Akademiya Nauk SSSR: 1-458.

引文参考文献

成市, 陈中正, 程峰, 李佳琦, 万韬, 李权, 李学友, 吴海龙, 蒋学龙. 2018. 中国啮齿类一属、种新
　　纪录——道氏东京鼠. 兽类学报, 38(3): 309-314.

程继龙, 夏霖, 温知新, 张乾, 葛德燕, 杨奇森. 2021. 中国跳鼠总科物种的系统分类学研究进展. 兽类
　　学报, 41(3): 275-283.

蒋志刚, 刘少英, 吴毅, 蒋学龙, 周开亚. 2017. 中国哺乳动物多样性(第 2 版). 生物多样性, 25(8): 886-
　　895.

王应祥. 2003. 中国哺乳动物种和亚种分类名录与分布大全. 北京: 中国林业出版社.

王玉玺, 张淑云. 1993a. 中国兽类分布名录(一). 野生动物, (2): 12-17.

王玉玺, 张淑云. 1993b. 中国兽类分布名录(二). 野生动物, (3): 6-11.

王玉玺, 张淑云. 1993c. 中国兽类分布名录(三). 野生动物, (4): 11-16.

王玉玺, 张淑云. 1993d. 中国兽类分布名录(四). 野生动物, (5): 11-12.

谢菲, 万韬, 唐刻意, 王旭明, 陈顺德, 刘少英. 2022. 中国拟家鼠分类与分布厘订. 兽类学报, 42(3):
　　270-285.

郑昌琳. 1986. 中国兽类之种数. 兽类学报, 6(1): 76-80.

Burgin CJ, Wilson DE, Mittermeier RA, Rylands AB, Lacher TE, Sechrest W. 2020a. Illustrated Checklist of
　　the Mammals of the World. Volume 1: Monotremata to Rodentia. Barcelona: Lynx Edicions.

Burgin CJ, Wilson DE, Mittermeier RA, Rylands AB, Lacher TE, Sechrest W. 2020b. Illustrated Checklist of
　　the Mammals of the World. Volume 2: Eulipotyphla to Carnivora. Barcelona: Lynx Edicions.

Casanovas-Vilar I, Garcia-Porta J, Fortuny J, Sanisidro Ó, Prieto J, Querejeta M, Llácer S, Robles JM,
　　Bernardini F, Alba DM. 2018. Oldest skeleton of a fossil flying squirrel casts new light on the phylogeny
　　of the group. eLife, 7: e39270.

Chen ZZ, Hu TL, Pei XX, Yang GD, Yong F, Xu Z, Qu WY, Onditi KO, Zhang BW. 2022. A new species of
　　Asiatic shrew of the genus *Chodsigoa* (Soricidae, Eulipotyphla, Mammalia) from the Dabie Mountains,
　　Anhui Province, eastern China. ZooKeys, 1083: 129-146.

Corbet GB, Hill JE. 1992. The mammals of the Indomalayan region: a systematic review. Oxford: Oxford
　　University Press.

Gatesy J, Milinkovitch M, Waddell V, Stanhope M. 1999. Stability of cladistic relationships between Cetacea
　　and higher-level artiodactyl taxa. Systematic Biology, 48(1): 6-20.

Hu TL, Cheng F, Xu Z, Chen ZZ, Yu L, Ban Q, Li CL, Pan T, Zhang BW. 2021a. Molecular and
　　morphological evidence for a new species of the genus *Typhlomys* (Rodentia: Platacanthomyidae).
　　Zoological Research, 42(1): 100-107.

Hu TL, Xu Z, Zhang H, Liu YX, Liao R, Yang GD, Sun RL, Shi J, Ban Q, Li CL, Liu SY, Zhang BW. 2021b.
　　Description of a new species of the genus *Uropsilus* (Eulipotyphla: Talpidae: Uropsilinae) from the
　　Dabie Mountains, Anhui, Eastern China. Zoological Research, 42(3): 294-299.

Hu YB, Thapa A, Fan HZ, Ma TX, Wu Q, Ma S, Zhang DL, Wang B, Li M, Yan L, Wei FW. 2020. Genomic
　　evidence for two phylogenetic species and long-term population bottlenecks in red pandas. Science
　　Advances, 6(9): eaax5751.

Hutterer R. 1993. Order Insectivora. In: Wilson DE, Reeder DM. Mammal Species of the World: A

Taxonomic and Geographic Reference. 2nd Ed. Washington, D.C.: Smithsonian Institution Press: 69-130.

Hutterer R. 2005a. Order Erinaceomorpha. In: Wilson DE, Reeder DM. Mammal Species of the World: A Taxonomic and Geographic Reference. 3rd Ed. Baltimore: Johns Hopkins University Press: 212-219.

Hutterer R. 2005b. Order Soricomorpha. In: Wilson DE, Reeder DM. Mammal Species of the World: A Taxonomic and Geographic Reference. 3rd Ed. Baltimore: Johns Hopkins University Press: 220-311.

Jackson SM, Li Q, Wan T, Li XY, Yu FH, Gao G, He LK, Helgen KM, Jiang XL. 2022. Across the great divide: revision of the genus *Eupetaurus* (Sciuridae: Pteromyini), the woolly flying squirrels of the Himalayan region, with the description of two new species. Zoological Journal of the Linnean Society, 194(2): 502-526.

Jebb D, Huang ZX, Pippel M, Hughes GM, Lavrichenko K, Devanna P, Winkler S, Jermiin LS, Skirmuntt EC, Katzourakis A, Burkitt-Gray L, Ray DA, Sullivan KAM, Roscito JG, Kirilenko BM, Dávalos LM, Corthals AP, Power ML, Jones G, Ransome RD, Dechmann DKN, Locatelli AG, Puechmaille SJ, Fedrigo O, Jarvis ED, Hiller M, Vernes SC, Myers EW, Teeling EC. 2020. Six reference-quality genomes reveal evolution of bat adaptations. Nature, 583(7817): 578-584.

Koopman KF. 1985. A synopsis of the families of bats, part VII. Bat Research News, 25: 25-29.

Li Q, Cheng F, Jackson SM, Helgen KM, Song WY, Liu SY, Sanamxay D, Li S, Li F, Xiong Y, Sun J, Wang HJ, Jiang XL. 2021. Phylogenetic and morphological significance of an overlooked flying squirrel (Pteromyini, Rodentia) from the eastern Himalayas with the description of a new genus. Zoological Research, 42(4): 389-400.

Li Q, Li XY, Jackson SM, Li F, Jiang M, Zhao W, Song WY, Jiang XL. 2019. Discovery and description of a mysterious Asian flying squirrel (Rodentia, Sciuridae, *Biswamoyopterus*) from Mount Gaoligong, Southwest China. ZooKeys, 864: 147-160.

Liu FG, Miyamoto MM, Freire NP, Ong PQ, Tennant MR, Young TS, Gugel KF. 2001. Molecular and morphological supertrees for eutherien (placental) mammals. Science, 291(5509): 1786-1789.

Liu SY, Tang MK, Murphy RW, Liu YX, Wang XM, Wan T, Liao R, Tang KY, Qing J, Chen SD, Li S. 2022. A new species of *Tamiops* (Rodentia, Sciuridae) from Sichuan, China. Zootaxa, 5116(3): 301-333.

Liu YX, Pu YT, Wang XM, Wang X, Liao R, Tang KY, Chen SD, Yue BS, Liu SY. 2021. Status emendation of *Mustela aistoodonnivalis* (Mustelidae: Carnivora) based on molecular phylogenetic and morphology. ARPHA Preprints, 1: e72208.

Meredith RW, Janečka JE, Gatesy J, Ryder OA, Fisher CA, Teeling EC, Goodbla A, Eizirik E, Simão TLL, Stadler T, Rabosky DL, Honeycutt RL, Flynn JJ, Ingram CM, Steiner C, Williams TL, Robinson TJ, Burk-Herrick A, Westerman M, Ayoub NA, Springer MS, Murphy WJ. 2011. Impacts of the Cretaceous Terrestrial Revolution and KPg extinction on mammal diversification. Science, 334(6055): 521-524.

Milinkovitch M, Orti G, Meyer A. 1993. Revised phylogeny of whales suggested by mitochondrial ribosomal DNA sequences. Nature, 361(6410): 346-348.

Montgelard C, Catzeflis FM, Douzery E. 1997. Phylogenetic relationships of artiodactyls and cetaceans as deduced from the comparison of cytochrome *b* and 12S rRNA mitochondrial sequences. Molecular Biology and Evolution, 14(5): 550-559.

Murphy WJ, Eizirik E, Johnson WE, Zhang YP, Ryder OA, O'Brien SJ. 2001a. Molecular phylogenetics and the origins of placental mammals. Nature, 409(6820): 614-618.

Murphy WJ, Eizirik E, O'Brien SJ, Madsen O, Scally M, Douady CJ, Teeling E, Ryder OA, Stanhope MJ, de Jong WW, Springer MS. 2001b. Resolution of the early placental mammal radiation using Bayesian phylogenetics. Science, 294(5550): 2348-2351.

Novacek MJ. 1992. Mammalian phylogeny: shaking the tree. Nature, 356(6365): 121-125.

Pu YT, Wan T, Fan RH, Fu CK, Tang KY, Jiang XL, Zhang BW, Hu TL, Chen SD, Liu SY. 2022. A new species of the genus *Typhlomys* Milne-Edwards, 1877 (Rodentia: Platacanthomyidae) from Chongqing, China. Zoological Research, 43(3): 413-417.

Simmons NB, Geisler JH. 1998. Phylogenetic relationships of Icaronycteris, Archaeonycteris, Hassianycteris, and Palaeochiropteryx to extant bat lineages, with comments on the evolution of echolocation and foraging strategies in Microchiroptera. Bulletin of the American Museum of Natural History, 235: 4-169.

Simpson GG. 1945. The principles of classification and a classification of mammals. Bulletin of the American Museum of Natural History, 85:1-350.

Springer MS, Cleven GC, Madsen O, de Jong, WW, Waddell VG, Amrine HM, Stanhope MJ. 1997. Endemic African mammals shake the phylogenetic tree. Nature, 388(6637): 61-64.

Springer MS, Teeling EC, Madsen O, Stanhope MJ, de Jong WW. 2001. Integrated fossil and molecular data reconstruct bat echolocation. Proceedings of the National Academy of Sciences of United States of America, 98(11): 6241-6246.

Stanhope MJ, Waddell VG, Madsen O, de Jong W, Hedges SB, Cleven GC, Kao D, Springer MS. 1998. Molecular evidence for multiple origins of Insectivora and for a new order of endemic African insectivore mammals. Proceedings of the National Academy of Sciences of the United States of America, 95(17): 9967-9972.

Szalay FS, Novacek MJ, McKenna MC. 1993. Mammal Phylogeny: Placentals. New York: Springer.

Teeling EC, Springer MS, Madsen O, et al. 2005. A molecular phylogeny for bats illuminates biogeography and the fossil record. Science, 307(5709): 580-584.

Thewissen JGM, Cooper LN, George JC, et al. 2009. From Land to Water: the Origin of Whales, Dolphins, and Porpoises. Evolution: Education and Outreach, 2(2):272-288.

Upham NS, Esselstyn JA, Jetz W. 2019. Inferring the mammal tree: Species-level sets of phylogenies for questions in ecology, evolution, and conservation. PLoS Biology, 17(12): e3000494.

Waddell PJ, Okada N, Hasegawa M. 1999. Towards resolving the interordinal relationships of placental mammals. Systematic Biology, 48(1): 1-5.

Wilson DE, Reeder DM. 2005. Mammal Species of the World: a Taxonomic and Geographic Reference. 3rd ed. Baltimore: Johns Hopkins University Press.

Xie HW, Peng XW, Zhang CL, Liang J, He XY, Wang J, Wang JH, Zhang YZ, Zhang LB. 2021. First records of *Hypsugo cadornae* (Chiroptera: Vespertilionidae) in China. Mammalia, 85(2): 189-192.

Yang L, Wei FW, Zhan XJ, Fan HZ, Zhao PP, Huang GP, Chang J, Lei YH, Hu YB. 2022. Evolutionary conservation genomics reveals recent speciation and local adaptation in threatened takins. Molecular Biology and Evolution, 39(6): msac111.

Yu WH, Csorba G, Huang ZLY, Li YN, Liu S, Quan RC, Wang QY, Shi HY, Wu Y, Li S. 2021. First record of disk-footed bat *Eudiscopus denticulus* (Chiroptera, Vespertilionidae) from China and resolution of phylogenetic position of the genus. Zoological Research, 42(1): 94-99.

Yu WH, Csorba G, Wu Y. 2020. Tube-nosed variations—a new species of the genus *Murina* (Chiroptera: Vespertilionidae) from China. Zoological Research, 41(1): 70-77.

Yu WH, Lin CY, Huang, ZLY, Liu S, Wang QY, Quan RC, Li S, Wu Y. 2022. Discovery of *Kerivoula kachinensis* and a validity of *K. titania* (Chiroptera: Vespertilionidae) in China. Mammalia, 86(3): 303-308.

Zhang T, Lei ML, Zhou H, Chen ZZ, Shi P. 2022. Phylogenetic relationships of the zokor genus *Eospalax* (Mammalia, Rodentia, Spalacidae) inferred from whole genome analyses, with description of a new species endemic to Hengduan Mountains. Zoological Research, 43(3): 331-342.

Zhou XM, Guang XM, Sun D, Xu SX, Li MZ, Seim I, Jie WC, Yang LF, Zhu QH, Xu JB, Gao Q, Kaky A, Dou QH, Chen BY, Ren WH, Li SC, Zhou KY, Gladyshev VN, Nielsen R, Fang XD, Yang G. 2018. Population genomics of finless porpoises reveal an incipient cetacean species adapted to freshwater. Nature Communications, 9(1): 1276.

Zoonomia Consortium. 2020. A comparative genomics multitool for scientific discovery and conservation. Nature, 587(7833): 240-245.

阅读型参考文献

北京大学生物学系《北京动物调查》编写组. 1964. 北京动物调查. 北京: 北京出版社.

陈兼善. 1969. 台湾脊椎动物志. 台北: 台湾商务印书馆股份有限公司.

陈兼善, 于名振. 1986a. 台湾脊椎动物志(上)(第二次增订). 台北: 台湾商务印书馆.

陈兼善, 于名振. 1986b. 台湾脊椎动物志(中)(第二次增订). 台北: 台湾商务印书馆.

陈兼善, 于名振. 1986c. 台湾脊椎动物志(下)(第二次增订). 台北: 台湾商务印书馆.

陈卫, 高武, 傅必谦. 2002. 北京兽类志. 北京: 北京出版社.

程继臻, 王过杰. 1995. 黑龙江省药用动物志. 哈尔滨: 黑龙江科学技术出版社.

樊龙锁, 刘焕金. 1996. 山西兽类. 北京: 中国林业出版社.

冯祚建, 蔡桂全, 郑昌琳. 1986. 西藏哺乳类. 北京: 科学出版社.

高行宜. 2005. 新疆脊椎动物种和亚种分类与分布名录. 乌鲁木齐: 新疆科学技术出版社.

高耀亭等. 1987. 中国动物志 兽纲 第八卷 食肉目. 北京: 科学出版社.

古脊椎动物研究所高等脊椎动物组. 1959. 东北第四纪哺乳动物化石志. 北京: 科学出版社.

广东省科学院丘陵山区综合科学考察队. 1989. 广东山区经济动物. 广州: 广东科技出版社.

广东省昆虫研究所动物室, 中山大学生物系. 1983. 海南岛的鸟兽. 北京: 科学出版社.

广东省林业厅, 华南濒危动物研究所. 1987. 广东野生动物彩色图谱. 广州: 广东科技出版社.

广西壮族自治区动物学会. 1988. 广西陆栖脊椎动物分布名录. 桂林: 广西师范大学出版社.

贵州动物志编委会. 1980. 贵州脊椎动物分布名录. 贵阳: 贵州人民出版社.

贵州兽类志编纂委员会. 1993. 贵州兽类志. 贵阳: 贵州科技出版社.

河南省地方史志编纂委员会. 1992. 河南省志 第 8 卷 动物志. 郑州: 河南人民出版社.

胡杰, 胡锦矗. 2017. 哺乳动物学. 北京: 科学出版社.

胡长康, 齐陶. 1978. 中国古生物志 总号第 155 册 新丙种第 21 号 陕西蓝田公王岭更新世哺乳动物群. 北京: 科学出版社.

胡鸿兴, 万晖. 1995. 湖北鸟兽多样性及保护研究. 武汉: 武汉大学出版社.

黄文几, 陈延熹, 温业新. 1995. 中国啮齿类. 上海: 复旦大学出版社.

蒋志刚, 马勇, 吴毅, 王应祥, 周开亚, 刘少英, 冯祚建. 2015. 中国哺乳动物多样性及地理分布. 北京: 科学出版社.

李传夔, 邱铸鼎. 2015. 中国古脊椎动物志 第三卷 基干下孔类 哺乳类 第三册(总第十六册) 劳亚食虫类 原真兽类 翼手类 真魁兽类. 北京: 科学出版社.

李传夔, 张兆群. 2019. 中国古脊椎动物志 第三卷 基干下孔类 哺乳类 第四册(总第十七册) 啮型类 I: 双门齿中目 单门齿中目—混齿目. 北京: 科学出版社.

李锦玲, 刘俊. 2015. 中国古脊椎动物志 第三卷 基干下孔类 哺乳类 第一册(总第十四册) 基干下孔类. 北京: 科学出版社.

李子忠. 2011. 贵州野生动物名录. 贵阳: 贵州科技出版社.

林良恭, 李玲玲, 郑锡奇. 2004. 台湾的蝙蝠(再版). 台中: 台湾自然科学博物馆.

刘少英, 吴毅, 李晟. 2020. 中国兽类图鉴(第 2 版). 福州: 海峡书局.

鲁卡希京. 1956. 东北哺乳动物志. 孟祥镕, 译. 北京: 北京动物园.

鲁卡希京. 1957. 东北哺乳动物志 增补修正版(上册). 孟祥镕, 译. 北京: 北京动物园.

路纪琪, 吕国强, 李新民. 1997. 河南啮齿动物志. 郑州: 河南科学技术出版社.

罗泽珣, 陈卫, 高武. 2000. 中国动物志 兽纲 第六卷 啮齿目 下册 仓鼠科. 北京: 科学出版社.

马逸清. 1989. 大兴安岭地区野生动物. 哈尔滨: 东北林业大学出版社.

马逸清, 等. 1986. 黑龙江省兽类志. 哈尔滨:黑龙江科学技术出版社.

马勇, 王逢桂, 金善科, 李思华. 1987. 新疆北部地区啮齿动物的分类和分布. 北京: 科学出版社.

孟津, 王元青, 李传夔. 2015. 中国古脊椎动物志 第三卷 基干下孔类 哺乳类 第二册(总第十五册) 原始哺乳类. 北京: 科学出版社.

潘清华, 王应祥, 岩崑. 2007. 中国哺乳动物彩色图鉴. 北京: 中国林业出版社.

祁伟廉. 2008. 台湾哺乳动物. 台北: 天下文化出版社.

钱燕文, 张洁, 汪松, 郑宝赉, 关贯勋, 沈孝宙. 1965. 新疆南部的鸟兽. 北京: 科学出版社.

陕西省动物研究所. 1981. 陕西珍贵、经济兽类图志. 西安: 陕西科学技术出版社.

盛和林, 等. 1992. 中国鹿类动物. 上海: 华东师范大学出版社.

盛和林, 王培潮, 陆厚基, 祝龙彪. 1985. 哺乳动物学概论. 上海: 华东师范大学出版社.

石仲堂. 2006. 香港陆上哺乳动物图鉴. 香港: 郊野公园之友会, 天地图书有限公司.

史海涛, 蒙激流, 等. 2001. 海南陆栖脊椎动物检索. 海口: 海南出版社.

寿振黄. 1962. 中国经济动物志 兽类. 北京: 科学出版社.

《四川资源动物志》编辑委员会. 1984. 四川资源动物志 第二卷 兽类. 成都: 四川科学技术出版社.

谭邦杰. 1955. 哺乳类动物图鉴. 北京: 科学出版社.

谭邦杰. 1992. 哺乳动物分类名录. 北京: 中国医药科技出版社.

王丕烈. 2012. 中国鲸类. 北京: 化学工业出版社.

汪松, 解焱. 2004. 中国物种红色名录 第1卷 红色名录. 北京: 高等教育出版社.

汪松, 王家骏, 罗一宁. 1994. 世界兽类名称拉汉英对照. 北京: 科学出版社.

王岐山. 1990. 安徽兽类志. 合肥: 安徽科学技术出版社.

王思博, 杨赣源. 1983. 新疆啮齿动物志. 乌鲁木齐: 新疆人民出版社.

王廷正, 许文贤. 1993. 陕西啮齿动物志. 西安: 陕西师范大学出版社.

王香亭. 1990. 宁夏脊椎动物志. 银川: 宁夏人民出版社.

王香亭. 1991. 甘肃脊椎动物志. 兰州: 甘肃科学技术出版社.

杨贵生. 2017. 内蒙古常见动物图鉴. 北京: 高等教育出版社.

王应祥. 2003. 中国哺乳动物种和亚种分类名录与分布大全. 北京: 中国林业出版社.

王酉之, 胡锦矗. 1999. 四川兽类原色图鉴. 北京: 中国林业出版社.

西藏自治区地方志编纂委员会. 2005. 西藏自治区志 动物志. 北京: 中国藏学出版社.

夏武平, 等. 1988. 中国动物图谱 兽类(第二版). 北京: 科学出版社.

肖增祐, 等. 1988. 辽宁动物志 兽类. 沈阳: 辽宁科学技术出版社.

许涛清, 曹永汉. 1996. 陕西省脊椎动物名录. 西安: 陕西科学技术出版社.

旭日干. 2016a. 内蒙古动物志 第5卷 哺乳纲 啮齿目 兔形目. 呼和浩特: 内蒙古大学出版社.

旭日干. 2016b. 内蒙古动物志 第6卷 哺乳纲 非啮齿动物. 呼和浩特: 内蒙古大学出版社.

薛德焴. 1954. 代表性的哺乳动物志. 香港: 新亚书店.

杨贵生, 邢莲莲. 1998. 内蒙古脊椎动物名录及分布. 呼和浩特: 内蒙古大学出版社.

袁国映. 1991. 新疆脊椎动物简志. 乌鲁木齐: 新疆人民出版社.

张荣祖. 1999. 中国动物地理. 北京: 科学出版社.

张荣祖, 等. 1997. 中国哺乳动物分布. 北京: 中国林业出版社.

赵肯堂. 1981. 内蒙古啮齿动物. 呼和浩特: 内蒙古人民出版社.

赵正阶. 1999. 中国东北地区珍稀濒危动物志. 北京: 中国林业出版社.

浙江动物志编辑委员会. 1989. 浙江动物志 兽类. 杭州: 浙江科学技术出版社.

郑生武, 宋世英. 2010. 秦岭兽类志. 北京: 中国林业出版社.

郑锡奇, 方引平, 周政翰. 2010. 台湾蝙蝠图鉴. 台北: 特有生物研究保育中心.

中国科学院动物研究所兽类研究组. 1958. 东北兽类调查报告. 北京: 科学出版社.

中国科学院昆明动物研究所. 1989. 云南省志 卷六 动物志. 昆明: 云南人民出版社.

中国科学院青海甘肃综合考察队. 1964. 青海甘肃兽类调查报告. 北京: 科学出版社.

中国科学院西北高原生物研究所. 1989. 青海经济动物志. 西宁: 青海人民出版社.

中国科学院西藏科学考察队. 1974. 珠穆朗玛峰地区科学考察报告 1966—1968: 生物与高山生理. 北京: 科学出版社.

中国野生动物保护协会. 2005. 中国哺乳动物图鉴. 郑州: 河南科学技术出版社.

周放编. 2011. 广西陆生脊椎动物分布名录. 北京: 中国林业出版社.

周开亚. 2004. 中国动物志 兽纲 第九卷 鲸目 食肉目 海豹总科 海牛目. 北京: 科学出版社.

周开亚, 解斐生, 黎德伟, 王丕烈, 王丁, 周莲香. 2001. 中国的海兽. 罗马: 联合国粮食及农业组织.

邹发生, 叶冠锋. 2016. 广东陆生脊椎动物分布名录. 广州: 广东科技出版社.

Smith AT, 解焱. 2009. 中国兽类野外手册. 长沙: 湖南教育出版社.

Allen GM. 1938. The mammals of China and Mongolia. Natural history of Central Asia, Vol. XI, Part 1. New York: American Museum of Natural History.

Allen GM. 1940. The mammals of China and Mongolia. Natural history of Central Asia, Vol. XI, Part 2. New York: American Museum of Natural History.

Allen JA. 1906. Mammals from the Island of Hainan, China. Bulletin of the American Museum of Natural History, Vol. 22.

Anderson S, Jones JK Jr. 1984. Orders and Families of Recent Mammals of the World. 1st Ed. New York: John Wiley and Sons.

Bellani GG. 2019. Felines of the World: Discoveries in Taxonomic Classification and History. Pittsburgh: Academic Press.

Berta A, Sumich JL, Kovacs KM. 2015. Marine Mammals: Evolutionary Biology. 3rd Ed. Washington: Academic Press.

Nagorsen DW, Brigham RM. 1993. Bats of British Columbia. Volume 1, The Mammals of British Columbia. Royal British Columbia Museum Handbook. Vancouver: University of British Columbia Press.

Burgin CJ, Wilson DE, Mittermeier RA, Rylands AB, Lacher TE, Sechrest W. 2020a. Illustrated Checklist of the Mammals of the World. Volume 1: Monotremata to Rodentia. Barcelona: Lynx Edicions.

Burgin CJ, Wilson DE, Mittermeier RA, Rylands AB, Lacher TE, Sechrest W. 2020b. Illustrated Checklist of the Mammals of the World. Volume 2: Eulipotyphla to Carnivora. Barcelona: Lynx Edicions.

Castelló JR. 2016. Bovids of the World: Antelopes, Gazelles, Cattle, Goats, Sheep, and Relatives. Princeton: Princeton University Press.

Chapman JA, Flux JEC. 1990. Rabbits, Hares and Pikas: Status Survey and Conservation Action Plan. Gland: International Union for Conservation of Nature and Natural Resources.

Corbet GB. 1978. The mammals of the Palaearctic region: a taxonomic review. London: British Museum (Natural History).

Corbet GB, Hill JE. 1980. A World List of Mammalian Species. 1st Ed. London: British Museum (Natural

History).

Corbet GB, Hill JE. 1986. A World List of Mammalian Species. 2nd Ed. London: British Museum (Natural History).

Corbet GB, Hill JE. 1991. A World List of Mammalian Species. 3rd Ed. London: British Museum (Natural History).

Corbet GB, Hill JE. 1992. The mammals of the Indomalayan region: a systematic review. Oxford: Oxford University Press.

Csorba G, Ujhelyi P, Thomas N. 2003. Horseshoe Bats of the World (Chiroptera: Rhinolophidae). 1st Ed. Shropshire: Alana Books.

Ellerman JR. 1940. The Families and Genera of Living Rodents. Vol. I, Rodents other than Muridae. London: British Museum Natural History.

Ellerman JR. 1941. The families and genera of living rodents. British Museum (Natural History), London: Printed by Order of the Trustees of the British Museum.

Ellerman JR. 1949. The families and genera of Living Rodents. Vol. III, Appendix II [Note on the rodents from Madagascar in the British Museum, and on a collection from the island obtained by Mr. C. S. Webb]. London: British Museum Natural History.

Ellerman JR, Morrison-Scott TCS. 1951. Checklist of Palaearctic and Indian Mammals, 1758 to 1946. London: British Museum (Natural History).

Ellerman JR, Morrison-Scott TCS. 1966. Checklist of Palaearctic and Indian Mammals, 1758 to 1946. 2nd Ed. London: Trustees of the British Museum (Natural History).

Ewer RF. 1973. The Carnivores. Ithaca: Cornell University Press.

Fox MW. 2009. The Wild Canids: Their Systematics, Behavioral Ecology and Evolution. Wenatchee: Dogwise Publishing.

Groves C. 2001. Primate Taxonomy. Washington: Smithsonian Institution Press.

Groves C, Grubb P. 2011. Ungulate Taxonomy. Baltimore: Johns Hopkins University Press.

Hinton MAC. 1926. Monograph of the voles and lemmings (Microtinae) living and extinct. Vol. 1. London: British Museum (Natural History).

Honacki JH, Kinman KE, Koeppl JW. 1982. Mammal species of the world: a taxonomic and geographic reference. 1st ed. Lawrence: Allen Press and the Association of Systematics Collections.

Hunter L. 2011. Carnivores of the World. Princeton: Princeton University Press.

Hunter L, Barrett P. 2009. A Field Guide to the Carnivores of the World. Non Basic Stock Line.

Hunter L, Barreat P. 2018. A Field Guide to the Carnivores of the World. 2nd Ed. London: Bloomsbury Wildlife.

Jefferson TA, Leatherwood S, Webber MA. 1993. Marine Mammals of the World. Rome: Food and Agriculture Organization of the United Nations.

Jefferson TA, Webber MA, Pitman RL. 2015. Marine Mammals of the World: A Comprehensive Guide to Their Identification. 2nd Ed. Oxford: Academic Press.

Mckenna MC, Bell SK. 1997. Classification of Mammals: Above the Species Level. New York: Columbia University Press.

Mittermeier RA, Rylands AB, Wilson DE. 2013. Handbook of the Mammals of the World. Volume 3: Primates. Barcelona: Lynx Edicions.

Nowak RM, Paradiso JL. 1983. Walker's Mammals of the World. 4th Ed. Baltimore: Johns Hopkins University Press.

Nowak RM. 1991. Walker's Mammals of the World. 5th Ed. Baltimore: Johns Hopkins University Press.

Nowak RM. 1999. Walker's Mammals of the World. 6th Ed. Baltimore: Johns Hopkins University Press.

Nowak RM. 2005. Walker's Carnivores of the World. Baltimore: Johns Hopkins University Press.

Nowak RM. 2018. Walker's Mammals of the World: Monotremes, Marsupials, Afrotherians, Xenarthrans, and Sundatherians. Baltimore: Johns Hopkins University Press.

Ognev SI. 1928. Mammals of Eastern Europe and Northern Asia. Vol. I. Insectivora and Chiroptera. Translated by Birron A. and Cole ZS. 1962. Jerusalem: Sivan Press.

Ognev SI. 1931. Mammals of Eastern Europe and Northern Asia. Vol. II. Carnivora: Fissipedia. Translated by Birron A. and Cole ZS. 1962. Jerusalem: Sivan Monson.

Ognev SI. 1935. Mammals of Eastern Europe and Northern Asia. Vol. III. Carnivora: Fissipedia and Pinnipedia. Translated by Birron A. and Cole ZS. 1962. Jerusalem: Sivan Monson.

Ognev SI. 1940. Mammals of Eastern Europe and Northern Asia. Vol. IV. Rodents. Translated by Salkin J. 1966. Jerusalem: Sivan Monson.

Ognev SI. 1947. Mammals of Eastern Europe and Northern Asia. Vol. V. Rodents. Translated by Birron A. and Cole ZS. 1963. Jerusalem: Sivan Monson.

Ognev SI. 1948. Mammals of Eastern Europe and Northern Asia. Vol. VI. Rodents. Translated by Birron A. and Cole ZS. 1963. Jerusalem: Sivan Monson.

Ognev SI. 1950. Mammals of Eastern Europe and Northern Asia. Vol. VII. Rodents. Translated by Birron A. and Cole ZS. 1964. Jerusalem: Sivan Monson.

Pavlinov IY. 2003. Systematics of Recent Mammals. Moscow: Moscow University Publisher.

Pavlinov IY, Lissovsky AA. 2012. The mammals of Russia: a Taxonomic and Geographic References. Moscow: KMK Scientific Press Ltd.

Petter JJ, Desbordes F. 2013. Primates of the World: An Illustrated Guide. Martin R, Translate. Princeton: Princeton University Press.

Pine RH. 1972. The Bats of the Genus *Carollia*. Texas: Texas A & M University, Texas Agricultural Experiment Station.

Pocock RI. 1951. Catalogue of the Genus *Felis*. London: British Museum (Natural History).

Redmond I. 2010. Primates of the World. Sydney: New Holland Publishers Limited.

Rice DW. 1998. Marine Mammals of the World: Systematics and Distribution. Lawrence: Allen Press.

Richarz K, Limbrunner A. 1993. The World of Bats: The Flying Goblins of the Night. Neptune City: TFH Publications.

Smith AT, Johnston CH, Alves PC, Hackländer K. 2018. Lagomorphs: Pikas, Rabbits, and Hares of the World. Baltimore: Johns Hopkins University Press.

Sunquist M, Sunquist F. 2002. Wild Cats of the World. Chicago: University of Chicago Press.

Thorington RW Jr, Koprowski JL, Steele MA, Whatton JF. 2012. Squirrels of the world. Baltimore: Johns Hopkins University Press.

Vaughan TA, Ryan J M, Czaplewski NJ. 2010. Mammalogy. Burlington: Jones & Bartlett Learning.

Ward P, Kynaston S. 2003. Bears of the World. Blandford: Facts on File.

Wilson DE, Cole RF. 2000. Common Names of Mammals of the World. Washington: Smithsonian Institution Scholarly Press.

Wilson DE, Lacher TE Jr, Mittermeier RA. 2016. Handbook of the Mammals of the World. Volume 6, Lagomorphs and Rodents I. Barcelona: Lynx Edicions.

Wilson DE, Lacher TE Jr, Mittermeier RA. 2017. Handbook of the Mammals of the World. Volume 7, Rodents II. Barcelona: Lynx Edicions.

Wilson DE, Lacher TE Jr, Mittermeier RA. 2018. Handbook of the Mammals of the World. Volume 8, Insectivores, Sloths and Colugos. Barcelona: Lynx Edicions.

Wilson DE, Mittermeier RA. 2009. Handbook of the Mammals of the World. Volume 1, Carnivores. Barcelona: Lynx Edicions.

Wilson DE, Mittermeier RA. 2011. Handbook of the Mammals of the World. Volume 2, Hoofed Mammals. Barcelona: Lynx Edicions.

Wilson DE, Mittermeier RA. 2014. Handbook of the Mammals of the World. Volume 4, Sea Mammals.

Barcelona: Lynx Edicions.

Wilson DE, Mittermeier RA. 2015. Handbook of the Mammals of the World. Volume 5, Monotremes and Marsupials. Barcelona: Lynx Edicions.

Wilson DE, Mittermeier RA. 2019. Handbook of the Mammals of the World. Volume 9, Bats. Barcelona: Lynx Edicions.

Wilson DE, Reeder DM. 1993. Mammal Species of the World: A Taxonomic and Geographic Reference. 2nd Ed. Washington: Smithsonian Institution Press.

Wilson DE, Reeder DM. 2005. Mammal Species of the World: A Taxonomic and Geographic Reference. 3rd Ed. Baltimore: Johns Hopkins University Press.

附 表

附表一 中国兽类特有种名录

目名	科名	属名	种名	种英文名
灵长目 PRIMATES	猴科 Cercopithecidae	猕猴属 Macaca	台湾猕猴 Macaca cyclopis	Taiwanese Macaque
灵长目 PRIMATES	猴科 Cercopithecidae	猕猴属 Macaca	白颊猕猴 Macaca leucogenys	White-cheeked Macaque
灵长目 PRIMATES	猴科 Cercopithecidae	猕猴属 Macaca	藏酋猴 Macaca thibetana	Tibetan Macaque
灵长目 PRIMATES	猴科 Cercopithecidae	仰鼻猴属 Rhinopithecus	滇金丝猴 Rhinopithecus bieti	Yunnan Snub-nosed Monkey
灵长目 PRIMATES	猴科 Cercopithecidae	仰鼻猴属 Rhinopithecus	黔金丝猴 Rhinopithecus brelichi	Guizhou Snub-nosed Monkey
灵长目 PRIMATES	猴科 Cercopithecidae	仰鼻猴属 Rhinopithecus	川金丝猴 Rhinopithecus roxellana	Sichuan Snub-nosed Monkey
灵长目 PRIMATES	猴科 Cercopithecidae	乌叶猴属 Trachypithecus	白头叶猴 Trachypithecus leucocephalus	White-headed Langur
灵长目 PRIMATES	长臂猿科 Hylobatidae	冠长臂猿属 Nomascus	海南长臂猿 Nomascus hainanus	Hainan Gibbon
兔形目 LAGOMORPHA	兔科 Leporidae	兔属 Lepus	云南兔 Lepus comus	Yunnan Hare
兔形目 LAGOMORPHA	兔科 Leporidae	兔属 Lepus	海南兔 Lepus hainanus	Hainan Hare
兔形目 LAGOMORPHA	兔科 Leporidae	兔属 Lepus	华南兔 Lepus sinensis	Chinese Hare
兔形目 LAGOMORPHA	兔科 Leporidae	兔属 Lepus	塔里木兔 Lepus yarkandensis	Yarkand Hare
兔形目 LAGOMORPHA	鼠兔科 Ochotonidae	鼠兔属 Ochotona	扁颅鼠兔 Ochotona flatcalvariam	Flat-skulled Pika
兔形目 LAGOMORPHA	鼠兔科 Ochotonidae	鼠兔属 Ochotona	黄龙鼠兔 Ochotona huanglongensis	Huanglong Pika
兔形目 LAGOMORPHA	鼠兔科 Ochotonidae	鼠兔属 Ochotona	峨眉鼠兔 Ochotona sacraria	Emei Pika
兔形目 LAGOMORPHA	鼠兔科 Ochotonidae	鼠兔属 Ochotona	秦岭鼠兔 Ochotona syrinx	Tsing-ling Pika
兔形目 LAGOMORPHA	鼠兔科 Ochotonidae	鼠兔属 Ochotona	红耳鼠兔 Ochotona erythrotis	Chinese Red Pika
兔形目 LAGOMORPHA	鼠兔科 Ochotonidae	鼠兔属 Ochotona	川西鼠兔 Ochotona gloveri	Glover's Pika
兔形目 LAGOMORPHA	鼠兔科 Ochotonidae	鼠兔属 Ochotona	伊犁鼠兔 Ochotona iliensis	Ili Pika

续表

目名	科名	属名	种名	种英文名
兔形目 LAGOMORPHA	鼠兔科 Ochotonidae	鼠兔属 Ochotona	突颊鼠兔 Ochotona koslowi	Kozlov's Pika
兔形目 LAGOMORPHA	鼠兔科 Ochotonidae	鼠兔属 Ochotona	间颅鼠兔 Ochotona cansus	Gansu Pika
兔形目 LAGOMORPHA	鼠兔科 Ochotonidae	鼠兔属 Ochotona	狭颅鼠兔 Ochotona thomasi	Thomas's Pika
兔形目 LAGOMORPHA	鼠兔科 Ochotonidae	鼠兔属 Ochotona	贺兰山鼠兔 Ochotona argentata	Silver Pika
啮齿目 RODENTIA	林跳鼠科 Zapodidae	林跳鼠属 Eozapus	四川林跳鼠 Eozapus setchuanus	Chinese Jumping Mouse
啮齿目 RODENTIA	跳鼠科 Dipodidae	奇美跳鼠属 Chimaerodipus	奇美跳鼠 Chimaerodipus auritus	Xiji Three-toed Jerboa
啮齿目 RODENTIA	跳鼠科 Dipodidae	三趾跳鼠属 Dipus	塔里木跳鼠 Dipus deasyi	Yarkand Three-toed Jerboa
啮齿目 RODENTIA	刺山鼠科 Platacanthomyidae	猪尾鼠属 Typhlomys	猪尾鼠 Typhlomys cinereus	Soft-furred Tree Mouse
啮齿目 RODENTIA	刺山鼠科 Platacanthomyidae	猪尾鼠属 Typhlomys	大猪尾鼠 Typhlomys daloushanensis	Daloushan Soft-furred Tree Mouse
啮齿目 RODENTIA	刺山鼠科 Platacanthomyidae	猪尾鼠属 Typhlomys	白帝猪尾鼠 Typhlomys fenjieensis	Baidi Blind Mouse
啮齿目 RODENTIA	刺山鼠科 Platacanthomyidae	猪尾鼠属 Typhlomys	黄山猪尾鼠 Typhlomys huangshanensis	Huangshan Blind Mouse
啮齿目 RODENTIA	刺山鼠科 Platacanthomyidae	猪尾鼠属 Typhlomys	小猪尾鼠 Typhlomys nanus	Lesser Soft-furred Tree Mouse
啮齿目 RODENTIA	鼹型鼠科 Spalacidae	凸颅鼢鼠属 Eospalax	高原鼢鼠 Eospalax baileyi	Plateau Zokor
啮齿目 RODENTIA	鼹型鼠科 Spalacidae	凸颅鼢鼠属 Eospalax	甘肃鼢鼠 Eospalax cansus	Gansu Zokor
啮齿目 RODENTIA	鼹型鼠科 Spalacidae	凸颅鼢鼠属 Eospalax	中华鼢鼠 Eospalax fontanierii	Common Chinese Zokor
啮齿目 RODENTIA	鼹型鼠科 Spalacidae	凸颅鼢鼠属 Eospalax	木里鼢鼠 Eospalax muliensis	Muli Zokor
啮齿目 RODENTIA	鼹型鼠科 Spalacidae	凸颅鼢鼠属 Eospalax	罗氏鼢鼠 Eospalax rothschildi	Rothschild's Zokor
啮齿目 RODENTIA	鼹型鼠科 Spalacidae	凸颅鼢鼠属 Eospalax	秦岭鼢鼠 Eospalax rufescens	Qinling Mountain Zokor
啮齿目 RODENTIA	鼹型鼠科 Spalacidae	凸颅鼢鼠属 Eospalax	斯氏鼢鼠 Eospalax smithii	Smith's Zokor
啮齿目 RODENTIA	鼹型鼠科 Spalacidae	平颅鼢鼠属 Myospalax	东北鼢鼠 Myospalax psilurus	North China Zokor
啮齿目 RODENTIA	鼠科 Muridae	沙鼠属 Meriones	郑氏沙鼠 Meriones chengi	Cheng's Gerbil
啮齿目 RODENTIA	鼠科 Muridae	姬鼠属 Apodemus	高山姬鼠 Apodemus chevrieri	Chevrier's Field Mouse
啮齿目 RODENTIA	鼠科 Muridae	姬鼠属 Apodemus	中华姬鼠 Apodemus draco	South China Field Mouse
啮齿目 RODENTIA	鼠科 Muridae	姬鼠属 Apodemus	澜沧江姬鼠 Apodemus ilex	Lantsang Field Mouse

531

目名	科名	属名	种名	种英文名
啮齿目 RODENTIA	鼠科 Muridae	姬鼠属 Apodemus	小黑姬鼠 Apodemus nigrus	Black Field Mouse
啮齿目 RODENTIA	鼠科 Muridae	姬鼠属 Apodemus	台湾姬鼠 Apodemus semotus	Taiwan Field Mouse
啮齿目 RODENTIA	鼠科 Muridae	壮鼠属 Hadromys	云南壮鼠 Hadromys yunnanensis	Yunnan Hadromys
啮齿目 RODENTIA	鼠科 Muridae	白腹鼠属 Niviventer	安氏白腹鼠 Niviventer andersoni	Anderson's Niviventer
啮齿目 RODENTIA	鼠科 Muridae	白腹鼠属 Niviventer	台湾白腹鼠 Niviventer coninga	Spiny Taiwan Niviventer
啮齿目 RODENTIA	鼠科 Muridae	白腹鼠属 Niviventer	台湾社鼠 Niviventer culturatus	Soft-furred Taiwan Niviventer
啮齿目 RODENTIA	鼠科 Muridae	白腹鼠属 Niviventer	川西白腹鼠 Niviventer excelsior	Sichuan Niviventer
啮齿目 RODENTIA	鼠科 Muridae	白腹鼠属 Niviventer	冯氏白腹鼠 Niviventer fengi	Jilong Soft-furred Niviventer
啮齿目 RODENTIA	鼠科 Muridae	白腹鼠属 Niviventer	剑纹小社鼠 Niviventer gladiusmaculus	Least Niviventer
啮齿目 RODENTIA	鼠科 Muridae	白腹鼠属 Niviventer	海南社鼠 Niviventer lotipes	Hainan Niviventer
啮齿目 RODENTIA	鼠科 Muridae	白腹鼠属 Niviventer	片马社鼠 Niviventer pianmaensis	Pianma Niviventer
啮齿目 RODENTIA	鼠科 Muridae	白腹鼠属 Niviventer	山东社鼠 Niviventer sacer	Sacer Niviventer
啮齿目 RODENTIA	仓鼠科 Cricetidae	东方田鼠属 Alexandromys	台湾田鼠 Alexandromys kikuchii	Taiwan Vole
啮齿目 RODENTIA	仓鼠科 Cricetidae	松田鼠属 Neodon	云南松田鼠 Neodon forresti	Yunnan Mountain Vole
啮齿目 RODENTIA	仓鼠科 Cricetidae	松田鼠属 Neodon	菁海松田鼠 Neodon fuscus	Smoeky Mountain Vole
啮齿目 RODENTIA	仓鼠科 Cricetidae	松田鼠属 Neodon	高原松田鼠 Neodon irene	Irene's Mountain Vole
啮齿目 RODENTIA	仓鼠科 Cricetidae	松田鼠属 Neodon	林芝松田鼠 Neodon linzhiensis	Linzhi Mountain Vole
啮齿目 RODENTIA	仓鼠科 Cricetidae	松田鼠属 Neodon	墨脱松田鼠 Neodon medogensis	Medog Mountain Vole
啮齿目 RODENTIA	仓鼠科 Cricetidae	松田鼠属 Neodon	聂拉木松田鼠 Neodon nyalamensis	Nyalam Mountain Vole
啮齿目 RODENTIA	仓鼠科 Cricetidae	沟牙田鼠属 Proedromys	沟牙田鼠 Proedromys bedfordi	Duke of Bedford's Vole
啮齿目 RODENTIA	仓鼠科 Cricetidae	沟牙田鼠属 Proedromys	凉山沟牙田鼠 Proedromys liangshanensis	Liangshan Vole
啮齿目 RODENTIA	仓鼠科 Cricetidae	川西田鼠属 Volemys	四川田鼠 Volemys millicens	Sichuan Vole
啮齿目 RODENTIA	仓鼠科 Cricetidae	川西田鼠属 Volemys	川西田鼠 Volemys musseri	Marie's Vole
啮齿目 RODENTIA	仓鼠科 Cricetidae	绒䶄属 Caryomys	洮州绒䶄 Caryomys eva	Eva's Vole
啮齿目 RODENTIA	仓鼠科 Cricetidae	绒䶄属 Caryomys	苛岚绒䶄 Caryomys inez	Inez's Vole

续表

目名	科名	属名	种名	种英文名
啮齿目 RODENTIA	仓鼠科 Cricetidae	绒鼠属 Eothenomys	中华绒鼠 Eothenomys chinensis	Sichuan Chinese Vole
啮齿目 RODENTIA	仓鼠科 Cricetidae	绒鼠属 Eothenomys	福建绒鼠 Eothenomys colurnus	Fujian Chinese Vole
啮齿目 RODENTIA	仓鼠科 Cricetidae	绒鼠属 Eothenomys	西南绒鼠 Eothenomys custos	Southwest Chinese Vole
啮齿目 RODENTIA	仓鼠科 Cricetidae	绒鼠属 Eothenomys	滇绒鼠 Eothenomys eleusis	Yunnan Chinese Vole
啮齿目 RODENTIA	仓鼠科 Cricetidae	绒鼠属 Eothenomys	丽江绒鼠 Eothenomys fidelis	Lijiang Chinese Vole
啮齿目 RODENTIA	仓鼠科 Cricetidae	绒鼠属 Eothenomys	康定绒鼠 Eothenomys hintoni	Kangding Chinese Vole
啮齿目 RODENTIA	仓鼠科 Cricetidae	绒鼠属 Eothenomys	金阳绒鼠 Eothenomys jinyangensis	Jinyang Chinese Vole
啮齿目 RODENTIA	仓鼠科 Cricetidae	绒鼠属 Eothenomys	螺髻山绒鼠 Eothenomys luojishanensis	Luojishan Chinese Vole
啮齿目 RODENTIA	仓鼠科 Cricetidae	绒鼠属 Eothenomys	美姑绒鼠 Eothenomys meiguensis	Meigu Chinese Vole
啮齿目 RODENTIA	仓鼠科 Cricetidae	绒鼠属 Eothenomys	黑腹绒鼠 Eothenomys melanogaster	David's Chinese Vole
啮齿目 RODENTIA	仓鼠科 Cricetidae	绒鼠属 Eothenomys	大绒鼠 Eothenomys miletus	Large Chinese Vole
啮齿目 RODENTIA	仓鼠科 Cricetidae	绒鼠属 Eothenomys	昭通绒鼠 Eothenomys olitor	Black-eared Chinese Vole
啮齿目 RODENTIA	仓鼠科 Cricetidae	绒鼠属 Eothenomys	玉龙绒鼠 Eothenomys proditor	Yulong Chinese Vole
啮齿目 RODENTIA	仓鼠科 Cricetidae	绒鼠属 Eothenomys	石棉绒鼠 Eothenomys shimianensis	Shimian Chinese Vole
啮齿目 RODENTIA	仓鼠科 Cricetidae	绒鼠属 Eothenomys	川西绒鼠 Eothenomys tarquinius	Western Sichuan Chinese Vole
啮齿目 RODENTIA	仓鼠科 Cricetidae	绒鼠属 Eothenomys	德钦绒鼠 Eothenomys wardi	Wardi's Chinese Vole
啮齿目 RODENTIA	仓鼠科 Cricetidae	甘肃仓鼠属 Cansumys	甘肃仓鼠 Cansumys canus	Gansu Hamster
啮齿目 RODENTIA	仓鼠科 Cricetidae	仓鼠属 Cricetulus	藏仓鼠 Cricetulus kamensis	Tibetan Dwarf Hamster
啮齿目 RODENTIA	睡鼠科 Gliridae	毛尾睡鼠属 Chaetocauda	四川毛尾睡鼠 Chaetocauda sichuanensis	Sichuan Dormouse
啮齿目 RODENTIA	松鼠科 Sciuridae	花松鼠属 Tamiops	岷山花鼠 Tamiops minshanica	Minshan Mountain Striped Squirrel
啮齿目 RODENTIA	松鼠科 Sciuridae	沟牙鼯鼠属 Aeretes	沟牙鼯鼠 Aeretes melanopterus	Northern Chinese Flying Squirrel
啮齿目 RODENTIA	松鼠科 Sciuridae	比氏鼯鼠属 Biswamoyopterus	高黎贡比氏鼯鼠 Biswamoyopterus gaoligongensis	Gaoligong Flying Squirrel
啮齿目 RODENTIA	松鼠科 Sciuridae	鼯鼠属 Petaurista	海南鼯鼠 Petaurista hainana	Hainan Flying Squirrel
啮齿目 RODENTIA	松鼠科 Sciuridae	鼯鼠属 Petaurista	白面鼯鼠 Petaurista lena	Taiwan Giant Flying Squirrel
啮齿目 RODENTIA	松鼠科 Sciuridae	鼯鼠属 Petaurista	灰鼯鼠 Petaurista xanthotis	Chinese Giant Flying Squirrel

续表

目名	科名	属名	种名	种英文名
啮齿目 RODENTIA	松鼠科 Sciuridae	复齿鼯鼠属 Trogopterus	复齿鼯鼠 Trogopterus xanthipes	Complex-toothed Flying Squirrel
啮齿目 RODENTIA	松鼠科 Sciuridae	侧纹岩松鼠属 Rupestes	侧纹岩松鼠 Rupestes forresti	Forrest's Rock Squirrel
啮齿目 RODENTIA	松鼠科 Sciuridae	岩松鼠属 Sciurotamias	岩松鼠 Sciurotamias davidianus	Père David's Rock Squirrel
劳亚食虫目 EULIPOTYPHLA	鼹科 Talpidae	高山鼹属 Alpiscaptulus	墨脱鼹 Alpiscaptulus medogensis	Medog Mole
劳亚食虫目 EULIPOTYPHLA	鼹科 Talpidae	甘肃鼹属 Scapanulus	甘肃鼹 Scapanulus oweni	Gansu Mole
劳亚食虫目 EULIPOTYPHLA	鼹科 Talpidae	东方鼹属 Euroscaptor	长吻鼹 Euroscaptor longirostris	Long-nosed Mole
劳亚食虫目 EULIPOTYPHLA	鼹科 Talpidae	缺齿鼹属 Mogera	海岛缺齿鼹 Mogera insularis	Insular Mole
劳亚食虫目 EULIPOTYPHLA	鼹科 Talpidae	缺齿鼹属 Mogera	台湾缺齿鼹 Mogera kanoana	Kanoana's Mole
劳亚食虫目 EULIPOTYPHLA	鼹科 Talpidae	缺齿鼹属 Mogera	钓鱼岛鼹 Mogera uchidai	Diaoyu Mole
劳亚食虫目 EULIPOTYPHLA	鼹科 Talpidae	麝鼹属 Scaptochirus	麝鼹 Scaptochirus moschatus	Short-faced Mole
劳亚食虫目 EULIPOTYPHLA	鼹科 Talpidae	鼩鼹属 Uropsilus	等齿鼩鼹 Uropsilus aequodonenia	Equivalent Teeth Shrew Mole
劳亚食虫目 EULIPOTYPHLA	鼹科 Talpidae	鼩鼹属 Uropsilus	峨眉鼩鼹 Uropsilus andersoni	Anderson's Shrew Mole
劳亚食虫目 EULIPOTYPHLA	鼹科 Talpidae	鼩鼹属 Uropsilus	栗背鼩鼹 Uropsilus atronates	Black-backed Shrew Mole
劳亚食虫目 EULIPOTYPHLA	鼹科 Talpidae	鼩鼹属 Uropsilus	大别山鼩鼹 Uropsilus dabieshanensis	Dabie Mountains Shrew Mole
劳亚食虫目 EULIPOTYPHLA	鼹科 Talpidae	鼩鼹属 Uropsilus	长吻鼩鼹 Uropsilus gracilis	Gracile Shrew Mole
劳亚食虫目 EULIPOTYPHLA	鼹科 Talpidae	鼩鼹属 Uropsilus	雪山鼩鼹 Uropsilus nivatus	Snow Mountain Shrew Mole
劳亚食虫目 EULIPOTYPHLA	鼹科 Talpidae	鼩鼹属 Uropsilus	少齿鼩鼹 Uropsilus soricipes	Chinese Shrew Mole
劳亚食虫目 EULIPOTYPHLA	猬科 Erinaceidae	林猬属 Mesechinus	侯氏猬 Mesechinus hughi	Hugh's Hedgehog
劳亚食虫目 EULIPOTYPHLA	猬科 Erinaceidae	林猬属 Mesechinus	小齿猬 Mesechinus miodon	Small-toothed Hedgehog
劳亚食虫目 EULIPOTYPHLA	猬科 Erinaceidae	林猬属 Mesechinus	高黎贡林猬 Mesechinus wangi	Gaoligong Forest Hedgehog
劳亚食虫目 EULIPOTYPHLA	猬科 Erinaceidae	新毛猬属 Neohylomys	海南毛猬 Neohylomys hainanensis	Hainan Gymnure
劳亚食虫目 EULIPOTYPHLA	鼩鼱科 Soricidae	麝鼩属 Crocidura	安徽麝鼩 Crocidura anhuiensis	Anhui White-toothed Shrew
劳亚食虫目 EULIPOTYPHLA	鼩鼱科 Soricidae	麝鼩属 Crocidura	东阳江麝鼩 Crocidura dongyangjiangensis	Dongyangjiang White-toothed Shrew
劳亚食虫目 EULIPOTYPHLA	鼩鼱科 Soricidae	麝鼩属 Crocidura	台湾长尾麝鼩 Crocidura tadae	Tadae Shrew
劳亚食虫目 EULIPOTYPHLA	鼩鼱科 Soricidae	短尾鼩属 Anourosorex	台湾短尾鼩 Anourosorex yamashinai	Taiwanese Mole Shrew

续表

目名	科名	属名	种名	种英文名
劳亚食虫目 EULIPOTYPHLA	鼩鼱科 Soricidae	黑齿鼩鼱属 Blarinella	川鼩 Blarinella quadraticauda	Asiatic Short-tailed Shrew
劳亚食虫目 EULIPOTYPHLA	鼩鼱科 Soricidae	异黑齿鼩鼱属 Parablarinella	淡灰黑齿鼩鼱 Parablarinella griselda	Gray Short-tailed Shrew
劳亚食虫目 EULIPOTYPHLA	鼩鼱科 Soricidae	水鼩属 Chimarrogale	利安德水鼩 Chimarrogale leander	Leander's Water Shrew
劳亚食虫目 EULIPOTYPHLA	鼩鼱科 Soricidae	缺齿鼩属 Chodsigoa	大别山缺齿鼩 Chodsigoa dabieshanensis	Chodsigoa dabieshanensis
劳亚食虫目 EULIPOTYPHLA	鼩鼱科 Soricidae	缺齿鼩属 Chodsigoa	川西山缺齿鼩 Chodsigoa hypsibia	de Winton's Shrew
劳亚食虫目 EULIPOTYPHLA	鼩鼱科 Soricidae	缺齿鼩属 Chodsigoa	滇北缺齿鼩 Chodsigoa parva	Pygmy red-toothed Shrew
劳亚食虫目 EULIPOTYPHLA	鼩鼱科 Soricidae	缺齿鼩属 Chodsigoa	大缺齿鼩 Chodsigoa salenskii	Salenski's Shrew
劳亚食虫目 EULIPOTYPHLA	鼩鼱科 Soricidae	缺齿鼩属 Chodsigoa	斯氏缺齿鼩 Chodsigoa smithii	Smith's Shrew
劳亚食虫目 EULIPOTYPHLA	鼩鼱科 Soricidae	缺齿鼩属 Chodsigoa	细尾缺齿鼩 Chodsigoa sodalis	Lesser Taiwanese Shrew
劳亚食虫目 EULIPOTYPHLA	鼩鼱科 Soricidae	须弥鼩鼱属 Episoriculus	台湾长尾鼩鼱 Episoriculus fumidus	Taiwanese Brown-toothed Shrew
劳亚食虫目 EULIPOTYPHLA	鼩鼱科 Soricidae	鼩鼱属 Sorex	甘肃鼩鼱 Sorex cansulus	Gansu Shrew
劳亚食虫目 EULIPOTYPHLA	鼩鼱科 Soricidae	鼩鼱属 Sorex	纹背鼩鼱 Sorex cylindricauda	Stripe-backed Shrew
劳亚食虫目 EULIPOTYPHLA	鼩鼱科 Soricidae	鼩鼱属 Sorex	柯氏鼩鼱 Sorex kozlovi	Kozlov's Shrew
劳亚食虫目 EULIPOTYPHLA	鼩鼱科 Soricidae	鼩鼱属 Sorex	陕西鼩鼱 Sorex sinalis	Chinese Shrew
翼手目 CHIROPTERA	菊头蝠科 Rhinolophidae	菊头蝠属 Rhinolophus	西南菊头蝠 Rhinolophus xinanzhongguoensis	Middle Kingdom Horseshoe Bat
翼手目 CHIROPTERA	菊头蝠科 Rhinolophidae	菊头蝠属 Rhinolophus	施氏菊头蝠 Rhinolophus schnitzleri	Schnitzler's Horseshoe Bat
翼手目 CHIROPTERA	菊头蝠科 Rhinolophidae	菊头蝠属 Rhinolophus	单角菊头蝠 Rhinolophus monoceros	Formosan Least Horseshoe Bat
翼手目 CHIROPTERA	菊头蝠科 Rhinolophidae	菊头蝠属 Rhinolophus	台湾菊头蝠 Rhinolophus formosae	Formosan Woolly Horseshoe Bat
翼手目 CHIROPTERA	蝙蝠科 Vespertilionidae	管鼻蝠属 Murina	黄胸管鼻蝠 Murina bicolor	Yellow-chested Tube-nosed Bat
翼手目 CHIROPTERA	蝙蝠科 Vespertilionidae	管鼻蝠属 Murina	梵净山管鼻蝠 Murina fanjingshanensis	Fanjingshan Tube-nosed Bat
翼手目 CHIROPTERA	蝙蝠科 Vespertilionidae	管鼻蝠属 Murina	暗色管鼻蝠 Murina fusca	Dusky Tube-nosed Bat
翼手目 CHIROPTERA	蝙蝠科 Vespertilionidae	管鼻蝠属 Murina	姬管鼻蝠 Murina gracilis	Taiwanese Little Tube-nosed Bat
翼手目 CHIROPTERA	蝙蝠科 Vespertilionidae	管鼻蝠属 Murina	锦矗管鼻蝠 Murina jinchui	Jinchu's Tube-nosed Bat
翼手目 CHIROPTERA	蝙蝠科 Vespertilionidae	管鼻蝠属 Murina	荔波管鼻蝠 Murina liboensis	Libo Tube-nosed Bat
翼手目 CHIROPTERA	蝙蝠科 Vespertilionidae	管鼻蝠属 Murina	台湾管鼻蝠 Murina puta	Taiwanese Tube-nosed Bat

续表

目名	科名	属名	种名	种英文名
翼手目 CHIROPTERA	蝙蝠科 Vespertilionidae	管鼻蝠属 Murina	隐姬管鼻蝠 Murina recondita	Faint-golden Little Tube-nosed Bat
翼手目 CHIROPTERA	蝙蝠科 Vespertilionidae	管鼻蝠属 Murina	榕江管鼻蝠 Murina rongjiangensis	Rongjiang Tube-nosed Bat
翼手目 CHIROPTERA	蝙蝠科 Vespertilionidae	管鼻蝠属 Murina	水甫管鼻蝠 Murina shuipuensis	Shuipu's Tube-nosed Bat
翼手目 CHIROPTERA	蝙蝠科 Vespertilionidae	鼠耳蝠属 Myotis	栗鼠耳蝠 Myotis badius	Bay Myotis
翼手目 CHIROPTERA	蝙蝠科 Vespertilionidae	鼠耳蝠属 Myotis	毛腿鼠耳蝠 Myotis fimbriatus	Fringed Long-footed Myotis
翼手目 CHIROPTERA	蝙蝠科 Vespertilionidae	鼠耳蝠属 Myotis	长尾鼠耳蝠 Myotis frater	Fraternal Myotis
翼手目 CHIROPTERA	蝙蝠科 Vespertilionidae	鼠耳蝠属 Myotis	北京鼠耳蝠 Myotis pequinius	Peking Myotis
翼手目 CHIROPTERA	蝙蝠科 Vespertilionidae	宽吻蝠属 Submyotodon	宽吻鼠耳蝠 Submyotodon latirostris	Taiwan Broad-muzzled Myotis
翼手目 CHIROPTERA	蝙蝠科 Vespertilionidae	宽耳蝠属 Barbastella	北京宽耳蝠 Barbastella beijingensis	Beijing Barbastelle
翼手目 CHIROPTERA	蝙蝠科 Vespertilionidae	长耳蝠属 Plecotus	台湾长耳蝠 Plecotus taivanus	Taiwan Long-eared Bat
翼手目 CHIROPTERA	蝙蝠科 Vespertilionidae	金颈蝠属 Thainycteris	黄颈蝠 Thainycteris torquatus	Necklace Sprite
翼手目 CHIROPTERA	蝙蝠科 Vespertilionidae	扁颅蝠属 Tylonycteris	小扁颅蝠 Tylonycteris pygmaea	Pygmy Bamboo Bat
鲸偶蹄目 CETARTIODACTYLA	鹿科 Cervidae	麋鹿属 Elaphurus	麋鹿 Elaphurus davidianus	Père David's Deer
鲸偶蹄目 CETARTIODACTYLA	鹿科 Cervidae	白唇鹿属 Przewalskium	白唇鹿 Przewalskium albirostris	White-lipped Deer
鲸偶蹄目 CETARTIODACTYLA	鹿科 Cervidae	麂属 Muntiacus	黑麂 Muntiacus crinifrons	Black Muntjac
鲸偶蹄目 CETARTIODACTYLA	鹿科 Cervidae	麂属 Muntiacus	小麂 Muntiacus reevesi	Reeves' Muntjac
鲸偶蹄目 CETARTIODACTYLA	牛科 Bovidae	原羚属 Procapra	普氏原羚 Procapra przewalskii	Przewalski's Gazelle
鲸偶蹄目 CETARTIODACTYLA	牛科 Bovidae	扭角羚属 Budorcas	中华扭角羚 Budorcas tibetana	Chinese Takin
鲸偶蹄目 CETARTIODACTYLA	牛科 Bovidae	鬣羚属 Capricornis	台湾鬣羚 Capricornis swinhoei	Taiwan Serow
鲸偶蹄目 CETARTIODACTYLA	麝科 Moschidae	麝属 Moschus	安徽麝 Moschus anhuiensis	Anhui Musk Deer
鲸偶蹄目 CETARTIODACTYLA	白鱀豚科 Lipotidae	白鱀豚属 Lipotes	白鱀豚 Lipotes vexillifer	Baiji
鲸偶蹄目 CETARTIODACTYLA	鼠海豚科 Phocoenidae	江豚属 Neophocaena	长江江豚 Neophocaena asiaeorientalis	Yangtze Finless Porpoise
食肉目 CARNIVORA	猫科 Felidae	猫属 Felis	荒漠猫 Felis bieti	Chinese Mountain Cat
食肉目 CARNIVORA	熊科 Ursidae	大熊猫属 Ailuropoda	大熊猫 Ailuropoda melanoleuca	Giant Panda
食肉目 CARNIVORA	鼬科 Mustelidae	鼬属 Mustela	缺齿伶鼬 Mustela aistoodonnivalis	Lack-toothed Weasel

附表二 中国兽类 IUCN 濒危等级、CITES 附录与国家重点保护野生动物名录等级

目名	科名	属名	种名	种英文名	IUCN 红色名录	CITES 附录	国家重点保护等级
长鼻目 PROBOSCIDEA	象科 Elephantidae	象属 Elephas	亚洲象 Elephas maximus	Asian Elephant	EN	附录 I	一级
海牛目 SIRENIA	儒艮科 Dugongidae	儒艮属 Dugong	儒艮 Dugong dugon	Dugong	VU	附录 I	一级
灵长目 PRIMATES	懒猴科 Lorisidae	蜂猴属 Nycticebus	蜂猴 Nycticebus bengalensis	Bengal Slow Loris	EN	附录 I	一级
灵长目 PRIMATES	懒猴科 Lorisidae	蜂猴属 Nycticebus	倭蜂猴 Nycticebus pygmaeus	Pygmy Slow Loris	EN	附录 I	一级
灵长目 PRIMATES	猴科 Cercopithecidae	猕猴属 Macaca	红面猴 Macaca arctoides	Stump-tail Macaque	VU	附录 II	二级
灵长目 PRIMATES	猴科 Cercopithecidae	猕猴属 Macaca	台湾猕猴 Macaca cyclopis	Taiwanese Macaque	LC	附录 II	一级
灵长目 PRIMATES	猴科 Cercopithecidae	猕猴属 Macaca	猕猴 Macaca mulatta	Rhesus Macaque	LC	附录 II	二级
灵长目 PRIMATES	猴科 Cercopithecidae	猕猴属 Macaca	北豚尾猴 Macaca leonina	Northern Pig-tailed Macaque	VU	附录 II	一级
灵长目 PRIMATES	猴科 Cercopithecidae	猕猴属 Macaca	熊猴 Macaca assamensis	Assamese Macaque	NT	附录 II	二级
灵长目 PRIMATES	猴科 Cercopithecidae	猕猴属 Macaca	白颊猕猴 Macaca leucogenys	White-cheeked Macaque	NE	附录 II	二级
灵长目 PRIMATES	猴科 Cercopithecidae	猕猴属 Macaca	藏南猕猴 Macaca munzala	Southern Tibet Macaque	EN	附录 II	二级
灵长目 PRIMATES	猴科 Cercopithecidae	猕猴属 Macaca	藏酋猴 Macaca thibetana	Tibetan Macaque	NT	附录 II	二级
灵长目 PRIMATES	猴科 Cercopithecidae	仰鼻猴属 Rhinopithecus	滇金丝猴 Rhinopithecus bieti	Yunnan Snub-nosed Monkey	EN	附录 I	一级
灵长目 PRIMATES	猴科 Cercopithecidae	仰鼻猴属 Rhinopithecus	黔金丝猴 Rhinopithecus brelichi	Guizhou Snub-nosed Monkey	EN	附录 I	一级
灵长目 PRIMATES	猴科 Cercopithecidae	仰鼻猴属 Rhinopithecus	川金丝猴 Rhinopithecus roxellana	Sichuan Snub-nosed Monkey	EN	附录 I	一级
灵长目 PRIMATES	猴科 Cercopithecidae	仰鼻猴属 Rhinopithecus	缅甸金丝猴 Rhinopithecus strykeri	Myanmar Snub-nosed Monkey	CR	附录 I	一级
灵长目 PRIMATES	猴科 Cercopithecidae	长尾叶猴属 Semnopithecus	喜山长尾叶猴 Semnopithecus schistaceus	Nepal Gray Langur	LC	附录 I	一级
灵长目 PRIMATES	猴科 Cercopithecidae	乌叶猴属 Trachypithecus	黑叶猴 Trachypithecus francoisi	François' Langur	EN	附录 II	一级
灵长目 PRIMATES	猴科 Cercopithecidae	乌叶猴属 Trachypithecus	白头叶猴 Trachypithecus leucocephalus	White-headed Langur	CR	附录 II	一级

续表

目名	科名	属名	种名	种英文名	IUCN红色名录	CITES附录	国家重点保护等级
灵长目 PRIMATES	猴科 Cercopithecidae	乌叶猴属 Trachypithecus	印支灰叶猴 Trachypithecus crepusculus	Indochinese Gray Langur	EN	附录 II	一级
灵长目 PRIMATES	猴科 Cercopithecidae	乌叶猴属 Trachypithecus	中缅灰叶猴 Trachypithecus melamera	Burmachinese Gray Langur	EN	附录 II	一级
灵长目 PRIMATES	猴科 Cercopithecidae	乌叶猴属 Trachypithecus	戴帽叶猴 Trachypithecus pileatus	Capped Langur	VU	附录 I	一级
灵长目 PRIMATES	猴科 Cercopithecidae	乌叶猴属 Trachypithecus	肖氏乌叶猴 Trachypithecus shortridgei	Shortridge's Langur	EN	附录 I	一级
灵长目 PRIMATES	长臂猿科 Hylobatidae	白眉长臂猿属 Hoolock	西白眉长臂猿 Hoolock hoolock	Western Hoolock Gibbon	EN	附录 I	一级
灵长目 PRIMATES	长臂猿科 Hylobatidae	白眉长臂猿属 Hoolock	高黎贡白眉长臂猿 Hoolock tianxing	Gaoligong Hoolock Gibbon	EN	附录 I	一级
灵长目 PRIMATES	长臂猿科 Hylobatidae	长臂猿属 Hylobates	白掌长臂猿 Hylobates lar	White-handed Gibbon	EN	附录 I	一级
灵长目 PRIMATES	长臂猿科 Hylobatidae	冠长臂猿属 Nomascus	西黑冠长臂猿 Nomascus concolor	Western Black Crested Gibbon	CR	附录 I	一级
灵长目 PRIMATES	长臂猿科 Hylobatidae	冠长臂猿属 Nomascus	海南长臂猿 Nomascus hainanus	Hainan Gibbon	CR	附录 I	一级
灵长目 PRIMATES	长臂猿科 Hylobatidae	冠长臂猿属 Nomascus	北白颊长臂猿 Nomascus leucogenys	Northern White-cheeked Gibbon	CR	附录 I	一级
灵长目 PRIMATES	长臂猿科 Hylobatidae	冠长臂猿属 Nomascus	东黑冠长臂猿 Nomascus nasutus	Eastern Black Crested Gibbon	CR	附录 I	一级
灵长目 PRIMATES	人科 Hominidae	人属 Homo	人 Homo sapiens	Human	NE		
攀鼩目 SCANDENTIA	树鼩科 Tupaiidae	树鼩属 Tupaia	北树鼩 Tupaia belangeri	Northern Tree Shrew	LC	附录 II	
兔形目 LAGOMORPHA	兔科 Leporidae	兔属 Lepus	云南兔 Lepus comus	Yunnan Hare	LC		
兔形目 LAGOMORPHA	兔科 Leporidae	兔属 Lepus	高丽兔 Lepus coreanus	Korean Hare	LC		
兔形目 LAGOMORPHA	兔科 Leporidae	兔属 Lepus	海南兔 Lepus hainanus	Hainan Hare	EN		二级
兔形目 LAGOMORPHA	兔科 Leporidae	兔属 Lepus	东北兔 Lepus mandshuricus	Manchurian Hare	LC		
兔形目 LAGOMORPHA	兔科 Leporidae	兔属 Lepus	灰尾兔 Lepus oiostolus	Woolly Hare	LC		
兔形目 LAGOMORPHA	兔科 Leporidae	兔属 Lepus	华南兔 Lepus sinensis	Chinese Hare	LC		
兔形目 LAGOMORPHA	兔科 Leporidae	兔属 Lepus	中亚兔 Lepus tibetanus	Desert Hare	LC		
兔形目 LAGOMORPHA	兔科 Leporidae	兔属 Lepus	雪兔 Lepus timidus	Mountain Hare	LC		二级
兔形目 LAGOMORPHA	兔科 Leporidae	兔属 Lepus	蒙古兔 Lepus tolai	Tolai Hare	LC		
兔形目 LAGOMORPHA	兔科 Leporidae	兔属 Lepus	塔里木兔 Lepus yarkandensis	Yarkand Hare	NT		二级
兔形目 LAGOMORPHA	鼠兔科 Ochotonidae	鼠兔属 Ochotona	扁颅鼠兔 Ochotona flatcalvariam	Flat-skulled Pika	NE		

续表

目名	科名	属名	种名	种英文名	IUCN 红色名录	CITES 附录	国家重点保护等级
兔形目 LAGOMORPHA	鼠兔科 Ochotonidae	鼠兔属 Ochotona	黄龙鼠兔 Ochotona huanglongensis	Huanglong Pika	NE		
兔形目 LAGOMORPHA	鼠兔科 Ochotonidae	鼠兔属 Ochotona	峨眉鼠兔 Ochotona sacraria	Emei Pika	NE		
兔形目 LAGOMORPHA	鼠兔科 Ochotonidae	鼠兔属 Ochotona	秦岭鼠兔 Ochotona syrinx	Tsing-Ling Pika	LC		
兔形目 LAGOMORPHA	鼠兔科 Ochotonidae	鼠兔属 Ochotona	红耳鼠兔 Ochotona erythrotis	Chinese Red Pika	LC		
兔形目 LAGOMORPHA	鼠兔科 Ochotonidae	鼠兔属 Ochotona	灰颈鼠兔 Ochotona forresti	Forrest's Pika	LC		
兔形目 LAGOMORPHA	鼠兔科 Ochotonidae	鼠兔属 Ochotona	川西鼠兔 Ochotona gloveri	Glover's Pika	LC		
兔形目 LAGOMORPHA	鼠兔科 Ochotonidae	鼠兔属 Ochotona	伊犁鼠兔 Ochotona iliensis	Ili Pika	EN		二级
兔形目 LAGOMORPHA	鼠兔科 Ochotonidae	鼠兔属 Ochotona	突颏鼠兔 Ochotona koslowi	Kozlov's Pika	EN		
兔形目 LAGOMORPHA	鼠兔科 Ochotonidae	鼠兔属 Ochotona	拉达克鼠兔 Ochotona ladacensis	Ladak Pika	LC		
兔形目 LAGOMORPHA	鼠兔科 Ochotonidae	鼠兔属 Ochotona	大耳鼠兔 Ochotona macrotis	Large-eared Pika	LC		
兔形目 LAGOMORPHA	鼠兔科 Ochotonidae	鼠兔属 Ochotona	灰鼠兔 Ochotona roylii	Royle's Pika	LC		
兔形目 LAGOMORPHA	鼠兔科 Ochotonidae	鼠兔属 Ochotona	红鼠兔 Ochotona rutila	Turkestan Red Pika	LC		
兔形目 LAGOMORPHA	鼠兔科 Ochotonidae	鼠兔属 Ochotona	草原鼠兔 Ochotona pusilla	Steppe Pika	LC		
兔形目 LAGOMORPHA	鼠兔科 Ochotonidae	鼠兔属 Ochotona	间颅鼠兔 Ochotona cansus	Gansu Pika	LC		
兔形目 LAGOMORPHA	鼠兔科 Ochotonidae	鼠兔属 Ochotona	高原鼠兔 Ochotona curzoniae	Plateau Pika	LC		
兔形目 LAGOMORPHA	鼠兔科 Ochotonidae	鼠兔属 Ochotona	达乌尔鼠兔 Ochotona daurica	Daurian Pika	LC		
兔形目 LAGOMORPHA	鼠兔科 Ochotonidae	鼠兔属 Ochotona	奴布拉鼠兔 Ochotona nubrica	Nubra Pika	LC		
兔形目 LAGOMORPHA	鼠兔科 Ochotonidae	鼠兔属 Ochotona	锡金鼠兔 Ochotona sikimaria	Sikkim Pika	NE		
兔形目 LAGOMORPHA	鼠兔科 Ochotonidae	鼠兔属 Ochotona	藏鼠兔 Ochotona thibetana	Moupin Pika	LC		
兔形目 LAGOMORPHA	鼠兔科 Ochotonidae	鼠兔属 Ochotona	狭颅鼠兔 Ochotona thomasi	Thomas's Pika	LC		
兔形目 LAGOMORPHA	鼠兔科 Ochotonidae	鼠兔属 Ochotona	高山鼠兔 Ochotona alpina	Alpine Pika	LC		
兔形目 LAGOMORPHA	鼠兔科 Ochotonidae	鼠兔属 Ochotona	贺兰山鼠兔 Ochotona argentata	Silver Pika	EN		二级
兔形目 LAGOMORPHA	鼠兔科 Ochotonidae	鼠兔属 Ochotona	长白山鼠兔 Ochotona coreana	Korean Pika	DD		
兔形目 LAGOMORPHA	鼠兔科 Ochotonidae	鼠兔属 Ochotona	满洲里鼠兔 Ochotona mantchurica	Manchurian Pika	LC		

续表

目名	科名	属名	种名	种英文名	IUCN红色名录	CITES附录	国家重点保护等级
兔形目 LAGOMORPHA	鼠兔科 Ochotonidae	鼠兔属 Ochotona	蒙古鼠兔 Ochotona pallasii	Pallas's Pika	LC		
啮齿目 RODENTIA	河狸科 Castoridae	河狸属 Castor	河狸 Castor fiber	Eurasian Beaver	LC		一级
啮齿目 RODENTIA	蹶鼠科 Sicistidae	蹶鼠属 Sicista	长尾蹶鼠 Sicista caudata	Long-tailed Birch Mouse	DD		
啮齿目 RODENTIA	蹶鼠科 Sicistidae	蹶鼠属 Sicista	中国蹶鼠 Sicista concolor	Chinese Birch Mouse	LC		
啮齿目 RODENTIA	蹶鼠科 Sicistidae	蹶鼠属 Sicista	灰蹶鼠 Sicista pseudonapaea	Gray Birch Mouse	DD		
啮齿目 RODENTIA	蹶鼠科 Sicistidae	蹶鼠属 Sicista	草原蹶鼠 Sicista subtilis	Southern Birch Mouse	LC		
啮齿目 RODENTIA	蹶鼠科 Sicistidae	蹶鼠属 Sicista	天山蹶鼠 Sicista tianshanica	Tien Shan Birch Mouse	LC		
啮齿目 RODENTIA	林跳鼠科 Zapodidae	林跳鼠属 Eozapus	四川林跳鼠 Eozapus setchuanus	Chinese Jumping Mouse	LC		
啮齿目 RODENTIA	跳鼠科 Dipodidae	五趾跳鼠属 Allactaga	大五趾跳鼠 Allactaga major	Great Five-toed Jerboa	LC		
啮齿目 RODENTIA	跳鼠科 Dipodidae	东方五趾跳鼠属 Orientallactaga	巴里坤跳鼠 Orientallactaga balikunica	Balikun Jerboa	LC		
啮齿目 RODENTIA	跳鼠科 Dipodidae	东方五趾跳鼠属 Orientallactaga	巨泡五趾跳鼠 Orientallactaga bullata	Gobi Jerboa	LC		
啮齿目 RODENTIA	跳鼠科 Dipodidae	东方五趾跳鼠属 Orientallactaga	五趾跳鼠 Orientallactaga sibirica	Siberian Jerboa	LC		
啮齿目 RODENTIA	跳鼠科 Dipodidae	肥尾跳鼠属 Pygeretmus	小地兔 Pygeretmus pumilio	Dwarf Fat-tailed Jerboa	LC		
啮齿目 RODENTIA	跳鼠科 Dipodidae	小五趾跳鼠属 Scarturus	小五趾跳鼠 Scarturus elater	Small Five-toed Jerboa	LC		
啮齿目 RODENTIA	跳鼠科 Dipodidae	五趾心颅跳鼠属 Cardiocranius	五趾心颅跳鼠 Cardiocranius paradoxus	Five-toed Pygmy Jerboa	DD		
啮齿目 RODENTIA	跳鼠科 Dipodidae	三趾心颅跳鼠属 Salpingotus	肥尾心颅跳鼠 Salpingotus crassicauda	Thick-tailed Pygmy Jerboa	LC		
啮齿目 RODENTIA	跳鼠科 Dipodidae	三趾心颅跳鼠属 Salpingotus	三趾心颅跳鼠 Salpingotus kozlovi	Kozlov's Pygmy Jerboa	LC		
啮齿目 RODENTIA	跳鼠科 Dipodidae	奇美跳鼠属 Chimaerodipus	奇美跳鼠 Chimaerodipus auritus	Xiji Three-toed Jerboa	NE		
啮齿目 RODENTIA	跳鼠科 Dipodidae	三趾跳鼠属 Dipus	塔里木跳鼠 Dipus deasyi	Yarkand Three-toed Jerboa	NE		
啮齿目 RODENTIA	跳鼠科 Dipodidae	三趾跳鼠属 Dipus	三趾跳鼠 Dipus sagitta	Northern Three-toed Jerboa	LC		
啮齿目 RODENTIA	跳鼠科 Dipodidae	羽尾跳鼠属 Stylodipus	蒙古羽尾跳鼠 Stylodipus andrewsi	Andrew's Three-toed Jerboa	LC		
啮齿目 RODENTIA	跳鼠科 Dipodidae	羽尾跳鼠属 Stylodipus	淮噶尔羽尾跳鼠 Stylodipus sungorus	Dzungaria Three-toed Jerboa	LC		

续表

目名	科名	属名	种名	种英文名	IUCN红色名录	CITES附录	国家重点保护等级
啮齿目 RODENTIA	跳鼠科 Dipodidae	羽尾跳鼠属 Stylodipus	羽尾跳鼠 Stylodipus telum	Thick-tailed Three-toed Jerboa	LC		
啮齿目 RODENTIA	跳鼠科 Dipodidae	长耳跳鼠属 Euchoreutes	长耳跳鼠 Euchoreutes naso	Long-eared Jerboa	LC		
啮齿目 RODENTIA	刺山鼠科 Platacanthomyidae	猪尾鼠属 Typhlomys	沙巴猪尾鼠 Typhlomys chapensis	Vietnam Soft-furred Tree Mouse	LC		
啮齿目 RODENTIA	刺山鼠科 Platacanthomyidae	猪尾鼠属 Typhlomys	猪尾鼠 Typhlomys cinereus	Soft-furred Tree Mouse	LC		
啮齿目 RODENTIA	刺山鼠科 Platacanthomyidae	猪尾鼠属 Typhlomys	大猪尾鼠 Typhlomys daloushanensis	Daloushan Soft-furred Tree Mouse	NE		
啮齿目 RODENTIA	刺山鼠科 Platacanthomyidae	猪尾鼠属 Typhlomys	白帝猪尾鼠 Typhlomys fenjieensis	Baidi Blind Mouse	NE		
啮齿目 RODENTIA	刺山鼠科 Platacanthomyidae	猪尾鼠属 Typhlomys	黄山猪尾鼠 Typhlomys huangshanensis	Huangshan Blind Mouse	NE		
啮齿目 RODENTIA	刺山鼠科 Platacanthomyidae	猪尾鼠属 Typhlomys	小猪尾鼠 Typhlomys nanus	Lesser Soft-furred Tree Mouse	NE		
啮齿目 RODENTIA	鼹型鼠科 Spalacidae	凸颅鼢鼠属 Eospalax	高原鼢鼠 Eospalax baileyi	Plateau Zokor	NE		
啮齿目 RODENTIA	鼹型鼠科 Spalacidae	凸颅鼢鼠属 Eospalax	甘肃鼢鼠 Eospalax cansus	Gansu Zokor	NE		
啮齿目 RODENTIA	鼹型鼠科 Spalacidae	凸颅鼢鼠属 Eospalax	中华鼢鼠 Eospalax fontanierii	Common Chinese Zokor	LC		
啮齿目 RODENTIA	鼹型鼠科 Spalacidae	凸颅鼢鼠属 Eospalax	木里鼢鼠 Eospalax muliensis	Muli Zokor	NE		
啮齿目 RODENTIA	鼹型鼠科 Spalacidae	凸颅鼢鼠属 Eospalax	罗氏鼢鼠 Eospalax rothschildi	Rothschild's Zokor	LC		
啮齿目 RODENTIA	鼹型鼠科 Spalacidae	凸颅鼢鼠属 Eospalax	秦岭鼢鼠 Eospalax rufescens	Qinling Mountain Zokor	NE		
啮齿目 RODENTIA	鼹型鼠科 Spalacidae	凸颅鼢鼠属 Eospalax	斯氏鼢鼠 Eospalax smithii	Smith's Zokor	LC		
啮齿目 RODENTIA	鼹型鼠科 Spalacidae	平颅鼢鼠属 Myospalax	草原鼢鼠 Myospalax aspalax	Steppe Zokor	LC		
啮齿目 RODENTIA	鼹型鼠科 Spalacidae	平颅鼢鼠属 Myospalax	东北鼢鼠 Myospalax psilurus	North China Zokor	LC		
啮齿目 RODENTIA	鼹型鼠科 Spalacidae	小竹鼠属 Cannomys	小竹鼠 Cannomys badius	Lesser Bamboo Rat	LC		
啮齿目 RODENTIA	鼹型鼠科 Spalacidae	竹鼠属 Rhizomys	银星竹鼠 Rhizomys pruinosus	Hoary Bamboo Rat	LC		
啮齿目 RODENTIA	鼹型鼠科 Spalacidae	竹鼠属 Rhizomys	中华竹鼠 Rhizomys sinensis	Chinese Bamboo Rat	LC		
啮齿目 RODENTIA	鼹型鼠科 Spalacidae	竹鼠属 Rhizomys	大竹鼠 Rhizomys sumatrensis	Indomalayan Bamboo Rat	LC		
啮齿目 RODENTIA	鼠科 Muridae	短耳沙鼠属 Brachiones	短耳沙鼠 Brachiones przewalskii	Przewalski's Jird	LC		
啮齿目 RODENTIA	鼠科 Muridae	沙鼠属 Meriones	郑氏沙鼠 Meriones chengi	Cheng's Gerbil	LC		

续表

目名	科名	属名	种名	种英文名	IUCN红色名录	CITES附录	国家重点保护等级
啮齿目 RODENTIA	鼠科 Muridae	沙鼠属 Meriones	红尾沙鼠 Meriones libycus	Libyan Jird	LC		
啮齿目 RODENTIA	鼠科 Muridae	沙鼠属 Meriones	子午沙鼠 Meriones meridianus	Mid-day Gerbil	LC		
啮齿目 RODENTIA	鼠科 Muridae	沙鼠属 Meriones	柽柳沙鼠 Meriones tamariscinus	Tamarisk Gerbil	LC		
啮齿目 RODENTIA	鼠科 Muridae	沙鼠属 Meriones	长爪沙鼠 Meriones unguiculatus	Mongolian Gerbil	LC		
啮齿目 RODENTIA	鼠科 Muridae	大沙鼠属 Rhombomys	大沙鼠 Rhombomys opimus	Great Gerbil	LC		
啮齿目 RODENTIA	鼠科 Muridae	姬鼠属 Apodemus	黑线姬鼠 Apodemus agrarius	Striped Field Mouse	LC		
啮齿目 RODENTIA	鼠科 Muridae	姬鼠属 Apodemus	高山姬鼠 Apodemus chevrieri	Chevrier's Field Mouse	LC		
啮齿目 RODENTIA	鼠科 Muridae	姬鼠属 Apodemus	中华姬鼠 Apodemus draco	South China Field Mouse	LC		
啮齿目 RODENTIA	鼠科 Muridae	姬鼠属 Apodemus	澜沧江姬鼠 Apodemus ilex	Lantsang Field Mouse	NE		
啮齿目 RODENTIA	鼠科 Muridae	姬鼠属 Apodemus	大耳姬鼠 Apodemus latronum	Large-eared Field Mouse	LC		
啮齿目 RODENTIA	鼠科 Muridae	姬鼠属 Apodemus	小黑姬鼠 Apodemus nigrus	Black Field Mouse	NE		
啮齿目 RODENTIA	鼠科 Muridae	姬鼠属 Apodemus	喜马拉雅姬鼠 Apodemus pallipes	Himalayan Field Mouse	LC		
啮齿目 RODENTIA	鼠科 Muridae	姬鼠属 Apodemus	大林姬鼠 Apodemus peninsulae	Korean Field Mouse	LC		
啮齿目 RODENTIA	鼠科 Muridae	姬鼠属 Apodemus	台湾姬鼠 Apodemus semotus	Taiwan Field Mouse	LC		
啮齿目 RODENTIA	鼠科 Muridae	姬鼠属 Apodemus	乌拉尔姬鼠 Apodemus uralensis	Herb Field Mouse	LC		
啮齿目 RODENTIA	鼠科 Muridae	板齿鼠属 Bandicota	小板齿鼠 Bandicota bengalensis	Lesser Bandicoot Rat	LC		
啮齿目 RODENTIA	鼠科 Muridae	板齿鼠属 Bandicota	板齿鼠 Bandicota indica	Greater Bandicoot Rat	LC		
啮齿目 RODENTIA	鼠科 Muridae	大鼠属 Berylmys	大泡灰鼠 Berylmys berdmorei	Berdmore's Berylmy	LC		
啮齿目 RODENTIA	鼠科 Muridae	大鼠属 Berylmys	青毛巨鼠 Berylmys bowersi	Bower's White-toothed Rat	LC		
啮齿目 RODENTIA	鼠科 Muridae	大鼠属 Berylmys	小泡灰鼠 Berylmys manipulus	Manipur White-toothed Rat	DD		
啮齿目 RODENTIA	鼠科 Muridae	中南树鼠属 Chiromyscus	费氏树鼠 Chiromyscus chiropus	Indochinese Chiromyscus	LC		
啮齿目 RODENTIA	鼠科 Muridae	中南树鼠属 Chiromyscus	南洋鼠 Chiromyscus langbianis	Lang Bian Tree Rat	LC		
啮齿目 RODENTIA	鼠科 Muridae	笔尾鼠属 Chiropodomys	笔尾树鼠 Chiropodomys gliroides	Indomalayan Pencil-tailed Tree Mouse	LC		
啮齿目 RODENTIA	鼠科 Muridae	大齿鼠属 Dacnomys	大齿鼠 Dacnomys millardi	Millard's Rat	DD		

续表

目名	科名	属名	种名	种英文名	IUCN 红色名录	CITES 附录	国家重点保护等级
啮齿目 RODENTIA	鼠科 Muridae	壮鼠属 Hadromys	云南壮鼠 Hadromys yunnanensis	Yunnan Hadromys	DD		
啮齿目 RODENTIA	鼠科 Muridae	狨鼠属 Hapalomys	小狨鼠 Hapalomys delacouri	Lesser Marmoset Rat	VU		
啮齿目 RODENTIA	鼠科 Muridae	狨鼠属 Hapalomys	长尾狨鼠 Hapalomys longicaudatus	Long-tailed Marmoset Rat	EN		
啮齿目 RODENTIA	鼠科 Muridae	小泡巨鼠属 Leopoldamys	小泡巨鼠 Leopoldamys edwardsi	Edward's Leopoldamys	LC		
啮齿目 RODENTIA	鼠科 Muridae	小泡巨鼠属 Leopoldamys	耐氏大鼠 Leopoldamys neilli	Neill's Long-tailed Giant Rat	LC		
啮齿目 RODENTIA	鼠科 Muridae	王鼠属 Maxomys	红毛王鼠 Maxomys surifer	Indomalayan Maxomys	LC		
啮齿目 RODENTIA	鼠科 Muridae	巢鼠属 Micromys	红耳巢鼠 Micromys erythrotis	Red-eared Harvest Mouse	NE		
啮齿目 RODENTIA	鼠科 Muridae	巢鼠属 Micromys	巢鼠 Micromys minutus	Eurasian Harvest Mouse	LC		
啮齿目 RODENTIA	鼠科 Muridae	小家鼠属 Mus	锡金小鼠 Mus pahari	Gairdner's Shrewmouse	LC		
啮齿目 RODENTIA	鼠科 Muridae	小家鼠属 Mus	卡氏小鼠 Mus caroli	Ryukyu Mouse	LC		
啮齿目 RODENTIA	鼠科 Muridae	小家鼠属 Mus	仔鹿小鼠 Mus cervicolor	Fawn-colored Mouse	LC		
啮齿目 RODENTIA	鼠科 Muridae	小家鼠属 Mus	丛林小鼠 Mus cookii	Cook's Mouse	LC		
啮齿目 RODENTIA	鼠科 Muridae	小家鼠属 Mus	小家鼠 Mus musculus	House Mouse	LC		
啮齿目 RODENTIA	鼠科 Muridae	地鼠属 Nesokia	印度地鼠 Nesokia indica	Short-tailed Bandicoot Rat	LC		
啮齿目 RODENTIA	鼠科 Muridae	白腹鼠属 Niviventer	安氏白腹鼠 Niviventer andersoni	Anderson's Niviventer	LC		
啮齿目 RODENTIA	鼠科 Muridae	白腹鼠属 Niviventer	梵鼠 Niviventer brahma	Brahma White-bellied Niviventer	LC		
啮齿目 RODENTIA	鼠科 Muridae	白腹鼠属 Niviventer	短尾社鼠 Niviventer bukit	Bukit Niviventer	NE		
啮齿目 RODENTIA	鼠科 Muridae	白腹鼠属 Niviventer	北社鼠 Niviventer confucianus	Confucian Niviventer	LC		
啮齿目 RODENTIA	鼠科 Muridae	白腹鼠属 Niviventer	台湾白腹鼠 Niviventer coninga	Spiny Taiwan Niviventer	LC		
啮齿目 RODENTIA	鼠科 Muridae	白腹鼠属 Niviventer	褐尾鼠 Niviventer cremoriventer	Sundaic arboreal Niviventer	LC		
啮齿目 RODENTIA	鼠科 Muridae	白腹鼠属 Niviventer	台湾社鼠 Niviventer culturatus	Soft-furred Taiwan Niviventer	LC		
啮齿目 RODENTIA	鼠科 Muridae	白腹鼠属 Niviventer	灰腹鼠 Niviventer eha	Smoke-bellied Niviventer	LC		
啮齿目 RODENTIA	鼠科 Muridae	白腹鼠属 Niviventer	川西白腹鼠 Niviventer excelsior	Sichuan Niviventer	LC		
啮齿目 RODENTIA	鼠科 Muridae	白腹鼠属 Niviventer	冯氏白腹鼠 Niviventer fengi	Jilong Soft-furred Niviventer	NE		

续表

目名	科名	属名	种名	种英文名	IUCN红色名录	CITES附录	国家重点保护等级
啮齿目 RODENTIA	鼠科 Muridae	白腹鼠属 Niviventer	针毛鼠 Niviventer fulvescens	Chestnut White-bellied Rat	LC		
啮齿目 RODENTIA	鼠科 Muridae	白腹鼠属 Niviventer	剑纹小社鼠 Niviventer gladiusmaculus	Least Niviventer	NE		
啮齿目 RODENTIA	鼠科 Muridae	白腹鼠属 Niviventer	华南针毛鼠 Niviventer huang	Eastern Spiny-haired Rat	NE		
啮齿目 RODENTIA	鼠科 Muridae	白腹鼠属 Niviventer	海南社鼠 Niviventer lotipes	Hainan Niviventer	NE		
啮齿目 RODENTIA	鼠科 Muridae	白腹鼠属 Niviventer	湄公针毛鼠 Niviventer mekongis	Mekongis Niviventer	NE		
啮齿目 RODENTIA	鼠科 Muridae	白腹鼠属 Niviventer	喜马拉雅社鼠 Niviventer niviventer	Himalayan Niviventer	LC		
啮齿目 RODENTIA	鼠科 Muridae	白腹鼠属 Niviventer	片马社鼠 Niviventer pianmaensis	Pianma Niviventer	NE		
啮齿目 RODENTIA	鼠科 Muridae	白腹鼠属 Niviventer	山东社鼠 Niviventer sacer	Sacer Niviventer	NE		
啮齿目 RODENTIA	鼠科 Muridae	家鼠属 Rattus	黑缘齿鼠 Rattus andamanensis	Indochinese Forest Rat	LC		
啮齿目 RODENTIA	鼠科 Muridae	家鼠属 Rattus	缅鼠 Rattus exulans	Pacific Rat	LC		
啮齿目 RODENTIA	鼠科 Muridae	家鼠属 Rattus	黄毛鼠 Rattus losea	Losea Vole	LC		
啮齿目 RODENTIA	鼠科 Muridae	家鼠属 Rattus	大足鼠 Rattus nitidus	White-footed Indochinese Rat	LC		
啮齿目 RODENTIA	鼠科 Muridae	家鼠属 Rattus	褐家鼠 Rattus norvegicus	Brown Rat	LC		
啮齿目 RODENTIA	鼠科 Muridae	家鼠属 Rattus	拟家鼠 Rattus pyctoris	Himalayan Rat	LC		
啮齿目 RODENTIA	鼠科 Muridae	家鼠属 Rattus	黑家鼠 Rattus rattus	Black Rat	LC		
啮齿目 RODENTIA	鼠科 Muridae	家鼠属 Rattus	黄胸鼠 Rattus tanezumi	Oriental House Rat	LC		
啮齿目 RODENTIA	鼠科 Muridae	东京鼠属 Tonkinomys	道氏东京鼠 Tonkinomys daovantieni	Daovantien's Lime-stone Rat	DD		
啮齿目 RODENTIA	鼠科 Muridae	长尾攀鼠属 Vandeleuria	长尾攀鼠 Vandeleuria oleracea	Indomalayan Vandeleuria	LC		
啮齿目 RODENTIA	鼠科 Muridae	滇攀鼠属 Vernaya	滇攀鼠 Vernaya fulva	Vernay's Climbing Mouse	LC		
啮齿目 RODENTIA	仓鼠科 Cricetidae	鼹型田鼠属 Ellobius	鼹型田鼠 Ellobius tancrei	Eastern Mole Vole	LC		
啮齿目 RODENTIA	仓鼠科 Cricetidae	水䶄属 Arvicola	水䶄 Arvicola amphibius	Eurasian Water Vole	LC		
啮齿目 RODENTIA	仓鼠科 Cricetidae	东方兔尾鼠属 Eolagurus	黄兔尾鼠 Eolagurus luteus	Yellow Steppe Lemming	LC		
啮齿目 RODENTIA	仓鼠科 Cricetidae	东方兔尾鼠属 Eolagurus	蒙古兔尾鼠 Eolagurus przewalskii	Przewalski's Steppe Lemming	LC		
啮齿目 RODENTIA	仓鼠科 Cricetidae	兔尾鼠属 Lagurus	草原兔尾鼠 Lagurus lagurus	Steppe Vole	LC		

续表

目名	科名	属名	种名	种英文名	IUCN红色名录	CITES附录	国家重点保护等级
啮齿目 RODENTIA	仓鼠科 Cricetidae	林旅鼠属 Myopus	林旅鼠 Myopus schisticolor	Wood Lemming	LC		
啮齿目 RODENTIA	仓鼠科 Cricetidae	东方田鼠属 Alexandromys	东方田鼠 Alexandromys fortis	Reed Vole	LC		
啮齿目 RODENTIA	仓鼠科 Cricetidae	东方田鼠属 Alexandromys	台湾田鼠 Alexandromys kikuchii	Taiwan Vole	LC		
啮齿目 RODENTIA	仓鼠科 Cricetidae	东方田鼠属 Alexandromys	柴达木根田鼠 Alexandromys limnophilus	Lacustrine Vole	LC		
啮齿目 RODENTIA	仓鼠科 Cricetidae	东方田鼠属 Alexandromys	莫氏田鼠 Alexandromys maximowiczii	Maximowicz's Vole	LC		
啮齿目 RODENTIA	仓鼠科 Cricetidae	东方田鼠属 Alexandromys	蒙古田鼠 Alexandromys mongolicus	Mongolian Vole	LC		
啮齿目 RODENTIA	仓鼠科 Cricetidae	东方田鼠属 Alexandromys	根田鼠 Alexandromys oeconomus	Root Vole	LC		
啮齿目 RODENTIA	仓鼠科 Cricetidae	毛足田鼠属 Lasiopodomys	布氏田鼠 Lasiopodomys brandtii	Brandt's Vole	LC		
啮齿目 RODENTIA	仓鼠科 Cricetidae	毛足田鼠属 Lasiopodomys	狭颅田鼠 Lasiopodomys gregalis	Narrow-headed Vole	LC		
啮齿目 RODENTIA	仓鼠科 Cricetidae	毛足田鼠属 Lasiopodomys	棕色田鼠 Lasiopodomys mandarinus	Mandarin Vole	LC		
啮齿目 RODENTIA	仓鼠科 Cricetidae	田鼠属 Microtus	黑田鼠 Microtus agrestis	Field Vole	LC		
啮齿目 RODENTIA	仓鼠科 Cricetidae	田鼠属 Microtus	伊犁田鼠 Microtus ilaeus	Kazakhstan Vole	LC		
啮齿目 RODENTIA	仓鼠科 Cricetidae	田鼠属 Microtus	帕米尔田鼠 Microtus juldaschi	Pamir Vole	LC		
啮齿目 RODENTIA	仓鼠科 Cricetidae	田鼠属 Microtus	社田鼠 Microtus socialis	Social Vole	LC		
啮齿目 RODENTIA	仓鼠科 Cricetidae	松田鼠属 Neodon	克氏松田鼠 Neodon clarkei	Clark's Mountain Vole	LC		
啮齿目 RODENTIA	仓鼠科 Cricetidae	松田鼠属 Neodon	云南松田鼠 Neodon forresti	Yunnan Mountain Vole	DD		
啮齿目 RODENTIA	仓鼠科 Cricetidae	松田鼠属 Neodon	青海松田鼠 Neodon fuscus	Smoky Mountain Vole	NE		
啮齿目 RODENTIA	仓鼠科 Cricetidae	松田鼠属 Neodon	高原松田鼠 Neodon irene	Irene's Mountain Vole	LC		
啮齿目 RODENTIA	仓鼠科 Cricetidae	松田鼠属 Neodon	白尾松田鼠 Neodon leucurus	Blyth's Mountain Vole	LC		
啮齿目 RODENTIA	仓鼠科 Cricetidae	松田鼠属 Neodon	林芝松田鼠 Neodon linzhiensis	Linzhi Mountain Vole	DD		
啮齿目 RODENTIA	仓鼠科 Cricetidae	松田鼠属 Neodon	墨脱松田鼠 Neodon medogensis	Mêdog Mountain Vole	NE		
啮齿目 RODENTIA	仓鼠科 Cricetidae	松田鼠属 Neodon	聂拉木松田鼠 Neodon nyalamensis	Nyalam Mountain Vole	NE		
啮齿目 RODENTIA	仓鼠科 Cricetidae	松田鼠属 Neodon	锡金松田鼠 Neodon sikimensis	Sikkim Mountain Vole	LC		
啮齿目 RODENTIA	仓鼠科 Cricetidae	沟牙田鼠属 Proedromys	沟牙田鼠 Proedromys bedfordi	Duke of Bedford's Vole	VU		

续表

目名	科名	属名	种名	种英文名	IUCN红色名录	CITES附录	国家重点保护等级
啮齿目 RODENTIA	仓鼠科 Cricetidae	沟牙田鼠属 Proedromys	凉山沟牙田鼠 Proedromys liangshanensis	Liangshan Vole	DD		
啮齿目 RODENTIA	仓鼠科 Cricetidae	川西田鼠属 Volemys	四川田鼠 Volemys millicens	Sichuan Vole	NT		
啮齿目 RODENTIA	仓鼠科 Cricetidae	川西田鼠属 Volemys	川西田鼠 Volemys musseri	Marie's Vole	DD		
啮齿目 RODENTIA	仓鼠科 Cricetidae	高山䶄属 Alticola	白尾高山䶄 Alticola albicauda	White-tailed Mountain Vole	DD		
啮齿目 RODENTIA	仓鼠科 Cricetidae	高山䶄属 Alticola	银色高山䶄 Alticola argentatus	Silver Mountain Vole	LC		
啮齿目 RODENTIA	仓鼠科 Cricetidae	高山䶄属 Alticola	戈壁阿尔泰高山䶄 Alticola barakshin	Gobi Altai Mountain Vole	LC		
啮齿目 RODENTIA	仓鼠科 Cricetidae	高山䶄属 Alticola	大耳高山䶄 Alticola macrotis	Large-eared Mountain Vole	LC		
啮齿目 RODENTIA	仓鼠科 Cricetidae	高山䶄属 Alticola	蒙古高山䶄 Alticola semicanus	Mongolian Mountain Vole	LC		
啮齿目 RODENTIA	仓鼠科 Cricetidae	高山䶄属 Alticola	斯氏高山䶄 Alticola stoliczkanus	Stoliczka's Mountain Vole	LC		
啮齿目 RODENTIA	仓鼠科 Cricetidae	高山䶄属 Alticola	扁颅高山䶄 Alticola strelzowi	Flat-headed Mountain Vole	LC		
啮齿目 RODENTIA	仓鼠科 Cricetidae	绒䶄属 Caryomys	洮州绒䶄 Caryomys eva	Eva's Vole	LC		
啮齿目 RODENTIA	仓鼠科 Cricetidae	绒䶄属 Caryomys	苛岚绒䶄 Caryomys inez	Inez's Vole	LC		
啮齿目 RODENTIA	仓鼠科 Cricetidae	棕背䶄属 Craseomys	棕背䶄 Craseomys rufocanus	Gray Red-backed Vole	LC		
啮齿目 RODENTIA	仓鼠科 Cricetidae	绒鼠属 Eothenomys	克钦绒鼠 Eothenomys cachinus	Cachin Chinese Vole	LC		
啮齿目 RODENTIA	仓鼠科 Cricetidae	绒鼠属 Eothenomys	中华绒鼠 Eothenomys chinensis	Sichuan Chinese Vole	LC		
啮齿目 RODENTIA	仓鼠科 Cricetidae	绒鼠属 Eothenomys	福建绒鼠 Eothenomys colurnus	Fujian Chinese Vole	NE		
啮齿目 RODENTIA	仓鼠科 Cricetidae	绒鼠属 Eothenomys	西南绒鼠 Eothenomys custos	Southwest Chinese Vole	LC		
啮齿目 RODENTIA	仓鼠科 Cricetidae	绒鼠属 Eothenomys	滇绒鼠 Eothenomys eleusis	Yunnan Chinese Vole	NE		
啮齿目 RODENTIA	仓鼠科 Cricetidae	绒鼠属 Eothenomys	丽江绒鼠 Eothenomys fidelis	Lijiang Chinese Vole	NE		
啮齿目 RODENTIA	仓鼠科 Cricetidae	绒鼠属 Eothenomys	康定绒鼠 Eothenomys hintoni	Kangding Chinese Vole	NE		
啮齿目 RODENTIA	仓鼠科 Cricetidae	绒鼠属 Eothenomys	金阳绒鼠 Eothenomys jinyangensis	Jinyang Chinese Vole	NE		
啮齿目 RODENTIA	仓鼠科 Cricetidae	绒鼠属 Eothenomys	螺髻山绒鼠 Eothenomys luojishanensis	Luojishan Chinese Vole	NE		
啮齿目 RODENTIA	仓鼠科 Cricetidae	绒鼠属 Eothenomys	美姑绒鼠 Eothenomys meiguensis	Meigu Chinese Vole	NE		
啮齿目 RODENTIA	仓鼠科 Cricetidae	绒鼠属 Eothenomys	黑腹绒鼠 Eothenomys melanogaster	David's Chinese Vole	LC		

续表

目名	科名	属名	种名	种英文名	IUCN 红色名录	CITES 附录	国家重点保护等级
啮齿目 RODENTIA	仓鼠科 Cricetidae	绒鼠属 Eothenomys	大绒鼠 Eothenomys miletus	Large Chinese Vole	LC		
啮齿目 RODENTIA	仓鼠科 Cricetidae	绒鼠属 Eothenomys	昭通绒鼠 Eothenomys olitor	Black-eared Chinese Vole	LC		
啮齿目 RODENTIA	仓鼠科 Cricetidae	绒鼠属 Eothenomys	玉龙绒鼠 Eothenomys proditor	Yulong Chinese Vole	DD		
啮齿目 RODENTIA	仓鼠科 Cricetidae	绒鼠属 Eothenomys	石棉绒鼠 Eothenomys shimianensis	Shimian Chinese Vole	NE		
啮齿目 RODENTIA	仓鼠科 Cricetidae	绒鼠属 Eothenomys	川西绒鼠 Eothenomys tarquinius	Western Sichuan Chinese Vole	NE		
啮齿目 RODENTIA	仓鼠科 Cricetidae	绒鼠属 Eothenomys	德钦绒鼠 Eothenomys wardi	Wardi's Chinese Vole	NT		
啮齿目 RODENTIA	仓鼠科 Cricetidae	䶄属 Myodes	灰棕背䶄 Myodes centralis	Tien Shan Red-backed Vole	LC		
啮齿目 RODENTIA	仓鼠科 Cricetidae	䶄属 Myodes	红背䶄 Myodes rutilus	Northern Red-backed Vole	LC		
啮齿目 RODENTIA	仓鼠科 Cricetidae	短尾仓鼠属 Allocricetulus	无斑短尾仓鼠 Allocricetulus curtatus	Mongolian Hamster	LC		
啮齿目 RODENTIA	仓鼠科 Cricetidae	短尾仓鼠属 Allocricetulus	短尾仓鼠 Allocricetulus eversmanni	Eversmann's Hamster	LC		
啮齿目 RODENTIA	仓鼠科 Cricetidae	甘肃仓鼠属 Cansumys	甘肃仓鼠 Cansumys canus	Gansu Hamster	LC		
啮齿目 RODENTIA	仓鼠科 Cricetidae	仓鼠属 Cricetulus	黑线仓鼠 Cricetulus barabensis	Striped Dwarf Haster	LC		
啮齿目 RODENTIA	仓鼠科 Cricetidae	仓鼠属 Cricetulus	长尾仓鼠 Cricetulus longicaudatus	Long-tailed Dwarf Hamster	LC		
啮齿目 RODENTIA	仓鼠科 Cricetidae	仓鼠属 Cricetulus	索氏仓鼠 Cricetulus sokolovi	Sokolov's Dwarf Hamster	LC		
啮齿目 RODENTIA	仓鼠科 Cricetidae	原仓鼠属 Cricetus	原仓鼠 Cricetus cricetus	Black-bellied Dwarf Hamster	CR		
啮齿目 RODENTIA	仓鼠科 Cricetidae	假仓鼠属 Nothocricetulus	灰仓鼠 Nothocricetulus migratorius	Gray Dwarf Hamster	LC		
啮齿目 RODENTIA	仓鼠科 Cricetidae	毛足鼠属 Phodopus	坎氏毛足鼠 Phodopus campbelli	Campbell's Hamster	LC		
啮齿目 RODENTIA	仓鼠科 Cricetidae	毛足鼠属 Phodopus	小毛足鼠 Phodopus roborovskii	Desert Hamster	LC		
啮齿目 RODENTIA	仓鼠科 Cricetidae	大仓鼠属 Tscherskia	大仓鼠 Tscherskia triton	Greater Long-tailed Hamster	LC		
啮齿目 RODENTIA	仓鼠科 Cricetidae	藏仓鼠属 Urocricetus	高山仓鼠 Urocricetus alticola	Ladak Hamster	LC		
啮齿目 RODENTIA	仓鼠科 Cricetidae	藏仓鼠属 Urocricetus	藏仓鼠 Urocricetus kamensis	Tibetan Dwarf Hamster	LC		
啮齿目 RODENTIA	豪猪科 Hystricidae	帚尾豪猪属 Atherurus	帚尾豪猪 Atherurus macrourus	Asiatic Brush-tailed Porcupine	LC		
啮齿目 RODENTIA	豪猪科 Hystricidae	豪猪属 Hystrix	马来豪猪 Hystrix brachyura	Malayan Porcupine	LC		
啮齿目 RODENTIA	睡鼠科 Gliridae	毛尾睡鼠属 Chaetocauda	四川毛尾睡鼠 Chaetocauda sichuanensis	Sichuan Dormouse	DD		

续表

目名	科名	属名	种名	种英文名	IUCN红色名录	CITES附录	国家重点保护等级
啮齿目 RODENTIA	睡鼠科 Gliridae	林睡鼠属 Dryomys	林睡鼠 Dryomys nitedula	Forest Dormouse	LC		
啮齿目 RODENTIA	松鼠科 Sciuridae	丽松鼠属 Callosciurus	赤腹松鼠 Callosciurus erythraeus	Pallas's Squirrel	LC		
啮齿目 RODENTIA	松鼠科 Sciuridae	丽松鼠属 Callosciurus	中南松鼠 Callosciurus inornatus	Inornate Squirrel	LC		
啮齿目 RODENTIA	松鼠科 Sciuridae	丽松鼠属 Callosciurus	黄足松鼠 Callosciurus phayrei	Phayre's Squirrel	LC		
啮齿目 RODENTIA	松鼠科 Sciuridae	丽松鼠属 Callosciurus	蓝腹松鼠 Callosciurus pygerythrus	Irrawaddy Squirrel	LC		
啮齿目 RODENTIA	松鼠科 Sciuridae	丽松鼠属 Callosciurus	纹腹松鼠 Callosciurus quinquestriatus	Anderson's Squirrel	LC		
啮齿目 RODENTIA	松鼠科 Sciuridae	长吻松鼠属 Dremomys	橙喉长吻松鼠 Dremomys gularis	Red-throated Squirrel	DD		
啮齿目 RODENTIA	松鼠科 Sciuridae	长吻松鼠属 Dremomys	橙腹长吻松鼠 Dremomys lokriah	Orange-bellied Himalayan Squirrel	LC		
啮齿目 RODENTIA	松鼠科 Sciuridae	长吻松鼠属 Dremomys	珀氏长吻松鼠 Dremomys pernyi	Perny's Long-nosed Squirrel	LC		
啮齿目 RODENTIA	松鼠科 Sciuridae	长吻松鼠属 Dremomys	红腿长吻松鼠 Dremomys pyrrhomerus	Red-hipped Squirrel	LC		
啮齿目 RODENTIA	松鼠科 Sciuridae	长吻松鼠属 Dremomys	红颊长吻松鼠 Dremomys rufigenis	Asian Red-cheeked Squirrel	LC		
啮齿目 RODENTIA	松鼠科 Sciuridae	线松鼠属 Menetes	线松鼠 Menetes berdmorei	Indochinese Ground Squirrel	LC		
啮齿目 RODENTIA	松鼠科 Sciuridae	花松鼠属 Tamiops	倭花鼠 Tamiops maritimus	Maritime Striped Squirrel	LC		
啮齿目 RODENTIA	松鼠科 Sciuridae	花松鼠属 Tamiops	明纹花鼠 Tamiops mcclellandii	Himalayan Striped Squirrel	LC		
啮齿目 RODENTIA	松鼠科 Sciuridae	花松鼠属 Tamiops	岷山花鼠 Tamiops minshanica	Minshan Mountain Striped Squirrel	NE		
啮齿目 RODENTIA	松鼠科 Sciuridae	花松鼠属 Tamiops	隐纹花鼠 Tamiops swinhoei	Swinhoe's Striped Squirrel	LC		
啮齿目 RODENTIA	松鼠科 Sciuridae	巨松鼠属 Ratufa	巨松鼠 Ratufa bicolor	Black Giant Squirrel	NT	附录 II	二级
啮齿目 RODENTIA	松鼠科 Sciuridae	沟牙鼯鼠属 Aeretes	沟牙鼯鼠 Aeretes melanopterus	Northern Chinese Flying Squirrel	NT		
啮齿目 RODENTIA	松鼠科 Sciuridae	毛耳飞鼠属 Belomys	毛耳飞鼠 Belomys pearsonii	Hairy-footed Flying Squirrel	DD		
啮齿目 RODENTIA	松鼠科 Sciuridae	比氏鼯鼠属 Biswamoyopterus	高黎贡比氏鼯鼠 Biswamoyopterus gaoligongensis	Gaoligong Flying Squirrel	NE		
啮齿目 RODENTIA	松鼠科 Sciuridae	绒毛鼯鼠属 Eupetaurus	西藏绒毛鼯鼠 Eupetaurus tibetensis	Tibetan Woolly Flying squirrel	NE		
啮齿目 RODENTIA	松鼠科 Sciuridae	绒毛鼯鼠属 Eupetaurus	云南绒毛鼯鼠 Eupetaurus nivamons	Yunnan Woolly Flying squirrel	NE		
啮齿目 RODENTIA	松鼠科 Sciuridae	箭尾飞鼠属 Hylopetes	黑白飞鼠 Hylopetes alboniger	Particolored Flying Squirrel	LC		
啮齿目 RODENTIA	松鼠科 Sciuridae	箭尾飞鼠属 Hylopetes	海南小飞鼠 Hylopetes phayrei	Indochinese Flying Squirrel	LC		

续表

目名	科名	属名	种名	种英文名	IUCN 红色名录	CITES 附录	国家重点保护等级
啮齿目 RODENTIA	松鼠科 Sciuridae	鼯鼠属 Petaurista	栗背大鼯鼠 Petaurista albiventer	Chestnut Great Flying Squirrel	NE		
啮齿目 RODENTIA	松鼠科 Sciuridae	鼯鼠属 Petaurista	红白鼯鼠 Petaurista alborufus	Red and White Giant Flying Squirrel	LC		
啮齿目 RODENTIA	松鼠科 Sciuridae	鼯鼠属 Petaurista	灰头小鼯鼠 Petaurista caniceps	Grey-headed Flying Squirrel	LC		
啮齿目 RODENTIA	松鼠科 Sciuridae	鼯鼠属 Petaurista	海南鼯鼠 Petaurista hainana	Hainan Flying Squirrel	NE		
啮齿目 RODENTIA	松鼠科 Sciuridae	鼯鼠属 Petaurista	白面鼯鼠 Petaurista lena	Taiwan Giant Flying Squirrel	NE		
啮齿目 RODENTIA	松鼠科 Sciuridae	鼯鼠属 Petaurista	栗褐鼯鼠 Petaurista magnificus	Hodgson's Giant Flying Squirrel	LC		
啮齿目 RODENTIA	松鼠科 Sciuridae	鼯鼠属 Petaurista	斑点鼯鼠 Petaurista marica	Spotted Giant Flying Squirrel	LC		
啮齿目 RODENTIA	松鼠科 Sciuridae	鼯鼠属 Petaurista	红背鼯鼠 Petaurista petaurista	Red Giant Flying Squirrel	LC		
啮齿目 RODENTIA	松鼠科 Sciuridae	鼯鼠属 Petaurista	霜背大鼯鼠 Petaurista philippensis	Indian Giant Flying Squirrel	LC		
啮齿目 RODENTIA	松鼠科 Sciuridae	鼯鼠属 Petaurista	橙色小鼯鼠 Petaurista sybilla	Small Brown-backed Flying Squirrel	NE		
啮齿目 RODENTIA	松鼠科 Sciuridae	鼯鼠属 Petaurista	灰鼯鼠 Petaurista xanthotis	Chinese Giant Flying Squirrel	LC		
啮齿目 RODENTIA	松鼠科 Sciuridae	寄山大耳飞鼠属 Priapomys	李氏小飞鼠 Priapomys leonardi	Leonard's Flying Squirrel	NE		
啮齿目 RODENTIA	松鼠科 Sciuridae	飞鼠属 Pteromys	小飞鼠 Pteromys volans	Siberian Flying Squirrel	LC		
啮齿目 RODENTIA	松鼠科 Sciuridae	复齿鼯鼠属 Trogopterus	复齿鼯鼠 Trogopterus xanthipes	Complex-toothed Flying Squirrel	NT		
啮齿目 RODENTIA	松鼠科 Sciuridae	松鼠属 Sciurus	北松鼠 Sciurus vulgaris	Eurasian Red Squirrel	LC		
啮齿目 RODENTIA	松鼠科 Sciuridae	旱獭属 Marmota	灰旱獭 Marmota baibacina	Gray Marmot	LC		
啮齿目 RODENTIA	松鼠科 Sciuridae	旱獭属 Marmota	长尾旱獭 Marmota caudata	Long-tailed Marmot	LC	附录 III	
啮齿目 RODENTIA	松鼠科 Sciuridae	旱獭属 Marmota	喜马拉雅旱獭 Marmota himalayana	Himalayan Marmot	LC	附录 III	
啮齿目 RODENTIA	松鼠科 Sciuridae	旱獭属 Marmota	西伯利亚旱獭 Marmota sibirica	Tarbagan Marmot	EN		
啮齿目 RODENTIA	松鼠科 Sciuridae	侧纹岩松鼠属 Rupestes	侧纹岩松鼠 Rupestes forresti	Forrest's Rock Squirrel	LC		
啮齿目 RODENTIA	松鼠科 Sciuridae	岩松鼠属 Sciurotamias	岩松鼠 Sciurotamias davidianus	Père David's Rock Squirrel	LC		
啮齿目 RODENTIA	松鼠科 Sciuridae	黄鼠属 Spermophilus	阿拉善黄鼠 Spermophilus alashanicus	Alashan Ground Squirrel	LC		
啮齿目 RODENTIA	松鼠科 Sciuridae	黄鼠属 Spermophilus	达乌尔黄鼠 Spermophilus dauricus	Daurian Ground Squirrel	LC		
啮齿目 RODENTIA	松鼠科 Sciuridae	黄鼠属 Spermophilus	赤颊黄鼠 Spermophilus erythrogenys	Red-cheeked Ground Squirrel	LC		

目名	科名	属名	种名	种英文名	IUCN红色名录	CITES附录	国家重点保护等级
啮齿目 RODENTIA	松鼠科 Sciuridae	黄鼠属 Spermophilus	天山黄鼠 Spermophilus relictus	Relict Ground Squirrel	LC		
啮齿目 RODENTIA	松鼠科 Sciuridae	黄鼠属 Spermophilus	长尾黄鼠 Spermophilus undulatus	Long-tailed Ground Squirrel	LC		
啮齿目 RODENTIA	松鼠科 Sciuridae	花鼠属 Tamias	花鼠 Tamias sibiricus	Siberian Chipmunk	LC		
劳亚食虫目 EULIPOTYPHLA	鼹科 Talpidae	高山鼹属 Alpiscaptulus	墨脱鼹 Alpiscaptulus medogensis	Medog Mole	NE		
劳亚食虫目 EULIPOTYPHLA	鼹科 Talpidae	甘肃鼹属 Scapanulus	甘肃鼹 Scapanulus oweni	Gansu Mole	LC		
劳亚食虫目 EULIPOTYPHLA	鼹科 Talpidae	长尾鼹属 Scaptonyx	长尾鼹 Scaptonyx fusicaudus	Long-tailed Mole	LC		
劳亚食虫目 EULIPOTYPHLA	鼹科 Talpidae	东方鼹属 Euroscaptor	宽齿鼹 Euroscaptor grandis	Greater Chinese Mole	LC		
劳亚食虫目 EULIPOTYPHLA	鼹科 Talpidae	东方鼹属 Euroscaptor	库氏鼹 Euroscaptor kuznetsovi	Kuznetsov's Mole	LC		
劳亚食虫目 EULIPOTYPHLA	鼹科 Talpidae	东方鼹属 Euroscaptor	长吻鼹 Euroscaptor longirostris	Long-nosed Mole	LC		
劳亚食虫目 EULIPOTYPHLA	鼹科 Talpidae	东方鼹属 Euroscaptor	短尾鼹 Euroscaptor micrura	Short-tailed Mole	LC		
劳亚食虫目 EULIPOTYPHLA	鼹科 Talpidae	东方鼹属 Euroscaptor	奥氏鼹 Euroscaptor orlovi	Orlov's Mole	LC		
劳亚食虫目 EULIPOTYPHLA	鼹科 Talpidae	缺齿鼹属 Mogera	海岛缺齿鼹 Mogera insularis	Insular Mole	LC		
劳亚食虫目 EULIPOTYPHLA	鼹科 Talpidae	缺齿鼹属 Mogera	台湾缺齿鼹 Mogera kanoana	Kanoana's Mole	NE		
劳亚食虫目 EULIPOTYPHLA	鼹科 Talpidae	缺齿鼹属 Mogera	华南缺齿鼹 Mogera latouchei	La Touche's Mole	NE		
劳亚食虫目 EULIPOTYPHLA	鼹科 Talpidae	缺齿鼹属 Mogera	大缺齿鼹 Mogera robusta	Ussuri Mole	LC		
劳亚食虫目 EULIPOTYPHLA	鼹科 Talpidae	缺齿鼹属 Mogera	钓鱼岛鼹 Mogera uchidai	Diaoyu Mole	VU		

续表

目名	科名	属名	种名	种英文名	IUCN 红色名录	CITES 附录	国家重点保护等级
劳亚食虫目 EULIPOTYPHLA	鼹科 Talpidae	白尾鼹属 Parascaptor	白尾鼹 Parascaptor leucura	White-tailed Mole	LC		
劳亚食虫目 EULIPOTYPHLA	鼹科 Talpidae	麝鼹属 Scaptochirus	麝鼹 Scaptochirus moschatus	Short-faced Mole	LC		
劳亚食虫目 EULIPOTYPHLA	鼹科 Talpidae	鼩鼹属 Uropsilus	等齿鼩鼹 Uropsilus aequodonenia	Equivalent Teeth Shrew Mole	NE		
劳亚食虫目 EULIPOTYPHLA	鼹科 Talpidae	鼩鼹属 Uropsilus	峨眉鼩鼹 Uropsilus andersoni	Anderson's Shrew Mole	DD		
劳亚食虫目 EULIPOTYPHLA	鼹科 Talpidae	鼩鼹属 Uropsilus	栗背鼩鼹 Uropsilus atronates	Black-backed Shrew Mole	LC		
劳亚食虫目 EULIPOTYPHLA	鼹科 Talpidae	鼩鼹属 Uropsilus	大别山鼩鼹 Uropsilus dabieshanensis	Dabie Mountains Shrew Mole	NE		
劳亚食虫目 EULIPOTYPHLA	鼹科 Talpidae	鼩鼹属 Uropsilus	长吻鼩鼹 Uropsilus gracilis	Gracile Shrew Mole	LC		
劳亚食虫目 EULIPOTYPHLA	鼹科 Talpidae	鼩鼹属 Uropsilus	贡山鼩鼹 Uropsilus investigator	Inquisitive Shrew Mole	DD		
劳亚食虫目 EULIPOTYPHLA	鼹科 Talpidae	鼩鼹属 Uropsilus	雪山鼩鼹 Uropsilus nivatus	Snow Mountain Shrew Mole	LC		
劳亚食虫目 EULIPOTYPHLA	鼹科 Talpidae	鼩鼹属 Uropsilus	少齿鼩鼹 Uropsilus soricipes	Chinese Shrew Mole	LC		
劳亚食虫目 EULIPOTYPHLA	猬科 Erinaceidae	刺猬属 Erinaceus	东北刺猬 Erinaceus amurensis	Amur Hedgehog	LC		
劳亚食虫目 EULIPOTYPHLA	猬科 Erinaceidae	大耳猬属 Hemiechinus	大耳猬 Hemiechinus auritus	Long-eared Hedgehog	LC		
劳亚食虫目 EULIPOTYPHLA	猬科 Erinaceidae	林猬属 Mesechinus	达乌尔猬 Mesechinus dauuricus	Daurian Hedgehog	LC		
劳亚食虫目 EULIPOTYPHLA	猬科 Erinaceidae	林猬属 Mesechinus	侯氏猬 Mesechinus hughi	Hugh's Hedgehog	LC		
劳亚食虫目 EULIPOTYPHLA	猬科 Erinaceidae	林猬属 Mesechinus	小齿猬 Mesechinus miodon	Small-toothed Hedgehog	NE		

续表

目名	科名	属名	种名	种英文名	IUCN红色名录	CITES附录	国家重点保护等级
劳亚食虫目 EULIPOTYPHLA	猬科 Erinaceidae	林猬属 Mesechinus	高黎贡林猬 Mesechinus wangi	Gaoligong Forest Hedgehog	NE		
劳亚食虫目 EULIPOTYPHLA	猬科 Erinaceidae	毛猬属 Hylomys	毛猬 Hylomys suillus	Short-tailed Gymnure	LC		
劳亚食虫目 EULIPOTYPHLA	猬科 Erinaceidae	新毛猬属 Neohylomys	海南毛猬 Neohylomys hainanensis	Hainan Gymnure	EN		
劳亚食虫目 EULIPOTYPHLA	猬科 Erinaceidae	鼩猬属 Neotetracus	中国鼩猬 Neotetracus sinensis	Shrew Gymnure	LC		
劳亚食虫目 EULIPOTYPHLA	鼩鼱科 Soricidae	麝鼩属 Crocidura	安徽麝鼩 Crocidura anhuiensis	Anhui White-toothed Shrew	NE		
劳亚食虫目 EULIPOTYPHLA	鼩鼱科 Soricidae	麝鼩属 Crocidura	灰麝鼩 Crocidura attenuata	Asian Gray Shrew	LC		
劳亚食虫目 EULIPOTYPHLA	鼩鼱科 Soricidae	麝鼩属 Crocidura	东阳江麝鼩 Crocidura dongyangjiangensis	Dongyangjiang White-toothed Shrew	NE		
劳亚食虫目 EULIPOTYPHLA	鼩鼱科 Soricidae	麝鼩属 Crocidura	白尾梢大麝鼩 Crocidura dracula	Large White-toothed Shrew	NE		
劳亚食虫目 EULIPOTYPHLA	鼩鼱科 Soricidae	麝鼩属 Crocidura	印支小麝鼩 Crocidura indochinensis	Indochinese Shrew	LC		
劳亚食虫目 EULIPOTYPHLA	鼩鼱科 Soricidae	麝鼩属 Crocidura	大麝鼩 Crocidura lasiura	Ussuri White-toothed Shrew	LC		
劳亚食虫目 EULIPOTYPHLA	鼩鼱科 Soricidae	麝鼩属 Crocidura	华南中麝鼩 Crocidura rapax	Chinese White-toothed Shrew	DD		
劳亚食虫目 EULIPOTYPHLA	鼩鼱科 Soricidae	麝鼩属 Crocidura	山东小麝鼩 Crocidura shantungensis	Asian Lesser White-toothed Shrew	LC		
劳亚食虫目 EULIPOTYPHLA	鼩鼱科 Soricidae	麝鼩属 Crocidura	西伯利亚麝鼩 Crocidura sibirica	Siberian Shrew	LC		
劳亚食虫目 EULIPOTYPHLA	鼩鼱科 Soricidae	麝鼩属 Crocidura	北小麝鼩 Crocidura suaveolens	Lesser White-toothed Shrew	LC		
劳亚食虫目 EULIPOTYPHLA	鼩鼱科 Soricidae	麝鼩属 Crocidura	台湾灰麝鼩 Crocidura tanakae	Taiwanese Gray Shrew	LC		

续表

目名	科名	属名	种名	种英文名	IUCN 红色名录	CITES 附录	国家重点保护等级
劳亚食虫目 EULIPOTYPHLA	鼩鼱科 Soricidae	麝鼩属 Crocidura	台湾长尾麝鼩 Crocidura tadae	Tadae Shrew	NE		
劳亚食虫目 EULIPOTYPHLA	鼩鼱科 Soricidae	麝鼩属 Crocidura	西南中麝鼩 Crocidura vorax	Voracious Shrew	LC		
劳亚食虫目 EULIPOTYPHLA	鼩鼱科 Soricidae	麝鼩属 Crocidura	五指山小麝鼩 Crocidura wuchihensis	Hainan Island Shrew	DD		
劳亚食虫目 EULIPOTYPHLA	鼩鼱科 Soricidae	臭鼩属 Suncus	小臭鼩 Suncus etruscus	Etruscan Shrew	LC		
劳亚食虫目 EULIPOTYPHLA	鼩鼱科 Soricidae	臭鼩属 Suncus	臭鼩 Suncus murinus	Asian House Shrew	LC		
劳亚食虫目 EULIPOTYPHLA	鼩鼱科 Soricidae	短尾鼩属 Anourosorex	四川短尾鼩 Anourosorex squamipes	Chinese Mole Shrew	LC		
劳亚食虫目 EULIPOTYPHLA	鼩鼱科 Soricidae	短尾鼩属 Anourosorex	台湾短尾鼩 Anourosorex yamashinai	Taiwanese Mole Shrew	LC		
劳亚食虫目 EULIPOTYPHLA	鼩鼱科 Soricidae	黑齿鼩鼱属 Blarinella	川鼩 Blarinella quadraticauda	Asiatic Short-tailed Shrew	NT		
劳亚食虫目 EULIPOTYPHLA	鼩鼱科 Soricidae	黑齿鼩鼱属 Blarinella	淡吻黑齿鼩鼱 Blarinella wardi	Burmese Short-tailed Shrew	LC		
劳亚食虫目 EULIPOTYPHLA	鼩鼱科 Soricidae	异黑齿鼩鼱属 Parablarinella	淡灰黑齿鼩鼱 Parablarinella griselda	Gray Short-tailed Shrew	LC		
劳亚食虫目 EULIPOTYPHLA	鼩鼱科 Soricidae	水鼩属 Chimarrogale	喜马拉雅水鼩 Chimarrogale himalayica	Himalayan Water Shrew	LC		
劳亚食虫目 EULIPOTYPHLA	鼩鼱科 Soricidae	水鼩属 Chimarrogale	利安德水鼩 Chimarrogale leander	Leander's Water Shrew	NE		
劳亚食虫目 EULIPOTYPHLA	鼩鼱科 Soricidae	水鼩属 Chimarrogale	灰腹水鼩 Chimarrogale styani	Chinese Water Shrew	LC		
劳亚食虫目 EULIPOTYPHLA	鼩鼱科 Soricidae	缺齿鼩属 Chodsigoa	高氏缺齿鼩 Chodsigoa caovansunga	Van Sung's Shrew	DD		
劳亚食虫目 EULIPOTYPHLA	鼩鼱科 Soricidae	缺齿鼩属 Chodsigoa	大别山缺齿鼩 Chodsigoa dabieshanensis	Dabieshan Long-tailed Shrew	NE		

续表

目名	科名	属名	种名	种英文名	IUCN红色名录	CITES附录	国家重点保护等级
劳亚食虫目 EULIPOTYPHLA	鼩鼱科 Soricidae	缺齿鼩属 Chodsigoa	烟黑缺齿鼩 Chodsigoa furva	Dusky Long-tailed Shrew	NE		
劳亚食虫目 EULIPOTYPHLA	鼩鼱科 Soricidae	缺齿鼩属 Chodsigoa	霍氏缺齿鼩 Chodsigoa hoffmanni	Hoffmann's Long-tailed Shrew	NE		
劳亚食虫目 EULIPOTYPHLA	鼩鼱科 Soricidae	缺齿鼩属 Chodsigoa	川西缺齿鼩 Chodsigoa hypsibia	de Winton's Shrew	LC		
劳亚食虫目 EULIPOTYPHLA	鼩鼱科 Soricidae	缺齿鼩属 Chodsigoa	云南缺齿鼩 Chodsigoa parca	Lowe's Shrew	LC		
劳亚食虫目 EULIPOTYPHLA	鼩鼱科 Soricidae	缺齿鼩属 Chodsigoa	滇北缺齿鼩 Chodsigoa parva	Pygmy Red-toothed Shrew	DD		
劳亚食虫目 EULIPOTYPHLA	鼩鼱科 Soricidae	缺齿鼩属 Chodsigoa	大缺齿鼩 Chodsigoa salenskii	Salenski's Shrew	DD		
劳亚食虫目 EULIPOTYPHLA	鼩鼱科 Soricidae	缺齿鼩属 Chodsigoa	斯氏缺齿鼩 Chodsigoa smithii	Smith's Shrew	NT		
劳亚食虫目 EULIPOTYPHLA	鼩鼱科 Soricidae	缺齿鼩属 Chodsigoa	细尾缺齿鼩 Chodsigoa sodalis	Lesser Taiwanese Shrew	DD		
劳亚食虫目 EULIPOTYPHLA	鼩鼱科 Soricidae	须弥长尾鼩鼱属 Episoriculus	米什米长尾鼩鼱 Episoriculus baileyi	Mishmi Brown-toothed Shrew	NE		
劳亚食虫目 EULIPOTYPHLA	鼩鼱科 Soricidae	须弥长尾鼩鼱属 Episoriculus	褐腹长尾鼩鼱 Episoriculus caudatus	Hodgson's Brown-toothed Shrew	LC		
劳亚食虫目 EULIPOTYPHLA	鼩鼱科 Soricidae	须弥长尾鼩鼱属 Episoriculus	台湾长尾鼩鼱 Episoriculus fumidus	Taiwanese Brown-toothed Shrew	LC		
劳亚食虫目 EULIPOTYPHLA	鼩鼱科 Soricidae	须弥长尾鼩鼱属 Episoriculus	大长尾鼩鼱 Episoriculus leucops	Long-tailed Brown-toothed Shrew	LC		
劳亚食虫目 EULIPOTYPHLA	鼩鼱科 Soricidae	须弥长尾鼩鼱属 Episoriculus	小长尾鼩鼱 Episoriculus macrurus	Long-tailed Mountain Shrew	LC		
劳亚食虫目 EULIPOTYPHLA	鼩鼱科 Soricidae	须弥长尾鼩鼱属 Episoriculus	灰腹长尾鼩鼱 Episoriculus sacratus	Thomas's Brown-toothed Shrew	NE		
劳亚食虫目 EULIPOTYPHLA	鼩鼱科 Soricidae	长尾鼩鼱属 Soriculus	大爪长尾鼩鼱 Soriculus nigrescens	Himalayan Shrew	LC		

目名	科名	属名	种名	种英文名	IUCN 红色名录	CITES 附录	国家重点保护等级
劳亚食虫目 EULIPOTYPHLA	鼩鼱科 Soricidae	蹼足鼩属 Nectogale	蹼足鼩 Nectogale elegans	Elegant Water Shrew	LC		
劳亚食虫目 EULIPOTYPHLA	鼩鼱科 Soricidae	水鼩鼱属 Neomys	水鼩鼱 Neomys fodiens	Eurasian Water Shrew	LC		
劳亚食虫目 EULIPOTYPHLA	鼩鼱科 Soricidae	鼩鼱属 Sorex	天山鼩鼱 Sorex asper	Tien Shan Shrew	LC		
劳亚食虫目 EULIPOTYPHLA	鼩鼱科 Soricidae	鼩鼱属 Sorex	小纹背鼩鼱 Sorex bedfordiae	Lesser Striped Shrew	LC		
劳亚食虫目 EULIPOTYPHLA	鼩鼱科 Soricidae	鼩鼱属 Sorex	中鼩鼱 Sorex caecutiens	Laxmann's Shrew	LC		
劳亚食虫目 EULIPOTYPHLA	鼩鼱科 Soricidae	鼩鼱属 Sorex	甘肃鼩鼱 Sorex cansulus	Gansu Shrew	DD		
劳亚食虫目 EULIPOTYPHLA	鼩鼱科 Soricidae	鼩鼱属 Sorex	纹背鼩鼱 Sorex cylindricauda	Stripe-backed Shrew	LC		
劳亚食虫目 EULIPOTYPHLA	鼩鼱科 Soricidae	鼩鼱属 Sorex	大齿鼩鼱 Sorex daphaenodon	Siberian Large-toothed Shrew	LC		
劳亚食虫目 EULIPOTYPHLA	鼩鼱科 Soricidae	鼩鼱属 Sorex	云南鼩鼱 Sorex excelsus	Chinese Highland Shrew	LC		
劳亚食虫目 EULIPOTYPHLA	鼩鼱科 Soricidae	鼩鼱属 Sorex	细鼩鼱 Sorex gracillimus	Slender Shrew	LC		
劳亚食虫目 EULIPOTYPHLA	鼩鼱科 Soricidae	鼩鼱属 Sorex	远东鼩鼱 Sorex isodon	Taiga Shrew	LC		
劳亚食虫目 EULIPOTYPHLA	鼩鼱科 Soricidae	鼩鼱属 Sorex	柯氏鼩鼱 Sorex kozlovi	Kozlov's Shrew	DD		
劳亚食虫目 EULIPOTYPHLA	鼩鼱科 Soricidae	鼩鼱属 Sorex	姬鼩鼱 Sorex minutissimus	Eurasian Least Shrew	LC		
劳亚食虫目 EULIPOTYPHLA	鼩鼱科 Soricidae	鼩鼱属 Sorex	小鼩鼱 Sorex minutus	Eurasian Pygmy Shrew	LC		
劳亚食虫目 EULIPOTYPHLA	鼩鼱科 Soricidae	鼩鼱属 Sorex	大鼩鼱 Sorex mirabilis	Ussuri Shrew	DD		

续表

目名	科名	属名	种名	种英文名	IUCN红色名录	CITES附录	国家重点保护等级
劳亚食虫目 EULIPOTYPHLA	鼩鼱科 Soricidae	鼩鼱属 Sorex	扁颅鼩鼱 Sorex roboratus	Flat-skulled Shrew	LC		
劳亚食虫目 EULIPOTYPHLA	鼩鼱科 Soricidae	鼩鼱属 Sorex	陕西鼩鼱 Sorex sinalis	Chinese Shrew	DD		
劳亚食虫目 EULIPOTYPHLA	鼩鼱科 Soricidae	鼩鼱属 Sorex	藏鼩鼱 Sorex thibetanus	Tibetan Shrew	DD		
劳亚食虫目 EULIPOTYPHLA	鼩鼱科 Soricidae	鼩鼱属 Sorex	苔原鼩鼱 Sorex tundrensis	Tundra Shrew	LC		
劳亚食虫目 EULIPOTYPHLA	鼩鼱科 Soricidae	鼩鼱属 Sorex	长爪鼩鼱 Sorex unguiculatus	Long-clawed Shrew	LC		
翼手目 CHIROPTERA	狐蝠科 Pteropodidae	犬蝠属 Cynopterus	短耳犬蝠 Cynopterus brachyotis	Lesser Dog-faced Fruit Bat	LC		
翼手目 CHIROPTERA	狐蝠科 Pteropodidae	犬蝠属 Cynopterus	犬蝠 Cynopterus sphinx	Cynopterus Bat	LC		
翼手目 CHIROPTERA	狐蝠科 Pteropodidae	大长舌果蝠属 Eonycteris	大长舌果蝠 Eonycteris spelaea	Dawn Bat	LC		
翼手目 CHIROPTERA	狐蝠科 Pteropodidae	小长舌果蝠属 Macroglossus	安氏长舌果蝠 Macroglossus sobrinus	Hill Long-tongued Fruit Bat	LC		
翼手目 CHIROPTERA	狐蝠科 Pteropodidae	无尾果蝠属 Megaerops	无尾果蝠 Megaerops ecaudatus	Tailless Fruit Bat	LC		
翼手目 CHIROPTERA	狐蝠科 Pteropodidae	无尾果蝠属 Megaerops	泰国无尾果蝠 Megaerops niphanae	Ratanaworabhan's Fruit Bat	LC		
翼手目 CHIROPTERA	狐蝠科 Pteropodidae	狐蝠属 Pteropus	琉球狐蝠 Pteropus dasymallus	Ryukyu Flying Fox	VU	附录 II	
翼手目 CHIROPTERA	狐蝠科 Pteropodidae	果蝠属 Rousettus	抱尾果蝠 Rousettus amplexicaudatus	Geoffroy's Rousette Bat	LC		
翼手目 CHIROPTERA	狐蝠科 Pteropodidae	果蝠属 Rousettus	棕果蝠 Rousettus leschenaultii	Leschenault's Rousette Bat	NT		
翼手目 CHIROPTERA	狐蝠科 Pteropodidae	球果蝠属 Sphaerias	球果蝠 Sphaerias blanfordi	Blanford's Fruit Bat	LC		
翼手目 CHIROPTERA	蹄蝠科 Hipposideridae	三叶蹄蝠属 Aselliscus	三叶小蹄蝠 Aselliscus stoliczkanus	Stoliczka's Asian Trident Bat	LC		
翼手目 CHIROPTERA	蹄蝠科 Hipposideridae	无尾蹄蝠属 Coelops	无尾蹄蝠 Coelops frithii	Tailless Leaf-nosed Bat	NT		
翼手目 CHIROPTERA	蹄蝠科 Hipposideridae	蹄蝠属 Hipposideros	大蹄蝠 Hipposideros armiger	Greater Leaf-nosed Bat	LC		
翼手目 CHIROPTERA	蹄蝠科 Hipposideridae	蹄蝠属 Hipposideros	灰小蹄蝠 Hipposideros cineraceus	Ashy Roundleaf Bat	LC		
翼手目 CHIROPTERA	蹄蝠科 Hipposideridae	蹄蝠属 Hipposideros	大耳小蹄蝠 Hipposideros fulvus	Fulvus Leaf-nosed Bat	LC		
翼手目 CHIROPTERA	蹄蝠科 Hipposideridae	蹄蝠属 Hipposideros	中蹄蝠 Hipposideros larvatus	Horsfield's Leaf-nosed Bat	LC		

续表

目名	科名	属名	种名	种英文名	IUCN 红色名录	CITES 附录	国家重点保护等级
翼手目 CHIROPTERA	蹄蝠科 Hipposideridae	蹄蝠属 Hipposideros	莱氏蹄蝠 Hipposideros lylei	Shield-faced Leaf-nosed Bat	LC		
翼手目 CHIROPTERA	蹄蝠科 Hipposideridae	蹄蝠属 Hipposideros	小蹄蝠 Hipposideros pomona	Least Leaf-nosed Bat	EN		
翼手目 CHIROPTERA	蹄蝠科 Hipposideridae	蹄蝠属 Hipposideros	普氏蹄蝠 Hipposideros pratti	Pratt's Leaf-nosed Bat	LC		
翼手目 CHIROPTERA	菊头蝠科 Rhinolophidae	菊头蝠属 Rhinolophus	马铁菊头蝠 Rhinolophus ferrumequinum	Greater Horseshoe Bat	LC		
翼手目 CHIROPTERA	菊头蝠科 Rhinolophidae	菊头蝠属 Rhinolophus	西南菊头蝠 Rhinolophus xinanzhongguoensis	Middle Kingdom Horseshoe Bat	NT		
翼手目 CHIROPTERA	菊头蝠科 Rhinolophidae	菊头蝠属 Rhinolophus	中菊头蝠 Rhinolophus affinis	Intermediate Horseshoe Bat	LC		
翼手目 CHIROPTERA	菊头蝠科 Rhinolophidae	菊头蝠属 Rhinolophus	马来菊头蝠 Rhinolophus malayanus	Malayan horseshoe Bat	LC		
翼手目 CHIROPTERA	菊头蝠科 Rhinolophidae	菊头蝠属 Rhinolophus	小褐菊头蝠 Rhinolophus sheno	Lesser Brown Horseshoe Bat	LC		
翼手目 CHIROPTERA	菊头蝠科 Rhinolophidae	菊头蝠属 Rhinolophus	皮氏菊头蝠 Rhinolophus pearsoni	Pearson's Horseshoe Bat	LC		
翼手目 CHIROPTERA	菊头蝠科 Rhinolophidae	菊头蝠属 Rhinolophus	云南菊头蝠 Rhinolophus yunanensis	Dobson's Horseshoe Bat	LC		
翼手目 CHIROPTERA	菊头蝠科 Rhinolophidae	菊头蝠属 Rhinolophus	大耳菊头蝠 Rhinolophus macrotis	Big-eared Horseshoe Bat	LC		
翼手目 CHIROPTERA	菊头蝠科 Rhinolophidae	菊头蝠属 Rhinolophus	马氏菊头蝠 Rhinolophus marshalli	Marshall's Horseshoe Bat	LC		
翼手目 CHIROPTERA	菊头蝠科 Rhinolophidae	菊头蝠属 Rhinolophus	贵州菊头蝠 Rhinolophus rex	King Horseshoe Bat	EN		
翼手目 CHIROPTERA	菊头蝠科 Rhinolophidae	菊头蝠属 Rhinolophus	施氏菊头蝠 Rhinolophus schnitzleri	Schnitzler's Horseshoe Bat	DD		
翼手目 CHIROPTERA	菊头蝠科 Rhinolophidae	菊头蝠属 Rhinolophus	清迈菊头蝠 Rhinolophus siamensis	Thai Horseshoe Bat	LC		
翼手目 CHIROPTERA	菊头蝠科 Rhinolophidae	菊头蝠属 Rhinolophus	短翼菊头蝠 Rhinolophus lepidus	Blyth's Horseshoe Bat	LC		
翼手目 CHIROPTERA	菊头蝠科 Rhinolophidae	菊头蝠属 Rhinolophus	单角菊头蝠 Rhinolophus monoceros	Formosan Least Horseshoe Bat	NE		
翼手目 CHIROPTERA	菊头蝠科 Rhinolophidae	菊头蝠属 Rhinolophus	丽江菊头蝠 Rhinolophus osgoodi	Osgoodi's Horseshoe Bat	LC		
翼手目 CHIROPTERA	菊头蝠科 Rhinolophidae	菊头蝠属 Rhinolophus	小菊头蝠 Rhinolophus pusillus	Least Horseshoe Bat	LC		
翼手目 CHIROPTERA	菊头蝠科 Rhinolophidae	菊头蝠属 Rhinolophus	中华菊头蝠 Rhinolophus sinicus	Chinese Horseshoe Bat	LC		
翼手目 CHIROPTERA	菊头蝠科 Rhinolophidae	菊头蝠属 Rhinolophus	托氏菊头蝠 Rhinolophus thomasi	Thomas's Horseshoe Bat	LC		
翼手目 CHIROPTERA	菊头蝠科 Rhinolophidae	菊头蝠属 Rhinolophus	台湾菊头蝠 Rhinolophus formosae	Formosan Woolly Horseshoe Bat	LC		
翼手目 CHIROPTERA	菊头蝠科 Rhinolophidae	菊头蝠属 Rhinolophus	大菊头蝠 Rhinolophus luctus	Woolly Horseshoe Bat	LC		
翼手目 CHIROPTERA	假吸血蝠科 Megadermatidae	假吸血蝠属 Megaderma	印度假血蝠 Megaderma lyra	Greater False Vampire Bat	LC		

续表

目名	科名	属名	种名	种英文名	IUCN红色名录	CITES附录	国家重点保护等级
翼手目 CHIROPTERA	假吸血蝠科 Megadermatidae	假吸血蝠属 Megaderma	马来假吸血蝠 Megaderma spasma	Lesser False Vampire Bat	LC		
翼手目 CHIROPTERA	鞘尾蝠科 Emballonuridae	墓蝠属 Taphozous	黑髯墓蝠 Taphozous melanopogon	Black-bearded Tomb Bat	LC		
翼手目 CHIROPTERA	鞘尾蝠科 Emballonuridae	墓蝠属 Taphozous	大墓蝠 Taphozous theobaldi	Theobald's Tomb Bat	LC		
翼手目 CHIROPTERA	犬吻蝠科 Molossidae	小犬吻蝠属 Chaerephon	小犬吻蝠 Chaerephon plicatus	Wrinkle-lipped Free-tailed Bat	LC		
翼手目 CHIROPTERA	犬吻蝠科 Molossidae	犬吻蝠属 Tadarida	宽耳犬吻蝠 Tadarida insignis	East Asian Free-tailed Bat	DD		
翼手目 CHIROPTERA	犬吻蝠科 Molossidae	犬吻蝠属 Tadarida	华北犬吻蝠 Tadarida latouchei	La Touche's Free-tailed Bat	EN		
翼手目 CHIROPTERA	长翼蝠科 Miniopteridae	长翼蝠属 Miniopterus	亚洲长翼蝠 Miniopterus fuliginosus	Asian Long-fingered Bat	NE		
翼手目 CHIROPTERA	长翼蝠科 Miniopteridae	长翼蝠属 Miniopterus	大长翼蝠 Miniopterus magnater	Large Long-fingered Bat	LC		
翼手目 CHIROPTERA	长翼蝠科 Miniopteridae	长翼蝠属 Miniopterus	南长翼蝠 Miniopterus pusillus	Small Long-fingered Bat	LC		
翼手目 CHIROPTERA	蝙蝠科 Vespertilionidae	彩蝠属 Kerivoula	暗褐彩蝠 Kerivoula furva	Dark Woolly Bat	LC		
翼手目 CHIROPTERA	蝙蝠科 Vespertilionidae	彩蝠属 Kerivoula	克钦彩蝠 Kerivoula kachinensis	Kachin Woolly Bat	LC		
翼手目 CHIROPTERA	蝙蝠科 Vespertilionidae	彩蝠属 Kerivoula	彩蝠 Kerivoula picta	Painted Bat	NT		
翼手目 CHIROPTERA	蝙蝠科 Vespertilionidae	彩蝠属 Kerivoula	泰田尼亚彩蝠 Kerivoula titania	Titania's Woolly Bat	LC		
翼手目 CHIROPTERA	毛翼蝠科 Harpiocephalus	毛翼蝠属 Harpiocephalus	毛翼蝠 Harpiocephalus harpia	Hairy-winged Bat	LC		
翼手目 CHIROPTERA	蝙蝠科 Vespertilionidae	金芒蝠属 Harpiola	金芒蝠 Harpiola isodon	Formosan Golden Tube-nosed Bat	LC		
翼手目 CHIROPTERA	蝙蝠科 Vespertilionidae	管鼻蝠属 Murina	金管鼻蝠 Murina aurata	Little Tube-nosed Bat	DD		
翼手目 CHIROPTERA	蝙蝠科 Vespertilionidae	管鼻蝠属 Murina	黄胸管鼻蝠 Murina bicolor	Yellow-chested Tube-nosed Bat	LC		
翼手目 CHIROPTERA	蝙蝠科 Vespertilionidae	管鼻蝠属 Murina	金毛管鼻蝠 Murina chrysochaetes	Golden-haired Tube-nosed Bat	DD		
翼手目 CHIROPTERA	蝙蝠科 Vespertilionidae	管鼻蝠属 Murina	圆耳管鼻蝠 Murina cyclotis	Round-eared Tube-nosed Bat	LC		
翼手目 CHIROPTERA	蝙蝠科 Vespertilionidae	管鼻蝠属 Murina	艾氏管鼻蝠 Murina eleryi	Elery's Tube-nosed Bat	LC		
翼手目 CHIROPTERA	蝙蝠科 Vespertilionidae	管鼻蝠属 Murina	梵净山管鼻蝠 Murina fanjingshanensis	Fanjingshan Tube-nosed Bat	NE		
翼手目 CHIROPTERA	蝙蝠科 Vespertilionidae	管鼻蝠属 Murina	菲氏管鼻蝠 Murina feae	Fea's Tube-nosed Bat	LC		
翼手目 CHIROPTERA	蝙蝠科 Vespertilionidae	管鼻蝠属 Murina	暗色管鼻蝠 Murina fusca	Dusky Tube-nosed Bat	DD		
翼手目 CHIROPTERA	蝙蝠科 Vespertilionidae	管鼻蝠属 Murina	姬管鼻蝠 Murina gracilis	Taiwanese Little Tube-nosed Bat	LC		

续表

目名	科名	属名	种名	种英文名	IUCN红色名录	CITES附录	国家重点保护等级
翼手目 CHIROPTERA	蝙蝠科 Vespertilionidae	管鼻蝠属 Murina	哈氏管鼻蝠 Murina harrisoni	Harrison's Tube-nosed Bat	LC		
翼手目 CHIROPTERA	蝙蝠科 Vespertilionidae	管鼻蝠属 Murina	东北管鼻蝠 Murina hilgendorfi	Hilgendorf's Tube-nosed Bat	LC		
翼手目 CHIROPTERA	蝙蝠科 Vespertilionidae	管鼻蝠属 Murina	中管鼻蝠 Murina huttoni	Hutton's Tube-nosed Bat	LC		
翼手目 CHIROPTERA	蝙蝠科 Vespertilionidae	管鼻蝠属 Murina	锦矗管鼻蝠 Murina jinchui	Jinchu's Tube-nosed Bat	NE		
翼手目 CHIROPTERA	蝙蝠科 Vespertilionidae	管鼻蝠属 Murina	白腹管鼻蝠 Murina leucogaster	Rufous Tube-nosed Bat	LC		
翼手目 CHIROPTERA	蝙蝠科 Vespertilionidae	管鼻蝠属 Murina	荔波管鼻蝠 Murina liboensis	Libo Tube-nosed Bat	NE		
翼手目 CHIROPTERA	蝙蝠科 Vespertilionidae	管鼻蝠属 Murina	罗蕾莱管鼻蝠 Murina lorelieae	Lorelie's Tube-nosed Bat	DD		
翼手目 CHIROPTERA	蝙蝠科 Vespertilionidae	管鼻蝠属 Murina	台湾管鼻蝠 Murina puta	Taiwanese Tube-nosed Bat	LC		
翼手目 CHIROPTERA	蝙蝠科 Vespertilionidae	管鼻蝠属 Murina	隐姬管鼻蝠 Murina recondita	Faint-golden Little Tube-nosed Bat	LC		
翼手目 CHIROPTERA	蝙蝠科 Vespertilionidae	管鼻蝠属 Murina	榕江管鼻蝠 Murina rongjiangensis	Rongjiang Tube-nosed Bat	NE		
翼手目 CHIROPTERA	蝙蝠科 Vespertilionidae	管鼻蝠属 Murina	水甫管鼻蝠 Murina shuipuensis	Shuipu's Tube-nosed Bat	DD		
翼手目 CHIROPTERA	蝙蝠科 Vespertilionidae	管鼻蝠属 Murina	乌苏里管鼻蝠 Murina ussuriensis	Ussurian Tube-nosed Bat	LC		
翼手目 CHIROPTERA	蝙蝠科 Vespertilionidae	盘足蝠属 Eudiscopus	盘足蝠 Eudiscopus denticulus	Disk-footed Bat	LC		
翼手目 CHIROPTERA	蝙蝠科 Vespertilionidae	鼠耳蝠属 Myotis	西南鼠耳蝠 Myotis altarium	Szechwan Myotis	LC		
翼手目 CHIROPTERA	蝙蝠科 Vespertilionidae	鼠耳蝠属 Myotis	缺齿鼠耳蝠 Myotis annectans	Hairy-faced Bat	LC		
翼手目 CHIROPTERA	蝙蝠科 Vespertilionidae	鼠耳蝠属 Myotis	栗鼠耳蝠 Myotis badius	Bay Myotis	DD		
翼手目 CHIROPTERA	蝙蝠科 Vespertilionidae	鼠耳蝠属 Myotis	狭耳鼠耳蝠 Myotis blythii	Lesser Mouse-eared Myotis	LC		
翼手目 CHIROPTERA	蝙蝠科 Vespertilionidae	鼠耳蝠属 Myotis	远东鼠耳蝠 Myotis bombinus	Far Eastern Myotis	NT		
翼手目 CHIROPTERA	蝙蝠科 Vespertilionidae	鼠耳蝠属 Myotis	布氏鼠耳蝠 Myotis brandtii	Brandt's Myotis	LC		
翼手目 CHIROPTERA	蝙蝠科 Vespertilionidae	鼠耳蝠属 Myotis	中华鼠耳蝠 Myotis chinensis	Chinese Myotis	LC		
翼手目 CHIROPTERA	蝙蝠科 Vespertilionidae	鼠耳蝠属 Myotis	沼泽鼠耳蝠 Myotis dasycneme	Pond Bat	NT		
翼手目 CHIROPTERA	蝙蝠科 Vespertilionidae	鼠耳蝠属 Myotis	大卫鼠耳蝠 Myotis davidii	David's Myotis	LC		
翼手目 CHIROPTERA	蝙蝠科 Vespertilionidae	鼠耳蝠属 Myotis	毛腿鼠耳蝠 Myotis fimbriatus	Fringed Long-footed Myotis	LC		
翼手目 CHIROPTERA	蝙蝠科 Vespertilionidae	鼠耳蝠属 Myotis	金黄鼠耳蝠 Myotis formosus	Hodgson's Myotis	NT		

续表

目名	科名	属名	种名	种英文名	IUCN红色名录	CITES附录	国家重点保护等级
翼手目 CHIROPTERA	蝙蝠科 Vespertilionidae	鼠耳蝠属 Myotis	长尾鼠耳蝠 Myotis frater	Fraternal Myotis	LC		
翼手目 CHIROPTERA	蝙蝠科 Vespertilionidae	鼠耳蝠属 Myotis	小巨足鼠耳蝠 Myotis hasseltii	Lesser Large-footed Myotis	LC		
翼手目 CHIROPTERA	蝙蝠科 Vespertilionidae	鼠耳蝠属 Myotis	霍氏鼠耳蝠 Myotis horsfieldii	Horsfield's Myotis	LC		
翼手目 CHIROPTERA	蝙蝠科 Vespertilionidae	鼠耳蝠属 Myotis	伊氏鼠耳蝠 Myotis ikonnikovi	Ikonnikov's Myotis	LC		
翼手目 CHIROPTERA	蝙蝠科 Vespertilionidae	鼠耳蝠属 Myotis	印支鼠耳蝠 Myotis indochinensis	Indochinese Myotis	DD		
翼手目 CHIROPTERA	蝙蝠科 Vespertilionidae	鼠耳蝠属 Myotis	华南水鼠耳蝠 Myotis laniger	Chinese Water Myotis	LC		
翼手目 CHIROPTERA	蝙蝠科 Vespertilionidae	鼠耳蝠属 Myotis	长指鼠耳蝠 Myotis longipes	Kashmir Cave Bat	DD		
翼手目 CHIROPTERA	蝙蝠科 Vespertilionidae	鼠耳蝠属 Myotis	大趾鼠耳蝠 Myotis macrodactylus	Big-footed Myotis	LC		
翼手目 CHIROPTERA	蝙蝠科 Vespertilionidae	鼠耳蝠属 Myotis	山地鼠耳蝠 Myotis montivagus	Burmese Whiskered Myotis	DD		
翼手目 CHIROPTERA	蝙蝠科 Vespertilionidae	鼠耳蝠属 Myotis	喜山鼠耳蝠 Myotis muricola	Nepalese Whiskered Bat	LC		
翼手目 CHIROPTERA	蝙蝠科 Vespertilionidae	鼠耳蝠属 Myotis	尼泊尔鼠耳蝠 Myotis nipalensis	Nepal Myotis	LC		
翼手目 CHIROPTERA	蝙蝠科 Vespertilionidae	鼠耳蝠属 Myotis	北京鼠耳蝠 Myotis pequinius	Peking Myotis	LC		
翼手目 CHIROPTERA	蝙蝠科 Vespertilionidae	鼠耳蝠属 Myotis	东亚水鼠耳蝠 Myotis petax	Eastern Daubenton's Myotis	LC		
翼手目 CHIROPTERA	蝙蝠科 Vespertilionidae	鼠耳蝠属 Myotis	大足鼠耳蝠 Myotis pilosus	Rickett's Big-footed Myotis	VU		
翼手目 CHIROPTERA	蝙蝠科 Vespertilionidae	鼠耳蝠属 Myotis	渡濑氏鼠耳蝠 Myotis rufoniger	Reddish-Black Myotis	LC		
翼手目 CHIROPTERA	蝙蝠科 Vespertilionidae	鼠耳蝠属 Myotis	高颅鼠耳蝠 Myotis siligorensis	Himalayan Whiskered Myotis	LC		
翼手目 CHIROPTERA	蝙蝠科 Vespertilionidae	宽吻蝠属 Submyotodon	宽吻鼠耳蝠 Submyotodon latirostris	Taiwan Broad-muzzled Myotis	LC		
翼手目 CHIROPTERA	蝙蝠科 Vespertilionidae	金背伏翼属 Arielulus	大黑伏翼 Arielulus circumdatus	Bronze Sprite	LC		
翼手目 CHIROPTERA	蝙蝠科 Vespertilionidae	宽耳蝠属 Barbastella	北京宽耳蝠 Barbastella beijingensis	Beijing Barbastelle	DD		
翼手目 CHIROPTERA	蝙蝠科 Vespertilionidae	宽耳蝠属 Barbastella	东方宽耳蝠 Barbastella darjelingensis	Eastern Barbastelle	LC		
翼手目 CHIROPTERA	蝙蝠科 Vespertilionidae	棕蝠属 Eptesicus	戈壁棕蝠 Eptesicus gobiensis	Gobi Serotine	LC		
翼手目 CHIROPTERA	蝙蝠科 Vespertilionidae	棕蝠属 Eptesicus	北棕蝠 Eptesicus nilssonii	Northern Serotine	LC		
翼手目 CHIROPTERA	蝙蝠科 Vespertilionidae	棕蝠属 Eptesicus	东方棕蝠 Eptesicus pachyomus	Oriental Serotine	LC		
翼手目 CHIROPTERA	蝙蝠科 Vespertilionidae	棕蝠属 Eptesicus	肥耳棕蝠 Eptesicus pachyotis	Thick-eared Serotine	LC		

续表

目名	科名	属名	种名	种英文名	IUCN红色名录	CITES附录	国家重点保护等级
翼手目 CHIROPTERA	蝙蝠科 Vespertilionidae	高级伏翼属 Hypsugo	茶褐伏翼 Hypsugo affinis	Chocolate Pipistrelle	LC		
翼手目 CHIROPTERA	蝙蝠科 Vespertilionidae	高级伏翼属 Hypsugo	阿拉善伏翼 Hypsugo alaschanicus	Alashanian pipistrelle	LC		
翼手目 CHIROPTERA	蝙蝠科 Vespertilionidae	高级伏翼属 Hypsugo	卡氏伏翼 Hypsugo cadornae	Cadorna's Pipistrelle	LC		
翼手目 CHIROPTERA	蝙蝠科 Vespertilionidae	高级伏翼属 Hypsugo	大尖伏翼 Hypsugo mordax	Pungent Pipistrelle	DD		
翼手目 CHIROPTERA	蝙蝠科 Vespertilionidae	高级伏翼属 Hypsugo	灰伏翼 Hypsugo pulveratus	Chinese Pipistrelle	LC		
翼手目 CHIROPTERA	蝙蝠科 Vespertilionidae	高级伏翼属 Hypsugo	萨氏伏翼 Hypsugo savii	Savi's Pipistrelle	LC		
翼手目 CHIROPTERA	蝙蝠科 Vespertilionidae	南蝠属 Ia	南蝠 Ia io	Great Evening Bat	NT		
翼手目 CHIROPTERA	蝙蝠科 Vespertilionidae	山蝠属 Nyctalus	大山蝠 Nyctalus aviator	Bird-like Noctule	NT		
翼手目 CHIROPTERA	蝙蝠科 Vespertilionidae	山蝠属 Nyctalus	褐山蝠 Nyctalus noctula	Common Noctule	LC		
翼手目 CHIROPTERA	蝙蝠科 Vespertilionidae	山蝠属 Nyctalus	中华山蝠 Nyctalus plancyi	Chinese Noctule	LC		
翼手目 CHIROPTERA	蝙蝠科 Vespertilionidae	伏翼属 Pipistrellus	东亚伏翼 Pipistrellus abramus	Japanese Pipistrelle	LC		
翼手目 CHIROPTERA	蝙蝠科 Vespertilionidae	伏翼属 Pipistrellus	锡兰伏翼 Pipistrellus ceylonicus	Kelaart's Pipistrelle	LC		
翼手目 CHIROPTERA	蝙蝠科 Vespertilionidae	伏翼属 Pipistrellus	印度伏翼 Pipistrellus coromandra	Indian Pipistrelle	LC		
翼手目 CHIROPTERA	蝙蝠科 Vespertilionidae	伏翼属 Pipistrellus	爪哇伏翼 Pipistrellus javanicus	Javan Pipistrelle	LC		
翼手目 CHIROPTERA	蝙蝠科 Vespertilionidae	伏翼属 Pipistrellus	棒茎伏翼 Pipistrellus paterculus	Mount Popa Pipistrelle	LC		
翼手目 CHIROPTERA	蝙蝠科 Vespertilionidae	伏翼属 Pipistrellus	普通伏翼 Pipistrellus pipistrellus	Common Pipistrelle	LC		
翼手目 CHIROPTERA	蝙蝠科 Vespertilionidae	伏翼属 Pipistrellus	侏伏翼 Pipistrellus tenuis	Least Pipistrelle	LC		
翼手目 CHIROPTERA	蝙蝠科 Vespertilionidae	长耳蝠属 Plecotus	灰长耳蝠 Plecotus austriacus	Gray Long-eared Bat	NT		
翼手目 CHIROPTERA	蝙蝠科 Vespertilionidae	长耳蝠属 Plecotus	奥氏长耳蝠 Plecotus ognevi	Ognevi's Long-eared Bat	LC		
翼手目 CHIROPTERA	蝙蝠科 Vespertilionidae	长耳蝠属 Plecotus	台湾长耳蝠 Plecotus taivanus	Taiwan Long-eared Bat	NT		
翼手目 CHIROPTERA	蝙蝠科 Vespertilionidae	斑蝠属 Scotomanes	斑蝠 Scotomanes ornatus	Harlequin Bat	LC		
翼手目 CHIROPTERA	蝙蝠科 Vespertilionidae	黄蝠属 Scotophilus	小黄蝠 Scotophilus kuhlii	Lesser Asiatic Yellow House Bat	LC		
翼手目 CHIROPTERA	蝙蝠科 Vespertilionidae	黄蝠属 Scotophilus	大黄蝠 Scotophilus heathii	Greater Asiatic Yellow House Bat	LC		
翼手目 CHIROPTERA	蝙蝠科 Vespertilionidae	金须蝠属 Thainycteris	环颈蝠 Thainycteris aureocollaris	Collared Sprite	LC		

续表

目名	科名	属名	种名	种英文名	IUCN红色名录	CITES附录	国家重点保护等级
翼手目 CHIROPTERA	蝙蝠科 Vespertilionidae	金领蝠属 Thainycteris	黄领蝠 Thainycteris torquatus	Necklace Sprite	LC		
翼手目 CHIROPTERA	蝙蝠科 Vespertilionidae	扁颅蝠属 Tylonycteris	华南扁颅蝠 Tylonycteris fulvida	Indomalayan Lesser Bamboo Bat	NE		
翼手目 CHIROPTERA	蝙蝠科 Vespertilionidae	扁颅蝠属 Tylonycteris	小扁颅蝠 Tylonycteris pygmaea	Pygmy Bamboo Bat	NE		
翼手目 CHIROPTERA	蝙蝠科 Vespertilionidae	扁颅蝠属 Tylonycteris	托京褐扁颅蝠 Tylonycteris tonkinensis	Tonkin Greater Bamboo Bat	NE		
翼手目 CHIROPTERA	蝙蝠科 Vespertilionidae	蝙蝠属 Vespertilio	普通蝙蝠 Vespertilio murinus	Eurasian Particolored Bat	LC		
翼手目 CHIROPTERA	蝙蝠科 Vespertilionidae	蝙蝠属 Vespertilio	东方蝙蝠 Vespertilio sinensis	Asian Particolored Bat	LC		
鲸偶蹄目 CETARTIODACTYLA	骆驼科 Camelidae	骆驼属 Camelus	双峰驼 Camelus ferus	Bactrian Camel	CR		一级
鲸偶蹄目 CETARTIODACTYLA	猪科 Suidae	猪属 Sus	野猪 Sus scrofa	Wild Boar	LC		
鲸偶蹄目 CETARTIODACTYLA	鼷鹿科 Tragulidae	鼷鹿属 Tragulus	小鼷鹿 Tragulus kanchil	Lesser Oriental Chevrotain	LC		一级
鲸偶蹄目 CETARTIODACTYLA	鹿科 Cervidae	驼鹿属 Alces	驼鹿 Alces alces	Moose	LC		一级
鲸偶蹄目 CETARTIODACTYLA	鹿科 Cervidae	狍属 Capreolus	狍 Capreolus pygargus	Siberian Roe Deer	LC		
鲸偶蹄目 CETARTIODACTYLA	鹿科 Cervidae	鹿属 Cervus	马鹿 Cervus elaphus	Red Deer	LC		一级/二级
鲸偶蹄目 CETARTIODACTYLA	鹿科 Cervidae	鹿属 Cervus	梅花鹿 Cervus nippon	Sika Deer	LC		一级
鲸偶蹄目 CETARTIODACTYLA	鹿科 Cervidae	麋鹿属 Elaphurus	麋鹿 Elaphurus davidianus	Père David's Deer	EW		一级
鲸偶蹄目 CETARTIODACTYLA	鹿科 Cervidae	白唇鹿属 Przewalskium	白唇鹿 Przewalskium albirostris	White-lipped Deer	VU		一级
鲸偶蹄目 CETARTIODACTYLA	鹿科 Cervidae	泽鹿属 Rucervus	坡鹿 Rucervus eldii	Eld's Deer	EN	附录 I	一级
鲸偶蹄目 CETARTIODACTYLA	鹿科 Cervidae	水鹿属 Rusa	水鹿 Rusa unicolor	Sambar Deer	VU		二级

续表

目名	科名	属名	种名	种英文名	IUCN 红色名录	CITES 附录	国家重点保护等级
鲸偶蹄目 CETARTIODACTYLA	鹿科 Cervidae	獐属 Hydropotes	獐 Hydropotes inermis	Chinese Water Deer	VU		二级
鲸偶蹄目 CETARTIODACTYLA	鹿科 Cervidae	毛冠鹿属 Elaphodus	毛冠鹿 Elaphodus cephalophus	Tufted Deer	NT		二级
鲸偶蹄目 CETARTIODACTYLA	鹿科 Cervidae	麂属 Muntiacus	黑麂 Muntiacus crinifrons	Black Muntjac	VU	附录 I	一级
鲸偶蹄目 CETARTIODACTYLA	鹿科 Cervidae	麂属 Muntiacus	菲氏麂 Muntiacus feae	Fea's Muntjac	DD		
鲸偶蹄目 CETARTIODACTYLA	鹿科 Cervidae	麂属 Muntiacus	贡山麂 Muntiacus gongshanensis	Gongshan Muntjac	DD		二级
鲸偶蹄目 CETARTIODACTYLA	鹿科 Cervidae	麂属 Muntiacus	小麂 Muntiacus reevesi	Reeves' Muntjac	LC		
鲸偶蹄目 CETARTIODACTYLA	鹿科 Cervidae	麂属 Muntiacus	赤麂 Muntiacus vaginalis	Northern Red Muntjac	LC		
鲸偶蹄目 CETARTIODACTYLA	牛科 Bovidae	羚羊属 Gazella	鹅喉羚 Gazella subgutturosa	Goitered Gazelle	VU		二级
鲸偶蹄目 CETARTIODACTYLA	牛科 Bovidae	原羚属 Procapra	蒙原羚 Procapra gutturosa	Mongolian Gazelle	LC		一级
鲸偶蹄目 CETARTIODACTYLA	牛科 Bovidae	原羚属 Procapra	藏原羚 Procapra picticaudata	Tibetan Gazelle	NT		二级
鲸偶蹄目 CETARTIODACTYLA	牛科 Bovidae	原羚属 Procapra	普氏原羚 Procapra przewalskii	Przewalski's Gazelle	EN		一级
鲸偶蹄目 CETARTIODACTYLA	牛科 Bovidae	野牛属 Bos	印度野牛 Bos gaurus	Gaur	VU	附录 I	一级
鲸偶蹄目 CETARTIODACTYLA	牛科 Bovidae	野牛属 Bos	野牦牛 Bos mutus	Wild Yak	VU	附录 I	一级
鲸偶蹄目 CETARTIODACTYLA	牛科 Bovidae	扭角羚属 Budorcas	喜马拉雅扭角羚 Budorcas taxicolor	Himalayan Takin	VU	附录 II	一级
鲸偶蹄目 CETARTIODACTYLA	牛科 Bovidae	扭角羚属 Budorcas	中华扭角羚 Budorcas tibetana	Chinese Takin	VU	附录 II	一级

续表

目名	科名	属名	种名	种英文名	IUCN红色名录	CITES附录	国家重点保护等级
鲸偶蹄目 CETARTIODACTYLA	牛科 Bovidae	羊属 Capra	北山羊 Capra sibirica	Siberian Ibex	NT	附录 III	二级
鲸偶蹄目 CETARTIODACTYLA	牛科 Bovidae	鬣羚属 Capricornis	中华鬣羚 Capricornis milneedwardsii	Chinese Serow	VU	附录 I	二级
鲸偶蹄目 CETARTIODACTYLA	牛科 Bovidae	鬣羚属 Capricornis	红鬣羚 Capricornis rubidus	Red Serow	NT	附录 I	二级
鲸偶蹄目 CETARTIODACTYLA	牛科 Bovidae	鬣羚属 Capricornis	台湾鬣羚 Capricornis swinhoei	Taiwan Serow	LC		一级
鲸偶蹄目 CETARTIODACTYLA	牛科 Bovidae	鬣羚属 Capricornis	喜马拉雅鬣羚 Capricornis thar	Himalayan Serow	VU	附录 I	一级
鲸偶蹄目 CETARTIODACTYLA	牛科 Bovidae	塔尔羊属 Hemitragus	塔尔羊 Hemitragus jemlahicus	Himalayan Tahr	NT		一级
鲸偶蹄目 CETARTIODACTYLA	牛科 Bovidae	斑羚属 Naemorhedus	赤斑羚 Naemorhedus baileyi	Red Goral	VU	附录 I	一级
鲸偶蹄目 CETARTIODACTYLA	牛科 Bovidae	斑羚属 Naemorhedus	长尾斑羚 Naemorhedus caudatus	Long-tailed Goral	VU	附录 I	二级
鲸偶蹄目 CETARTIODACTYLA	牛科 Bovidae	斑羚属 Naemorhedus	缅甸斑羚 Naemorhedus evansi	Burmese Goral	VU	附录 I	二级
鲸偶蹄目 CETARTIODACTYLA	牛科 Bovidae	斑羚属 Naemorhedus	喜马拉雅斑羚 Naemorhedus goral	Himalayan Goral	NT	附录 I	一级
鲸偶蹄目 CETARTIODACTYLA	牛科 Bovidae	斑羚属 Naemorhedus	中华斑羚 Naemorhedus griseus	Chinese Goral	VU	附录 I	二级
鲸偶蹄目 CETARTIODACTYLA	牛科 Bovidae	盘羊属 Ovis	盘羊 Ovis ammon	Argali	NT	附录 II	一级/二级
鲸偶蹄目 CETARTIODACTYLA	牛科 Bovidae	藏羚属 Pantholops	藏羚 Pantholops hodgsonii	Tibetan Antelope	NT	附录 I	一级
鲸偶蹄目 CETARTIODACTYLA	牛科 Bovidae	岩羊属 Pseudois	岩羊 Pseudois nayaur	Blue Sheep	LC	附录 III	二级
鲸偶蹄目 CETARTIODACTYLA	麝科 Moschidae	麝属 Moschus	安徽麝 Moschus anhuiensis	Anhui Musk Deer	EN	附录 II	一级

续表

目名	科名	属名	种名	种英文名	IUCN红色名录	CITES附录	国家重点保护等级
鲸偶蹄目 CETARTIODACTYLA	麝科 Moschidae	麝属 Moschus	林麝 Moschus berezovskii	Forest Musk Deer	EN	附录 II	一级
鲸偶蹄目 CETARTIODACTYLA	麝科 Moschidae	麝属 Moschus	马麝 Moschus chrysogaster	Alpine Musk Deer	EN	附录 II	一级
鲸偶蹄目 CETARTIODACTYLA	麝科 Moschidae	麝属 Moschus	黑麝 Moschus fuscus	Black Musk Deer	EN	附录 II	一级
鲸偶蹄目 CETARTIODACTYLA	麝科 Moschidae	麝属 Moschus	喜马拉雅麝 Moschus leucogaster	Himalayan Musk Deer	EN	附录 I	一级
鲸偶蹄目 CETARTIODACTYLA	麝科 Moschidae	麝属 Moschus	原麝 Moschus moschiferus	Siberian Musk Deer	VU	附录 II	一级
鲸偶蹄目 CETARTIODACTYLA	露脊鲸科 Balaenidae	露脊鲸属 Eubalaena	北太平洋露脊鲸 Eubalaena japonica	North Pacific Right Whale	EN	附录 I	一级
鲸偶蹄目 CETARTIODACTYLA	灰鲸科 Eschrichtiidae	灰鲸属 Eschrichtius	灰鲸 Eschrichtius robustus	Gray Whale	LC	附录 I	一级
鲸偶蹄目 CETARTIODACTYLA	须鲸科 Balaenopteridae	须鲸属 Balaenoptera	小须鲸 Balaenoptera acutorostrata	Common Minke Whale	LC	附录 I	一级
鲸偶蹄目 CETARTIODACTYLA	须鲸科 Balaenopteridae	须鲸属 Balaenoptera	塞鲸 Balaenoptera borealis	Sei Whale	EN	附录 I	一级
鲸偶蹄目 CETARTIODACTYLA	须鲸科 Balaenopteridae	须鲸属 Balaenoptera	布氏鲸 Balaenoptera edeni	Bryde's Whale	LC	附录 I	一级
鲸偶蹄目 CETARTIODACTYLA	须鲸科 Balaenopteridae	须鲸属 Balaenoptera	蓝鲸 Balaenoptera musculus	Blue Whale	EN	附录 I	一级
鲸偶蹄目 CETARTIODACTYLA	须鲸科 Balaenopteridae	须鲸属 Balaenoptera	大村鲸 Balaenoptera omurai	Omura's Whale	DD	附录 I	一级
鲸偶蹄目 CETARTIODACTYLA	须鲸科 Balaenopteridae	须鲸属 Balaenoptera	长须鲸 Balaenoptera physalus	Fin Whale	VU	附录 I	一级
鲸偶蹄目 CETARTIODACTYLA	须鲸科 Balaenopteridae	大翅鲸属 Megaptera	大翅鲸 Megaptera novaeangliae	Humpback Whale	LC	附录 I	一级
鲸偶蹄目 CETARTIODACTYLA	小抹香鲸科 Kogiidae	小抹香鲸属 Kogia	小抹香鲸 Kogia breviceps	Pygmy Sperm Whale	LC	附录 II	二级

续表

目名	科名	属名	种名	种英文名	IUCN红色名录	CITES附录	国家重点保护等级
鲸偶蹄目 CETARTIODACTYLA	小抹香鲸科 Kogiidae	小抹香鲸属 Kogia	侏抹香鲸 Kogia sima	Dwarf Sperm Whale	LC	附录 II	二级
鲸偶蹄目 CETARTIODACTYLA	抹香鲸科 Physeteridae	抹香鲸属 Physeter	抹香鲸 Physeter macrocephalus	Sperm Whale	VU	附录 I	一级
鲸偶蹄目 CETARTIODACTYLA	喙鲸科 Ziphiidae	贝喙鲸属 Berardius	拜氏贝喙鲸 Berardius bairdii	Baird's Beaked Whale	LC	附录 I	二级
鲸偶蹄目 CETARTIODACTYLA	喙鲸科 Ziphiidae	印太喙鲸属 Indopacetus	朗氏喙鲸 Indopacetus pacificus	Longman's Beaked Whale	LC	附录 II	二级
鲸偶蹄目 CETARTIODACTYLA	喙鲸科 Ziphiidae	中喙鲸属 Mesoplodon	柏氏中喙鲸 Mesoplodon densirostris	Blainville's Beaked Whale	LC	附录 II	二级
鲸偶蹄目 CETARTIODACTYLA	喙鲸科 Ziphiidae	中喙鲸属 Mesoplodon	银杏齿中喙鲸 Mesoplodon ginkgodens	Ginkgo-toothed Beaked Whale	DD	附录 II	二级
鲸偶蹄目 CETARTIODACTYLA	喙鲸科 Ziphiidae	中喙鲸属 Mesoplodon	小中喙鲸 Mesoplodon peruvianus	Pygmy Beaked Whale	LC	附录 II	二级
鲸偶蹄目 CETARTIODACTYLA	喙鲸科 Ziphiidae	喙鲸属 Ziphius	鹅喙鲸 Ziphius cavirostris	Cuvier's Beaked Whale	LC	附录 II	二级
鲸偶蹄目 CETARTIODACTYLA	白鱀豚科 Lipotidae	白鱀豚属 Lipotes	白鱀豚 Lipotes vexillifer	Baiji	CR	附录 I	一级
鲸偶蹄目 CETARTIODACTYLA	海豚科 Delphinidae	真海豚属 Delphinus	真海豚 Delphinus delphis	Common Dolphin	LC	附录 II	二级
鲸偶蹄目 CETARTIODACTYLA	海豚科 Delphinidae	侏虎鲸属 Feresa	小虎鲸 Feresa attenuata	Pygmy Killer Whale	LC	附录 II	二级
鲸偶蹄目 CETARTIODACTYLA	海豚科 Delphinidae	领航鲸属 Globicephala	短肢领航鲸 Globicephala macrorhynchus	Short-finned Pilot Whale	LC	附录 II	二级
鲸偶蹄目 CETARTIODACTYLA	海豚科 Delphinidae	灰海豚属 Grampus	里氏海豚 Grampus griseus	Risso's Dolphin	LC	附录 II	二级
鲸偶蹄目 CETARTIODACTYLA	海豚科 Delphinidae	弗海豚属 Lagenodelphis	弗氏海豚 Lagenodelphis hosei	Fraser's Dolphin	LC	附录 II	二级
鲸偶蹄目 CETARTIODACTYLA	海豚科 Delphinidae	斑纹海豚属 Lagenorhynchus	太平洋斑纹海豚 Lagenorhynchus obliquidens	Pacific White-sided Dolphin	LC	附录 II	二级

续表

目名	科名	属名	种名	种英文名	IUCN红色名录	CITES附录	国家重点保护等级
鲸偶蹄目 CETARTIODACTYLA	海豚科 Delphinidae	虎鲸属 Orcinus	虎鲸 Orcinus orca	Killer Whale	DD	附录 II	二级
鲸偶蹄目 CETARTIODACTYLA	海豚科 Delphinidae	瓜头鲸属 Peponocephala	瓜头鲸 Peponocephala electra	Melon-headed Whale	LC	附录 II	二级
鲸偶蹄目 CETARTIODACTYLA	海豚科 Delphinidae	伪虎鲸属 Pseudorca	伪虎鲸 Pseudorca crassidens	False Killer Whale	NT	附录 II	二级
鲸偶蹄目 CETARTIODACTYLA	海豚科 Delphinidae	白海豚属 Sousa	中华白海豚 Sousa chinensis	Indo-Pacific Humpback Dolphin	VU	附录 I	一级
鲸偶蹄目 CETARTIODACTYLA	海豚科 Delphinidae	原海豚属 Stenella	热带点斑原海豚 Stenella attenuata	Pantropical Spotted Dolphin	LC	附录 II	二级
鲸偶蹄目 CETARTIODACTYLA	海豚科 Delphinidae	原海豚属 Stenella	条纹原海豚 Stenella coeruleoalba	Striped Dolphin	LC	附录 II	二级
鲸偶蹄目 CETARTIODACTYLA	海豚科 Delphinidae	原海豚属 Stenella	飞旋原海豚 Stenella longirostris	Spinner Dolphin	LC	附录 II	二级
鲸偶蹄目 CETARTIODACTYLA	海豚科 Delphinidae	糙齿海豚属 Steno	糙齿海豚 Steno bredanensis	Rough-toothed Dolphin	LC	附录 II	二级
鲸偶蹄目 CETARTIODACTYLA	海豚科 Delphinidae	瓶鼻海豚属 Tursiops	印太瓶鼻海豚 Tursiops aduncus	Indo-Pacific Bottlenose Dolphin	NT	附录 II	二级
鲸偶蹄目 CETARTIODACTYLA	海豚科 Delphinidae	瓶鼻海豚属 Tursiops	瓶鼻海豚 Tursiops truncatus	Common Bottlenose Dolphin	LC	附录 II	二级
鲸偶蹄目 CETARTIODACTYLA	鼠海豚科 Phocoenidae	江豚属 Neophocaena	长江江豚 Neophocaena asiaeorientalis	Yangtze Finless Porpoise	CR	附录 I	一级
鲸偶蹄目 CETARTIODACTYLA	鼠海豚科 Phocoenidae	江豚属 Neophocaena	印太江豚 Neophocaena phocaenoides	Indo-Pacific Finless Porpoise	VU	附录 I	二级
鲸偶蹄目 CETARTIODACTYLA	鼠海豚科 Phocoenidae	江豚属 Neophocaena	东亚江豚 Neophocaena sunameri	East Asian Finless Porpoise	EN	附录 I	二级
奇蹄目 PERISSODACTYLA	马科 Equidae	马属 Equus	野马 Equus ferus	Przewalski's Horse	EN	附录 I	一级
奇蹄目 PERISSODACTYLA	马科 Equidae	马属 Equus	蒙古野驴 Equus hemionus	Asiatic Wild Ass	NT	附录 I	一级

续表

目名	科名	属名	种名	种英文名	IUCN红色名录	CITES附录	国家重点保护等级
奇蹄目 PERISSODACTYLA	马科 Equidae	马属 Equus	藏野驴 Equus kiang	Tibetan Wild Ass	LC	附录 II	一级
鳞甲目 PHOLIDOTA	鲮鲤科 Manidae	鲮鲤属 Manis	马来穿山甲 Manis javanica	Sunda Pangolin	CR	附录 I	一级
鳞甲目 PHOLIDOTA	鲮鲤科 Manidae	鲮鲤属 Manis	中华穿山甲 Manis pentadactyla	Chinese Pangolin	CR	附录 I	一级
食肉目 CARNIVORA	猫科 Felidae	金猫属 Catopuma	金猫 Catopuma temminckii	Asiatic Golden Cat	NT	附录 I	一级
食肉目 CARNIVORA	猫科 Felidae	猫属 Felis	荒漠猫 Felis bieti	Chinese Mountain Cat	VU	附录 II	一级
食肉目 CARNIVORA	猫科 Felidae	猫属 Felis	丛林猫 Felis chaus	Jungle Cat	LC	附录 II	一级
食肉目 CARNIVORA	猫科 Felidae	猫属 Felis	野猫 Felis silvestris	Wild Cat	LC	附录 II	二级
食肉目 CARNIVORA	猫科 Felidae	猞猁属 Lynx	猞猁 Lynx lynx	Eurasian Lynx	LC	附录 II	二级
食肉目 CARNIVORA	猫科 Felidae	兔狲属 Otocolobus	兔狲 Otocolobus manul	Pallas's Cat	LC	附录 II	二级
食肉目 CARNIVORA	猫科 Felidae	云猫属 Pardofelis	云猫 Pardofelis marmorata	Marbled Cat	NT	附录 I	二级
食肉目 CARNIVORA	猫科 Felidae	豹猫属 Prionailurus	豹猫 Prionailurus bengalensis	Leopard Cat	LC	附录 II	二级
食肉目 CARNIVORA	猫科 Felidae	云豹属 Neofelis	云豹 Neofelis nebulosa	Clouded Leopard	VU	附录 I	一级
食肉目 CARNIVORA	猫科 Felidae	豹属 Panthera	豹 Panthera pardus	Leopard	VU	附录 I	一级
食肉目 CARNIVORA	猫科 Felidae	豹属 Panthera	虎 Panthera tigris	Tiger	EN	附录 I	一级
食肉目 CARNIVORA	猫科 Felidae	豹属 Panthera	雪豹 Panthera uncia	Snow Leopard	VU	附录 I	一级
食肉目 CARNIVORA	林狸科 Prionodontidae	林狸属 Prionodon	斑林狸 Prionodon pardicolor	Spotted Linsang	LC	附录 I	二级
食肉目 CARNIVORA	灵猫科 Viverridae	带狸属 Chrotogale	长颔带狸 Chrotogale owstoni	Owston's Civet	EN		一级
食肉目 CARNIVORA	灵猫科 Viverridae	熊狸属 Arctictis	熊狸 Arctictis binturong	Binturong	VU	附录 III	一级
食肉目 CARNIVORA	灵猫科 Viverridae	小齿狸属 Arctogalidia	小齿狸 Arctogalidia trivirgata	Small-toothed Palm Civet	LC		一级
食肉目 CARNIVORA	灵猫科 Viverridae	花面狸属 Paguma	花面狸 Paguma larvata	Masked Palm Civet	LC	附录 III	
食肉目 CARNIVORA	灵猫科 Viverridae	椰子狸属 Paradoxurus	椰子狸 Paradoxurus hermaphroditus	Common Palm Civet	LC	附录 III	二级
食肉目 CARNIVORA	灵猫科 Viverridae	大灵猫属 Viverra	大斑灵猫 Viverra megaspila	Large-spotted Civet	EN		一级
食肉目 CARNIVORA	灵猫科 Viverridae	大灵猫属 Viverra	大灵猫 Viverra zibetha	Large Indian Civet	LC	附录 III	一级
食肉目 CARNIVORA	灵猫科 Viverridae	小灵猫属 Viverricula	小灵猫 Viverricula indica	Small Indian Civet	LC	附录 III	一级

续表

目名	科名	属名	种名	种英文名	IUCN 红色名录	CITES 附录	国家重点保护等级
食肉目 CARNIVORA	獴科 Herpestidae	獴属 Herpestes	红颊獴 Herpestes javanicus	Small Asian Mongoose	LC	附录 III	
食肉目 CARNIVORA	獴科 Herpestidae	獴属 Herpestes	食蟹獴 Herpestes urva	Crab-eating Mongoose	LC	附录 III	
食肉目 CARNIVORA	犬科 Canidae	犬属 Canis	亚洲胡狼 Canis aureus	Golden Jackal	LC	附录 III	二级
食肉目 CARNIVORA	犬科 Canidae	犬属 Canis	狼 Canis lupus	Gray Wolf	LC	附录 II	二级
食肉目 CARNIVORA	犬科 Canidae	豺属 Cuon	豺 Cuon alpinus	Dhole	EN	附录 II	一级
食肉目 CARNIVORA	犬科 Canidae	狐属 Vulpes	孟加拉狐 Vulpes bengalensis	Bengal Fox	LC	附录 III	
食肉目 CARNIVORA	犬科 Canidae	狐属 Vulpes	沙狐 Vulpes corsac	Corsac Fox	LC		二级
食肉目 CARNIVORA	犬科 Canidae	狐属 Vulpes	藏狐 Vulpes ferrilata	Tibetan Fox	LC		二级
食肉目 CARNIVORA	犬科 Canidae	狐属 Vulpes	赤狐 Vulpes vulpes	Red Fox	LC	附录 III	二级
食肉目 CARNIVORA	犬科 Canidae	貉属 Nyctereutes	貉 Nyctereutes procyonoides	Racoon Dog	LC		
食肉目 CARNIVORA	熊科 Ursidae	大熊猫属 Ailuropoda	大熊猫 Ailuropoda melanoleuca	Giant Panda	VU	附录 I	一级
食肉目 CARNIVORA	熊科 Ursidae	马来熊属 Helarctos	马来熊 Helarctos malayanus	Sun Bear	VU	附录 I	一级
食肉目 CARNIVORA	熊科 Ursidae	懒熊属 Melursus	懒熊 Melursus ursinus	Sloth Bear	VU	附录 I	二级
食肉目 CARNIVORA	熊科 Ursidae	熊属 Ursus	棕熊 Ursus arctos	Brown Grizzly Bear	LC	附录 I	二级
食肉目 CARNIVORA	熊科 Ursidae	熊属 Ursus	亚洲黑熊 Ursus thibetanus	Asiatic Black Bear	VU	附录 I	二级
食肉目 CARNIVORA	海豹科 Phocidae	髯海豹属 Erignathus	髯海豹 Erignathus barbatus	Bearded Seal	LC		二级
食肉目 CARNIVORA	海豹科 Phocidae	海豹属 Phoca	斑海豹 Phoca largha	Spotted Seal	LC		一级
食肉目 CARNIVORA	海豹科 Phocidae	小头洼豹属 Pusa	环海豹 Pusa hispida	Ringed Seal	LC		二级
食肉目 CARNIVORA	海狮科 Otariidae	海狗属 Callorhinus	北海狗 Callorhinus ursinus	Northern Fur Seal	VU		二级
食肉目 CARNIVORA	海狮科 Otariidae	海狮属 Eumetopias	北海狮 Eumetopias jubatus	Steller Sea Lion	NT		二级
食肉目 CARNIVORA	小熊猫科 Ailuridae	小熊猫属 Ailurus	喜马拉雅小熊猫 Ailurus fulgens	Himalayan Red Panda	EN	附录 I	二级
食肉目 CARNIVORA	小熊猫科 Ailuridae	小熊猫属 Ailurus	中华小熊猫 Ailurus styani	Chinese Red Panda	EN	附录 I	二级
食肉目 CARNIVORA	鼬科 Mustelidae	小爪水獭属 Aonyx	小爪水獭 Aonyx cinerea	Asian Small-clawed Otter	VU	附录 I	二级
食肉目 CARNIVORA	鼬科 Mustelidae	水獭属 Lutra	欧亚水獭 Lutra lutra	Eurasian Otter	NT	附录 I	二级

续表

目名	科名	属名	种名	种英文名	IUCN 红色名录	CITES	国家重点保护等级
食肉目 CARNIVORA	鼬科 Mustelidae	江獭属 Lutrogale	江獭 Lutrogale perspicillata	Smooth-coated Otter	VU	附录 I	二级
食肉目 CARNIVORA	鼬科 Mustelidae	猪獾属 Arctonyx	猪獾 Arctonyx collaris	Hog Badger	VU		
食肉目 CARNIVORA	鼬科 Mustelidae	狗獾属 Meles	亚洲狗獾 Meles leucurus	Asian Badger	LC		
食肉目 CARNIVORA	鼬科 Mustelidae	鼬獾属 Melogale	鼬獾 Melogale moschata	Chinese Ferret-badger	LC		
食肉目 CARNIVORA	鼬科 Mustelidae	鼬獾属 Melogale	缅甸鼬獾 Melogale personata	Burmese Ferret-badger	LC		
食肉目 CARNIVORA	鼬科 Mustelidae	貂熊属 Gulo	貂熊 Gulo gulo	Wolverine	LC		一级
食肉目 CARNIVORA	鼬科 Mustelidae	貂属 Martes	黄喉貂 Martes flavigula	Yellow-throated Marten	LC	附录 III	二级
食肉目 CARNIVORA	鼬科 Mustelidae	貂属 Martes	石貂 Martes foina	Beech Marten	LC	附录 III	二级
食肉目 CARNIVORA	鼬科 Mustelidae	貂属 Martes	紫貂 Martes zibellina	Sable	LC		一级
食肉目 CARNIVORA	鼬科 Mustelidae	鼬属 Mustela	缺齿伶鼬 Mustela aistoodonnivalis	Lack-toothed Weasel	DD		
食肉目 CARNIVORA	鼬科 Mustelidae	鼬属 Mustela	香鼬 Mustela altaica	Mountain Weasel	NT	附录 III	
食肉目 CARNIVORA	鼬科 Mustelidae	鼬属 Mustela	白鼬 Mustela erminea	Stoat	LC	附录 III	
食肉目 CARNIVORA	鼬科 Mustelidae	鼬属 Mustela	艾鼬 Mustela eversmanii	Steppe Polecat	LC		
食肉目 CARNIVORA	鼬科 Mustelidae	鼬属 Mustela	黄腹鼬 Mustela kathiah	Yellow-bellied Weasel	LC	附录 III	
食肉目 CARNIVORA	鼬科 Mustelidae	鼬属 Mustela	伶鼬 Mustela nivalis	Least Weasel	LC		
食肉目 CARNIVORA	鼬科 Mustelidae	鼬属 Mustela	黄鼬 Mustela sibirica	Siberian Weasel	LC	附录 III	
食肉目 CARNIVORA	鼬科 Mustelidae	鼬属 Mustela	纹鼬 Mustela strigidorsa	Stripe-backed Weasel	LC		
食肉目 CARNIVORA	鼬科 Mustelidae	虎鼬属 Vormela	虎鼬 Vormela peregusna	Marbled Polecat	VU		

注：空白表格表示无此内容。

1. IUCN 红色名录为《世界自然保护联盟受威胁物种红色名录》(2021)。EW 为野生灭绝；CR 为极危；EN 为濒危；VU 为易危；NT 为近危；LC 为无危；DD 为数据缺乏；NE 为未予评估。

2. CITES 为《濒危野生动植物种国际贸易公约》(2019)。

3. 《国家重点保护野生动物名录》(2021)：保护等级分为国家一级、二级重点保护野生动物。

附表三 野外灭绝、外来及有争议的中国兽类物种名录

目名	科名	属名	种名	种英文名	备注
兔形目 LAGOMORPHA	鼠兔科 Ochotonidae	鼠兔属 Ochotona	中国鼠兔 Ochotona chinensis	Chinese Pika	模式标本与大耳鼠兔 Ochotona macrotis (Gunther, 1875)近似，线粒体基因组上两者也极度相似，分化不明显
兔形目 LAGOMORPHA	鼠兔科 Ochotonidae	鼠兔属 Ochotona	喜马拉雅鼠兔 Ochotona himalayana	Himalayan Pika	与灰鼠兔 Ochotona roylii nepalensis Hodgson, 1841 模式标本极度相似；分子数据分析鉴定为 Ochotona himalayana 的线粒体基因组与 O. roylii 形成单系群，群间分化不明显
兔形目 LAGOMORPHA	鼠兔科 Ochotonidae	鼠兔属 Ochotona	太白山鼠兔 Ochotona morosa	Morosa Pika	与间颅鼠兔 Ochotona cansus Lyon, 1907 为同物异名
兔形目 LAGOMORPHA	鼠兔科 Ochotonidae	鼠兔属 Ochotona	邛崃鼠兔 Ochotona qionglaiensis	Qionglai Pika	与藏鼠兔 Ochotona thibetana zappeyi Thomas, 1922 为同物异名，形态相似。研究表明，定义邛崃鼠兔的特殊线粒体支系为古基因渗透形成，核基因组数据支持将其归入藏鼠兔
啮齿目 RODENTIA	鼹型鼠科 Spalacidae	平颅鼢鼠属 Myospalax	阿尔泰鼢鼠 Myospalax myospalax	Altai Zokor	分布有待证实
啮齿目 RODENTIA	仓鼠科 Cricetidae	田鼠属 Microtus	普通田鼠 Microtus arvalis	Common Vole	中国应无分布

续表

目名	科名	属名	种名	种英文名	备注
啮齿目 RODENTIA	仓鼠科 Cricetidae	麝鼠属 Ondatra	麝鼠 Ondatra zibethicus	Muskrat	原产北美洲,我国在20世纪50年代从国外作为经济动物引入,现在野外已形成自然种群
劳亚食虫目 EULIPOTYPHLA	鼹科 Talpidae	东方鼹属 Euroscaptor	克氏鼹 Euroscaptor klossi	Kloss's Mole	无标本凭证,分布有待证实
劳亚食虫目 EULIPOTYPHLA	鼹科 Talpidae	东方鼹属 Euroscaptor	小齿鼹 Euroscaptor parvidens	Small-toothed Mole	现有研究认为该物种仅分于越南南部和中部,原来云南的记录需要有标本凭证进行评估
劳亚食虫目 EULIPOTYPHLA	鼩鼱科 Soricidae	短尾鼩属 Anourosorex	阿萨姆短尾鼩 Anourosorex assamensis	Assam Mole Shrew	无标本凭证,分布有待证实
劳亚食虫目 EULIPOTYPHLA	鼩鼱科 Soricidae	鼩鼱属 Sorex	帕米尔鼩鼱 Sorex buchariensis	Buchara Shrew	无标本凭证,分布有待证实
劳亚食虫目 EULIPOTYPHLA	鼩鼱科 Soricidae	鼩鼱属 Sorex	克什米尔鼩鼱 Sorex planiceps	Kashmir Shrew	无标本凭证,分布有待证实
翼手目 CHIROPTERA	狐蝠科 Pteropodidae	狐蝠属 Pteropus	印度大狐蝠 Pteropus giganteus	Indian Flying Fox	偶获标本,分布有待证实
翼手目 CHIROPTERA	狐蝠科 Pteropodidae	狐蝠属 Pteropus	泰国狐蝠 Pteropus lylei	Lyle's Flying Fox	偶获标本,应为迷失物种
翼手目 CHIROPTERA	狐蝠科 Pteropodidae	狐蝠属 Pteropus	马来大狐蝠 Pteropus vampyrus	Large Flying Fox	偶获标本,实际无分布,应为迷失物种
翼手目 CHIROPTERA	蹄蝠科 Hipposideridae	蹄蝠属 Hipposideros	丑蹄蝠 Hipposideros turpis	Lesser Great Leaf-nosed Bat	中国应无分布
翼手目 CHIROPTERA	菊头蝠科 Rhinolophidae	菊头蝠属 Rhinolophus	华南菊头蝠 Rhinolophus huananus	China South Horseshoe Bat	分类修订为清迈菊头蝠 Rhinolophus siamensis Gyldenstolpe, 1917
翼手目 CHIROPTERA	菊头蝠科 Rhinolophidae	菊头蝠属 Rhinolophus	浅褐菊头蝠 Rhinolophus subbadius	Little Nepalese Horseshoe Bat	中国应无分布
翼手目 CHIROPTERA	长翼蝠科 Miniopteridae	长翼蝠属 Miniopterus	琉球长翼蝠 Miniopterus fuscus	Southeast Asia Long-winged Bat	在中国的分布有待证实
翼手目 CHIROPTERA	蝙蝠科 Vespertilionidae	管鼻蝠属 Murina	拟大管鼻蝠 Murina rubex	Rubig Tube-nosed Bat	中国应无分布,为白腹管鼻蝠在印度分布的一亚种
翼手目 CHIROPTERA	蝙蝠科 Vespertilionidae	鼠耳蝠属 Myotis	水鼠耳蝠 Myotis daubentoni	Daubenton's Bat	其华南亚种提升为华南水鼠耳蝠 Myotis lamiger Peters, 1870
翼手目 CHIROPTERA	蝙蝠科 Vespertilionidae	伏翼属 Pipistrellus	道氏拟伏翼 Pipistrellus dormiri	Dormer's Pipistrelle	分类有待证实
翼手目 CHIROPTERA	蝙蝠科 Vespertilionidae	伏翼属 Pipistrellus	古氏伏翼 Pipistrellus kuhlii	Kuhl's Pipistrelle	分布有待证实
翼手目 CHIROPTERA	蝙蝠科 Vespertilionidae	伏翼属 Pipistrellus	山伏翼 Pipistrellus montanus	Mountain Pipistrelle	分类有待证实

续表

目名	科名	属名	种名	种英文名	备注
翼手目 CHIROPTERA	蝙蝠科 Vespertilionidae	伏翼属 Pipistrellus	台湾伏翼 Pipistrellus taiwanensis	Taiwanese Pipistrelle	分类有待证实
鲸偶蹄目 CETARTIODACTYLA	鹿科 Cervidae	豚鹿属 Axis	豚鹿 Axis porcinus	Hog Deer	中国境内野外灭绝
鲸偶蹄目 CETARTIODACTYLA	鹿科 Cervidae	驯鹿属 Rangifer	驯鹿 Rangifer tarandus	Reindeer	中国应无野生种群
鲸偶蹄目 CETARTIODACTYLA	牛科 Bovidae	水牛属 Bubalus	野水牛 Bubalus arnee	Asian Buffalo	分布有待证实
鲸偶蹄目 CETARTIODACTYLA	牛科 Bovidae	岩羊属 Pseudois	矮岩羊 Pseudois schaeferi	Dwarf Bharal	已合并入岩羊
鲸偶蹄目 CETARTIODACTYLA	牛科 Bovidae	高鼻羚羊属 Saiga	高鼻羚羊 Saiga tatarica	Saiga	中国境内野外灭绝
奇蹄目 PERISSODACTYLA	犀科 Rhinocerotidae	双角犀属 Dicerorhinus	双角犀 Dicerorhinus sumatraensis	Sumatran Rhinoceros	中国境内野外灭绝
奇蹄目 PERISSODACTYLA	犀科 Rhinocerotidae	独角犀属 Rhinoceros	爪哇犀 Rhinoceros sondaicus	Javan Rhinoceros	中国境内野外灭绝
鳞甲目 PHOLIDOTA	鲮鲤科 Manidae	鲮鲤属 Manis	印度穿山甲 Manis crassicaudata	Indian Pangolin	中国应无分布
食肉目 CARNIVORA	猫科 Felidae	豹猫属 Prionailurus	渔猫 Prionailurus viverrinus	Fishing Cat	历史记录有误，中国境内无确认记录
食肉目 CARNIVORA	獴科 Herpestidae	獴属 Herpestes	灰獴 Herpestes edwardsii	Common Grey Mongoose	分布有待证实
食肉目 CARNIVORA	鼬科 Mustelidae	狗獾属 Meles	欧亚狗獾 Meles meles	Eurasian Badger	分布有待证实
食肉目 CARNIVORA	鼬科 Mustelidae	鼬属 Mustela	美洲水貂 Mustela vison	American Mink	原产北美洲，我国在20世纪50年代从国外作为经济动物引入，现在野外已有分布

附表四 中国兽类标本馆藏数量统计（截至 2021 年 6 月 30 日）

分类单元	A	B	C	D	E	F	G	H	I	J	K	L	M	N	O	P	Q	R	S	总计
长鼻目 PROBOSCIDEA	0	1	0	0	2	0	0	0	0	1	0	5	1	0	0	0	4	0	0	14
象科 Elephantidae	0	1	0	0	2	0	0	0	0	1	0	5	1	0	0	0	4	0	0	14
象属 Elephas	0	1	0	0	2	0	0	0	0	1	0	5	1	0	0	0	4	0	0	14
海牛目 SIRENIA	0	1	0	0	0	0	0	0	0	0	0	14	0	0	0	0	0	0	0	15
儒艮科 Dugongidae	0	1	0	0	0	0	0	0	0	0	0	14	0	0	0	0	0	0	0	15
儒艮属 Dugong	0	1	0	0	0	0	0	0	0	0	0	14	0	0	0	0	0	0	0	15
灵长目 PRIMATES	896	143	2	19	38	4	11	23	44	14	34	164	14	16	69	3	16	4	0	1 514
原猴亚目 Strepsirrhini	126	7	0	0	2	1	0	2	0	1	0	22	4	2	69	0	1	0	0	168
懒猴科 Lorisidae	126	7	0	0	2	1	0	2	0	1	0	22	4	2	69	0	1	0	0	168
蜂猴属 Nycticebus	126	7	0	0	2	1	0	2	0	1	0	22	4	2	0	0	1	0	0	168
简鼻亚目 Haplorhini	770	136	2	19	36	3	11	21	44	13	34	142	10	14	69	3	15	4	0	1 346
猴科 Cercopithecidae	766	115	2	19	35	3	11	21	44	12	31	137	9	13	69	3	14	4	0	1 308
猕猴属 Macaca	564	83	2	14	20	2	8	17	18	7	21	85	4	5	12	1	6	3	0	872
仰鼻猴属 Rhinopithecus	108	24	0	0	12	1	1	4	26	3	0	15	2	4	57	0	4	0	0	262
长尾叶猴属 Semnopithecus	0	3	0	5	0	0	0	0	0	0	0	0	0	0	0	0	0	0	0	8
乌叶猴属 Trachypithecus	94	5	0	0	3	0	0	0	0	2	10	37	3	4	0	1	4	1	0	166
长臂猿科 Hylobatidae	4	21	0	0	1	0	0	0	0	1	3	5	1	1	0	1	1	0	0	38
白眉长臂猿属 Hoolock	0	0	0	0	0	0	0	0	0	1	0	0	0	0	0	0	0	0	0	2
长臂猿属 Hylobates	4	0	0	0	0	0	0	0	0	0	0	0	0	0	0	0	0	0	0	4
冠长臂猿属 Nomascus	0	21	0	0	1	0	0	0	0	0	3	5	1	0	0	0	1	0	0	32

分类单元	A	B	C	D	E	F	G	H	I	J	K	L	M	N	O	P	Q	R	S	总计
攀鼩目 SCANDENTIA	877	215	7	0	13	1	40	10	0	0	14	0	2	0	0	0	3	0	0	1 182
树鼩科 Tupaiidae	877	215	7	0	13	1	40	10	0	0	14	0	2	0	0	0	3	0	0	1 182
树鼩属 *Tupaia*	877	215	7	0	13	1	40	10	0	0	14	0	2	0	0	0	3	0	0	1 182
兔形目 LAGOMORPHA	691	4 014	2 504	901	311	2	56	81	47	12	22	27	15	128	10	2	3	2	0	8 828
兔科 Leporidae	154	936	7	188	4	1	56	7	33	3	22	22	7	91	0	1	3	2	0	1 537
兔属 *Lepus*	154	936	7	188	4	1	56	7	33	3	22	22	7	91	0	1	3	2	0	1 537
鼠兔科 Ochotonidae	537	3 078	2 497	713	307	1	0	74	14	9	0	5	8	37	10	1	0	0	0	7 291
鼠兔属 *Ochotona*	537	3 078	2 497	713	307	1	0	74	14	9	0	5	8	37	10	1	0	0	0	7 291
啮齿目 RODENTIA	40 291	35 639	18 608	3 748	3 200	105	568	2 619	1 846	597	892	445	978	581	454	20	40	115	0	110 746
河狸型亚目 Castorimorpha	0	4	0	3	0	0	0	0	1	0	0	0	1	1	0	0	0	0	0	10
河狸科 Castoridae	0	4	0	3	0	0	0	0	1	0	0	1	0	0	0	0	0	0	0	10
河狸属 *Castor*	0	4	0	3	0	0	0	0	1	0	0	1	0	0	0	0	0	0	0	10
鼠型亚目 Myomorpha (跳鼠总科 Dipodoidea)	41	2 563	159	165	22	1	0	3	11	11	0	5	3	5	3	1	0	2	0	2 995
蹶鼠科 Sicistidae	2	46	74	1	7	0	0	0	0	0	0	0	0	0	0	0	0	0	0	130
蹶鼠属 *Sicista*	2	46	74	1	7	0	0	0	0	0	0	0	0	0	0	0	0	0	0	130
林跳鼠科 Zapodidae	3	10	77	4	8	1	0	1	1	0	0	0	0	0	3	0	0	0	0	108
林跳鼠属 *Eozapus*	3	10	77	4	8	1	0	1	1	0	0	0	0	0	3	0	0	0	0	108
跳鼠科 Dipodidae	36	2 507	8	160	7	0	0	2	10	11	0	5	3	5	0	1	0	2	0	2 757
五趾跳鼠属 *Allactaga*	7	0	0	0	0	0	0	0	0	0	0	0	0	0	0	0	0	0	0	7
东方五趾跳鼠属 *Orientallactaga*	15	932	3	79	0	0	0	0	0	2	0	4	2	4	0	1	0	1	0	1 045
肥尾跳鼠属 *Pygeretmus*	5	26	0	0	0	0	0	0	0	0	0	0	0	0	0	0	0	0	0	31
小五趾跳鼠属 *Scarturus*	5	68	0	3	0	0	0	0	0	0	0	0	0	0	0	0	0	0	0	76
五趾心颅跳鼠属 *Cardiocranius*	0	25	0	2	0	0	0	0	0	0	0	0	0	0	0	0	0	0	0	27
三趾心颅跳鼠属 *Salpingotus*	1	61	0	13	0	0	0	0	0	0	0	0	0	0	0	0	0	0	0	75
奇美跳鼠属 *Chimaerodipus*	0	0	0	0	0	0	0	0	0	0	0	0	0	0	0	0	0	0	0	0

续表

分类单元	A	B	C	D	E	F	G	H	I	J	K	L	M	N	O	P	Q	R	S	总计
三趾跳鼠属 Dipus	0	1162	5	51	0	0	0	1	9	9	0	1	1	1	0	0	0	1	0	1241
羽尾跳鼠属 Stylodipus	0	58	0	7	7	0	0	0	9	0	0	0	0	0	0	0	0	0	0	65
长耳跳鼠属 Euchoreutes	3	175	0	12	0	0	0	0	0	0	0	0	0	0	0	0	0	0	0	190
鼠型亚目 Myomorpha(鼠总科 Muroidea)	37891	24802	17674	2790	2881	91	520	2399	1582	511	613	297	878	269	416	12	17	87	0	93730
刺山鼠科 Platacanthomyidae	88	51	9	0	1	0	21	0	0	0	0	45	0	0	0	0	0	0	0	216
猪尾鼠属 Typhlomys	88	51	9	0	1	0	21	0	0	0	0	45	0	1	0	0	0	0	0	216
鼹型鼠科 Spalacidae	241	334	32	612	46	3	0	38	102	9	49	10	4	1	124	4	4	2	0	1615
凸颅鼢鼠属 Eospalax	57	112	25	611	16	0	0	8	90	0	0	2	0	0	65	1	2	1	0	990
平颅鼢鼠属 Myospalax	76	73	0	1	1	0	0	0	0	7	0	6	1	0	0	0	0	0	0	165
小竹鼠属 Cannomys	6	0	0	0	0	0	0	0	0	0	0	0	0	0	0	0	0	0	0	6
竹鼠属 Rhizomys	102	149	7	0	29	3	0	30	12	2	49	2	3	1	59	3	2	1	0	454
鼠科 Muridae	24764	17444	8119	1211	2619	84	419	1995	1290	300	562	206	778	156	290	5	13	70	0	60325
短耳沙鼠属 Brachiones	0	34	0	0	0	0	0	0	0	0	0	0	0	0	0	0	0	0	0	34
沙鼠属 Meriones	11	1848	141	271	0	0	0	2	36	1	0	38	10	5	1	0	0	2	0	2365
大沙鼠属 Rhombomys	1	195	0	24	0	0	0	0	0	2	0	0	0	7	1	0	0	0	0	230
姬鼠属 Apodemus	10744	6133	3712	340	1628	6	21	486	645	219	6	5	558	96	94	0	0	20	0	24713
板齿鼠属 Bandicota	18	95	0	11	0	5	0	0	0	0	62	0	0	0	0	0	0	0	0	191
大鼠属 Berylmys	76	13	9	0	0	4	2	1	0	0	0	0	0	1	0	0	0	0	0	106
中南树鼠属 Chiromyscus	10	0	0	0	0	0	0	0	0	0	0	0	0	0	0	0	0	0	0	10
笔尾树鼠属 Chiropodomys	7	2	0	0	0	0	0	0	0	0	0	0	0	0	1	0	0	0	0	10
大齿鼠属 Dacnomys	14	0	0	0	0	0	0	0	0	0	0	0	0	0	0	0	0	0	0	14
壮鼠属 Hadromys	38	0	0	0	0	0	0	0	0	0	0	0	0	0	0	0	0	0	0	38
狨鼠属 Hapalomys	161	2	0	0	0	0	0	128	0	0	0	0	0	0	0	0	0	0	0	163
小泡巨鼠属 Leopoldamys	13	42	35	0	0	2	0	0	0	0	20	0	0	0	4	0	1	3	0	248
王鼠属 Maxomys	25	21	0	0	0	0	0	0	0	0	0	0	0	0	0	0	0	0	0	46

续表

分类单元	A	B	C	D	E	F	G	H	I	J	K	L	M	N	O	P	Q	R	S	总计
巢鼠属 Micromys	71	780	296	7	26	0	13	34	20	12	3	5	1	5	30	0	0	0	0	1 303
小家鼠属 Mus	3 656	2 175	481	263	55	0	106	71	81	31	48	49	15	0	60	1	0	7	0	7 099
地鼠属 Nesokia	0	16	0	0	0	0	0	0	0	0	0	0	0	1	0	0	0	0	0	17
白腹鼠属 Niviventer	6 613	2 018	3 071	106	527	60	230	1 036	327	0	211	12	161	40	25	1	0	18	0	14 456
家鼠属 Rattus	3 262	4 058	357	189	381	7	47	226	181	35	211	97	33	1	77	2	12	20	0	9 196
东京鼠属 Tonkinomys	12	0	0	0	0	0	0	0	0	0	0	0	0	0	0	0	0	0	0	12
长尾攀鼠属 Vandeleuria	4	8	0	0	0	0	0	10	0	0	0	0	0	0	0	0	0	0	0	22
滇攀鼠属 Vernaya	28	4	17	0	2	0	0	1	0	0	0	0	0	0	0	0	0	0	0	52
仓鼠科 Cricetidae	12 798	6 973	9 514	967	215	4	80	366	190	202	2	36	96	111	2	3	0	15	0	31 574
鼹型田鼠属 Ellobius	0	31	43	7	0	0	0	0	1	0	0	0	0	0	0	0	0	0	0	82
水䶄属 Arvicola	0	26	0	0	0	0	0	0	0	0	0	0	0	0	0	0	0	0	0	26
东方兔尾鼠属 Eolagurus	0	130	33	7	0	0	0	0	0	0	0	0	0	0	0	0	0	0	0	170
兔尾鼠属 Lagurus	0	48	12	4	0	0	0	0	0	0	0	0	0	0	0	0	0	0	0	64
林旅鼠属 Myopus	0	6	2	0	0	0	0	1	0	0	0	0	0	0	0	0	0	0	0	9
东方田鼠属 Alexandromys	2	0	537	107	53	0	0	9	5	5	0	2	7	39	0	0	0	6	0	772
毛足田鼠属 Lasiopodomys	0	246	39	8	0	0	0	1	0	4	0	0	5	1	0	0	0	1	0	306
田鼠属 Microtus	933	438	304	3	0	0	0	0	0	0	0	2	0	0	0	0	0	0	0	1 680
松田鼠属 Neodon	137	395	2 082	249	0	1	10	1	0	0	0	0	0	0	0	0	0	0	0	2 875
沟牙田鼠属 Proedromys	2	0	164	0	0	0	0	0	0	1	0	0	0	0	0	0	0	0	0	168
川西田鼠属 Volemys	28	14	100	23	0	0	0	0	0	0	0	0	0	0	0	0	0	0	0	142
高山䶄属 Alticola	146	320	18	23	0	0	0	0	0	0	0	0	0	0	0	0	0	0	0	507
绒䶄属 Caryomys	304	189	796	5	57	0	0	0	23	0	0	0	0	0	0	0	0	0	0	1 374
棕背䶄属 Craseomys	49	0	232	5	0	0	0	0	0	105	0	0	14	23	0	0	0	0	0	430
绒鼠属 Eothenomys	11 153	525	4 509	0	94	2	70	309	7	0	2	9	4	0	0	0	0	2	0	16 684
䶄属 Myodes	0	1 246	156	3	0	0	0	2	2	16	0	0	3	1	0	0	0	2	0	1 429

续表

分类单元	A	B	C	D	E	F	G	H	I	J	K	L	M	N	O	P	Q	R	S	总计
短尾仓鼠属 Allocricetulus	1	110	0	10	0	0	0	0	0	0	0	0	0	0	0	0	0	0	0	121
甘肃仓鼠属 Cansumys	14	10	2	0	0	0	0	0	0	0	0	0	0	0	0	0	0	0	0	26
仓鼠属 Cricetulus	22	1 915	343	319	0	1	0	41	2	50	0	15	24	22	1	0	0	0	0	2 755
原仓鼠属 Cricetus	0	20	2	0	0	0	0	0	0	0	0	0	0	0	0	0	0	0	0	22
假仓鼠属 Nothocricetulus	0	448	36	93	0	0	0	1	0	0	0	2	0	5	0	0	0	0	0	585
毛足鼠属 Phodopus	7	469	17	59	0	0	0	1	0	0	0	3	5	3	0	0	0	0	0	564
大仓鼠属 Tscherskia	0	287	22	27	11	0	0	2	150	21	0	3	34	16	2	1	0	4	0	580
藏仓鼠属 Urocricetus	0	100	65	38	0	0	0	0	0	0	0	0	0	0	0	0	0	0	0	203
豪猪型亚目 Hystricomorpha	25	8	2	1	20	1	0	4	12	3	5	6	2	0	11	0	5	2	0	108
豪猪科 Hystricidae	25	8	2	1	20	1	0	4	12	3	5	6	2	0	11	0	5	2	0	108
帚尾豪猪属 Atherurus	8	8	0	0	2	0	0	1	0	0	5	6	0	0	0	0	1	0	0	31
豪猪属 Hystrix	17	0	2	1	18	1	0	3	12	3	0	0	2	0	11	1	4	2	0	77
松鼠型亚目 Sciuromorpha	2 334	8 262	773	789	277	12	48	213	240	72	274	136	95	306	24	6	18	24	0	13 903
睡鼠科 Gliridae	0	0	7	0	1	0	0	0	0	0	0	0	0	0	0	0	0	0	0	8
毛尾睡鼠属 Chaetocauda	0	3	0	1	0	0	0	0	0	0	0	0	0	0	0	0	0	0	0	4
林睡鼠属 Dryomys	0	0	4	0	0	0	0	0	0	0	0	0	0	0	0	0	0	0	0	4
松鼠科 Sciuridae	2 334	8 262	766	789	276	12	48	213	240	72	274	136	95	306	24	6	18	24	0	13 895
沟牙鼯鼠属 Aeretes	1	4	3	0	2	0	0	0	0	0	0	0	0	0	0	0	0	0	0	10
毛耳飞鼠属 Belomys	11	3	0	0	0	0	0	0	0	0	0	4	0	0	0	0	0	0	0	18
比氏鼯鼠属 Biswamoyopterus	0	1	0	0	0	0	0	0	0	0	0	0	0	0	0	0	0	0	0	1
绒毛鼯鼠属 Eupetaurus	6	0	0	0	0	0	0	0	0	0	0	0	0	0	0	0	0	0	0	6
箭尾飞鼠属 Hylopetes	55	15	0	0	15	0	0	0	0	0	2	3	0	0	0	0	0	0	0	90
鼯鼠属 Petaurista	268	85	16	16	21	2	3	0	1	1	4	5	4	5	4	0	3	1	0	446
喜山大耳飞鼠属 Priapomys	0	0	0	0	0	0	0	0	0	0	0	0	0	0	0	0	0	0	0	0
飞鼠属 Pteromys	3	59	2	5	1	0	0	1	0	2	0	0	2	24	0	0	0	0	0	99

续表

分类单元	A	B	C	D	E	F	G	H	I	J	K	L	M	N	O	P	Q	R	S	总计
复齿鼯鼠属 *Trogopterus*	20	14	18	1	8	0	0	1	20	0	0	0	0	0	2	1	0	0	0	86
丽松鼠属 *Callosciurus*	697	1 611	586	8	42	2	9	66	0	1	63	40	5	9	6	1	5	14	0	3 165
长吻松鼠属 *Dremomys*	646	407	10	26	84	4	6	32	0	1	34	13	0	12	0	0	0	5	0	1 281
旱獭属 *Marmota*	42	274	6	26	3	0	0	21	1	1	0	4	2	11	0	1	0	0	0	392
线松鼠属 *Menetes*	16	32	0	0	0	0	0	0	0	0	0	0	0	0	0	0	0	0	0	48
巨松鼠属 *Ratufa*	49	116	0	0	0	0	0	4	0	1	58	13	1	2	0	0	3	1	0	248
侧纹岩松鼠属 *Rupestes*	6	0	0	0	0	0	0	0	0	0	0	0	0	0	0	0	0	0	0	6
岩松鼠属 *Sciurotamias*	74	305	57	13	64	0	15	46	125	0	0	5	33	10	12	1	3	2	0	764
松鼠属 *Sciurus*	9	1 680	0	2	1	0	0	0	4	13	0	0	11	133	0	0	0	0	0	1 854
黄鼠属 *Spermophilus*	0	1 350	15	588	0	0	0	4	0	9	0	22	6	18	1	1	2	0	0	2 015
花鼠属 *Tamias*	24	1 121	32	100	0	0	0	3	2	43	0	6	26	67	0	1	0	0	0	1 425
花松鼠属 *Tamiops*	406	1 186	21	4	35	4	15	28	87	0	113	21	4	15	0	0	1	1	0	1 941
劳亚食虫目 EULIPOTYPHLA	9 206	1 495	4 347	101	557	50	26	316	90	9	84	64	34	23	11	5	9	26	0	16 453
鼹科 Talpidae	735	178	1 007	10	76	10	8	13	13	1	15	44	2	2	2	2	5	10	0	2 131
高山鼹属 *Alpiscaptulus*	0	0	0	0	0	0	0	0	0	0	0	0	0	0	0	0	0	0	0	0
甘肃鼹属 *Scapanulus*	8	15	41	1	1	0	0	1	1	0	0	0	0	0	1	0	0	0	0	69
长尾鼹属 *Scaptonyx*	162	4	88	0	1	2	0	0	3	0	0	0	0	0	0	0	0	0	0	260
东方鼹属 *Euroscaptor*	33	6	26	0	17	4	0	6	7	1	0	0	0	0	0	0	0	3	0	103
缺齿鼹属 *Mogera*	2	18	0	0	0	4	8	0	0	0	15	7	2	2	0	0	5	2	0	65
白尾鼹属 *Parascaptor*	46	7	5	0	14	0	0	0	0	0	0	0	0	0	0	0	0	0	0	72
麝鼹属 *Scaptochirus*	6	119	0	9	1	1	0	0	2	0	0	37	0	0	0	1	0	0	0	175
鼩鼹属 *Uropsilus*	478	9	847	0	42	0	0	6	0	0	0	0	0	0	0	0	0	5	0	1 387
猬科 Erinaceidae	521	373	202	27	49	3	7	20	27	1	11	0	8	9	9	1	3	2	0	1 267
刺猬属 *Erinaceus*	11	126	8	0	1	2	0	0	12	1	1	0	8	0	2	1	3	2	0	178
大耳猬属 *Hemiechinus*	2	100	2	27	2	0	0	0	0	0	0	0	0	0	0	0	0	0	0	133

续表

分类单元	A	B	C	D	E	F	G	H	I	J	K	L	M	N	O	P	Q	R	S	总计
林猬属 Mesechinus	25	43	6	0	1	0	0	2	15	0	0	0	0	3	7	0	0	0	0	102
毛猬属 Hylomys	69	15	0	0	0	0	0	0	0	0	0	0	0	0	0	0	0	0	0	84
新毛猬属 Neohylomys	4	11	0	0	0	0	0	0	0	0	10	0	0	0	0	0	0	0	0	25
鼩猬属 Neotetracus	410	78	186	0	45	1	7	18	0	0	0	0	0	0	0	0	0	0	0	745
鼩鼱科 Soricidae	7 950	944	3 138	64	432	37	11	283	50	7	58	20	24	18	2	2	1	14	0	13 055
麝鼩属 Crocidura	1 175	274	262	6	22	10	1	51	12	6	4	9	4	5	2	2	0	11	0	1 854
臭鼩属 Suncus	64	134	16	23	1	15	6	1	0	1	52	11	0	0	0	0	0	0	0	325
短尾鼩属 Anourosorex	1 356	192	603	0	320	12	4	180	0	0	0	0	0	0	0	0	0	0	0	2 667
黑齿鼩属 Blarinella	417	26	89	1	0	0	0	0	7	0	0	0	0	0	0	0	0	0	0	540
异黑齿鼩属 Parablarinella	0	35	17	0	3	0	0	0	0	0	0	0	0	0	0	0	0	0	0	55
水鼩属 Chimarrogale	25	7	4	4	5	0	0	6	0	0	2	0	2	0	0	0	0	2	0	57
缺齿鼩属 Chodsigoa	85	14	167	3	26	0	0	1	1	0	0	0	3	0	0	0	0	1	0	300
须弥长尾鼩属 Episoriculus	484	24	495	3	5	0	0	32	0	0	0	0	0	0	0	0	0	0	0	1 043
长尾鼩属 Soriculus	2 109	36	178	4	0	0	0	0	0	0	0	0	0	0	0	0	0	0	0	2 327
蹼足鼩属 Nectogale	54	8	7	2	2	0	0	2	0	0	0	0	0	2	0	0	0	0	0	75
水鼩鼱属 Neomys	169	10	0	0	0	0	0	1	0	0	0	0	0	0	0	0	0	0	0	182
鼩鼱属 Sorex	1 977	219	1 300	18	48	0	0	9	31	0	0	0	15	11	2	0	0	0	0	3 630
翼手目 CHIROPTERA	2 101	1 176	793	61	438	4 215	3 049	164	182	2 231	263	29	6	12	88	4	4	7	0	14 823
阴蝙蝠亚目 Yinpterochiroptera	1 377	671	545	15	296	3 227	1 894	93	140	1 447	133	11	3	3	50	0	2	3	0	9 907
狐蝠科 Pteropodidae	345	73	6	10	2	45	0	0	0	15	44	0	0	0	0	0	2	0	0	542
犬蝠属 Cynopterus	108	37	0	2	0	26	0	0	0	7	10	0	0	0	0	1	0	0	0	191
大长舌果蝠属 Eonycteris	60	20	0	0	0	0	0	0	0	0	0	0	0	0	0	0	0	0	0	80
小长舌果蝠属 Macroglossus	9	0	0	0	0	0	0	2	0	0	0	0	0	0	0	0	0	0	0	11
无尾果蝠属 Megaerops	0	0	5	0	0	0	0	0	0	0	0	0	0	0	0	0	0	0	0	5
狐蝠属 Pteropus	0	0	0	0	0	0	0	0	0	0	0	0	0	0	0	0	1	0	0	1

续表

分类单元	A	B	C	D	E	F	G	H	I	J	K	L	M	N	O	P	Q	R	S	总计
果蝠属 Rousettus	167	16	1	6	2	15	0	0	0	8	34	0	0	0	0	0	0	0	0	249
球果蝠属 Sphaerias	1	0	0	2	0	2	0	0	0	0	0	0	0	0	0	0	0	0	0	5
假吸血蝠科 Megadermatidae	1	0	17	0	6	12	40	0	0	7	0	0	0	0	0	0	0	0	0	83
假吸血蝠属 Megaderma	1	0	17	0	6	12	40	0	0	7	0	0	0	0	0	0	0	0	0	83
蹄蝠科 Hipposideridae	476	338	252	1	123	1 202	981	79	73	406	54	11	0	1	25	0	0	2	0	4 024
三叶蹄蝠属 Aselliscus	30	23	0	0	0	28	308	0	0	0	0	0	0	0	0	0	0	0	0	389
无尾蹄蝠属 Coelops	1	2	0	0	0	20	0	0	0	2	2	0	0	0	0	0	0	0	0	27
蹄蝠属 Hipposideros	445	313	252	1	123	1 154	673	79	73	404	52	11	0	1	25	0	0	2	0	3 608
菊头蝠科 Rhinolophidae	555	260	270	4	165	1 968	873	14	67	1 019	35	0	0	2	25	0	0	1	0	5 258
菊头蝠属 Rhinolophus	555	260	270	4	165	1 968	873	14	67	1 019	35	0	0	2	25	0	0	1	0	5 258
阳蝙蝠亚目 Yangochiroptera	724	505	248	46	142	988	1 155	71	42	784	130	18	6	9	38	4	2	4	0	4 916
鞘尾蝠科 Emballonuridae	15	25	8	0	0	28	70	0	0	13	27	0	0	0	0	0	0	0	0	186
墓蝠属 Taphozous	15	25	8	0	0	28	70	0	0	13	27	0	0	0	0	0	0	0	0	186
犬吻蝠科 Molossidae	1	13	2	0	11	6	0	0	0	6	0	0	0	0	0	0	0	0	0	39
小犬吻蝠属 Chaerephon	1	11	2	0	0	5	0	0	0	0	0	0	0	0	0	0	0	0	0	19
犬吻蝠属 Tadarida	0	2	0	0	11	1	0	0	0	6	0	0	0	0	0	0	0	0	0	20
长翼蝠科 Miniopteridae	84	0	3	0	23	84	250	1	1	17	53	0	0	0	0	0	0	0	0	516
长翼蝠属 Miniopterus	84	0	3	0	23	84	250	1	1	17	53	0	0	0	0	0	0	0	0	516
蝙蝠科 Vespertilionidae	624	467	235	46	108	870	835	70	41	748	50	18	6	9	38	4	2	4	0	4 175
彩蝠属 Kerivoula	3	0	0	0	0	57	0	0	0	0	2	0	0	0	0	0	1	0	0	63
毛翼蝠属 Harpiocephalus	0	0	0	0	0	73	0	0	0	0	0	0	0	0	0	0	0	0	0	73
金芒蝠属 Harpiola	0	0	0	0	0	0	0	0	0	0	0	0	0	0	0	0	0	0	0	0
管鼻蝠属 Murina	11	10	23	3	1	425	31	4	2	30	0	0	0	3	0	0	0	0	0	543
盘足蝠属 Eudiscopus	0	0	0	0	0	0	0	0	0	0	0	0	0	0	0	0	0	0	0	0
鼠耳蝠属 Myotis	161	60	162	6	40	127	714	43	8	567	15	2	2	0	6	0	0	2	0	1 915

续表

分类单元	A	B	C	D	E	F	G	H	I	J	K	L	M	N	O	P	Q	R	S	总计
宽吻蝠属 Submyotodon	0	0	0	0	0	0	0	0	0	0	0	0	0	0	0	0	0	0	0	0
金背伏翼属 Arielulus	14	2	0	0	0	0	0	0	0	0	0	0	0	0	0	0	0	0	0	16
宽耳蝠属 Barbastella	7	0	0	0	0	0	0	0	0	0	0	0	0	0	0	0	0	0	0	7
棕蝠属 Eptesicus	0	8	0	25	0	0	0	0	0	0	1	0	0	0	0	0	0	0	0	34
高级伏翼属 Hypsugo	20	57	7	0	8	1	0	2	0	41	0	0	0	0	0	0	0	0	0	136
南蝠属 Ia	21	0	12	0	8	3	60	2	18	32	1	0	0	0	14	0	0	0	0	171
山蝠属 Nyctalus	6	59	7	0	0	29	10	0	0	2	2	0	4	0	3	0	0	0	0	122
伏翼属 Pipistrellus	94	106	17	4	42	37	20	8	13	23	12	2	0	2	15	3	0	0	0	398
长耳蝠属 Plecotus	5	2	0	5	0	2	0	0	0	0	0	0	0	0	3	0	0	0	0	14
斑蝠属 Scotomanes	5	23	7	0	5	3	0	4	0	7	0	2	0	0	0	0	0	2	0	58
黄蝠属 Scotophilus	15	74	0	3	0	54	0	7	0	39	10	5	0	3	0	1	1	0	0	212
金颈蝠属 Thainycteris	0	0	0	0	0	1	0	0	0	0	0	0	0	0	0	0	0	0	0	1
扁颅蝠属 Tylonycteris	262	0	0	0	0	57	0	0	0	0	0	0	0	0	0	0	0	0	0	319
蝙蝠属 Vespertilio	0	66	0	0	4	1	0	0	0	14	0	7	1	1	1	0	0	0	0	93
鲸偶蹄目 CETARTIODACTYLA	1 161	1 778	65	647	362	6	118	94	678	73	92	307	27	29	78	223	51	18	25	5 832
胼足亚目 Tylopoda	0	0	0	0	0	0	0	0	0	0	0	4	0	0	0	0	0	0	0	4
骆驼科 Camelidae	0	0	0	0	0	0	0	0	0	0	0	4	0	0	0	0	0	0	0	4
骆驼属 Camelus	0	0	0	0	0	0	0	0	0	0	0	4	0	0	0	0	0	0	0	4
猪型亚目 Suina	18	164	2	1	8	1	18	6	15	16	10	34	3	2	10	1	4	0	0	313
猪科 Suidae	18	164	2	1	8	1	18	6	15	16	10	34	3	2	10	1	4	0	0	313
猪属 Sus	18	164	2	1	8	1	18	6	15	16	10	34	3	2	10	1	4	0	0	313
反刍亚目 Ruminantia	1 143	1 604	63	646	354	4	100	85	663	56	82	235	23	27	68	4	34	16	0	5 207
鼷鹿科 Tragulidae	12	0	0	0	0	0	0	0	0	0	0	0	2	0	0	0	4	0	0	18
鼷鹿属 Tragulus	12	0	0	0	0	0	0	0	0	0	0	0	2	0	0	0	4	0	0	18
鹿科 Cervidae	876	1 004	28	69	96	2	57	37	392	41	69	130	13	22	19	3	20	12	0	2 890

续表

分类单元	A	B	C	D	E	F	G	H	I	J	K	L	M	N	O	P	Q	R	S	总计
驼鹿属 Alces	0	14	0	0	0	0	0	0	1	2	0	15	0	7	0	0	0	0	0	39
狍属 Capreolus	5	245	1	16	2	0	0	6	224	20	0	19	3	1	7	0	1	0	0	550
鹿属 Cervus	130	296	2	12	32	0	2	1	7	9	0	46	1	8	6	0	3	1	0	556
麋鹿属 Elaphurus	1	0	0	0	0	0	0	0	0	2	0	5	0	1	0	0	0	0	0	9
白唇鹿属 Przewalskium	1	3	4	34	4	0	0	0	41	1	0	1	0	0	0	0	0	0	0	89
泽鹿属 Rucervus	93	18	0	0	0	0	0	0	0	0	2	1	0	0	0	0	1	0	0	115
水鹿属 Rusa	35	155	14	1	6	1	0	0	0	0	9	0	1	0	0	0	6	0	0	228
獐属 Hydropotes	0	126	0	1	4	0	0	0	0	3	4	30	2	4	0	0	2	3	0	180
毛冠鹿属 Elaphodus	38	55	5	2	20	0	7	5	27	4	3	3	2	0	4	0	0	0	0	175
麂属 Muntiacus	573	92	2	3	28	1	48	25	92	0	51	10	4	1	2	2	7	8	0	949
牛科 Bovidae	176	444	33	516	112	2	38	33	146	13	8	97	6	2	23	1	8	2	0	1660
羚羊属 Gazella	1	69	0	13	0	0	0	0	5	1	0	15	0	0	0	0	0	0	0	104
原羚属 Procapra	6	113	1	333	5	1	0	2	2	5	0	12	1	0	0	0	0	0	0	481
野牛属 Bos	16	0	1	5	2	0	0	1	0	0	2	11	0	0	0	0	1	0	0	39
扭角羚属 Budorcas	8	15	4	1	22	0	0	10	30	3	0	2	0	11	0	1	1	0	0	107
羊属 Capra	1	5	0	0	1	0	0	0	0	0	0	6	1	0	0	0	0	0	0	15
鬣羚属 Capricornis	0	0	6	5	15	0	18	0	30	1	4	2	0	4	4	0	3	2	0	92
塔尔羊属 Hemitragus	0	1	0	4	1	1	0	0	0	0	0	3	0	0	0	0	0	0	0	9
斑羚属 Naemorhedus	131	84	6	11	17	0	20	13	6	3	0	3	2	0	8	0	1	0	0	305
盘羊属 Ovis	4	24	0	22	1	0	0	2	10	0	0	11	0	0	0	0	0	0	0	74
藏羚属 Pantholops	7	37	0	18	2	1	0	0	6	0	2	9	0	0	0	0	2	0	0	84
岩羊属 Pseudois	2	96	15	104	46	0	0	5	57	0		23	1	1	0	0	0	0	0	350
麝科 Moschidae	79	156	2	61	146	0	5	15	125	2	5	8	2	3	26	0	2	2	0	639
麝属 Moschus	79	156	2	61	146	0	5	15	125	2	5	8	2	3	26	0	2	2	0	639
鲸河马型亚目 Whippomorpha	0	10	0	0	0	1	0	3	0	1	0	34	1	0	0	218	13	2	25	308

续表

分类单元	A	B	C	D	E	F	G	H	I	J	K	L	M	N	O	P	Q	R	S	总计
露脊鲸科 Balaenidae	0	0	0	0	0	0	0	0	0	0	0	0	0	0	0	0	0	0	0	0
露脊鲸属 Eubalaena	0	0	0	0	0	0	0	0	0	0	0	0	0	0	0	0	0	0	0	0
灰鲸科 Eschrichtiidae	0	0	0	0	0	0	0	0	0	0	0	0	0	0	0	0	0	0	0	0
灰鲸属 Eschrichtius	0	0	0	0	0	0	0	0	0	0	0	0	0	0	0	0	0	0	0	0
须鲸科 Balaenopteridae	0	0	0	0	0	0	0	1	0	0	0	5	0	0	0	1	0	0	1	8
须鲸属 Balaenoptera	0	0	0	0	0	0	0	1	0	0	0	5	0	0	0	1	0	0	1	8
大翅鲸属 Megaptera	0	0	0	0	0	0	0	0	0	0	0	0	0	0	0	0	0	0	0	0
小抹香鲸科 Kogiidae	0	0	0	0	0	0	0	0	0	0	0	0	0	0	0	0	0	0	0	0
小抹香鲸属 Kogia	0	0	0	0	0	0	0	0	0	0	0	0	0	0	0	0	0	0	0	0
抹香鲸科 Physeteridae	0	0	0	0	0	0	0	0	0	0	0	0	0	0	0	0	0	0	0	0
抹香鲸属 Physeter	0	0	0	0	0	0	0	0	0	0	0	0	0	0	0	0	0	0	0	0
喙鲸科 Ziphiidae	0	0	0	0	0	0	0	0	0	0	0	1	0	0	0	1	0	0	0	2
贝喙鲸属 Berardius	0	0	0	0	0	0	0	0	0	0	0	0	0	0	0	0	0	0	0	0
印太喙鲸属 Indopacetus	0	0	0	0	0	0	0	0	0	0	0	0	0	0	0	0	0	0	0	0
中喙鲸属 Mesoplodon	0	0	0	0	0	0	0	0	0	0	0	1	0	0	0	1	0	0	0	2
喙鲸属 Ziphius	0	0	0	0	0	0	0	0	0	0	0	0	0	0	0	0	0	0	0	0
白鱀豚科 Lipotidae	0	3	0	0	0	0	0	2	0	0	0	6	0	0	0	14	0	1	6	32
白鱀豚属 Lipotes	0	3	0	0	0	0	0	2	0	0	0	6	0	0	0	14	0	1	6	32
海豚科 Delphinidae	0	0	0	0	0	0	0	0	0	0	0	7	0	0	0	82	7	V	3	99
真海豚属 Delphinus	0	0	0	0	0	0	0	0	0	0	0	0	0	0	0	11	0	0	0	11
侏虎鲸属 Feresa	0	0	0	0	0	0	0	0	0	0	0	0	0	0	0	0	0	0	0	0
领航鲸属 Globicephala	0	0	0	0	0	0	0	0	0	0	0	0	0	0	0	0	0	0	0	0
灰海豚属 Grampus	0	0	0	0	0	0	0	0	0	0	0	0	0	0	0	1	0	0	1	2
弗海豚属 Lagenodelphis	0	0	0	0	0	0	0	0	0	0	0	0	0	0	0	0	0	0	0	0
斑纹海豚属 Lagenorhynchus	0	0	0	0	0	0	0	0	0	0	0	0	0	0	0	0	0	0	0	0

续表

分类单元	A	B	C	D	E	F	G	H	I	J	K	L	M	N	O	P	Q	R	S	总计
虎鲸属 Orcinus	0	0	0	0	0	0	0	0	0	0	0	4	0	0	0	0	0	0	0	4
瓜头鲸属 Peponocephala	0	0	0	0	0	0	0	0	0	0	0	0	0	0	0	0	0	0	0	0
伪虎鲸属 Pseudorca	0	0	0	0	0	0	0	0	0	0	0	1	0	0	0	7	0	0	0	8
白海豚属 Sousa	0	0	0	0	0	0	0	0	0	0	0	0	0	0	0	5	2	0	0	7
原海豚属 Stenella	0	0	0	0	0	0	0	0	0	0	0	0	0	0	0	17	0	0	1	18
糙齿海豚属 Steno	0	0	0	0	0	0	0	0	0	0	0	2	0	0	0	0	2	0	0	4
瓶鼻海豚属 Tursiops	0	0	0	0	0	0	0	0	0	0	0	0	0	0	0	41	3	0	1	45
鼠海豚科 Phocoenidae	0	7	0	0	0	1	0	0	0	1	0	15	1	0	0	120	6	1	15	167
江豚属 Neophocaena	0	7	0	0	0	1	0	0	0	1	0	15	1	0	0	120	6	1	15	167
奇蹄目 PERISSODACTYLA	0	35	0	11	1	0	1	0	0	0	0	4	1	0	0	1	0	0	0	54
马科 Equidae	0	35	0	11	1	0	1	0	0	0	0	4	1	0	0	1	0	0	0	54
马属 Equus	0	35	0	11	1	0	1	0	0	0	0	4	1	0	0	1	0	0	0	54
鳞甲目 PHOLIDOTA	90	20	0	0	4	2	1	1	0	3	20	0	4	1	1	0	7	2	0	156
鲮鲤科 Manidae	90	20	0	0	4	2	1	1	0	3	20	0	4	1	1	0	7	2	0	156
鲮鲤属 Manis	90	20	0	0	4	2	1	1	0	3	20	0	4	1	1	0	7	2	0	156
食肉目 CARNIVORA	1 540	2 172	53	331	387	19	102	128	382	118	363	574	80	143	48	15	74	27	5	6 561
猫型亚目 Feliformia	850	409	11	78	114	7	37	31	48	41	271	234	29	57	3	7	36	14	0	2 277
猫科 Felidae	460	242	7	72	59	2	19	17	40	35	60	171	19	43	2	4	20	5	0	1 277
金猫属 Catopuma	27	0	4	6	8	0	2	4	10	2	2	24	1	3	0	0	2	0	0	95
猫属 Felis	12	9	0	19	6	0	0	1	1	0	0	13	2	20	0	0	0	0	0	83
猞猁属 Lynx	55	39	0	10	2	0	0	0	1	4	0	20	1	3	0	1	1	0	0	137
兔狲属 Otocolobus	0	0	0	12	3	0	0	0	2	1	0	11	1	2	0	0	0	0	0	32
云猫属 Pardofelis	5	4	0	0	0	0	2	0	0	0	0	3	1	1	0	1	0	0	0	17
豹猫属 Prionailurus	238	70	2	11	31	2	8	8	12	8	53	36	6	10	2	1	4	2	0	504
云豹属 Neofelis	53	10	0	1	4	0	2	2	0	3	3	15	1	1	0	0	1	1	0	97

分类单元	A	B	C	D	E	F	G	H	I	J	K	L	M	N	O	P	Q	R	S	总计
豹属 *Panthera*	70	110	1	13	5	0	5	2	14	17	2	49	6	3	0	2	11	2	0	312
林狸科 Prionodontidae	0	16	0	0	2	1	0	1	0	0	4	0	1	0	1	0	4	0	0	30
林狸属 *Prionodon*	0	16	0	0	2	1	0	1	0	0	4	0	1	1	0	0	4	0	0	30
灵猫科 Viverridae	352	111	4	6	50	3	14	11	8	3	182	49	7	10	1	2	8	6	0	827
带狸属 *Chrotogale*	20	3	0	0	0	0	0	0	0	0	0	0	0	0	0	0	0	0	0	23
熊狸属 *Arctictis*	7	4	0	0	0	0	0	0	0	0	0	2	0	2	0	0	0	0	0	16
小齿狸属 *Arctogalidia*	2	0	0	0	0	0	0	0	0	0	0	0	0	1	0	0	0	0	0	3
椰子狸属 *Paradoxurus*	48	18	0	0	1	0	0	0	0	0	16	0	1	0	0	0	1	0	0	85
花面狸属 *Paguma*	80	55	2	1	30	1	8	8	0	0	35	0	2	2	1	3	3	1	0	229
大灵猫属 *Viverra*	95	14	1	2	8	0	3	1	5	2	16	19	1	4	0	2	2	1	0	175
小灵猫属 *Viverricula*	100	17	1	3	11	2	3	2	3	1	115	28	2	1	1	2	2	4	0	296
獴科 Herpestidae	38	40	0	0	3	1	4	2	0	3	25	14	2	3	1	1	4	3	0	143
獴属 *Herpestes*	38	40	0	0	3	1	4	2	0	3	25	14	2	3	0	1	4	3	0	143
犬型亚目 Caniformia	690	1763	42	253	273	12	65	97	334	77	92	340	51	86	45	8	38	13	5	4 284
犬科 Canidae	173	448	2	68	42	1	25	8	17	25	15	71	12	12	3	2	10	3	0	937
犬属 *Canis*	21	70	1	21	4	0	8	5	7	6	0	25	3	3	2	1	3	1	0	181
豺属 *Cuon*	10	23	0	11	4	0	5	0	2	4	0	13	1	1	0	0	1	0	0	74
狐属 *Vulpes*	40	231	1	36	21	1	10	2	5	9	1	33	6	4	1	0	5	1	0	408
貉属 *Nyctereutes*	102	124	0	0	13	0	2	1	3	6	14	0	2	5	0	0	1	1	0	274
熊科 Ursidae	7	119	5	9	72	0	5	14	31	8	0	44	7	7	7	0	7	0	0	342
大熊猫属 *Ailuropoda*	5	36	2	0	28	0	0	5	14	0	0	20	2	2	6	0	6	0	0	126
马来熊属 *Helarctos*	2	6	0	0	0	0	0	0	0	0	0	4	1	1	0	0	0	0	0	13
懒熊属 *Melursus*	0	0	0	0	0	0	0	0	0	0	0	0	0	0	0	0	0	0	0	0
熊属 *Ursus*	0	77	3	9	44	0	5	9	17	8	0	20	4	5	1	1	1	0	0	203
海豹科 Phocidae	1	0	0	0	0	0	0	2	0	5	0	29	1	0	3	3	4	0	3	48

续表

分类单元	A	B	C	D	E	F	G	H	I	J	K	L	M	N	O	P	Q	R	S	总计
髯海豹属 Erignathus	0	0	0	0	0	0	0	0	0	0	0	2	0	0	0	0	0	0	0	2
海豹属 Phoca	1	0	0	0	0	0	0	2	0	5	0	27	1	0	0	3	4	0	3	46
小头海豹属 Pusa	0	0	0	0	0	0	0	0	0	0	0	0	0	0	0	0	0	0	0	0
海狮科 Otariidae	0	0	0	0	0	0	0	0	0	1	0	0	3	0	0	0	0	0	1	5
海狗属 Callorhinus	0	0	0	0	0	0	0	0	0	0	0	0	0	0	0	0	0	0	1	1
海狮属 Eumetopias	0	0	0	0	0	0	0	0	0	1	0	0	2	0	0	0	0	0	1	4
小熊猫科 Ailuridae	59	31	1	4	11	0	0	5	3	2	0	45	4	2	0	1	3	1	0	172
小熊猫属 Ailurus	59	31	1	4	11	0	0	5	3	2	0	45	4	2	0	1	3	1	0	172
鼬科 Mustelidae	450	1165	34	172	148	11	35	68	283	36	77	151	24	65	35	2	14	9	1	2780
小爪水獭属 Aonyx	9	25	0	2	0	0	0	0	0	0	0	0	1	1	0	0	0	0	0	37
水獭属 Lutra	92	59	0	7	3	0	2	2	2	7	4	0	1	1	2	0	3	0	1	187
江獭属 Lutrogale	4	1	0	0	0	0	0	0	0	0	3	0	0	0	0	0	0	0	0	8
猪獾属 Arctonyx	27	42	7	3	27	1	8	14	60	3	3	6	1	1	4	1	0	0	0	208
狗獾属 Meles	17	25	0	10	16	1	2	0	32	0	3	0	5	1	0	0	2	1	0	114
鼬獾属 Melogale	90	62	2	0	25	3	3	3	25	2	48	20	0	0	3	0	1	1	0	290
貂熊属 Gulo	0	4	0	0	0	0	0	0	2	0	0	6	1	2	0	0	0	0	0	15
貂属 Martes	108	151	1	15	2	1	5	4	44	12	0	34	2	7	6	0	1	1	0	394
鼬属 Mustela	103	788	24	135	75	5	15	45	106	12	16	85	11	53	20	1	6	6	0	1506
虎鼬属 Vormela	0	8	0	0	0	0	0	0	12	0	0	1	1	0	0	0	0	0	0	21
总计	56 853	46 689	26 379	5 819	5 313	4 404	3 971	3 437	3 269	3 058	1 784	1 633	1 162	933	758	274	211	201	30	166 178

注：1. A. 中国科学院昆明动物研究所；B. 中国科学院动物研究所；C. 四川省科学院动物研究所；D. 中国科学院西北高原生物研究所；E. 西华师范大学；F. 广州大学；G. 贵州师范大学；H. 四川大学；I. 陕西师范大学；J. 东北师范大学；K. 广东省科学院动物研究所；L. 上海自然博物馆；M. 北京师范大学；N. 东北林业大学；O. 西北大学；P. 南京师范大学；Q. 中山大学；R. 安徽大学；S. 中国科学院水生生物研究所。

2. 标本数量由标本馆或博物馆提供，可能存在物种鉴定和统计上的不准确性，数据仅供参考。

3. 19 家标本馆或博物馆至少保藏兽类标本 166 178 号。馆藏数量排名前 5 位的单位分别是中国科学院昆明动物研究所、中国科学院动物研究所、四川省林业科学研究院、中国科学院西北高原生物研究所和西华师范大学（占 84.9%。在馆藏标本中，小型兽类（攀鼩目、兔形目、啮齿目、劳亚食虫目和翼手目）占 91.5%。大中型兽类标本特别是鲸豚类很少。

中文名索引

T

拉丁名索引

英文名索引